지속가능한 미래를 위한 물 회복탄력성

인류는 전 세계 인구가 생물권의 변화를 유발하는 가장 큰 동력이 되는 새로운 지질학적 시대인 인류세에 접어들었다. 급변하는 시대에 새로이 직면하는 물에 관한 도전 과제들에 대처하기 위해서는 수자원의 지배 구조와 관리에 있어서 새로운 시스템과 사고방식이 필요하다.

이 책은 수자원에 대한 새로운 회복탄력성 기반 접근 방식을 소개하며, 전 지구적 지속가능성을 위한 역할을 언급한다. 논의의 주제들은 예측 불가능한 변화에 대한 위험성; 전 지구적 물에 대한 인간의 영향과 의존성; 2050년까지 전 세계 인구의 식량 수요를 충족하기 위한 전망; 미래를 위한 경로이다. 이 책의 혁신적이고 통합적인 접근 방식은 녹색수와 청색수를 연결하며(식물 생장을 돕는 토양 내 수분과 하천과 대수층에 흐르는 물), 육상과 수생 생태계의 기능 및 사용을 함께 고려한다. 또한 토지 이용 변화로부터 유발되는 변화를 사회-생태학적 시스템과 생태계 서비스에 미치는 영향과 연관하여 바라본다.

최근 통합 수자원 관리, 전 지구적 환경 변화, 생태계 서비스에 대한 과학적인 진보를 이루어내면서, 물 관련 충격과 스트레스가 예상되는 미래의 사회-생태학적 회복탄력성, 즉 지속하고, 적응하고, 변환하는 능력을 구축하는 것에 보다 관심을 갖게 된다. 이 책은 학술 연구자 및 수자원 전문가들에게는 중요한 최신 정보이며, 수자원 지배 구조와 관리를 공부하는 대학원생들에게는 주요 참고자료가 될 것이다.

Water Resilience for Human Prosperity

Johan Rockström
Stockholm Resilience Centre, Stockholm University

Malin Falkenmark
Stockholm Resilience Centre, Stockholm University and Stockholm International Water Institute

Carl Folke
Stockholm Resilience Centre, Stockholm University and the Beijer Institute of Ecological Economics of the Royal Swedish Academy of Sciences

Mats Lannerstad
Stockholm Environment Institute and International Livestock Research Institute

Jennie Barron
Stockholm Environment Institute

Elin Enfors
Stockholm Resilience Centre, Stockholm University

Line Gordon
Stockholm Resilience Centre, Stockholm University

Jens Heinke
Potsdam Institute for Climate Impact Research and International Livestock Research Institute

Holger Hoff
Stockholm Environment Institute and Potsdam Institute for Climate Impact Research

Claudia Pahl-Wostl
Institute for Environmental Systems Research at the University of Osnabrück

CAMBRIDGE
UNIVERSITY PRESS

Water Resilience for Human Prosperity

by Johan Rockström, Malin Falkenmark, Carl Folke, Mats Lannerstad, Jennie Barron, Elin Enfors, Line Gordon, Jens Heinke, Holger Hoff, Claudia Pahl-Wostl

Water Resilience for Human Prosperity

Johan Rockström • Malin Falkenmark • Carl Folke • Mats Lannerstad • Jennie Barron
Elin Enfors • Line Gordon • Jens Heinke • Holger Hoff • Claudia Pahl-Wostl

지속가능한 미래를 위한

물 회복탄력성

김이중 • 박제량 옮김

한티미디어

역자 소개

김이중 홍익대학교 건설환경공학과 ijung.kim@hongik.ac.kr

박제량 홍익대학교 건설환경공학과 jeryang@hongik.ac.kr

지속가능한 미래를 위한

물 회복탄력성

발행일 2021년 10월 18일 초판 1쇄

지은이 Rockström · Falkenmark · Folke · Lannerstad · Barron · Enfors · Gordon · Heinke · Hoff · Pahl-Wostl

옮긴이 김이중 · 박제량

펴낸이 김준호

펴낸곳 한티미디어 | 서울시 마포구 동교로 23길 67 Y빌딩 3층

등 록 제15-571호 2006년 5월 15일

전 화 02) 332-7993~4 | **팩 스** 02) 332-7995

ISBN 978-89-6421-429-9 (93530)

가 격 27,000원

마케팅 노호근 박재인 최상욱 김원국 김택성 | **관 리** 김지영 문지희

편 집 김은수 유채원

내 지 디자인드림 | **표 지** 유채원

이 책에 대한 의견이나 잘못된 내용에 대한 수정정보는 한티미디어 홈페이지나 이메일로 알려주십시오.
독자님의 의견을 충분히 반영하도록 늘 노력하겠습니다.

홈페이지 www.hanteemedia.co.kr | **이메일** hantee@hanteemedia.co.kr

역자 서문

최근 국내에서 물 관리 기본법이 새로이 제정되고 물 관리 일원화가 이루어지면서 통합 물 관리를 위한 제도적 기반이 마련되는 계기가 되었다. 이러한 패러다임 변화를 통해 달성하고자 하는 근본적인 목표는 기후변화, 토지 이용 변화, 인구 및 그 구조의 변화 등에 따라 증가하는 불확실성에 대비 및 대응함으로써 후속 세대도 안정적이면서도 깨끗한 물을 이용할 수 있도록 지속가능성을 확보하고자 함일 것이다. 또한 극한 기후 사상의 강도와 빈도가 증가함에 따라 피해 지역 및 인구가 증가하면서 그 피해로부터 빠르게 회복할 수 있는 회복탄력성의 증진 또한 기대해 볼 수 있을 것이다.

하지만 새로운 길을 가는 만큼 목표 달성을 위해 정확히 무엇을 해야 하는지가 불명확할 때가 있다. 통합 물 관리는 무엇이고 어떻게 하는 것인가? 회복탄력성을 높이기 위해 무엇을 해야 하는가? 이 책은 이러한 질문에 대한 답이 필요한 현 시점에 매우 시의적절한 내용을 담고 있다. 이 책이 2014년에 출판되었음에도 불구하고, 역자들이 늦게나마 번역을 해야겠다고 마음먹은 이유가 여기에 있다. 한 예로, 물 관리 기본법에서는 통합 물 관리 기본 원칙 중 하나로 물 순환 과정에 있는 모든 형상의 물이 상호 균형을 이루도록 관리하라고 명시하고 있다(물 관리 기본법 제12조 1항). 하지만 모든 형상의 물 안에는 무엇이, 그리고 어디까지가 포함되며 그것을 어떻게 관리하여야 할까? 이 책에서는 물 회복탄력성에 관한 논의의 기본 틀로서 청색수(blue water, 주로 수평 방향의 흐름을 갖는 지표수를 포함)와 녹색수(green water, 주로 수직 방향의 흐름을 갖는 토양수나 증발산되는 물을 포함)의 구분과 더불어 물 회복탄력성을 증진시키기 위한 방안으로 우리에게는 아직 익숙하지 않은 녹색수를 포함한 물 관리와 거버넌스를 제안하고 있다.

이 책의 저자 중 한 명인 Johan Rockström은 2009년 <네이처>에 게재한 “A safe operating space for humanity”라는 논문을 통해 인류가 안전하게 번영하기 위한 행성 경계 변수들과 그 임계값들을 처음 제시한 바 있다(이후 업데이트된 논문들이 최근까지도 지속적으로 출판 중). 이 변수들 중에는 담수 이용량도 있으며, 이에 관련하여 이 책은 임계값을 넘지 않기 위한, 즉 회복탄력성을 높이기 위한 구체적인 방안들을 포함한 확장된 논의를 제공한다.

이 책이 환경공학, 수자원공학 등 물과 관련한 공학 및 과학자들에게 물에 관한 거시적이고도 새로운 안목을 갖는 데 도움이 되기를 바라며, 본 역서를 펴낼 수 있게 도움을 주신 한티미디어의 여러 분께 감사드린다.

2021년 9월

서문

물에 관한 많은 책이 출판되어 왔지만, 대부분은 자원과 환경 관리, 특히 담수에 있어서 부분적이고 제한적인 접근 방식을 사용해 왔다. 그러나 청색수(가정, 산업, 관개 및 경제 활동을 위해 하천과 지하수에서 확보한 자연자원)로 인식하는 담수의 개념은 급속히 변화하고 있다. 통합 수자원 관리는 여전히 물 순환에서 청색수에 비중을 두고 있지만, 유역에서 상호작용하는 부분으로 그 초점을 확대하고 있다. 최근에는 수증기 또는 녹색수가 천수 농업과 같은 정책 영역에서 관심을 받고 있다. 육상과 수생 생태계 서비스에서 담수의 역할은 물 교환 또는 역동적인 경관에서 물과 연관된 임계점을 함께 고려해야 한다. 이에 경관과 유역에서의 적응형의 물 지배 구조와 같은 새로운 접근 방식이 등장하고 있다.

생물권, 즉 생명의 권역은 지구의 지각, 해양, 대기권에서 생명이 살아가는 영역이다. 이는 모든 생명체와 그 관계성을 통합하는 전 지구적 생명 유지 시스템이라고 할 수 있다. 지구상의 생명은 다양한 방법으로 상호작용하는데, 대기 중 화학 반응, 극지방과 영구동토층의 얼음을 포함한 해양과 물의 순환 등을 통해 생명에 적합한 환경을 조성해 간다. 인간과 사회도 통합적인 생물권에 포함되는 부분으로 생물권의 생명 유지 기능에 의존한다.

물은 세포 수준에서 대기의 역학에 이르기까지 생물권에서 주요한 역할을 담당한다. 물 순환은 생물권에서 혈류의 흐름과 같다. 다른 생물체와 마찬가지로, 인간은 물의 다양한 기능과 그 안의 무기염을 활용하면서 살아간다. 물은 토양 형성에 반드시 필요하며, 우리가 섭취하는 식량 생산을 위해 필수적인 요소이다. 대륙은 강우 패턴으로 연결되어 있으며, 이는 기후 조절 서비스를 제공하고 홍수, 폭우, 가뭄과 같은 극심한 기상 현상에서 중심적인 역할을 한다. 지구상에서 물 순환은 우리의 현재와 미래를 좌우하는 핵심적인 부분이다.

인류는 생물권의 역학 변화에 지대한 영향을 행사하고 있으며, 지역적일 뿐만 아니라 전 지구적으로 전반적인 생물권 운영에 변화를 일으키고 있다. 인구 증가, 도시화, 이주 패턴, 신규 시장의 등장, 새로운 기술과 사회 개혁의 확산과 같은 변화의 동력들은 홍수, 화재, 전염병 확산, 급변하는 연료 가격 및 변동하는 금융 시장과 같은 돌발 상황들과 연합하여 생물권의 한계점에 이르게 할 수 있다. 전 지구적인 사회적-생태학적 시스템은 복잡하고 역동적이며, 종종 빠르게 변화하여 예측 불가하다. 이러한 변화는 서로가 상호작용하는 이 시스템에서 연속적인 양상으로 발생하며, 한계점은 이제 모두가 인지하게 되었다.

인류로 인한 생태계의 침범을 맞이한 새로운 시대에서 인류 사회의 번영을 유지하기 위해 생물권과 물 순환의 수용 가능한 범위를 고려하여 세상을 바라보는 근본적인 관점의 변화가 필요하다. 이러한 시각은 인류의 번영이 지구 역사상 장기간 유지되어 온 안정성에 기반하였다는 통찰에서 비롯한다. 지난 1만여 년에 걸친 홀로세 지질 시대는 농업과 인류 문명이 번영한 시대였다. 이러한 번영을 당연한 것으로 받아들일 수도 있겠지만, 생물권의 역학과 회복탄력성에서 물이 담당하는 중요한 역할을 간과해서는 안 된다. 따라서 물에 대한 시각은 지역적인 수준에서 전 지구적인 영역으로 연결하는 보다 광범위한 관점을 견지할 필요가 있다. 회복탄력성은 이러한 변화의 시대에 복잡한 역학에 연속적으로 적응해 나가고, 인류가 처한 덫에서 벗어나 새로운 발전 경로를 모색해 가기 위한 지속성에 관한 것이다. 생물권과 물의 혈류 흐름은 이러한 경로의 기본 체계, 즉 번영하는 사회 발전을 위한 지구상의 경계를 설정한다.

우리는 인간이 속한 생물권의 혈류로서 물을 바라보는 관점을 확장하고자 이 책을 집필하였다. 전 지구적으로 상호 연결된 세계에서, 인류는 생명 유지 기능을 수행하는 생물권, 그리고 우리가 구성하는 사회, 기술, 경제 체제에 의존할 수밖에 없다. 물을 혈류로 보는 관점은 단순히 윤리적인 견해에 그치는 것이 아니라, 번영과 궁극적인 생존에 관한 것이다. 다시 말하자면, 인류의 지속가능한 발전을 위한 생물권의 관리와 혁신에 관한 것이다.

우리는 이 책을 통해 인간과 자연이 전 지구적으로 통합된 시스템에서 새로운 물의 역학에 대한 깊은 이해를 구하며, 새로운 개념, 관점, 가설, 발견들을 제언하고자 한다. 인류가 당면한 과제를 보다 잘 이해하고, 지속가능한 세상을 향한 경로를 탐색하는 데 과학의 책임과 역할이 필요하다고 본다. 이 책에서는 생물권에서 물의 역할을 분석하고, 어떻게 인간의 삶과 복지에 연관되는지를 논하였으며, 새로운 인류세 시대에 부합하는 물 회복탄력성과 물 관리에 대한 관점을 소개하였다. 물 관리 및 회복탄력적인 생물권을 위해 노력하는 것은 현재 상태를 보존하거나 변화를 피하기 위한 것이 아니라, 변화에 대처하고 위기를 기회로 전환하며 지속가능한 경로로 나아갈 수 있는 역량을 갖추는 것이다.

회복탄력적 사고는 예측, 실험, 적응, 변혁으로 이끄는 동력이 된다. 물 회복탄력성과 물 관리는 변화하는 환경에 대처하기 위해 사회적-생태학적 시스템의 회복탄력성을 강화하고, 인류세 시대에 번영할 수 있는 방법을 찾는 것이다. 인류의 번영을 위한 생물권 운영에 있어 물의 중요한 역할을 이해할 필요가 있다. 우리는 이 책이 독자들에게 이러한 방향으로 영감을 줄 수 있기를 소망한다.

책 소개

범위

이 책은 우리의 현 상태를 종합적으로 판단하고, 사회-생태학적 시스템과 회복탄력성 연구로부터 도출된 최근의 통찰들이 급속한 지구 환경 변화 속에서 수자원 지배 구조와 관리를 어떻게 이해할 것인지에 대한 주요 영역을 살펴보는 것을 목적으로 한다. 이는 지속가능한 수자원 관리의 일환으로 물 회복탄력성에 관하여 제안된 새로운 체계로 나아가고자 함이다. 우리는 토지, 물, 생태계 상호작용과 회복탄력성 구축의 관점에서 바라본 생산적인 경관에서 생태계 서비스, 특별히 식량 생산(그리고 생물자원)에 초점을 맞추었다. 지역적인 관점에서 전 지구적인 규모로 수자원의 관점을 이동하면서, 지구 시스템과 스케일에서의 구성 요소들 간 역동적인 상호작용을 고려하였다. 따라서 이 책에서는 수질과 관련된 이슈는 간략히 언급하는 선에 그친다. 이 책의 수자원에 관한 초점은 지역적 물 균형에서 전 지구적 수문학적 순환에 이르기까지의 물 흐름, 즉, 강수의 지배 구조와 관리, 수증기 흐름, 지표 유출수 및 지하수 흐름과 수자원을 포함한다. 또한, 현재와 미래의 지구 환경 변화와 관련된 수자원 부족과 물 회복탄력성 과제의 측면에서 가장 도전적인 미래에 직면한 지역들에 특별히 초점을 맞추었지만, 기본적으로는 전 지구적인 범위를 아우르는 내용이다. 이는 반건조 아습대 열대 사바나 지역에 특별히 초점을 맞추었음을 의미한다.

이 책에서는 물과 생태계에 대한 초점은 담수와 생물권에 살아가는 생명 시스템 간의 연관성에 두고 있다. 육상 및 수생 생태계에서 생태계 기능과 서비스를 생산하는 수자원의 역할을 그 시작점으로 보고, 이러한 배경에서 생태계의 회복탄력성을 어떻게 정의하는지; 인간과 물의 상호작용이 생태계와 회복탄력성에 어떤 영향을 주는지; 혁신적인 물 지배 구조와 관리 원칙이 급변하는 시대에서 인류가 안고 있는 도전 과제에 어떻게 적용될 수 있는지를 논한다. 요컨대, 인류세 시대에 인류 번영을 위한 물 회복탄력성으로 접근하기 위한 사회적-생태학적 시스템으로 나아가기 위한 시도인 것이다.

따라서 이 책은 해양 생태계에 초점을 두지 않으며, 자원 생산(예를 들면, 채광)이나 생활용수 및 산업용수를 위한 물 사용에 대해 고려하지 않는다. 즉, 이 책은 생명이 있는 시스템과 기타 자원 및 사회적 이용을 위한 물 사용에서의 균형에 대한 통합적 관점을 견지한다. 특히 변화하는 세상에서 물과 식량에 대한 초점을 맞추어야 하는 이유는 식량, 에너지, 바이오매스를 위한 생물자원처럼 많은 담수를 소비하는 영역이 없기 때문이다. 이는 서로 다른 물 수요 간의 균형을 떠나서, 전 지구적인 물 회복탄력적인 식량 생산을 어떻게 구축할 것인가에 대한 도전으로 이어진다.

대상 독자층

이 책은 대학원생 또는 이후 과정의 학생들, 수자원 전문가, 상급 수도 설계사를 대상으로, 농업과 환경에서부터 산업과 하천 유역 계획에 이르기까지 다양한 부문에서의 주요 물 전문가들에게 고등교육을 제공하기 위해 쓰였다.

우리는 폭넓은 전문가층을 대상으로 하면서도 필요에 따라 비교적 상세하고 심층적으로 기술하였다. 증기 이동, 물 관련 체제 변환, 수분 피드백, 물 회복탄력성 등을 아우르는 복잡한 이슈와 연관된 사례들을 들어 설명하고자 하였다. 이러한 내용들은 초빙된 물 과학자들이 저술하여 본문 중 박스 형태로 배치했으며, 본문에서 논의하는 다양한 이슈에 대한 심층적인 이해를 돕고자 하였다.

책의 구성

이 책은 4개의 파트로 구성되어 있다.

Part 1. 새로운 관점

1장은 인류세에서 물 회복탄력성에 관해 직면한 과제를 전체적으로 조망한다. 전 지구적이고 지역적으로 급변하는 시대에 지구의 생명 유지 시스템에서 물이 수행하는 중요한 역할에 대해 설명한다. 다양한 교란 체제와 새롭게 등장하는 위협과 딜레마에 대해 논하고, 잠재적인 우려의 임계치를 강조한다. 지구상에 홀로세 시대와 같은 상태를 유지하기 위한 물의 중요한 역할과 인간 활동으로 유발된 물 임계치의 위험을 설명한다. 또한 회복탄력성을 위한 물의 세 가지 주요 역할에 대해 언급한다. 이 장에서는 물 분할 변화의 중심적 역할을 강조하는데, 다가오는 미래의 토지 사용 변화, 특별히 향후 인간의 생물자원 사용에 초점을 맞추고, 증가하는 인구의 식량 수요를 충족시키는 부분에 주안점을 둔다.

Part 2. 인간이 지배하는 세상에서의 삶

2장은 과거 인간 활동으로 인해 지구 시스템에 발생한 변화와 이러한 변화의 주요 동력들에 대해 언급한다. 특별히 기후변화를 강조하는데, 이는 전 지구적 물 순환과 밀접하게 상호작용하기 때문이다. 사회적으로 유발된 지역 간의 연결성과 지구 시스템에서 인간이 유발한 충격에 대해 설명한다. 인류가 구성한 준지질학적 동력이 지구상의 변화를 유발하는 새로운 지질학적 시대에 살아가고 있다는 사실과 다양한 물 관련 한계점에 근접해 가는 위험성에 대해 강조한다.

3장은 지속가능한 물 개발을 위한 안전한 전 지구적인 경로의 선택지들과 물 관련 한계점, 경직의 또는 빈곤의 덫의 형태로 귀결될 수 있는 위험성을 분석한다. 사회-생태학적 시스템에서의 급진적이고 예측 불가능한 체제 변환에서 물의 연관성을 언급한다. 회복탄력성은 프로세스 강화 및 피드백 안정화의 특징을 지닌다. 생명 유지 시스템에서 물의 다양한 역할은 상태 변수와 제어 변수로서 체제 변환과 상당히 연관되어 있음을 의미한다.

4장은 인간의 지구 물 시스템에 대한 의존성과 생물권의 혈류로서의 물의 역할을 논한다. 무역과 연계된 가상수의 흐름과 같은 멀리 떨어진 지역 간의 물 연결(소위 원격 연결)을 포함하여 인간이 유발한 변화들을 강조한다. 회복탄력성과 관련된 변화들은 토지 사용 변화와 청색수-녹색수 분할; 기후변화, 즉 건조화가 가뭄에 대한 회복탄력성을 감소시킬 수 있다는 점; 증가하는 물 수요; 지하수 남용 등을 포함하여 요약된다. 유역 폐쇄는 새로운 프로세스와 상호작용이 유발되는 범위를 넘어서서 중요한 임계값을 나타낸다.

Part 3. 주요 관심 지역과 경관적 관점에서의 전 지구적 식량 생산

5장은 물 관점에서 증가하는 인구의 식량 수요를 충족하기 위한 과제를 분석한다. 인구 증가, 1인당 평균 식량 소비량, 동물성 및 식물성 식품 구성 변화 등을 고려하여 2050년까지 증가하는 식량 수요를 언급한다. 국가 차원의 식량 물 수요는 기후변화, 관개 개발 정도, 물 생산성 향상, 식생활 방식, 식량 손실 저감 등 다양한 시나리오상에서 주어진다. 이 장에서는 증가하는 식량 무역을 통해 거대한 가상수 이송의 필요성을 강조한다. 식량 공급은 충격과 변화를 극복하는 능력, 적응력, 사회-생태학적 회복탄력성의 요구 정도의 역동적인 관점에서 평가된다.

6장은 물이 부족한 사바나 지역에서 인구 증가와 함께 급증하는 물 수요에 관한 사회-생태학적 과제들을 분석한다. 식량 공급을 위한 노력들이 의미하는 바는 무엇이며, 이러한 관심 지역에서 수행하기 어려운 부분은 무엇인가? 이 장에서는 이 지역이 일반적으로 생각하는 것과는 달리 농업-수문학적으로 상당한 (아직 개발되지 않은) 잠재력을 보유하고 있다는 점을 강조한다. 절대적으로 부족한 물의 양에 초점을 맞추기보다, 해결해야 할 문제는 변동이 심한 강우 패턴과 증발, 유출, 배수로 발생하는 농장 시스템에서의 상당한 물 손실이다. 물 회복탄력성 전략은 건조 기간을 단축하기 위한 실행 방안과 연관되어 있으며, 예를 들면, 집수 시스템을 활용하는 것이다.

7장은 유역 수준에서의 과제와 중규모의 관점에 초점을 맞추어, 토지 사용 변화가 생태계 서비스에 영향을 주고, 결과적으로 생계 수단과 발전 기회, 그리고 생태계 지속가능성에 영향을 줄 수 있음을 언급한다. 그 자체로 생태계 서비스이기도 한 농업은 우선적으로 생태계로부터 얻는 특정 혜택을 관리하는 방법이지만, 다른 생태계 서비스들도 영향을 받을 수 있다. 세 가지 경관을 경관의 다기능성 관점에서 분석했으며, 보편적인 개발 과정과 상류-하류 간의 이해 충돌에 관한 사례와 함께 소개한다.

Part 4. 지배 구조와 경로

8장은 회복탄력성, 지속가능성, 인류의 복지를 위한 경관과 유역에서의 물 지배 구조와 관련된 과제를 언급한다. 생태계 서비스를 생산하고, 안전하게 개발하며, 중요한 한계점을 넘지 않기 위한 토지 및 수자원에 관한 통합적 지배 구조는 이러한 분석의 핵심이며, 전 지구적 역학을 통합하고, 경관에서 강우와 습도를 유지하는 물 지배 구조의 필요성을 역설한다. 청색수-녹색수 분할, 상류와 하류 간의 청색수-녹색수 균형, 안정적인 수분 피드백(향후 강우의 원천)을 위한 전략에 초점을 맞춘다. 이 장에서는 지배 구조에 있어서 도전 과제와 변환의 필요에 대해 강조한다.

9장은 통합 수자원 관리를 향한 사회적-생태학적 시스템 도입을 통해 지속가능한 세상으로 변환하기 위한 통찰과 경로에 대해 언급하며 마무리한다. 1970년대 초반부터 1990년대 초반까지 대체로 청색수에 초점을 맞춘 패러다임은 상대적으로 물이 풍부한 지역에서 인류에게 유익하였으나, 이제는 전 지구적 환경 변화로 인한 물 공급과 한계점의 위험에서 물 사용과 사고의 변환, 즉 녹색수-청색수 통합 패러다임으로의 전환이 필요한 실정을 감안하여 이로부터 물 지배 구조와 관리의 변화를 설명한다. 물과

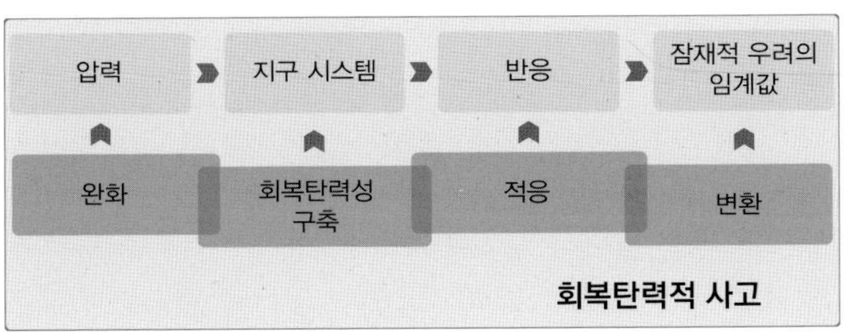

그림 1.1 전 지구적 수자원 관리에서 직면한 상호 연관된 도전들은, 지구 시스템에 가해지는 인간의 압박으로부터 발생하며, 사회-생태학적 시스템의 잠재적인 체제 변화의 우려와 사회의 대처에 영향을 미친다. 이러한 변화를 따라 전 지구적 지속가능성을 위한 물 회복탄력성의 행동 양식의 범주는 경감, 지역적 회복탄력성 개발, 적응과 변화를 포함한다.

회복탄력성에 대해 우리가 학습한 것에 관한 새로운 통찰들을 요약하고, 행성 경계의 안전한 가동 범위 내에서 전 세계 인구의 식량 수요를 충족시킬 도전과제를 강조한다. 또한 현재 물 지배 구조 패러다임은 안정적이고 예측가능한 물 공급에서의 관리에 초점을 두고 있어, 피할 수 없는 변화에 적응해야 하는 새로운 현실을 대처하기에 부족한 점이 있음을 지적한다.

4단계 회복탄력성 사고의 흐름

서문에서 언급한 바와 같이, 우리는 인간과 자연이 전 지구적으로 통합된 시스템에서 새로운 물의 역학에 대한 깊은 이해를 구하며, 새로운 개념, 관점, 가설, 발견들을 제언하고자 이 책을 집필하였다. 인류가 당면한 과제를 보다 잘 이해하고, 지속가능한 세상을 향한 경로를 탐색하는 데 과학의 책임과 역할이 필요하다고 본다. 모든 장에서 생물권에서 물의 역할과 그것이 인간의 삶과 복지와 어떻게 연관되는지를 분석하고, 물 회복탄력성과 물 관리와 같은 새로운 개념들을 소개하였다.

물 관리 및 회복탄력적인 생물권을 위해 노력하는 것은 현재 상태를 보존하거나 변화를 피하기 위한 것이 아니라, 변화에 대처하고 위기를 기회로 전환하며 지속가능한 경로로 나아갈 수 있는 역량을 갖추는 것이다. 특별히 전 세계적으로 가장 많이 물에 의존하는 부문인 농업을 강조하였다.

회복탄력성을 위한 물 지배 구조와 관리는 완화에서부터 회복탄력성 구축, 적응, 변환에 이르는 범위를 아우르며, 그림 1.1에서 이러한 내용을 도식적으로 표현하였다.

각 장은 짧은 회복탄력성에 관한 소개로 시작하며, 위에서 언급한 회복탄력성 사고에서의 단계적인 흐름과 어떻게 연관되는지를 명확히 한다. 독자들은 각 장을 통해 회복탄력성 사고의 흐름에서의 단계별 주요 내용을 살펴볼 수 있을 것이다.

차례

Chapter 7

경관 규모에서 농생태계 시스템을 위한 수자원과 기능 201

Part 4 지배 구조와 경로

Chapter 8

인류세의 새로운 담수역학을 찾기 위한 지배 구조 235

Chapter 9

미래를 향한 경로 259

Part

I

새로운 관점

보르네오의 열대우림은 세계에서 가장 큰 생물 다양성 핫스폿 중 하나이지만, 삼림 벌채와 기름야자 농장으로의 전환으로 인해 위협을 받고 있다. 이로 인해 대형 산불 위험성이 높아지고 있으며 습기 피드백이 낮은 건조한 개방 경관이 조성되어 국지적 강우에 영향을 미치게 된다.

Chapter 1

생물권에서의 물의 역할

우리는 빠르게 일어나고 있는 글로벌 변화와 지속가능하지 않은 생태계의 착취로부터 야기되는 커다란 위험의 징후가 점차 증가하는 시대에 살고 있다. 이러한 시대에 살고 있는 인류의 미래는 회복탄력성(resilience)을 구축할 수 있도록 물을 통제하고 관리하는 능력에 달려 있다. 이 책에서는 글로벌 지속가능성을 달성하기 위한 이러한 전략적 영역을 '물 회복탄력성', 즉 지속가능한 발전을 위한 사회-생태학적 회복탄력성 달성에 필요한 물의 역할로 정의한다. 이 장에서는 인간 사회를 생물권(biosphere)에 다시 연결시키기 위한 새로운 개념적 틀을 제시하고, 담수와 생물권 내의 생명체계를 소개한다.

1.1 지구상의 생명을 유지하는 물의 근본적인 역할

물은 인간 복지와 사회-경제 발전의 기본 요소로 이해되어 왔다. 이러한 물의 역할은 약 8,000년 전 홀로세(Holocene geological era) 초기의 메소포타미아 관개 사회에서부터 이집트, 마야, 중국, 로마제국의 수공학적 위업을 거쳐 발리의 수도 사찰과 복잡다단한 네덜란드의 수역 조정위원회와 같은 현대식 물 조직에서도 찾아볼 수 있다. 그럼에도 불구하고 향후 50년 내에 인류가 직면할 사회 및 환경 문제를 고려할 때 현재의 물 관리 방식이 구식화되고 있음을 시사하는 충분한 증거들이 있다.

1.1.1 사회의 회복탄력성 구축을 위한 전략적 요소로서의 물

물을 통제 및 관리하는 방법에 대해 재고할 필요가 있다. 이 책의 목적은 여러 과학적, 경험적 발전에 기반하여 물에 대한 새로운 패러다임을 소개하는 것이다. 이를 요약하면 다음과 같다.

1. 인류는 행성의 물을 초과 사용하게 되는 지점에 도달하고 있다. 즉, 물 사용량이 행성 규모에서의 지속가능한 경계를 넘게 될 것이다.
2. 주로 식량 생산에 의해 결정되는 물에 대한 사회적, 경제적 수요는 현재의 정책과 관행으로 지속가능하게 공급할 수 있는 양을 초과한다.
3. 기후변화 및 생물 다양성의 손실 등 가속화된 지구 환경 변화로 인해 2050년에는 최소한 90억 명의 인구를 갖게 될 것으로 예상되는 이 행성의 물 공급 능력을 약화시키는 단계에 도달했다.
4. 핵심적인 생태계의 회복탄력성을 유지하고 이에 따라 자연 자원에 대한 접근과 이용을 지속시키는 물의 역할에 대한 증거는 증가하고 있다. 이는 사회 및 생태계에서 한번 지나면 되돌리기 힘든 티핑 포인트를 회피하는 데에 핵심적이다.
5. 육지 및 수생태계의 기능과 서비스는 물론 사회를 위한 물의 직접 공급을 유지하기 위해서는 물을 적극적으로 관리할 필요가 있다.
6. 물은 지구 시스템의 기능을 조절하는 모든 생물물

리학적 과정과 밀접하게 연관되어 있으며, 따라서 생물총량 생산에서부터 기후 조절에 이르기까지 인간의 발전을 지원한다.

7. 물이 세계 어디에 있든지 간에 다른 공간적 스케일(지역에서부터 지구까지)과 시간적 스케일(현재와 수십, 수백 년 이후 미래)에 미치는 동인과 영향에 대한 이해 없이는 물을 통제하고 관리하기 어렵다.

지구상의 생물권을 유지하는 데 있어서의 물의 핵심적 역할(Falkenmark and Chapman, 1989), 변화의 주요 동인으로서의 물의 역할(IPCC, 2007), 그리고 우리 사회의 회복탄력성 구축을 위한 전략적 요소로서의 물의 역할(Falkenmark and Folke, 2003)에 대한 깊은 통찰이 새롭게 대두되고 있다. 사회적, 경제적, 생태적 격동이 전 세계적으로 심화되어 가는 현재, 이와 같은 인식은 과학계를 중심으로 점차 확대되고 있다. 금융 및 사회적 위기가 국지적인 규모에서 지역적 혹은 전 세계적인 규모로 확대되는 것과 마찬가지로 급격한 변화와 바람직하지 않은 사회적 피드백에 대한 사례가 점차 증가하고 있는 것을 관찰할 수 있다. 환경 변화 역시 세계화되고 있다. 이런 현상은 사회와 생태계의 변화 사이의 예기치 못한 상호작용을 야기하여 인류 발전에 새로운 도전 과제를 안겨주고 있다. 이러한 사회, 경제, 생태적 세계화의 시대에 물은 중심적인 역할을 하고 있다.

이 책에서는 피할 수 없는 변화에 대비한 회복탄력성을 구축함과 동시에 물 및 물에 의존하는 생태계 서비스(식량, 의약품, 바이오 에너지 등)에 대한 인간의 수요를 충족시키는 글로벌 지속가능성으로의 전환을 가능하게 하기 위해 물의 거버넌스와 관리를 어떻게 변화시켜야 하는지에 대한 질문들을 다루고자 한다.

새로운 사회-생태학적 글로벌 물 복잡성(social-ecological global water complex)은 인류 발전을 막는 위협을 이해하기 위한 핵심이며, 향후 인류 발전을 위한 물 거버넌스와 관리의 혁신을 위해서도 필수적이다. 유한한 담수 자원에 대한 인간의 압력이 커지고 있다는 사실을 깨달을수록 식량, 산업, 생활용수는 물론 사회생태적 회복탄력성의 기초가 되는 육지 및 수생태계의 필수적 기능과 서비스를 형성하는 데 필요한 물에 우리가 얼마나 많이 의존하고 있는지 또한 더 잘 이해하게 된다는 것은 흥미롭고도 도전적인 역설이다.

물은 경관을 흐르는 혈류일 뿐 아니라 인간 사회

Box 1.1 물: 신비한 생명의 기초

Wilhelm Ripl, Technical University of Berlin (Professor Emeritus)

물의 특별한 성질 중 하나는 서로 다른 수준의 조직과 물 순환 내에서 물질구조의 수명을 결정하는 능력이다. 이는 물이 원자와 전자로 부분적으로 해리되는 화학적 소산 특성(chemical dissipative property)과 연관된다. 두 수소 원자와 산소 원자 사이의 각도가 약 105°인 물 분자의 구조는 극성을 띠게 만들며, 이러한 특성으로 물은 염분은 물론 유기화합물을 녹일 수 있는 지구상에서 가장 풍부한 용매이다. 염분이 용해되면 음이온과 양이온이 물속에 균질하게 분포하게 된다. 물 분자는 상자성(paramagnetic) 특성을 나타내고, 이온 용액은 전기적 특성을 나타낸다.

물은 이산화탄소와 반응하여 탄수화물 라디칼을 형성하고, 이는 다시 중합하여 글루코스를 만든다. 이 반응계는 질소 이온과 반응하며 셀룰로오스나 녹말과 같은 긴 사슬 형태의 섬유 구조를 형성하기 위해 계속 반응한다. 탄소와 질소를 함유한 분자는 수소 및 산소와 함께 긴 사슬 형태의 복잡한 분자를 우선적으로 형성한다.

물은 자기조직적(self-organizing) 생태계에서 이동,

반응, 냉각 매체로서 중요한 역할을 한다. Odum(1969)에 따르면 생태계 발전은 두 단계로 이루어진다. 정착단계(establishment phase)에서는 선구식물(pioneer plant)이 빠른 번식을 위해 영양소와 물을 가장 효율적으로 활용하여 빈 표면 및 공간을 채운다. 공간이 채워져 제약이 생기면 음의 피드백(negative feedback)에 의해 전략의 변화가 불가피하다. 이때 유지단계(maintenance phase)로 대체되면서 성숙한 생태계의 특성인 물질을 재활용하는 능력을 발전시키는 군집이 등장하게 된다. 유지단계에서의 생태계는 세포 단위로 설계된 유기체와 유사하며 이는 소산생태단위(dissipative ecological unit)로 알려져 있다. 이 단위는 다섯 가지의 기능적으로 정의된 요소로 구성된다(그림 1.b1.1): (1) 세 종류의 유기체—녹색식물(1차 생산자), 박테리아와 곰팡이(분해자), 먹이사슬(방목 및 포식을 하는 모든 종류의 동물. 성장 및 번식을 위한 공간을 계속 만들며 시스템을 효율적으로 유지함) (2) 두 종류의 비생물 요소—죽은 유기체(에너지, 영양분, 미네랄의 저장소)와 물(냉각, 이동, 반응 매체).

녹색식물은 보통 두 가지 기능을 가지고 있다. 하나는 모든 유기체에 필요한 에너지원으로서의 기능, 그리고 또 하나는 뿌리로부터 잎으로 물을 빨아들여 증산시키는 능동 펌프의 기능이 있다. 여기에서 증산작용은 뿌리층에서의 광합성 작용과 피드백으로 연계되어 있다. 순생산과 연계된 증발산은 토양 내 모세관층에 있던 물을 감소시킴으로써 분해층에 공기 유입을 늘려 분해자의 활성을 강화시키고 필요한 시기에 생산 과정을 위한 미네랄을 공급한다. 이러한 과정은 에너지, 영양분 및 미네랄 손실이 거의 없도록 이루어진다.

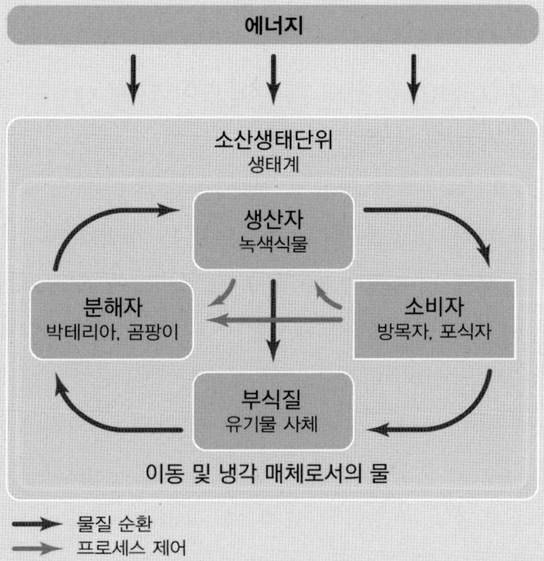

그림 1.b1.1 이동, 반응, 냉각 매체로서의 물과 소산생태단위(Dissipative Ecological Unit, DEU)(Ripl and Hildmann, 2000).

와 활동을 위한 혈류이기도 하다. 인류 발전에 있어서의 물의 역할에 대한 이해를 심화시키고 넓히는 것이 늦은 감이 있다. 지구 환경 변화가 빠르게 일어나고 있는 시대에 전 세계적으로 물 수요가 크게 증가하고 있으며, 이로 인해 미래의 물 가용성의 심각한 저하를 초래할 수 있는 위태로운 상황에 우리는 가까워져 있다. 인구 증가와 더불어 점점 증가하는 인간의 물 수요를 즉각적으로 충족하기 위한 물을 확보하기 위해 더욱 어려운 싸움을 해야 하는 상황에서 전통적 물 분야에서는 잘 다루지 않던 생태계 서비스와 회복탄력성을 유지하기 위한 물 흐름의 확보 필요성을 우리의 사고체계, 정책, 실천에 접목할 필요가 있다. 즉, 이제는 생태계와 회복탄력성을 위해 점점 더 많은 양의 수자원을 보호해야 하는 동시에 급격히 증가하는 물에 대한 사회적 요구를 충족시켜야 하는 시급한 상황에 직면해 있다. 여기에는 생물 다양성을 유지하기 위한 물, 토양에서의 탄소 격리, 그리고 큰 홍수를 피하기 위해 강우 유출을 완화하는 경관의 능력 등이 포함된다. 간단히 말해, 농업, 산업, 생활 수요를 포함한 전통적인 '경제적 물 부문'의 유지를 위해 물이 부족한 상황에서, 생태계의 보존을 위해서가 아니라 인류 미래의 번영을 위해 생태계를 위한 물을 확보해야 하는 것이다.

1.1.2 자원이 한정된 행성에서의 물에 대한 지속가능한 책임감을 향해

몇몇의 두드러진 과학적 진보가 물 거버넌스 및 관리를 위해 새로운 통합 패러다임을 개발해야 한다는 인식에 기여했다. 물과 수자원 개발에 대한 새로운 접근 방식의 여러 요소는 이미 존재하고 있거나 빠르게 발전하고 있다. 예를 들어, 수생태계의 환경유량 관리, 관리 규모(예: 유역)에서의 수자원에 대한 기후변화 영향의 통합, 물 흐름 조절을 위한 육상생태계 관리 프레임워크(예: 숲 관리 및 강과 습지의 공간 구성) 등이 그것이다.

사회-생태학적 접근 방식으로 수렴되는 다양한 스케일에서의 토지 및 수자원의 통합 관리에 대한 상당한 과학적 진보가 학문 전반에 걸쳐 있어왔다. 예를 들어, 생태계 기능 및 서비스에서의 증발산의 역할에 초점을 맞춘 수자원 연구(Enfors, 2013; Jansson *et al.*, 1999; Liquete *et al.*, 2011; Rockström *et al.*, 1999), 물에 기인하는 임계치에 대한 인식의 확대(Gordon *et al.*, 2008), 육상생태계에서의 담수의 역할(Poff *et al.*, 1997; Poff and Zimmerman, 2009; Richter *et al.*, 1997; Richter *et al.*, 1997), 토지와 물에 대한 초점을 확대한 통합수자원관리(IWRM, Integrated Water Resources Management) 연구(De Vries and de Boer, 2010; Duda, 2003), 지구 시스템 과학에서의 물과 토지 관리의 통합(Canadell *et al.*, 2007; Lambin and Geist, 2006) 등이 있으며, 이 중에서도 특히 기후변화와 물(Alcamo and Henrichs, 2002; Bogardi *et al.*, 2012), 복잡계 동역학 및 생태계의 티핑 포인트에서 물의 역할(Scheffer *et al.*, 2001), 얽히고설킨 물, 생태계, 개발 문제를 해결하기 위한 스케일 간의 적응적 공동 관리의 필요성에 초점을 맞춘 제도적 연구(Pahl-Wostl *et al.*, 2012), 공유 자원 및 재산권 관리(Cole and Ostrom, 2011) 등이 여기에 속한다.

이 책에서는 사회-생태학적 회복탄력성 기반의 접근법을 제시하고 지구 변화가 빠르게 일어나고 있는 시대에 수자원과 인류 발전 문제를 다룰 수 있도록 위에 제시한 가닥들을 통합하고자 한다. 이를 위해서 수자원 거버넌스 및 관리는 공급수량 확보와 수자원에 대한 부정적 영향 최소화라는 기존의 초점에서 벗어나 바람직하지 않은 피드백을 회피하고 적응력 및 바람직한 변화를 촉진하기 위한 생태계 서비스와 회복탄력성을 위한 사회-생태계 내에서의 물에 초점을 맞춘 보다 넓은 관점으로의 패러다임 전환이 필요하다.

지속가능한 물 사용에 대한 새로운 접근법을 개발하는 것만이 이 책의 목적은 아니다. 새로운 물 거버넌스와 관리 방법에 대한 기초를 확립하는 것 또한 이 책의 목적이다. 이를 위해서는 급작스러운 물 흐름의 변화와 지역적, 세계적 물 관련 위험 증가로부터 촉발되고 생물계의 안정성과 기능성이 변화함으로써 야기되는 전 세계적인 물의 격변이 증가할 것임을 인지해야 한다.

이 책에서는 수자원과 관련한 사회과학과 자연과학에 걸친 다양한 과학적 진보에 바탕을 두고 이 접근 방식을 구축한다. 이는 청사진이라기보다는 수자원과 관련한 최신 과학과 물이 지구 변화, 회복탄력성, 생태계 서비스 및 개발과 어떻게 연관되어 있는지로부터 논리적 결론을 이끌어내려는 노력으로 봐야 한다. 이를 통해 이 책에서는 인류세라는 새로운 지질학적 시대에 유한 자원을 가진 행성에서 필요한 물의 지속가능한 관리를 위한 프레임워크를 제안하고자 한다.

1.2 인간의 이용이 가속화하는 시대의 물

물과 관련한 상황이 점점 위태로워지고 있다. 전 세

계적으로 굶주리고 있는 사람이 10억 명에 육박하는 높은 수준을 유지하고 있다(FAO, 2012a). 이 행성은 2050년까지 추가적인 20억 명의 인구를 또 먹여 살려야 한다(UN DESA, 2011). 현재의 영양실조 상태를 개선하고 늘어나는 인구를 충족시키기 위해서는 세계 식량 생산량을 50-70% 늘려야 한다(Godfray *et al.*, 2010; McIntyre *et al.*, 2009; Tilman *et al.*, 2011). 더욱이 세계는 중국, 남아시아, 중남미의 발전에 따라 향후 30년 내에 중산층이 20억 미만에서 40억 이상으로 증가할 것으로 예측되고 있다(Kharas, 2010). 이는 채소 위주의 식단에서 물이 많이 필요한 육류 위주의 식단으로의 빠른 전환을 야기한다.

부와 식량 수요의 증가는 미래 수자원에 잠재적으로 미치는 영향이 매우 크다. 특히 축산물은 단위 칼로리 생산량당 물 투입량 측면에서 단연코 직접적인 물 소비가 가장 큰 부문이다. 현재의 농업 방식을 이용할 경우, 성인 1인당 연간 약 1,300 m^3의 물이 요구되며, 이는 1인당 하루 3.5-4 m^3의 물 사용량 또는 1인당 총물 사용량의 80-90%에 해당한다. 즉, 생활 및 산업용수보다 5배 정도 많은 양이다. 전 세계의 식량 생산을 위해 연간 5,100 km^3의 물을 소비하는 것으로 추정된다(5장 참조). 기아 극복과 증가하는 인구를 먹이기 위해 필요한 모든 형태의 식량 생산에 추가적으로 필요한 물은 2050년까지 연간 1,500-4,000 km^3에 달하는 것으로 최근 평가되었다(McIntyre *et al.*, 2009). 이러한 현상은 특히 관개를 위한 담수 남용으로 인해 바다에 도달하기 전에 마르고 있는 콜로라도강, 리오그란데강, 황허강과 같은 많은 큰 하천들에서 발생하고 있다(Molle and Wester, 2009).

대규모 수공 기술 덕에 점차 많은 물을 이용할 수 있게 되었음에도 불구하고(전 세계적으로 대형 댐 저장 용량이 6,000 km^3 이상임), 세계 인구 약 70억 명 중 절반가량이 이미 다양한 수준의 물 부족에 직면해 있으며, 30%는 심각한 스트레스를 받고 있다

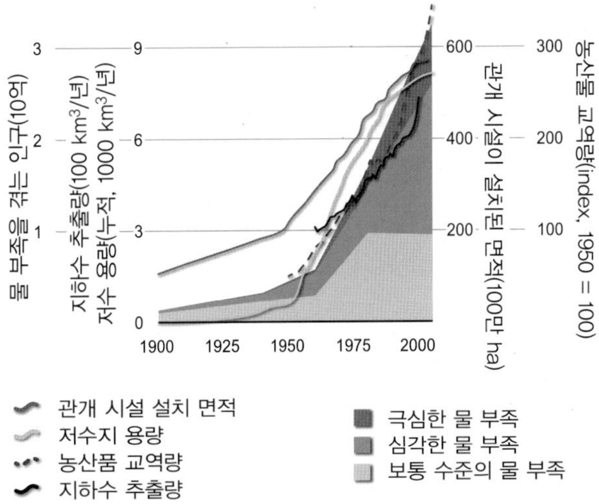

그림 1.1 물 부족에 직면한 인구수(국가별 1인당 청색수 가용량에 의한 Falkenmark 지표를 이용). < 500 m^3/년은 절대 또는 극심한 물 부족; 500-1,000 m^3/년은 심각한 또는 높은 물 부족; 1,000-1,700 m^3/년은 보통 수준의 물 부족을 의미. 직선들은 저수지 및 지하수 추출량 등 전 세계의 물 인프라 개발과 관련한 몇몇 지표임(Kummu *et al.*, 2010, based on Chao *et al.*, 2008; Freydank and Siebert, 2008; Wada *et al.*, 2010; WTO, 2012).

(Kummu *et al.*, 2010). 그림 1.1에서 보여주듯이, 물 기반시설과 관련한 다양한 지표가 지난 100년 동안 가속화하는 양상을 나타낸다. 매우 높은 환경 비용으로 이룩한 이러한 놀라운 확장에도 불구하고 인간의 물 부족은 더욱 심화되고 있으며 유출수의 과다 사용은 수생 생태계로부터 제공되는 중요한 생태계 기능과 서비스를 약화시키고 있다(Millennium Ecosystem Assessment, 2005). 이는 엄연히 임계지점에 이르렀음을 의미한다. 나아가 인간이 유발하는 기후변화는 많은 지역에서 물 가용성을 저하시키고, 가뭄과 홍수와 같은 극한사상의 빈도와 강도를 증가시킬 것이다(IPCC, 2007).

이제는 물 가용성과 이용에 직접적인 영향을 미치는 다양한 스케일에서의 사회 및 환경 시스템의 상호작용에 의한 복잡성을 물과 관련한 동인에 추가하여야 한다. 그러기 위해서는 수자원 개발에서의 인간의 관점, 지구적 변화 과정에서의 담수의 역할(기

후변화부터 생물 다양성 손실, 세계 무역 흐름까지), 다양한 충격과 교란에 대한 사회 및 생태 회복탄력성의 구축을 위한 물의 역할이 심층적으로 통합되어야 한다.

1.2.1 지구 시스템의 필수적 부분으로서의 인간

유역, 지역 및 지구 수준에서의 물 가용성은 그간 이미 정해진 것으로 간주되어 왔다. 즉, 주요 강들의 유출량을 측정하여 추정할 수 있는 상대적으로 작은 범위 내에서만 자연 진동하는 예측 가능한 양이었다. 더욱이 이러한 가용수량은 변화를 하더라도 점진적으로 그리고 통제가 가능한 정도로 매우 느리게 변화한다고 간주되어 왔다. 이것이 그간의 수자원 거버넌스 및 관리의 기본적인 토대였다. 주요 유역에서의 기저유량에 대한 수문곡선이나 총유출량에 의해 항상 안정적으로 나타나는 수자원 데이터에 의한 이러한 물 중심적 '단일 스케일(mono-scale)' 접근법은 광범위한 사회-생태학적 동인들에 의해 물 가용성이 빠르게 변화한다는 것을 인지하지 못한다. 이러한 동인들에는 수분 피드백에 영향을 미쳐 강우 패턴을 변화시키는 토양 황폐화 또는 삼림 파괴에서부터 기후변화와 대기오염에 의한 영향도 포함된다.

이 책의 핵심 메시지는 인간은 지구 시스템의 필수적인 부분이며, 인간이 필요한 물은 지구의 생물물리학적 시스템의 역동적인 변화와 밀접하게 연결되어 있다는 것이다. 따라서 물은 토지 관리, 기후 완화, 생태계 관리, 대기오염 방지 및 자연 자본을 이용하는 기타 사회 및 경제 활동과 분리해서 다루어서는 안 된다. 물은 식량 생산에서부터 기온에 이르기까지 인간의 복지를 위해 중요한 지구상의 모든 프로세스를 결정한다. 결국, 물은 생물 다양성 감소에서부터 온실가스 배출에 이르기까지 인간의 영향을 받는 모든 환경적 프로세스에 영향을 받는다.

이것이 물의 거버넌스와 관리가 기존의 전통적이고 불완전한 접근 방식보다 훨씬 어려운 이유이다. 물은 지구상의 생물물리학적 시스템의 기능, 구조, 안정성을 뒷받침하는 결정적인 요소인데, 이 모든 것들이 인간에 의해 엄청난 스트레스를 받고 있다. 물은 가장 중요한 온실가스로서 기후 시스템을 조절한다. 이는 모든 바이오매스 성장을 위한 필수 조건이며 따라서 지구상의 모든 생물종들이 탄소, 질소, 인의 전 지구적 순환 속도를 설정하기도 하고 화합물의 수송 매개체와 용매도 된다. 이와 동시에 물은 기존의 생활, 산업, 농업용수를 넘어, 육상 및 수상에서의 생태계 기능과 서비스를 창출하고 사회-생태학적 회복탄력성의 기반을 제공함으로써 인간의 복지를 향상시킨다.

1.2.2 1950년대 이후 물 사용의 가속화

지구상의 물과 관련한 현재의 상황이 과거와 매우 다른 이유는 인간이 지구적 변화의 주요 동인이 되는 새로운 지질 시대인 인류세에 진입했기 때문이다(Crutzen, 2002a, b; Crutzen and Steffen, 2003; Crutzen and Stoermer, 2000). 이제는 인간이 태양으로부터의 행성의 위치, 지진과 화산 폭발과 같은 지질학적 사건과 같은 자연적인 힘과 (특히 변화의 속도 면에서) 대등하거나 더 큰 수준으로 변화의 원동력이 되었다. 또한 인간은 한정된 자원을 가진 행성에서 지구 생태계를 과용하고 있다(Ewing *et al.*, 2010; Loh *et al.*, 2005).

이 두 가지 사실이 지속가능한 발전에 대한 의제를 완전히 바꿔놓는다. 1992년 리우데자네이루에서 열린 유엔환경개발회의(UNCED)에서는 '우리의 공동 미래'(Brundtland, 1987)라는 기치를 통해 지속가능한 발전을 추구하는 데 엄청난 진전을 이루었고, 1992년 시행계획인 의제 21호에서 환경에 대한 3대 선도적인 협약(유엔기후변화협약(UNFCCC),

유엔사막화방지협약(UNCCD), 생물 다양성 협약)이 탄생했다. 그럼에도 불구하고, 환경 문제 해결을 위해 국가들이 주로 택하는 방법은 사회 및 경제 발전을 확보하는 동시에 환경 영향을 최소화하기 위한 목적으로, 대부분 부문별 그리고 크게는 지역별 접근법에 내재되어 있다. UNCED로부터 발전한 지속가능 발전에 대한 부문별 접근도 수자원 의제에 큰 영향을 끼쳤음을 기억해야 한다. 유엔환경개발회의에 의해 IWRM에 대한 더블린 원칙이 1991년에 탄생하게 되었다(International Conference on Water and the Environment, 1992). IWRM은 다음의 일련의 기본 원칙에 따라 틀이 잡혔다.

- 물은 경제적 가치를 가지고 있고 그것의 경쟁적 이용 시 경제적 재화로 인식되어야 한다.
- 물은 희박하고 취약한 자원으로 인식되어야 한다.
- 수자원 관리에 참여적 접근이 필요하다.
- 물 관리에서 여성들의 주요 역할이 인식되어야 한다.

이러한 기본 원칙들은 사회적 목적, 즉 물의 거버넌스와 관리에 대한 대형 유출수 또는 청색수(blue water) 중심 접근법과 같은 유출수 관리에 초점이 맞춰져 있으며, 더군다나 스케일 간의 상호작용을 고려하지 않았다.

이제는 상황이 다르다. 우리는 인류세 시대에 살고 있을 뿐만 아니라, 모든 자연 자본의 국지적 이용의 총체적 효과가 지역적 및 지구적 규모의 환경 프로세스에 직접적으로 영향을 미치는 시대에 살고 있다. 물도 예외가 아니다. 2012년 6월 리우데자네이루에서 열린 유엔 리우+20 지구정상회의에서는 이러한 세계화 시대에 물이 가장 근본적인 역할을 하는 우리의 생명 유지 시스템에 영향을 미친다는 사실이 인정되었다. 반기문 유엔 사무총장은 글로벌 지속가능성 패널(Global Sustainability Panel)을 만들어 '회복탄력적인 사람들, 회복탄력적인 행성: 선택할 가치가 있는 미래(Resilient people, resilient planet: a future worth choosing)'라는 리우+20 사전 보고서를 전달하였다. 보고서는 현재의 세계 개발 패러다임이 지속가능하지 않으며, 인간이 초래한 지구 환경 변화에 따른 지구 시스템에서의 티핑포인트의 위험성을 인식하고 이를 개발 패러다임에 통합할 필요가 있다고 결론지었다. 리우+20 정상회의는 글로벌 지속가능성의 맥락에서 사회와 경제 발전을 다루기 위한 목적으로 밀레니엄 개발 목표(MDGs)를 일련의 글로벌지속가능발전목표(SDGs)로 전환하기로 했다.

인류가 인류세 시대에 진입했다는 가장 중요한 증거는 2004년 국제 지질-생물권 프로그램(IBGP)에 의해 지구 시스템 과학의 종합보고서에 발표되었다(Steffen *et al.*, 2004). 이 보고서는 과학적인 성과일 뿐만 아니라 발표 시기의 시의적절성 때문에 특별히 여기서 언급한다. 인위적인 압력하에서 지구의 상태를 통합적으로 분석한 내용이 처음으로 제시된 것이 불과 2004년이었다는 것을 기억하는 것이 중요하다.

앞에서 언급한 통합적 분석 결과는 인간의 압력으로 인해 지구상의 생물물리학적 시스템에 가해지는 영향이 가속화되고 있다는 추세를 분명히 보여준다. 흔히 얘기하듯 18세기 중반 산업혁명 이후 기하급수적으로 증가한 이산화탄소 배출만을 얘기하는 것이 아니다. 이 외에도 인류 발전의 기초를 이루는 광범위한 생물물리학적 프로세스들이 지난 세기와 천년 동안 동일한 '하키스틱' 상승 패턴을 보여주고 있다. 그림 1.2는 1950년대 중반에 모든 프로세스의 추세가 어떻게 가속화되는지를 보여준다. 이 시기는 산업활동이 엄청난 가속도가 붙었던 시점이다. 제2차 세계대전이 끝나고 10년 후, 지구상의 인구는 30억 명에 불과했지만 인류 역사상 처음으로 지구상에 생태학적 흔적을 만들어낼 수 있고 산업사회의 확대로부터 덕을 볼 수 있는 충분한 인구가 있었다. 이때의 인구는 오늘날과 비교했을 때 매우 적었을 뿐 아니라 이 중 극소수만이 환경 문제를 확대시키는 주요 역할을 하였기 때문에 이는 매우 놀랍다 할 수 있다. 세계 인구의 약 20%에 달하는 부유한 소수들이 화석 연료를 기반으로 한 산업화의 혜택을 받았다. 온실가스 배출, 전 지구적 질소와 인 순환에 대한 간섭, 대기오염, 삼림 파괴, 토지 황폐화, 어류 남획, 생물 다양성 손실 등 인간의 부를 창출하는 모든 환경 과정을 본질적으로 다루는 경험적 자료들이 많이 있다.

이러한 가속화된 변화를 일으키는 사회적 동인 역시 1950년대 중반 이후 유사한 변화 경향을 보여준다(그림 1.2). 물과 관련한 상황도 비슷한 패턴을 따른다. 유한한 담수 자원에 가해지는 압력의 배후에 있는 사회적 동인은 인구 증가, 농업의 확대, 소비 패턴, 무역의 세계화, 수송과 에너지 사용의 증가 등 지구 시스템 전체의 경우와 대체로 동일하다. 지구적 동력과 이에 따른 물과 직접적으로 관련된 시스템에 가해지는 영향 역시 지난 60년 동안 가속화하는 경향을 보여준다(그림 1.3).

요컨대, 지구 물 순환의 작동도 인류세 시대에 접어들었으며(Meybeck, 2003), 이제 인간은 지구 담수계의 기능과 분배를 결정하는 지배적인 힘이 되었다. 여기에는 하천 흐름의 지구적 규모의 변화(Oki and Kanae, 2006; Shiklomanov, 1998; Shiklomanov, 2000)와 토지 이용 변화에 따른 수증기 흐름의 변화가 모두 포함된다(Gordon *et al.*, 2008). 문제는 인간이 지구의 자연 자본을 무분별하게 이용함에 따라 물에 미치게 되는 영향을 인식해야 한다는 것이다. 자연 자본은 무생물과 생물을 모두 포함한다. 예를 들어 유한한 자연 자본으로는 화석 에너지원, 인, 육지와 담수 등이 있으며 살아 있는 생물권에는 경관과 바다에 있는 모든 생물종을 포함한다. 인간의 자연 자본 이용이 물에 미치는 영향은 이 책에서 심층적으로 다룰 세 가지 광범위한 주제로 표현될 수 있다.

- 유한한 담수 자원에 대한 인간의 압력은 향후 식량, 생물학적 유전자 풀, 바이오 에너지와 같은 핵심 생태계 서비스는 물론, 수분(pollination) 및 기후 조절과 같은 핵심 생태계 기능을 위협한다.
- 우리는 지역적 및 지구적 규모에서 서로 강하게 연결된 생물물리학적 임계치들에 다다를 위험에 처해 있으며, 이것은 지구 시스템의 기능에 갑작스러운 변화를 유발할 수 있다. 물은 이 문제의 핵심이다.
- 물은 물 흐름과 가용량의 변화를 통해 지구적 변화 프로세스에 영향을 미치는 변화의 원동력이 되기도 하며, 동시에 전 지구적 사회-생태학적 변화의 영향을 받는 희생자가 되기도 한다(예: 기후변화에 따른 강우 패턴의 변화).

물은 인간에게 필요한 모든 육상 및 수생 생태계 서비스의 질과 양을 결정하며, 따라서 사회적, 경제적 성장의 근본적인 결정요인 또는 그 기초가 된다.

물은 또한 강한 사회적 동역학을 보여준다. 유한한 수자원에 대한 인간 압력의 영향은 증가하는 세계 인구뿐만 아니라, 1인당 물 사용량의 증가를 반영하고 있으며, 이는 결국 증가한 인간의 부를 반영한다. 이는 지난 100년간 취수량이 기하급수적으로 증가한 인구 증가율보다 거의 두 배나 빠른 속도로 증가했다는 것에서 알 수 있다(Lundqvist, 2000).

1.2.3 다양한 스케일에 걸친 물 문제

인류세에서는 물이 다양한 사회 및 생태학적 변화 프로세스에 의해 영향을 받음과 동시에 지구상의 많은 생물물리학적 변화에 영향을 미치기 때문에 다양한 공간적 스케일에 걸쳐 새로운 차원의 물 문제가 발생한다. 즉, 하천 유역(river basin)이라는 '단일 스

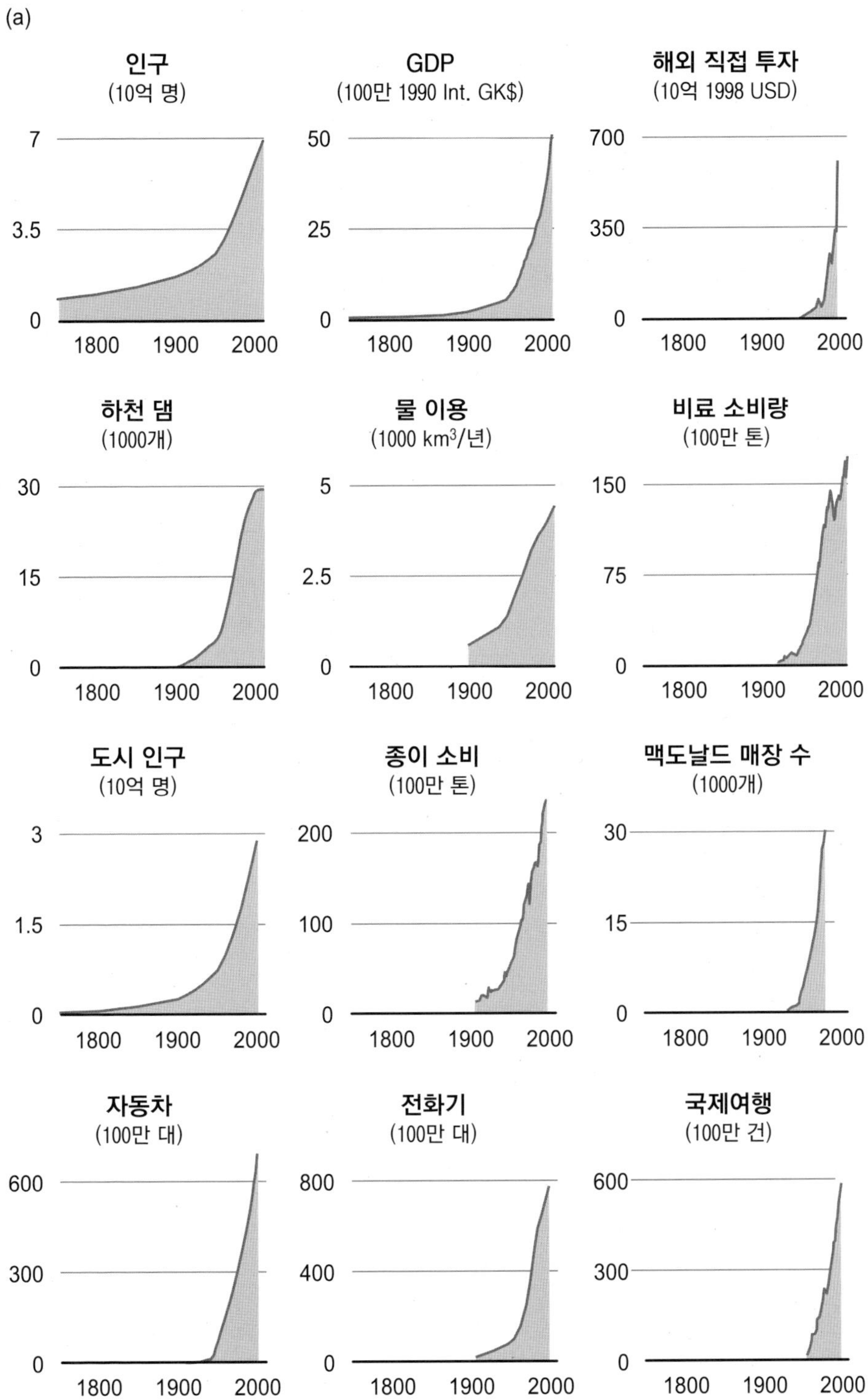

그림 1.2 산업화의 가속화의 영향을 받는 프로세스들. (a) 인구 증가, 물 이용, 다양한 자원 및 상품의 소비와 같은 주요 사회 프로세스들. (b) 온실가스의 대기 중 농도에서 생물 다양성 손실에 이르는 주요 환경 프로세스들(Steffen *et al.*, 2004에서 채택).

(b)

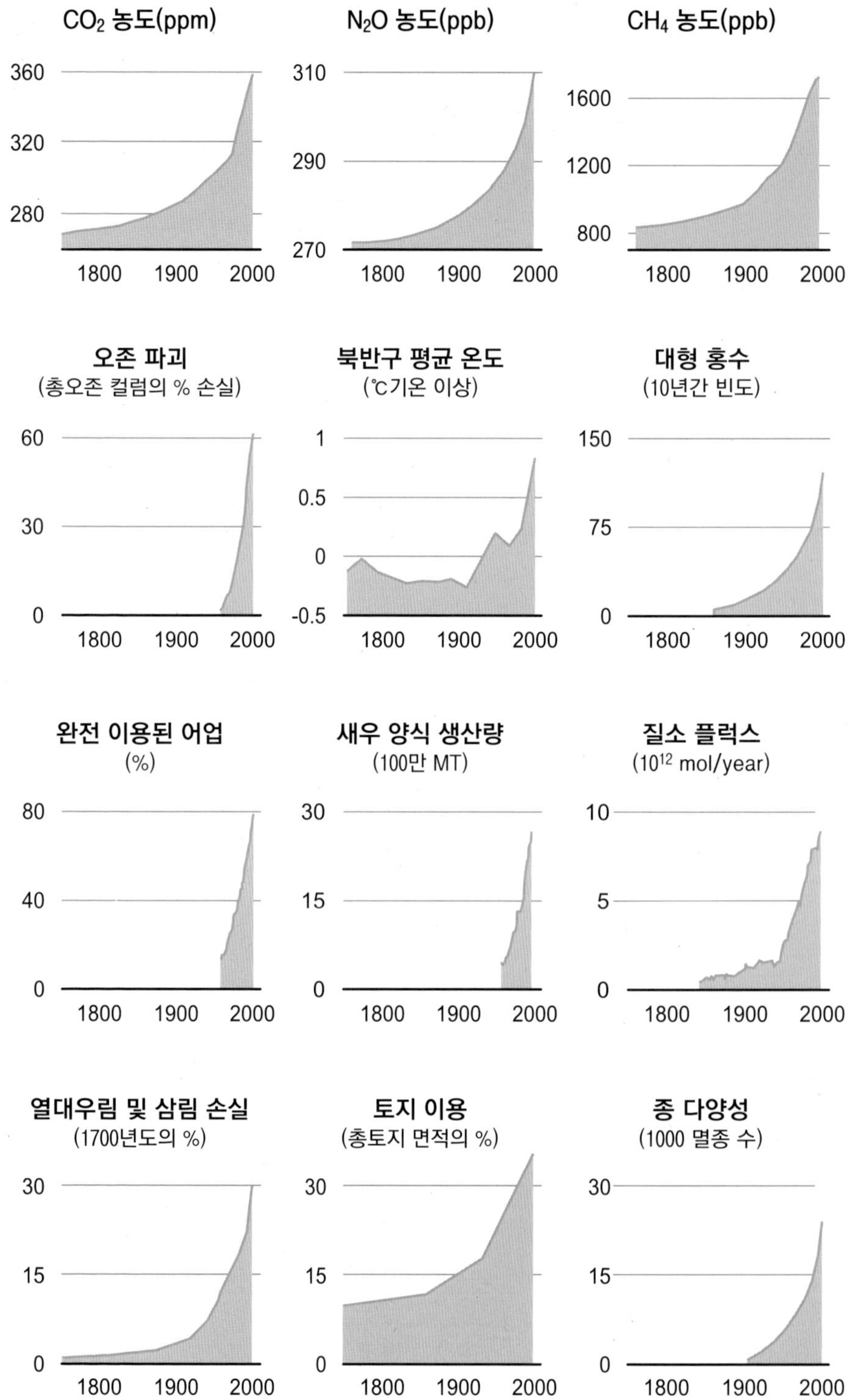
CO_2 농도(ppm)
N_2O 농도(ppb)
CH_4 농도(ppb)
오존 파괴
(총오존 컬럼의 % 손실)
북반구 평균 온도
(℃기온 이상)
대형 홍수
(10년간 빈도)
완전 이용된 어업
(%)
새우 양식 생산량
(100만 MT)
질소 플럭스
(10^{12} mol/year)
열대우림 및 삼림 손실
(1700년도의 %)
토지 이용
(총토지 면적의 %)
종 다양성
(1000 멸종 수)

그림 1.2 (계속)

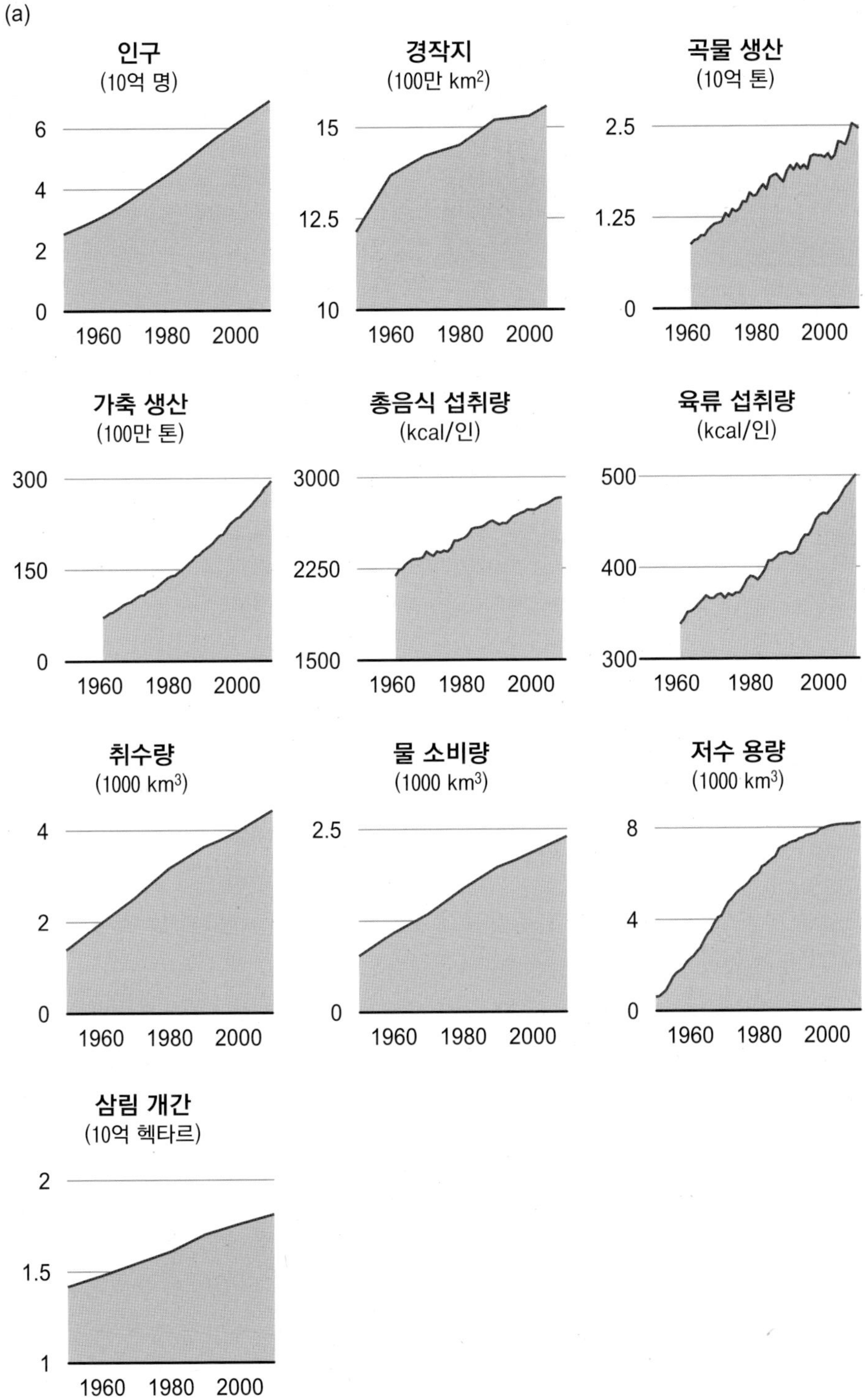

그림 1.3 인간에 의한 물 이용의 가속화. (a) 글로벌 수자원에 직접적인 영향을 미치는 주요 동인들의 지난 60년간의 추세와 (b) 동일 기간 동안 인간 사회에 영향을 미치는 물 영향 지표의 경향(Chao *et al.*, 2008; CRED, 2012; Dai, 2011; FAO, 2012b, 2013; Klein Goldewijk *et al.*, 2011; Shiklomanov and Rodda, 2004; UNDESA, 2011; UNPD, 1999; Wada *et al.*, 2010; WWF, 2012).

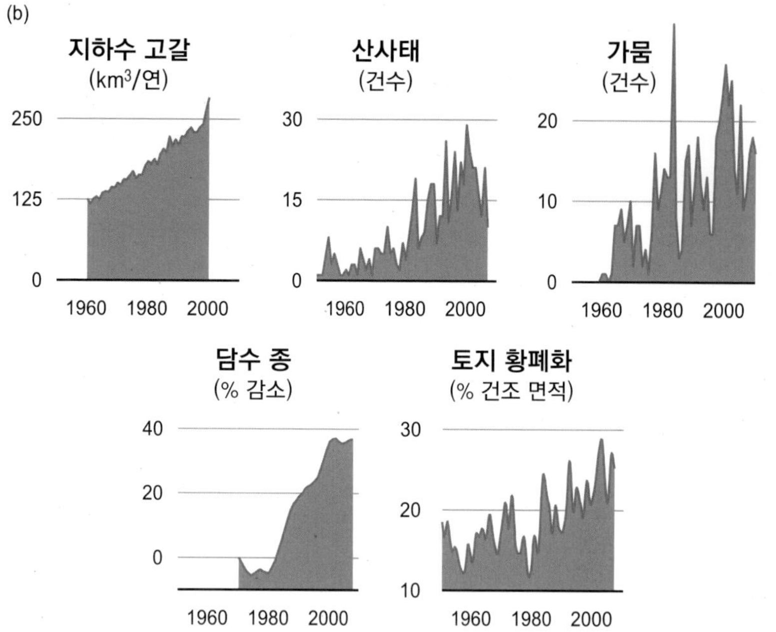

그림 1.3 (계속)

케일'에 초점을 맞추는 것은 더 이상 충분치 않다. 소유역(catchment) 스케일에 맞춰 점점 더 작은 분야에 집중함으로써 더 많은 물을 찾아야 함은 물론이고, 지역부터 지구적 스케일에 이르기까지 더 큰 스케일에서의 영향을 이해해야 한다.

인간은 수천 년 동안 물의 흐름을 변화시킴으로써 경관의 구성을 바꾸고 구역에서부터 지역까지 다양한 스케일에 영향을 주었다. 인류세에서는 더 이상 이것들만이 영향력의 척도가 아니다. 농경지에서의 물 관리가 강수 분할에 변화를 초래하여 발생하게 되는 국지적 수준에서의 물의 변화부터 소규모 유역 및 대규모 하천 유역에서의 수자원 변화까지 물은 계속 변화하고 있다. 과거와 다른 점은 이러한 변화가 지구 전역의 모든 곳에서 동시다발적으로 일어나고 있으며, 그 결과 기후 시스템과 같은 지구 스케일의 시스템과 상호작용하여 그 영향이 국지적 규모를 넘어서고 있다는 점이다. 즉, 인간이 물에 미치는 영향의 규모는 증가하였다. 예를 들어, 취수, 토지 이용 변화, 삼림 벌채, 대기오염 및 인간에 의한 기후변화 등이 지역적 몬순 시스템과 같은 지역 규모의 강우 패턴에 점점 더 영향을 미치고 있다. 요컨대, 오늘날의 지역 물 관리는 큰 스케일에서의 생물물리학적 시스템의 기능을 직접적으로 위협할 수 있으며, 국지적 수자원 관리는 더 이상 지구적 변화의 동역학과 분리시킬 수 없고, 지역적 규모의 물 가용성에 영향을 미치게 된다.

물은 서로 다른 스케일 간의 상호작용에만 관여하는 것이 아니다. 물은 시스템이 갑자기 예기치 않게 임계점이나 티핑 포인트를 초과할 때 빠르면서도 종종 돌이킬 수 없는 변화를 발생시킬 수 있는 비선형적 변화를 발생시킴으로써 교란 체제의 변화 및 예기치 못한 사상의 발생과 밀접한 관련이 있다.

물이 지구의 다른 시스템과 어떻게 상호작용하는지, 물이 서로 다른 공간적 스케일에 걸쳐 어떻게 상호작용하는지, 시스템이 티핑 포인트를 넘게 하거나 넘지 못하게 함으로써 충격을 회피하거나 유도하는 물이 어떤 역할을 하는지, 그리고 인간의 복지를 위한 생태계 서비스를 창출하는 물의 핵심적 역할이 무엇인지 등 이 네 가지 요소가 이 책의 핵심이다.

1.2.4 복수 상태(multiple states)에서의 체제 변환(regime shifts)

작은 호수(Carpenter, 2005)부터 사헬(Sahel) 지역의 강우 체제와 같은 지역 규모의 시스템(Scheffer *et al.*, 2001)에 이르기까지 생태계는 임계점에 의해 분리되는 복수의 안정 상태를 가질 수 있다. 종종 호수는 갑자기 서로 다른 안정 상태 사이에서 비선형적인 방식으로 변화한다. 예를 들면, 맑고 영양소가 적으며 산소가 풍부했던 상태에서 탁하고 영양소가 풍부하면서 산소가 부족한 상태로 변화한다. 이러한 '뒤집히는 현상'은 장기간에 걸쳐 환경 상태가 점점 나빠지면서 발생하며, 이는 시스템의 생태적 회복탄력성을 서서히 약화시킨다. 그러나 시스템이 뒤집히기 전에는 겉으로 보기에는 '환경적으로 건강한' 우리가 '원하는(desired)' 상태 또는 견인 영역(basin of attraction)에 머물러 있다. 하지만 회복탄력성의 점진적인 저하는 충격과 교란에 취약하게 만들고, 영양분이 높은 퇴적물의 대량 유입이나 비정상적으로 물의 혼합이 적은 시기를 발생시키는 날씨와 같은 방아쇠에 의해 시스템은 문턱을 넘게 된다. 그러면 시스템은 종종 원하지 않는 새로운 상태(또는 체제)에 고착된다. 만약 새로운 상태를 강화하는 피드백 메커니즘(즉, 시스템의 기능과 구조상에 새로운 평형을 향한 변화 과정을 약화시키거나 강화할 수 있는 요소)이 있다면, 이는 상태 변화 또는 체제 변환을 일으키는 요소가 된다. 호수의 경우, 새로운 부영양화 상태로 바뀐 이후 이러한 상태를 강화 및 유지시키는 종을 증가시키는 역할을 하는 식물성 및 동물성 플랑크톤의 변화가 이러한 양의 피드백 역할을 한다.

마찬가지로, 열대우림이나 사바나 시스템과 같은 더 큰 시스템도 뚜렷하게 분리된 안정 상태를 가지고 있는 것으로 보인다. 열대우림은 습한 숲 상태와 비교적 건조한 사바나 상태 사이에서 뒤집힐 수 있으며(Oyama and Nobre, 2003), 사바나는 비교적 습한 사바나와 초목이 주를 이루는 상태에서 훨씬 건조한 스텝(steppe)과 유사한 관목이 주를 이루는 상태로 바뀔 수 있다(Scheffer and Carpenter, 2003). 분리된 복수 안정 상태의 존재와 비선형 변화의 위험성을 결정하는 결정적인 요인은 피드백 메커니즘의 존재다. 예를 들어 중앙아시아의 아무다리야(Amu Darya)강과 시르다리야(Syr Darya)강에서의 수십 년에 걸친 취수는 아랄해의 수위를 점차 낮췄지만, 현재 더욱 얕아지고 따뜻해진 물-대기층에서의 증발 수요가 높아지는 동적 피드백 메커니즘에 의해 건조 과정이 강화되면서 아랄해는 거대한 내해에서 건조하고 사막화된 상태로의 체제 변환이 일어났다.

물이 항상 시스템이 임계값을 넘어설지 여부를 결정하는 제어 변수는 아니지만, 종종 비선형 변화에 따른 위험에 영향을 미치는 중요한 요인이 된다. 기후 시스템의 경우, 티핑 포인트 또는 티핑 요소를 넘게 되는 위험은 기후 완화 정책 및 실천 요강의 정의 요소일 수 있기 때문에 과학적으로 관심의 초점이 되고 있다(NAS, 2009). 기후 시스템에서 임계 현상이 실제로 있다면, 기후변화 완화는 인류에게 치명적이고도 돌이킬 수 없는 파국의 위험으로부터 지구를 보호할 수 있을 것이다. 만약 피드백 작용이 지구온난화를 줄이거나 가속화하는 것이 사실이라면, 이는 기후 시스템을 '안전한' 수준으로 안정화하는 방법을 근본적으로 바꿔야 함을 의미한다. 만약 물 관리를 어떻게 하는지가 기후 임계값을 넘게 하느냐 마느냐와 밀접하게 연관되어 있고 물도 그 자체로 티핑 포인트를 갖고 있다면, 수자원 관리에 대한 우리의 접근법 또한 바뀌어야 한다.

오늘날 우리는 잠재적 티핑 포인트에 도달할지 모르는 지구상의 하위 시스템들에 대한 꽤 좋은 그림을 가지고 있는데, 이것은 기후 시스템에 대한 인간의 지속적인 간섭과 연관된 갑작스럽고도 치명적인 변화를 초래할 수 있는 파국적 임계점에 관한 것이다(그림 1.4).

이것들 중 다수는 수증기가 주요 온실가스이며 점진적인 온난화가 지구의 물 순환의 강도를 증가시킨다는 사실을 넘어 기후에 의한 영향을 받고 강화 피드백으로 작용함으로써 물과 밀접하게 연계되어 있다(그림 1.5). '습한' 사바나 상태와 '건조한' 스텝 상태 사이의 사헬 지역 식생의 복수 안정성과 엘니뇨-남방 진동(ENSO)이 기후에 의해 변화하는 위험성이 이러한 대표적인 예이다.

이러한 '예기치 못한' 요소들이 현재 주류 수자원 관리 논의에 포함되어 있지 않다. 이러한 점에서 이 책은 수자원 거버넌스 및 관리가 어디에서 어떤 방식으로 진화해야 하는지를 파악하기 위해 비선형 변화를 야기하는 물의 역할에 초점을 두었다.

하지만 인간의 간섭이 없더라도 물은 종종 극단적이기도 한 자연 변동성으로 사회-생태 시스템에 큰 충격 및 스트레스를 가할 수 있다는 점도 인지해야 한다. 물은 지구상의 대부분의 육상 및 수생태계

그림 1.4 잠재적 티핑 요소들: 지구 시스템 내에서 기후변화로 인한 급격하고 비가역적인 변화 위험이 있는 시스템들(Lenton *et al.*, 2008).

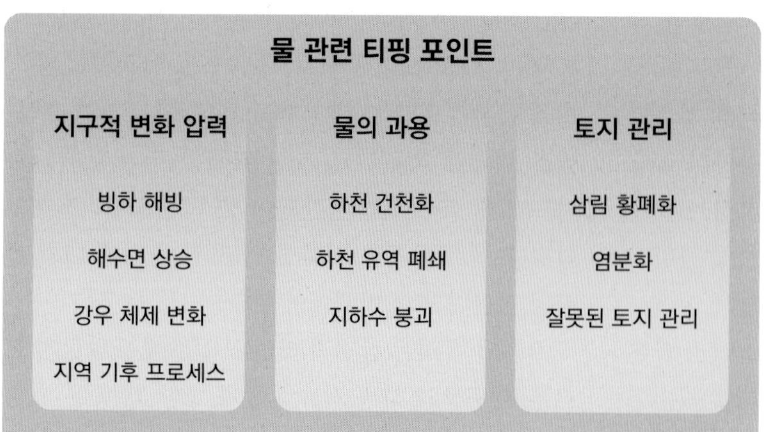

그림 1.5 물과 관련된 티핑 포인트의 개요.

의 자연 교란 체제의 일부로서, 극한 유량의 빈도와 강도를 통해 생태계의 구조와 기능에 영향을 미치고 가뭄, 홍수, 건기를 발생시키며 사회와 생태계의 특성을 모두 형성한다. 자연 교란 체제하에서 안정된 상태를 유지할 수 있는 생태계의 능력은 시스템의 회복탄력성의 핵심 요소이며, 하나의 안정 상태에서 또 다른 안정 상태로 체제 변환을 하는 사회-생태학적 시스템의 동역학과는 확연히 다르다. 사헬 지역의 농부들이 물 수확 시스템을 이용하여 건기에 대처하였던 것은 자주 발생하는 건조기라는 자연 교란 체제에 대응하기 위해 회복탄력성을 높이기 위한 적응적 관리기법이었다. 이는 수십 년간 지속된 잘못된 토지 관리에 의해 야기된 점진적인 건조화가 인간에 의한 기후변화의 영향으로 인해 수년간 연속적으로 발생한 낮은 강수량과 결합되어 아카시아 사바나의 농지가 사막화된 초원으로의 전환이 되는 상황과 확연히 다르다. 그러나 교란 체제는 변하며, 취약한 시스템은 인간이 초래하는 새로운 교란에 극도로 민감하게 된다. 예를 들어, 종 다양성이 낮고 잘못된 토지 관리로 침전물 및 영양분이 많으며 어획량 또한 과한 연안 지역에서 새로운 질병이라도 발생하게 되면 시스템의 붕괴를 야기한다.

따라서 수자원 거버넌스 및 관리에 대한 새로운 접근 방식은 스케일 간의 상호작용(즉, 지역 공동체 또는 집수역(catchment)이 지역적, 유역(basin) 및 전 세계적 스케일에서의 수문학적 순환 및 사회적 동인에 어떻게 의존하고 상호작용하는지)은 물론 피드백 메커니즘의 복잡성, 다중 안정 상태, 사회적 또는 생태학적 티핑 포인트를 넘음으로 인한 사회-생태 시스템의 체제 변환의 위험성을 통합할 수 있어야 한다.

이 책에서는 티핑 포인트(tipping point)와 문턱(threshold)이라는 용어를 병용한다. 이는 숲이나 호수와 같은 사회-생태 시스템의 상태가 갑자기 새로운 형태로 변하는 제어 변수상에서의 지점(예를 들어, 기후변화로 인한 가용수량의 변화로 야기되는 농업 생산성의 비선형적 변화)을 뜻한다. 티핑 포인트와 문턱은 상태 변화가 일어날 때 통제 변수상의 위치를 나타내는 반면, 체제 전환(regime shift)은 한 사회-생태학적 상태에서 또 다른 사회-생태학적 상태로의 시스템의 변화를 뜻한다.

담수호 및 수질 변화와 관련된 티핑 포인트에 대한 연구와는 별도로 농업이나 도시와 같은 복잡한 사회-생태 시스템에서 물에 의한 체제 변환 및 물에 영향을 미치는 체제 변환의 위험성은 대부분 미개척 영역으로 남아 있다. 물이 인위적 기후변화에 의해 매우 강하게 영향을 받아 가뭄 및 홍수 빈도의 증가와 같은 직접적인 영향을 초래하기도 하고, 비선형적 변화를 촉발하는 열대우림의 건조화 및 토양의 탄소격리 감소와 같은 피드백 효과를 유발하는 점을 고려하면 이는 놀라운 일이다.

물 가용성에 영향을 미치는 지구 시스템의 생물물리학적 작동방식의 변화는 사회적 변화와 상호작용한다. 우리는 사회, 금융, 경제, 그리고 생태학적 불안정성이 금융위기나 2010년 아랍의 봄과 같은 지역적, 사회적 격변과 같은 갑작스러운 충격을 야기하는 세상에 살고 있다. 우리는 급속한 변화를 야기하는 사회적, 생태학적 동인이 예상치 못한 결과와 함께 예상치 못한 방식으로 상호작용하는 글로벌 동역학의 문제를 다룰 수 있어야 한다. 튀니지, 이집트, 리비아에서 혁명을 일으켰던 2011년 북아프리카에서의 아랍의 봄과 바레인, 시리아, 예멘의 시민 소요 사태는 독재 통치하에서 수십 년간 지속된 탄압에 대응한 사회적 폭발이었다. 이는 인터넷과 휴대전화에 의한 연결성에 의해 가능했으며 비극적이면서도 상징적인 사건인 튀니지의 야채 장수 모하메드 부아지지의 분신에 의해 촉발되었다. 그러나 이러한 사회적 과정은 식량 가격 상승으로 인해 대중까지 확장된 것으로 보인다(Lagi *et al.*, 2012). 2008년에 두 배 이상, 그리고 2010년에 다시 한번 폭등한 식량 가격은 아마도 휘발성 유가(2008년 1월 배럴당 약 90 USD에서 2008년 말 약 130 USD로 대폭 상승), 인산염 가격 상승(2008년 1월 약 100 USD/톤에서 2008년 하반기에는 400 USD/톤 이상으로 상승; Rimas and Fraser, 2010), 상품 시장 투기, 극한 기후 사상에 인한 세계 곡물 시장의 제약(예: 화재로 인한 수확률 감소로 러시아의 곡물 수출 금지; Rimas and Fraser, 2010), 호주의 10년 이상 지속된 가뭄에 이은 2010년 대규모 홍수, 미국 및 유럽의 바이오 연료 정책(Lagi *et al.*, 2012) 등 여러 요인 간의 복잡한 상호작용에 기인했을 것이다. 이는 사회정치적 요소가 자원 제약 및 생태적 변화와 상호작용하여 예상치 못한 방식으로 전 세계에 전파되는 한 사례다. 더 빠르면서도 더 큰 스케일에서 일어나는 사회 및 생태학적 과정들이 상호작용하여 대규모의 갑작스러운 사회적 변화가 그 결과로 나타난다. 이것들은 수십 년에 걸쳐 서서히 나타나기 시작했지만 갑작스러운 영향을 끼친다.

1.2.5 지구에서 원하는 상태를 유지하는 물의 역할

지구상의 여러 시스템에 가해지는 압력이 가속화되고 다양한 스케일에서의 비선형적 변화의 위험에 대한 인식이 커지면서 그렇다면 우리는 과연 지구의 안정성을 위협하고 있는 위험한 상황에 처해 있는가에 대한 의문을 갖게 된다. 이 행성은 지난 100만 년 동안 빙하기와 간빙기를 오갔다. 우리가 특히 관심을 갖는 시기는 지난 20만 년인데 이때는 완전히 근대화된 인류 시대(Oppenheimer, 2004)로 우리가 알고 있는 것과 본질적으로 동일한 문명을 발전시킬 수 있는 능력을 가지고 있었다. 그림 1.6은 지구가 빙하기에 있었던 지난 10만 년 동안 생물물리학적 생활환경 측면에서 인류가 발전을 이룩하기에 매우 힘든 시기였음을 보여준다. 약 85,000년 전 추웠던 시기에 현생 인류는 물 위기가 있었던 기간 동안 아프리카를 떠났다. 마찬가지로 약 65,000년 전의 춥고 건조한 또 다른 시기에 우리의 조상들은 호주에 도착하였다.

3만-5만 년 전 완전히 현대적인 인간들이 남아시아에서 유럽으로 대거 이동한 후, 우리는 가장 최근

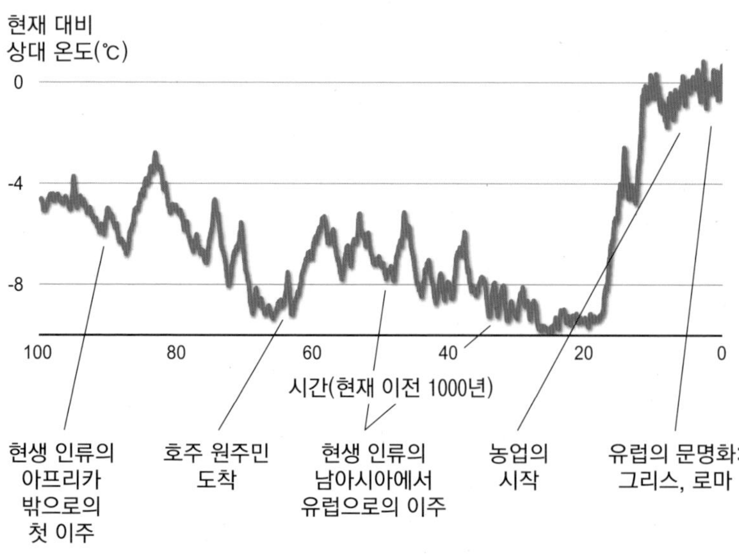

그림 1.6 과거 10만 년 동안의 온도 변화. 인류는 과거 10만 년 중 가장 긴 기간 동안 극심한 온도 변화가 가용수량과 생명 조건에 영향을 미치는 매우 험난한 여정을 겪어왔다. 물 순환의 많은 부분이 극지방의 확대되는 빙하에 '고립'된 극한기에는 사냥과 채집으로 사는 인류 중 일부가 물 부족과 기아로 새로운 식량원을 찾기 위해 내몰렸다. 현대 인류 역사에서 중요한 지점은 약 75,000년 전 혹한기의 건조했던 시기에 인류가 아프리카 밖으로 이주했을 때이다. 최근 분석 결과에 따르면 그 시기에 인류는 가임성인이 약 15,000명까지 감소하였다. 그림은 그린란드의 아이스코어 데이터와 함께 마지막 빙하 주기의 18O(온도의 지표) 자료를 인류 역사상 주요 사건과 함께 보여주고 있다. 홀로세는 지난 1만 년이다. EPICA Dome C 시계열의 온도 기록과 Young and Steffen(2009)에서 인용.

이면서 현재의 간빙기 시대인 홀로세에 진입하게 되었다. 이 시기는 100만 년이라는 기간과 비교해 봐도 놀라우리만큼 안정된 기간이었다. 인류가 농업을 발명하여 20만 년에 걸쳐서 지구를 점차 식민지화하였던 사냥 및 채집 공동체와 단절하고 안정화된 시기로부터 우리는 불과 몇천 년밖에 지나지 않은 시대에 살고 있다. 인류는 동물과 식물을 길들였으며 우리가 현재 알고 있는 문화와 문명을 건설하는 역사를 만들어내는 매우 빠른 여정에 착수했다. 메소포타미아 관개 사회로부터, 마야 문명의 정교한 저수지 관리, 나일강을 지배한 이집트인, 그리스 사회와 로마제국의 수공학, 그리고 물을 지배한 중국의 문명 등 농경을 위한 수리 문명에 이르기까지 인구는 수백만 명에서 오늘날의 70억 명으로 성장했다.

홀로세 시대에 제공된 안정적인 생물물리학적 조건이 인류의 놀라운 진화의 전제 조건이 되었고 또 계속되고 있다는 것이 점점 더 분명해진다. 물은 이러한 진화 여정이 가능토록 근본적인 역할을 해왔다. 역사 속의 제국들과 사회들은 모두 어느 정도 진보된 관개 사회였다. 홀로세에서의 안정된 상태가 없었다면 안정적인 담수 이용이 어려웠을 것이다. 안정된 담수 공급이 없었다면 농업 또한 없었을 것이다. 농업이 없었다면 수렵이나 채집 사회에서 농업사회로의 변화가 없었을 것이며, 이에 따라 현대 사회와 기하급수적인 인구 증가도 없었을 것이다. 즉, 오늘날 우리가 알고 있는 문명화도 없었을 것이다. 결론적으로 홀로세 시대는 우리가 원하는 행성 상태로서, 이는 인류 사회와 곧 90억 인구에 육박할 세계 인구를 지탱할 수 있는 우리가 아는 유일한 행성의 상태이다. 홀로세 시대의 안정적인 담수 흐름은 인류 발전을 가능하게 하는 근본적인 역할을 해왔다.

게다가 물은 현재의 바람직한 홀로세 상태에서 지구 시스템을 유지하는 데 결정적인 역할을 하고 있다. 즉, 수증기의 형태로 기후를 조절하는 온실가스로서, 얼음에서 액체 상태로의 상변화를 통한 에너지 흐름을 조절함으로써(얼음을 물로 변환하려면 얼음 1 kg당 334 kJ이 필요하며, 이는 80℃까지 물을 데우는 데 필요한 열과 같다. 즉 현재 그린란드의 얼음 질량 손실률이 약 400 Gt/year임을 감안할 때, 약 130 PJ의 에너지를 소비하고 있다는 것이다), 바이오매스 성장의 기초를 제공함으로써 탄소 흐름과 메탄 및 아산화질소와 같은 다른 온실가스의 흐름을 조절하는 역할을 하고 있다.

1.2.6 생명 유지를 위한 인간의 물 의존성

경관의 혈류로서 그리고 지구 시스템의 기능적 측면에서 물이 인간 사회의 혈류이기도 하다는 점은 두말할 나위가 없다. 수자원의 인적 차원을 가장 극명하게 보여주는 것은 인간이 생명 유지를 위해 물에 전적으로 의존한다는 것이다. 이를 위해 지금까지는 관개 농업과 생활 및 산업용수의 공급을 위한 청색수(blue water)에 대한 인간의 직접적인 수요에 주로 초점이 맞춰졌다.

청색수 부족 지수 중 가장 잘 알려진 것은 1980년대 중반 Malin Falkenmark에 의해 개발된 지수이다(Falkenmark, 1986). 'Falkenmark' 물 부족 지수는 경험적 증거를 토대로 한 국가의 청색수 가용량이 연간 1,000 m^3/인 이하로 떨어지면 만성적인 물 부족(이른바 '절대 물 부족')을 겪는 것으로 분류한다. 이는 청색수 가용량 100만 m^3당 1,000명을 초과하는 인구가 있는 물 혼잡에 해당한다. 그러나 한 사회가 경험하는 물 부족의 정도는 물 개발 수준에 따라 달라지게 된다. 즉, 가용수량 중 어느 정도의 비율이 실제로 사용됐는지에 따라 달라진다. 경험적 증거에 따르면 이 '가용수량 대비 이용 비율'이 40%를 초과하면 그 사회가 더 큰 물 스트레스에 접근하고 있음을 시사한다(그림 1.7). 인구 증가와 경제 발전은 물 부족 사회를 이 물 부족 사분면의 오른쪽 상단

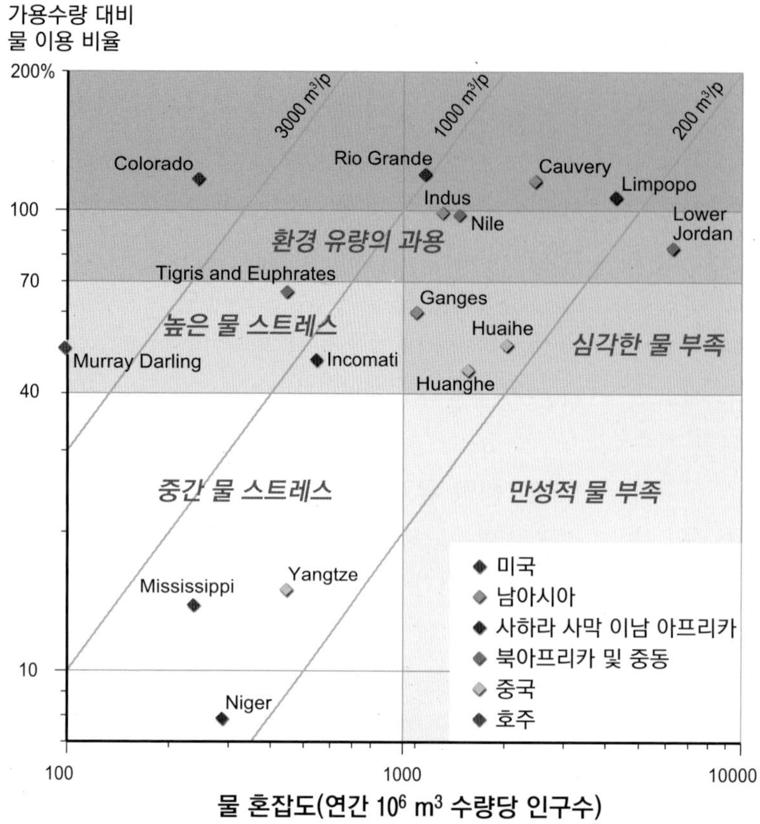

그림 1.7 청색수 이용에 따른 물 부족 사분면. 하천 유역 집단의 청색수 소비 증가 자유도. 가로축은 100만 m^3/년의 단위 유량당 인구수인 '물 혼잡도'이며 세로축은 '가용수 대비 취수 비율(%)'임. 대각선은 1인당 물 취수량에 해당하는 등가선임. 일반적으로 청색수 취수율이 70%인 경우 수생 생태계 유지를 위해 유역은 폐쇄되고 자유도가 남지 않는다. 스톡홀름 국제물연구소(Stockholm International Water Institute)가 다양한 출처로부터 수집한 자료임.

[이 그림은 본문 뒤에 컬러 그림이 따로 삽입됨]

모서리로 밀어내게 된다.

인구 증가와 경제 발전은 특히 식량과 에너지 수요를 충족시키기 위해 수자원에 대한 압력을 증가시킨다. 2025년까지 세계 인구의 대다수가 물 스트레스를 경험하는 반면 30-35%는 만성 물 부족(1인당 연간 청색수 가용량이 1,000m^3 미만)을 겪을 위험이 있다(Kummu *et al.*, 2010; Schiklomanov, 2003). 그러나 물 부족의 증가가 인간의 사회-생태학적 물 의존의 복잡성을 완전하게 포착하지는 못한다. 글로벌화된 세계에서 가상수(virtual water)는 지구상에서 (부피와 무게 면에서) 가장 많이 거래되는 천연 재화이다(가상수 거래량은 약 2,300 km^3/년인 반면 석유는 < 10 km^3/년이다). 1998년에는 세계 무역의 25%가 물 부족이 동인이었던 것으로 추정되었는데(Postel, 1998) 이를 통해 식량을 물이 상대적으로 풍부한 지역에서 수입함으로써 물 부족이 해결되었다. 국제 무역은 물 생산성이 높은 국가에서 낮은 국가로 물 집약적인 식료품이 거래됨에 따라 전 세계 물 사용량을 약 5% 감소시키는 것으로 추산되었다(Hoekstra, 2010). 바이오 에너지, 목재 및 기타 임산물과 같은 생물자원은 식량 생산과 더불어 세계 경제에서 물을 가장 많이 이동시키는 항목이다. 일부 시나리오에 따르면 2050년까지 전 세계의 바이오 에너지 수요를 충족시키기 위해 필요한 담수량이 현재의 식량 생산에 필요한 물 요구량과 같은 것으로 나타났다(Berndes, 2002). 이는 세계 경제 분야 중 산림에 이어 두 번째로 많은 물 소비 분야이다. 동시에 부의 증가에 따라 물 수요 또한 변한다. 육류의 단위 칼로리를 생산하기 위해서는 채소보다 3-5배 더 많은 물을 소비한다는 점에서, 더 부유한 사회의 육류

소비 증가는 전 세계적으로 물 사용을 증가시키는 가장 큰 동인이다.

물의 생물물리학적 차원과 마찬가지로 물 사용에 있어서의 인간의 차원 또한 국지적 규모에서부터 국가적, 지역적, 세계적 규모까지 다양하게 상호작용한다. 물의 생태 및 인간적 차원은 물의 사회-생태 차원이라 정의되는 영역 내에서 상호작용하며, 열대우림이나 몬순 시스템과 같은 강우 생성 규모 혹은 글로벌 시장이나 소규모 지역(농장 커뮤니티, 소유역, 습지 또는 숲 등)에서의 인간에게 영향을 끼치는 형태로 나타난다.

이 책은 청색수에 대한 직접적인 수요를 넘는 수증기 흐름의 역할과 사회-생태 회복탄력성을 제공하기 위한 물의 역할까지 포함하여 물에 대한 인간의 의존성을 통합함으로써 수자원에 대한 인간의 차원을 확대하였다. 여기서 수증기의 흐름이란 식량과 에너지뿐만 아니라 생태적 기능과 서비스를 지속하는 녹색수의 흐름을 의미한다. 이 책은 단지 복잡한 상호 연결성을 이해하기 위해서가 아니라 거버넌스와 관리기법을 개선하기 위한 전략을 개발하기 위해서 물의 사회적 및 생태적 차원에 초점을 맞춘다. 특히 기후와 생태계 변화에서부터 생활패턴의 변화 및 글로벌 사회의 구조적 변화에 이르기까지 불가피한 지구적 변화에 인간이 적응함에 있어 물의 근본적인 역할을 더욱 구체화하고자 한다.

유한한 담수 자원에 대해 증가하는 인간의 압력과 물과 관련된 지구 시스템의 급격한 비선형적 변화의 위험에 대한 새로운 통찰력은 물 거버넌스에서의 새로운 차원을 다룰 필요가 있음을 알려준다. 인류세 시대에서의 물 거버넌스는 새로운 사회 및 생태적 동인은 물론 국지적으로는 수요를 충족시키지만 그 영향은 모든 규모에서 나타나는 교차 규모의 상호작용을 다루어야 한다. 오늘날의 물 거버넌스는 기존의 지속가능한 취수 및 수자원 배분 문제뿐 아니라 충격, 불확실성 및 증가하는 위험의 관리와 강우를 지속하기 위한 방안으로 그 의제를 확장해야 한다. 물 거버넌스는 기존의 이용 효율성과 배분의 최적화에만 초점을 맞추는 것에서 벗어나 다양한 생태계 기능 및 서비스를 생성하고 회복탄력적 경관에서 적절한 수준의 물을 유지시킴으로써 전체적인 경관 회복탄력성을 구축하는 방향으로 바뀌어야 한다.

1.3 물 이용의 한계 인식

행성 경계(planetary boundaries) 프레임워크는 인류가 안전할 수 있는 영역을 정의하려는 첫 시도로, 이 영역 내에서는 홀로세의 생물물리학적 조건이 유지되어 바람직한 사회-생태학적 상태를 유지시킬 수 있다. 이 프레임워크의 핵심은 지구 물 순환의 안정성이며, 인류의 안전한 미래를 확보하기 위한 아홉 가지 주요 행성 경계 중 하나로 물의 소모적 이용이 제안되었다.

지구의 생물물리학적 시스템에 대한 인간의 압력이 가속화하고 있다는 경험적 증거와 임계값을 넘게 되면 체제 변화를 야기하는 비선형적 변화의 위험성에 대한 이해의 증가, 그리고 홀로세 간빙기에 형성된 매우 안정된 환경 조건은 우리에게 새로운 질문을 던진다. 세계 인구는 곧 90억에 다다르게 될 것인데, 그렇다면 우리가 아는 한 인류 발전을 지탱할 수 있는 유일한 행성 상태인 홀로세의 안정을 위협할 위험에 과연 인류는 처해 있는가? 현재 홀로세 시대를 벗어나 인간이 행성 규모에서 준지질적 변화의 힘을 보여주고 있는 인류세 시대로 접어들었다는 과학적 증거들이 많아질수록 이 질문은 특히나 시의적절하다.

위에서 언급한 바와 같이 물은 인간의 교란에 대한 지구계의 반응을 결정하는 생물권 및 대기권을 유지 및 조절하는 '혈류' 기능과 다른 생물물리 시스템의 변화에 의해 영향을 받는 '피해자' 기능 측면에서 모두 이 질문의 핵심이 된다.

우리가 인류세 시대에 접어들면서 담수는 지구 규모에서의 사회-생태적 문제가 된다. 이에 대한 증거는 IPCC 5차 평가(2013)부터 UN 밀레니엄 생태계 평가(2005), 세계 물 평가 보고서(2009), GEO 5 보고서(UNEP, 2012)까지 여러 문헌에서 나타나고 있다. 이 보고서들은 물이 점차 증가하는 인간의 압력하에 놓여 있지만 인간의 교란과 지구 환경 변화를 완충시킬 수 있는 생물권의 능력에도 중요한 역할을 한다는 것을 보여준다.

1.3.1 인류세에서의 인간을 위한 안전 운영 영역(Safe operating space)

인류세 시대에 인류가 직면하고 있는 증가하는 위험에 대한 이러한 통찰은 지구 시스템 과학과 회복탄력성 과학을 통합한 행성 경계에 대한 개념적 틀을 제시하려는 새로운 과학적인 노력을 낳았다. 이 프레임워크는 지구상의 생명 유지 시스템에서 일어나서는 안 되는 비선형적인 변화를 피하기 위해 인류의 안전한 운영 범위를 정의할 수 있도록 하며 지구와 인류에게 필요한 홀로세와 유사한 상태를 지속하는 데 도움을 주게 될 것이다.

이 프레임워크는 인간의 행동이 지구적 규모에서 서로 긴밀히 연결된 작용들을 해하고 있음을 보여주는 증거에 근거한 탐구 과정이다(Crutzen, 2002a; Steffen *et al.*, 2004, 2007). '행성 경계' 프레임워크를 처음으로 적용하였을 때(Rockström *et al.*, 2009a, b) 9개의 환경 프로세스들이 지구의 회복탄력성과 연관되어 있는 것으로 확인되었다. 지구의 회복탄력성이란, 지구와 지구상의 중요한 생물군계가 장기적으로 인류 발전을 뒷받침할 수 있는 안정성과 능력을 의미한다. Kenneth Boulding의 '우주선 지구호' 개념과 1970년대 초반 로마 클럽의 '성장의 한계' 분석에서부터 '허용 용량(carrying capacity)' 접근법, '생태 발자국(ecological footprint)' 분석, '가드레일' 접근법에 이르기까지 자원이 유한한 지구에서의 인간의 개발을 다룬 초기 시도를 바탕으로 행성 경계 접근법은 인류 발전을 위한 글로벌 의제를 재정의한다. 기존에는 인간의 수요를 충족시키는 활동으로 인한 환경적 경향을 예측하고 서로 다른 개발 경로에서의 환경 영향을 줄이는 데 초점이 맞춰졌었다. 반면, 행성 경계 기법은 우선 안전한 운영 영역인 생물물리학적 장을 식별하기 위해 인류 발전에 대한 '과거회상(back-casting)' 기법을 취한다. 회복탄력성의 상실로 인한 대규모 비선형적 변화의 위험이 인간 사회에 유해하거나 심지어 재앙적인 결과를 초래하는 것을 피하기 위해서는 안전 운영 영역의 식별이 필요하다.

이 프레임워크는 전 지구적 임계값에 대한 과학적 증거와 관련된 세 가지 시스템을 포함한다.

(1) 기후변화와 관련된 기후 시스템.
(2) 오존층 파괴 물질의 배출과 관련된 성층권의 오존층.
(3) 해양 산성화와 관련된 해양.

또한 분석 결과 기후 시스템의 회복탄력성에 기반이 되는 대규모 생물물리학적 과정이면서 동시에 생태계 및 주요 생물군계에서의 임계치의 위험을 나타내는 다음의 네 가지 '느린' 변수를 확인하였다.

(1) 전 지구적 질소 및 인 순환에 대한 인간의 간섭.
(2) 생물 다양성 감소 속도.
(3) 자연 생태계를 농경지로 전환하는 것과 같은 토지 이용 변화.
(4) 담수 사용.

최신 과학에 기초하여 이러한 7개의 행성 경계 프로세스에 대한 제어 변수(시스템이 임계값을 넘을 수 있는지 여부를 직접적으로 결정하는 주요 변수 또는 시스템이 언제 체제 변환을 겪을 수 있는지를 나타내는 지표인 대체변수)를 식별하고 각각에 대한 정량화를 제안하기 위한 첫 시도가 이루어졌다. 지역 날씨와 강우 패턴의 안정성에 영향을 줄 수 있는 냉각 및 가열제에 의한 에어로졸 부하량(예: 아시아 갈색 구름) 및 대기오염(예: 인간 게놈에 영향을 미칠 위험이 있는 화학물질 오염)이라는 나머지 두 행성 경계 프로세스에 대해서는 적절한 제어 변수의 식별이 어려워 정량화가 제안되지 않았다.

그 어떤 시스템이라도 물리적 임계값을 과학적으로 예측한다는 것은 어렵기 때문에(이는 임계치의 위치를 바꿀 수 있는 각 경계 프로세스들 간의 상호작용 때문만은 아니다) 행성 경계 기법은 가장 최근의 연구에 기초하여 임계값 주변의 불확실성 구간을 정의하려고 시도하였다. 각 프로세스별로 안전한 운영 영역을 만들기 위해 행성 경계의 위치, 즉 각 프로세스에 대한 '안전한' 수준은 불확실성 구역의 하단 끝에 배치하였다. 예를 들어 CO_2 농도를 제어 변수 중 하나로 사용한 기후변화의 경우, 최신 연구에 따르면 불확실성 구역을 350-550 ppm으로 설정할 수 있는데(Hansen *et al.*, 2008; IPCC, 2007), 이 범위 내에서는 그린란드 빙하의 불안정화 및 북극의 여름 빙하의 감소와 같은 대규모의 치명적인 임계 효과의 위험이 여전히 있다. 따라서 행성 경계는 인류 발전을 위한 '안전한' 구역을 만들기 위해 350 ppm으로 설정된다(그림 1.8).

1.3.2 행성 경계에 접근하고 있는 인류

행성 경계를 추정하기 위한 초기 분석 결과, 인류는 이미 기후변화, 질소 순환에 대한 간섭, 생물 다양

행성 경계	
기후변화 < 350 ppm CO_2 (350–550) and < 1W/m^2	*387 ppm CO_2 and 1.5 W/m^2*
해양 산성화 < 2.75 mean saturation state of aragonite in surface sea water (2.76–2.41)	2.90
오존 감소 276 Dobson units (276–261)	*283 DU*
대기 에어로졸 부하량 *To be determined*	
생지화학적 부하량: 글로벌 N과 P의 순환 < 35 Tg N/yr industrial fixation of N_2 25 % of natural fixation (35–49) < 11 Tg P/yr flowing into oceans (11–110)	*121 Tg/yr* *8.5-9.5 Tg/yr*
전 지구적 담수 이용량 < 4000 km^3/yr (4000–6000)	*2 600 km^3/yr*
토지 시스템 변화 < 15% of land under crops (15–20)	*11.7%*
종 다양성 손실률 < 10 E/MSY (10–100)	*> 100 E/MSY*
화학적 오염 *To be determined*	

그림 1.8 9개의 행성 경계와 제어 변수 및 이들의 경계값과 불확실성 범위(Rockström *et al.*, 2009a, b). 인류 발전을 위한 안전 운영 공간(safe operating space)은 최적 가용 과학에 의해서 정의된 경계 수준에 의해 설정된 영역 내에 있다. 제안된 경계 수준은 과학적 불확실성의 현재 범위보다 낮은 값이며 가장 조심스러운 끝 지점에 설정된다. 불확실성 범위는 괄호 안에 제시되어 있다. 오른쪽 숫자는 각 행성 경계에 대한 현재 추정 위치를 나타낸다.

성 손실률의 세 영역에서 경계를 넘은 것으로 나타났다(Rockström *et al.*, 2009a; 그림 1.9 참조). 인 순환에 대한 인간의 간섭에 관한 최근 보고서에 따르면 담수 시스템에서 티핑 포인트를 유도하는 인의 경계 또한 넘어선 것으로 나타났다(Carpenter and Bennett, 2011). 원래의 분석에서는 육상으로부터 유입되는 인에 의해 해양이 무산소화되는 경우만을 고려했다. 하지만 이후 연구에 따르면 인에 대한 행성 경계를 추정할 때 육지의 담수 시스템에서 체제 변환을 일으키는 인의 역할도 고려할 필요가 있음을 보여준다. 인이 바다에 도달하기 전에 인의 과부하로 인해 호수와 습지의 부영양화가 발생하며, 많은 경우 생태계의 급격한 변화를 촉발한다. 따라서 인의 위험경계는 질소, 토지, 생물 다양성, 기후변화의 경계와 같이 세계 담수 자원과 밀접하게 얽혀 있다.

분석에 의하면 자연생태계가 농경지로 전환된 비율은 경계의 상위값(현재 토지의 12%가 농작물 재배에 이용되고 있으며 15%가 최대 '안전' 경계선임)에 빠르게 접근하고 있는 것으로 보인다. 이 15% 상위 경계값은 비농업 생태계의 생태계 기능들, 특히 전 세계에 남아 있는 삼림의 수분 피드백, 생태 서식지, 탄소 격리 기능을 보호하기 위해 높게 설정된 것이다. 담수의 경우에는 최소한 전 지구적 규모에서 볼 때 어느 정도의 여유가 남아 있다. 현재의 소모성 청색수 이용량은 연간 약 2,600 km^3/년에 달하며 생태계의 기능과 물의 흐름에 비선형적이고 회복하기 힘든 변화가 생길 정도로 강이 마를 때까지는 약 2,400 km^3/년 남아 있다. 하지만 대부분의 분석에서 물의 소모성 사용량이 향후 수십 년간 매우 급격하게 증가하는 것으로 나타났으며, 이에 따라 위험 경계에 빠르게 접근할 위험이 있으므로 이 숫자는 '지속가능한' 안전에 대한 잘못된 인식을 줄 수 있다. 이에 더해 경계값을 초과할 경우 물에 기인한 임계치를 넘을 위험이 있는 '국부적' 물 경계값을 찾아내기 위해서 환경 유량의 임계값을 정의하여 지역과 하천 유역 규모에서의 물 경계를 확대할 필요가 있다.

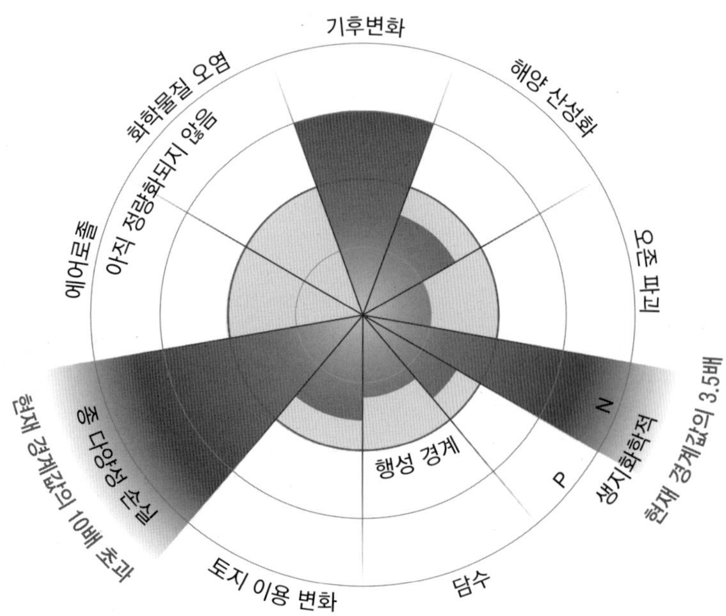

그림 1.9 행성 경계로부터의 현재 거리. 행성 경계 수준에 의해 정의된 안전 운영 영역은 옅은 회색(가운데)으로 표시됨(Rockström *et al.*, 2009a에서 인용). 이 추정치는 인류가 이미 생물 다양성 손실률, 기후변화, 지구 질소 순환에 대한 간섭의 위험 지대에 도달했음을 나타낸다. 청색수의 전 세계적 소비는 아직 어느 정도 여유가 있다.

1.3.3 9개의 행성 경계 중 7개와 밀접한 관계가 있는 물

행성 경계 프로세스들은 서로 상호작용하여 각 임계값의 위치 및 안전 경계 수준의 위치에 영향을 미친다. 물은 기후변화, 질소 및 인 순환에 대한 간섭, 생물 다양성 손실률, 화학물질 오염, 에어로졸 부하, 토지 이용 변화와 밀접하게 관련되어 있다. 더욱이 물은 다른 행성 경계에 영향을 미치기도 하고 영향을 받기도 한다. 이러한 점에서 육지, 물, 기후 사이의 관계는 특히나 중요하다. 그림 1.10은 인간이 배출한 CO_2의 약 25%가 주로 삼림, 기타 바이오매스 및 토양에 의해 지상 생태계에 흡수됨을 보여준다. 이러한 탄소 격리 작용은 광합성 및 그에 따른 바이오매스 성장 과정에서 이루어지는 물 소비를 통해 가능해진다. 따라서 물, 탄소, 토양은 밀접하게 상호작용하며 지구 기후 시스템의 안정성에 영향을 미친다. 또한 그림 1.10(맨 아래 면)에서 볼 수 있는 대기 중 연간 순 탄소 축적량의 급격한 변화는 물 흐름의 양을 변화시키는 지역 날씨 패턴의 전 지구적 연간 변동성의 결과로 나타난다. 생물권에서 대기권으로의 CO_2의 주요 순 유출은(그림에서 대기 중 CO_2 축적량이 높은 스파이크 모양으로 나타나는 것) 산불과 식생 성장의 저하를 초래하는 가뭄 및 홍수 등의 물과 관련한 충격의 결과로 바이오매스가 낮게 축적되는 해에 발생한다.

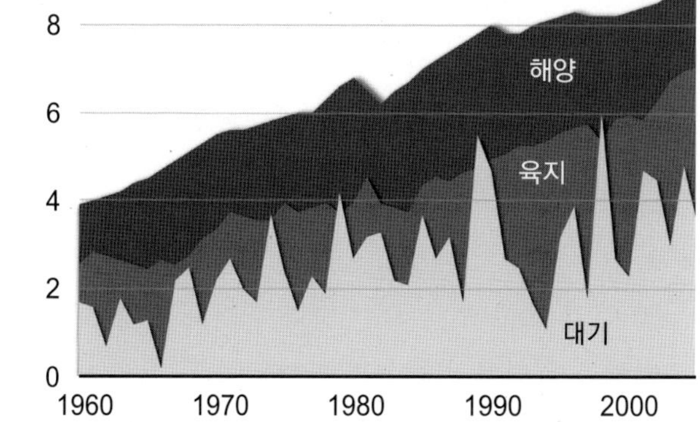

그림 1.10 CO_2 배출과 관련한 육지 및 해양의 탄소 흡수(1960-2005)(Canadell *et al.*, 2007).

행성 경계 프로세스 간의 상호작용에 대한 이해에도 불구하고, 그리고 담수와 성층권의 오존층을 제외한 모든 프로세스 간의 밀접한 관계에도 불구하고(수증기는 성층권에서는 중요한 역할을 하지만 오존층에는 직접적으로 작용하지 않음), 이러한 상호작용이 어떻게 일어나는지에 대한 이해는 아직 부족하다(Solomon *et al.*, 2010). 한 행성 경계를 넘게 된다는 것이 다른 경계들에 어떤 의미가 있는지에 대한 제한적 이해만 있을 뿐이다. 한 경계 프로세스에서의 초과가 다른 경계 프로세스들의 위치에 영향을 미칠 수 있다는 증거가 있다. 예를 들면, 기후변화, 영양물질 부하 및 토지 이용에 대한 경계를 넘어서게 되면 유역에서의 물 소비량에 대한 안전 수준을 더욱 제약할 수 있다. 그 이유는 더 높은 빈도 및 강도의 부영양화와 토지 황폐화에 의한 충격과 교란에 대처하기 위해서는 가외성(redundancy) 측면에서 더 많은 물이 소비되지 않은 채 확보되어야 하기 때문이다.

일반적으로 물과 관련해서 사회를 위한 물 가용성과 이용성에는 관심이 큰 반면 생태계에 대해서는 관심이 적다. 물 거버넌스 및 관리상의 이러한 초점은 보통 물 흐름의 변화가 환경 영향과는 분명히 관련이 있지만, 사회에 해로우면서도 때로는 회복시키기 어려운 영향을 끼칠 수 있는 대규모 체제 변환과는 관련이 없다고 가정한다. 하지만 지구 물 순환은 이제 지구상의 모든 주요 물 시스템이 지속가능하지 않으면서 동시에 인간의 압력이 증가하는 인류세 시대에 접어들었다(Meybeck, 2003). 이러한 상황에서 그렇다면 유한한 지구 물 순환이 과연 물 사용에 대한 행성 경계와 연계되어 있는지에 대한 의문이 제기된다. 여러 과학적 증거들이 이 질문에 대한 대답이 "그렇다"라는 것을 보여주며, 이는 소유역 규모이든 강 유역 규모이든 간에 수자원 거버넌스 및 관리에서 스케일 간(cross-scale)의 상호작용을 다루어야 하는 중요한 이유를 알려준다.

1.3.4 지구적 수준에서의 지속가능한 물 이용을 고려해야 할 필요성

전 지구적 물 순환은 소유역 및 대유역들의 무수히 많은 물 수지 안에서 작동한다. 이는 전 지구적 물 경계라는 것이 과연 존재하는지 또는 관련이 있는지에 의문을 던진다. 그럼에도 다음 세 가지 주장은 전 지구적 수준의 '지속가능한' 물 이용을 고려할 필요가 있음을 뒷받침한다.

첫째, 담수는 생물권의 혈류로 기능함으로써 지구상의 모든 생명체, 생태계의 구조, 지구 시스템의 중요 기능을 유지한다는 것이다. 지구 시스템의 중요 기능의 예로는 기후 시스템 및 탄소(탄소 격리의 방법으로)와 질소(화학물질의 운반체로)의 순환 조절이 있다.

둘째, 지역 및 전 지구적 물 순환에서 유출수 및 수증기의 총흐름이 결정적 역할을 한다는 것이다. 인류세 시대의 수자원 관리자들은 집수 구역에서뿐만 아니라 지역 규모에서도 '지속적인 강우량'을 관리할 필요가 있다. 토양, 식물, 나무에 의한 녹색수(green water)의 흐름을 통해 경관으로부터 적절한 수준의 수분 피드백을 유지하는 것은 회복탄력성과 생태계 서비스 및 인간의 복지를 제공하는 육상의 모든 사회-생태 시스템에 중요하다.

세 번째 주장은 인류세 시대에서 인간이 지구 시스템에 가하는 압력의 규모와 관련이 있다. 특히 지난 150년 동안 인류는 유한한 담수 자원에 대한 압력을 점차 증가시켜 왔으며 이는 환경적으로 부정적 영향을 끼쳤다. 많은 증거들이 이러한 압력이 기후 및 수문의 자연 변동성과 결합하여 국부적 및 지역적 규모의 체제 변환을 촉발시켰음을 보여주고 있다. 예로써 부영양화에 의한 호수의 티핑 포인트부터(Carpenter, 2005) 아랄해와 같이 과도한 취수로 인한 호수에서의 티핑 포인트까지, 그리고 사헬리안 사바나의 수문기후 상태가 건조 및 습한 쌍안정 상태에서 뒤집히는 현상에 이르기까지 다양하다(Scheffer and Carpeter, 2003). 이 예들은 그 자체로는 지역적 또는 세계적 규모에서 생태적 또는 사회적 관심을 끌지 않을 수 있다. 과거에 메소포타미아 사회와 같은 관개 농업 기반의 제국이 부분적으로는 토양으로의 염분 침투에 대한 임계점을 넘어 멸망하였더라도 이 사건이 더 큰 규모의 영구적인 피해를 초래하지는 않았었다. 하지만 인류세에서는 그 상황이 다르다. 예를 들어, (호수에서부터 습지와 삼림에 이르는) 사회-생태적 물 시스템의 국지적 붕괴가 전 세계적으로 동시다발적으로 발생했을 때, 이로 인한 수분의 누적 피드백이나 생물계에서의 탄소의 누적 격리와 같은 효과들이 합해진 불안정성을 야기하게 되며, 특히 온실가스 배출과 같은 다른 변화 동인과 상호작용할 경우 지역 몬순 시스템이나 기후 시스템 전체에 큰 파급효과를 불러일으킬 수 있다.

이 세 가닥의 증거로부터 내릴 수 있는 결론은 물이 행성 경계를 구성한다는 것이다. 이에 따라 물의 행성 경계를 정의하기 위한 분석에 녹색수 및 청색수 접근법이 채택되었다(Falkenmark and Rockström, 2004). 이러한 분석으로 인류가 피해야 할 두 가지 주요 범주의 물과 관련된 파국적 임계치가 확인되었다.

- *녹색수 임계치*는 토양으로부터 발생되는 전 지구적 증기 흐름에 너무 큰 변화가 가해질 경우 강우 발생을 위협할 위험성과 관련되어 있다.
- *청색수 임계치*는 하천으로부터의 취수가 과도할 경우 담수 생태계를 위협할 위험성과 관련되어 있다.

이러한 녹색수 및 청색수 임계값의 실질적 위험에 대한 증거(Box 1.2 참조)에 기반하여, 그리고 청색수 가용량은 결국 녹색수의 분배 및 이용이 반영된 값이라는 사실에 기반하여 물의 행성 경계는 청색수의 매개변수인 하천 건천화를 대체변수로 사용하여 전 지구적 물 임계치로 정의되었다.

이렇게 제안된 물의 행성 경계 범위는 연간 4,000-6,000 km^3의 청색수의 소모적 이용으로 설정되었다. 이 범위는 위험 영역 및 넘어서는 안 되는 범위로 구성되는데, 이 범위에 들어설 경우 파국적인 결과를 초래할 수 있는 임계값에 너무 가까이 접근하기 때문이다. 따라서 사전 예방적 원칙을 적용하여 실제 행성 경계는 불확실성 영역의 하단 끝인 4,000 km^3/년의 청색수의 소모적 이용으로 설정되었다(자세한 내용은 Box 1.2 참조). 현재의 청색수의 소모적 이용량은 연간 약 2,600 km^3/년에 달하며, 이는 소모적 물 이용을 아직은 어느 정도 증가시킬 여유가 있음을 의미한다. 그러나 많은 하천 유역은 지속가능한 물 이용 경계 측면에서 이미 수문학적으로 폐쇄되었거나 빠르게 폐쇄되고 있다(Molden *et al.*, 2007). 게다가 식량 수요의 급증과 바이오 에너지 및 탄소 격리를 위한 용수 수요 증가를 충족시키기 위해서, 향후 40년간 추정되는 소모성 물 이용의 증가는 전 세계를 물의 행성 경계로 빠르게 밀어낼 것이다.

마지막으로, 아래에서 더 논의하겠지만, 물은 지구 환경 변화에 영향을 받는 유한한 자원만이 아니다. 물은 기후 시스템의 수분 피드백 및 유기 탄소 피드백의 조절과 같은 다른 행성 경계들에 대한 제어 변수로도 작용한다. 물은 물과 관련된 생태계 서비스를 통해 인간 복지를 제공하는 것뿐만 아니라 지구상의 생물물리학적 시스템의 안정성을 조절하고 균형을 유지하는 데에 핵심이 되는 행성 경계라는 인식이 수자원 거버넌스와 관리에 꼭 필요하다. 이러한 인식은 지구의 회복탄력성과 관련한 수자원의 역할을 다루게끔 한다. 지속가능한 수자원 이용을 위한 전략으로써 두 가지 핵심 영역이 대두된다.

(1) 경관 규모에서부터 하천 유역 및 전 세계적 규모까지 강우 유지에 초점을 맞출 필요성.
(2) 경관 내에서 녹색수 및 청색수의 지속가능한 수준을 유지할 필요성.

위 영역들은 회복탄력성과 경관이 생태계 서비스 및 지구 시스템의 다양한 조절 기능들을 유지하는 데에 필요하다.

담수에 대한 지구적 경계를 규정하는 것은 물 거버넌스 및 관리에 대한 국제적인 협력을 유도할 수도 있지만, 운영 측면에서 보면 수자원 관리의 실제 정책과 관행이 발생하는 지역, 하천 유역 및 집수 구역 등에 대한 다운스케일링이 필요할 것이다. 이 책은 이러한 도전 과제들을 다룬다.

Box 1.2 물: 행성 경계

Johan Rockström, Stockholm Resilience Centre at Stockholm University

물과 관련한 전 세계적 도전 과제

지구 물 순환은 지구상의 생명을 유지하고 생태계 재화(식량, 섬유, 연료, 육상 생물 다양성을 발생시키는 모든 바이오매스 생산과 수생 생물 서식지)와 서비스(예: 탄소 흡수, 기후 조절)에 필요한 물은 물론 가정 및 산업용수를 제공한다. 이제 인간의 압력은 지구 수계의 기능 및 분포의 변화를 결정하는 지배적인 원동력이 되어, 생물 다양성과 지역 및 지구 수준에서의 탄소 격리 및 기후 조절과 같은 생태계 기능을 위협하고 있다.

최근 분석에 따르면 물 소비가 가장 큰 부문인 식량 생산 용수는 현재 약 7,000 km^3/년에서 2050년까지 2,000-4,000 km^3/년 더 증가할 것으로 나타났다. 예측치가 범위로 나타나는 이유는 물 생산성 향상에 대한 가정들의 차이 때문이다.

담수는 유한한 자원이며 기후 시스템에서 수분 피드백 및 유기 탄소 피드백의 조절과 같은 몇 가지 다른 행성 경계의 제어 변수로도 기능한다.

물의 행성 경계는 강우가 녹색수 및 청색수로 분배됨으로써 정의된다. 지구의 물 순환에서 담수 유량과 저장량은 청색수 유량(즉, 강, 지하수와 호수의 지표 유출수와 기저수가 경관을 통해 흐르는 액상의 물)과 녹색수 유량(즉, 증산과 발산에 의해 대기로 되돌아가는 수증기 유량)에 의해 결정된다. 청색수는 수생 생태계를 유지하고 농업 관개에 이용되며 인간에게 물을 공급한다. 녹색수는 육상 생태계 서비스(천수 식량, 숲, 방목장, 초원)를 지속시키고, 육상에서의 수분 피드백을 조절하여 강우를 지속시킨다.

녹색수와 청색수는 복잡하게 연결되어 있다. 녹색수 유량의 증가는 청색수의 가용성을 감소시키고, 녹색수 유량의 감소는 강우량을 감소시켜 장기적으로 강우 패턴과 청색수를 감소시킨다. 게다가 지구상의 모든 물의 소모적 이용은 녹색수가 직접 이용되는 경우이든(뿌리 영역의 토양 수분을 형성하는 강우의 침투) 혹은 청색수가 증발되는 경우이든(호수, 저수지, 관개 등) 모두 녹색수 흐름의 형태이다.

물과 관련된 파국적 위협

지역 및 전 지구적 규모에서의 사회-생태적 영향과 함께 급격한 변화를 야기하는 물에 의한 임계치 초과 현상은 국지적(예: 하천 유역) 또는 지역적(예: 몬순 시스템) 규모에서의 하위 시스템들의 총체적인 영향의 결과로 발생할 수 있다. 지구상 여러 곳의 하위 시스템들의 임계값이 동시에 넘게 될 경우 지구의 물 임계치를 초과할 수 있다. 이는 탄소 격리 능력의 손실이나 대기 중 수증기 농도의 누적 변화로 촉발되는 기후 시스템의 변화와 같이 지구 시스템 프로세스에 대한 행성 규모의 영향을 초래하게 된다. 또한 강우 패턴의 변화나 지역적 가용수량의 변화로 인한 지역 또는 대륙 규모의 농업 생산량 감소는 식량 시장을 붕괴시키거나, 기근 및 환경 난민을 발생시키는 등 세계적 규모의 사회적 영향을 초래할 수 있다.

농업과 관련하여 수질 및 수량의 변화로 국부적 및 지역적 임계값이 넘게 되는 사례들이 많아지고 있다(Gordon *et al.*, 2008; 3장 참조). 작물 및 가축 생산은 임업과 더불어 물 소비량이 가장 큰 경제 부문이기 때문에 농업 시스템에서의 물 임계점을 분석하는 것은 매우 중요하다.

인간에 의한 다음 두 가지 동인이 전 세계 담수 시스템의 흐름 안정성을 위협할 수 있다.

(1) 강수 총량 및 패턴과 토양수분 생성의 변화로 나타나는 인간에 의한 녹색수 흐름의 변화.
(2) 강 흐름 동역학에 영향을 미치는 인간의 청색수 취수.

녹색수 흐름 변화로 인한 위협은 (1) 토지 황폐화 및 사막화로 인한 경관의 건조화(토양 수분 생성 또는 녹색 수자원의 변화) 또는 (2) 녹색수 흐름 변화로 인한 수분 피드백이 강수량의 변화를 유발하는 것(주로 삼림 벌채에 의한 토지 이용 변화로 인한 녹색수 흐름의 큰 변화)과 관련이 있다. 두 가지 녹색수 임계 변수(토양 수분 가용량과 녹색수 소비량)는 모두 토지 이용 변화와 연계되며, 수증기 흐름과 유출수의 균형을 이동시켜 담수 시스템의 안정성에 영향을 미치고, 그 결과 하천 고갈로 이어진다.

지역적, 세계적 영향을 야기할 수 있는 녹색수로 인한 임계값 초과 위험이 가장 큰 경우는 두 핫스폿에 집중되어 있다.

(1) 중남미, 중앙아프리카 및 동남아시아에 집중된 열대우림: 여기에서의 녹색수 흐름의 변화는 예를 들어 지역 몬순 패턴을 변화시킬 수 있다.
(2) 전 세계의 사바나 지역: 예를 들어 반건조 지역부터 아습대 지역들은 육상 생태계의 약 40%를 수용하며 생물학적 생산성 및 다양성이 높은 경관에서 높은 수준의 생태계 서비스를 제공하는데 이러한 지역들에서는 물이 생물학적 성장의 일차 제한 인자이다.

이를 바탕으로 다음과 같은 녹색수와 관련된 위협이 확인되었다.

- 지역적 건조 과정에 의한 생물학적 하위 시스템의 붕괴. 이는 사헬 지역과 같이 습한 상태 및 건조 상태의 대체 안정 상태가 존재하거나, 아마존 열대우림과 같이 녹색수

흐름의 감소가 수분 피드백을 변화시켜 회복 불가능한 사바나화를 일으키는 위험 때문에 발생함.

- 강우 패턴의 변화 및 토지 황폐화로 녹색수 자원이 임계치 이하로 감소하는 지역적 사막화.
- 녹색수 가용량 감소로 인한 천수 농업 시스템의 붕괴.

하천에서의 청색수 흐름은 강우 및 유출수에서 발생하는 청색수량과 청색수의 취수 및 이용량에 의해 결정된다. 일정 수준 이상의 청색수 취수와 이용은 하천을 고갈시켜 생태뿐 아니라 사회적으로도 온갖 위협으로 이어진다.

- 하천유량이 서식지 역할을 하는 하천 생태계의 붕괴. Smakhtin *et al.*(2004)은 최소 25%의 하천유량을 "환경유량"으로 보호해야 한다고 제안하였다.
- 하구 생태계의 붕괴는 생태계의 티핑 포인트로 밀어내며 담수 생태계를 염수 생태계로 대체한다.
- 하천 유입수 감소로 인한 하구 생태계의 붕괴.
- 내륙 호수 및 호수 생태계의 붕괴. 아랄해가 대표적인 사례이다. 호수가 축소되면서 기후에 주는 영향을 멈추고 양의 피드백으로 증발 속도를 더욱 높인다. 유역으로부터의 유입량 감소는 호수 수위 감소의 부분적인 원인이다(예: 차팔라 호수, 말라위 호수, 카스피해, 사해, 빅토리아 호수, 차드 호수). 건조 지대 호수는 특히 더 취약하다.
- 몇몇 관개에 기반한 초기 문명이 보여주는 사회적 관개 기반 시스템의 붕괴.

글로벌 물 위험경계의 정의: 하천 고갈률

강수량은 전 지구적으로 약 110,000-115,000 km^3/년에 달하며 변동률은 ±15-25%이다. 평균 유출량은 42,500 km^3/년(39,700-42,800 km^3/년)이다(Falkenmark and Rockström, 2004).

녹색수

총녹색수 가용량은 연간 약 70,000 km^{3}이며, 이는 전 세계 육지 표면으로부터 유출되는 수증기 흐름의 약 90%가 토양과 숲에서의 탄소 격리와 같은 조절 기능을 포함하여 육지 생물계 유지에 이미 기여하고 있음을 의미한다. 식량 생산은 물 순환에 영향을 미치는 가장 크고도 직접적인 원인이며, 관개 농업에 의한 하천 유출수의 이용(약 2,000 km^3/년)과 천수 농업에 의한 토양 수분의 이용(약 5,000 km^3/년)으로 7,000 km^3/년 정도 소비된다.

열대우림의 사바나화를 피하려면 녹색수 생성(강우 침투수에 의한 토양 수분)이 연간 최소 900 mm 이상이어야 한다. 또한, 청색수 흐름이 생성되기 위해서는 녹색수 발생이 연간 300-500 mm의 임계점에 도달해야 하며, 열대지방의 경우 녹색수 자원이 300 mm 이상에 도달할 때만 생산적인 초원과 나무 사바나가 나타난다. 이 임계점 이상에서는 농업을 하는 정착 농촌 사회가 나타나기 시작하며 이하에서는 물 부족으로 인해 목축과 유목 사회가 진화해 왔다.

청색수

연간 12,500 km^{3}의 하천 유출수가 잠재적으로 인간이 이용 가능한 것으로 평가되며, 나머지 유출수는 지역적으로 멀리 있거나 강우 유출로 인해 이용이 어렵다.

전 세계 유출수 중 취수하는 양은 약 4,000 km^3/년에 달하며, 이 중 약 2,600 km^3/년은 소모적으로 이용된다. 이로 인해 수생 서식지의 심각한 훼손과 하류 지역의 사회 및 생태 시스템에 물 부족을 초래했다. 전 세계 하천의 약 25%가 건천화로 인해 연중 내내 마른 상태로 있다. 2025년까지 전 세계 인구의 대다수가 물 부족을 겪을 위험성이 있으며, 30-35%가 만성적인 물 부족(즉, 1인당 연간 청색수 가용량이 1,000 m^3 미만)을 겪게 되어 전 세계 담수계에 큰 압력이 가해질 것으로 보인다.

전 세계 물 시스템에 제약을 가하는 사항들은 주로 인간의 물 부족 관점에서 분석되어 왔으며, 최근에는 환경 유량 관점에서 분석되었다. 경험에 따르면 1인당 가용수량이 연간 1,000 m^3 이하로 떨어질 때 만성적인 물 부족 현상이 나타난다. 또한 취수량이 청색수 가용수량의 40%를 초과하면 해당 지역은 높은 물 스트레스를 받게 되며, 이를 전 지구적으로 환산하면 5,000 km^3/년을 초과하는 취수량에 해당한다(Ericson *et al.*, 2006).

De Fraquiture and Wichelns(2010)는 전 세계적으로 이용 가능한 청색수 자원을 연간 약 15,000 km^3(전체 재생수자원인 약 42,500 km^3/년의 평균 36%)로 추정하며, 취수량이 이용 가능한 수자원의 60%를 초과할 때 물리적 물 부족에 도달한다고 밝혔다. 즉, 연간 취수량 6,000 km^{3}는 물리적 물 부족에 도달하게 되는 임계치임을 나타낸다. 위에서 논의된 녹색수의 위험경계는 하천 건천화와 연결되어 있으며 건천화가 발생하는 지역의 '상류'에서 발생한다. 따라서 청색수의 소모적 이용 형태의 하천 건천화는 지구 물 임계치에 대한 대체지표로 선택되었다.

지속가능한 청색수의 소모적 이용 수준에 대한 위의 평가에 따르면, 연간 4,000-6,000 km^{3}를 취수하면 위험 영역 안에 진입하게 되며, 청색수 및 녹색수에 의한 파국적 임계치에 너무 가까이 접근하기 때문에 이 영역을 초과해서는 안 된다. 더욱이 행성 경계 체계에 따라 경계는 불확실성 범위의 하단 끝인 4,000 km^3/년에 설정된다.

현재 소모성 물 이용량이 연간 약 2,600 km^{3}라는 점을 감안할 때, 인간이 이용할 수 있는 물 이용량에 아직 많은 여유가 있는 것처럼 보일 수 있다. 그러나 향후 관개 및 산업용수 이용의 증가가 예상되고, 물이 대기 중 CO_2 농도의 기후경계를 넘지 않을 주요 전제 조건이라는 점과 기후변화에 의해 큰 영향을 받는다는 점 때문에 물의 행성 경계에 대한 제약은 점차 커질 전망이다. 더군다나 하천 고갈에 대해 제안된 4,000 km^3/년이라는 경계는 녹색수가 총강수량에 미치는 영향(즉, 수분 피드백 효과)이나 기후변화에 따른 강우 감소에 대한 가정이 포함되어 있지 않다.

물 행성 경계에 대해 몇 가지 더 추가하면 다음과 같다. 첫째, 예측되는 하천 고갈의 증가(관개용, 산업용, 상수용 소모성 물 이용)는 2050년까지 1,000 km^3/년 수준이다. 둘째, 기후변화 완화를 위한 육상 생태계의 탄소 격리 요건의 추정치에 따르면 연간 1-2 Gt C에 대한 기여를 위해 2050년까지 연간 약 2,000 km^{3}의 녹색수 소비량이 증가한다(Rockström *et al.*, 2009b). 수분 피드백은 강수량 증가를 통해 나머지를 보상하기 때문에 증가하는 녹색수 사용량의 50%만 하천 유출수 감소를 유발한다고 가정하면 연간 1,000 km^{3}라는 값이 나온다. 따라서 2050년에는 물 소비량이 연간 약 4,600 km^{3}까지 증가하는데, 이는 우리가 물의 행성 경계에 도달할 때까지 가용량이 10%도 남아 있지 않다는 것을 의미한다. 즉, 미래의 식량과 바이오 에너지 수요를 충족시키기 위해서 추가할 수 있는 청색수 소비에 대한 여유가 거의 없다는 뜻이다.

1.4 사회-생태 회복탄력성에 대한 물의 역할

물 회복탄력성에 대한 이해를 증진시키기 위해서는 우선 회복탄력성이 무엇인지 그리고 사회-생태 시스템에서 회복탄력성을 결정하고 구축하는 데 있어 물이 어떤 역할을 하는지를 명확하게 정의해야 한다. 여기서는 회복탄력성의 세 가지 주요 특징을 정의한다.

(1) **지속성(persistence)**: 시스템의 상태나 구조가 변하지 않으면서 견딜 수 있는 교란의 정도(물 부족의 점진적 증가와 같이 장기간에 걸친 느린 변화와 가뭄과 홍수와 같은 갑작스러운 물 충격을 포함) 또는 교란을 받은 이후 견인 영역(basin of attraction)에 머물 수 있는 능력.

(2) **적응성(adaptability)**: 동일 상태에 있는 동안 시스템이 적응, 자기조직 및 학습하는 능력.

(3) **변환성(transformability)**: 위기나 충격 이후 시스템을 원래의 안정 상태로부터 밀어내어 새로운 상태로 변환시키는 능력.

이러한 정의는 임계점을 넘은 이후 또는 덫(trap)에 갇힌 이후 변환하는 능력을 회복탄력성의 핵심적 특징인 지속성(교란에 대처)과 적응성(변화, 자기조직화, 학습)에 더함으로써 회복탄력성의 일반적인 정의(Carpenter *et al.*, 2001; Walker *et al.*, 2004; Walker and Salt, 2006)를 다소 확장한다. 이는 사회-생태 회복탄력성의 임계적 특성에 관한 최근 논의와 같은 맥락에 있다.

요약하면, 회복탄력성은 안정성(또는 강건성)과

유연성(적응 또는 변환하는 능력)을 모두 고려한다. 이 책에서 사용되는 회복탄력성의 정의는 다음을 포함한다.

- 사회-생태계가 동일한 견인 영역에 머물면서(즉, 기능과 구조에 대한 동일한 제어 능력을 유지하면서) 변화할 수 있는 정도.
- 시스템이 자기조직화를 할 수 있는 정도.
- 학습과 적응 역량을 구축하고 증진할 수 있는 능력.
- 원래의 상태나 견인 영역 밖으로 밀어내는 위기 뒤에 더 나은 상태로 변환할 수 있는 능력.

회복탄력성은 지속가능성을 위한 핵심적 요소이지만 이를 대체하는 요소는 아니다. 예를 들면, 현재의 안정 상태에 따라 회복탄력성은 좋을 수도 있고 아닐 수도 있다. 물 부족 상태에서의 농경지의 황폐화된 토지나 한 국가의 부패한 정치체제는 회복탄력성이 매우 클 수 있으나 지속가능하지는 않다. 회복탄력성은 사회-생태학적 상호작용과 피드백은 물론 임계점 및 체제 변환의 발현을 이해하는 데에 도움을 준다.

그간 과학적, 경험적 증거들이 보여주듯 회복탄력성이 의미하는 바는 크다. 호수부터 사바나까지 그리고 가정부터 경제 시스템까지, 한 시스템은 원하는(desired) 상태 혹은 원하지 않는(undesired) 상태에 머물 수 있는 능력, 즉 회복탄력성이 다양할 수 있으나 이를 잃게 될 경우 대체 안정 상태로 넘어갈 수 있다.

이러한 체제 변환은 하나 또는 그 이상의 임계점을 넘음으로써 발생하며, 이러한 변화는 비선형적이면서 때로는 급작스럽고 시간적 스케일에 따라 비가역적이다. 더욱 중요한 것은 회복탄력성의 약화에 의한 비선형 변화는 다음과 관련이 있다는 점이다.

(1) 느린 변수의 점진적 감소에 의한 회복탄력성의 약화.
(2) 체제 변환을 야기하는 하나 또는 다수의 충격.
(3) 변화가 시스템의 기능 및 구조를 바꾸는 상태 변화를 일으킬지를 결정하는 (양의 혹은 음의) 피드백.

상태 변화는 새로운 피드백이 작용할 때만 발생할 수 있다. 예컨대, 호수가 질소 부하량(느린 제어 변수)의 느린 증가에 의해 빈영양 상태에서 부영양 상태로 뒤집힐 때, 새로운 부영양 상태는 양의 피드백(예: 질소 고정 조류에 비해 식물성/동물성 플랑크톤의 비가 변화하여 부영양 상태를 강화함)에 의해 안정적이 되어 시스템을 새로운 안정 영역에 가두게 된다. 이러한 변화는 비선형 임계점부터 이력 현상(hysteresis effect)까지 다양한 비선형 동역학과 관련이 있을 수 있다. 임계 현상은 시스템의 제어 변수의 작은 변화로부터 야기되는 시스템 상태의 급격한 비선형 변화를 동반한다(예: 시스템을 영양이 과하거나 물이 부족한 상황으로 살짝 밀어낼 경우 질병이나 극한 기후 등이 발생하면 급격한 변화 또는 임계 현상이 발생한다). 이력 현상은 제어 변수를 따라 임계점이 나타나는 지점이 경로 의존적일 때 발생한다. 예를 들어 질소와 인의 부하가 증가하여 호수를 깨끗한 상태에서 탁한 상태로 변화시킬 때, 그 임계 부하량은 상대적으로 높을 수 있다(즉 영양소 부하에 대한 호수의 회복탄력성이 높다). 하지만 호수가 일단 새로운 저산소 및 탁한 상태로 뒤집히고 그 상태에 갇히게 되면 원래의 깨끗한 상태로 되돌리기 위해서는 원래 임계지점보다 훨씬 더 작은 영양소 부하 수준으로 낮춰야 할 수 있다. 이러한 원상태로 되돌아가기 위한 "부가 비용"은 시스템이 일단 새로운 상태에 갇히게 되면 그 상태에 머무르려 하는 효과 때문에 발생하게 된다(호수의 경우 이러한 머무르려는 현상은 조류 성장 및 산소 소비에 의해 발생한다).

지속가능 개발의 하위 요소인 회복탄력성은 사회-생태계의 인류 복지 및 개발을 제공할 수 있는 능력에 매우 중요하다. 급격한 국지적 및 지구적 변화에 의한 충격과 교란의 빈도 및 강도가 증가할수록 혼란의 위험이 증가하고 그럴수록 회복탄력성은 점차 중요해진다. 가뭄, 홍수, 극심한 건조기와 같은 물 관련 충격 및 교란과 해수면 상승, 빙하 감소, 강우 패턴 변화와 같은 느린 변화는 현재의 지구적 환경 변화와 관련한 가장 시급하고 심각한 요소들이다.

인간의 발전은 생물계와 긴밀하게 연결되어 있으며, 서로 상호작용하는 다수의 사회-생태계 프로세스는 이러한 발전의 결과를 결정한다. 회복탄력성을 위한 통합적 접근법을 위해서는 인류 사회가 생물계와 어떤 상호작용을 하며 세계가 지구와 어떤 상호작용을 하는지에 대한 깊은 이해가 필요하다. 거버넌스 시스템, 경제, 정치, 권력관계는 물론 소셜 네트워크, 지식 시스템, 인간관계는 생태 및 환경적 요소와 더불어 가정, 사회, 국가 또는 사업의 회복탄력성에 영향을 끼치는 중요한 역할을 한다.

1.4.1 사회-생태계의 회복탄력성에 대한 수자원의 역할

물은 사회-생태계의 회복탄력성에 매우 중요한 역할을 한다. 물은 지구상의 모든 생명체에 필수적인 생물계의 혈류로서의 기능을 하며, 부족 및 충격의 원인으로 그리고 인류 번영의 요인으로서 역할을 한다. 기후변화 저감이 가스에 관한 것이라면 기후변화 적응은 물에 관한 것이라고들 한다.

수자원 연구, 수자원 거버넌스, 관리, 정책은 이러한 물의 역할을 제한적으로만 다루어왔다. 수십 년간 수질 문제가 회복탄력성 과학의 핵심 영역이었다는 점을 감안하면 이는 매우 놀라운 사실이다. 한 예로 어류 남획 및 부영양화에 의한 담수호의 체제 변환에 관한 연구가 있었다(Carpenter, 2003). 하지만 기후변화(예: 사헬 지역의 습한 상태에서부터 건조한 상태로의 체제 변환; Scheffer *et al.*, 2001) 또는 토지 이용 변화(농업 시스템의 물 관련 체제 변환; Gordon *et al.*, 2008)에 기인하는 수자원 가용량의 변화에 의한 체제 변환에 관한 과학적 사례들이 점차 증가하고 있다.

이와 같이 수자원 상태가 비선형적이면서도 급격하며 종종 비가역적으로 변화하는 위험성에 대한 통찰이 증가함에도(예: 수자원 가용성 및 이용에서의 회복탄력성의 역할) 이러한 통찰이 아직까지는 수자원 거버넌스 및 관리에 부분적으로만 반영되어 왔다. 이러한 점에서 이 책은 사회-생태계의 회복탄력성을 위한 수자원 거버넌스 및 관리를 발전시키기 위한 시도라 할 수 있다.

물은 아래와 같이 시스템의 회복탄력성을 결정하는 모든 과정과 연관되어 있기 때문에 회복탄력성에 대한 물의 역할을 정의한다는 것이 쉬운 일은 아니다.

(1) 사회적 및 생태적 회복탄력성의 제어 변수(control variable)로서
(2) 다른 제어 변수에 의해 상변수(state variable)로서의 물이 어떻게 변화하는지
(3) 다른 시스템(예: 농업 시스템, 도시 지역 또는 미래 강우와 같이 다른 시간대의 물 시스템)의 회복탄력성에 영향을 미치는 원동력으로서

이와 같이 물은 회복탄력성의 모든 측면에 연관되어 있으며 국지적으로부터 지구적 스케일까지 사회적 및 생태적 회복탄력성에 매우 긴밀하게 연결되어 있다.

여기서는 물 회복탄력성의 세 가지 역할을 구분하고자 한다.

1. 직접적인 제어 변수 또는 회복탄력성의 '원천'으로서의 물.

2. 회복탄력성의 상변수로서의 물 또는 다른 변화 동인에 의해 물이 어떻게 변화하는가.
3. 전체 회복탄력성을 결정하는 임계 변화를 야기하는 원동력으로서의 물 또는 물이 급격한 변화에 대응하여 사회, 생물계, 지구의 안정성 및 적응성에 어떻게 영향을 미치는가.

지금까지 물과 회복탄력성에 대한 주요 초점은 상변수로서의 물에 맞춰져 있었다(예: 토지 이용 변화에 의해 물 저장량 및 유량이 어떤 영향을 받는지). 게다가 이러한 영향 및 희생자로서의 물에 대한 초점은 청색수에 맞춰져 있었으며 녹색수 동역학에 대한 고려는 매우 제한적이었다.

1.4.2 회복탄력성의 제어 변수로서의 물

이 책은 제어 변수로서의 물의 역할을 강조한다. 여기서는 생태계 기능 및 서비스를 생산하는 물의 역할을 분석하고 정량화한다. 예를 들어, 종 다양성 및 식량 생산을 위한 흐름의 제어와 녹색수의 소모적 이용이 여기에 해당한다. 물은 생태계 기능 및 서비스의 양과 질을 결정하는 핵심 요소이기 때문에 사회-생태계 회복탄력성에 매우 핵심적이다.

생태계에서의 물의 생산적 역할이라는 맥락에서 이 책은 아래와 같이 일반적으로 무시되어 온 지속가능성과 개발을 위한 물의 두 측면에 대한 이해를 높이고자 한다.

(1) 육상 생태계 기능 및 서비스(주로 바이오매스) 생산을 위한 물의 역할.
(2) 생태계 기능 및 서비스 생산 프로세스 내에서 사회-생태계 회복탄력성을 만들어내는 물의 역할.

여기에서의 핵심 질문은 수자원(청색수 및 녹색수 모두) 관리의 변화가 비선형적 변화 또는 임계 현상을 만들어낼 수 있는지, 그리고 이에 따라 영향을 받은 시스템에서의 체제 변화를 야기할 것인지이다. 육상 생태계에서의 임계 현상이나 사회 시스템의 체제 변환에 대한 물의 역할(예: 위기의 배경에 물 이용 변화와 같은 요소가 있었는지)과 관련한 증거는 별로 없다. 하지만 군사적 충돌에서 물의 잠재적 역할에 관한 문헌은 다수 있다(Wolf, 2003).

수자원 관리가 농업 환경에서 상태 변화를 일으킬 수 있는지, 즉 물에 의한 회복탄력성 또는 회복탄력성의 변화가 체제 변환을 촉발할 수 있는지 여부는 이 책에서 제기하고자 하는 핵심 질문이다. 왜냐하면, 만약 물이 회복탄력성에 중요하다면, 향후 혼란스러운 환경 시기가 도래할 것이라는 증거가 증가하고 있는 상황에서 우리는 수자원 거버넌스와 관리에 대해 생각하는 방법과 수행하는 방법을 크게 바꿀 필요가 있기 때문이다. 예를 들어, 경관 구성 방식(토지 이용 유형)과 수자원 관리 방식이 경관의 회복탄력성을 변화시키고 급작스럽고 비선형적 체제 변화를 유도하는 데까지 기여할 수 있다면, 상태 변수가 크게 변화하지 않거나 점진적이면서 예측 가능하게 변화한다는 가정하에 각기 다른 목적별 수자원 배분과 물 이용 최적화에 초점을 둔 현재의 방법과는 판이하게 다른 위험 경관을 만들어내게 될 것이다.

회복탄력성의 제어 변수로서의 물은 연구가 가장 덜 된 영역 중 하나이다. 이 책은 농경-생태 경관에서의 생태계 기능과 서비스를 생산하는 물에 특히 초점을 맞춰 회복탄력성의 '원천'으로서의 물의 역할에 대해 탐구한다.

1.4.3 회복탄력성의 상태 변수로서의 물

많은 인간 활동과 환경 프로세스는 현장 규모 또는 생태계 규모로부터 소유역 및 대유역까지 혹은 지역적 규모로부터 세계적 규모까지 물 흐름의 영향 또는 상태를 결정한다. 물에 영향을 주는 주요 동인으로는 토지 이용 변화, 산업과 인간 사회의 화학적 및 영양염류 오염, 농업용, 산업용 및 가정용 수자원 취수, 그리고 기후변화에 의한 물 순환 왜곡과 같은 전지구적 환경 변화가 있다.

변화의 '피해자'로서 그리고 희소성과 취약성의 증가, 시공간적 변동성의 증가에 영향을 받는 유한 자원으로서의 물 프로세스들은 수자원 관리 분야에서 광범위하게 연구되고 운영되어 왔다(예: 재난 위험 평가, 조기 경보 시스템, 가뭄 및 홍수 관리 전략 등). 이 책의 핵심 질문은 다른 동인의 압력하에 있는 물의 상태를 임계 효과를 유발하지 않고 어디까지 변경할 수 있는가 하는 것이다. 달리 말하면, 하천의 안정적인 유출수의 유입과 예측 가능한 우기의 시작에서부터 호수의 수질 변화와 도시 급수 시스템의 변화에 이르기까지 우리는 언제 수자원의 급격한 변화로 인한 위험에 직면하게 될 것인가 하는 것이다.

1.4.4 미래 변화의 주도적 변수로서의 물

물은 미래 변화를 주도하는 변수이기도 하다. 물은 재생 가능 자원이지만 일반적으로는(적어도 수십 년에 걸쳐) 지역적 혹은 지구적 규모에서 그 양이 유한한 자원으로 간주된다. 더군다나 인류세 시대에는 물 순환계 내에서 연간 담수 가용량의 안정성에 영향을 미치는 다양한 규모의 자연적 및 인위적 변화와 더불어 상호작용하는 추진력들의 속도와 규모가 빠르게 증가하고 있다.

물은 온실가스, 용매, 에너지 운반체로서 다양한 조절 기능을 통해 지구 시스템의 안정성을 조절하는 원동력이다. 그러나 여기서의 초점은 육지와 수면으로부터의 수분 피드백을 조절하는 물의 역할이며, 이는 결국 수문학적 사이클에서 강수량, 강수 빈도 및 분포를 결정하게 된다. 따라서 물은 변화에 의해 영향을 받을 뿐만 아니라 그 자체의 변화에 영향을 준다. 3장에서도 보게 되겠지만, 특히 육상 생태계에서의 토지 및 물 이용은 수분 피드백의 결과로 인한 미래 강우량을 결정하는 데 매우 중요한 역할을 하게 된다. 예를 들어, 중국 중부와 북부 지역 강우량의 80% 이상이 인근 유라시아 국가의 숲에서 발생하는 수분 피드백에서 비롯되는 것으로 추정되고 있다 (Van der Ent and Savenije, 2011).

미래 수자원 가용성의 주도적 변수로서 물의 역할은 매우 복잡하고, 규모 및 시간에 의존하는 요소이다. 이 책은 미래 수자원 가용성의 변화 위험을 최소화하는 방법으로 집수역에서부터 하천 유역 및 지역 규모까지 수자원 거버넌스 및 관리에서 수분 피드백을 고려하는 것이 얼마나 중요한지를 강조한다. 이러한 복잡성은 토지 및 물 관리의 지역적 변화(예: 농지 사용과 삼림 벌채 패턴의 변화)가 연소에 의한 블랙카본의 배출 및 온실가스 배출에 의한 온난화와 같은 전 세계적 변화 프로세스와 상호작용하여 강화된다. 지구 물 순환이 갑자기 변화할 것이라는 위험성은 지구 평균온도가 산업화 이전 수준에 비해 2℃ 이상 상승할 것이라는 새로운 과학적 증거에 의해 명확해지고 있다(Ramanathan and Feng, 2008). 아시아 및 아프리카 몬순과 같은 대규모 지역 시스템에서의 물 흐름의 변화 위험성과 내륙 빙하, 극지방, 열대우림과 같은 주요 생물권으로부터의 물 흐름의 변화 위험성은 바람직하지 않은 수분 피드백으로의 변화를 피하기 위해서는 토지 및 수자원 관리가 매우 중요하다는 것을 보여준다. 수분 피드백은 토지 이용이 집약적으로 이뤄지고 있는 경관에서 회복탄력성을 구축하는 데에 핵심적인 요소이다.

요약하자면, 물 회복탄력성을 위한 전략은 인간 개발에서의 물의 세 가지 상호 연계된 역할을 다루어야 한다. 즉, 변화의 제어 변수로서, 생태계 또는 도시 지역의 지속가능성을 결정하는 핵심 상태 변수로서 그리고 지역적에서 지구적 변화의 동인으로서 말이다. 첫 번째로 다뤄야 하는 것은 상류에서의 녹색수의 소모적 이용과 하류에서의 청색수의 환경

용수 및 사회에 공급하는 용수 사이의 상류-하류 간 trade-off와 이러한 것들이 사회-생태 경관에서 전체적인 회복탄력성을 어떻게 '제어'하는지를 더 잘 이해하는 것이다. 두 번째로는 토지 이용 변화가 물에 미치는 영향과 trade-off를 다룰 수 있는 능력을 향상시키는 것이다(예: 농경지를 만들기 위해 숲을 없앨 때 강우 분할의 변화). 세 번째는 안정적인 수분 피드백과 그에 따른 생태계 및 사회 용수 공급을 보장하기 위해 수자원의 다단계 거버넌스 전략을 제시하는 것이다.

1.5 물 회복탄력성

이 책에서는 수자원 거버넌스 및 관리의 핵심 영역에서 과학적 성과를 이룩한 다음 세 영역을 통합한다.

(1) 수자원 연구에 대한 통합적 접근법.
(2) 지구 시스템 과학의 물 및 인간 개발과의 통합.
(3) 사회-생태 시스템의 기능 및 관리 개선 전략에 대해 보다 잘 이해하기 위한 물, 생태계 서비스 및 회복탄력성 문제의 통합.

특히 다음 두 핵심 메시지는 이 책의 큰 줄기를 이루는 세 번째 영역을 뒷받침한다.

- 물은 생물권과 지구 시스템의 전반적인 기능에 핵심적인 역할을 한다. 인간의 발전과 복지는 생물권으로부터 생산되는 생태계 기능과 서비스에서 비롯되며, 이는 다시 인간 사회에 변화에 대응할 수 있는 능력과 지속적으로 발전할 수 있는 능력을 제공하는 사회-생태학적 회복탄력성에 기여한다.
- 회복탄력성이라는 관점은 중요 상호작용에 대한 이해, 체제 변환을 야기하는 임계점을 넘을 위험에 대한 평가, 변화에 적응하고 위기 상황에서 변환할 수 있는 전략에 대한 탐구의 기회를 제공한다. 특히 수자원이 여러 스케일에서 사회-생태 시스템의 회복탄력성에 미치는 역할에 대한 이해를 발전시키고자 한다.

이 책에서는 회복탄력성을 사회-생태 시스템이 변화에 대처하면서도 지속적으로 개발할 수 있는 능력으로 정의한다. 물과 회복탄력성 사이의 관계를 규명하는 방법을 소개하는 1.4절에서 볼 수 있듯이 회복탄력성은 다음 세 가지 주요 특징이 있다.

(1) 주어진 상태를 유지하는 시스템의 능력 또는 임계점을 넘음으로써 시스템의 상태 혹은 구조가 변화하는 일 없이 시스템이 견딜 수 있는 교란의 양.
(2) 주어진 상태 내에서 스트레스와 교란에 적응할 수 있는 능력.
(3) 위기 뒤에 새로운 상태로 변환할 수 있는 능력.

여기서는 수자원과 관련하여 보편적 회복탄력성(general resilience)과 특정 회복탄력성(specific resilience)을 구분한다. 이러한 구분은 관리 전략을 이해하고 선택하는 데 있어 중요한 개념적 및 운영상의 차이를 제공하게 된다. 특정 회복탄력성은 특정 제어 변수와 관련된 시스템의 특정 부분이 교란이나 충격에 대처할 수 있는 능력을 정의한다. 따라서 특정 회복탄력성은 중요한 제어 변수를 지나치게 밀어붙일 때 나타나는 사회-생태 시스템의 특정 부분에서의 비선형적 변화를 이해하고 회피하는 데 초점을 둔다. 예를 들면, 하천 취수량이 임계점을 넘으면 환경 유량이 매우 낮아지게 되어 물고기들의 중요 서식처가 사라지게 되고 이로 인한 피드백의 도미노 현상으로 먹이그물이 변화하여 전체 생태계가 체제 변환을 겪게 된다. 이 예에서 시스템의 특정 부분인 수생 생태계의 회복탄력성은 손실되었다. 하지만 그렇다고 하여 전반적인 시스템(유역이나 이 지역의 커뮤니티)의 사회-생태학적 회복탄력성이 어떻게 되었는지는 알지 못한다. 특정 회복탄력성은 항상 "무엇에 대한 무엇의 회복탄력성인가?"라는 질문에 답하고자 한다. 즉, "무엇의"는 시스템의 어느 특정 부분인가에 초점을 맞추고 있으며(예: 수생 생태계), "무엇에 대한"은 어떤 제어 변수가 변화를 초래하는가에 초점을 둔다(예: 취수량). 따라서 물에 기인하는 티핑 포인트의 위험을 이해하고자 할 때는 특정 회복탄력성에 초점을 둔다.

반면 보편적 회복탄력성은 모든 종류의 충격에 대한 전체 시스템의 회복탄력성을 정의하기 때문에 변화와 교란에 대한 사회-생태 시스템의 보편적 '강도'와 '적응성'을 측정하는 척도이다. 특정 회복탄력성은 정량화 및 분석적 탐구가 종종 가능한 반면, 보편적 회복탄력성은 더 복잡하고 분석적으로 측정하기 어려운 경우가 많다. 특정 회복탄력성은 시스템의 일부가 너무 멀어지는 것, 즉 원치 않는 충격과 결과를 피하기 위한 관리 방법으로 물을 관리하기 위한 보다 표적화된 평가와 운영 전략을 가능하게 하기 때문에 이러한 구분은 회복탄력성 프레임워크를 적용할 때 중요하다. 반면 보편적 회복탄력성은 보다 실용적인 측면에서 유용한 프레임워크이며, 지속가능 개발을 위한 관리 노력에 있어 추가적인 '렌즈' 역할을 함으로써 원하는 방향으로 개발을 지속하는 동시에 변화, 스트레스 및 충격을 다루는 능력에 중점을 두고 있다.

회복탄력성을 키우는 데 있어 물의 역할에 대한 이해는 아직 초기이며 이 책에서 다루고자 하는 핵심 내용이다. 이 책의 초점은 급속한 글로벌 변화의 시대에 사회-생태 시스템의 회복탄력성에 있어 물의 역할에 있다. 이를 위해 이 책에서는 '물 회복탄력성(water resilience)'이라는 용어를 사용할 것인데, 이는 물 자체의 회복탄력성으로 해석되어서는 안 된다. 여기에서의 초점은 그 반대로서 생태계와 사회의 회복탄력성에서 물이 하는 역할을 의미한다.

이 책은 물 회복탄력성에 대한 이해가 매우 낮다는 우리의 결론에서 출발한다. 현재까지 물과 회복탄력성에 대한 초점은 호수 및 습지와 같은 지역 생태계에서 회복탄력성이 낮아짐에 따라 임계점을 넘는 데 있어 수질의 역할에 맞춰져 있었다. 앞으로는 스케일 간의 상호작용, 유역과 지역 규모에서의 물 회복탄력성, 물 관련 피드백 및 행성 규모에서의 생태 회복탄력성에서 물의 역할(즉, 지구 시스템이 원하는 홀로세 상태를 유지할 수 있는 능력)에 대해 더 많은 강조가 필요하다.

1.5.1 물 회복탄력성에서의 효율성 대 가외성

이 책은 또한 사회-생태 시스템의 특정 및 보편적 회복탄력성에 물이 매우 중요한 역할을 한다는 가설에서 출발한다. 여기에는 물론 핵심 생태계도 포함된다. 즉, 물이 국지적 생태계의 회복탄력성에 핵심적인 역할을 하여 호수, 숲, 습지, 초지 등은 물론 유역 및 지역적, 지구적 규모에서의 다양한 프로세스들(수분 피드백, 빙하의 해빙 동역학 등)이 원하는 상태에 머물 수 있도록 한다. 하지만 이 책에서 강조하고자 하는 것은 물 의존도가 가장 높은 농업에 중점을 둔 사회-생태 시스템의 회복탄력성에서의 물의 역할이다. 이는 식량 안보와 같은 회복탄력성의 '사회적' 차원에서의 물의 역할을 포함한다.

물 회복탄력성의 생태학적 차원은 수질 및 수량의 점진적 변화뿐만 아니라 체제 변환을 피하기 위해 필요한 담수 동역학을 유지하는 것도 포함한다. 담수 동역학 내에서 물 조건이 변화하게 되면 임계점을 넘어 생태계와 사회에 비선형적이고 때로는 되돌릴 수 없는 상태 변화를 야기하게 된다. 이 책에서 보여주듯이 이 가설을 뒷받침하는 강력한 증거가 있지만, 동시에 그 반대의 경우에 대한 증거도 많아지고 있다. 지구적 변화는 현재 10억 명 이상의 인구에게 깨끗한 물과 안정적인 흐름을 제공하는 히말라야 빙하와 같은 수자원 시스템의 지속화를 위협하고 있다. 히말라야 빙하의 현재 상태는 이로부터 물을 공급받는 아시아 남부 및 남동부 지역(파키스탄과 인도로부터 갠지스강을 거쳐 중국까지, 그리고 메콩강을 거쳐 메콩 지역에 이르기까지)의 개발에 도움이 되는 유일한 상태로 알려져 있다.

물 회복탄력성의 사회적 차원은 물의 지역적 관리에서부터 물 거버넌스의 제도적 차원과 안보, 보건, 무역 및 재정과 같은 물 분야의 운영에 이르기까지 광범위한 범위를 다룬다. 사회-생태학적 회복탄력성에서의 물의 역할에 대해 반복적으로 제기되는 핵심 질문은 효율성과 최적화 대 물 회복탄력성 구축을 위한 가외성의 문제이다. 이 질문에서 중요한 요소는 공간적 가변성과 사회적 충격(예: 바이오 연료의 시장 인센티브)이나 생물물리학적 충격(예: 가뭄)과 같은 시간적 변화를 연결시키는 것이다. 대부분의 물 거버넌스는 비용 효율성을 위해 수자원 분배와 사용을 최적화하는 데 초점을 맞추고 있다. 하지만 인류세 시대에 인구가 점점 증가하고 사회적, 생태학적 난기류가 증가하는 사회에서 덜 효율적으로 보이기는 하지만 인간 복지 향상은 물론 변화 앞에서 회복탄력적 번영이 가능하도록 보험 시스템 및 다기능적 경관과 같은 사회적 및 생태학적 가외성에 더 많은 투자를 해야 하는 것이 아닌가에 대한 질문을 이 책은 던진다.

회복탄력성에 대한 물 관련 위협은 다양한 스케일로 발생한다. 수질과 수량의 변화가 회복탄력성을 감소시켜 호수나 유역과 같은 지역 시스템의 체제 변화를 야기할 수도 있지만, 더 중요한 문제는 수자원에 대한 지구적 압력이 증가하는 상황에서 지구 시스템 규모에서의 회복탄력성을 유지하는 물의 역할이다. 이 문제는 시간 스케일과도 밀접하게 연결되어 있다. 국지적, 현장 규모 또는 지역적, 유역 규모에서의 회복탄력성의 감소는 수십 년 또는 수년의 짧은 시간 스케일에서의 상태 변화와 관련될 수 있는 반면, 지구적 수준에서의 회복탄력성 감소는 수세기부터 수천 년까지의 시간적 스케일에서 나타나는 변화와 연관될 수 있다(3장의 그림 3.2 참조).

1.5.2 물 회복탄력성과 피드백: 개발, 지구적 변화, 농업 간의 연결

시스템으로 하여금 임계값을 넘게 하는 피드백 메커니즘은 하나의 사회 분야나 환경 프로세스 내에서 단순한 원인-효과 방식으로 작동하는 경우는 거의 없다. 예를 들어, 토지 황폐화라는 한 가지 원인만으로 사막화가 일어나지는 않는다. 지역적으로 경관을 건조시키는 점진적인 토지 황폐화가 지역적 기후변화와 함께 만나면 가뭄과 홍수의 빈도를 증가시키게 되고, 이는 경관을 더욱 건조하게 만든다. 또한 토지 이용의 집약화와 인구 추세로 인한 농경 시스템의 변화는 물 수요를 증가시켜 농업 경관은 사막화의 문턱을 넘게 되고, 이로 인해 수년간의 적응 노력을 하더라도 사회적 임계 현상을 촉발시킨다(예: 농촌 젊은이의 대규모 이주).

더욱이, 주로 '관리'와 관련된 이러한 사회-생태학적 상호작용이 지역적 규모부터 세계적 규모까지 변화의 사회적 동인과도 상호작용한다는 점은 분명해지고 있다. 여기에는 규제 및 경제 정책의 정치적 변화(예: 영양소가 극히 부족한 농지에서의 비료 사용에 대한 보조금 철회), 국제 시장 변화(예: 세계 식량 시장에서의 충격) 및 국제적 지정학적 동향(예: 아시아 신흥 경제국의 아프리카 땅 투자) 등이 있다. 지역의 토지 및 물 관리 관행은 부, 시장, 라이프스타일과 관련된 사회적 동인 및 지역 및 전 지구적 기후변화와 관련된 교차 규모의 동인과 상호작용한다.

물과 연결된 복잡하고 통합된 사회-생태학적 피드백은 지구 환경 변화가 빠르게 진행되고 지역 경관의 생태 회복탄력성이 저하되는 인구과밀의 이 행성에서 점점 더 흔하게 나타나고 있다. 이러한 상호작용하는 요인들이 변화에 대처하는 능력에 영향을 미치게 된다. 이 책의 초점은 특히 농업 환경을 중심으로 인간 개발과 지구 환경 변화 및 물 회복탄력성 사이의 상호작용에 있다(그림 1.11). 농업 경관에 특히 관심을 두는 이유는 농업이 수자원 거버넌스와 관리의 모든 측면에서 지배적인 역할을 하기 때문이다. 농업은 지구상의 육지를 가장 크게 변화시키는 인간 활동이다. 현재 육지의 약 40%가 목초지와 작물을 포함하여 농업의 형태로 되어 있다. 예로써 지구의 육지 면적 중 0.24%를 차지하고 있는 도시 지역과 비교해 본다면 이는 단연코 가장 큰 인공적 토지 이용이라 할 수 있다(ESA, 2010). 따라서 농업은 토지 이용 요소 중 강우 분배에 가장 큰 영향을 미치고 이에 따라 경관을 따라 흐르는 물과 땅으로부터

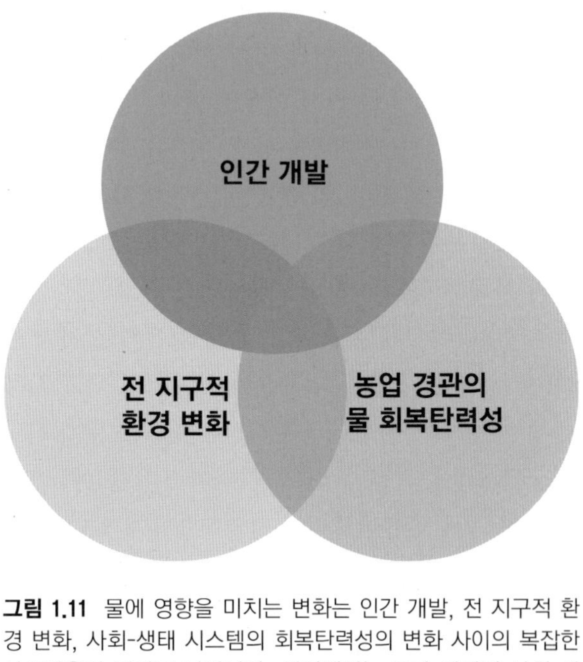

그림 1.11 물에 영향을 미치는 변화는 인간 개발, 전 지구적 환경 변화, 사회-생태 시스템의 회복탄력성의 변화 사이의 복잡한 상호작용의 결과로 나타난다. 여기에서는 물과 관련된 사회-생태 프로세스가 가장 집약적으로 나타나는 농업 환경에서 이러한 상호작용들이 어떻게 작용하고 다루어질 수 있는지에 초점을 맞춘다.

대기로 돌아오는 흐름에도 영향을 미친다. 비록 숲이 더 많은 물을 소비하기는 하지만 식량 생산은 세계에서 물 소비가 가장 큰 경제 분야이다.

물이 사회적 및 생태학적 피드백과 어떻게 상호작용하는지 제대로 파악하는 것은 지구적 변화에 대한 지속성, 적응력 및 변환 능력 측면에서 미래의 회복탄력성을 위해 매우 중요하다. 이러한 상호 연결된 프로세스를 여기서는 '통합형 사회-생태학적 물 피드백'으로 정의한다. 여기서 물은 사회 및 생태학적 변화 동인과 상호작용하여 강화 또는 감쇠 피드백을 만들어내어 인간 사회에 영향을 미치게 된다.

이 책은 통합형 사회-생태학적 물 피드백과 이의 발생 및 의의를 탐구한다. 그 예로는 빠른 도시화에 따른 물 사용의 변화와 급성장하는 세계 경제에서의 소비 패턴과 생활 방식의 변화가 있다. 또 다른 예로는 유가와 식량 시장 가격이 상호작용하여 토지 변화에 영향을 미치며, 이에 따라 경관과 소비 지역에서의 물 흐름의 변화 및 지역의 물 부족 정도에 미치는 영향이 있다. 더 구체적인 예로는 유럽 연합의 바이오 에너지 지침의 결과로 폴란드와 독일의 경관 특성(예: 습지)이 감소하고 있는 최근의 추세를 들 수 있다. 이 지침은 유럽 연합(EU)의 2020 바이오 에너지 목표(2007년에 설정된 '20-20-20' 목표 중 하나)를 달성할 수 있도록 유출수의 완충 역할을 하던 자연 생태계를 농지로 전환하면 인센티브를 제공할 수 있도록 하고 있다. 이는 수역을 보호하고 침전물과 영양분의 해안 지역으로의 유입을 줄이는 것에 관한 유럽 물 관리 기본 지침(European water framework directive)은 물론 EU 해양 전략 기본 지침과 상충될 수 있다.

또 다른 구체적인 예는 기후변화가 어떻게 토지 이용 변화와 상호작용하여 열대우림의 재생에 영향을 미치는가 하는 것이다. 발리(Bali)의 경우, 엘니뇨 현상과 연계되어 반복되는 가뭄과 함께, 물 체제의

자연 변동은 열대우림을 재생시키는 열쇠이다. 열대우림의 우점종인 딥테로카프(Dipterocarp)과의 번식은 이러한 기후 현상과 밀접하게 연관되어 있다. 딥테로카프 종의 최대 90%는 그 개화 시기가 대략 4년 주기로 발생하는 이러한 건조 기후 조건이 시작할 때와 일치한다. 기후변화와 더불어 대규모 토지 이용 변화는 숲을 야자유 농장으로 바꿈으로써 수분 피드백과 강우 패턴에 영향을 미치며 가뭄의 빈도, 강도 및 영향을 증가시키고 새로운 스트레스인 산불을 유발하게 된다. 이 새로운 체제는 원래는 물의 변동성이 시스템의 내재적 회복탄력성의 일부로 나타나던 온순한 상태(즉, 낮은 빈도의 가뭄에 의존하는 상태)에 있다가 해로운 상태(즉, 가뭄의 빈도와 심각성이 매우 큰 바람직하지 않은 상태)로 변화하게 되고 큰 산불이 뒤이어 나타나게 된다. 여기서의 피드백은 재생 능력의 상실로 나타나며, 이로 인해 전체 시스템이 장기적인 붕괴 위험에 처하게 된다. 지역적, 세계적 프로세스의 복합적 작용으로 인한 이러한 회복탄력성 감소는 물의 동역학을 변화시키고 주요한 사회적, 경제적 문제를 야기시킨다.

비선형 피드백을 유발하는 사회-생태학적 상호작용에 대해 우리가 제기하는 근본적인 질문은 다음과 같다. 이러한 사회-생태학적 동역학을 어떻게 하면 더 잘 이해할 수 있는가? 이에 더해 이러한 이해를 통해 원하는 상태를 유지하기 위한 지속성 및 불가피한 위기 상황에서 변화에 적응하고 변환할 수 있는 능력 측면에서 어떻게 하면 물 회복탄력성을 구축할 수 있는가?

1.6 새로운 개념 체계: 인류세 시대에 인간이 번영하기 위한 물 회복탄력성

앞에서 논했듯이 이 책에서는 인류세 시대에 지속가능한 인간 개발을 위한 물의 역할에 대한 새로운 통찰력을 기반으로 통합 수자원 거버넌스 및 관리를 위한 새로운 개념적 프레임워크를 개발코자 한다. 요컨대 이 프레임워크는 이 책에서 광범위하게 다루고 있는 다음의 여러 가지 주요한 과학적 성과를 한층 발전시킨 것이다.

- 사회-생태학적 회복탄력성에서의 물의 역할.
- 물과 교차 규모 동역학 및 피드백.
- 물과 지구적 환경 변화—행성 경계를 유지하기 위한 느린 변수로서의 물.
- 수자원에 미치는 기후변화 영향(증가하는 강우 변동성, 리스크, 가뭄, 건조기 등을 통한 교란 체제의 변화).
- 녹색수 및 청색수 패러다임과 여러 스케일에서의 녹색수 및 청색수 자원 평가에 대한 최근의 진보.
- 미래 물 및 식량 안보(식습관, 확장, 녹색수의 가상수 교역).
- 농업에서의 녹색수 및 청색수 이용.
- 수자원 계획 및 관리에서의 규모 간 상호작호(국지적 규모부터 유역 규모 간의 상호작용과 중규모 유역의 중요성).
- 식량 생산을 포함한 육상 생태계에 물 회복탄력성을 구축하기 위한 옵션.
- 지구적 변화가 모든 규모와 상호작용하고 새로운 교란 체제를 만들어내는 인류세 시대에 물 회복탄력성 패러다임을 통합 토지 및 수자원 관리에 운용하는 방법.

여기서는 지속가능한 수자원 거버넌스 및 관리에 대한 새로운 통찰력을 얻기 위해 회복탄력성 시각으로 바라본다. 특히 전 지구적 변화가 빠르게 일어나고 있는 시대에서의 교차 규모 동역학에 관심을 둔다. 그리고 우리의 자체 연구와 전 세계 동료 연구자들의 연구에 기반하건대 녹색수-청색수 사고와 통합된 생태계 및 회복탄력성 접근법을 밀접하게 연결시키는 것이 그간 적용되어 온 단절된 수자원 접근법에 비해 현실 세계의 문제를 해결하는 데 더 나은 의제를 제공하고 지속가능한 해결책을 위한 새로운 기회를 열어준다고 믿는다.

1.6.1 물 회복탄력성 프레임워크에 기여하는 주요 통찰력

지속가능한 수자원 거버넌스 및 관리를 위한 회복탄력성 기반 프레임워크의 주요 특징에는 물과 지속가능성에 대한 다양한 통찰력이 통합되어 있다.

- 인류는 인간에 의해 사회 및 생태학적 지구적 변화가 빠르게 일어나는 시대인 인류세 시대에 들어섰다. 인류세 시대에는 교란 체제의 패턴이 빈도, 강도, 규모, 상호의존성 측면에서 변화한다.
- 인간 복지를 결정짓는 생태계의 기능과 서비스에서의 물의 근본적인 역할.
- 권력, 평등, 시장 및 기관이 생물권 내에서 물 의존적 프로세스와 상호작용하는 사회-생태 시스템 내에서 물, 생태계 및 사회가 상호 연관되어 있다는 것.
- 사회-생태계는 교차 규모의 동역학을 가진 복잡적응계(complex adaptive system)라는 것.
- 녹색수-청색수 패러다임은 물이 발전과 인류 번영에 어떻게 기여하는지 충분히 표현한다는 것.
- 체제 변환, 적응력 및 위기 상황에서 변화할 수 있는 사회-생태계의 능력 측면에서의 회복탄력성을 위한 물의 주요 역할(여기서는 물의 회복탄력성이라고 정의됨).

물과 인간 개발 사이의 관계에 대한 이러한 통찰력과 특징들은 수자원과 관련하여 더 확장된 의제의 기초를 제공한다(이는 9장에서 더 자세히 다룬다). 이 새로운 수자원 의제는 다음과 같이 설명할 수 있다. (1) 적응형 물 거버넌스 및 관리에 대한 새로운 접근법, (2) 인간 개발에서의 물의 역할에 대한 새로운 관점(즉, 새로운 교란 체제로 인해 생태계 관리와 사회-생태 회복탄력성을 위해서는 물에 더욱 초점을 맞출 필요가 있다), (3) 생산성 및 효율성 향상과 회복탄력성을 제공하는 통합형 토지 및 수자원 관리에서의 혁신과 개선을 촉진하는 것. 이는 물론 새로운 수자원 의제로부터 너무 많은 것을 기대하는 것일 수 있다. 그러나 이 책에서 보듯이, 현장에서의 여러 경험적 사례와 과학, 정책 및 실행상의 현재의 발전들은 새로운 의제의 이 세 가지 핵심 영역이 점차 구체화되고 있음을 보여주고 있다. 위에서 언급한 바와 같이, 이 새로운 물 의제를 이루는 기본 '구성 요소'는 녹색수-청색수에 기반한 사고, 사회-생태 회복탄력성에서의 물의 역할, 육지와 물 프로세스의 교차 규모 동역학, 그리고 행성 경계 내에서 인류를 위한 안전한 운영 공간을 제공하는 물의 역할에 기반하고 있다. 환경적 영향을 최소화하면서도 인간의 수요를 충족시키기 위해서는 물의 할당과 이용 효율성에 주로 초점이 맞춰져 있는 현재의 물 패러다임을 육지 및 수생 생태계에서 생태계 기능과 서비스를 유지하는 물의 역할과 급변하는 '물 세계'에서의 사회-생태 회복탄력성을 위한 물의 역할에 초점을 맞추어 보완할 필요가 있다. 이러한 수자원 의제의 확대는 지속가능 개발의 모든 측면을 유지하는 데 있어서 물의 다양한 역할을 명확하게 하고, 충격과 스트레스에 대처할 수 있는 회복탄력적인 사회를 구축하고 미래 강우를 유지할 수 있는 경관을 만들 수 있도록 물을 통제하고 관리하는 데에 더 중점을 두게 한다.

1.6.2 회복탄력성 사고와 녹색수-청색수 패러다임의 통합

이 책의 핵심 개념에 대한 근거는 매우 간단하다. 이는 녹색수-청색수 패러다임을 사회-생태 회복탄력성 프레임워크에 통합함으로써 나타나며, 이를 인류세 시대의 규모 간 상호작용과 교란 체제의 변화의 맥락에서 설정코자 하는 것이다(그림 1.12).

녹색수 및 청색수 흐름과 수자원에 대한 정의는 Box 1.2에 요약되어 있다. 녹색수-청색수 패러다임이 개념적으로 기여하는 바는 인간 개발을 위한 물의 정의와 정량화의 측면에서 물 수지 내에 있는 모든 형태의 흐름을 포함시킨다는 것이다. 녹색수의 흐름은 지구상의 모든 생물자원의 성장을 지속시키며, 따라서 모든 지구 생태계의 기능과 서비스를 지속시킨다.

위에서 수자원에 대한 사회-생태학적 프레임워크를 광범위하게 설명하였는데, 이는 생태계 기능 및 서비스 프레임워크 내에 녹색수-청색수 사고법을 통합하는 것에서 시작하여 지속가능 개발을 위해 더 발전된 생태수문 기법에 뿌리를 두고 있다는 사실이 중요하다(Falkenmark and Rockstrom, 2004). 이러한 통합의 핵심은 빗물을 다양한 규모에 걸쳐 녹색수와 청색수로 구분한다는 데에 있다. 빗물은 생태계 기능과 서비스를 만들어내는 데에 결정요인으로 작용함은 물론 식량 생산 및 탄소 격리와 같은 조절 서비스를 공급하는 데에 결정적인 역할을 한다. 이와 동시에, 생물권 또는 경관은 그 위에 비가 내리게 되면 수문 순환 내에 있는 각기 다른 흐름 요소들 간에 물의 분배를 직접적으로 조절하여 녹색수 및 청색수의 흐름을 조절하고, 결과적으로 물 흐름의 양과 패턴을 바꾼다. 육지와 물을 어떻게 관리하느냐의 직접적인 결과로 나타나는 이러한 물의 변화는 수생 및 육상 생태계 내의 물 흐름에 대한 피드백을 만들어내며, 이는 기후 및 대기 중의 수분 피드백에 영향을 미쳐 미래의 강우량과 패턴을 결정하게 된다. 이 간단한 개념적 프레임워크는 이 책의 핵심을 구성한다(그림 1.13). 이 프레임워크는 IWRM을 실현하는 과정 중에 지금까지 간과된 물과 인간 개발의 특징, 즉 녹색 및 청색 수자원의 역할, 물과 생태계 기능 및 서비스와의 관계를 정립하는 데에 기여한다.

위에 표시된 개념적 핵심은 회복탄력성과 지구적 변화 및 사회-생태적 상호작용의 맥락에서 이 책에서 다루어지며, 이는 사회-생태학적 물 회복탄력성에 대한 광범위한 개념적 프레임워크를 제공한다.

1.6.3 글로벌 지속가능성과 인류 번영을 위한 물 회복탄력성 프레임워크

궁극적으로 인류는 전 지구적 물 순환에 영향을 받는다. 1950년대 중반 인류세 시대에 들어서기 전에

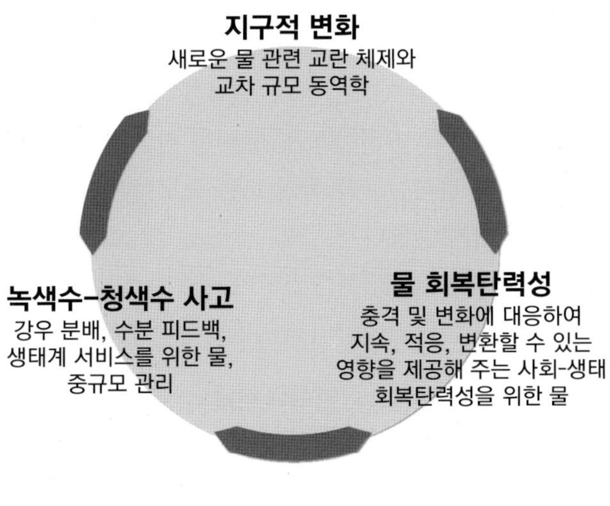

그림 1.12 녹색수-청색수 거버넌스 및 인류세 시대에서 인간 개발을 위한 관리에 필요한 회복탄력성 기반 패러다임의 핵심 요소들.

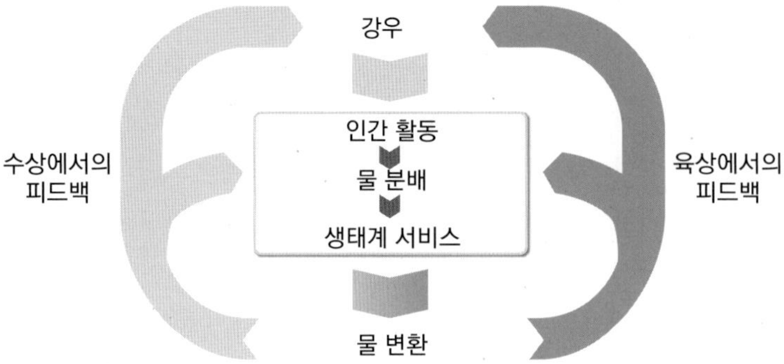

그림 1.13 강우는 지구상의 모든 담수의 근원이며 육상 생태계 기능과 서비스의 결정 요소이다(시공간에서의 수량, 수질, 유량 패턴은 바이오매스 생산과 수생 서식지와 같은 생태계 기능과 서비스의 생산을 형성하는 핵심 결정 요소임). 강우는 생태계 기능과 서비스의 형태를 조절하는 경관에서 녹색수와 청색수로 분배된다(예: 습지 기능의 유지를 위한 물 대비 일차 바이오매스의 순생산 비율). 자연 프로세스 및 경관 관리(증발, 증산, 취수, 지하수 재충전 등)에 의해 물 흐름은 변경된다. 이후 청색수 및 녹색수의 피드백으로 다시 강우에 영향을 준다.

는, 그리고 환경과 지구 시스템에 대한 인간의 압력이 강우량과 담수 가용성에 영향을 미치는 최초의 징후를 경험하기 전에는 이는 인간 개발을 위한 수자원 거버넌스와 관리의 운영상의 시작점이기보다는 단순한 관용구에 가까웠다. 이제는 상황이 바뀌었으며, 이것이 내포하는 바는 인류가 극한사상과 점진적으로 변하는 강우 패턴이라는 더욱 큰 위험에 대비하고 대처해야 한다는 것뿐만이 아니다. 인류세 시대의 증가하는 인간의 압력과 담수 자원에 대한 영향과 병행하여 생태계 서비스와 인간 복지에 녹색수 및 청색수의 흐름이 중요하다는 증거가 증가하고 있다. 게다가 생태계는 종종 문턱으로 구분된 복수의 안정 상태를 갖고 있다는 증거도 증가하고 있다. 우리의 관심은 국지적, 지역적 시스템이 물 흐름의 변화와 물 피드백 기작의 변화로 인하여 티핑 포인트를 넘게 되는 위험을 결정하는 제어 변수로서의 물의 역할을 탐구하는 것이다. 여기서의 주안점은 Biggs의 '잠재적 문제의 임계점' 개념(Biggs *et al.*, 2003)이나 우림을 건조 임계점으로 밀어내어 더욱 건조한 사바나 시스템이라는 비가역적 변화를 일으킬 위험처럼 물이 특정 문제의 임계점과 어떻게 연관되어 있는지 파악하는 것이다.

이 책에서는 인류세 시대에 맞도록 인류 번영을 위한 물 회복탄력성에 대한 통합 접근법을 제시하고자 한다. 이 과정을 위해 그림 1.14와 같이 주요 구성요소 및 이들의 상호작용으로 구성되는 통합 프레임워크를 개발하였다. 이 프레임워크는 9장에서 더욱 자세히 설명한다.

이 프레임워크는 변화를 만들어내는 지구적 원동력과 경관 규모에서의 관리가 어떻게 상호작용하여 수자원에 영향을 미치는지를 보여준다. 이는 다음을 통해 지속가능한 물 이용을 위한 물 회복탄력성 프레임워크를 강조하고 있다.

(1) 특정 문제의 임계 프로세스에서의 물의 역할.
(2) 물 흐름의 분배와 생태계 서비스의 생성.
(3) 경관에서의 강우 지속을 위한 전략.

또한 이 프레임워크는 현재의 수자원에 대한 지배적인 사고를 다음 세 가지를 강조함으로써 발전시킨다.

(1) 인류세 시대에는 지역적 변화부터 지구적 변화까지의 동역학으로 인해 수자원의 '공급' 부분(궁극적으로 강우)도 변화한다.
(2) 수자원 거버넌스 및 관리는 전 지구적 규모에서의 관리를 포함하여 모든 규모에서 동시에 이루어져야 한다.
(3) 비선형 동역학, 상호작용 및 임계점을 이해하기 위한 측면에서의 회복탄력성이 필요하다.

이 프레임워크는 궁극적으로 수자원 거버넌스에서의 다음 두 가지를 강조한다. 즉, 지구가 홀로세와 유

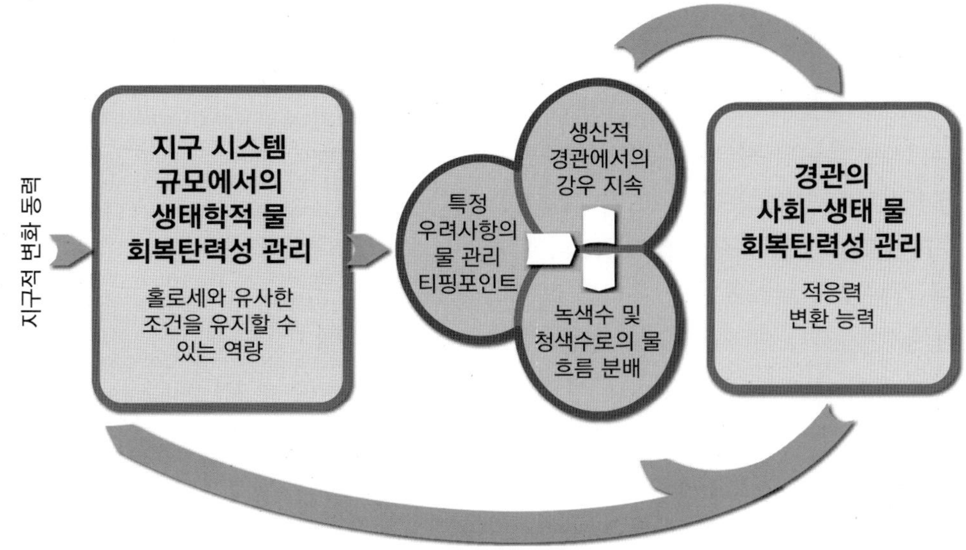

그림 1.14 인류 번영과 글로벌 지속가능성에 필요한 물 회복탄력성을 탐색하기 위한 통합 프레임워크. 이 책은 특히 농업 경관에서의 물, 식량, 생태계를 중심으로 좌측(전 지구적 변화 동인; 인류세의 지구 시스템의 물; 물과 관련된 임계점과 체제 변환의 위험)에서 우측(국지적 규모에서부터 지역 규모까지 물 회복탁력성을 관리하기 위한 전략)의 순서로 이어진다. 이 프레임워크는 경관 스케일(예: 영양소, 탄소, 수분 플럭스는 물론 재화, 서비스 및 사회-경제적 영향)과 글로벌 스케일(예: 환경, 사회, 지정학적 변화의 세계적 원동력) 사이의 피드백을 강조한다. 이 그림은 물 회복탄력성을 위한 거버넌스 및 관리에서 교차 규모의 상호작용의 중요성을 강조한다. 수자원의 시간적 변동성에 대한 자연적 및 인공적 영향과 관련하여 물과 관련된 충격과 스트레스의 크면서도 잠재적으로 증가하는 시간적 펄스도 중요한 요소이다.

사한 상태를 유지할 수 있게 할 것과 인류 번영을 위한 물 관리를 위한 기본적인 전제 조건을 제시할 것이라는 점이다. 이 두 가지는 모두 물 충격과 펄스의 시간적 차원과 규모 차원에 대한 이해를 필요로 한다. 즉, 국지적 물 관리는 더 이상 지역적 및 지구적 규모에서 일어나는 사회적(예: 교역 패턴 및 가격의 급격한 변동) 및 환경적 프로세스(예: 기후변화와 삼림 벌채)와는 독립적일 수 없다.

2, 3, 4장은 우리의 개념 프레임워크의 왼쪽 부분에 해당하는데, 이는 변화의 세계적 동인부터 물이 다른 사회-생태학적 프로세스와 어떻게 상호작용하는지까지 인류세 시대에서의 새로운 글로벌 물 문제를 이해하는 데 초점을 맞추고 있다. 여기서는 사회-생태 시스템의 물과 관련된 임계점과 체제 변화를 뒷받침하는 사고와 증거를 소개한다. 이 '글로벌' 장들은 지구 시스템 규모에서의 사회-생태학적 회복탄력성을 유지하기 위한 물 거버넌스에 대한 접근법이 중요함을 강조한다. 지구적 규모를 생산적 경관과 연결하기 위해(개념 프레임워크에서 오른쪽으로 이동) 세계의 물과 식량 문제(5장)를 이용한다. 여기서는 농업 시스템에서의 물과 관련한 사회-생태학적 체제 변환의 위험을 다룬다. 또한 천수 농업 공동체의 회복탄력성을 구축하기 위한 농업상의 개선을 다루고(6장), 농업 경관에서의 물 회복탄력성을 위한 생태 기반 방식을 발전시키는 데에 따른 당면 과제를 다룬다. 7장에서는 사회-생태 시스템에서의 물과 관련한 임계점에 대한 증거를 보여준다. 우리는 경관에서 물 관리를 개선하기 위한 적응 전략과 변형 전략을 모두 살펴본다. 물 회복탄력성 관리의 제도적 차원(개념적 프레임워크에서 가장 오른쪽)은 8장에서 다룬다.

1.6.4 이 책의 초점: 생물권에서의 담수와 생물계

이 책이 점점 격동이 커지는 시대에 인류 발전을 위한 통합적 사고와 물 연구의 지속적인 발전에 대한 과학적이고 교육적인 대화의 토대가 되기를 기대한다. 이 책은 수자원과 육지 및 수생 생태계로부터 생산되는 생태계 기능 및 서비스에 대한 우리의 이해와 다음 질문들을 연결하는 데에 기여코자 한다. (i) 이것들이 어떻게 사회-생태계 회복탄력성을 정의하는가? (ii) 인간의 물과의 상호작용이 생태계와 회복탄력성에 어떻게 영향을 미치는가? (iii) 물, 생태계, 회복탄력성, 지구 환경 변화로부터 기인하는 새로운 수자원 문제를 다루기 위해서는 물 거버넌스 및 관리의 개선과 혁신을 어떻게 적용해야 하는가?

이 책에서는 해양 생태계에 초점을 맞추지 않으며, 자원 활용(광업 등), 가정용수, 도시 급수 및 산업용수 등에 대한 물의 중요한 역할을 탐구하지는 않는다. 대신 생명 유지 시스템의 지속, 자원 사용 및 기타 사회적 이용을 위한 물 사용 간의 균형에 대한 통합된 관점을 취한다. 이 책은 물과 생물자원, 특히 어떻게 물 회복탄력적인 식량 생산을 해야 하는지에 초점이 맞춰져 있다. 생물자원은 지구상에서 가장 큰 물 소비자이면서 생물권에서 일어나는 일은 물이 지구 수문 순환에서 작동하는 방식에 영향을 미친다. 이러한 이유로 위 질문들은 물이 흐르는 방식에 가장 큰 영향을 미치는 분야를 다루기 때문에 신중하게 선택된 것이라 할 수 있다.

이 책의 목표는 앞으로 사회적 측면뿐만 아니라 지구 시스템 전체의 작동 방식에서 인류 번영의 근본적인 핵심인 안정적이고 질 좋은 담수 흐름을 어떻게 지혜롭게 인도할 수 있는지에 대한 보다 폭넓은 과학적이고도 전문적인 탐구를 자극하고자 하는 것이다.

참고문헌

Alcamo, J. and Henrichs, T. (2002). Critical regions: a model-based estimation of world water resources sensitive to global changes. *Aquatic Sciences*, **64**, 352–362.

Berndes, G. (2002). Bioenergy and water: the implications of large-scale bioenergy production for water use and supply. *Global Environmental Change: Human and Policy Dimensions*, **12**, 253–271.

Biggs, H. C., Rogers, K. H., Du Toit, J., Rogers, K. and Biggs, H. (2003). An adaptive system to link science, monitoring and management in practice. In *The Kruger Experience: Ecology and Management of Savanna Heterogeneity*, ed. Du Toit, J. T., Biggs, H. C. and Rogers, K. H. Washington, DC: Island Press, pp. 59–80.

Bogardi, J. J., Dudgeon, D., Lawford, R. *et al.* (2012). Water security for a planet under pressure: interconnected challenges of a changing world call for sustainable solutions. *Current Opinion in Environmental Sustainability*, **4**, 35–43.

Brundtland, G. H. (1987). *Our Common Future*. Oxford: Oxford University Press.

Canadell, J. G., Le Quere, C., Raupach, M. R. *et al.* (2007). Contributions to accelerating atmospheric CO_2 growth from economic activity, carbon intensity, and efficiency of natural sinks. *Proceedings of the National Academy of Sciences of the United States of America*, **104**, 18866–18870.

Carpenter, S. R. (2003). *Regime Shifts in Lake Ecosystems: Pattern and Variation. Excellence in Ecology*. Oldendorf/Luhe, Germany: Ecology Institute.

Carpenter, S. R. (2005). Eutrophication of aquatic ecosystems: bistability and soil phosphorus. *Proceedings of the National Academy of Sciences of the United States of America*, **102**, 10002–10005.

Carpenter, S. R. and Bennett, E. M. (2011). Reconsideration of the planetary boundary for phosphorus. *Environmental Research Letters*, **6**, 014009.

Carpenter, S., Walker, B., Anderies, J. M. and Abel, N. (2001). From metaphor to measurement: resilience of what to what? *Ecosystems*, **4**, 765–781.

Center for Research on the Epidemiology of Disaster. (2012). *EM-DAT: The OFDA/CRED International Disaster Database Version 12.07*. Brussels: Université Catholique De Louvain. Available at: http://emdat.be (accessed 6 June 2012).

Chao, B. F., Wu, Y. H. and Li, Y. S. (2008). Impact of artificial reservoir water impoundment on global sea level. *Science*, **320**, 212–214.

Cole, D. H. and Ostrom, E. (eds) (2011). *Property in Land and Other Resources*. Cambridge, MA: Lincoln Institute of Land Policy.

Crutzen, P. J. (2002a). The 'Anthropocene'. *Journal De Physique Iv*, **12**, 1–5.

Crutzen, P. J. (2002b). Geology of mankind. *Nature*, **415**, 23.

Crutzen, P. J. and Steffen, W. (2003). How long have we been in the Anthropocene era? Comment. *Climatic Change*, **61**, 251–257.

Crutzen, P. J. and Stoermer, E. F. (2000). The 'Anthropocene'. *IGBP Newsletter*, **41**, 17–18.

Dai, A. (2011). Characteristics and trends in various forms of the Palmer Drought Severity Index during 1900–2008. *Journal of Geophysical Research: Atmospheres*, **116**, D12115.

de Fraiture, C. and Wichelns, D. (2010). Satisfying future water demands for agriculture. *Agricultural Water Management*, **97**, 502–511.

de Vries, M. and de Boer, I. J. M. (2010). Comparing environmental impacts for livestock products: a review of life cycle assessments. *Livestock Science*, **128**, 1–11.

Duda, A. M. (2003). Integrated management of land and water resources based on a collective approach to fragmented international conventions. *Philosophical Transactions of the Royal Society of London. Series B: Biological Sciences*, **358**, 2051–2062.

Enfors, E. (2013). Social-ecological traps and transformations in dryland agro-ecosystems: using water system innovations to change the trajectory of development. *Global Environmental Change*, **23**, 51–60.

Ericson, J. P., Vörösmarty, C. J., Dingman, S. L., Ward, L. G. and Meybeck, M. (2006). Effective sea level rise and deltas: causes of change and human dimension implications. *Global and Planetary Change*, **50**, 63–82.

European Space Agency (2010). *GlobCover 2009*. Paris: Globcover Consortium. Available at: http://due.esrin.esa.int/globcover/ (accessed 26 February 2013).

Ewing, B., Moore, D., Goldfinger, S. *et al.* (2010). *Ecological Footprint Atlas 2010*. Oakland, CA: Global Footprint Network. Available at: http://www.footprintnetwork.org/images/uploads/Ecological_Footprint_Atlas_2010.pdf.

Falkenmark, M. (1986). Fresh water: time for a modified approach. *Ambio*, **15**, 192–200.

Falkenmark, M. and Chapman, T. (eds) (1989). *Comparative Hydrology: An Ecological Approach to Land and Water Resources*. Paris: UNESCO.

Falkenmark, M. and Folke, C. (2003). Freshwater and welfare fragility: syndromes, vulnerabilities and challenges. Introduction. *Philosophical Transactions of the Royal Society of London Series B-Biological Sciences*, **358**, 1917–1920.

Falkenmark, M. and Rockström, J. (2004). *Balancing Water for Humans and Nature: The New Approach in Ecohydrology*. London: Earthscan.

Folke, C., Carpenter, S. R., Walker, B. *et al.* (2010). Resilience thinking: integrating resilience, adaptability and transformability. *Ecology and Society*, **15**, 20.

Food and Agriculture Organization (2012a). *The State of Food Insecurity in the World 2012*. Rome: Food and Agriculture Organization. Available at: http://www.fao.org/docrep/016/i3027e/i3027e00.htm.

Food and Agriculture Organization (2012b). *State of the World's Forests 2012*. Rome: Food and Agriculture Organization.

Food and Agriculture Organization (2013). *FAOSTAT Online Database*. Rome: Food and Agriculture Organization. Available at: http://faostat.fao.org/.

Freydank, K. and Siebert, S. (2008). Towards mapping the extent of irrigation in the last century: time series of irrigated area per country. Frankfurt Hydrology Paper 08. Institute of Physical Geography, University of Frankfurt, Germany.

Godfray, H. C. J., Beddington, J. R., Crute, I. R. *et al.* (2010). Food security: the challenge of feeding 9 billion people. *Science*, **327**, 812–818.

Gordon, L. J., Peterson, G. D. and Bennett, E. M. (2008). Agricultural modifications of hydrological flows create ecological surprises. *Trends in Ecology & Evolution*, **23**, 211–219.

Hansen, J., Satol, M., Kharechal, P. *et al.* (2008). Target atmospheric CO_2: where should humanity aim? *The Open Atmospheric Science Journal*, **2**, 217–231.

Hoekstra, A. Y. (2010). The water footprint of animal products. In *The Meat Crisis: Developing More Sustainable Production and Consumption.*, ed. D'Silva, J. and Webster, J. London: Earthscan, pp. 22–33.

Intergovernmental Panel on Climate Change (IPCC) (2007). *Climate Change 2007: Synthesis Report. Contribution of Working Groups I, II and III to the Fourth Assessment Report of the Intergovernmental Panel on Climate Change*. Geneva: Intergovernmental Panel on Climate Change.

Intergovernmental Panel on Climate Change (IPCC) (2013) *Climate Change 2013: The Physical Science Basis. Working Group I contribution to the IPCC Fifth Assessment Report*. Geneva: Intergovernmental Panel on Climate Change.

International Conference on Water and the Environment (1992). The Dublin statement on water and sustainable development. International Conference on Water and the Environment, Dublin.

Jansson, Å., Folke, C., Rockström, J., Gordon, L. and Falkenmark, M. (1999). Linking freshwater flows and ecosystem services appropriated by people: the case of the Baltic Sea drainage basin. *Ecosystems*,

2, 351–366.

Jouzel, J., Masson-Delmotte, V., Cattani, O. *et al.* (2007). Orbital and millennial Antarctic climate variability over the past 800,000 years. *Science*, **317**, 793–796.

Kharas, H. (2010). The emerging middle class in developing countries. OECD Working papers: 285. OECD. Available at: www.oecd-ilibrary.org/development/the-emerging-middle-class-in-developing-countries_5kmmp8lncrns-en.

Klein Goldewijk, K., Beusen, A., Van Drecht, G. and De Vos, M. (2011). The HYDE 3.1 spatially explicit database of human-induced global land-use change over the past 12,000 years. *Global Ecology and Biogeography*, **20**, 73–86.

Kummu, M., Ward, P. J., de Moel, H. and Varis, O. (2010). Is physical water scarcity a new phenomenon? Global assessment of water shortage over the last two millennia. *Environmental Research Letters*, **5**, 034006.

Lagi, M., Bar-Yam, Y., Bertrand, K. Z. and Bar-Yam, Y. (2012). *Economics of Food Prices and Crises.* Cambridge, MA: New England Complex Systems Institute. Available at: http://necsi.edu/publications/food/.

Lambin, E. F. and Geist, H. J. (eds) (2006). *Land-use and Land-cover Change.* Heidelberg, Germany: Springer.

Lenton, T. M., Held, H., Kriegler, E. *et al.* (2008). Tipping elements in the Earth's climate system. *Proceedings of the National Academy of Sciences*, **105**, 1786–1793.

Liquete, C., Maes, J., La Notte, A. and Bidoglio, G. (2011). Securing water as a resource for society: an ecosystem services perspective. *Ecohydrology & Hydrobiology*, **11**, 247–259.

Loh, J., Green, R. E., Ricketts, T. *et al.* (2005). The Living Planet Index: using species population time series to track trends in biodiversity. *Philosophical Transactions of the Royal Society B: Biological Sciences*, **360**, 289–295.

Lundqvist, J. (ed.) (2000). *New Dimensions in Water Security: Water, Society and Ecosystem Services in the 21st Century.* Rome: Food and Agriculture Organization.

McIntyre, B., Herren, H., Wakhungu, J. and Watson, R. T. (eds) (2009). *Agriculture at the Crossroads: International Assessment of Agricultural Knowledge.* Washington, DC: Island Press.

Meybeck, M. (2003). Global analysis of river systems: from Earth System controls to Anthropocene syndromes. *Philosophical Transactions of the Royal Society B-Biological Sciences*, **358**, 1935–1955.

Millennium Ecosystem Assessment (2005). *Ecosystems and Human Well-being: Synthesis.* Washington, DC: Island Press.

Molden, D., Oweis, T. Y., Steduto, P. *et al.* (2007). Pathways for increasing agricultural water productivity. In *Water for Food, Water for Life: A Comprehensive Assessment of Water Management in Agriculture*, ed. Molden, D. London: Earthscan, pp. 219–310.

Molle, F. and Wester, P. (eds) (2009). *River Basin Trajectories: Societies, Environments and Development.* Wallingford, UK: CAB International.

National Academy of Sciences of United States of America (2009). PNAS tipping elements in Earth systems special feature. *Proceedings of the National Academy of Sciences*, **106**, 1068–1072.

Odum, E. (1969). The strategy of ecosystem development. *Science*, **164**, 262.

Oki, T. and Kanae, S. (2006). Global hydrological cycles and world water resources. *Science*, **313**, 20561–20563.

Oppenheimer, S. (2004). *Out of Eden: The Peopling of the World.* London: Constable & Robinson.

Oyama, M. D. and Nobre, C. A. (2003). A new climate-vegetation equilibrium state for tropical South America. *Geophysical Research Letters*, **30**, 2199.

Pahl-Wostl, C., Lebel, L., Knieper, C. and Nikitina, E. (2012). From applying panaceas to mastering complexity: toward adaptive water governance in river basins. *Environmental Science & Policy*, **23**, 24–34.

Poff, N. L., Allan, J. D., Bain, M. B. *et al.* (1997). The natural flow regime. *BioScience*, **47**, 769–784.

Poff, N. L. and Zimmerman, J. K. H. (2009). Ecological responses to altered flow regimes: a literature review to inform the science and management of environmental flows. *Freshwater Biology*, **55**, 194–205.

Postel, S. L. (1998). Water for food production: will there be enough in 2025? *Bioscience*, **48**, 629–637.

Ramanathan, V. and Feng, Y. (2008). On avoiding dangerous anthropogenic interference with the climate system: formidable challenges ahead. *Proceedings of the National Academy of Sciences*, **105**, 14245–14250.

Richter, B., Baumgartner, J., Wigington, R. and Braun, D. (1997). How much water does a river need? *Freshwater Biology*, **37**, 231–249.

Rimas, A. and Fraser, E. D. (2010). *Empires of Food: Feast, Famine, and the Rise and Fall of Civilizations.* New York: Free Press.

Ripl, W. and Hildmann, C. (2000). Dissolved load transported by rivers as an indicator of landscape sustainability. *Ecological Engineering*, **14**, 373–387.

Rockström, J., Gordon, L., Folke, C., Falkenmark, M. and Engwall, M. (1999). Linkages among water vapor flows, food production, and terrestrial ecosystem services.

Conservation Ecology, **3**, 5.

Rockström, J., Steffen, W., Noone, K. *et al.* (2009a). A safe operating space for humanity. *Nature*, **461**, 472–475.

Rockström, J., Steffen, W., Noone, K. *et al.* (2009b). Planetary boundaries: exploring the safe operating space for humanity. *Ecology and Society*, **14**, 32.

Scheffer, M., Carpenter, S., Foley, J. A., Folke, C. and Walker, B. (2001). Catastrophic shifts in ecosystems. *Nature*, **413**, 591–596.

Scheffer, M. and Carpenter, S. R. (2003). Catastrophic regime shifts in ecosystems: linking theory to observation. *Trends in Ecology & Evolution*, **18**, 648–656.

Shiklomanov, I. A. (1998). *World Water Resources: A New Appraisal and Assessment for the 21st Century*. Paris: United Nations Educational, Scientific and Cultural Organization, pp. 369–384.

Shiklomanov, I. A. (2000). Appraisal and assessment of world water resources. *Water International*, **25**, 11–32.

Shiklomanov, I. A. (2003). World water use and water availability. In *World Water Resources in the Beginning of the 21st Century*, ed. Shiklomanov, I. A. & Rodda, J. C. Cambridge: Cambridge University Press.

Shiklomanov, I. A. and Rodda, J. C. (2004). *World Water Resources at the Beginning of the 21st Century. International Hydrology Series*. Cambridge: Cambridge University Press.

Smakhtin, V., Revenga, C. and Döll, P. (2004). A pilot global assessment of environmental water requirements and scarcity. *Water International*, **29**, 307–317.

Solomon, S., Rosenlof, K. H., Portmann, R. W. *et al.* (2010). Contributions of stratospheric water vapor to decadal changes in the rate of global warming. *Science*, **327**, 1219–1223.

Steffen, W., Crutzen, P. J. and McNeill, J. R. (2007). The Anthropocene: are humans now overwhelming the great forces of nature. *Ambio*, **36**, 614–621.

Steffen, W. L., Sanderson, A., Tyson, P. D. *et al.* (2004). *Global Change and the Earth System: A Planet Under Pressure. Global Change: The IGBP series, 1619–2435*. Berlin: Springer.

Tilman, D., Balzer, C., Hill, J. and Befort, B. L. (2011). Global food demand and the sustainable intensification of agriculture. *Proceedings of the National Academy of Sciences*, **108**, 20260–20264.

United Nations Department of Economic and Social Affairs (2011). *World Population Prospects: The 2010 Revision*. Rome: United Nations Department of Economic and Social Affairs. Available at: http://esa.un.org/unpd/wpp/Excel-Data/population.htm (accessed 21 November 2012).

United Nations Environment Programme (2012). *Global Environment Outlook GEO 5*. Nairobi: United Nations Environment Programme.

United Nations Population Division (1999). *The World at Six Billion ESA/P/WP.154*. Rome: United Nations Population Division. Available at: http://www.un.org/esa/population/publications/sixbillion/sixbillion.htm.

Van der Ent, R. and Savenije, H. (2011). Length and time scales of atmospheric moisture recycling. *Atmospheric Chemistry and Physics*, **11**, 1853–1863.

Wada, Y., van Beek, L. P. H., van Kempen, C. M. *et al.* (2010). Global depletion of groundwater resources. *Geophysical Research Letters*, **37**, L20402.

Walker, B., Holling, C. S., Carpenter, S. R. and Kinzig, A. (2004). Resilience, adaptability and transformability in social-ecological systems. *Ecology and Society*, **9**, 5.

Walker, B. and Salt, D. (2006). *Resilience Thinking: Sustaining Ecosystems and People in a Changing World*. Washington, DC: Island Press.

Wolf, A. (2003). 'Water Wars' and other tales of hydromythology. In *Whose Water is it? The Unquenchable Thirst of a Water-hungry World*, ed. Jehl, D. & Mcdonald, B. Washington, DC: National Geographic, pp. 109–124.

World Trade Organization. (2012). *International Trade Statistics 2012*. Geneva: WTO Available at: http://www.wto.org/english/res_e/statis_e/its2012_e/its12_charts_e.htm.

World Water Assessment Programme. (2009). *World Water Development Report 3: Water in a changing world*. Paris: United Nations Educational, Scientific and Cultural Organization.

World Wildlife Fund for Nature. (2012). *Living Planet Report 2012: Biodiversity, Biocapacity and Better Choices*. Gland, Switzerland: World Wildlife Fund for Nature.

Young, O. R. and Steffen, W. (2009). The Earth System: sustaining planetary life-support systems. In *Principles of Ecosystem Stewardship*, ed. Chapin, F. S., Kofinas, G. P. & Folke, C. Heidelberg, Germany: Springer, pp. 295–315.

Part

II

인간이 지배하는 세상에서의 삶

판매상들이 농산물을 팔기 위해 도시로 오는 베트남의 거리 풍경. 인구가 증가하는 도시 지역은 농촌에서 생산되는 농산물에 의존한다.

Chapter

2 인간이 변화시킨 지구

2장은 지구 시스템 전반에 미치는 인간의 강제력과 인구, 경제 개발, 도시화, 기술 발전, 국제 무역 및 해외 직접 투자, 기후변화, 국가 및 국제 정책 등 변화의 여러 동인에서 비롯되는 강제력의 근원에 초점이 맞춰져 있다. 이번 장에서는 지구 시스템이 각기 다른 종류의 충격과 피드백에 어떤 방식으로 반응했는지를 보여주고, 지구 시스템의 중요한 임계값과 티핑 포인트에 접근하는 위험성에 대해 논의한다. 특히 물 의존도가 높은 농업 생산과 식량 안보에 초점을 맞춘다.

2.1 지구 시스템을 변화시킨 인간의 여러 변화 동인들

인간에 의한 압력은 종류도 다양하고 복잡하며 자연의 큰 힘들 중 일부와 동일한 크기를 갖고 있고 게다가 가속화까지 하고 있다. 이 압력들은 서로 상호작용하며 임계치를 넘게 될 경우 갑작스러우면서도 비선형적인 변화를 촉발할 수 있다. 주요 환경 변수가 자연 변동성의 범위를 훨씬 넘어섰으며 변화의 규모와 속도는 전례가 없는 수준이라는 인식이 어느 정도 있어왔다(기후변화에 관한 암스테르담 선언; Moore *et al.*, 2001).

이 책에서는 지구 시스템을 모든 스케일에서의 연결된 하위 시스템과 구성 요소를 포함하는 최상위 수준의 단위로 간주하며, 개별 빌딩 블록 이상의 조직 수준을 가지고 있는 것으로 간주한다. 지구 시스템의 복잡성을 감안하면 다른 요소들 간의 모든 압력, 상호작용 및 피드백을 예측하는 것은 불가능하다. 따라서 우리는 보통은 대체 안정 상태를 초래하는 교란이나 충격으로 인한 비선형 반응과 갑작스러운 체제 변환 또는 종종 예기치 못한 갑작스러운 변화뿐만 아니라 구조와 기능의 크고 지속적인 변화 또한 예상해야 한다. 변화의 핵심 동인은 점점 더 부유해지고 도시화되는 **인구를 위한 식량 생산**과 관련된 바이오매스 이용의 증가이다(이는 물, 토지, 기타 자연 자원에 대한 경쟁을 심화시킨다). 이러한 동인으로 인한 영향은 지역마다 다르게 나타난다.

2.1.1 인구 동향

인구 증가가 가장 가속화된 시기는 20세기 후반이며 이때 25억에서 61억으로 늘어났다. 또는 50년 만에 약 150% 증가를 보였다. 유엔의 중간 예측에 따르면 출산율 감소에도 불구하고 인구 추세는 세계 인구수가 안정되기 전인 2050년까지 약 90억 명으로 증가할 것이라고 한다(UNPD, 2004). 그림 2.1은 2100년까지 예상되는 인구 변화에 대한 다양한 시나리오를 보여주고 있으며, 이에 따르면 140억 명까지 증가하거나 50억 명에 가깝게 감소한다.

아프리카와 서아시아의 많은 국가들이 높은 출산율을 유지한다는 것은 2050년까지의 대부분의 인구 증가가 개발도상국에서 발생한다는 것을 의미한다.

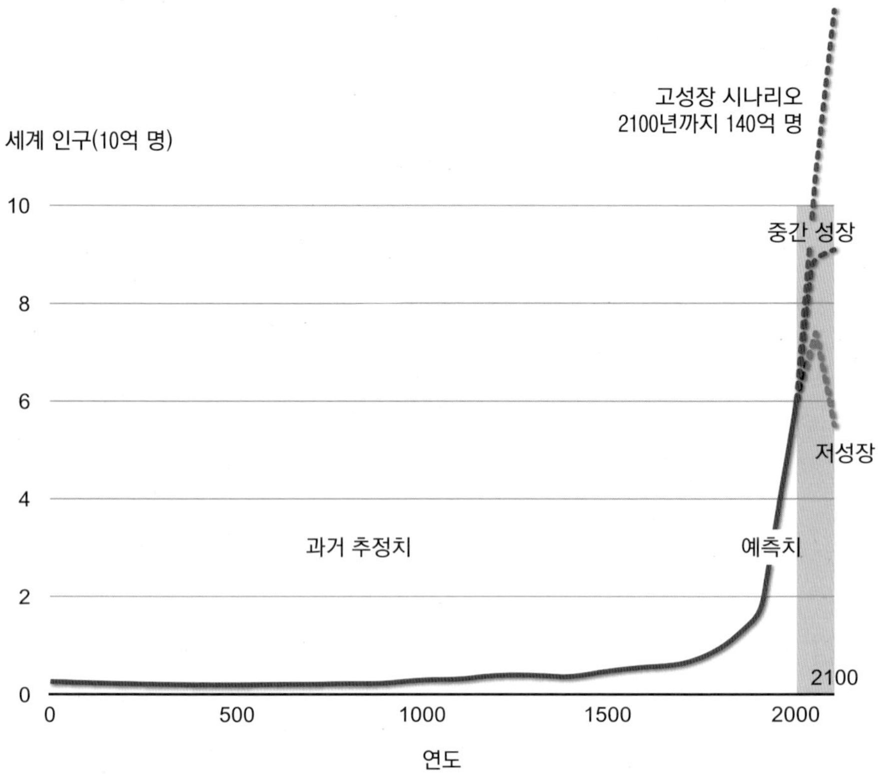

그림 2.1 2100년까지의 고성장, 중간 성장, 저성장 시나리오에 따른 0-2100년 사이의 전 세계 인구 추세(UNPD, 2004).

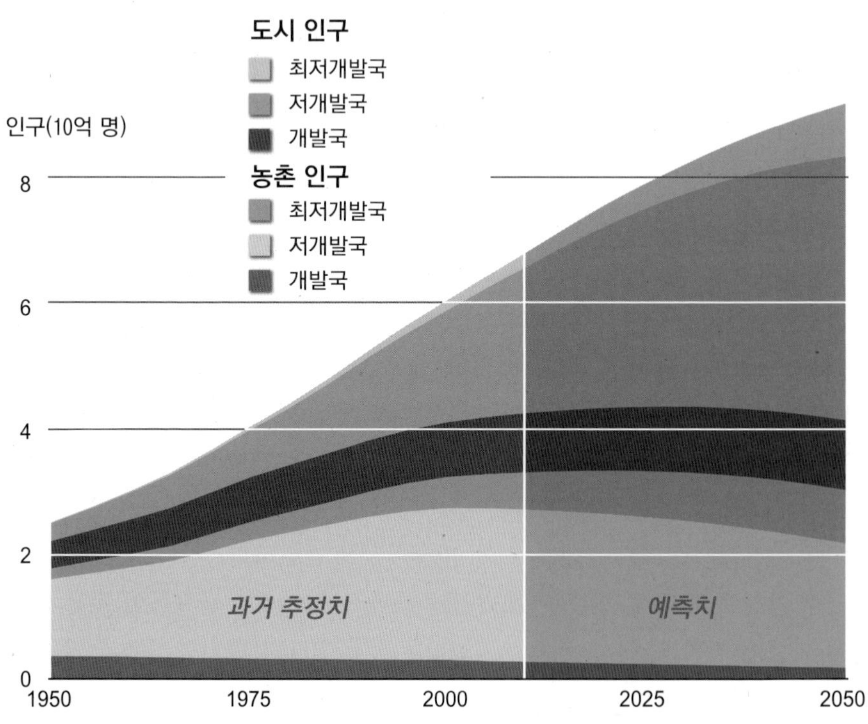

그림 2.2 개발국, 저개발국, 최저개발국의 도시 및 농업 인구 추정치 및 예측치(UNDESA, 2012).

인구 증가율은 대개 농촌보다 도시 지역에서 훨씬 더 높다. 현재 아프리카의 사하라 사막 이남 지역에서도 이러한 현상이 나타나고 있으며, 도시 지역의 연간 순 인구 증가율은 4%인 반면 농촌 지역은 2%이다. 그러함에도 사하라 사막 이남 아프리카의 많은 '최저개발' 국가들의 농촌 인구는 계속 증가할 것이다(그림 2.2). 물 수요 증가는 기후변화로 인한 물 가용성의 감소보다 물 부족을 야기하는 훨씬 더 중요한 요인이다(Kummu *et al.*, 2010). 그리고 일부 지역에서는 경제 개발이 인구 증가보다 물 수요를 증가시키는 더욱 강력한 동인이 되고 있다.

2.1.2 경제 발전

일반적으로 경제 발전은 어느 정도의 일정 수준에 도달할 때까지는 1인당 자원 사용량을 증가시킨다. 인간의 **식단**은 경제 발전과 개인 소득에 따라서 달라지지만 도시화, 세계화, 무역의 증가, 그리고 식품 회사의 광고 및 다른 전략에 의해서도 달라지게 된다.

그림 2.3과 같이 전 세계적으로 1인당 칼로리 섭취량은 시간에 따라 증가하였다(FAO, 2013). 총칼로리뿐만 아니라 동물성 식품(육류, 우유, 달걀)의 양과 비율 모두 증가하였다. 경제협력개발기구(OECD)에 따르면 1인당 하루 평균 식품 섭취량인 3,500 kcal 중 동물성 식품 섭취량이 약 1,000 kcal(28%)에 이른다. 이와는 대조적으로 사하라 사막 이남 아프리카와 남아시아는 하루 1인당 총섭취량이 2,200 kcal 미만이고 이 중 고기, 우유, 달걀 섭취량은 10% 미만으로 여전히 낮은 수준을 보여준다. 특히 주목할 점은 중국, 일본, 한국을 포함한 동북아시아 지역의 식품 섭취량이 극도로 빠르게 증가하였다는 것이다. 과거 중앙 계획식 국가였던 동유럽의 중앙아시아와 러시아는 1991년 이후 특히 심각한 하락세를 보인 후 지난 10년 동안 빠른 회복세를 보였지만 시간에 따른 감소세를 보인 유일한 그룹이다. 가장 우려되는 점은 향후 수십 년 동안 가장 높은 인구 증가를 보일 것으로 예상되는 두 지역 모두(아프리카 사하라 남부와 남아시아) 1인당 칼로리 공급량이 거의 정체되어

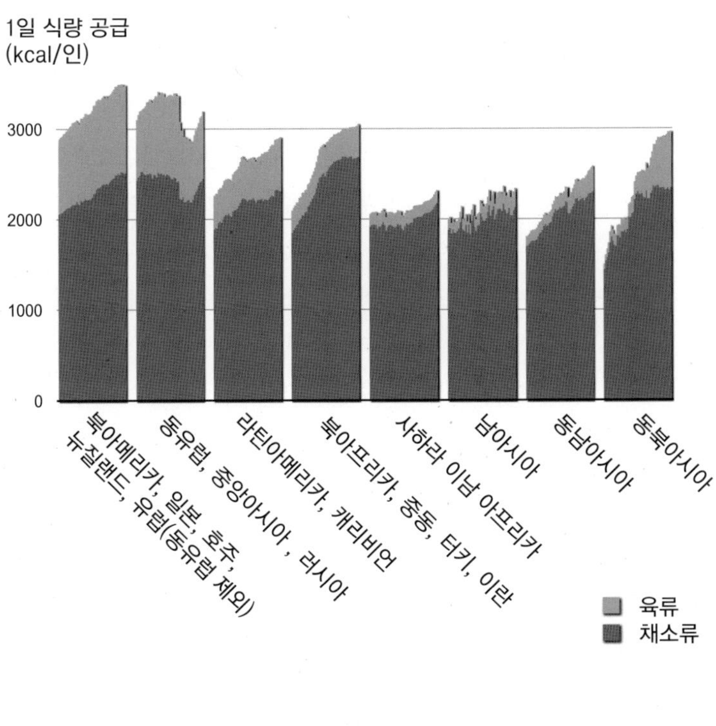

그림 2.3 전 세계의 1일 칼로리 공급량(1961-2007). 각 지역별 식물성 및 동물성 식품으로 구분(FAO, 2013).

있다는 것이며 이는 기아와 영양실조가 지속되고 있음을 의미한다.

1978년 덩샤오핑에 의해 시작된 경제 개혁 이후, 1980년 이후 중국의 빠른 식생활 변화에 따른 1인당 식량과 물 수요의 증가는 그림 2.4에 뚜렷하게 나타나 있다(Liu and Savenije, 2008). 빠르게 발전하는 많은 나라들과 마찬가지로, 중국의 식단은 높은 비율의 곡물류에서 물 집약적인 야채, 과일, 유제품, 그리고 육류의 소비 증가로 바뀌었다.

특히 가축은 넓은 방목지뿐만 아니라 많은 양의 사료용 곡물이 필요하다. 전 세계 곡물 생산량 중 약 1/3은 동물 사료로 이용된다. 사료에서 축산물로의 변환 효율이 낮다는 점을 고려할 때, 육류는 식물성 식량에 비해 kcal당 훨씬 더 많은 물과 에너지를 필요로 한다(Mekonnen and Hoekstra, 2010). 곡물류에 비해 과일과 야채는 칼로리당 약 2배의 물이 필요하며, 유제품은 3-5배, 육류는 3-10배 또는 그 이상이 필요하다(Lundqvist *et al.*, 2008). 육류의 칼로리당 가상수 함유량은 곡물류에 비해 약 10배에 이른다.

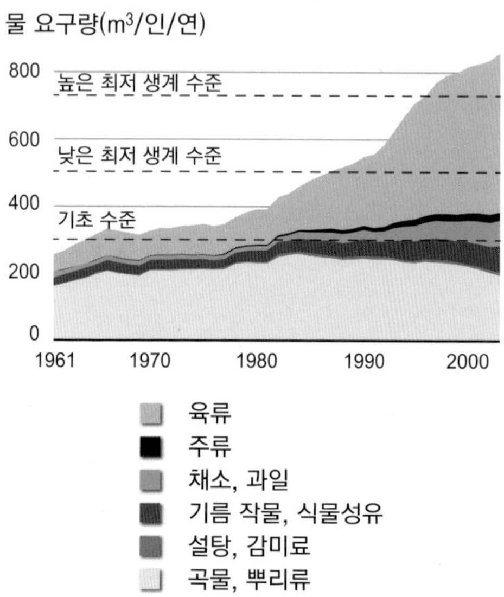

그림 2.4 중국의 식량을 위한 1인당 물 요구량 및 경제 발전과의 관계(Liu and Savenije, 2008).

경제 발전과 부의 증가에 따라 나타나는 부작용 중 하나는 식량 공급망의 소비 부문에서 발생하는 식품의 과소비 및 낭비이다(Kummu *et al.*, 2012). 반면, 저개발국들은 식품 저장 및 운송 문제와 관련된 생산 부분에서의 손실로 인해 더 많은 어려움을 겪고 있다(Godfray *et al.*, 2010). 이는 5장에서 더 자세히 다룬다. 임계치를 넘는 것을 피하기 위해서는 경제 발전과 자원 사용으로부터 개선된 식단을 분리하는 것이 필요하다.

2.1.3 도시화

도시화는 세계화, 인프라 개선, 경제적 기회, 그리고 농촌 지역의 생계 저하에 의해 주도되는 또 다른 변화의 원동력이다. 도시는 지구 육지 표면의 약 2%만을 차지하고 있지만(Bichheron *et al.*, 2008) 세계 인구의 약 50%가 이 지역에 거주하며, 그림 2.2에서와 같이 그 비율은 2050년까지 70%까지 증가할 것으로 예상된다(United Nations Department of Economic and Social Affairs, 2012). 오늘날 도시는 전체 천연자원의 3/4을 소비하고 있으며, 전 세계 에너지 관련 CO_2 배출량의 71%를 차지한다(IEA, 2008).

도시는 에너지, 식품, 물 및 기타 자원에 대한 수요를 집중시키고 있으나, 이 중 일부만이 도시 자체에서 수급되고 대부분은 주변 지역(때로는 장거리)에서 수입해야 한다(Hoff *et al*, 2013). 따라서 예컨대 바이오매스의 생산과 소비는 분리되고, 도시는 폐수를 포함한 폐기물을 축적하며 이는 이상적으로는 재활용이 되는 주변 지역으로 재수출된다. 그러나 영양물질과 같은 일부 자원들은 폐쇄된 순환 내에서 움직이지 않는다. 지속가능하지 않은 관행이라는 것은 예를 들어 인과 같은 자원의 상당한 손실이 있다는 것을 의미한다. 인의 경우 재활용이 거의 불가능한 바다로 강에 의해 운송되며 결과적으로 인의 부족과 세계 식량 안보에 부정적인 영향을 미친다(Cordell *et al.*, 2009).

일반적으로 더 높은 경제력과 자원 집약적인 생활 방식 및 식단, 그리고 외부에서 생산된 식량의 소비가 더 많은 도시에서의 높은 인구수와 인구 밀도의 조합은 농촌 지역에 비해 생태, 탄소, 물 발자국을 더 크게 만든다. 식량 생산을 위한 도시 물 발자국의 대부분은 도시 외부에서 발생한다. 일반적으로 도시, 국가 또는 기타 단위의 물 발자국(예: Hoekstra *et al.*, 2011)은 교역되는 재화와 서비스에 포함된 담수의 양만을 계산한다는 점에 유의해야 한다. 이는 진정한 의미에서의 발자국, 즉 생산 지역에 미치는 영향을 설명하지는 못한다. 이는 단지 '신발 크기'만을 나타내는 척도이다(Pfister and Hellweg, 2009).

도시화의 또 다른 부작용은 농지 및 이와 관련된 녹색수를 팽창하는 도시에 내어줌으로 인한 손실이다. 도시는 종종 생산성이 높고 물이 풍부한 지역에 위치해 있다. 빠르게 증가하는 도시 인구와 이들에 의한 세계 경제와 환경 발자국에 미치는 역할뿐만 아니라 집중된 지식, 그리고 재정, 사회, 제도적 자원들을 고려하면 도시는 지속가능한 소비와 자원 효율의 핵심이 되어야 한다.

2.1.4 기술 개발

기술 개발 및 확산은 자원 이용과 환경 변화의 시공간 패턴과 경향에 다양한 영향을 미친다. 부유국들은 일반적으로 높은 자원 생산성을 갖고 있지만 1인당 자원 이용량도 더 많다. 기술 개발에 의한 자원 생산성의 향상은 소비 수준을 더 높이는 소위 리바운드 효과에 의해 부분적으로 상쇄되는 경향이 있다(Hertwich, 2005). 농업 및 가공 부문(식물 재배 및 생명공학 포함)의 생산성을 증가시키면 식품 또는 기타 생산품이나 서비스의 단위당 자원 수요를 감소시킬 수 있다. 실제로 지난 50년간 곡물 생산량은 두 배 이상 증가한 반면, 농지는 전 세계적으로 약 9% 증가하는 데 그쳤다(Pretty, 2008). 그러나 기술 개발은 댐이나 물 수송 시설과 같은 더 큰 기반시설을 만들어내며, 화석 연료를 포함한 천연자원 이용을 가속화하고 재화를 값싸게 운송할 수 있게 한다. 이를 통해 세계화가 가속화된다. 게다가 공급 부문에서의 기술 개발은 에코효율성(eco-efficiency)과 수요 관리의 개선 속도를 늦추게 만들기도 한다.

2.1.5 무역: 생산과 소비의 분리

세계화에 의해 나타나는 또 하나의 영향은 바이오매스 성장과 제품의 제조에 의한 자원 추출, 소비 및 폐기가 공간적으로 분리된다는 것이다. 농산물의 교역은 계절적 요인을 포함한 수요의 증가, 지역적 부족 현상, 특정 생산 요인의 비교 우위 및 소비 패턴의 변화, 운송 기술의 발전, 무역 자유화 및 기타 동인에 반응한다. 농산물 교역은 지난 60년간 연평균 3.5%, 지난 20년간 연평균 약 4% 증가하였다(WTO, 2008). 세계적으로 식량 무역은 생산보다 빠르게 성장하고 있으나 그림 2.5와 같이 지역적 차이가 뚜렷이 나타난다(Anderson, 2010). 개발도상국

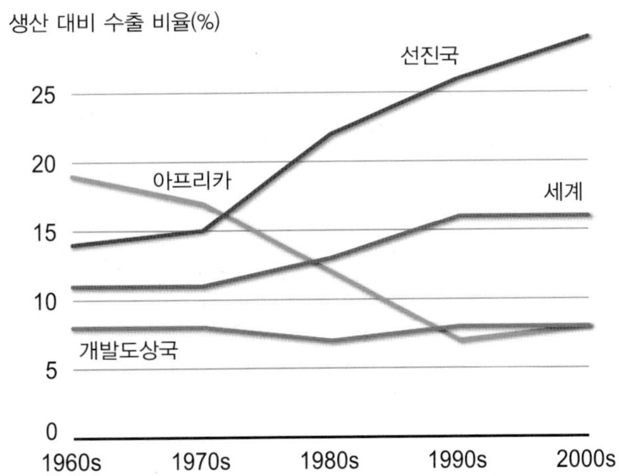

그림 2.5 농산품 총생산량 대비 수출 비중(Anderson, 2010).

의 무역수지가 점점 안 좋은 방향으로 변하고 있다(Bruinsma, 2003).

무역의 증가와 더불어 수송 능력의 향상은 일부 지역에서만 재배되는 농작물의 세계적인 유통과 소비를 가능하게 한다. 이러한 생산-소비의 분리의 대표적인 예는 주로 동물 사료용으로 사용되는 콩이다. 콩은 세계 곳곳의 많은 지역에서 가축의 사료로 사용되는 반면, 일부 지역에서만 재배된다. 그림 2.6에서 볼 수 있듯이 미국과 브라질이 콩의 가장 큰 수출국이다(Monfreda *et al.*, 2008).

브라질에서의 콩 생산과 같이 대규모의 단일 재배 형태는 토양 탄소 저장량의 감소, 토지 이용의 보호 구역으로의 확장, 농부들의 사회적 소외감과 같은 심각한 환경 및 사회적 외부효과를 발생시킬 수 있다(Fearnside, 2007; Fearnside *et al.*, 2009, and Weinhold *et al.*, 2011 참조). 이러한 현상들은 모두 변화를 더욱 가속화하고 사회-생태 시스템의 회복탄력성에 부정적인 영향을 미칠 수 있다.

또한 무역은 국가들로 하여금 자원을 다른 지역으로부터 가져오고 부작용과 비용을 외부화함으로써 지역의 자원 채취 또는 과잉 채취와 경제 성장을 분리시킨다. 이에 따라 무역은 선진국의 GDP 증가에

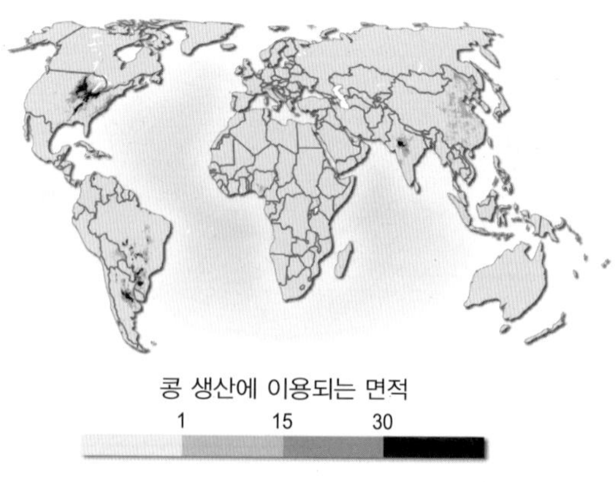

그림 2.6 세계 콩 생산지: 주요 4개 지역에 집중되어 있음(Monfreda *et al.*, 2008).

따라 자원 사용 강도가 어떻게 감소하는지를 설명하는 환경 Kuznets 곡선의 메시지를 약화시킨다. 수입국은 자국 자원에 대한 압력을 줄이고 자원 발자국의 상당 부분을 외부화하며 때로는 한 국가의 자원 가용성을 초과하여 자원 발자국을 증가시키지만, 수출국에서는 이러한 무역이 예컨대 국지적 또는 지역적 수자원에 대한 외부 변화의 동인으로 작용하게 된다(Hoff *et al.*, 2013).

지속가능성에 관한 기준을 무역 체제에 통합시켜야 한다거나, 비지속성 자원으로 생산된 물품에 대해 관세를 부과해야 한다는 논의가 있어왔다(예: Hoekstra and Chapagain, 2007). 선진국과 개발도상국 간에 보다 공평한 무역 체제를 위한 초기 규정이 이미 존재한다(예: 선진국과 개발도상국 간의 특혜 무역 협정 형태)(WTO, 2011).

2.1.6 외국인 직접 투자를 통한 생산과 소비의 분리

특히 토지에 대한 외국인 직접투자(FDI)는 무역과 마찬가지로 증가하는 수요를 다른 지역으로 이전하게 하고(그림 2.7) 지역 수자원 이용 변화의 외부 동인으로 작용한다. FDI는 국제 상품 시장에서 증가하는 희소성과 가격 휘발성에 대한 대응의 결과물이다.

세계은행의 추산에 따르면 최근 토지 취득의 2/3(면적 기준)가 사하라 사막 이남 아프리카에서 발생하였다(Deininger *et al.*, 2011). Friis and Reenberg (2010)는 아프리카에 있는 5,000만-6,000만 헥타르의 땅(각국 농경지의 2-20%)이 매각되었거나 협상 중에 있는 것으로 추정하였다. 특히 중국, 인도, 아랍 국가들은 물과 식량이 불안정한 국가들을 포함한 사하라 이남 아프리카에 있는 토지 및 관련 수자원을 대규모로 취득하고 있다.

토지 FDI로 인해 수출을 위한 생산 증가와 더불어

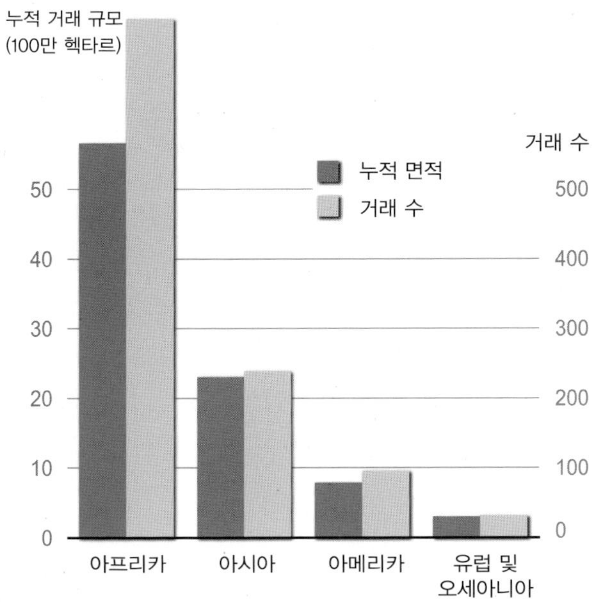

그림 2.7 목적 국가별 해외 토지 취득 면적 및 거래 수(Anseeuw *et al.*, 2012).

지역 인구의 자원 가용성과 접근성의 감소로 이어질 수 있다. 이러한 경우 '토지 수탈' 또는 '물 수탈'과 같은 용어가 자주 사용된다(예: Allan, 2012; Bues, 2011). 원칙적으로 FDI는 대상 국가에 긍정적 영향을 미칠 수 있다. 예를 들어, 지식과 기술의 공유를 통해 물과 토지 생산성을 높일 수 있는데, 특히 농업 생산량이 세계 평균을 훨씬 밑도는 아프리카에서는 더욱 그러하다(Hoff *et al.*, 2012). FDI의 경제적 목표를 사회적, 생태학적 목표와 조화시키기 위해서는 지역 주민과 이익을 공유할 수 있도록 최소한의 환경 및 사회-경제적 기준을 설정하여 국가 내 투자를 규제하는 것이 중요할 것이다(예: FAO, 2010b; von Braun and Meinzen-Dick, 2009).

2.1.7 기후변화

기후변화는 위에서 설명한 동인들과 상호작용하고 피드백을 주고받는 가장 중요한 변화의 원동력이다. 또한 기후변화는 지역마다 매우 다양한 영향을 물 시스템에 미친다. 인위적 기후변화는 온실가스(GHG) 배출과 토지 이용 변화에 의해 주도된다. 토지 이용 변화의 경우 총 CO_2 배출량의 약 10%를 기여하고 있다(Le Quéré *et al.*, 2009). 식량 생산은 특히나 강력한 온실가스인 메탄(CH_4) 및 아산화질소(N_2O) 등의 배출과 토지 이용 변화를 통하여 기후변화를 주도한다. Sachs *et al.*(2010)에 따르면 총온실가스 배출량의 1/3은 직간접적으로 식량 부문에서 발생한다.

이와 동시에 식량 생산은 기후변화로부터 심각한 영향을 받을 것으로 예상된다(예: Knox *et al.*, 2012; Müller *et al.*, 2011). 기후변화에 의한 일차적인 영향은 온난화와 증발량 증가이며, 이는 수문학적 사이클(강화)과 물 시스템에 추가적인 영향을 유발한다. Strzepk *et al.*(2010)은 온도가 4℃ 상승할 경우, 높은 증발 손실의 균형을 맞추기 위해서는 강수량이 10% 이상 증가하여야 한다고 제안한다. 기후변화가 수자원에 미칠 수 있는 중요한 잠재적 영향들은 더 큰 변동성과 더 자주, 더 강하게, 더 길게 발생하는 극한사상들, 건조 지역에서의 더 낮은 물 가용성, 장마철의 시작, 길이 및 강도와 같이 더 높아지는 불확실성과 관련이 있다(Bates, 2008; Milly *et al.*, 2008). 수자원에 대한 기후변화 영향은 인구 증가와 같은 변화의 다른 동인들에 비해 향후 수십 년 동안 계속 증가할 것으로 예상된다.

대기 중 CO_2 농도 증가로 인한 기후변화 영향은 주로 광합성수 이용 효율의 향상을 통해 다소 완화될 수 있다. 이는 증산 요구량을 감소시키고 이에 따라 물 부족 현상도 완화시키며, 또한 농작물 수확량, 다른 식물종의 경쟁력, 물 제약하에서의 식생 구성과 밀도를 변화시킬 수 있다.

특정 지역의 경우 기후변화의 방향과 규모에 대해 많은 불확실성이 남아 있기는 하지만 수자원에 대한 영향에 대해서는 몇 가지 확실한 것이 있다.

1. 중동, 북아프리카, 남아프리카와 같이 이미 물 스트레스를 받는 지역은 기온 상승(증발 수요 증가)과 일부 경우에는 강수량 감소까지 더해져 더욱 건조해지고, 농업과 다른 생태계에 심각한 영향을 미치게 될 것이다.
2. 예컨대 소위 건조 지대라고 불리는 이미 기후 변동성이 큰 지역에서는 변동성과 극한사상(교란과 충격)이 건조 경향 및 기타 느린 변수와 상호작용하여 더욱 증가할 것으로 예상된다.
3. 지구 온난화로 빙하가 녹으면, 예를 들어 히말라야나 안데스 유역에서의 건조기의 물 가용성을 장기적으로 감소시킬 것이다.
4. 해수면 상승으로 인해 해수가 연안 지하수로 침투할 것이다.

이러한 영향들 중 많은 것들이 이산화탄소를 가장 적게 배출한 개발도상국의 저소득층에게 가장 큰 타격을 줄 것으로 예상된다. 기후변화는 위에 나열된 다른 동인들과 상호작용한다. 이러한 동인들은 동시에 지구 시스템 및 이를 구성하는 요소에 심각한 영향을 미치게 된다. 우리는 미래의 기후 충격의 강도와 빈도는 알지 못하지만, 가뭄 및 홍수와 같은 최근의 극한사상들을 이용하여 무엇을 예상해야 할지에 대한 지표로 사용할 수는 있다. 미래 수문기후의 동향 관측과 시뮬레이션에 따르면 변동성과 극한사상에 대한 과거의 통계가 더 이상 물 관리 및 계획에 대한 가이드를 제공할 수 없으며, Milly *et al.*(2008)이 표현하였듯이 '정상 상태는 죽었다'. 기후변화에 관한 정부 간 패널(IPCC, 2011)은 세계의 일부 지역, 특히 유럽 남부와 아프리카 서부에서 중간 신뢰 수준에서 보다 강하고 긴 가뭄을 경험했으며, 또한 일부 계절 및 지역에서는 중간 신뢰 수준에서 21세기에 가뭄이 심화될 것이라고 다소 신중하게 기술하고 있다. 이러한 기후변화는 수자원과 이에 의존하는 사회-생태 시스템에 영향을 미치며, 잠재적으로는 위에서 설명한 다른 압력에 대한 취약성을 증가시킬 수 있고 그 반대의 경우도 마찬가지이다.

2.1.8 정치적 상호작용: 국가 및 국제 정책

변화의 다른 동인으로는 점점 더 광범위한 결과를 초래하는 국가 및 국제 정책들이 있다. 예를 들면 화석 연료를 재생 에너지로 대체하는 것을 목표로 한 EU 바이오 연료 지침은 농업의 팽창과 집약화의 형태로 토지 이용 변화를 야기하였으며 이로 인해 물 수요와 경관 다양성 및 회복탄력성이 변화하였다. 이러한 영향은 정책이 수립된 국가 또는 지역에 국한되지 않는다. 세계화와 연결성의 증가는 먼 지역에서도 영향을 받을 수 있음을 의미한다(4장의 원격 연결 참조). 유럽의 바이오 연료 수요 중 일부는 라틴 아메리카, 동남아시아 그리고 사하라 사막 이남 아프리카에서의 생산으로 충족되고 있다.

국제적으로는 다자간 환경 협약(그림 2.8)과 물 이니셔티브가 증가하고 있으며 이는 지역 수자원 관리, 자원의 가용성 및 생산성에도 영향을 미치게 된다.

UNFCCC에 따른 청정 개발 메커니즘(CDM, Clean Development Mechanism) 및 개발도상국에서의 삼림 전용 및 삼림 황폐화로 인한 온실가스 배출 저감(REDD+)은 국제 협약의 체계적이면서도 잠재적으로 광범위한 효과의 예를 보여준다. 이러한 활동들은 조림과 재조림을 포함한 개발도상국의 배출 감소 사업을 촉진한다. 이러한 메커니즘이 더 큰 규모로 구현된다면, 특히 나무에서의 증산을 다른 식생보다 더 높임으로써 육지-대기 상호작용에 영향을 미칠 수 있다. 1차 삼림의 보전은 일반적으로 기존 수문을 안정화시키는 반면, 새로운 대규모 조림은 식생수의 수요를 증가시켜 물 가용성을 크게 감소시킬 수 있다(Calder, 2005).

위의 동인으로 야기되는 서로 다른 두 종류의 변

화를 확인할 수 있다. 이 두 변화는 동인이 서로 다른 공간적 규모에 작용함으로써 발생하며 이에 따라 서로 다른 관리와 거버넌스가 필요하다.

1. 전 지구적 시스템 변화. 특히 대기 중 CO_2 농도와 기후변화.
2. 토지 및 물 이용의 변화 또는 환경오염과 같이 누적됨으로 인해 글로벌 영향을 끼칠 수 있는 지역 변화.

세계적이면서 체계적인 변화가 향후 상대적으로 더 중요해질 것으로 예상된다(Steffen *et al.*, 2004).

위에 언급한 대부분의 동인들은 **세계화**와 밀접하게 연관되어 있다. 특히 무역이나 FDI를 통해 지역 간 **연계성이 증가**하면 경제적 교란이 전 세계적으로 확산될 뿐만 아니라, 원래의 추진력이 있던 곳으로부터 먼 지역의 생계를 변화시키거나 자원의 과잉 채취와 같은 사회적, 환경적 영향을 야기한다. 영향을 받는 지역의 기관들이 약하거나 분절되어 있고 FDI와 같은 국제 활동이 제대로 규제되지 않으면, 부정적인 환경 및 사회적 외부 효과가 발생할 가능성이 높다. 일부 국제 투자는 사회 또는 환경 기준이 가장 약한 곳을 일부러 찾기도 한다.

세계화는 변화의 주요 동력으로 남을 것이며, 지속가능한 발전을 위해서는 경제적 인센티브를 포함하여 이를 규제하고 올바른 방향으로 형성시키는 것이 중요할 것이다. 예를 들어, 무역은 국가의 식량 자급 문제를 극복하는 데 도움이 될 수 있고 이와 동시에 전반적인 자원 사용 효율성을 높일 수도 있다(Chapagain and Hoekstra, 2008 참조).

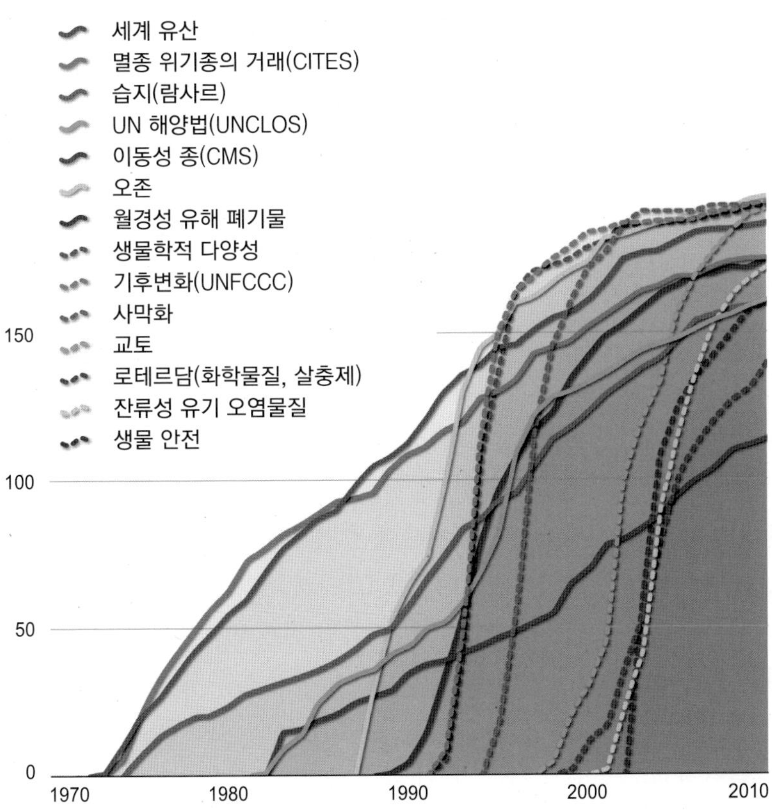

그림 2.8 시간에 따른 주요 다자간 환경 협정 비준 국가 수 (UNEP, 2011). 음영은 조약 및 프로토콜의 누적 당사자 수를 나타냄.

[이 그림은 본문 뒤에 컬러 그림이 따로 삽입됨]

2.2 지구 시스템에서의 인위적 동인, 영향 및 피드백의 상호작용

인간에 의한 다양한 압력에 따른 반응들은 서로 상호작용하며 때로는 원래 힘의 영향을 감쇠시키기도 하고 때로는 증폭시키기도 한다. 영향과 반응은 서로 피드백 작용을 하여 추가적인 압력으로 이어질 수 있다(Steffen *et al.*, 2004). 피드백은 시스템 A의 변화가 시스템 B의 변화를 촉발하여 결국 시스템 A에 다시 영향을 줄 때 발생한다. 피드백은 자가 조절(음의 피드백)을 하는 경우도 있고 또는 자가 증폭(양의 피드백)을 하는 경우도 있다. 양의 피드백은 시스템을 임계치 이상의 새로운 체제로 밀어 넣을 수 있기 때문에 사회-생태 시스템에서 특히 중요하다.

위에 나열된 동인과 피드백에 의한 영향 및 반응의 일부 예는 다음과 같다.

- 토지 전환: 인간은 얼음이 없는 육지 표면의 약 50%를 직접 변화시켰다(Steffen *et al.*, 2004). 인위적 생물 군계, 즉 지속적으로 인간과의 상호작용이 있는 지상의 생물 군계는 현재 얼음이 없는 육지 표면의 75% 이상을 차지한다. 25% 미만만이 야생의 상태로 남아 있다(Ellis and Ramankutty, 2008).
- 농업의 증대: 특히 집약적 투입이 이뤄지는 기계화 농업과 관개로의 전환 및 농경지의 확장은 지난 50년 동안 농업 생산량을 거의 세 배로 증가시켰으나(FAO, 2011b), 동시에 여러 환경적 부작용을 동반하였다.
- 생태계, 생태계 서비스 및 1차 생산성의 변화: 온대림과 지중해 생물군계의 70%, 열대·아열대 건조림의 60%, 열대·아열대 사바나의 50%가 이미 전환되었다(Millennium Ecosystem Assessment, 2005). 전 지구적으로 순 1차 생산성(NPP)은 약 10%가 감소하였다(Haberel *et al.*, 2007).
- 생지화학적 순환의 변화: CO_2 배출량의 지속적 증가, 대기로부터의 인위적인 질소 고정은 육지의 모든 자연적 프로세스에 의한 것을 합한 양을 초과한다(Rockström *et al.*, 2009b). 그리고 수자원도 과잉 취수되고 있다.

이와 같은 지구 시스템에서의 인위적 동인, 영향 및 피드백의 경향은 아래에서 더 자세히 논의한다.

2.2.1 토지 전환 및 탄소 저장에 대한 영향

인간은 이제 육지 표면을 형성하는 주요 힘이 되었다(그림 2.9). 인간에 의해 지표면 전체가 어느 정도 변형되었다는 사실은 'anthromes', 즉 인위적으로 변형된 생물군계라는 용어로 알 수 있다. 토지 전환은 주로 인구 증가에 의해 결정되어 왔다. 예를 들어, 온대 삼림지의 생물군계는 최근 급격한 변화를 겪고 있는 사바나, 관목지, 초원에 비해 더 오랜 기간에 걸쳐 집중적으로 개발 및 변형되어 왔다(Ellis, 2011). 그러나 세계화는 인구 증가와 경제 개발로 인하여 발생하는 땅에 대한 수요를 인구 밀도가 낮은 다른 지역으로 점차 외부화하고 있다.

농경지는 전 세계적으로 1961년과 2005년 사이에 14% 증가하였으며, 2050년까지 9% 더 확장될 것으로 예상되고 있다. 농경지 확장에 대한 이러한 과거 증가율과 미래 예측치는 개발도상국의 경우 23%와 21%, 라틴아메리카의 경우는 40%와 30%이다(Bruinsma, 2009). 그러나 농업 생산량은 농경지의 확장보다는 기존 농경지에서의 생산 강화로 더 많이 증가하였으며 앞으로도 계속 그럴 것이다.

1차 삼림은 현재 삼림 전체 면적의 36%에 불과하다. 현재 삼림 손실률이 가장 높은 곳은 브라질과 인도네시아이지만, 많은 동남아시아 및 아프리카 삼림에 대한 압력도 증가하고 있다. 이와는 대조적으로 유럽과 중국의 삼림 피복은 각각 농지의 유휴화 및 활발한 재조림 프로그램으로 인해 증가하고 있다 (FAO, 2010a).

삼림을 포함한 토지 피복의 변화는 바이오매스와 토양의 탄소 저장량에 직접적인 영향을 미친다. 삼림 피복이 증가한다는 것은 온대 지역이 탄소 발생원에서 흡수원으로 점점 변하고 있음을 의미한다 (FAO, 2011a). 반대로 열대 지역에서는 특히 삼림 벌채로 인한 지속적인 토지 전환으로 인해 대량의 탄소 손실이 발생한다(그림 2.10).

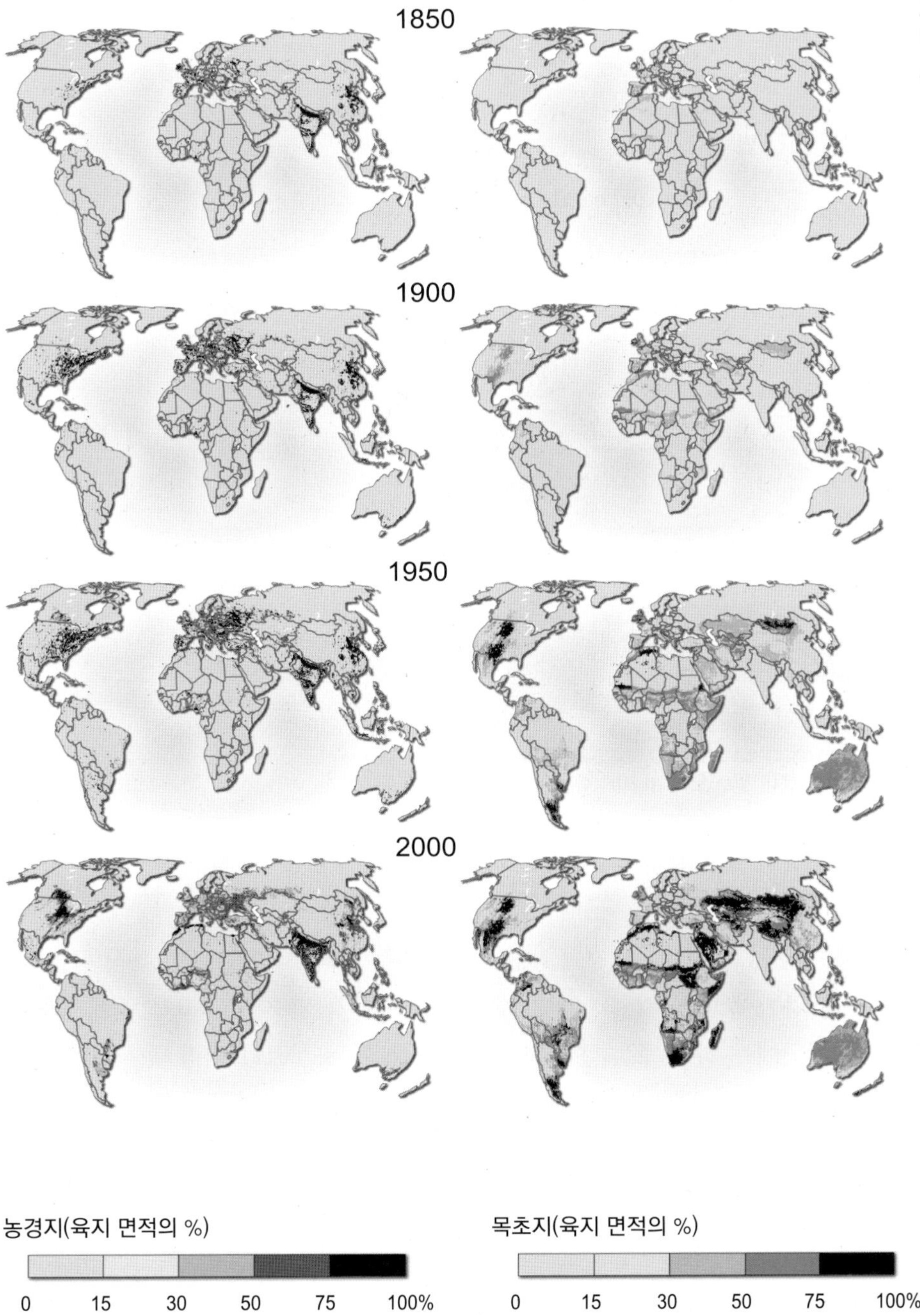

그림 2.9 농경지 및 목초지의 확장(1850-2000)(Klein Goldewijk *et al.*, 2011).

(a)

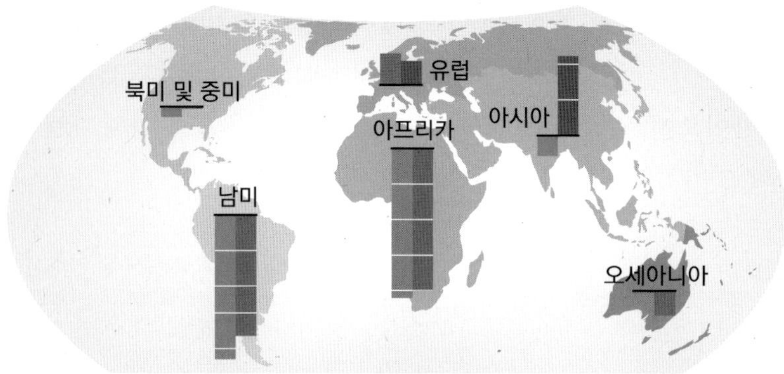

(b)

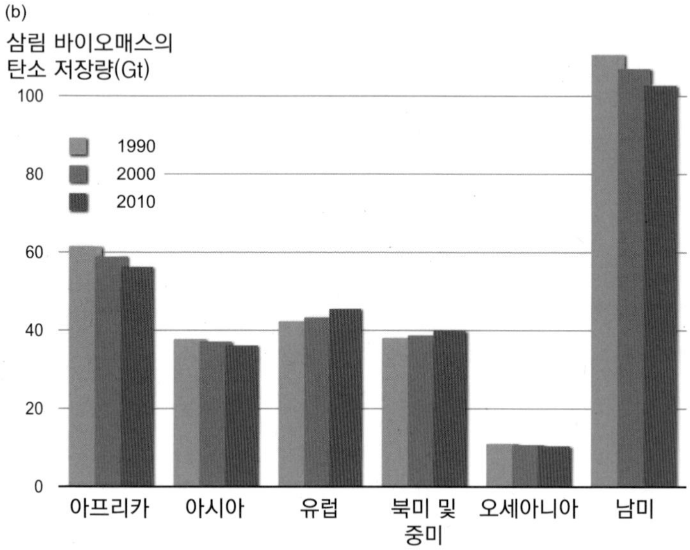

그림 2.10 탄소 흡수능의 손실을 나타내는 대륙별 삼림 변화(1990-2010). (a) 벌채 및 조림에 의한 면적 변화, (b) 탄소 저장량의 변화(FAO, 2010a).

[이 그림은 본문 뒤에 컬러 그림이 따로 삽입됨]

2.2.2 농업의 확장 및 집약화

전 세계의 농업 생산량은 식량 수요 증가에 따라 지난 50년간 250-300% 증가하였다. 최근에는 기후 보호 및 에너지 안보를 위한 대체 에너지의 필요성에 의해 바이오 연료에 대한 수요도 빠르게 증가하고 있다(Berndes, 2008). Box 2.1에서는 바이오 에너지의 성장 및 생산에 따른 물 수요 및 소모성 물 이용에 대한 추이를 설명한다.

최근에 성장하는 재배 지역을 보면 특히 콩, 옥수수, 기름야자 및 유채 등 몇 가지 주요 상품에 집중되어 있다(Deininger *et al.*, 2011). 식량 및 사료용 기름작물은 지난 10년 동안 모든 작물 유형 중에서 가장 빠른 성장을 보여왔다(Bruinsma, 2003). 인도네시아의 기름야자 농장 면적은 지난 10년 동안 두 배로 증가하였다. 인도네시아가 가장 큰 생산국이며 말레이시아가 그 뒤를 잇고 있다(보르네오에서 기름야자의 빠른 팽창에 따른 환경 및 회복탄력성에 대한 영향에 대해서는 4장 참조). 콩 재배의 확대는 아르헨티나 팜파스와 브라질 세라도에 집중되어 있다. 브라질에서의 이러한 확장은 연간 15%로 성장하는 수출에 의해 주도되며, 그 결과 토지 전환이 세계에서 가장 빠르게 일어나는 지역 중 하나이고 이로 인해 농업 지역의 경계가 아마존까지 확장되었다(Lapola *et al.*, 2010; 4장 참조). 이러한 확장은 외국인 투자자가 특히 콩 생산을 위해 브라질의 토지를 구매하기 시작함에 따라 더욱 가속화될 수 있다. 더욱이, 주로 사탕수수로부터 생산되는 바이오 연료에 대한 국내외 수요 증가는 땅과 물에 대해 경쟁을 심화시키고 방목과 같은 다른 토지 이용을 아마존 지역으로 밀어낸다(Martinelli and Filoso, 2008).

자연 및 반자연 상태의 생태계 등 다른 토지 피복 유형을 희생시키며 확장된 농지는 세계 곳곳에서 지속가능 상태의 한계에 도달하였으며, 다른 생태계 서비스, 보호 지역 및 생물 다양성과 탄소 저장에 영향을 미치고 있다. 충격에 대해 사회-생태 시스템의 취약성이 증가하는 것은 이와 같이 토지를 집약적이면서 고투입 (종종 단일 재배) 농업 시스템으로 전환함으로써 발생할 수 있다.

농업 확장에 대한 대안은 예컨대 기존 농지를 다중 작물, 특성화, 기계화 및 비료 또는 관개와 같은 추가적인 투입을 통해 집약화하는 것이다. 관개는 특히 건조하고 계절성이 강한 기후에서 수확량을 더 높일 수 있다. 지난 50년 동안 총식량 생산 증가량의 40% 이상이 관개 지역에서 달성되었으며, 이러한 지역의 면적이 두 배로 증가하였다. 이에 비해 동일 기간 동안 전체 농지는 12% 증가하였다(FAO, 2011b). 관개 분야의 이러한 성장은 소수의 국가가 주도하고 있다(그림 2.11 참조).

그러나 관개 지역의 증가율은 둔화되었다. 1970년대에 연간 3%로 정점을 찍은 후 1980년대에는

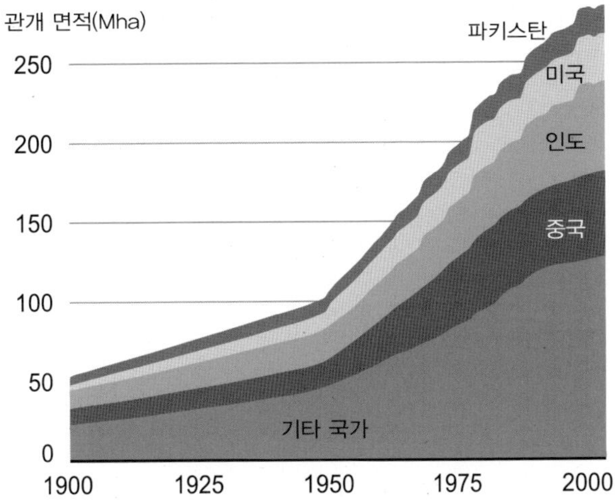

그림 2.11 관개 면적 추이(1900-2003)(Freydank and Siebert, 2008).

1.1%로 떨어졌으며 2000년대에는 0.2%에 불과하였다. 또한 애당초 주기적인 물 부족에 대비하여 완충능력을 늘리기 위한 조치였던 관개에 대한 의존도를 높이게 되면 경우에 따라 사회-생태 시스템의 회복탄력성이 약화될 수 있다(예: 지하수자원의 과도한 이용 또는 기후변화 등에 의한 지하수 충진량 감소)(4장의 인도의 관개 경제 참조). 관개 기반 문명이 멸망한 역사적인 사례는 메소포타미아(기원전 2100-2000년)에서 찾을 수 있는데, 우르의 제3왕조는 지속가능하지 않은 대규모 관개 시스템에 의존했었다(Tainter, 2006).

경작지의 확장 및 기존 경작지의 집약화는 모두 환경적인 부작용을 가져오고 행성 경계를 넘도록 하는 데에 기여할 수 있다(Rockström *et al.*, 2009a). 경작지의 확장은 다른 생태계와 그 서비스의 감소를 야기하지만, 집약화는 주변 및 하류부의 환경과 집약화되는 지역의 농업 생물 다양성에 부정적인 영향을 미칠 수 있다(Keys *et al.*, 2012 참조). 따라서 새로운 개발 경로는 지속가능한 집약화와 과소비 및 낭비 감소를 통한 수요 관리에 기반하여야 한다(Kummu *et al.*, 2012).

지속가능하지 않은 농업의 확장 또는 집약화의 영향으로 나타나는 심각한 토지 황폐화는 빈곤 수준이 가장 높은 지역에서 자주 발생하기 때문에(FAO, 2011b), 농업 생산성과 개발을 동시에 해결할 필요가 있음을 나타낸다.

Box 2.1 바이오 에너지와 물

Göran Berndes, Chalmers University of Technology

바이오매스는 1차 에너지 연간 수요의 약 10%(50EJ)를 충족시키고 있다. 이러한 바이오매스의 대부분은 개발도상국의 빈곤층이 요리, 난방 및 조명에 사용한다. 이를 일반적으로 전통적인 바이오 에너지라고 한다. 산업, 난방, 발전 및 운송 연료에 이용되는 현대의 바이오 에너지 사용량은 약 10 EJ(1차 에너지)에 해당하지만 이 점유율은 빠르게 증가하고 있다. 예를 들어, 여러 국가의 정책으로 2000-2008년에 세계 바이오 연료 생산량이 5배 증가하였다. 2050년까지의 장기 에너지 시나리오(특히 이 시나리오에 2℃와 같은 기후 목표가 포함되는 경우)는 일반적으로 바이오 에너지 사용이 연간 최대 700 EJ로 크게 증가할 것으로 예측한다. 이러한 바이오 에너지 사용은 오늘날의 연간 15-20 EJ에 해당하는 세계 산업 목재 생산량 및 연간 약 60 EJ에 해당하는 전 세계 주요 작물(곡물, 기름 작물, 설탕 작물, 뿌리 작물, 덩이줄기 및 콩류)의 수확량과 비교된다(FAO, 2013).

삼림 및 농업 부산물, 유기성 생활 고형 폐기물, 목재, 기존 식량/사료용 작물 및 에너지 전용 작물을 포함한 다양한 바이오매스 원료가 바이오 에너지 생산에 사용된다. 이러한 공급 원료를 기체, 액체 및 고체 연료로 변환하여 수송 또는 전기 및 열 생산에 사용하기 위해 다양한 공정이 사용되거나 개발된다. 생산 규모는 농장 수준의 바이오매스 전환 공장에서 대형 펄프 및 제지 공장과 유사한 바이오매스 공급 인프라를 필요로 하는 중앙 집중식 공장까지 다양하다. 바이오 에너지를 선택할 경우 다양한 수준의 기술적 성숙도와 경제적 경쟁력을 가질 수 있다. 일부는 이미 에너지 시장에서 경쟁력을 갖춘 옵션으로 실용화되었지만(예: 사탕수수 에탄올, 폐기물 및 부산물을 이용한 열 및 발전), 어떤 것들은 여전히 연구개발 및 실증화를 위한 상당한 정부 보조금 또는 지원이 필요하다.

물 수요

다른 산업 활동과 마찬가지로 바이오매스 전환을 위해서는 상당한 양의 물이 필요할 수 있다. 이 물의 대부분은 강과 다른 수체로 되돌아가므로 다시 미래의 가용수량이 된다. 하지만 적절한 조치가 없이는 이러한 과정 중에 화학적 및 열적 오염을 발생시킬 수 있다. 이는 비단 바이오매스 산업에만 국한되는 문제가 아니다. 이는 환경 규제가 약하거나 법 집행 능력이 부족한 국가에서 일반적으로 나타나는 문제이다.

원료 생산에 따른 수질에 대한 영향은 원료의 종류에 따라 다르다. 운송을 위한 바이오 연료와 주로 곡물, 기름 작물 및 설탕 작물과 같은 기존 농산물과 사료 작물의 재배를 증가시키면서 나타나는 수질 문제는 식량 부문에서의 수질 문제와 유사하다. 그러나 목질계(lignocellulosic) 원료의 경우에는 수질에 좋을 수도 있고 나쁠 수도 있다. 예를 들어, 수확 잔류물을 지속적으로 다량 채취하면 토양 침식률과 수생 생태계에 대한 퇴적물 부하가 증가할 수 있으며, 잔류물 재순환이 감소하면 비료 사용을 늘려야 할 수 있으므로 부영양화도 증가할 수 있다. 반대로 경사진 토양이나 민감한 토양에서 일년생 작물을 경작하는 경우, 바이오 에너지 원료로써 다년생 초본 및 목초 식물로 전환하게 되면 수질이 개선될 수 있다. 다양한 유형의 목질계 식물을 재배하게 되면 수질 악화로 인해 재배에 이용하지 못했던 토지를 생산적으로 이용할 수 있는 기회를 준다. 또한, 기존 수질 문제를 완화할 수 있도록 원료 생산 시스템을 구성할 수도 있다. 예를 들어, 어떤 식물들은 영양분을 함유하고 있는 물(예: 전처리된 가정하수 및 농업 유출수)을 처리하기 위한 식생 필터로 재배하여 부영양화를 줄일 수 있다. 토양 피복 식물과 식생대는 침식을 감소시키고 증발로 인한 표면 유출을 줄이며 토양 침투를 향상시키기 위해 배치할 수도 있다.

수량의 관점에서 볼 때, 바이오 에너지는 원료 생산에 이용되는 물이 연료로의 후속 처리에서 이용되는 양보다 훨씬 많다는 점에서 다른 에너지 생산 시스템과 차이가 있다. 이러한 이유로 물의 총수요량은 화석 연료의 경우보다 수백 배 더 클 수 있다. 바이오매스 원료 생산에서 사용된 물은 많은 양이 대기 중으로 증발산되어 결과적으로 물이 취수된 유역의 인간과 생태계가 당장 사용할 수 없게 만든다. 빗물로 자라는 원료는 지하수, 호수 및 강으로부터 취수할 필요가 없지만, 유출 및 지하수로 충전이 되는 빗물의 흐름 방향을 식물의 증발산으로 바꿔 하류에서의 물 가용성을 여전히 감소시킬 수 있다.

바이오 에너지 산업의 확장이 물 부족에 의해 제약받지 않을 장소들이 확실히 있다. 반면 바이오 에너지에 의한 물 수요 증가가 기존 수자원 가용량에 상당한 추가적 스트레스를 가할 곳들도 있다. 바이오 에너지가 어떻게 확장하느냐에 따라 수량에 미치는 영향은 달라지게 될 것이다. 바이오 에너지 원료로서 적합한 일부 식물들은 가뭄 저항성도 크고 상대적으로 물 효율적인 것들이 있다. 이러한 작물은 기존 식량 및 사료용 작물에 적합하지 않은 지역에서 재배가 가능하다. 또한 다년생 작물은 기존 작물의 성장기 외의 시기에 내리는 비를 더 잘 활용할 수 있다.

따라서 바이오 에너지를 통해 물 생산성을 향상시키면서 물에 대한 경쟁은 물론 다른 토지 이용 시스템에 대한 압력을 완화할 수 있는 기회가 있다. 그러나 이러한 기회는 물 수지 관점에서 신중하게 평가되어야 한다. 예를 들어, 식생이 적었던 외곽 지역에 고수율의 바이오 에너지 농장을 구축하게 되면 하류의 가용수량이 크게 감소할 수 있다. 즉, 상류부의 편익과 하류부의 비용 간의 균형을 위한 관리가 필요할 수 있다.

2.2.3 생태계, 생태계 서비스, 1차 생산의 변화

농업 시스템의 확장으로 인해 자연생태계는 감소되어 왔다.

- 대부분 삼림으로부터 전환된 농경지는 현재 전 세계 토지 면적의 12%를 차지하며, 중동 및 북아프리카 지역은 7.5%, 남아시아의 경우는 40%에 이른다.
- 대부분 초원으로부터 전환된 목초지는 현재 전 세계 토지 면적의 22%를 차지하며, 동남아시아는 2%에서 열대 아프리카의 경우 30%에 이른다(Ellis, 2011; Houghton, 1999).

자연 토지를 농업 및 농업 집약화(종종 단일 재배로 전환)로 전환하면 다음과 같은 여러 가지 부작용이 발생한다.

- 작물 및 가축 종 다양성의 감소.
- 토양 생물 다양성의 감소.
- 토양 탄소 저장량의 감소(Lal, 2007).
- 하류 수역에서 질산염, 기타 영양물질 및 살충제 농도가 증가하고 이로 인해 바다까지 부영양화와 저산소 조건이 발생(Matson *et al.*, 1997).

지속가능하지 않은 집약화로 인해 황폐화된 토지는 전 세계적으로 5억 1,800만 헥타르의 농경지, 6억 8,500만 헥타르의 목초지, 7억 9,900만 헥타르의 산림 및 삼림에 영향을 미쳤다(Lal, 2007).

토지 이용 변화는 녹색수 및 청색수 흐름을 다른 생태계 및 생태계 서비스(특히 식량, 사료, 바이오 연료 및 목재 생산과 같은 공급 서비스)로 방향을 바꾸며, 이 과정에서 종종 탄소 격리와 기후 조절과 같은 기타 지원 및 조절 서비스의 희생이 따른다(4장의 물 재순환 참조). Millennium Ecosystem Assessment(2005)는 이러한 중요한 생태계 서비스의 범위와 규모를 조사하였다. 물은 모든 생태계 서비스의 중심에 있기 때문에 물 순환상에 일어나는 어떤 변화라도 여러 행성 경계에 직간접적으로 영향을 미칠 수 있다(4, 5, 7 장 참조).

인간의 토지 이용은 전 세계적으로 생태계의 구성, 구조 및 기능을 변화시켜 왔다. 생태계 상태와 기능을 종합적으로 측정하는 방법 중 하나는 **순 1차 생산(NPP)**이다. 이는 단위 시간당 생산되는 식물성 물질의 양, 대기에서 식물로의 탄소 순유동, 또는 식물의 총 1차 생산(광합성)에서 호흡량을 뺀 것으로 정의할 수 있다. 주로 자연 생태계를 농업 시스템으로 전환하는 형태로 나타나는 인간의 토지 이용은 공간 패턴 및 지역적 차이를 뚜렷하게 바꿈과 동시에 약 10%의 전 지구적 NPP를 감소시켰다(Haberel *et al.*, 2007). 인간에 의한 NPP 감소가 가장 크게 일어난 지역은 서부, 남부 및 동남아시아 및 아프리카 일부 지역이다. NPP의 상당한 증가는 북아프리카와 남아시아와 같은 관개 건조지뿐만 아니라 유럽의 집중 경작지에서 나타났다.

Steffen *et al.*(2004)에 따르면, 인류는 현재 전 세계 NPP의 약 50%를 사용하거나 빼앗고 있다. 그림 2.12는 증가하는 바이오매스에 대한 인간 전용의 공간적 분포를 NPP로 표현하여 보여준다. 이러한 분포는 인구 밀도도 따르지만 인간의 소비 수준과 자연 NPP의 함수이기도 하다.

2.2.4 물을 포함한 생지화학적 순환의 변화

농업, 산업 및 무역과 같은 인간 활동은 탄소, 질소 및 물을 포함한 생지화학적 순환을 변화시켜 왔다.

인간은 화석 연료를 태움으로써 대기 중의 CO_2 농도를 산업화 이전의 약 280 ppm에서 390 ppm으로 증가시켰다. CO_2 농도는 현재 IPCC의 거의 모든 예상치보다 빠르게 상승하고 있다(IPCC, 2000). 이로 인해 지구 기후에 큰 변화가 생길 수 있다. 특히 자연 생태계에서 농업 생태계로의 토지 이용 변화는 종종 토양 및 식생의 탄소 저장량을 감소시켜 온실가스의 추가적인 배출로 이어진다.

인간이 대기로부터 고정시키는 질소의 양은 지상의 자연적인 질소 고정량을 모두 합친 양보다 더 크다(Vitousek *et al.*, 1997). 유럽 일부 지역, 미국 및 중국의 경우 연간 100 kg/ha 이상에서 아프리카의 많은 국가의 경우 연간 10kg/ha 미만에 이르기까지 지역에 따라 질소 비료 사용에는 큰 차이가 있다. 이로 인해 전자의 경우에는 질소 용탈 및 대기 중으로의 배출이 발생하고 후자의 경우에는 질소 고갈이 발생한다(Liu *et al.*, 2010).

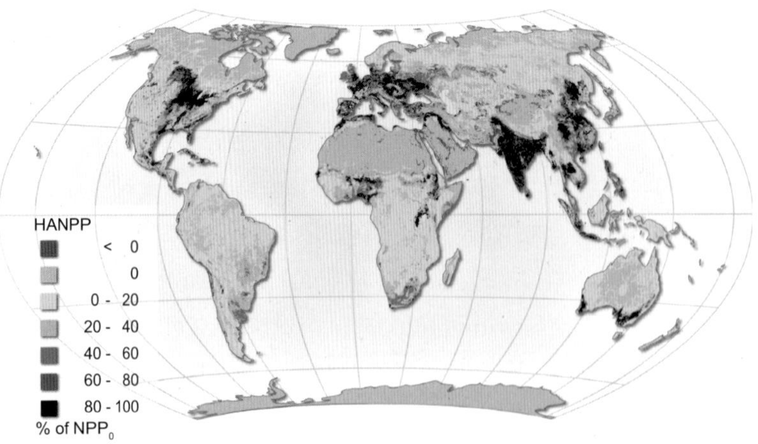

그림 2.12 잠재적 자연 식생의 NPP(NPP_0)에 대한 인간이 이용하는 순 1차 생산(NPP). 음수는 수확 후에도 NPP_0 이상의 초과 바이오매스가 시스템에 남아 있음을 나타냄(Haberl *et al.*, 2007).

[이 그림은 본문 뒤에 컬러 그림이 따로 삽입됨]

질소의 수체로의 용탈, 대기로의 배출은 이후 하류에서의 축적 또는 침적을 일으키며 많은 지역에서 자연 침적량보다 그 규모가 훨씬 크다. 이로 인해 환경이 손상되고 생물 다양성이 손실되며, 특히 N_2O가 증가하여 기후변화에 기여하게 된다(Galloway *et al.*, 2008). 농업 시스템에서의 영양물질 투입량 및 농도 증가에 의해 나타나는 또 다른 효과는 병원균과 해충 개체군이 잠재적으로 증가한다는 것이다(Matson *et al.*, 1997).

인간에 의해 주도되는 변화에 의해 발생하는 물과 관련한 영향, 반응 및 피드백은 다음과 같다.

- 자연 생태계를 증발산을 낮추는 농지로 전환함으로써 전 세계적으로 약 2,000 km^3/년의 유출량이 증가하였다(Rost *et al.*, 2008). 이러한 수문 변화는 종종 더 많은 침식과 퇴적물 및 영양물질의 이동을 동반한다.
- 증발 흐름의 방향을 자연에서 농업 생태계로 바꾼다. 천수 및 관개 경작지에서의 소모성 물 이용량은 연간 7,000 km^3 이상이며, 모든 방목지를 포함하는 경우 이 양의 약 두 배이다(Hoff *et al.*, 2010).
- 접근 가능한 유출수의 약 50%가 인간에게 할당되었다(Postel *et al.*, 1996).
- 나일강, 황허강, 콜로라도강, 갠지스강과 같이 대량 취수로 인해 일시적 또는 영구적으로 '폐쇄'되는 하천 유역이 증가하고 있다. 모든 재생 가능한 청색수가 사용되면 유역이 폐쇄되고 기존에 사용되고 있는 물을 희생해야만 추가적인 물 이용이 가능하며 더 이상 물이 바다에 도달하지 않는다(Falkenmark and Molden, 2008).
- 아랄해 및 차드 호수와 같은 내륙 수체들의 크기가 축소되었다.
- 인도, 중국, 중동 및 북아프리카 지역과 같은 주요 지역에서 재충전율보다 더 높은 연간 160 km^3의 규모로 지하수를 초과 취수한다(Kemper, 2007).
- 댐 설치로 인해 전 세계적으로 물이 하천에 체류하는 시간이 1-2개월 증가하였고 총퇴적물 흐름이 25-30% 감소하여 수량, 수질, 하천 형태 및 범람원과 수생 생태계에서의 영양분 가용성에 영향을 미친다(Vörösmarty *et al.*, 2003).
- 특히 북아프리카, 서부 및 남아시아, 미국 남서부에서 환경 유량이 감소하여 수생 생태계와 그 서비스에 영향을 미친다(Smakhtin *et al.*, 2004).
- 습지 생태계의 손실(일부 지역에서는 20세기 들어 50% 이상의 습지가 전환됨)로 인해 수질 정화, 어류 공급 및 기후 조절과 같은 관련 생태계 서비스가 감소하였다(Millennium Ecosystem Assessment, 2005).
- 토지 황폐화로 인한 토양수 손실량은 상당하지만 아직 정량화되지 않았다.

세계 여러 지역의 수계에서의 인간의 영향력은 이제 자연의 힘을 능가한다(Meybeck and Vörösmarty, 2004).

인간의 활동은 '경관의 노후화 및 건조화, 초목의 파괴, 물과 물질 순환의 개방과 저하, 자원 효율 감소, 생물권의 혈류에의 간섭'으로 이어졌다. Ripl(2003)은 경관의 지속가능한 개발을 '가장 감소된 노화 속도'로 정의한다(4장의 Box 4.1 참조).

'생물권의 혈류'인 물에 대한 이러한 간섭과 관련 바이오매스의 생산은 육지와 대기 사이의 탄소 흐름에도 영향을 미칠 수 있고, 이에 따라 육지 탄소 흡수원이 발생원으로 바뀌어 기후변화에 기여하게 된다(예: Le Quéré *et al.*, 2009; Morales *et al.*, 2006).

이러한 변화 중 그 어떤 것이라도 급격한 체제 변화나 심지어 사회-생태 시스템의 붕괴로 이어질지는 변화의 속도와 규모, 그리고 각 시스템의 취약성, 적응성 및 변형성에 달려 있다.

2.3 우리는 인류세 시대에 살고 있으며 다양한 물 관련 티핑 포인트에 가까워지고 있다

인간은 이제 전 세계 구석구석에서 자신들의 환경을 변화시키고 있다. 많은 지역에서 인간은 그 중요성이 인식되기 이전부터 오랫동안 변화의 주요 동인이 되었다(Vitousek *et al.*, 1997). 2세기에 걸친 지구 시스템에 대한 인간 지배력의 증가는 인류세라는 용어로 점철되는데, 이는 18세기 말 산업혁명이 시작되면서 우리가 새로운 지질 시대에 접어들었음을 의미한다(Steffen *et al.*, 2007; Steffen *et al.*, 2011). 인류세 시대는 경관에 대한 인간의 지배력 외에도 기후의 온난화, 수문 및 기타 생지화학적 순환의 변화, 생물권의 피폐화 등이 특징이다.

초기 토지 이용 변화에 대한 분석에 따르면(예: Pongratz *et al.*, 2008, 위 참조) 인간이 지구 시스템에 지대한 영향을 끼친 것은 약 1,000년 전에 시작된 것으로 보인다. Ruddiman(2003)은 지구 시스템에 대한 인간의 지대한 영향이 5,000-8,000년 전으로 거슬러 올라가며 이 역시 '인류세'라고 하였다. 이때 이미 삼림 개간과 농업으로의 전환, 관개 농업에 의한 벼 재배와 이에 따른 온실가스 배출이 유라시아, 중국 및 인도 일부 지역에서 시작되었다. 그러나 토지 정리 및 경작 속도는 가용 에너지, 즉 인간과 동물의 힘에 의해 제한되었다.

이러한 에너지 제약은 수력 발전을 처음 시작한 이후 화석 연료를 새로운 에너지원으로 사용할 수 있게 되면서 극복되었다. 100년 이내에 육지 생태계의 약 50%가 인간에 의해 변화되었다(Ellis, 2011). 인류세 시대의 두 번째 단계는 20세기 중반에 시작되었으며, 다양한 세계 변화 지표들이 하키 스틱 곡선으로 묘사된다(1장 참조). 제2차 세계대전 이후 많은 인공적 프로세스들의 가속화로 인간이 자연력을 지배하여 이전의 그 어떤 시대보다 훨씬 더 빠른 속도로 변화하는 '거대한 가속'이 시작되었다(Hibbard *et al.*, 2007).

모든 스케일에서의 사회-생태 시스템은 체제 이동을 발생시키고 미래 인류의 안전을 위협하는 여러 가지 중요한 문턱에 부딪힐 수 있다. 이러한 임계점을 티핑 포인트(tipping point)라고 하며, 이는 변화가 더 발생할 시 다른 상태로의 전환, 즉 체제 변환을 촉발하게 되는 임계점이다. Lenton *et al.*(2008)은 기후변화의 영향으로 인해 티핑 포인트를 통과할 가능성이 있는 지구 시스템의 여러 '티핑 요소'를 찾아내었다(1장 참조). 3장에서는 물과 관련된 티핑 포인트를 추가로 다룬다.

참고문헌

Allan, J. A. (2012). *Handbook of Land and Water Grabs in Africa: Foreign Direct Investment and Food and Water Security*. London: Routledge.

Anderson, K. (2010). Globalization's effects on world agricultural trade, 1960–2050. *Philosophical Transactions of the Royal Society B: Biological Sciences*, **365**, 3007–3021.

Anseeuw, W., Boche, M., Breu, T. *et al.* (2012). Transnational land deals for agriculture in the global south: analytical report based on the land matrix database. The Land Matrix Partnership. Available at: http://landportal.info/landmatrix/media/img/analyticalreport.pdf.

Bates, B. (2008). Climate Change and Water: Technical Paper of the Intergovernmental Panel on Climate Change, IPCC Secretariat, Geneva.

Berndes, G. (2008). Water demand for global bioenergy production: trends, risks and opportunities. *Journal of Cleaner Production*, **15**, 1778–1786.

Bicheron, P., Defourny, P., Brockmann, C. *et al.* (2008). *GLOBCOVER Products Description and Validation Report*. Paris: European Space Agency.

Bruinsma, J. (2003). *World Agriculture: Towards 2015/2030: An FAO Perspective*. Rome: Food and Agriculture Organization.

Bruinsma, J. (2009). *The Resource Outlook to 2050: By How Much do Land, Water and Crop Yields Need to Increase by 2050?* Rome: Food and Agriculture Organization.

Bues, A. (2011). Agricultural foreign direct investment, water rights and conflict: an institutional analysis from

Ethiopia. MSc thesis, Humboldt University Berlin and PIK Potsdam.

Calder, I. R. (2005). *Blue Revolution: Integrated Land and Water Resource Management*. London: Earthscan.

Chapagain, A. K. and Hoekstra, A. Y. (2008). The global component of freshwater demand and supply: an assessment of virtual water flows between nations as a result of trade in agricultural and industrial products. *Water International*, **33**, 19–32.

Cordell, D., Drangert, J. O. and White, S. (2009). The story of phosphorus: global food security and food for thought. *Global Environmental Change*, **19**, 292–305.

Deininger, K., Byerlee, D., Lindsay, J. *et al.* (2011). *Rising Global Interest in Farmland: Can it Yield Sustainable and Equitable Benefits?* Washington, DC: World Bank.

Ellis, E. C. (2011). Anthropogenic transformation of the terrestrial biosphere. *Philosophical Transactions of the Royal Society A: Mathematical, Physical and Engineering Sciences*, **369**, 1010–1035.

Ellis, E. C. and Ramankutty, N. (2008). Putting people in the map: anthropogenic biomes of the world. *Frontiers in Ecology and the Environment*, **6**, 439–447.

Falkenmark, M. and Molden, D. (2008). Wake up to realities of river basin closure. *International Journal of Water Resources Development*, **24**, 201–215.

Fearnside, P. M. (2007). Brazil's Cuiabá-Santarém (BR-163) highway: the environmental cost of paving a soybean corridor through the Amazon. *Environmental Management*, **39**, 601–614.

Fearnside, P. M., Righi, C. A., Graça, P. M. L. A. *et al.* (2009). Biomass and greenhouse-gas emissions from land-use change in Brazil's Amazonian 'arc of deforestation': the states of Mato Grosso and Rondônia. *Forest Ecology and Management*, **258**, 1968–1978.

Food and Agriculture Organization (2010a). *Global Forest Resources Assessment 2010*. Rome: Food and Agriculture Organization.

Food and Agriculture Organization (2010b). Principles for responsible agricultural investment that respects rights, livelihoods and resources. Discussion Note prepared by FAO, IFAD, UNCTAD and the World Bank Group. Rome: Food and Agriculture Organization.

Food and Agriculture Organization (2011a). *State of the World's Forests 2011*. Rome: Food and Agriculture Organization.

Food and Agriculture Organization (2011b). *The State of the World's Land and Water Resources for Food and Agriculture (SOLAW): Managing Systems at Risk*. Rome and London: Food and Agriculture Organization and Earthscan.

Food and Agriculture Organization. (2013). *FAOSTAT Online Database*. Rome: Food and Agriculture Organization. Available at: http://faostat.fao.org/ (accessed multiple dates).

Freydank, K. and Siebert, S. (2008). Towards mapping the extent of irrigation in the last century: time series of irrigated area per country. Frankfurt Hydrology Paper 08. Institute of Physical Geography, University of Frankfurt, Germany.

Friis, C. and Reenberg, A. (2010). Land grab in Africa: emerging land system drivers in a teleconnected world. GLP Report: 1. Global Land Project International Project Office.

Galloway, J. N., Townsend, A. R., Erisman, J. W. *et al.* (2008). Transformation of the nitrogen cycle: recent trends, questions, and potential solutions. *Science*, **320**, 889–892.

Godfray, H. C. J., Beddington, J. R., Crute, I. R. *et al.* (2010). Food security: the challenge of feeding 9 billion people. *Science*, **327**, 812–818.

Haberl, H., Erb, K. H., Krausmann, F. *et al.* (2007). Quantifying and mapping the human appropriation of net primary production in Earth's terrestrial ecosystems. *Proceedings of the National Academy of Sciences of the United States of America*, **104**, 12942–12945.

Hertwich, E. G. (2005). Consumption and the rebound effect: an industrial ecology perspective. *Journal of Industrial Ecology*, **9**, 85–98.

Hibbard, K., Crutzen, P., Lambin, E. *et al.* (2007). Decadal-scale interactions of humans and the environment. In *Integrated History and Future of People on Earth*, Dahlem Workshop Report, ed. Costanza, R., Graumlich, L. and Steffen, W. Santa Barbara, CA: National Center for Ecological Analysis and Synthesis, pp. 341–378.

Hoekstra, A. Y. and Chapagain, A. K. (2007). Water footprints of nations: water use by people as a function of their consumption pattern. *Water Resources Management*, **21**, 35–48.

Hoekstra, A. Y., Chapagain, A. K., Aldaya, M. M. and Mekonnen, M. M. (2011). *The Water Footprint Assessment Manual: Setting the Global Standard*. London: Earthscan.

Hoff, H., Döll, P., Fader, M. *et al.* (2013). Water footprints of cities: indicators for sustainable consumption and production. *Hydrolology and Earth System Sciences*, **10**, 2601–2639.

Hoff, H., Falkenmark, M., Gerten, D. *et al.* (2010). Greening the global water system. *Journal of Hydrology*, **384**, 177–186.

Hoff, H., Gerten, D. and Waha, K. (2012). Green and blue water in Africa: how foreign direct investment can support sustainable intensification. In *Handbook of*

Land and Water Grabs in Africa: Foreign Direct Investment and Food and Water Security, ed. Allan, J. A., Keulertz, M., Sojamo, S. and Warner, J. London: Routledge, pp. 359–375.

Houghton, R. A. (1999). The annual net flux of carbon to the atmosphere from changes in land use 1850–1990. *Tellus B*, **51**, 298–313.

Intergovernmental Panel on Climate Change (2000). Special report on emissions scenarios: a special report of Working Group III. Geneva: Intergovernmental Panel on Climate Change.

Intergovernmental Panel on Climate Change (2011). Special report managing the risks of extreme events and disasters to advance climate change adaptation (SREX), summary for policy makers. Geneva: Intergovernmental Panel on Climate Change.

International Energy Agency (2008). *World Energy Outlook 2008*. Paris: International Energy Agency.

Kemper, K. E. (2007). Instruments and institutions for groundwater management. In *The Agricultural Groundwater Revolution: Opportunities and Threats to Development*, ed. Giordano, M. and Villholth, K. G. Wallingford: CABI, pp. 153–172.

Keys, P. W., Barrón, J. and Lannerstad, M. (2012). *Releasing the Pressure: Water Resource Efficiencies and Gains for Ecosystem Services*. Stockholm: United Nations Environment Programme and Stockholm Environment Institute.

Klein Goldewijk, K., Beusen, A., Van Drecht, G. and De Vos, M. (2011). The HYDE 3.1 spatially explicit database of human-induced global land-use change over the past 12 000 years. *Global Ecology and Biogeography*, **20**, 73–86.

Knox, J., Hess, T., Daccache, A. and Wheeler, T. (2012). Climate change impacts on crop productivity in Africa and South Asia. *Environmental Research Letters*, **7**, 034032.

Kummu, M., de Moel, H., Porkka, M. *et al.* (2012). Lost food, wasted resources: global food supply chain losses and their impacts on freshwater, cropland, and fertiliser use. *Science of The Total Environment*, **438**, 477–489.

Kummu, M., Ward, P. J., de Moel, H. and Varis, O. (2010). Is physical water scarcity a new phenomenon? Global assessment of water shortage over the last two millennia. *Environmental Research Letters*, **5**, 034006.

Lal, R. (2007). Anthropogenic influences on world soils and implications to global food security. *Advances in Agronomy*, **93**, 69–93.

Lapola, D. M., Schaldach, R., Alcamo, J. *et al.* (2010). Indirect land-use changes can overcome carbon savings from biofuels in Brazil. *Proceedings of the National Academy of Sciences*, **107**, 3388–3393.

Le Quéré, C., Raupach, M. R., Canadell, J. G. and Marland, G. (2009). Trends in the sources and sinks of carbon dioxide. *Nature Geoscience*, **2**, 831–836.

Lenton, T. M., Held, H., Kriegler, E. *et al.* (2008). Tipping elements in the Earth's climate system. *Proceedings of the National Academy of Sciences*, **105**, 1786–1793.

Liu, J. and Savenije, H. H. G. (2008). Food consumption patterns and their effect on water requirement in China. *Hydrology and Earth System Sciences*, **12**, 887–898.

Liu, J., You, L., Amini, M. *et al.* (2010). A high-resolution assessment on global nitrogen flows in cropland. *Proceedings of the National Academy of Sciences*, **107**, 8035–8040.

Lundqvist, J., de Fraiture, C. and Molden, D. (2008). *Saving Water: From Field to Fork: Curbing Losses and Wastage in the Food Chain*. Stockholm: Stockholm International Water Institute (SIWI).

Martinelli, L. A. and Filoso, S. (2008). Expansion of sugarcane ethanol production in Brazil: environmental and social challenges. *Ecological Applications*, **18**, 885–898.

Matson, P. A., Parton, W. J., Power, A. and Swift, M. (1997). Agricultural intensification and ecosystem properties. *Science*, **277**, 504–509.

Mekonnen, M. M. and Hoekstra, A. Y. (2010). The green, blue and grey water footprint of farm animals and animal products. Value of Water Research Report Series: 48. Delft, the Netherlands: UNESCO-IHE Institute for Water Education. Available at: http://www.unesco-ihe.org/Value-of-Water-Research-Report-Series/Research-Papers.

Meybeck, M. and Vörösmarty, C. (2004). The integrity of river and drainage systems. In *Vegetation, Water, Humans and the Climate*, ed. Kabat, P., Claussen, M., Dirmeyer, P. A. *et al.* Heidelberg, Germany: Springer Verlag, pp. 297–397.

Millennium Ecosystem Assessment (2005). *Ecosystems and Human Well-being: Synthesis*. Washington, DC: Island Press.

Milly, P. C. D., Betancourt, J., Falkenmark, M. *et al.* (2008). Climate change – stationarity is dead: whither water management? *Science*, **319**, 573–574.

Monfreda, C., Ramankutty, N. and Foley, J. A. (2008). Farming the planet: 2. Geographic distribution of crop areas, yields, physiological types, and net primary production in the year 2000. *Global Biogeochemical Cycles*, **22**, GB1022.

Moore, B., Underdal, A., Lemke, P. and Loreau, M. (2001). Amsterdam Declaration on Global Change. In *Challenges of a Changing Earth*, ed. Steffen, W., Jäger, J., Carson, D. J. and Bradshaw, C. Heidelberg, Germany: Springer Verlag, pp. 207–208.

Morales, P., Hickler, T., Rowell, D. P., Smith, B. and Sykes, M. T. (2006). Changes in European ecosystem productivity and carbon balance driven by regional climate model output. *Global Change Biology*, **13**, 108–122.

Müller, C., Cramer, W., Hare, W. L. and Lotze-Campen, H. (2011). Climate change risks for African agriculture. *Proceedings of the National Academy of Sciences*, **108**, 4313–4315.

Pfister, S. and Hellweg, S. (2009). The water 'shoesize' vs. footprint of bioenergy. *Proceedings of the National Academy of Sciences*, **106**, E93-E94.

Pongratz, J., Reick, C., Raddatz, T. and Claussen, M. (2008). A reconstruction of global agricultural areas and land cover for the last millennium. *Global Biogeochemical Cycles*, **22**, GB3018.

Postel, S. L., Daily, G. C. and Ehrlich, P. R. (1996). Human appropriation of renewable fresh water. *Science*, **271**, 785–788.

Pretty, J. (2008). Agricultural sustainability: concepts, principles and evidence. *Philosophical Transactions of the Royal Society B: Biological Sciences*, **363**, 447–465.

Ripl, W. (2003). Water: the bloodstream of the biosphere. *Philosophical Transactions of the Royal Society of London. Series B: Biological Sciences*, **358**, 1921–1934.

Rockström, J., Falkenmark, M., Karlberg, L. *et al.* (2009a). Future water availability for global food production: the potential of green water for increasing resilience to global change. *Water Resources Research*, **45**.

Rockström, J., Steffen, W., Noone, K. *et al.* (2009b). A safe operating space for humanity. *Nature*, **461**, 472–475.

Rost, S., Gerten, D., Bondeau, A. *et al.* (2008). Agricultural green and blue water consumption and its influence on the global water system. *Water Resources Research*, **44**.

Ruddiman, W. F. (2003). The anthropogenic greenhouse era began thousands of years ago. *Climatic Change*, **61**, 261–293.

Sachs, J., Remans, R., Smukler, S. *et al.* (2010). Monitoring the world's agriculture. *Nature*, **466**, 558–560.

Smakhtin, V., Revenga, C. and Döll, P. (2004). A pilot global assessment of environmental water requirements and scarcity. *Water International*, **29**, 307–317.

Steffen, W., Crutzen, P. J. and McNeill, J. R. (2007). The Anthropocene: are humans now overwhelming the great forces of nature. *Ambio*, **36**, 614–621.

Steffen, W., Grinevald, J., Crutzen, P. and McNeill, J. (2011). The Anthropocene: conceptual and historical perspectives. *Philosophical Transactions of the Royal Society A: Mathematical, Physical and Engineering Sciences*, **369**, 842–867.

Steffen, W. L., Sanderson, A., Tyson, P. D., *et al.* (2004). *Global Change and the Earth System: A Planet Under Pressure. Global Change. The IGBP Series, 1619–2435.* Berlin: Springer.

Strzepek, K. and Boehlert, B. (2010). Competition for water for the food system. *Philosophical Transactions of the Royal Society B: Biological Sciences*, **365**, 2927–2940.

Tainter, J. A. (2006). Archaeology of overshoot and collapse. *Annual Review of Anthropology*, **35**, 59–74.

United Nations Department of Economic and Social Affairs (UNDESA) (2012). *World Urbanization Prospects 2011. On-line Data: Urban and Rural Population.* New York: United Nations Department of Economic and Social Affairs. Available at: http://esa.un.org/unpd/wup/unup/index_panel1.html (accessed 23 May 2012).

United Nations Environment Programme (2011). *UNEP/GEO Core Indicators: Number of Parties to Multilateral Environmental Agreements, 1971–2009.* Available at: http://geodata.grid.unep.ch/extras/indicators.php (accessed 28 March 2012).

United Nations Population Division (2004). *World Population to 2300.* New York: United Nations Population Division. Available at: http://www.un.org/esa/population/publications/publications.htm.

Vitousek, P. M., Mooney, H. A., Lubchenco, J. and Melillo, J. M. (1997). Human domination of Earth's ecosystems. *Science*, **277**, 494–499.

von Braun, J. and Meinzen-Dick, R. S. (2009). *'Land Grabbing' by Foreign Investors in Developing Countries: Risks and Opportunities.* Washington, DC: International Food Policy Research Institute.

Vörösmarty, C. J., Meybeck, M., Fekete, B. *et al.* (2003). Anthropogenic sediment retention: major global impact from registered river impoundments. *Global and Planetary Change*, **39**, 169–190.

Weinhold, D., Killick, E. and Reis, E. J. (2011). *Soybeans, Poverty and Inequality in the Brazilian Amazon.* Available at: http://mpra.ub.uni-muenchen.de/29647/.

World Trade Organization (2008). *International Trade Statistics 2008.* Geneva: World Trade Organization. Available at: http://www.wto.org/english/res_e/statis_e/its2008_e/its08_toc_e.htm.

World Trade Organization (2011). *World Trade Report 2011: The WTO and Preferential Trade Agreements: From Co-existence to Coherence.* Geneva: World Trade Organization.

비가 내리는 탄자니아의 숲. 전 지구적 변화로 인해 세계의 건조한 땅들은 강수 패턴의 체제 변환에 점점 더 취약해지고 있다.

Chapter 3

대체 개발 경로의 임계값에서 균형 잡기: 체제 변환, 덫 및 변환

이번 장에서는 물이 어떻게 사회-생태 시스템의 갑작스러우면서도 예상치 못한 변화에 개입되어 있는지를 다룬다. 프로세스 강화와 피드백 안정에 있어 물의 다양한 역할과 피드백이 약화되거나 멈출 때 시스템이 어떻게 어려움을 겪게 되는지를 자세히 살펴본다. 물과 관련된 교란 및 피드백, 다양한 범주의 체제 변환 및 회복탄력성을 향상시키는 방법에 대해 논의한다. 두 가지 덫, 즉 자기 강화 메커니즘을 수반하는 녹색수와 관련된 빈곤의 덫과 사람과 기관이 변화에 저항할 때 나타나는 청색수와 관련된 경직의 덫에 관해 논의한다. 이 장에서는 덫에서 벗어나기 위한 변환 관리를 어떻게 할 수 있는지에 대해 설명한다.

3.1 인류세 시대의 빠르고 가속화되며 놀라운 변화

지구 물 시스템에서 일어나는 많은 변화들은 빠르고 놀라울 수 있다. 어떤 것들은 가속화하고 있기도 하지만 또 어떤 변화들은 부드러우면서도 점진적으로 일어날 수 있다. 가장 중요한 것은, 어떤 변화는 격동적이고 갑작스러울 수 있으며, 인간, 경제 또는 생태계에서의 비선형적 반응을 초래하고, 불가능하지는 않더라도 원상태로 되돌리기 어려울 수 있다는 점이다. 보고된 사례로는 1992년의 해양 대구 어업의 붕괴(Hutchings, 1996), 6,000-8,000년 전 사하라 식생의 붕괴(Foley *et al.*, 2003) 및 2008년의 재정 위기를 들 수 있으며, 이 모든 상황은 갑작스럽고 예상치 못하였으며 인간의 복지에 부정적인 영향과 함께 자원 가용성의 빠르고 전례 없는 감소를 야기했다.

인류세 시대에서는 다양한 규모로 인간과 환경 사이의 연결이 증가한다. 담수는 다양한 시스템과 장소를 서로 연결시킨다는 맥락에서 중요한 역할을 한다. 스케일 간의 복잡한 상호작용은 멀리 떨어져 있는 사람들과 장소를 연결하고(Adger *et al.*, 2008; Galaz *et al.*, 2010) 인간의 복지를 유지하기 위한 생물권의 용량을 재구성하며(Folke *et al.*, 2011), 갑작스러운 변화의 위험을 증가시키는 새로운 방식으로 진행된다.

예상치 못한 연결이 어떻게 급격한 변화로 이어질 수 있는지에 대한 예로 2010년 러시아 산불에 의한 결과를 들 수 있다. 기록적인 기온과 여름 가뭄으로 인한 산불로 러시아 밀 수확이 급감하여 곡물 수출 금지로 이어졌으며 이는 세계 식량 가격 상승의 한 요인이 되었다. 그해 12월 튀니지에서의 소요 사태가 촉발된 원인 중 하나로 식량 가격 상승이 꼽혔고, 밀이 수백만 빈곤층의 보조식품으로 이용되는 이집트 등 북아프리카 전역으로 확산된 폭동은 '아랍의 봄'(Fraser and Rimas, 2011)으로 알려졌다.

기후변화는 이러한 새로운 상황을 악화시킨다. 홍수나 가뭄과 같은 물 순환과 물 관련 재난 사이의 상호작용은 식량 공급, 건강, 경제에 큰 영향을 미치며 때로는 사회적 격변을 촉발하기도 한다. 예를 들어, 1960년대와 1980년대 사이에 홍수와 가뭄을 포함한 자연재해로 인한 경제적 손실이 세 배나 증가하였다(Kabat *et al.*, 2012). 하천 홍수는 어떤 피해가 발생할 수 있는지를 보여주는 좋은 예이며, 매년 평균 1억 명의 사람들이 이러한 홍수의 영향을 받는다. 1990년부터 1996년까지 전 세계적으로 여섯 차례의 큰 홍수가 발생했으며, 사망자 수는 1,000명을 넘어섰다. 또한 이 기간 중 발생한 스물두 차례의 홍수로 각각 10억 달러가 넘는 손실이 발생했다. 1971년부터 1995년 사이 발생한 홍수로 전 세계적으로 15억 명 이상의 사람들이 영향을 받았고, 8,100만 명 이상이 집을 잃었다(CRED, 2012).

이러한 갑작스러운 변화들은 어떤 경우는 원상복구가 쉽지만, 또 어떤 경우에는 생태계 프로세스, 물 흐름, 사회에 큰 변화를 일으켜 원상복구가 어렵거나 심지어 불가능하게 만든다. 이러한 변화는 시스템을 새로운 상태로 밀어 넣었다고 말할 수 있는데, 종종 새로운 '아이덴티티, 기능, 피드백 및 구조'를 가지며 이전과는 크게 다르게 거동하게 된다(Folke *et al.*, 2004). 이러한 상태 변화를 **체제 변환**이라 한다.

3.2 체제 변환이란?

체제 변환은 쉽게 말해 숲, 호수, 가정 또는 도시 등의 시스템에서의 구조와 기능에 나타나는 크고, 갑작스럽고, 지속적인 변화를 일컫는다. 경우에 따라서는 시스템에 가해지는 압력이 감소하면 이러한 변화를 상대적으로 쉽게 되돌릴 수 있다. 하지만 어떤 경우에는 변화를 되돌리기가 매우 어렵거나 심지어 돌이킬 수 없기도 하다. 이는 변화로 인해 서로 다른 상호 보완적인 피드백 세트에 의해 각각 유지되는 대체 체제 간의 이동이 발생하는 경우에 해당된다(Holling, 1973; Scheffer *et al.*, 2001).

체제 변환은 강풍 속에서 작은 배를 항해하는 것으로 비유할 수 있다. 바람이 강해질수록 배는 점점 더 옆으로 기울게 되겠지만, 아마도 충분한 속도를 내면서 계획된 대로 여행을 계속하게 될 것이다. 하지만 갑자기 뜻밖의 일이 벌어진다. 바람이 조금 더 강해지고 바람의 방향이 바뀌게 되면 바람에 돛이 흔들린다. 통제력을 잃으면 배가 갑자기 뒤집힌다. 일단 이런 일이 일어나고 나면, 새롭고 완전히 다른 상황이 된다. 풍속이 현저하게 감소한다고 해서 배가 다시 원상태가 되지 않으며 이제는 완전히 새로운 상황에서 앞으로 나아가야 한다. 계획된 여행을 계속하기 위해 상황을 최대한 빨리 원상복구시킬지, 항해를 계속할 다른 방법을 찾기 위해 해안으로 향할지, 아니면 집으로 돌아갈지를 결정해야 한다.

점점 더 많은 사회-생태 시스템에서의 대체 체제의 존재가 보고되고 있다(Folke *et al.*, 2004; Gordon *et al.*, 2008; Walker and Meyers, 2004). 이러한 상황들은 위의 배와 비슷하다. 배를 원래의 상태로 바꾸기 위해 상당한 투자와 실행 변화가 필요한 것처럼, 시스템을 이전의 개발 경로로 되돌리기 위해서는 관리 관행 또는 사회 조직의 상당한 투자와 변화가 필요하다. 만약 되돌릴 수 없다면, 배가(혹은 사회-생태 시스템이) 제공하던 많은 서비스들을 잃어버리게 된다.

그림 3.1은 강우와 식물 사이의 상호작용의 예를 통해 점진적인 생태학적 변화와 세 가지 유형의 체제 변환 사이의 차이를 보여준다. 주어진 체제에서 시스템을 유지시키는 피드백은 안정 경관(stability landscape)의 형태로 표현되며, 시스템의 구성은 공으로 표현된다. 경관의 여러 구덩이는 대체 체제가 잠재적으로 존재함을 나타낸다. 이는 시스템에 작은 힘이 가해지면 여전히 동일한 구덩이에 있게 되지만, 더 큰 힘이 주어지거나 또는 구덩이의 깊이가 변화하면 공, 즉 시스템이 새로운 구덩이 또는 체제로 전환될 수 있음을 보여준다.

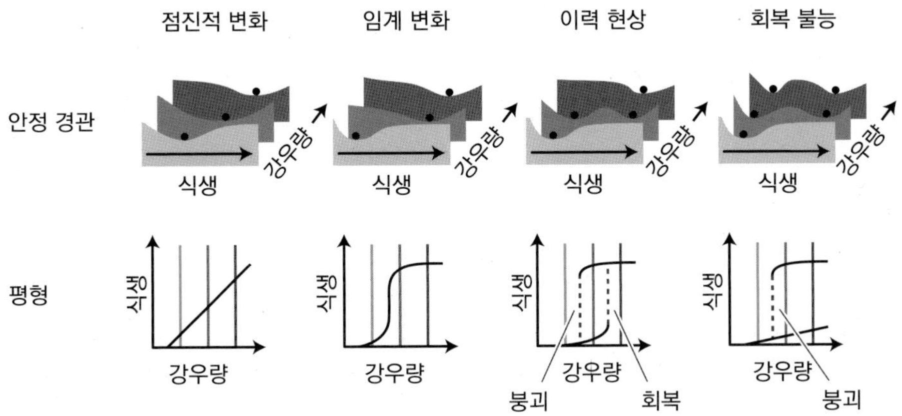

그림 3.1 식생-강우량 상호작용의 예로 살펴본 점진적 생태 변화 및 세 종류의 체제 변환. 한 체제 내에서 시스템을 유지시키는 피드백은 안정 경관으로 표현되었으며, 시스템의 구성은 공으로 표현되었다. 경관 내 여러 구덩이는 대체 체재의 가능성을 나타낸다(Gordon *et al*., 2008).

식생의 성장이나 배 안에서 움직일 때 배가 앞뒤로 흔들리는 것과 같은 내부 동역학과 함께 강수량 변화, 파도 크기, 풍속 등 외력에 의해 시스템 동역학은 형성된다. 체제 변환은 외부의 힘이나 내부에서의 점진적 변화가 시스템을 변경시킴으로써 조직이 한 세트의 상호 강화 프로세스를 중심으로 조직화되지 않도록 할 때 발생한다. 이것은 식생에 의해 강수량이 증가하는 경우나 바람이 보트를 앞으로 이동시키는 경우일 수 있다. 또한 식생 감소로 강우에 끼치는 영향이 줄어들면서 전반적으로 건조 상태가 되는 경우나, 견인을 해야만 앞으로 나아갈 수 있는 뒤집힌 배의 경우일 수도 있다(Scheffer *et al.*, 2005). 가뭄이나 큰 강우 사상과 같은 외부 충격은 시스템 구성을 바꿈으로써 공을 경관을 가로질러 이동시킬 수 있다. 안정 경관(그림 3.1)도 시스템의 피드백 프로세스를 정의하는 힘이 변화함에 따라 바뀔 수 있다. 예를 들어, 보트에 탄 모든 승객들이 한쪽으로 이동하는 경우가 그렇다. 만약 안정 경관의 구덩이가 완전히 사라지거나 외부 충격이 시스템을 한 구덩이에서 다른 구덩이로 밀어 넣는다면 시스템은 체제 변환을 겪게 된다.

체제를 정의하는 안정 경관을 바꾸는 내부 변수의 변화는 보통 외부적 교란보다 느리다. 또한 보통은 이러한 내부 변수에 대한 모니터링을 잘 하지 않는다. 예를 들어, 농업이 얼마나 잘되고 있는지에 대한 지표로 수확량에 대한 모니터링은 이루어지지만, 지속적인 농작물 생산을 위한 유기물이나 영양 상태와 같은 토양 속성의 느린 변화에 대해서는 무시하는 경향이 있다. 이러한 내부 변수를 보통 '느린 변수'라고 한다.

그림 3.1은 점진적 변화, 임계 변화 및 이력 현상의 차이를 보여준다. 점진적 변화는 예컨대 다양한 성장 반응을 보이는 종들이 비교적 고르게 분포하고 있는 경관에서 강수량이 건조 상태에서 습한 상태로 증가함에 따라 식생 피복이 점진적으로 증가하는 경우에 일어난다. 임계 변화는 대부분의 종의 반응이 비슷한 경관에서 특정 강수량에서 식생 피복이 급격하게 증가할 때 발생한다. 외부 동인인 강수량이 감소하면 시스템의 식생 피복 밀도가 높은 상태에서 낮은 상태로 밀어낼 수 있지만, 임계 효과의 경우 강수량이 다시 증가하면 빠르게 회복된다.

식생의 수분 재순환이 강수를 촉진하는 형태로 강한 피드백이 있을 경우 이력 효과가 발생할 수 있다. 이것은 식생을 빠르게 증가(또는 '회복')시키는 임계 강수량이 식생이 붕괴할 때의 강수량보다 높다는 것을 암시한다. 일단 식생이 붕괴되면, 회복을 위해서는 더 큰 외부 강수량이 필요하다. 강수량이 크게 증가하더라도 식생이 붕괴 전 수준으로 회복되지 않는 비가역적 변화는 강한 형태의 이력 현상이다. 이러한 유형의 거동은 식생이 붕괴하면서 시스템이 회복 능력을 잃어버릴 때 발생한다.

3.3 물 순환 어디에서든 발생할 수 있는 체제 변환

점점 많아지는 증거들이 수문 흐름의 질과 양의 변화가 생태학적 체제 변환의 위험을 증가시킴을 시사하고 있다(Gordon *et al.*, 2008). 그러나 과거 거시적 규모에서의 물(Molden, 2007) 및 생태계 서비스(Millennium Ecosystem Assessment, 2005)에 관한 평가는 인간이 토지 이용과 기후변화 등을 통해 물 순환을 바꾸는 것이 어떻게 생태계에서의 놀라운 비선형 변화의 확산과 심각성을 조절하는지에 대한 통합적 이해가 부족하였다. 표 3.1은 물, 식품과 같은 농산물 및 바이오 연료의 수요 증가와 기후변화에 의해 발생하는 체제 변환에 대한 현재의 이해를 종합하였다. 이 표는 토양, 지하수, 호수 및 해안 지대, 대기 및 육지에서 수문학적 순환 전체에 걸쳐 발생하는 체제 변환의 예를 보여준다. 이러한 변화는 유출, 지하수 및 증발산과 연결되어 있다.

이 표는 물과 분명하게 연결되어 있는 알려진 체제 변환을 단순화한 것이다. 탄소 흡수원이었던 열대우림이 파편화된 기름야자 농장으로 변화하면서 탄소원으로 되고 또한 자체 재생 능력을 상실한 보르네오의 사례에서 볼 수 있듯이(Folke *et al.*, 2011), 이러한 변화는 종종 사회와 생태계의 상호 연계가 복잡하게 뒤섞여 있음으로 인해 나타난다. 이는 교란, 재생, 회복탄력성 및 취약성 사이의 상호작용을 명확하게 보여주는 예이다.

보르네오의 열대우림에서는 엘니뇨에 이은 가뭄이 열대우림 나무들 사이에서 동시 번식을 유도함으로써 열대우림 및 생물 다양성을 재생시키는 자연적인 방아쇠 역할을 한다. 최근 수십 년간, 값싼 바이오 연료, 식량, 사료의 생산뿐 아니라 목재 채취를 위해 야자기름 농장이 광범위하게 확장되어 왔다. 이는 주로 야자기름과 열대 목재에 대한 세계 시장의 수요에 의해 주도되었고, 약한 기관들로 인해 가능해졌으며 숲의 심각한 파편화와 황폐화가 초래되었다(Curran *et al.*, 2004). 그 결과, 산불 발생이 증가하였으며 1997년 보르네오에서 발생한 엘니뇨 관련 산불은 화석 연료에 의한 연간 평균 탄소 배출량의 13-40%에 해당하는 0.81-2.57 Gt의 탄소를 대기 중으로 방출한 것으로 추정된다(Page *et al.*, 2002). 결과적으로 최근 수십 년간의 대규모 토지 이용 변화는 엘니뇨의 역할을 삼림 재생 기회를 창출하는 것에서 재생을 방해하는 것으로 바꾸어 놓았는데, 그 이유는 이제 산불을 유발하고, 열대우림 나무의 결실을 저해시키고, 야생동물의 번식 주기를 방해하고, 농촌 생활의 기초를 잠식하기 때문이다(Curran *et al.*, 2004).

보르네오 사례는 글로벌 시장이 약하고 파편화된 기관이 있는 지역의 사회-생태 시스템에 어떤 영향을 미칠 수 있으며 엘니뇨와 같은 교란 사상을 재생력에서 파괴력으로 어떻게 변화시킬 수 있는지를 분명히 보여준다. 보르네오 경관에서 생물 다양성이 풍부했던 다기능 열대우림은 탄소 흡수원에서 단순화된 야자유 경관이자 탄소 발생원이 됐다. 이 사례는 신흥시장에 의해 촉발된 토지 이용 변화가 지역의 생물 다양성과 주민에 어떻게 직접적인 영향을 미치고, 결국 어떻게 기후변화에 기여하는지를 보여준다.

3.3.1 다양한 규모에서 물과 관련한 체제 변환의 중요한 동인으로서의 토지 이용과 기후

표 3.1에 나와 있는 많은 변화들은 기후변화의 영향에 민감하게 반응한다. 기후변화는 강수량, 토양 수분 및 유출수에 이전에는 볼 수 없었던 변화를 일으

표 3.1 물과 관련한 체제 변환, 체제 변환의 결과, 핵심 내재 변수, 농업 동력, 기타 동력, 각 변환의 증거에 관한 비교.

수문학적 위치	체제 변환	체제 A	체제 B	체제 변환의 영향	인간 간섭	내재적 느린 변수	상태 변수 또는 제어 변수로서의 물	기타 동력	증거	참고문헌 또는 사례
지하수	지하수 고갈	가용 지하수	고갈 지하수	물 부족으로 가정에 영향, 보건 안보 위험성 증가	과취수	n/a	제어(물 가용성이 체제를 결정)	강수량 감소, 식생 변화	강함	구자라트, 중국 동북부 평원, 오갈랄라
호수 또는 바다로의 유출	하천 고갈	자연 하천 흐름	연중 일부 또는 1년 내내 흐름이 매우 적거나 없음	서식처 감소, 어업 영향, 하류 주민 영향, 충돌 위험성 증가	관개, 상류에서의 기타 소모성 물 이용	n/a	상태(하천수 가용성), 제어(하천 흐름의 펄스가 서식처 생성 및 유지)	강수량 감소, 식생 변화	강함	나일, 콜로라도
호수 또는 바다로의 유출	호소 고갈	유입과 증발 사이의 평형	수체 감소 또는 소멸	염도 증가, 수체 축소, 호소 퇴적토에 의한 모래 폭풍, 서식처 감소,	관개, 상류에서의 기타 소모성 물 이용	n/a	상태(서식처로서의 물 부피)	강수량 감소, 식생 변화	강함	아랄해
호수 또는 바다로의 유출	부영향화	부영양 상태	빈영양 상태	친수 활동 및 식수 감소, 어류 감소 위험성	비료 사용	퇴적토, 토양 인	상태(서식처 및 식수로서의 수질)	홍수, 산사태	강함	Carpenter(2003); Carpenter(2005); Genkai-Kato and Carpenter(2005); Scheffer and van Nes(2007)
호수 또는 바다로의 유출	해안 저산소 지역	저산소	무저산소	어획 감소, 해양 종 다양성 감소	영양물질 이용	수생 종 다양성	상태(서식처로서의 수질)	홍수	강함	Boyer *et al*.(2006); Diaz(2001); Galloway *et al*.(2004)
하천 파편화	유량 제어, 이동 장애	자연 하천 흐름 및 자연 이동 경로	인간 조절에 의한 하천 흐름, 저수지 및 보 등의 장애물	계절성 및 반복성 변화, 서식처 감소, 하천 연결성을 통한 종 이동 감소는 종 감소 및 외래종 유입 유발	댐 등의 하천 흐름 제어	n/a	상태(서식처로서의 수량)	토지 이용 변화	강함	
토양	유기물	높은 생산성 유지	낮은 생산성 유지	수율 감소, 가뭄 저항성 감소	바이오매스/영양분의 과용	토양 유기물	상태(물 저장능은 물에 영향)	가뭄, 건조기	약함	Bossio(2007); Enfors and Gordon(2007)

표 3.1 (계속)

수문학적 위치	체제 변환	체제 A	체제 B	체제 변환의 영향	인간 간섭	내재적 느린 변수	상태 변수 또는 제어 변수로서의 물	기타 동력	증거	참고문헌 또는 사례
토양	염분화	지표 아래	지표 근처	식수 오염, 수율 감소, 염분에 의한 기반시설 및 생태계 영향	목재 바이오매스 감소, 관개	지하수위	제어(토양수의 유출, 관개, 지하수위 증가)	습한 기후	강함	Anderies *et al*.(2006); Clarke *et al*.(2002); Cramer and Hobbs(2005); Gordon *et al*.(2003)
토양	경관 패치	공간 패턴	공간 패턴 없음	생산성 감소 및 침식	목축 압력, 토지 이용 변화	식생 패턴	제어/상태(물은 유출량, 이동, 침투를 결정하고 이로 인해 식생 결정)	화재, 가뭄	중간	Bestelmeyer *et al*.(2006); Ludwig *et al*.(2005); Peters and Havstad(2006); Rietkerk *et al*.(2004)
대기	운무림	운무림	삼림 지대	생산성 감소, 유출량 감소, 종 다양성 감소	벌채	식생 면적	제어(증산량), 상태(강우량)	안개 빈도	중간	Dawson(1998); del-Val *et al*.(2006); Holmgren *et al*.(2006)
대기	숲, 사바나	숲	사바나	종 다양성 감소, 농업 적합도 변화	벌목	수분 재순환, 에너지 수지	제어(증산량), 상태(강우량)	화재	중간	Cowling *et al*.(2004); Feddema *et al*.(2005); Hutyra *et al*(2005); Oyama and Nobre(2003); Sankaran *et al*.(2005); Sternberg(2001)
대기	사바나, 사막	사바나	건조 사바나/사막	생산성 감소, 수율 감소, 가뭄/건조기	벌목, 토지 황폐화	수분 재순환, 에너지 수지	제어(증산량), 상태(강우량)	가뭄, 화재	중간	Dekker *et al*.(2007); Foley *et al*.(2003); Los *et al*.(2006)
대기	몬순 변화	몬순	몬순 약화/소멸	농작 실패 위험성과 기후 변동성 변화	관개 또는 관개 감소	에너지 수지, 수분의 이류 이동	제어(증산량), 상태(강우량)	해수면 온도 변화	약함	Douglas *et al*.(2006); Fu(2003); Miller *et al*.(2005); Zheng and Eltahir(1997); Zickfeld *et al*.(2005)

킬 것으로 예상되며(4장 참조) 일부 지역은 체제 변환에 더 취약해지는 반면 몇몇 지역은 덜 취약해질 수도 있다. 예를 들어, 북극 영구 동토층은 기후가 따뜻할수록 점점 더 녹으며, 이는 체제 변환의 위험을 증가시킬 수 있다(Karlsson *et al.*, 2011). 반면 호주 서부의 건조한 기후에 대한 일부 전망은(Hughes, 2003) 토양 수분 증가에 의해 유발되는 건조 토양의 염분화에 대한 영향은 줄어드는 것으로 보고 있다. 그러나 호주의 건조한 환경은 추가적인 취약성을 유발할 수도 있다. Box 3.1은 호주에서 상대적으로 건조했던 10년이 어떻게 염분이 '어제의 문제'라는 믿음을 농민들 사이에 불러일으켰으며 습한 조건이 염분 수준을 급격히 증가시킬 가능성에 대한 대비를 덜하게 했는지를 설명한다.

토지 이용 변화는 식량, 섬유 및 바이오 연료에 대한 수요 증가가 특정 압력을 야기하는 체제 변환의 또 하나의 중요한 동인이다. 예를 들어, 삼림이나 습한 사바나에서 경작지로의 토지 피복 변화는 '사바나화'와 '건조 사바나-습식 사바나' 체제 변환의 주요 동인이다(표 3.1). 관개량의 증가는 대수층, 강 및 호수 고갈의 주요 원인이다. 지속가능하지 않은 토양 관리는 토양과 관련한 체제 변환의 주요 요인이다.

변화의 공간적 분포와 그 효과를 되돌리는 데 걸리는 시간 측면에서 이러한 체제 변환의 규모에도 여러 가지가 있다(그림 3.2). 농업-수생 시스템에서의 체제 변환은 집수 구역부터 강 유역 규모까지 나타나지만, 회복하는 데에 걸리는 시간은 수년에서 수천 년까지 다양하다. 예를 들어, 담수의 부영양화는 보통은 비가역적이거나 인 유입량을 수십 년에

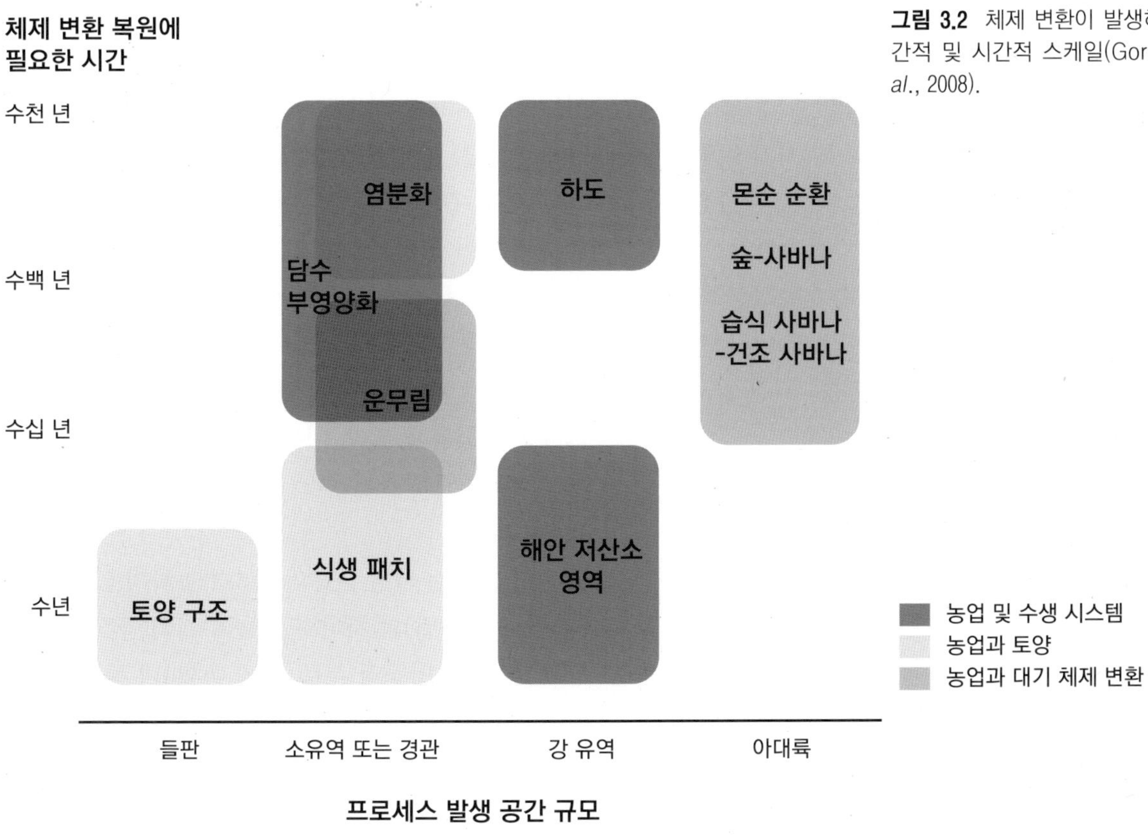

그림 3.2 체제 변환이 발생하는 공간적 및 시간적 스케일(Gordon *et al.*, 2008).

걸쳐 크게 감소시킨 후에만 되돌릴 수 있다. 호수 내에서의 인의 내부 순환과 유역 내 토양에 과거로부터 축적된 퇴적물로부터 유출되는 인의 지속적인 유입은 영양분이 호수 내 퇴적물에 결합되거나 호수에서 제거될 때까지 호수의 인 농도를 높게 유지한다(Carpenter, 2005).

농업-토양의 체제 변환은 농지에서부터 경관 규모에서 나타나는 경향이 있으며 가역성의 정도는 다양하다. 토양 구조상의 체제 변환은 공간적으로 작은 규모에서 발생하지만 그 영향은 1930년대 미국의 더스트볼(Dust Bowl)의 발생에서 알 수 있듯이 경관 규모까지 확산 될 수 있다. 더스트볼은 개별 농지 규모에서 시작하여 비선형적인 확장을 통해 미국의 주요 농업 지역에 영향을 미쳤다. 광범위한 날씨 패턴은 개별 농지의 연결성을 극도로 높여 상황을 기하급수적으로 악화시키는 거대한 먼지 폭풍을 발생시켰다(Peters *et al.*, 2004).

마지막으로, 토지-대기 간의 피드백의 규모에 대한 불확실성이 남아 있기는 하지만 농업-대기의 체제 변환은 상대적으로 큰 공간적 및 시간적 규모에서 작동하는 경향이 있다. 예를 들어, 숲의 증발산은 아마존에서의 주요 강수원이지만, 산발적인 지역 삼림 벌채는 경관 이질성을 증가시켜 비정상적 대류 순환을 통해 강우를 증가시키는 반면 대규모 삼림 벌채는 멀리 떨어진 지역의 강수량을 실질적으로 감소시킬 수 있다(D'Almeida *et al.*, 2007).

3.3.2 제어 변수 및 상태 변수로서의 물

물은 상태 변수와 제어 변수로서 각기 다른 체제 변환에 관여한다. 수질이 변화하는 지하수나 부영양화에 따른 체제 변환처럼 때때로 물 자체가 영향을 받는다. 또 관개에 의한 토양 염화처럼 체제 변환을 제어하는 것은 물의 흐름인 것과 같은 경우에 물은 제어 변수이다. 그러나 표에서와 같이 물의 체제 변환을 막기 위해서는 물 자체만을 관리하는 것으로는 충분하지 않다는 것이 분명하다. 물 관리는 식생 변화와 토양 유기물 등 생태 프로세스들을 포함한 전체 경관에 대한 관리와 함께 이루어져야 할 필요가 있다. 물은 이러한 모든 변화에 관여하지만, 취약성을 높이거나 회복탄력성을 키우는 것은 물과 다른 프로세스들 사이의 피드백이다.

3.3.3 세계 일부 지역에서는 서로 다른 체제 변환이 더 흔하다

그림 3.3은 특정 유형의 물 관련 체제 변환에 취약한 지역에 대한 잠정적인 글로벌 지도이다. 첫 번째 지도(그림 3.3a)는 (1) 삼림 벌채, (2) 잘못된 토지 관리, (3) 관개 관행과 관련된 염분화의 세 가지 동인에 의한 토지 이용 변화의 결과로써 나타난 물 흐름의 변화에 의해 촉발된 체제 변환을 보여준다. 아마존 열대우림에서의 삼림 벌채는 증발량을 감소시키고 삼림을 개방하여 공기 난류가 상승하기 용이해진다. 이는 잠재적으로 시스템으로 하여금 열대우림-사바나 임계점을 넘도록 밀어내게 된다. 사헬에서의 잘못된 토지 관리는 증발량을 감소시켜 강우를 위한 수분을 줄이게 되어 잠재적으로 몬순 기후에 영향을 미칠 수 있다(표 3.1; 습한 사바나에서 건조 사바나로). 호주에서의 집약적인 관개 관행은 원래 염분이 함유되었던 토양과 결합하여 물에 의한 임계 염분에 다다를 위험을 높였다. 이는 중동, 아랄해, 그리고 중국 북부의 건조 관개 시스템에서의 염분 임계치와 유사하다.

그림 3.3b는 하천 유량의 지속가능하지 않은 취수(유역 폐쇄 유발)와 지하수 남용(수질의 급격한 악화 그리고/또는 영구적 부족 상태 유발)의 두 가지 유형을 포함한 물 남용에 의해 촉발된 문턱에 대한 핫스폿 지역/시스템의 글로벌 지도를 보여준다. 그림 3.3a와 b의 체제 변환은 경관 내에서 국지적 및 지

(a)

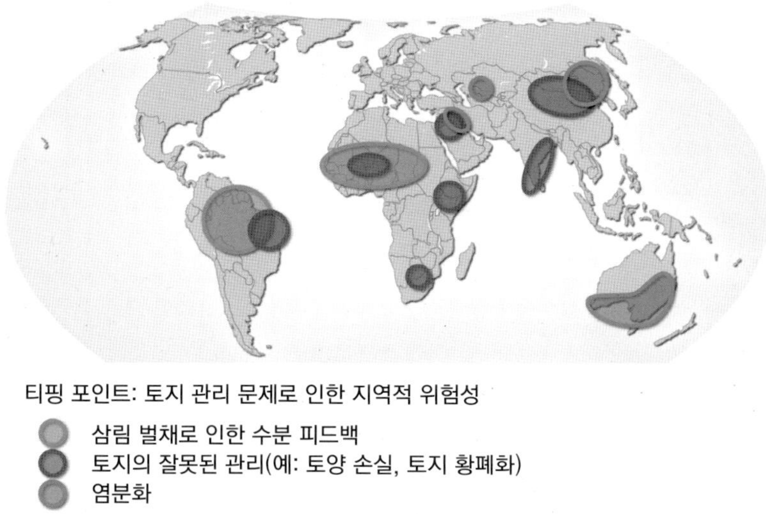

(b)

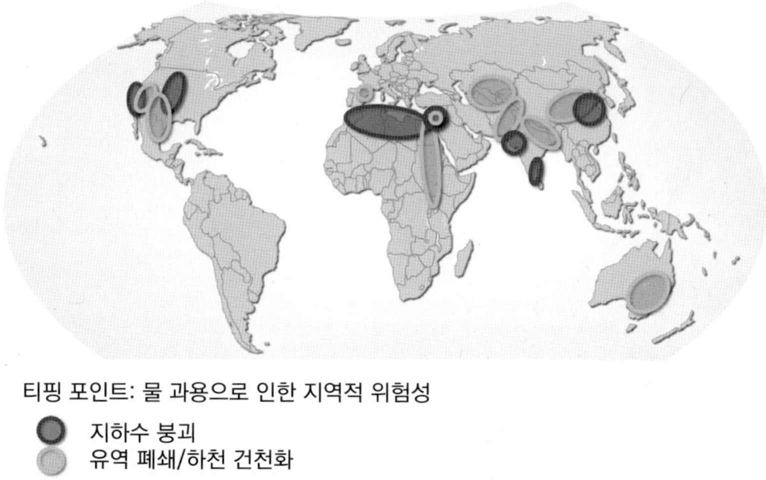

그림 3.3 물에 의해 유발되는 지구적 위험성. (a) 토지 이용 관련, (b) 물 이용, (c) 기후변화, (d) 보정된 인간 물 스트레스 (Vörösmarty *et al.*, 2010).

[이 그림은 본문 뒤에 컬러 그림이 따로 삽입됨]

역적 스케일의 토지 및 물 관리와 이용에 의해 촉발되는 상향식(bottom-up)으로 작동된다. 물과 관련된 임계치의 세 번째 핵심 동인은 지구적 변화를 통해 하향식(top-down)으로 진행된다. 지구적 변화로 야기되는 체제 변환의 물 관련 핫스폿은 그림 3.3c에 제시되어 있다. 예를 들어, 아시아 몬순의 불안정화나 열대 기후 체제의 ENSO 촉발 위험과 같은 큰 변화는 주로 기후 시스템의 전 지구적 변화와 관련이 있다. 그러나 이러한 대규모 시스템도 (1) 가뭄 기간과 강하게 연관되어 있는 산불 및 바이오매스 연소에 의한 블랙카본 등과 같은 지역 오염물질, 그리고 (2) 토지 및 물 관리 관행(예: 지역 강우 패턴에 영향을 미치는 인도네시아의 대규모 삼림 벌채)과 상호작용을 한다.

아직 규명이 더 필요하긴 하지만 그림 3.3a, b, c에 기술된 세 가지 물 관련 체제 변환 프로세스들은 변화를 감쇠(예: 대기 중 CO_2 농도가 상승할 때 토양에서 탄소 격리량 증가) 또는 강화시키는(예: 수

(c)

그림 3.3 (계속)

[이 그림은 본문 뒤에 컬러 그림이 따로 삽입됨]

(d)

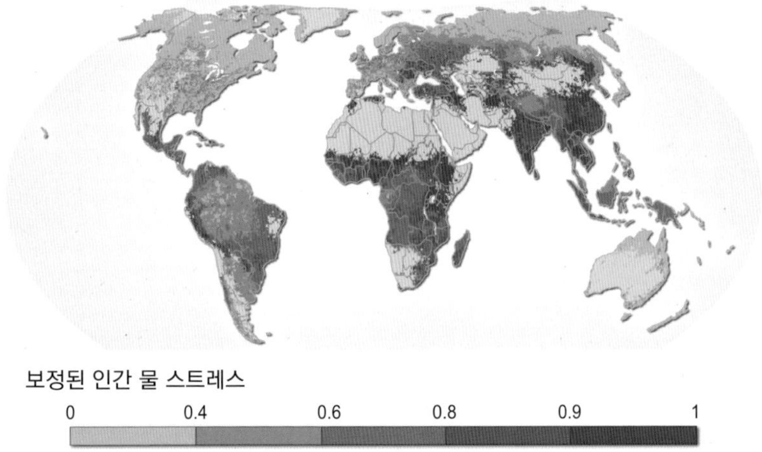

분 피드백의 변화가 갑자기 숲을 사바나로 변화시킴) 피드백을 생성하도록 상호작용한다는 것은 점점 명확해지고 있다. 게다가, 중요한 생물 군계들은 지역 기후와 수문 시스템을 통해 상호 연결되어 세계 여러 지역들 간에 수문기상학적으로 원격 연결이 된다. 아마존과 중앙아프리카의 열대우림의 대규모 삼림 벌채는 미국 중서부의 강우량을 잠재적으로 감소시키는 것으로 알려졌으며, 동남아시아의 삼림 벌채는 중국의 강우량에 영향을 미치는 것으로 나타났다 (Snyder, 2010).

3.4 체제 변환은 사회 및 생태 프로세스 모두에 관여한다

위 절에서는 생물물리학적 체제 변환만 살펴보았지만, 이 모든 것들은 사실 관리상의 변화에 의해 촉발되었다. 체제 변환은 상호 연결된 사회-생태 시스템에서 발생한다는 증거가 증가하고 있다(예: Ecology and Society 특별호, 특히 Walker *et al.*, 2006 도입부 참조). 연계된 사회-생태적 체제 변환은 다음과 같은 세 가지 방식으로 개념화되고 분석되었다.

- 사회적 또는 생태적 영역에서 발생하지만 서로 다른 영역에서의 점진적 또는 갑작스러운 변화에 의해 발생하는 체제 변환.
- 생물물리학적, 사회적, 경제적 영역에서 개별적으로 발생하지만 서로 상호작용하고 서로 촉발하는 체제 변환.
- 진정으로 연계된 사회-생태 시스템의 체제 변환.

3.4.1 생물물리 영역에서의 점진적 변화는 사회 영역의 체제 변환을 야기한다

표 3.1에서 예시로 보여주고 있는 생물물리학적 체제 변환은 사회적 영역에서 일어나는 변화에 의해 발생한다. 사회적 영역에서의 체제 변환과 관련한 생물물리학적 영역에서의 점진적인 변화의 한 예로는 세계 일부 지역에서 일어나고 있는 토지 황폐화를 들 수 있다. 토양 보존 기술의 도입을 장려하기 위한 프로젝트에 대한 대규모 투자에도 불구하고 이러한 황폐화는 발생한다. Antle *et al.*(2006)은 이들 지역에서 낮은 수준의 토양 황폐화와 높은 수준의 토양 황폐화라는 각기 다른 안정적인 상태를 발견했다. 이 두 안정 영역은 보존을 위한 투자가 더 이상 플러스 수익을 내지 못하게 되는 토양 황폐화 임계 수준으로 분리되었다. 이 연구는 한 구획의 토지가 임계 생산성을 넘게 되면, 토양 황폐화는 **경제적으로 돌이킬 수 없게 된다는 것**, 즉 **기술적으로는 황폐화된** 토양을 되돌릴 수 있을지라도 토양 보존에 투자하는 것이 더 이상 수익성이 없다는 것을 보여주었다. 이는 경제적으로 되돌릴 수 없는 황폐화가 일단 발생하면 농부들로 하여금 토양 보존 방식을 채택하게끔 보조금을 지급하더라도 농부들이 이 방식을 영구적으로 채택하지 않을 것임을 의미한다.

3.4.2 한 영역에서의 체제 변환은 다른 영역으로 확산될 수 있다

생물물리 시스템에서의 체제 변환이 사회 및 경제 시스템의 체제 변환과 상호작용을 하는 경우도 있다. Box 3.1은 호주 남동부 골번브로큰(Goulburn-Broken) 유역에서의 밀 생산과 관련하여 생태적, 사회적, 경제적 영역에서 상호작용하는 임계치를 보여준다. 토착 목초지를 희생 삼아 성공적으로 확산된 밀 재배는 호주 여러 지역에서 지하수위를 상승시켰다. 예를 들어(Kinzig *et al.*, 2006), 서부 호주에서는 토양 염분에 체제 변환이 발생하여 현재 지역의 16%를 차지하고 있으며 농업 생산성과 도로, 건물 등의 인프라에 영향을 미치고 있다. 이것은 1960년대 이후의 인구 감소와 맞물려 있다. 1970년대에 사회-문화 영역에서 중요한 임계치를 넘어 농장이 더 많이 합병되었다는 주장이 제기되어 왔다. 농업 기업 수는 1960년대 후반에 정점을 찍었지만 매년 약 7%씩 급격히 감소했다. 인구 규모의 임계치가 있는데, 그 아래로는 보건의료나 학교 같은 지역 서비스가 철수하면 마을이 생존할 수 없게 되어 인구가 더욱 줄어든다.

Kinzig *et al.*(2006)은 Box 3.1의 경우와 유사한 일련의 사례 연구를 검토하여 다양한 임계값이 어떻게 상호작용하는지를 설명하고, 하나의 임계치를 넘는 것이 어떻게 하나 또는 그 이상의 추가적인 임계치를 넘게 하는 확산 효과를 유발하는지에 대한 개념적 모델을 제시하였다(그림 3.4). 그들은 또한 이러한 확산적 체제 이동이 여러 영역, 즉 사회적, 생태학적 및 경제적 영역 간에만 발생하는 것이 아니라 다른 규모 간에도 발생한다고 제안하였다. 각 영역별로 변화의 위험이 발생하는 특정 규모가 있는 것으로 보인다. 예를 들어, 생태학적 체제 변환은 패치나 경관 규모일 가능성이 더 높은 반면, 경제적 또는 사회적 변환은 농장 또는 지역의 규모일 가능성이 더 높다(Kinzig *et al.*, 2006). 농장은 생태학적이 아닌

Box 3.1 호주 골번브로큰 유역에서의 물 관리와 회복탄력성

Brian Walker, Commonwealth Scientific and Industrial Research Organisation (CSIRO)

호주 남동부 머리달링(Murray-Darling) 유역에 위치한 골번브로큰(Goulburn-Broken, GB) 집수지는 호주의 주요 식량 생산지이다. 상부의 산간 부분은 대부분 숲이 우거져 있고, 중간 집수지는 약 절반 정도 개간되어 건조지 작물 및 방목에 사용되고 있으며, 하류의 하천변 평야에는 토종 식물이 2%밖에 남아 있지 않으며 관개 낙농 및 과일 생산에 집중적으로 이용되고 있다. 토착 식생의 개간은 100여 년 전부터 시작되어 염수 수위를 상승시켰다. 유역 수문을 모델링한 결과(Anderies *et al.*, 2006), 뿌리 깊은 토종 식물의 15-20% 이상이 제거되고 나면, 지하수위가 상승하는 데에 수십 년이 걸리기는 하지만 수위의 안정 상태가 지표면에 가깝게 나타났다. 염분화를 방지하기 위해 지하수 펌핑이 필요하게 되었으나, 이는 하류 주민이 용납할 수 없는 머리강으로의 염 방출로 이어지게 된다.

두 가지 임계 효과가 물 역학에 관련되어 있다. 첫 번째는, 유역 및 경관 규모에서 지하수위를 유지하는 데 필요한 토착 식생 피복의 임계값(80-85%)이다. 일단 이 임계값이 초과하면 나타나게 되는 두 번째 임계 효과는 국지적 규모에서의 지하수위인데, 임계 수위를 넘어서게 되면 모세관 작용에 의해 물(그리고 그 안에 용해된 염분)이 지표면으로 드러나게 된다. 토양 특성에 따라 차이는 있지만 약 15 cm 정도가 된다. 이 임계값 아래로 지하수위를 유지하기 위해 300개 이상의 펌프가 관개 구역에서 운영되고 있다.

이 시스템에서의 지하수위는 느린 제어 변수이며, 임계값에 의해 대체 체제(생산적 대 염분화)로의 변환을 유발한다. 이 느린 변수로서의 수위 관리는 임계 효과가 있는 또 다른 느린 변수와 통합적으로 관리되어야 한다. GB 유역의 사회-생태 시스템의 회복탄력성 평가(Walker *et al.*, 2009)는 시스템 내의 다양한 규모와 영역에서 발생하고 서로 상호작용하는 10개의 임계값이 있음을 보여주었다(그림 3.b1.1 참조). 시스템이 겪게 되는 충격의 종류에 따라 이러한 임계값 중 하나 또는 그 이상의 임계값이 초과될 수 있다. 임계값을 넘게 되는 경우, 동역학의 변화로 다른 느린 변수에 대한 확산 효과로 이어져 그중 하나에 대한 임계값을 넘게 할 가능성을 증가시키거나 감소시킬 수 있다. 여러 종류의 임계값에 대한 상세한 내용은 Walker *et al.*(2009)에 나와 있다.

임계값 (1) 및 (2)는 수위와 관련되어 있다. (1)에 대한 제어(느린) 변수는 임계값을 넘었으며, 변화된 반응 변수(수위)에 대한 느린 대응으로 인위적으로 시스템의 상태를 동적 안정 상태로부터 멀리 떨어뜨리기 위해 상당한 비용을 필요로 하였다. 하지만 지난 10년 동안 이 지역은 사상 최악의 가뭄을 겪으면서 시스템에 유입되는 물의 양이 크게 변하여 수위 상승이 둔화되었고, 실제로 일부 지역에서는 수위가 떨어져 펌핑을 줄여야 한다는 요구가 나왔다. '염분은 어제의 문제고 지금의 문제는 물 부족'이라는 분위기가 농부들 사이에 만들어졌다. 그러나 모델링 결과는 평균 이상의 강우량이 수위를 급격히 상승시킬 수 있음을 보였고, 이러한 일은 기록상 가장 습한 계절 중 하나였던 지난 2011년 초에 실제로 일어났다.

물을 저수지로부터 관개용으로 할당하게 되면 수위 상

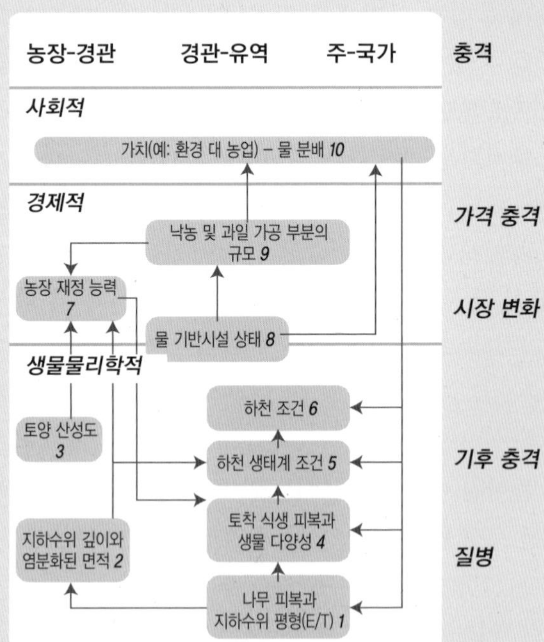

그림 3.b1.1 골번브로큰 지역을 구성하는 패나키(panarchy) 내의 10종류의 느린 변수와 임계치(Walker *et al.*, 2009).

승률이 증가하며(강우량 증가와 유사한 효과), 저장된 물과 하천수를 환경 유량 및 농업용으로 할당하는 비율을 크게 변화시키면 (2), (4), (5), (6) 및 (7)의 임계치를 넘을 가능성에 상당한 영향을 미칠 수 있다. 이는 어떤 경우에는 더 좋을 수도 있고, 어떤 경우는 나쁠 수도 있다. 이러한 할당의 변화는 지역 이해관계자 자체가 임계값 효과(10)로 간주된다. 환경보전에 대한 사회적 압력이라는 느린 변수가 증가함에 따라, 농부들은 농업보다 환경을 더 우선하는 물 규제에서 티핑 포인트가 발생할 것을 두려워하고 환경보호론자들은 이를 바라고 있다. 이러한 결정은 규모별(주 규모인 유역과 상위 규모인 빅토리아주 및 주도인 멜버른) 이해관계자 간의 강력한 상호작용을 수반한다. 이는 시스템의 보편적 회복탄력성의 일부로서 시스템의 부패하지 않은 수준, 리더십, 적응성 및 거버넌스의 대응성 등이 있다. 유역 규모의 상호 연결된 전체 시스템의 회복탄력성을 유지하는 것은 필수적인 국지적 규모의 변환을 달성할 수 있는지에 따라 좌우될 수 있다(Folke *et al.*, 2010).

GB 유역의 사례는 정책을 개발하고 사회-생태 시스템을 관리하는 것은 규모와 영역 간에 시스템이 어떻게 작동하는지 이해하는 것, 시스템에서 크고도 간혹 돌이킬 수 없는 변화를 초래할 수 있는 임계 효과에 대해 아는 것, 그리고 이러한 임계 효과가 발현되는 (느린) 변수의 제어가 어떻게 외부 충격에 반응하는지를 아는 것과 같음을 보여준다. 생물물리 및 사회 영역 모두에서의 규모 간의 동역학은 상호 연결된 전체 시스템의 경로를 결정하는 데 중요한 역할을 한다.

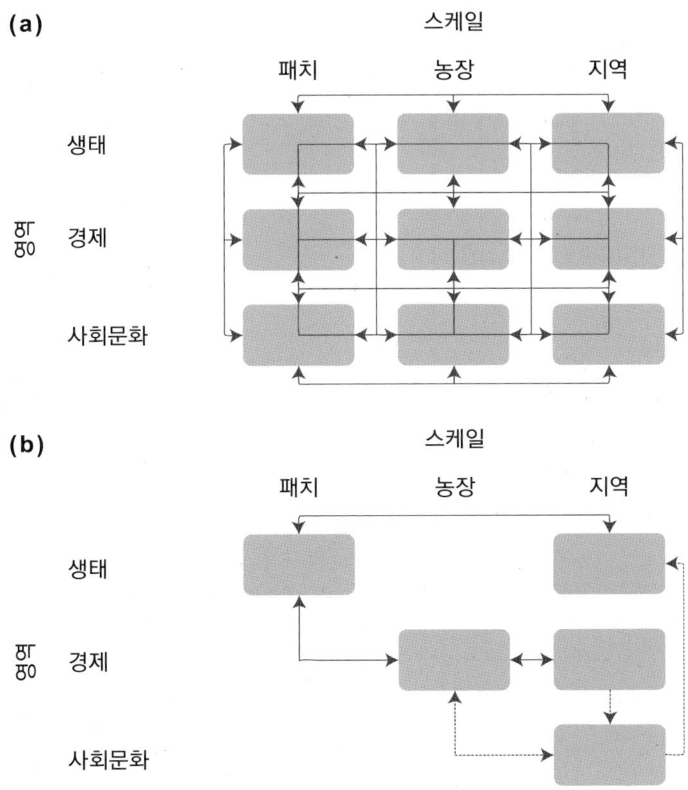

그림 3.4 한 공간적 스케일과 영역에서의 체제 변환이 어떻게 다른 영역으로 확산되고 변환을 야기하는지에 대한 개념적 모델(Kinzig *et al*., 2006). 이 모델은 각기 다른 대륙에서의 네 가지 사례 연구를 기반으로 구축됨. 일반적으로 생태학적 체제 변환은 작거나 약간 큰 스케일에서 발생하지만 이로 인한 경제 시스템에 대한 연쇄 효과는 종종 다른 스케일로 발생한다. 예로, 현장 스케일에서의 농업 생산 시스템의 붕괴는 가계 스케일의 경제에 영향을 미친다. 이러한 현상이 충분한 수의 개별 가구에 발생하게 되면 마을 전체(사회문화적 영역)는 그 지역에서 이주해야 할 수도 있다. (a)는 모든 가능한 변환 및 상호작용을 보여주는 반면 (b)는 한 영역에서의 변환이 종종 다른 스케일에서 발생한다는 것을 보여주는 일련의 사례 연구에서 종합한 정보임(Kinzig *et al*., 2006).

경제적 또는 사회적 독립체이기 때문에 타당한 설명으로 보인다. 또한 문화적, 사회적 힘에 대해 고려할 때 패치 규모보다는 클 것이라는 생각에 익숙하다. 하나의 영역이나 규모에 너무 집중하면 체제 변환의 상호작용의 가능성과 회복탄력적이면서 바람직하지 않은 새 시스템이 등장할 가능성을 놓칠 수 있다. 이러한 발견은 단일 규모나 영역에서의 체제 변환에만 초점을 맞추는 것이 자칫 전체 시스템의 더 큰 역학, 그 시사점 및 미래 경로와 관련하여 잘못된 결론을 도출할 수 있음을 보여준다.

3.4.3 체제 변환은 진정으로 연결된 사회-생태 시스템을 포함할 수 있다

상호 연결된 사회-생태 시스템에서 체제 변환이 일어날 때, 그 원인이 어떤 영역에 있는지를 판단하는 것은 불가능에 가깝다. 대신 사회적, 생태학적, 경제적 변수 집합들 사이의 상호작용이 집단적으로 시스템의 동역학을 통제하고 새로운 상태로 변화시킨다. 이를 분석하는 한 가지 방법은 먼저 관심 있는 대안 체제를 식별한 다음, 이러한 체제에서 시스템 거동을 제어하는 더 작은 변수 집합 간의 피드백이 어떻게 달라졌는지를 살펴보는 것이다. Enfors and Gordon(2007)은 탄자니아의 마을 경관이 어떻게 '생산적'에서 '저하된' 상태로 체제 변환을 하였는지를 조사하기 위해 이 방법을 사용했다(그림 3.5).

여기서 생산적 상태는 시스템 내의 주민들을 지원하기 위해 시간에 따라 적절한 생물물리학적 자원이 생성되는 상태로 정의되며, 토지 관리를 통해 시스템의 잠재 생산력이 유지되거나 심지어 개선되는 양의 피드백으로 귀결되는 경로를 따라 발전하게 된다(그림 3.6). 저하된 상태에서는 자원 기반의 잠재 생산성이 시간에 따라 저하되는 음의 피드백을 야기한다(그림 3.6). 이러한 시스템은 지역 사회의 취약성이 증가하는 경로를 따라 개발된다. 여

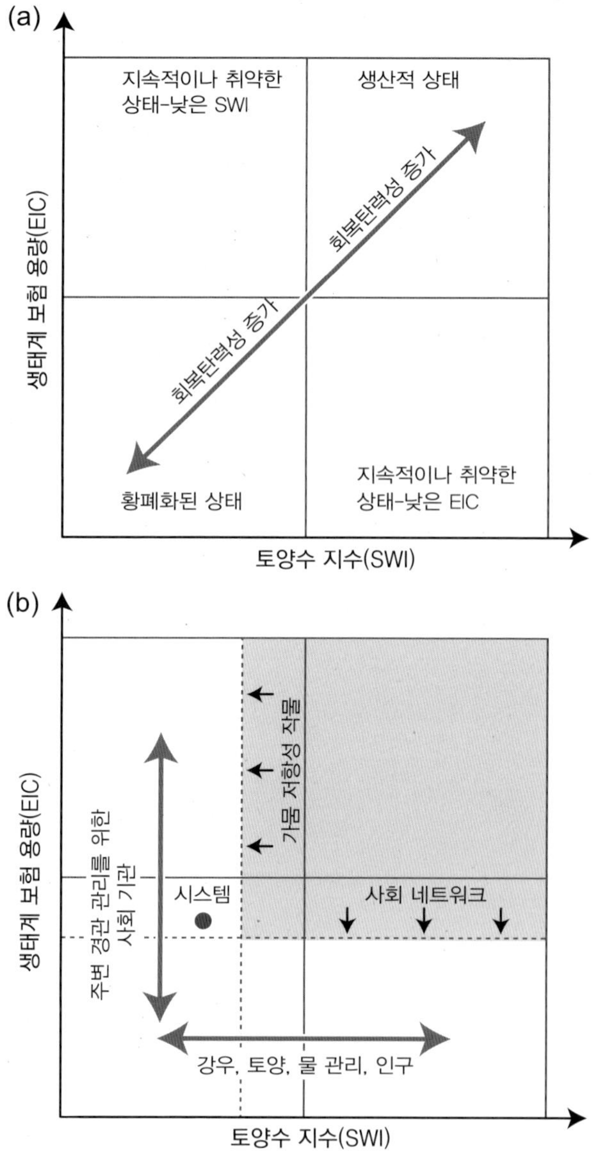

그림 3.5 탄자니아에서의 연구에 기초한 소규모 농업 시스템의 회복탄력성 분석을 위한 개념적 프레임워크(Enfors and Gordon, 2007). 주요 변수인 토양수 지수(SWI)와 생태계 보험 용량(EIC)은 각 축에 배치. 축 사이의 영역은 시스템이 두 개의 대체 안정 영역 사이에서 이동할 수 있는 공간을 나타냄. 하나는 생산적 상태, 다른 하나는 황폐화된 상태임. 전자의 상태(a)에서는 시스템 내 사람들을 지원하기에 충분한 식량 및 기타 공급 생태계 서비스가 생성된다. 후자에서는 여전히 농산물 및 기타 생태계 서비스가 생산되고 있지만 이에 대한 관리가 잠재 생산력을 저하시키고 있다. (b)에서 볼 수 있듯이 강우량, 토지 관리, 인구 및 자원 관리 제도 등이 시스템의 위치에 영향을 미친다. 임계값의 위치는 어느 정도 이동할 수 있으며, 이는 시스템의 상대적 위치에 영향을 미치고 생산 영역과 황폐화된 영역을 늘리거나 줄이게 된다.

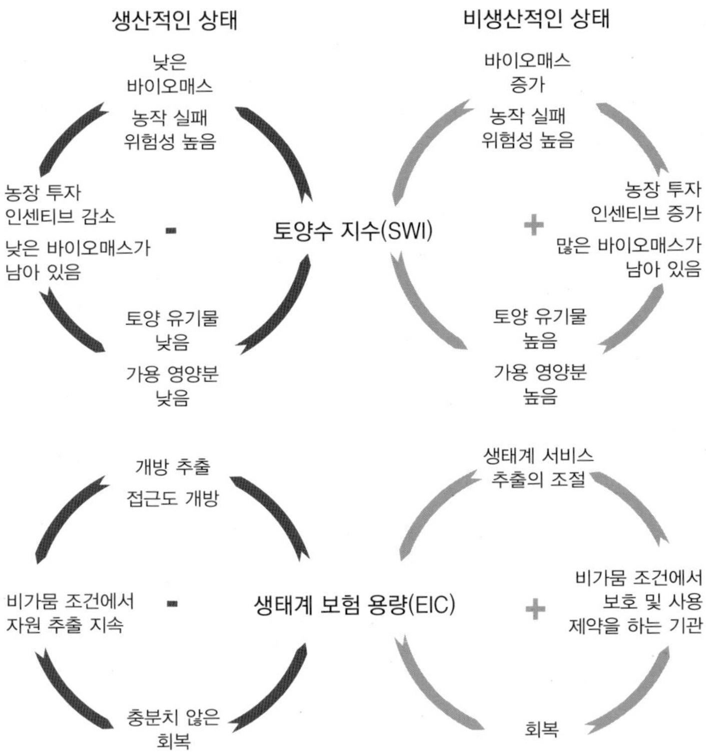

그림 3.6 토양수 지수(SWI) 및 생태계 보험 용량(EIC)과 관련한 생산적 상태(+) 또는 비생산적 상태(-)를 유지하는 피드백 루프(Enfors and Gordon, 2008).

기에서 선택된 변수는 특정한 단일 영역에 속해 있는 것이 아니라, 생물물리학적 요소와 사회-경제적 요소들이 상호적으로 변화를 주도하고 서로를 강화시키는 결합된 사회-생태학적 변수들이다. Enfors and Gordon(2007)은 농작물 생산을 위한 1인당 토양 가용수량과 관련된 토양수 지수(SWI, Soil Water Index)와 가뭄 시에 사람들을 위한 상품을 생산할 수 있는 생태계 능력인 생태계 보험 용량(EIC, Ecosystem Insurance Capacity)이라는 두 가지 상호 연결된 변수를 제시했다. 예를 들어 수확이 실패하면 야생과일, 잎, 허브 등을 모아 식단을 보충하거나, 숯을 만들어 현지 시장에서 판매하거나 수공예품 제작을 하는 등 다른 종류의 생태계 상품이 더 중요해질 수 있다. 그림 3.6은 이러한 변수들을 유지시키거나 저하시키는 피드백을 보여준다.

물과 관련된 또 하나의 사회-생태학적 체제 변환은 강 유역 규모에서 일어난다는 가설이 제기되어 왔다. 강 유역은 물 관련 문제에서 가장 명확한 시스템 경계 중 하나이기 때문에 가능한 임계값과 체제 변환을 감지하기 위한 사고에 유용할 수 있다(Cumming, 2011). 한 가지 아이디어는 강 유역의 폐쇄(Falkenmark and Molden, 2008), 즉 유역의 모든 청색수가 사회적 용도로 사용될 경우 체제 변환을 초래할 것이라는 것이다. 그 근거는 일단 모든 물이 이미 사용 할당되면, 개발을 유지하기 위해서는 사회 조직의 상당한 변화가 요구되기 때문이다(Cumming, 2011).

3.5 체제 변환 국면에서의 회복탄력성 강화

체제 변환을 피하는 다양한 방법들이 있다. 체제 변환을 촉발하는 동인이 변화하지 않도록 하는 방법이 있을 수 있다. 하지만 어떤 경우에는 이것이 매우 어렵다. 예를 들어 온실가스의 배출량을 대폭 줄인다

하더라도 기후변화는 이미 어느 정도 진행되고 있기 때문에 기후변화에 의한 체제 변환에 계속 취약할 것이다. 마찬가지로, 1장에서 언급했듯이 적어도 90억의 인구에 식량을 공급해야 하기 때문에 대규모로 농업을 포기하는 것은 선택 사항이 될 수 없다는 것을 의미한다.

3.5.1 느린 변수에 초점을 맞춰라

관리를 개선하는 한 가지 방법은 장기간에 걸쳐 변화가 눈에 띄지 않을 수 있는 다른 시스템 동역학에 비해 속도가 느린 변수에 더 초점을 맞추는 것이다. 예를 들어, 호주에서 목초지 개간이 토양 염분화 위험을 증가시킬 수 있다는 징후를 19세기 초기에 이미 알았음에도 불구하고, 일반적으로는 염분화가 널리 퍼지기 시작할 때까지 이러한 현상을 인식하지 못했다(Anderies *et al.*, 2006). 호주에서의 지하수위 상승과 같이 느리게 변화하는 주요 수문학적 프로세스를 식별하고 모니터링하여 체제 변환의 가능성을 예측할 수 있다.

3.5.2 중요하지만 어려운 임계치 예측

생태계가 임계치에 얼마나 근접해 있는지를 예측할 수 있다면 변동성이 높은 세계에서 체제 변화를 피하기 위한 시스템 관리 능력이 향상될 것이다. 체제 변환에 대한 조기 경보를 제공하는 방법을 고안하는 것은 중요한 과학적 과제이다. 관련 연구에 따르면 패턴 변화와 분산 증가가 시스템이 언제 어디에서 체제 변환을 할 가능성이 높은지 감지하는 데 이용될 수 있다(Brock and Carpenter, 2006; Kéfie *et al.*, 2007). 또한 실제 데이터에서 체제 변환을 탐지하기 위해서는 장기 데이터에서 갑작스러운 변동의 증거를 식별하기 위해 특별히 설계된 통계 방법을 개발하고 사용해야 한다(Scheffer and Carpenter, 2003). 그러나 이러한 임계치를 식별하고 이해하며, 이러한 임계치에 언제 근접하였는지를 파악하기 위한 생태계 모니터링은 복잡한 경우가 많다. 우리가 임계치에 가까워졌다는 것을 인지하였을 때는 이미 너무 늦었다는 징후가 있다(Biggs *et al.*, 2008).

3.5.3 다양성과 공간적 이질성을 통한 회복탄력성 구축

체제 변환에 대한 취약성을 줄이는 또 다른 방법은 관리를 개선하고 생태계의 회복탄력성을 구축하는 것이다(Gordon *et al.*, 2008). 특히 농업에서 토지 이용 변화는 생물 다양성을 감소시키고 경관을 단순화시켰다. 농업 시스템의 관리는 수확량 극대화에 초점이 맞춰지는 경향이 있으며, 다른 생태계 서비스의 희생으로 단일 생태계 서비스를 극대화하였다. 이러한 관리를 다른 생태계 서비스 생산도 유지하면서도 안정적이고 수익성 높은 식량을 생산하는 방식으로 바꾸도록 하는 것이 생태계 및 농업에 대한 몇몇 대규모 평가의 핵심 권고 사항이었다(Molden, 2007; Foley *et al.*, 2005; Millennium Econcer Assessment, 2005). 이러한 변화는 기능 및 반응 다양성을 유지 또는 개선함으로써 체제 변환에 대한 회복탄력성을 높이는 데 도움이 될 수 있다(Elmqvist *et al.*, 2003). 기능적 다양성은 특정한 생태계 기능을 유지하는 종 다양성인 반면, 반응 다양성은 변동성에 대해 서로 다른 종이 갖는 반응들의 다양성이다. 두 가지 모두 교란 이후 재조직화에 특히 중요하다(Elmqvist *et al.*, 2003; Folke *et al.*, 2004).

비가역적 체제 변환이 일어나게 되는 과정 중 하나는 체제를 유지하던 생태 프로세스가 경관에서 사라지는 것이다. 예를 들어, 호주 경관의 파편화는 수문을 변화시킴으로써 건조지의 염분을 증가시켰다. 파편화는 또한 식물 번식 및 확산을 줄였으며, 수문이 복원된 후에도 염분화로부터 시스템을 복구할 수 있는 능력을 감소시켰다(Cramer and Hobbs, 2005). 이는 종자 확산과 같은 생태 기능을 제공함으로써 경관을 가로질러 연결될 수 있는 소위 이동 링크를 위한 종 서식지 유지의 중요성을 보여준다(Lundberg and Moberg, 2003).

또한 경관의 공간 이질성을 관리하는 것은 큰 스케일에서의 체제 변환 위험에 큰 영향을 미치게 되는 중요 영역을 식별하는 데 핵심 역할을 할 수 있다. 경관상의 생태적 프로세스들의 다양성은 일부 지역이 다른 지역보다 체제 변환에 더 취약하거나 다른 지역보다 체제 변환에 더 큰 기여를 한다는 것을 의미한다. 이를 통해 관리자는 가장 큰 효과를 얻을 수 있는 곳에 초점을 맞추고 복원 또는 모니터링 노력을 기울일 수 있다. 예를 들어, 유역 내의 어떤 구역이 면적은 작지만 높은 토양 인 농도와 높은 유출 잠재력을 갖고 있다면 담수호로의 대부분의 인 유입의 책임은 그 영역에 있다(Nowak *et al.*, 2006). 따라서 유역 전체를 관리하는 대신 이러한 '핵심 오염원 지역'을 관리함으로써 수질을 크게 개선할 수 있다(Sharpley *et al.*, 2001).

전 지구적 규모로 볼 때, 일부 지역은 수분 재활용을 위한 원천이다. 즉, 많은 증발량을 통해 다른 지역의 강우량을 유지한다(4장; van der Ent *et al.*, 2010 참조). 따라서 어떤 지역의 삼림 개간은 강우에 전혀 영향을 미치지 않을 수 있는 반면, 어떤 지역의 경우는 삼림 개간으로 증발이 감소하고 물 순환이 약화되어 강우에 큰 영향을 미칠 수 있다.

3.5.4 경관 동역학의 이해

경관 동역학을 이해하는 것도 중요하다. 관리와 정책은 생태계나 물 흐름이 비교적 안정적이라고 가정하는 경우가 많으므로 교란 및 재조직화에 대한 계획이나 관리를 무시한다(Gunderson and Holling, 2001). 외부 동인 변화에 적응하는 관리를 통해 회복탄력성을 높일 수 있다. 예를 들어, 평균 강우량만이 아닌 변동성을 고려한 방목 관리는 방목지의 생산성을 높일 수 있다(Jansen *et al.*, 2004). 또는 극한 사상을 이용하여 체제 변환을 설계할 수도 있다. 예를 들어, 엘니뇨가 동반된 우기에 방목을 감소시킴으로써 훼손된 생태계를 복원할 수 있다. 반면, 방목을 줄이는 것만으로는 이 목표를 달성하기가 힘들다(Holmgren *et al.*, 2006).

3.5.5 변화의 원인과 결과 사이의 공간적 단절 관리

표 3.1에서 보여주고 있는 체제 변환은 농업에 의해 물 순환이 변하면서 발생되며, 생태계 거버넌스에 대한 과제를 제시한다. 이러한 변화는 청색수의 흐름, 국지적 또는 대륙적 증기 흐름, 또는 기후 변동성 및 계절성의 변화를 통해 종종 그 영향을 변화의 최초 발생지로부터 시공간적으로 분리된 장소로 이동시킨다. 이러한 단절에 대한 대응은 지역의 농업 관리 관행을 주요 생태학적 프로세스가 운영되는 규모와 연결시키는 거버넌스 시스템에 의해 개선될 수 있다(Folke *et al.*, 2005). 체제 변환은 종종 느린 변화에 의한 놀라운 결과로 나타나기 때문에, 갑작스러운 생태학적 변화를 예측, 회피 및 대응하는 방법을 효과적으로 학습하는 거버넌스는 미래에 있을 놀라움에 더 잘 대비할 수 있을 것이다(Folke *et al.*, 2005). 이 목표를 달성하기 위해서는 다양한 스케일에서의 체제 이동을 연결하는 주요 피드백 프로세스에 대한 생물물리학적 이해가 필요하다(Deckker *et al.*, 2007; Scheffer *et al.*, 2005). 생태학자들과 수문학자들은 이러한 일이 일어날 수 있도록 관여해야 하며, 특히 지역의 생태학적 과정과 지구적 변화 상호작용 사이의 더 나은 연계를 제공하기 위해 그들이 운영하는 스케일을 확장해야 한다. 이는 복잡하고 어렵겠지만, 시작할 수 있는 한 가지 방법은 체제

변환의 발생이 가장 유력한 곳을 기준으로 노력을 집중할 지역을 파악하는 것이다.

3.6 덫: 회복탄력성이 높지만 바람직하지 않은 상황

체제 변환은 놀랍고 비교적 빠르며, 많은 사람들에게 크고도 예상치 못한 손실을 초래할 수 있기 때문에 보통은 바람직하지 않다고 여기는 경우가 많다. 지금까지 이 장에서는 이러한 바람직하지 않은 변화를 주로 고려했다. 그러나 일부 사회-생태 체제는 바람직하지 않으면서도 매우 회복탄력적일 수 있다. 예를 들어, 이러한 상황들은 이전의 체제 변환이나 일반적인 쇠퇴에서 비롯되었을 수 있다. 그 예로는 우간다의 가축 시스템의 낮은 생산성과 안데스 산맥의 훼손된 유역이 있다. 이러한 훼손된 또는 바람직하지 않지만 회복탄력성이 뛰어난 시스템을 덫(Trap)이라고 부르기도 한다.

회복탄력성 이론은 두 가지 유형의 덫, 즉 빈곤의 덫과 경직의 덫이 존재할 수 있음을 시사한다(Gunderson and Holling, 2001). 이 두 유형은 탈출이 어렵다는 동일한 특성을 갖고 있지만, 변화를 시도하기 위한 자원과 연결성에는 큰 차이를 보인다. 이 절에서는 일부 물 관련 사례를 통해 변화를 억제하는 특징들을 살펴볼 것이다. 이 사례에서 사회는 회피하고자 하지만 개발이 저하되는 궤적에 고착되어 있거나 단순히 개발 욕구가 부족한 경우이다.

Box 3.2 우간다 축산 지대의 재녹화

Alain Vidal, CGIAR Challenge Program on Water and Food Denis Mpairwe, Makerere University
Donald Peden, International Livestock Research Institute

물과 식량에 대한 CGIAR(Consultative Group on International Agricultural Research, 국제 농업 연구 컨설팅 그룹) 챌린지 프로그램은 우간다의 약 1/3을 차지하고 남서쪽에서 북쪽 및 북동쪽 국경까지 뻗어 있는 우간다 축산 지대에서 파트너들과 협력하고 있다. 이 지역은 지속가능한 토지 관리를 위한 강수량이 충분함에도 불구하고 잘못된 경작, 과도한 방목, 광범위한 숯 생산 등으로 인해 토지가 심각하게 황폐화되었다. 노출된 맨 토양에 비가 내리면 점토 입자가 팽창하여 표면을 막아 비의 침투를 막는다. 대부분의 비는 육상으로 유출되어 침식과 수체에서의 침전을 야기한다. 심각하게 훼손된 목초지를 되살리려는 수많은 노력에도 불구하고 흰개미는 계속해서 어린 풀 묘목을 먹어왔다. 이는 생태계가 회복이 불가능한 임계점을 지나 비생산적이고 훼손된 상태에 갇히게 되어 복구가 불가능해 보이는 전형적인 상황을 보여주었다.

그러나 마케레레 대학(Makerere University)의 우간다 동물과학 연구자들은 에티오피아로부터 아이디어를 얻어 가축 사육자들로 하여금 거름을 집중시키기 위해 밤에 가축들을 모두 모으도록 설득했다. 다시 씨를 뿌리기 전 2주 동안 이를 시행함으로써 수년간의 실패 끝에 풀이 다시 자라나게 할 수 있었다. 흰개미는 묘목보다 거름을 더 선호했던 것이다. 일단 잔디 피복이 형성되자, 강우의 침투가 크게 개선되었고, 목초지의 생산량은 무에서 약 3,000 kg/h로 증가하였으며, 토양 침식은 사실상 멈췄다. 거름의 사용으로 생태계를 더 생산적이면서 지속가능한 생산이 가능한 상태로 되돌리는 계기가 되었다. 연구자들은 목초지가 생성된 후 연간 건조기의 시작 때 뿌리가 제거됨에 따라 유기물이 토양으로 흡수되었다는 가설을 제시하였다. 흰개미는 살아 있는 초목을 먹는 대신 이 뿌리로 유지되는 것으로 보였다.

또한 비탈면 목초지의 복원으로 지표수 유출과 증발량이 감소하여 물을 모으는 계곡 탱크에 침전물 유입을 방지하고 더 좋은 수질과 더 많은 수량의 저수지를 유지할 수 있게 되었다. 연구팀은 저수지 내에서 수련(Nymphaea)과 개구리밥(Lemna) 등 수생식물이 공기를 공급해 질산화 효율을 높임으로써 토양 내 질소 농도를 높인다는 사실을 발

그림 3.b2.1 (a) 우간다 축산 지대가 황폐화된 견인 영역에서 어떻게 더 나은 영역으로 이동하였는지를 보여주는 개념도; (b) 우간다 소가 물을 마시는 모습; (c) 생산적 상태에서의 전형적인 우기의 모습; (d) 황폐화된 상태에서의 전형적 우기의 모습.

견했다. 또한 개구리밥의 사용은 특히 개방수원에 비해 증발수 손실을 최대 20%까지 줄이고 침전물을 흡수하기 때문에 적합하였다. 지역 사회는 이러한 기술 발전에 대응하여 수변 식생과 수질 보호를 의무화하는 과정에 있다. 지역 가축 사육사들은 현재 공동 목초지와 수자원의 개발 및 유지관리에 자체 자원을 투자하고 있다. 우간다 축산 지대의 재녹화는 회복탄력성 분석 측면에서 농업 생태계의 변환적 관리가 어떻게 비선형적이고 회복 불가능할 것 같은 변화를 되돌릴 수 있는지를 보여주는 좋은 예이다.

이러한 전환은 생태계 서비스와 가축 생산을 개선할 수 있는 기회를 열어준다. 이러한 긍정적인 결과를 유지하려면 특히 생태계 구조와 기능의 변화를 야기한 충격이었던 방목과 숯 생산에 대한 제한을 통한 식생 관리의 개선이 필요하다. 회복탄력성의 한 가지 핵심은 개선된 식생 관리를 통해 흰개미를 위한 식량도 유지한다는 것이다. 이는 유출 및 증발에 의한 물 고갈을 증산에 의한 물 고갈로 전환할 수 있도록 향상된 지표 식생이 필요하다는 것을 암시한다. 이는 흰개미 관리와 식생 관리를 통합함으로써 달성되는 물의 핵심적인 개입이다.

Box 3.3 안데스의 생태계 서비스 복원

Alain Vidal, CGIAR Challenge Program on Water and Food
Marcela Quintero, International Centre for Tropical Agriculture (CIAT)

물 및 식량에 관한 CGIAR 챌린지 프로그램은 안데스의 파트너들과 함께 생태계 서비스를 최적화하기 위한 이익 공유 메커니즘 구축 방안을 폭넓게 탐구했다. 보고타에서 북쪽으로 약 150 km 떨어진 Fuquene 호수는 Rio Ubate에서 물을 모으고 있다. 지역 사회는 해발 2,000-3,500 m 고도에서 여러 작물과 가축을 포함한 다양한 고산지대 생산 시스템을 관리한다. 이는 고농도의 침전물과 질산염 및 인산염을 만들어내어 호수의 부영양화를 가속화하고 수표면을 감소시키는 등 수질에 영향을 미친다. 호수 유출부에서 시작되는 수아레스강에 의존하는 하류 지방 자치 단체와 항해자들은 호수의 미래에 대해 우려하고 있다. 농업과 가축 사육의 확장은 농업의 경계를 넓히고 생태계, 특히 고산지대 습지로 구성된 생태구역인 파라모를 악화시켰다. 전통적인 농업 방식에서 특히 감자 생산을 위한 보존 농업으로의 변경은 퇴적물과 영양물질을 감소시키는 방안으로써 채택되었다. 연구 결과에 따르면 보존 농업은 특히 유역 상류의 물을 완충하고 여과하는 용량을 결정하는 파라모 토양의 특성을 복원하는 데 도움이 되었다. 더욱이 이러한 방식은 토양 탄소 저장량을 늘리고(유기물 축적량도 크게 증가) 전통적인 작물-가축 시스템에 의해 배출되는 온실가

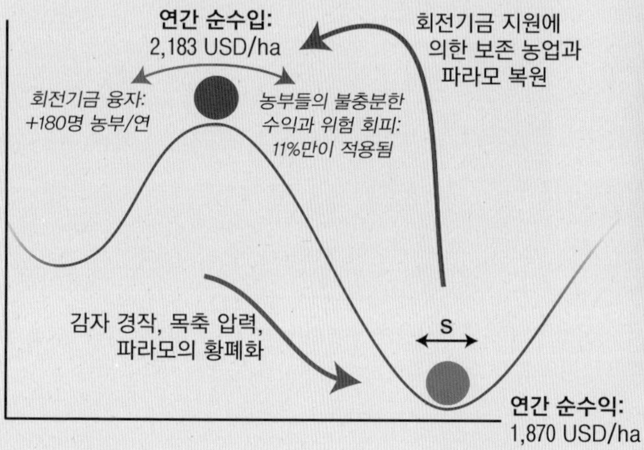

그림 3.b3.1 (a) 파라모 시스템이 황폐화된 견인 영역에서 어떻게 더 나은 영역으로 이동할 수 있는지를 보여주는 개념도; (b) 이해관계자 토의; (c) 황폐화된 파라모 경관의 모습.

스 순 배출량을 줄이는 데 매우 효과적인 것으로 밝혀졌다(Quintero, 2009).

보존 경작은 사회적 이익을 증가시키기는 하나 경제적 이득은 여전히 미미하다. Fuquene 농장의 순수입이 17% 증가한다고 해서 새로운 방법의 도입으로 인한 위험을 회피하려는 농부들과 다른 도입 장벽을 극복하기에 충분치 않다. 또한 귀리 재배와 같은 보존 농업의 초기 추가 비용을 충당하기 위해 추가적인 투자를 유도하기에도 충분하지 않다. 농업 개발의 경우, 대부분의 전통적인 농부들은 금리가 낮더라도 변화가 가치 있기 위해서는 최소한 15-20%의 수익 증가가 있어야 한다고 여긴다. 이 때문에 아직도 Fuquene 유역에서 보존 경작 방식이 널리 채택되지 않은 것으로 보인다(유역 내 감자 농지 16,933헥타르 중 11%인 1,800헥타르에 새 방식이 적용됨). 그러나 회전기금은 감자 기반 농작에 보존 경작 기법을 적용코자 하는 농부들에게 융자를 제공하고 있으며, 2005년부터 매년 약 180명의 소규모 농부들이 새 방식을 채택하고 있다.

이러한 제도적(회전기금) 및 기술적(보전 경작) 혁신의 결합은 보전 경작으로 전환할 의향이 있는 농부들에게 재정적 인센티브를 제공함으로써 취약한 육상 및 수생태계의 비선형적 훼손을 되돌리고, 이를 '안전한 운영 공간'으로 전환하는 데 도움을 준다. 그러나 그림 3.b3.1에서 보듯이, 위험 회피 및 기타 도입 장벽과 같은 음의 피드백 때문에 Fuquene 유역의 사회 및 생태 시스템은 안전한 운영 공간의 경계에서 유지되고 있다.

3.6.1 빈곤의 덫: 보상 없이 다람쥐 쳇바퀴 돌리기

빈곤의 덫은 단지 어떤 한 순간의 빈곤한 상태를 뜻하는 것이 아니라 빈곤이 유지되는 것을 의미한다(Barrett *et al.*, 2011). 이는 빈곤을 지속시키는 자기강화 메커니즘을 포함한다. 빈곤의 덫은 개발이나 변화에 대처할 수 있는 선택지의 부족을 반영한다. 이는 자원 가용성이 낮고 다양성이 낮으며 다른 시스템과의 연결성이 낮은 상황에서 발생한다(Gunderson and Holling, 2001). 예를 들어, 영양분 및 물과 같은 천연 자본, 도로와 전화와 같은 인프라 자본, 교육 기회와 같은 인적 자본 등이 부족한 건조지 환경에서 종종 만들어지는 상황이다. 또한 지리적으로 그리고 큰 스케일의 의사 결정 측면에서 사람들이 모두 멀리 떨어져 있는 경우가 많다(Reynolds *et al.*, 2007). 이러한 상황에서 가난한 시골 주민들이 생계를 위해 물, 영양분, 토양과 같은 유한한 천연자원에 대한 의존도를 높이고 이를 과용하게 되면 그 결과로 빈곤의 덫에 빠지게 된다(Barrett *et al.*, 2011). 또한 사회 제도가 실패하는 경우에도 발생할 수 있는데, 예를 들어 사회가 갈등으로 인해 트라우마가 생기면 시민들 사이의 신뢰가 부족해지거나 개인 네트워크의 확장이 부족하여 빈곤의 덫에 빠질 수 있다(Gunderson and Holling, 2001). Barrett *et al.*(2011)은 정보에 입각한 적응형 관리가 부족해도 빈곤의 덫에 빠질 수 있다고 제안한다.

빈곤의 덫을 유지시키고 이것의 전환을 위한 메커니즘을 제공하는 데 중요한 역할을 하는 물 가용성, 변동성 및 관리의 예는 많다. 건조/반건조한 기후에 있는 많은 지역들은 빈곤 수준이 높은 지역과 일치한다. 반복적인 가뭄 및 건조기와 같은 물 변동성이 중요한 역할을 할 수 있다. 농민들은 상대적으로 기후가 좋고 습한 시기에 자본을 축적하는 것은 매우 일반적이며, 수확량 감소, 식량 가격 상승 및 가축 가격의 큰 하락과 같은 여러 요인이 동시에 발생하는 건기에 많은 자산을 잃는 경우가 흔하다(Enfors and Gordon, 2008). 그러면 농민들은 다른 자산을 매각하여야 하고, 투자자본의 부족으로 정상적인 소규모 사업활동을 줄여야 할 수도 있으며, 학비 미납 등 다른 투자전략도 둔화될 수 있다.

빈곤의 덫은 자본과 네트워크가 열악한 상황하에서 지속적인 저하 또는 생산성이 적은 조건에 갇혀 있는 것이기 때문에, 여기에서 벗어나기 위해서는 일반적으로 외부 지원이 필요하다. 그러나 단순히 자금, 전문 기술, 기반시설 및 공교육을 제공하는 것만으로는 충분치 않다. 성공적인 투자는 사회-생태 시스템 내의 구성원들이 투자된 자원을 이용하여 새롭고 지속적인 기회를 창출하는 능력에 달려 있다(Folke *et al.*, 2010). 그러나 낮은 연결성은 문제 해결을 위한 아이디어와 자원의 동원을 막을 수 있으며, 새로운 아이디어가 창출되거나 추진력을 얻는 데 어려움을 겪게 할 수 있다(Gunderson and Holling, 2001). 그러므로 사회적 자본을 개발하는 노력은 빈곤의 덫에서 벗어날 수 있는 전환이 일어나도록 하는 것이 중요하다. Box 3.2는 훼손된 축산 환경을 생산적인 환경으로 전환하는 것이 어떻게 가능했는지를 보여주고 있으며, 이는 지역 사회 조직과 그 구성원에 대한 투자가 없었다면 불가능했을 것이다. Box 3.3은 기술적, 제도적 혁신에 대한 투자로 인해 가능했던 성공적인 유역 복원 사례를 보여준다. 제도적 투자로 처음에는 개발을 방해하는 주요 요인이었던 사람들의 위험 회피 성향을 극복하는 데 도움이 되었다.

3.6.2 경직의 덫: 과거의 성공이 내일의 실패가 되는 것

빈곤의 덫과 달리 경직의 덫은 가용 자원이 많고 연결성이 높은 동원력을 제공하는 상황에서 발생한다(Gunderson and Holling, 2001). 이는 상황이 좋은 것처럼 들릴 수도 있지만, 창의성과 적응력이 희생되면서 이러한 상황이 발생할 수 있다. Hegmon *et al.*(2008)은 사회가 완충 옵션을 제약하거나, 사회적으로 용인되는 차이를 좁히거나, 전통, 기술 또는 장소에 너무 집착하거나, 지나치게 경로 의존적일 경우 사회가 경직될 수 있다고 제안한다. 이는 매우 성공적인 시스템에서 발생할 수 있다. 예를 들어 초기에 성공한 기업은 직원들 사이의 근무 조건에 대한 내부 비판과 같은 교란에 저항하거나, 시장의 장기적 변화를 예측하는 데 도움이 될 수 있는 주변 환경의 외부 변화를 모니터링하지 못할 수 있다. 근본적인 이유는 초기 성공에서 찾을 수 있으며, 이는 회사로 하여금 현실에 안주하거나 지나치게 확신하게 만드는 요인이 된다. 이러한 상황에 처한 사람들과 기관들은 변화가 반드시 필요하다는 징후가 있음에도 불구하고 변화에 저항하고 현재의 관리 및 거버넌스 시스템을 고집할 수 있다(Holling and Meffe, 1996). 어떤 경우에는 이러한 경직성이 관료 시스템의 구축과 같은 행동의 의도하지 않은 결과에서 오는 반면, 또 어떤 경우에는 권력을 유지하려는 리더들에 의해 의도적으로 만들어지기도 한다(Hegmon *et al.*, 2008). 이러한 행동은 새로운 문제와 기회에 대한 사람들의 대응 능력을 제약한다. 한 예는 호주 머리-달링강에서 사람들이 농부로서 가지고 있는 정체성이다. 이 정체성은 문화적으로 너무 뿌리 깊게 박혀 있어서(Walker *et al.*, 2009) 현재 심각한 염분화 문제를 겪고 있고, 이 돌이킬 수 없는 문제를 피할 필요가 있음에도 불구하고 농업에서 다각화하는 것을 막고 있다(Box 3.1).

경직의 덫에 빠진 많은 사례를 보면 대규모 하류 영향과 막대한 고정 비용이 들어가는 대규모 관개 개발이 포함되어 있다. 콜로라도강 유역이 그 한 예이다. 연간 하천 유량을 비현실적으로 높게 가정하여 수자원이 과이용 및 과잉 할당되었으며 이는 하천 유량을 크게 감소시켜 하류에 막대한 영향을 미쳤다. 오늘날 강은 만성적으로 과도한 스트레스를 받고 있으며, 인구는 지난 70년 동안 700% 증가하였고, 습지는 원래 크기의 1/10로 줄어들었다. 콜로라도강은 또한 고정된 인프라 시설과 제도들로 가장 엄격한 규제를 받고 있는 강들 중 하나이다. 많은 댐과 저수지가 수력 발전, 관개 계획, 캘리포니아로의 대량의 물 이송을 위해 건설되었다. 상황을 바꾸기 위한 많은 노력이 있었지만, 사람과 기관들은 변화에 저항하였고 적응력이 저하된 현재의 관리 및 거버넌스 시스템을 유지하고 있다.

이러한 경직의 덫은 과거 상황을 유지하려는 강한 관료체제의 결과물이다. 이 경우 '강의 법칙'은 변화를 억제하는 융통성 없는 재산권의 한 예이다. 이러한 권리는 '우선순위 개념'을 포함하는데, 처음 권리를 획득한 물 사용자가 이 물에 대한 항구적 권리를 가지며, 환경 유량과 같은 새로운 권리는 앞선 모든 요구가 충족된 후에 남은 것만 받게 된다. 담수화 플랜트(desalination plants), 구름 파종(cloud seeding)과 같은 기술적 개선을 통한 공급 측면 관리를 해결책으로써 촉진하는 데에만 신뢰가 높다. 변화를 일으킬 만큼 강력한 인센티브를 만들 가능성은 거의 없다. 예를 들어, 신흥 물 시장은 환경 유량 요건을 가치화하는 데 어려움을 겪을 것이며 댐 제거는 심각하게 고려되지 않고 있다.

Hegmon *et al.*(2008)은 서기 1000-1450년 미국 남서부의 세 사회인 밈브리스(Mimbres), 메사버드(Mesa Verde) 및 호호캄(Hohokam)의 경직성과 전환을 연구하였다. 이 연구는 호호캄의 많은 사람들은 관개 시스템을 중심으로 살고 있었는데 이들은 의식적으로든 아니든 간에 상당히 경직된 삶의 방식을 만들어냈다고 주장한다. 그래서 기후 악화, 건강 쇠약, 사회 및 물리적 인프라의 쇠퇴 등 상황이 안 좋게 변화하고 있음에도 불구하고 이들은 사회 및 물리적 인프라가 결국 붕괴될 때까지 세대를 걸쳐 머물러 있었다. 이 연구는 이 사람들이 문자 그대로 변화를 일으킬 길도 없고 갈 곳도 없는 덫에 갇혔다는 것을 인지하여 주변이 무너지는 동안 그냥 가만히 있었던 것일 수도 있다고 제안한다.

3.6.3 전환(transformation): 구덩이에 갇혔다면 더 이상 파지 마라

회복탄력성 분야에서 가장 많이 인용된 학자 중 한 명인 브라이언 워커(Brian Walker)는 덫에서 어떻게 벗어나야 하느냐는 질문에 '구멍에 있을 때 가장 먼저 해야 할 일은 땅 파는 것을 멈추는 것이다'라고 조언했다. 그러나 이러한 회복탄력적인 시스템에 실질적이고 지속적인 영향을 미치려면 훨씬 더 많은 것이 필요하다. 사회나 집단이 바람직하지 않은 체제에 갇혀 있다는 것을 발견했을 때, 이전과는 다른 피드백과 핵심 프로세스에 의해 지배되는 완전히 새로운 '안정 경관'을 구성할 필요가 있다는 주장도 있다. 이 장의 도입부에서 소개한 보트의 비유를 보면, 전복된 보트를 다시 바로잡고 계속 항해하는 것이 반드시 최선의 해결책은 아니다. 아마도 너무 많은 것을 잃어버렸을 것이다. 아마도 이 배를 팔고 다른 일을 하는 것이 더 나을 수 있다. 이러한 새로운 체제를 만들 수 있는 능력은 변환 능력이라 하며, 이는 기존의 생태적, 경제적 또는 사회적 구조가 유지될 수 없게 되었을 때 새로운 삶의 방식을 발전시키는 새로운 시작점을 만들 수 있는 능력이다(Walker and Meyers, 2004). 바람직한 현 체제의 회복탄력성을 유지하는 것과 동시에 필요할 경우 변환의 역량을 구축하는 것 사이에는 항상 긴장이 있을 것이다.

표 3.2는 빈곤 및 경직의 덫과 관련된 몇 가지 측면을 요약하고 그것들 간의 차이를 보여준다. 덫의 특성이 서로 다르듯이, 여기에서 벗어나는 방법에 대한 잠재적 해결책도 서로 다르다. 이 두 덫 사이에서 무엇이 변환 역량을 만들어내는지도 다를 수 있다. 빈곤의 덫에 갇히고 자원이 적다면, 보통은 변환이 가능하기 위해서는 외부 투자가 필요하다. 이 투자는 현재의 생계를 넘어 대체자원의 동원이 가능하도록 사회적 역량을 강화하고 이를 이용하는 프로세

표 3.2 빈곤의 덫 및 경직의 덫의 차이와 물과의 관련성

	빈곤의 덫	경직의 덫
거버넌스와 투자	낮은 사회 자본, 낮은 수준의 네트워킹 능력, 낮은 수준의 리더십, 낮은 내부 자원과 투자	심한 관료화 및 수직구조, 높은 재정적 보상, 사회기반시설에 투자
모니터링	일반적으로 모니터링이 안 되고 있고 능력 수준도 낮음	틀리거나 극히 일부의 변수만을 모니터링
교란 대응 방식	지속적, 반복적 교란(예: 가뭄, 충돌, 감염병) 안 좋은 해에 자원 유지 어려움	좋은 해에는 이득을 취함 안 좋은 해에 대한 대비 없음
일반적인 물 문제	토지 황폐화, 침투와 용수량 상실 초기 기부 및 자연 자본 낮음 주로 녹색수와 연관	관개용수의 과용 기술적 해결 주로 청색수와 연관
아이덴티티	강한 아이덴티티	생산적 인간/사회로 강한 아이덴티티

스를 개선하는 데 중점을 두어야 한다. 이는 또한 국지적 소규모 투자는 보통은 충분하지 않다는 것을 의미한다. 규모 사이에 조정이 필요하다(Barrett and Swallow, 2006). 경직의 덫은 종종 정신적 교착 상태에 의해 발생하므로, 우리는 일종의 '기상 호출'이 필요하다고 제안한다. 위기의 시기를 기회의 창으로 이용하는 것이 여기서 특히 적절할 수 있다. 대안적인 정신 모델이나 정체성의 개발과 더 강한 비전도 중요하다. 변환을 가능하게 하는 프로세스는 8장에서 자세히 설명한다.

참고문헌

Adger, W. N., Eakin, H. and Winkels, A. (2008). Nested and teleconnected vulnerabilities to environmental change. *Frontiers in Ecology and the Environment*, **7**, 150–157.

Anderies, J. M., Ryan, P. and Walker, B. H. (2006). Loss of resilience, crisis, and institutional change: lessons from an intensive agricultural system in southeastern Australia. *Ecosystems*, **9**, 865–878.

Antle, J. M., Stoorvogel, J. J. and Valdivia, R. O. (2006). Multiple equilibria, soil conservation investments, and the resilience of agricultural systems. *Environment and Development Economics*, **11**, 477–492.

Barrett, C. B. and Swallow, B. M. (2006). Fractal poverty traps. *World Development*, **34**, 1–15.

Barrett, C. B., Travis, A. J. and Dasgupta, P. (2011). On biodiversity conservation and poverty traps. *Proceedings of the National Academy of Sciences*, **108**, 13907–13912.

Bestelmeyer, B. T., Trujillo, D. A., Tugel, A. J. and Havstad, K. M. (2006). A multi-scale classification of vegetation dynamics in arid lands: What is the right scale for models, monitoring, and restoration? *Journal of Arid Environments*, **65**, 296–318.

Biggs, R., Simons, H., Bakkenes, M. *et al.* (2008). Scenarios of biodiversity loss in Southern Africa in the 21st century. *Global Environmental Change*, **18**, 296–309.

Bossio, D. (2007). Conserving land-protecting water. In *Water for Food, Water for Life: A Comprehensive Assessment of Water Management*, ed. Molden, D. London: Earthscan, pp. 551–583.

Boyer, E. W., Howarth, R. W., Galloway, J. N. *et al.* (2006). Riverine nitrogen export from the continents to the coasts. *Global Biogeochemical Cycles*, **20**.

Brock, W. A. and Carpenter, S. R. (2006). Variance as a leading indicator of regime shift in ecosystem services. *Ecology and Society*, **11**, 9.

Carpenter, S. R. (2003). *Regime Shifts in Lake Ecosystems: Pattern and Variation. Excellence in Ecology.* Oldendorf/Luhe, Germany: Ecology Institute.

Carpenter, S. R. (2005). Eutrophication of aquatic ecosystems: bistability and soil phosphorus. *Proceedings of the National Academy of Sciences of the United States of America*, **102**, 10002–10005.

Centre for Research on the Epidemiology of Disaster (CRED) (2012). EM-DAT: The OFDA/CRED International Disaster database version 12.07. Universitē catholique de Louvain, Brussels.

Clarke, C. J., George, R. J., Bell, R. W. and Hatton, T. J. (2002). Dryland salinity in south-western Australia: its origins, remedies, and future research directions. *Australian Journal of Soil Research*, **40**, 93–113.

Cowling, S. A., Betts, R. A., Cox, P. M. *et al.* (2004). Contrasting simulated past and future responses of the Amazonian forest to atmospheric change. *Philosophical Transactions of the Royal Society of London Series B-Biological Sciences*, **359**, 539–547.

Cramer, V. A. and Hobbs, R. J. (2005). Assessing the ecological risk from secondary salinity: a framework addressing questions of scale and threshold responses. *Austral Ecology*, **30**, 537–545.

Cumming, G. S. (2011). The resilience of big river basins. *Water International*, **36**, 63–95.

Curran, L. M., Trigg, S. N., McDonald, A. K. *et al.* (2004). Lowland forest loss in protected areas of Indonesian Borneo. *Science*, **303**, 1000–1003.

D'Almeida, C., Vörösmarty, C. J., Hurtt, G. C. *et al.* (2007). The effects of deforestation on the hydrological cycle in Amazonia: a review on scale and resolution. *International Journal of Climatology*, **27**, 633–647.

Dawson, T. E. (1998). Fog in the California redwood forest: ecosystem inputs and use by plants. *Oecologia*, **117**, 476–485.

Dekker, S. C., Rietkerk, M. A. X. and Bierkens, M. F. P. (2007). Coupling microscale vegetation–soil water and macroscale vegetation–precipitation feedbacks in semiarid ecosystems. *Global Change Biology*, **13**, 671–678.

del-Val, E., Armesto, J. J., Barbosa, O. *et al.* (2006). Rain forest islands in the Chilean semiarid region: fog-dependency, ecosystem persistence and tree regeneration. *Ecosystems*, **9**, 598–608.

Diaz, R. J. (2001). Overview of hypoxia around the world. *Journal of Environmental Quality*, **30**, 275–281.

Douglas, E. M., Niyogi, D., Frolking, S. *et al.* (2006). Changes in moisture and energy fluxes due to agricultural land use and irrigation in the Indian monsoon belt. *Geophysical Research Letters*, **33**.

Elmqvist, T., Folke, C., Nyström, M. *et al.* (2003). Response diversity, ecosystem change, and resilience. *Frontiers in Ecology and the Environment*, **1**, 488–494.

Enfors, E. I. and Gordon, L. J. (2007). Analysing resilience in dryland agro-ecosystems: a case study of the Makanya catchment in Tanzania over the past 50 years. *Land Degradation & Development*, **18**, 680–696.

Enfors, E. I. and Gordon, L. J. (2008). Dealing with drought: the challenge of using water system technologies to break dryland poverty traps. *Global Environmental Change*, **18**, 607–616.

Falkenmark, M. and Molden, D. (2008). Wake up to realities of river basin closure. *International Journal of Water Resources Development*, **24**, 201–215.

Feddema, J., Oleson, K., Bonan, G. *et al.* (2005). A comparison of a GCM response to historical anthropogenic land cover change and model sensitivity to uncertainty in present-day land cover representations. *Climate Dynamics*, **25**, 581–609.

Foley, J. A., Coe, M. T., Scheffer, M. and Wang, G. (2003). Regime shifts in the Sahara and Sahel: interactions between ecological and climatic systems in northern Africa. *Ecosystems*, **6**, 524–532.

Foley, J. A., DeFries, R., Asner, G. P. *et al.* (2005). Global consequences of land use. *Science*, **309**, 570–574.

Folke, C., Carpenter, S., Walker, B. *et al.* (2004). Regime shifts, resilience, and biodiversity in ecosystem management. *Annual Review of Ecology Evolution and Systematics*, **35**, 557–581.

Folke, C., Carpenter, S. R., Walker, B. *et al.* (2010). Resilience thinking: integrating resilience, adaptability and transformability. *Ecology and Society*, **15**, 20.

Folke, C., Hahn, T., Olsson, P. and Norberg, J. (2005). Adaptive governance of social-ecological systems. *Annual Review of Environmental Resources*, **30**, 441–473.

Folke, C., Jansson, Å., Rockström, J. *et al.* (2011). Reconnecting to the biosphere. *AMBIO: A Journal of the Human Environment*, **40**, 719–738.

Fraser, E. and Rimas, A. (2011). The psychology of food riots. Foreign Affairs. Available at: http://www.foreignaffairs.com/articles/67338/evan-fraser-and-andrew-rimas/the-psychology-of-food-riots.

Fu, C. B. (2003). Potential impacts of human-induced land cover change on East Asia monsoon. *Global and Planetary Change*, **37**, 219–229.

Galaz, V., Moberg, F., Olsson, E.-K., Paglia, E. and Parker, C. (2010). Institutional and political leadership dimensions of cascading ecological crises. *Public Administration*, **89**, 361–380.

Galloway, J. N., Dentener, F. J., Capone, D. G. *et al.* (2004). Nitrogen cycles: past, present, and future. *Biogeochemistry*, **70**, 153–226.

Genkai-Kato, M. and Carpenter, S. R. (2005). Eutrophication due to phosphorus recycling in relation to lake morphometry, temperature, and macrophytes. *Ecology*, **86**, 210–219.

Gordon, L., Dunlop, M. and Foran, B. (2003). Land cover change and water vapour flows: learning from Australia. *Philosophical Transactions of the Royal Society of London Series B: Biological Sciences*, **358**, 1973–1984.

Gordon, L. J., Peterson, G. D. and Bennett, E. M. (2008). Agricultural modifications of hydrological flows create ecological surprises. *Trends in Ecology and Evolution*, **23**, 211–219.

Gunderson, L. H. and Holling, C. S. (eds) (2001). *Panarchy: Understanding Transformations in Human and Natural Systems*. Washington DC: Island Press.

Hegmon, M., Peeples, M. A., Kinzig, A. P. *et al.* (2008).

Social transformation and its human costs in the prehispanic US southwest. *American Anthropologist*, **110**, 313–324.

Holling, C. S. (1973). Resilience and stability of ecological systems. *Annual Review of Ecology and Systematics*, **4**, 1–23.

Holling, C. S. and Meffe, G. K. (1996). Command and control and the pathology of natural resource management. *Conservation Biology*, **10**, 328–337.

Holmgren, M., Stapp, P., Dickman, C. R. *et al.* (2006). Extreme climatic events shape arid and semiarid ecosystems. *Frontiers in Ecology and the Environment*, **4**, 87–95.

Hughes, L. (2003). Climate change and Australia: trends, projections and impacts. *Austral Ecology*, **28**, 423–443.

Hutchings, J. A. (1996). Spatial and temporal variation in the density of northern cod and a review of hypotheses for the stock's collapse. *Canadian Journal of Fisheries and Aquatic Sciences*, **53**, 943–962.

Hutyra, L. R., Munger, J. W., Nobre, C. A. *et al.* (2005). Climatic variability and vegetation vulnerability in Amazonia. *Geophysical Research Letters*, **32**.

Janssen, M. A., Anderies, J. M. and Walker, B. H. (2004). Robust strategies for managing rangelands with multiple stable attractors. *Journal of Environmental Economics and Management*, **47**, 140–162.

Kabat, P., Ludwig, F., van der Valk, M. and van Schaik, H. (eds) (2012). *Climate Change Adaptation in the Water Sector*. London: Routledge.

Karlsson, J. M., Lyon, S. and Destouni, G. (2011). *Arctic Hydrology Shifts with Permafrost Thawing and Thermokarst Lake Changes*. AGU 2011 Fall Meeting, 2011. San Francisco: AGU.

Kéfi, S., Rietkerk, M., Alados, C. L. *et al.* (2007). Spatial vegetation patterns and imminent desertification in Mediterranean arid ecosystems. *Nature*, **449**, 213–217.

Kinzig, A. P., Ryan, P. A., Etienne, M. *et al.* (2006). Resilience and regime shifts: assessing cascading effects. *Ecology and Society*, **11**, 1. Available at: http://www.ecologyandsociety.org/vol11/iss1/art20/.

Los, S. O., Weedon, G. P., North, P. R. J. *et al.* (2006). An observation-based estimate of the strength of rainfall-vegetation interactions in the Sahel. *Geophysical Research Letters*, **33**.

Ludwig, J. A., Wilcox, B. P., Breshears, D. D., Tongway, D. J. and Imeson, A. C. (2005). Vegetation patches and runoff-erosion as interacting ecohydrological processes in semiarid landscapes. *Ecology*, **86**, 288–297.

Lundberg, J. and Moberg, F. (2003). Mobile link organisms and ecosystem functioning: implications for ecosystem resilience and management. *Ecosystems*, **6**, 87–98.

Millennium Ecosystem Assessment (2005). *Ecosystems and Human Well-being: Synthesis*. Washington DC: Island Press.

Miller, G., Mangan, J., Pollard, D. *et al.* (2005). Sensitivity of the Australian monsoon to insolation and vegetation: implications for human impact on continental moisture balance. *Geology*, **33**, 65–68.

Molden, D. (ed.) (2007). *Water for Food, Water for Life: A Comprehensive Assessment of Water Management*. London: Earthscan.

Nowak, P., Bowen, S. and Cabot, P. E. (2006). Disproportionality as a framework for linking social and biophysical systems. *Society and Natural Resources*, **19**, 153–173.

Oyama, M. D. and Nobre, C. A. (2003). A new climate-vegetation equilibrium state for tropical South America. *Geophysical Research Letters*, **30**.

Page, S. E., Siegert, F., Rieley, J. O. *et al.* (2002). The amount of carbon released from peat and forest fires in Indonesia during 1997. *Nature*, **420**, 61–65.

Peters, D. P. C. and Havstad, K. M. (2006). Nonlinear dynamics in arid and semi-arid systems: interactions among drivers and processes across scales. *Journal of Arid Environments*, **65**, 196–206.

Peters, D. P. C., Pielke, R. A., Bestelmeyer, B. T. *et al.* (2004). Cross-scale interactions, nonlinearities, and forecasting catastrophic events. *Proceedings of the National Academy of Sciences of the United States of America*, **101**, 15130–15135.

Quintero, M. (2009). Effects of conservation tillage in soil carbon sequestration and net revenues of potato-based rotations in the Colombian Andes. Masters thesis, University of Florida.

Reynolds, J. F., Smith, D. M. S., Lambin, E. F. *et al.* (2007). Global desertification: building a science for dryland development. *Science*, **316**, 847–851.

Rietkerk, M., Dekker, S. C., de Ruiter, P. C. and van de Koppel, J. (2004). Self-organized patchiness and catastrophic shifts in ecosystems. *Science*, **305**, 1926–1929.

Sankaran, M., Hanan, N. P., Scholes, R. J. *et al.* (2005). Determinants of woody cover in African savannas. *Nature*, **438**, 846–849.

Scheffer, M., Carpenter, S., Foley, J. A., Folke, C. and Walker, B. (2001). Catastrophic shifts in ecosystems. *Nature*, **413**, 591–596.

Scheffer, M. and Carpenter, S. R. (2003). Catastrophic regime shifts in ecosystems: linking theory to observation. *Trends in Ecology and Evolution*, **18**, 648–656.

Scheffer, M., Holmgren, M., Brovkin, V. and Claussen, M. (2005). Synergy between small- and large-scale feedbacks of vegetation on the water cycle. *Global Change Biology*, **11**, 1003–1012.

Scheffer, M. and van Nes, E. H. (2007). Shallow lakes theory revisited: various alternative regimes driven by climate, nutrients, depth and lake size. *Hydrobiologia*, **584**, 455–466.

Sharpley, A. N., McDowell, R. W., Weld, J. L. and Kleinman, P. J. A. (2001). Assessing site vulnerability to phosphorus loss in an agricultural watershed. *Journal of Environmental Quality*, **30**, 2026–2036.

Snyder, P. K. (2010). The influence of tropical deforestation on the Northern Hemisphere climate by atmospheric teleconnections. *Earth Interactions*, **14**, 1–34.

Sternberg, L. D. L. (2001). Savanna-forest hysteresis in the tropics. *Global Ecology and Biogeography*, **10**, 369–378.

van der Ent, R. J., Savenije, H. H. G., Schaefli, B. and Steele-Dunne, S. C. (2010). Origin and fate of atmospheric moisture over continents. *Water Resources Research*, **46**, W09525.

Vörösmarty, C. J., McIntyre, P. B., Gessner, M. O., *et al.* (2010). Global threats to human water security and river biodiversity: adjusted human water stress threat. Available at: http://databasin.org/datasets/6cb375aa273449b2b4353b9e265d5557 (accessed 18 January 2013).

Walker, B. and Meyers, J. A. (2004). Thresholds in ecological and social–ecological systems: a developing database. *Ecology and Society*, **9**, 3.

Walker, B. H., Abel, N., Anderies, J. M. and Ryan, P. (2009). Resilience, adaptability, and transformability in the Goulburn–Broken catchment, Australia. *Ecology and Society*, **14**(1), 12. Available at: http://www.ecologyandsociety.org/vol14/iss1/art12/.

Walker, B. H., Anderies, J. M., Kinzig, A. P. and Ryan, P. (2006). Exploring resilience in social-ecological systems through comparative studies and theory development: introduction to the special issue. *Ecology and Society*, **11**, 12.

Zheng, X. Y. and Eltahir, E. A. B. (1997). The response to deforestation and desertification in a model of West African monsoons. *Geophysical Research Letters*, **24**, 155–158.

Zickfeld, K., Knopf, B., Petoukhov, V. and Schellnhuber, H. J. (2005). Is the Indian summer monsoon stable against global change? *Geophysical Research Letters*, **32**.

말레이시아 사라왁(Sarawak)의 반단(Bandan)강 지역의 1차 및 2차 성장 열대우림 옆에 계단식 벌목 지대가 펼쳐져 있으며 토양 수분, 생태계 서비스 및 수분 보유력에 있어 큰 차이가 있다.

Chapter

4 지구 물 시스템의 중요 기능 및 인간 의존성

이 장에서는 지구 물 시스템(Global Water System, GWS)의 핵심 기능, 생물권의 혈류로서의 물의 역할, 원격 연결을 포함한 규모 간의 주요 상호작용에 대해 더 자세히 살펴본다. 여기서는 지구 시스템의 다양한 변화가 어떻게 GWS를 가뭄과 같은 충격에 대해 회복탄력성을 서서히 감소시킬 수 있는지 논의한다. 이 장에서는 이른바 티핑 포인트 측면에서 토지 이용 변화에 대한 사회-생태 시스템의 장기적 반응으로 나타내는 세 가지 대규모 상호작용을 강조한다. 마지막에는 아시아, 아프리카, 남아메리카의 많은 강 유역에서의 물 및 식량 안보에 대한 비교 분석을 다룬다.

4.1 생물권의 혈류로서의 물의 역할

2장에서 설명한 원칙들에 기반하여, 이 장에서는 GWS에서의 상태 및 제어 변수로서, 그리고 지구 시스템 내의 다양한 구성 요소와 영역을 상호 연결하는 물의 역할에 초점을 맞춘다. 변화의 다양한 동인들과, 그것들이 물과 관련된 영향, 피드백, 그리고 모든 규모에서의 회복탄력성에 어떻게 영향을 미치는지 살펴본다.

우선 '생물권의 혈류'로서의 바이오매스 생산과 모든 생태계에서 물의 역할을 설명한다. 물은 수문순환의 여러 요소들, 즉 증발산, 이송, 응축, 강우, 침투, 지하수 함양 및 유출을 통해 지구 시스템의 다양한 하위 시스템들을 연결한다(그림 4.1 참조).

태양 복사는 물 순환의 주요 동인으로, 식물에 의한 증산, 육지와 개방수면에서의 증발, 그리고 대기 수분의 이동을 야기한다. 대기 중 수분은 응결을 통해 구름과 비를 만든다. 비는 토양에 침투하여 지하수를 함양하고 하천망을 따라 바다로 흐른다.

20세기 말의 물 순환을 시뮬레이션한 최근의 다중 모델 연구(Haddeland *et al.*, 2011)에 따르면, 모델 간 큰 차이가 있기는 하지만 전 지구적 평균 강수량은 연간 약 125,000 km^{3}에 달한다. 이는 인간과 환경을 위한 총수자원으로, 증발 및 증산을 통해 대기 중으로 되돌아가는 녹색수(70,000 km^3)와 유출수나 지하수로 함양되고 결국 바다로 돌아가는 청색수로 분배된다.

물은 다음을 통해 모든 규모에서 사회-생태 시스템의 다양한 요소들을 연결하는 핵심 역할을 한다.

- 육지와 대기 사이의 에너지 흐름 제어, 온도 변동의 완화, 기후 조절을 통해 생물 시스템에 적합하게 함.
- 생지화학적 반응의 매개 역할.
- 서로 다른 환경 요소 사이에서 물질(특히 영양분)을 용해 및 이송.
- 식량, 바이오 에너지 및 기타 생태계 서비스를 위한 바이오매스 성장을 유지하고 제어함.
- 사회-경제학적, 문화적, 종교적, 그리고 기타 목적을 제공함(예: 에너지 생산, 교통, 건강, 친수 활동).

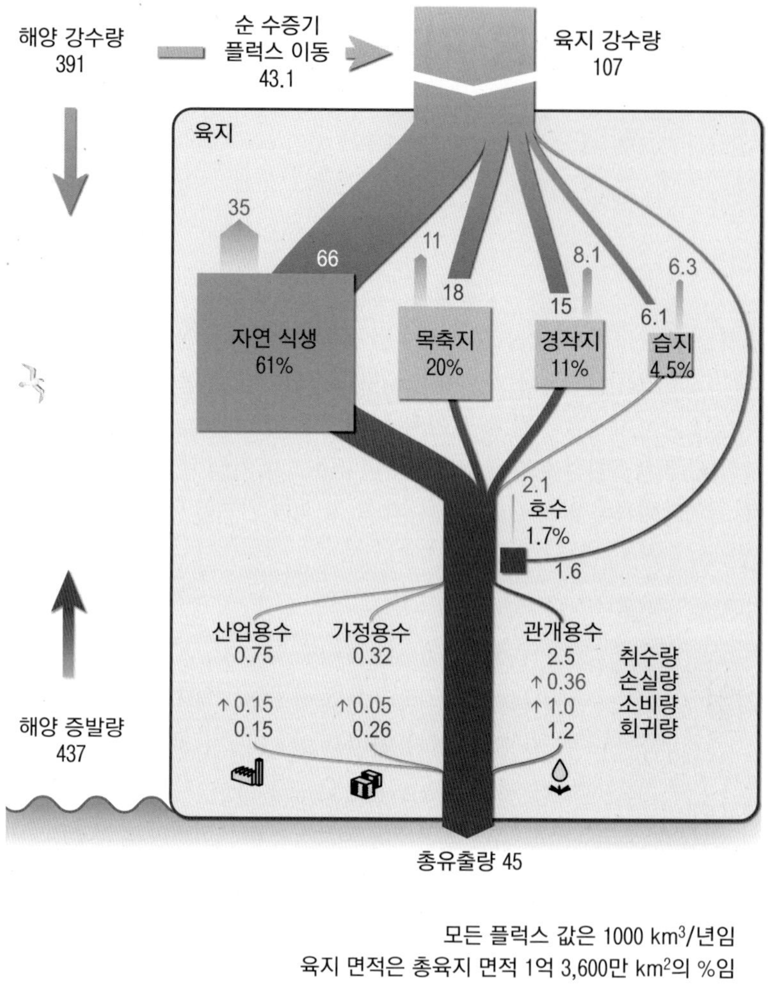

그림 4.1 LPJmL 모델로 계산한 수문학적 순환, 플럭스, 흐름(5장 참조).

생태계에서는 물과 식물 사이에 다양한 상호작용이 존재한다. 물은 광합성을 통한 바이오매스 생산과 식물로 그리고 식물 내부에서 영양분을 운반하는 역할을 한다. 또 한편으로 식생은 지표면에 떨어진 빗물을 청색수와 녹색수로 나누고, 증산을 통해 대기로 많은 양의 물을 되돌려 다시 비가 되도록 하고(일명 수분 재순환, Savenije, 1995 참조) 바다로의 유출 속도를 낮춘다.

물은 생물학적 프로세스들을 유지하고 안정시키기 때문에 '생물권의 혈류'라고 불린다(Box 4.1; 그림 4.2; Ripl, 2003 참조). 이 역할에서 물을 대체할 수 있는 것은 없다. 2011년 독일 본에서 열린 물, 에너지 및 식품 보안 넥서스 회의는 이러한 이미지를 포착하여 '우리 경제의 혈관을 흐르는 물'을 이 회의의 테마로 만들었다.

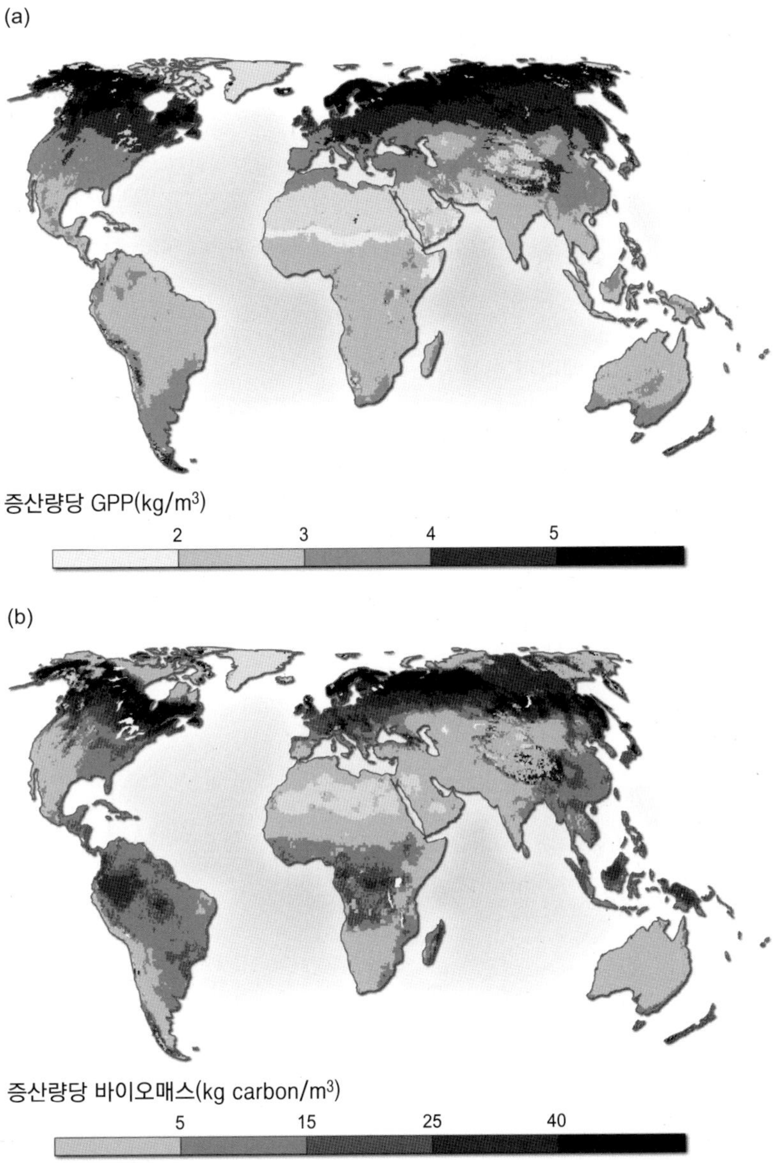

그림 4.2 생물권의 혈류로서의 물. (a) 증산량당 1차 총생산(연간 탄소 흐름), (b) 증산량당 식생의 탄소 저장량.

Box 4.1 우리 행성의 표면을 만든 물

Wilhelm Ripl Technical University of Berlin (Professor Emeritus)

지구 표면에서 액상 매개체인 물은 태양 에너지 펄스를 소산시켜 시공간에 분산시키는 역할을 한다. 이 동적 프로세스는 첨두 온도를 낮춰 자연의 모든 프로세스를 지원하는 열적 및 수문학적 조건을 만들어낸다. 증발과 강수는 물질 손실이 거의 없이 다소 개방된 물 순환을 형성하며, 이는 뜨거운 지점을 냉각시키고 차가운 지점을 따뜻하게 만든다.

태양열 구동 순환

태양열로 구동되는 소산성 물과 물질의 순환(물이 가장 중요한 동적 요소임)은 행성의 표면을 형성했고 생명체의 열쇠가 되었다. 증발과 강수, 용해와 결정화, 그리고 물분자의 분해와 호흡을 통한 재결합의 순환 과정은 태양 펄스를 감쇠시키는 세 가지 필수적인 물 순환 프로세스이다. 동적 작용제인 물은 수리동역학적 조건하에서의 부력 및 실질적으로 모든 화합물의 용해도 특성을 제어함으로써 고체 및 용존 물질을 분리한다. 거의 모든 구조들은 직간접적으로 수용성으로 간주할 수 있다(Riple, 1992, 1995, 그림 4.b1.1).

그러나 인류가 이 지구의 운명을 지배한 이후, 자연적인 자기조직화 방식은 점차 방해를 받게 되었다. 지속가능개발이 사회에 의해 궁극적으로 요구되는 바이고 인류의 주요 목표로 여겨진다면, 물 순환과 물질 수송 과정에 대한 인간의 통제력 향상은 불가피해 보인다. 현재 상황은 주로 재생 불가능한 에너지의 사용과 물 순환 및 식생 피복에 대한 지속적인 간섭을 통한 지구 냉각 시스템의 왜곡으로 과거 질서화된 물질과 프로세스의 무작위화로 특징지어진다. 식생으로 피복되어 원래는 비옥한 지역에서 바다로 향하는 가속화되고 비가역적인 물질 수송 과정은 여전히 증가하고 있다.

에너지 소산 구조 개발

자연 프로세스들은 에너지 효율성이 가장 높은 (선구) 유기체의 순생산성과 번식에서 군집 기반 유기체의 다양성으로 변화되고, 물질 순환을 국소적으로 폐쇄하고 손실을 최소

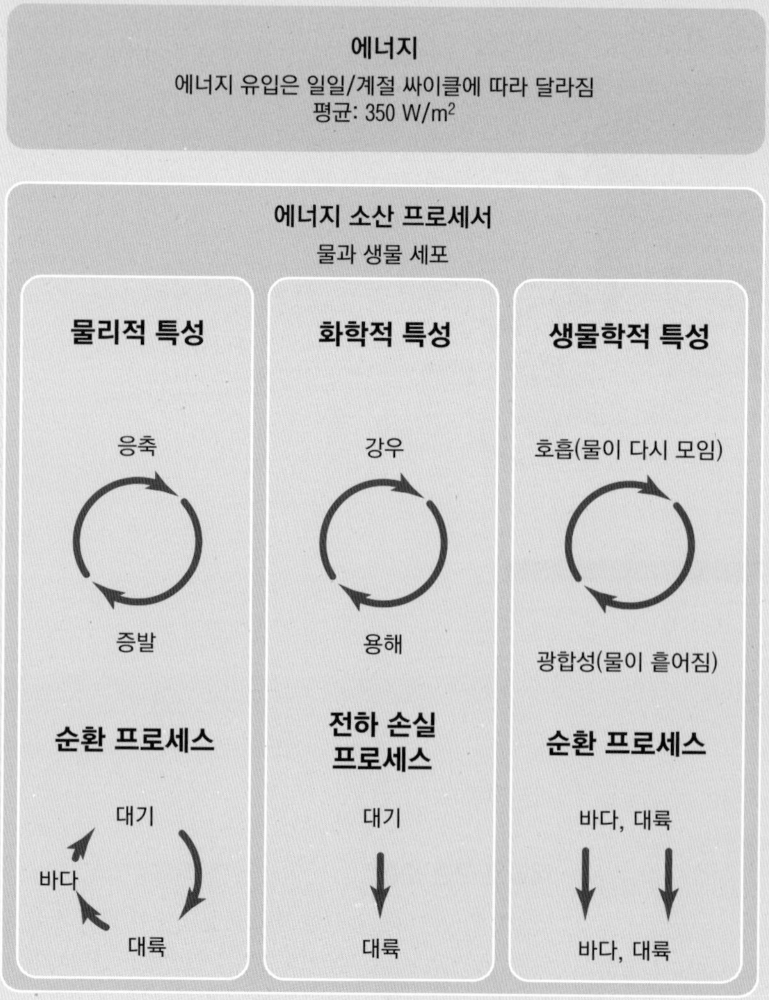

그림 4.b1.1 물의 프로세서 특성(Ripl and Hildmann, 2000).

화함으로써 지속가능한 구조를 만들어냈다(Odum, 1983). 개방형 시스템은 지역 및 상 관련 거동에 대한 자원경제적 적응을 강화하여 보다 폐쇄적이고 안정적인 시스템으로 변모하였다. 이와 같이 더욱 최적화된 구조가 성장하고 확산될 수 있는 반면, 개방형 구조로 되어 있고 손실이 큰 비효율적인 프로세스는 중단될 수밖에 없었다.

단락화된(short-circuited) 물질 순환의 해체

예를 들어, 지역 증발산 프로세스를 지하수 이용의 증가와 함께 토양을 통한 물의 통로로 변화시킨 것(둘 다 영양소와 미네랄의 손실을 야기한다)과 같이 인류에 의한 프로세스의 변화는 지속가능한 생명 과정에 악영향을 끼쳤다. 배수로와 일방향의 하수처리장을 통해 바다로 비가역적인 배출이 되는 미네랄과 영양분과 같이 상층 토양으로부터 생명을 지탱하는 물질의 증가하는 불가역적인 수송은 식생 피복의 광범위한 파괴와 그에 따른 사막화를 만들어내는 데 매우 효율적이다. 바다로부터 이러한 물질을 재활용하는 것은 해저가 다시 육지가 되는 수억 년이 지난 후에야 일어나게 될 것이다.

4.1.1 인간이 의존하는 모든 생태계 서비스를 지속시키는 물

이 절에서는 예를 들어, 식량 생산 및 기타 생태계 서비스와 관련하여 물이 제어 변수로서 어떻게 작용하는지를 설명한다. 물과 식량 간의 상호작용에 대해서는 5장에서, 그리고 물과 생태계 서비스에 대한 더 자세한 설명은 7장에서 한다.

물 가용성과 인간 물 사용량에 대한 이전의 평가들은 대부분 청색수에 초점을 맞췄지만(예: Alcamo *et al.*, 2007; Islam *et al.*, 2007; Shiklomanov, 2000; Vörösmarty *et al.*, 2000), 작물 생산을 위한 녹색수 사용도 최근에 정량화되었다(예: Gerten *et al.*, 2011; Liu and Yang, 2010; Mekonnen and Hoekstra, 2010; Siebert and Döll, 2010). 소모성 청색수 이용은 연간 1,500 km^3 미만으로 추정되는 반면, 녹색수는 작물 생산에 이용되는 양만 5,000-6,000 km^3에 달하며, 가축 생산에 이용되는 양(방목지로부터의 증발)까지 고려할 경우 이것의 약 두 배 정도 된다(Hoff *et al.*, 2010).

다른 생태계와 그 서비스를 지속시키기 위해 필요한 훨씬 더 많은 양의 녹색수는 많은 주목을 받지 못했다. 예외적인 연구로서 Rockström *et al.*(1999)은 LPJmL 모델(5장 참조)을 이용한 새로운 프로세스 기반 분석을 통해 연간 녹색수 흐름이 삼림 생물 군계의 경우는 약 20,000 km^3, 기타 자연 생물 군계는 22,000 km^3라는 결론에 도달했다(그림 4.3 참조). 생태계는 지구 시스템의 기능과 인간 복지를 위해 중요하고도 다양한 생태계 서비스를 생산하기 때문에 이러한 생태계와 이들의 물 요구량을 관리하는 것은 중요하다(Costanza *et al.*, 1997). 이러한 맥락에서, 생태계는 '자연 물 인프라'로 간주된다(Diamond *et al.*, 2006).

소위 생태계 제공 서비스(Millennium Ecosystem Assessment, 2005)는 식량(5장 참조), 바이오 연료(Box 2.1 참조), 그리고 목재 및 섬유와 같은 기타 바이오매스의 생산을 포함한다. 또 다른 서비스 범주로는 탄소 격리 및 저장, 영양소 순환 및 물 순환을 포함하는 '조절 서비스'이다.

식량 생산과 마찬가지로 기후 조절 기능인 자연 및 인공 생태계의 탄소 격리 및 저장도 위치, 기후 및 생물 군계 유형에 따라 단위 서비스당 필요한 수량이 달라진다. Rockström *et al.*(2012)의 계산에 따르면 연간 1.5 Gt의 탄소를 토양에 격리하기 위해서는 (옥수수과 식생에 대한 최적 관리 기법에 의해 토양

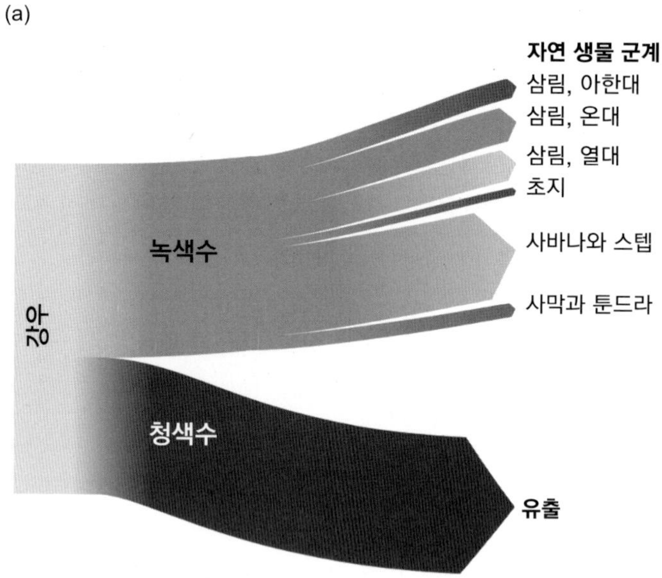

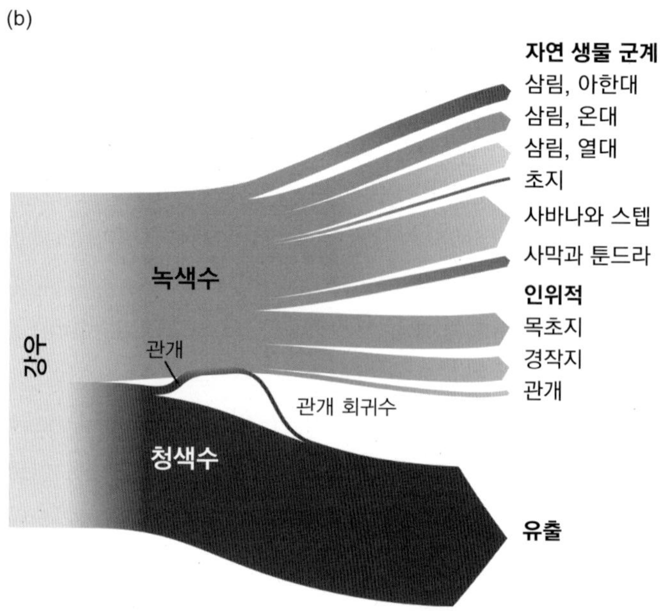

그림 4.3 전 지구적 녹색수 및 청색수 플럭스에 대한 LPJmL 기반 화살 도표. (a) 잠재적 자연 식생, (b) 현재 토지 피복.

탄소를 복원) 1,000 km^{3}의 녹색수 흐름이 필요하며, 연간 1.5 Gt의 탄소를 식생에 격리하기 위해서는(초원을 삼림으로 변환) 추가적으로 1,300 km^{3}가 필요하다. 두 경우 모두 하류 지역의 청색수 가용성을 감소시키게 될 것이다.

생태계에서 영양소 가용성을 조절하는 물의 역할은(영양소 순환) 토지 이용 변화에 의해 심각하게 훼손되었다. Liu *et al.*(2010)은 자연 생태계를 대체한 농업 생태계에서 발생하는 대규모 질소 유실과 그에 따른 하류에서의 질소 축적을 보여준다. 이 영양소들이 바다에 닿게 되면 육상 생태계와 그들의 서비스는 이를 잃게 되는 것이다.

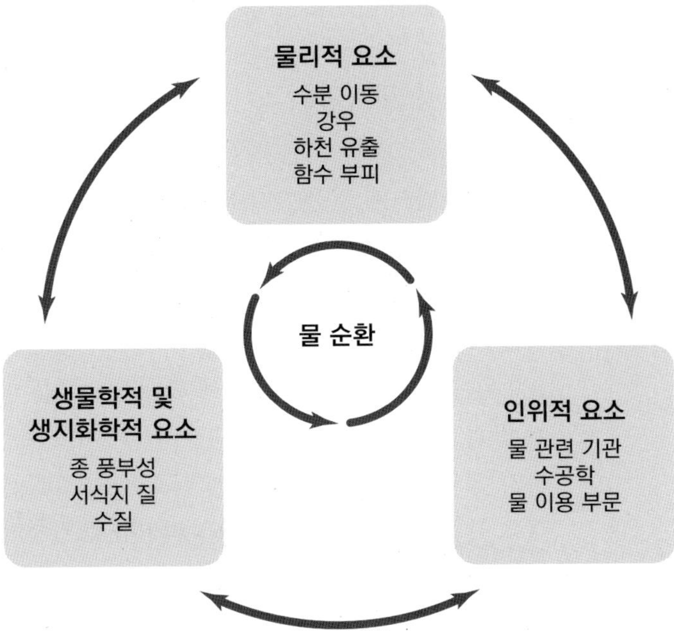

그림 4.4 수문학적 순환을 중심에 둔 지구 물 시스템 (Global Water System Project, 2005).

육상 생태계는 강우의 물을 대기로 되돌려, 기후를 조절하고 풍하 지역의 물 가용성을 향상시킨다 (Keys *et al.*, 2012). 생태계는 물 가용성에 의존하는 동시에 인간의 모든 활동이 의존하는 물 가용성을 조절한다.

모든 종류의 생태계 서비스에 대한 경제적 가치화를 하려는 초기 시도는 있었지만(Kumar, 2010), 다양한 유형의 생태계 서비스에 대한 물 의존성이나 생물물리학적 또는 경제적 물 생산성에 대한 종합적인 평가는 없었다.

지구 시스템의 물을 통합적으로 평가하기 위해서는 한 부문으로서의 물에서 '상호 연계된 사회-생태 시스템의 핵심 부분'(Olsson and Galaz, 2009)으로서의 물로 관점을 바꿀 필요가 있다. 즉, 물을 변화의 동인(제어 변수로서의 물)임과 동시에 변화에 의해 영향을 받는 것(상태 변수로서의 물)으로 볼 필요가 있다. 이러한 평가는 물, 토지, 에너지 및 식량뿐 아니라 환경 안보 사이의 긴밀한 양방향 상호작용을 다룰 필요가 있다(Hoff, 2011).

4.2 지구 시스템의 한 부분으로서의 글로벌 물 시스템

시스템은 하위 시스템 및 요소로 구성된 기능 단위로서, 시스템은 개별 부품 수준에서와는 근본적으로 다른 조직 수준을 만들어낸다. 물은 지구 시스템의 다른 요소들을 연결시키지만, 그것 자체로도 하나의 시스템으로 해석될 수 있다. '글로벌 물 시스템'이라는 용어가 생겨났고, 지구 변화 프로그램(Global Change Programs)은 지구 시스템 내 물의 글로벌 측면과 관리 및 거버넌스에 대한 연구를 위해 지구 물 시스템 프로젝트(GWSP, http://www.gwsp.org 참조)를 시작하였다(Alcamo *et al.*, 2008).

지구 물 시스템(Global Water System, GWS)은 물과 관련된 인간, 물리적, 생물학적, 생지화학적 구성 요소와 그 상호작용으로 이뤄지는 세계적인 집합이다(그림 4.4 참조). 그것은 지구 시스템과 인간 사회의 생물 및 비생물 동역학에서 핵심 역할을 한다. 인간의 활동은 이 시스템을 크고 빠르게 변화시키고 있다. 인간이 초래한 물 시스템의 변화는 현재 전 세계적으로 이루어지고 있다(Global Water System Project, 2005). 2장에서 다룬 지구 시스템에 관한 원칙들은 GWS에도 적용된다. GWS의 변화는 지구 시스템의 다른 구성 요소들에 다시 피드백을 주고 그 영향이 그 요소들에 확산된다.

GWS는 지구 시스템과 마찬가지로 (a) 상호작용과 피드백 및 (b) 특히 대기 중 수분 이송, 교역을 통한 가상수 이동, 육지에서의 FDI에 의한 물 이용을 통해 물과 관련된 원인과 영향을 연결하는 원격 연결로 특징지어진다.

4.2.1 지역 간 원격 물 연결

2장에서 지구 시스템에 대해 설명한 것처럼 GWS에서도 '다양한 인간의 압력에 대한 반응은 피드백으로 작용하며, 이는 다시 추가적인 압력으로 이어질 수 있다'. 그래서 물은 지구 변화의 영향을 받지만 동시에 지구 변화의 원동력이 되기도 한다. 예를 들어, 모든 인간 및 생태계 용도의 물은 기후변화의 영향을 받는 주요 자원 중 하나이다. 그 결과로 나타나는 물 이용 및 물 가용성의 변화는 국지적, 지역적, 그리고 전 세계적인 규모에서의 생태계와 기후에 누적적으로 영향을 미치게 된다. 잠재적 비선형 반응 및 피드백을 가진 대규모 물 관련 상호작용의 몇 가지 예는 다음과 같다.

1. **열대우림의 건조화 및 사바나화**: 콩(사료)과 바이오 연료 생산의 집약화는 직간접적인 토지 이용 변화를 통한 농업 경계를 열대우림 쪽으로 더 밀어 넣었으며, 삼림을 통한 새로운 개발 통로를 끊어버려 급속한 삼림 벌채(지난 10년간 연간 16,000 km^{2}의 삼림이 벌채되고 이는 기후변화와 상호작용한다)로 이어지는 등 지역적 및 외부적 동인이 복합적으로 작용하여 아마존 열대우림의 건조화 및 사바나화가 발생한다(Fearnside, 2007). 만약 약 40%의 삼림 벌채 또는 3.5-4℃ 온난화라는 임계치를 초과할 경우, 새로운 사바나 유형의 생태계로(Marengo *et al.*, 2009; Nobre and Borma, 2009), 또는 계절성 및 몬순성이 강한 기후로 급변하게 될 것이다(Malhi *et al.*, 2009). 이러한 식생과 증발산의 변화는 수분 재순환의 감소와 그에 따른 바이오매스 생산 감소를 통해 피드백을 야기할 수 있으며, 이는 결국 아마존을 탄소 흡수원에서 지구 기후 시스템에 잠재적 영향을 미치게 될 탄소원으로 변화시킬 수 있다. 아마존은 육지 생태계에 저장된 전 세계 탄소의 약 10%를 갖고 있으며, 전 세계 1차 생산성의 10%를 차지하고 있다(Marengo *et al.*, 2009).
2. **사헬의 녹화**: 지역적 및 외부 동인의 조합에 대한 반응으로 사헬의 많은 부분이 녹화가 되었음이 관찰되었다. 이러한 녹화 또는 식생 및 NPP의 증가는 부분적으로 기후 변동에 대한 반응일 수 있다(그림 4.5). 추가적인 잠재적 동인으로는 토지 및 식생의 보유 기간, 국가 정책 및 국제 기부의 참여 등이 있다(Reij *et al.*, 2009). 일반적으로 식생 밀도가 높으면 증발산량이 더 높음에도 불구하고, 사헬의 녹화는 모든 규모에서의 하천 유출량의 증가를 동반하였으며(Amogu *et al.*, 2010), 이는 토양수 저장량의 감소로 인해 나타난 결과로 보인다. 육지-대기 간의 양의 피드백과 비슷한 논리로 Ornstein *et al.*(2009)은 수분 재순환을 강화하기 위해 대규모 관개 및 조림을 통한 사하라의 강제 녹화를 제안하며, 이는 결과적으로 안정적이고 습한 지역 기후를 만들고 생물 생산성 및 탄소 격리를 증가시킬 수 있다. 유사한 제안으로 네제브(Negev)에서의 육지-물 상호작용을 강화하기 위해 기수 화석 지하수를 조림 및 후속적인 탄소 격리에 이용하는 제안이 만들어졌다(Isar, 2010). 마찬가지로, Ripl(2003)은 '사막에서 관리 가능한 땅

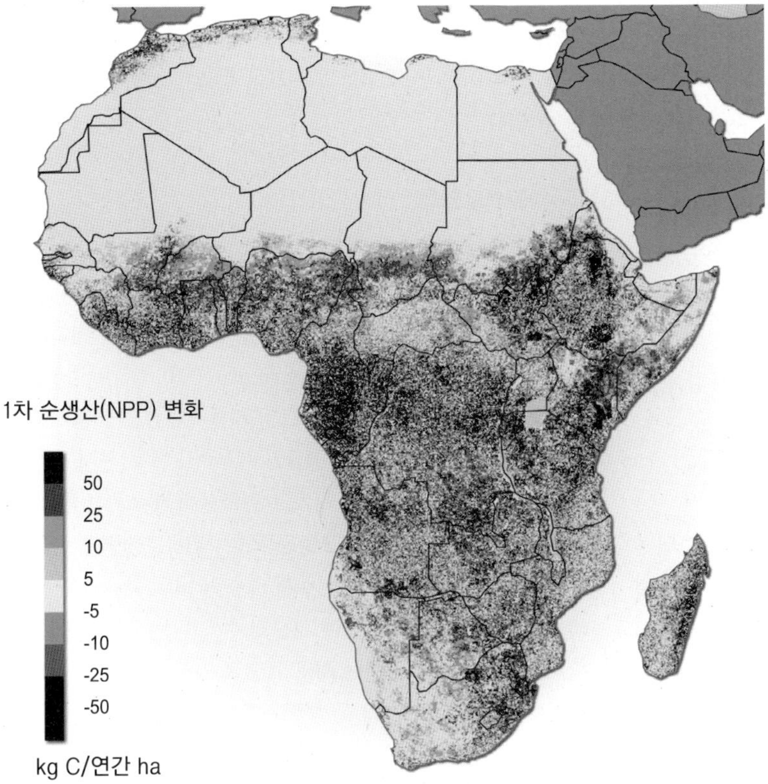

그림 4.5 1차 순생산(NPP)의 변화로 계산한 아프리카의 식생 변화(1981-2003). 이 자료는 대륙의 다른 지역과 대조적으로 사헬의 넓은 지역에 걸쳐 식생이 증가함을 보여준다(FAO, 2008).

[이 그림은 본문 뒤에 컬러 그림이 따로 삽입됨]

을 되찾는 것'을 제안한다.

3. **인도 몬순의 약화**: 흔히 '관개 경제'라고 불리는 인도(예: Shah *et al.*, 2006)에는 대수층으로부터 과잉 취수된 관개수에 의존하는 수억 명의 사람들이 살고 있다. Douglas *et al.*(2009)에 따르면 과도한 지하수 펌핑과 관개의 이용은 연간 300 km^3 이상의 물이 증발로 대기에 추가되고, 이는 인도 몬순의 약화로 이어질 수 있다. 이에 더해 Chase *et al.*(2003)은 삼림 벌채에 대한 반응으로 인도 몬순이 더욱 약화될 수 있다는 가설을 세웠다. 그러나 지구 온난화가 대기 순환에 미치는 직접적인 영향은 몬순 시스템을 안정시키는 방향으로 반대로 작용할 수 있다. 만약 이러한 서로 다른 동인들의 결합이 인도의 몬순을 약화시킨다면, 이는 남아시아 전역의 농업에 심각한 영향을 미칠 것이고 잠재적으로 관개 수요를 더욱 증가시킬 것이다.

아시아 몬순에 관련된 메커니즘과 불안정화의 가능성에 대해서는 Box 4.2에 자세히 설명되어 있다.

대기, 물, 토지 및 사회-생태 시스템 간의 이러한 유형의 상호작용과 피드백을 고려한다는 것은 이러한 작용들이 예기치 않게 발생할 수 있으며, 비선형적 변화를 유발하고 다양한 규모와 부문에 걸쳐 영향을 미칠 수 있기 때문에 물 관리 및 거버넌스의 주요 도전 과제이다. 게다가 이런 작용들은 원격 연결을 통해 먼 지역에서도 영향이 나타날 수 있다.

4.2.2 지역 간 원격 물 연결

원격 연결은 여러 중간 단계를 거치고 장거리를 거쳐 작동하는 원인-결과 사슬이다. GWS에서 원격 연결은 국지적 수자원을 지역 전체 변화의 외부 동인과 연결시킨다. 이러한 외부 동인은 보통 국지적 압

Box 4.2 물 및 에너지 수지에 대한 관개의 영향

Ellen M. Douglas, University of Massachusetts, Boston

전 세계적으로 인간이 사용하는 물의 70%는 관개 형태의 농업용수이다. 관개용수의 사용은 여러 가지 방법으로 물 순환을 변화시킬 수 있다: 하천으로의 기저 유출 감소; 토양과 정수로부터의 증발 및 식생에 의한 증산의 증가; 온실가스인 수증기에 의한 온실 효과 증가; 구름의 범위와 깊이의 변화; 식생 분포와 지표면의 알베도 및 거칠기의 변화; 그리고 이들에 의한 강우 및 유출에의 피드백과 토양 수분 및 지하수 저장에 대한 기여.

수증기의 증가

Gordon *et al.*(2005)은 수증기 흐름의 증가가 인도 아대륙의 집약적인 식량 생산과 상관관계가 있다는 점에 주목했으며, 이 지역에서 관개를 확대하면 아시아 몬순 시스템이 변화할 위험이 증가하고 사하라 사막 이남 아프리카와 같은 다른 지역의 식량 생산에도 영향을 미칠 수 있음을 주장하였다. Boucher *et al.*(2004)은 건조한 지역에 수증기를 추가하면 지역 규모에서 강수량이 비선형적으로 증가하며, 대류의 변화로 다른 지역의 강수량이 감소한다고 결론지었다. Chase *et al.*(2003)과 Pielke *et al.*(2003)은 글로벌 및 인도 몬순 시스템의 변화를 보고하였다. 플로리다 남부의 광범위한 농업 확장은 강수량을 감소시키고 잠열 흐름 및 대기 중 수증기를 재분배하는 결과를 야기했다(Marshall *et al.*, 2004a; Marshall *et al.*, 2004b). 이러한 변화는 인간에 대한 취약성을 증가시킬 수 있다.

잠열 및 현열 사이의 분배의 변화

관개는 표면 에너지(순 태양 에너지)가 잠열(증발과 증산에 필요한 에너지) 및 현열(공기 온도를 변화시키는 에너지)로의 분배에 영향을 미친다. 습한 조건에서는 일반적으로 잠열이 에너지 수지를 지배하는 반면, 건조한 조건에서는 현열이 지배한다. 습도가 높은 기후에서는 식물이 광합성을 하는 동안 토양 수분을 수증기로 변화시키기 때문에 잠열 유동에 의해 온도가 조절된다. 물과 식물이 적은 건조 및 반건조 지역에서는 표면 에너지의 대부분이 현열로 변환되어 공기 온도를 증가시키기 때문에 더 덥다. 그러나 대규모 토지 이용 변화와 농업 관개는 이러한 패턴을 변화시킬 수 있다.

미국에서의 영향

미국에서는 지난 290년간 토지 피복의 변화로 대서양 연안이 약하게 온난화되었고 중서부와 대초원 지역은 1℃ 이상의 강한 냉각이 이루어졌으며, 대규모 수분 이송의 변화로 강수량이 다소 감소하였다(Roy *et al.*, 2003). Ozdogan *et al.*(2010)은 미국 대륙에 대한 모델 시뮬레이션을 사용하여 평균적으로 농업 관개가 잠열을 9 W/m^2(또는 비관개 작물의 잠열(Qle)의 12%) 증가시키고 현열을 8 W/m^2(11%) 감소시킨다는 것을 보였다. 그들은 또한 지표 모델링에 관개를 포함시키면 에너지와 물 수지 예측이 모두 개선되어 결국 기상 예측과 기후 모델이 개선될 수 있다는 것을 발견했다. 표면 에너지의 분배는 지구 표면과 가장 가까운 대기층인 행성 경계층(PBL)의 두께에도 영향을 미친다. 더 많은 현열은 더 깊은(두꺼운) PBL을 의미하며, 이는 더 많은 대류 활동을 가능하게 한다. PBL의 두께는 수백 미터에서 3킬로미터까지 다양하며, 일반적으로 낮이 밤보다, 그리고 여름이 겨울보다 더 두껍다.

인도에서의 영향

인도 아대륙은 세계 인구의 1/6이 살고 있으며, 대부분이 생존을 위해 여름 장맛비에 크게 의존하고 있기 때문에 인간-육지-대기의 상호작용을 연구하기에 매우 흥미로운 지역이다. 인도는 세계에서 가장 넓은 총관개지 면적을 갖고 있다. 관개용 취수량은 인도의 총물 이용량의 80-90%를 차지한다. 관개 식량 생산의 약 60%는 지하수 관개에 의존한다(Shah *et al.*, 2000). 인도의 관개 농업은 경제 발전과 빈곤 완화의 핵심 요소였다(Bansil, 2004). 1951년부터 1997년까지 총관개 면적은 2,300만 헥타르에서 9,000만 헥타르로 4배 확장되었고, 인도의 28개 주 중 15개 주에서 지하수 수위가 급격히 감소하였다(Bansil, 2004). 농업 생산성의 이러한 확대의 이점은 즉각적으로 나타났지만, 장기적인 환경 및 사회적 비용 또한 점점 더 분명하게 나타나고 있다. 예를 들어, 인도에서 관개에 이용되는 많은 양의 물은 깊은 지하수 우물에서 끌어온다. 그 결과, 4,320억 m^3로 추산되는 인도의 지하수 저장량은(CWC, 1998) 15개 주에서 매년 20 cm씩 감소하고 있다(Bansil, 2004). 이러한 주의 대부분에서의 지하수 저장량은 2025년 또는 그 이전에 고갈될 것으로 예상된다(Jha, 2001).

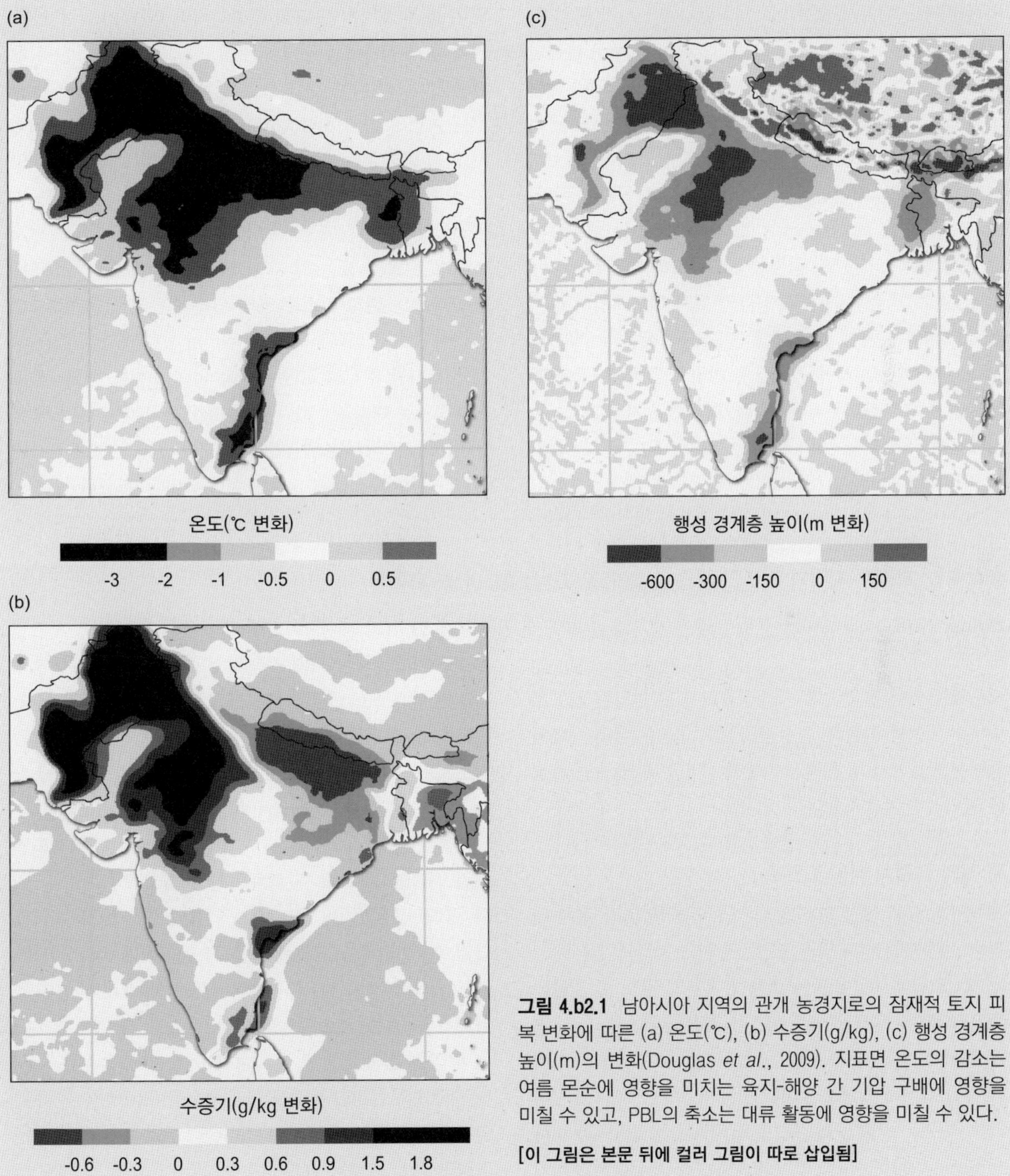

그림 4.b2.1 남아시아 지역의 관개 농경지로의 잠재적 토지 피복 변화에 따른 (a) 온도(℃), (b) 수증기(g/kg), (c) 행성 경계층 높이(m)의 변화(Douglas *et al.*, 2009). 지표면 온도의 감소는 여름 몬순에 영향을 미치는 육지-해양 간 기압 구배에 영향을 미칠 수 있고, PBL의 축소는 대류 활동에 영향을 미칠 수 있다.

[이 그림은 본문 뒤에 컬러 그림이 따로 삽입됨]

강우 패턴의 변화

인도에서의 집중적인 관개가 강수 패턴의 변화를 초래했다는 증거도 있다. Lohar and Pal(1995)은 1983-1992년 서벵골(West Bengal)의 월평균 강우량이 1973-82년 관측치의 절반에도 미치지 못했다고 보고했다. 이 기간 동안 주로 해안을 따라 여름 논농사를 짓는 면적이 두 배로 늘어난 것이 원인일 수 있다. 2차원 수치 모의 결과에 따르며 해안을 따라 있는 습한 토양이 육지와 바다 사이의 온도 구배를 감소시켜 해풍 순환을 약화시키고 대류 강우를 감소시키며 이는 해안 지역의 국지적 집중 강우의 원천이 된다. De Rosnay *et al*.(2003)은 인도에서의 관개 농업으로 인해 잠열 플럭스가 9.5% 증가했다고 보고하였다. Douglas *et al*.(2006)은 농업 이전과 지금의 토지 피복에서의 증기 플럭스(추정된 증발 및 증산)를 비교하여 우기에 7%(117 km^3), 건기에 55%가 증가(223 km^3)하여 연평균 17%(340 km^3)가 증가하였음을 발견하였다. 이러한 증가의 2/3는 관개에 기인하였으며, 이 중 지하수 기반 관개는 우기와 건기에 각각 14%와 35%의 증기 플럭스에 기여하였다.

여름철 몬순의 불안정 가능성

인도 몬순의 변화로 인해 발생할 수 있는 환경적, 사회경제적 영향 외에도, Douglas *et al*.(2009)은 지역 대기 모델링 시스템(RAMS)을 이용하여 농업 집약화 및 관개는 표면 수분과 에너지 분배를 변화시키며 이는 인도 몬순 지역에 걸쳐 경계층과 지역적 수렴, 중규모성 대류, 강우 패턴을 변화시킨다는 것을 보였다(그림 4.b2.1 참조). 이 연구는 농업이 없던 시나리오와 관개 농업 시나리오 사이에서 면적 평균 12 W/m^2의 현열이 감소함을 보고하였다. 모델 출력값을 인도 전체 주로 평균 내었을 때 잠열(-26% ~ +24%)과 현열(-77% ~ +8%)의 변화가 발견되었다. 펀자브주(87.5 W/m 또는 77%)와 하리아나주(65.3 W/m^2 또는 85%)에서의 현열 감소는 95% 신뢰 수준에서 통계적으로 유의한 것으로 나타났다. Zickfeld *et al*.(2005)은 아대륙에서의 복사량 수지의 교란은 구동 압력 구배를 약화시키고 잠재적으로 여름철 몬순 순환을 불안정하게 할 수 있음을 보여준다. 따라서 농업 집약화로 인한 지표면의 지속적인 변화는 몬순 시스템에 심각한 영향을 미칠 수 있다.

Box 4.3 지중해 지역의 지표면 피드백 및 규모 간에 걸친 티핑 포인트

Holger Hoff, Stockholm Environment Institute and Potsdam Institute for Climate Impact Research

지중해 유역은 물의 내부 재순환율이 매우 높다는 점에서 독특한 특성을 가진다. 강수량의 75% 이상은 유역 내에서 증발산된 물에서 비롯된다. 여름에는 바다 위 대기 중에 많은 양의 수분이 축적된다.

두 개의 잠재적 티핑 포인트

스페인 지중해 연안 및 지중해 북부 지역을 따라 육지-대기 시스템의 첫 번째 티핑 포인트가 이미 통과되었을 수 있다. 이 지역에서는 한동안 여름철 폭우의 감소 및 가뭄의 증가가 관측되었다(그림 4.b3.1). 이것은 삼림 벌채 및 해안 습지의 건조화 그리고 이 땅들의 농업용지화 및 도시화와 같이 과거와 최근에 일어났던 토지 이용 변화와 관련이 있는 것으로 보인다. 새로운 토지 피복은 바닷바람과 함께 내륙으로 이동하는 기단에 충분한 수분을 공급하지 못하기 때문에 산 위의 강수량이 멈춘다는 것을 의미한다. 시스템이 '폐쇄'되고 대신 대기 수분이 바다로 돌아간다. 유출의 감소는 내륙 80 km까지 경관을 건조시키는 원인이 된다. 이러한 수분 가용성의 감소는 식물에 의한 증발산을 더욱 감소시키는 양의 피드백으로 작용한다. 결과적으로 건조화된 식생은 산불 가능성을 높인다.

이러한 일련의 영향을 통해 대기 중에 수분이 축적되면 대기가 불안정해지고 큰 폭풍의 발생 횟수가 증가할 수 있다. 게다가, 수증기는 온실가스 역할을 하여 지역과 바다를 덥힐 수 있다. 특히 해수면 온도가 높아짐에 따라 지중해 연안 지대에서는 가을과 겨울에 집중 호우 사상의 빈도와 강도가 증가하는 것으로 나타났다.

이러한 집중적인 강우 사상과 이로 인한 침식은 토지 및 생태계의 심각한 파괴 또는 사막화를 야기해 두 번째 티핑 포인트에 다다를 수 있다. 이전에 축소된 식생 피복은 이러한 침식을 더욱 악화시킬 수 있다. 중요한 첫 번째 티

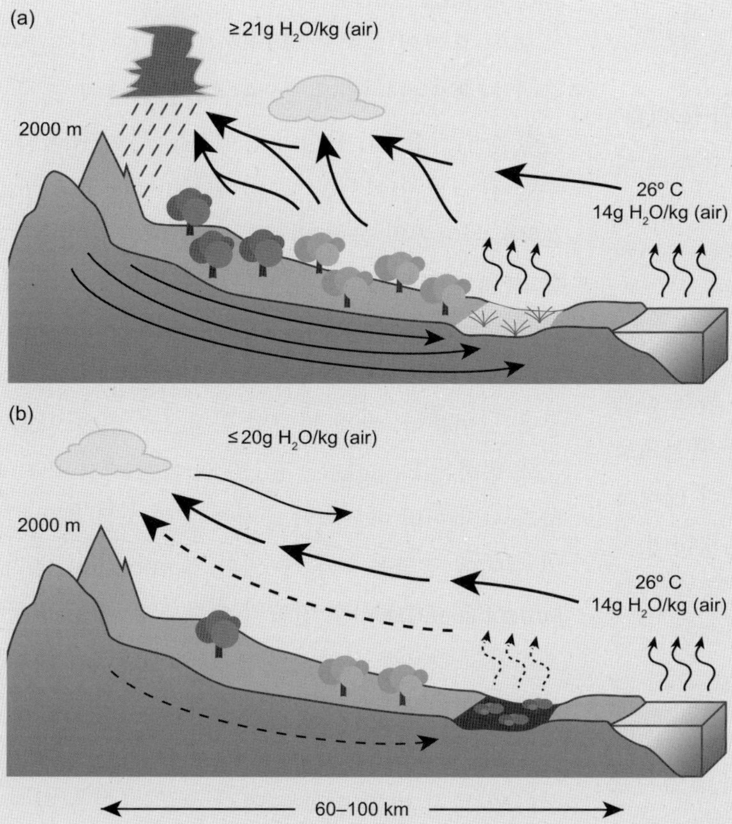

그림 4.b3.1 지중해 서부의 여름철 강우 사이클. (a) 과거 조건은 해풍에 충분한 수분을 추가적으로 공급하여 ~1,000 m 고도에서 거의 매일 강우를 촉발하였으며, 이는 해안에서의 물 순환을 가능하게 하였음(예: 지표수 및 지하수) (b) 건조한 지표를 따라 열이 증가하고 증발산량이 감소한 현재의 조건(from Millán, 2010).

핑 포인트, 그리고 두 번째 티핑 포인트도 아프리카 지중해 연안과 알메리아를 따라 이미 오래전에 넘었을 수 있다.

지중해 서부의 강우량 대비 증발량의 비가 변화하면 지중해의 염도를 증가시키고 결국 염도가 더 높은 물이 대서양으로 유출되어 위에서 언급한 효과의 규모가 더욱 커질 수 있다.

이 시스템에 대해 다음과 같은 질문들이 있다.

- 스페인 지중해 연안을 따라 관측된 변화는 유역의 다른 부분에서의 물 순환의 변화와 얼마나 밀접하게 연관되어 있는가?
- 스페인에서의 국지적 효과의 확산 및 확대는 얼마나 확실한가?
- 토지 및 물 이용의 개선 측면에서 이러한 부정적인 추세를 멈추거나 반전시킬 수 있는 조치는 무엇인가?
- 농경지에서의 조림과 관개(그리고 점적 관개(drip irrigation) 대신 표면 관개 이용)는 육지-대기 시스템의 수분을 증가시키고 경관을 다시 녹화시킬 수 있는가?
- 지중해 북부 일부 지역의 토지 이용 포기와 관련된 삼림 개간에서 이미 이런 일이 일어나고 있는가?
- 이러한 재생이 지중해 남부에서도 하나의 선택 사항이 될까? 아니면 그 지역은 지나치게 건조하고 황폐화된 상태여서 수분이 풍부한 상태로 되돌아가는 것은 불가능한가?
- 마지막으로, 남부 지중해는 많은 부분에 해안 산악지대가 없어 상황이 매우 다른가?

력과 함께 작동한다.

GWS에서 물과 관련된 원격 연결은 다음과 같다.

- 큰 유역을 따라 흐르는(보통은 지역 경계를 넘는) 액상의 물 또는 유역 경계를 넘는 대규모 물 이송.

- 대기 중 수증기 이동.
- 교역에 의해서나 FDI와 관련한 가상수 흐름.

원격 연결 1: 큰 강을 따라 흐르는 물과 유역 간 물 이송

하천 유역의 하류부는 상류에서 생성된 유출수에 따라 다양하게 달라진다. 오늘날 심하게 이용되거나 건조해진 유역은 다른 유역으로부터 오는 물의 이동에 의존한다.

나일강 유역이 이러한 예이다. 이집트는 상류에 위치한 국가들에 내린 강우량과 이들 국가들이 하류를 위해 방류할지에 대한 정치적 의지에 전적으로 의존하고 있다. 과거에는 상류 국가들, 특히 에티오피아에서 나일강 방류량의 상당 부분을 점령하여 사용할 수 있는 역량이 부족했고, 이집트는 국제 기부자에게 에티오피아에 청색수 기반시설에 대한 자금 지원을 하지 말 것을 요구하여 하류에서의 물이 확보되었지만 지금은 상황이 변하고 있다.

유역 간 물 이동은 훨씬 더 큰 규모에서 실행되었거나 계획되었다. 이러한 예로는 콜로라도강이 바다에 도달하기 전에 고갈된 미국 서부, 중국 남부와 북부 사이, 그리고 인도 동부와 서부 사이의 물 이동이 있다. 이러한 대규모 프로젝트는 종종 국지적 및 지역 물 시스템에 대한 연쇄 효과와 함께 심각한 사회적 및 환경적 영향을 끼친다. 게다가, 이 프로젝트를 추진하기 위한 경제적 근거가 항상 명확하지는 않다.

원격 연결 2: 대기 중 수증기의 이동

대기 중 수증기 이동은 하천 흐름이나 유역 간 이동보다 훨씬 더 먼 지역을 연결한다. 한 지역에서의 증발산은 결국 다른 지역에서의 강수가 된다. 이 과정을 '수분 재활용'이라고 부른다(Savenije, 1995). 대기 수분을 공급하는 지역에서의 대규모 토지 이용 변화는 '하향풍' 지역의 물 가용성을 변화시킬 수 있다. 지표면에서 증발된 수분은 다시 강수로 내리기 전까지 보통 수천 킬로미터를 이동한다(van der Ent and Savenije, 2011).

과거 유럽의 토지 이용 변화(그림 2.9 참조)는 중국이 서쪽으로부터 유입되는 대기 수분에 크게 의존함을 감안할 때, 아시아 중에서도 특히 중국의 강수량 감소를 야기했을 수 있다(Van der Ent *et al.*, 2010). 아마존의 삼림 벌채와 그에 따른 증발산량의 감소(위 참조)는 결국 파라나-라플라타(Parana-La Plata) 유역의 강수량을 줄일 수 있다. Marengo *et al.*(2009)은 이 지역에서의 대규모 남방 대기 수분 이동을 보여준다. 관개 농업의 확장으로 인한 인도 몬순의 변화는(Douglas *et al.*, 2009; 이전 섹션 참조) 사하라 사막 이남 아프리카의 강수량 및 식물 생육 기간의 길이에 영향을 미칠 수 있다. Camberlin(1997)과 Janicot *et al.*(2009)은 인도의 여름 몬순 활동과 동아프리카의 강우량 사이의 강한 양의 상관관계를 확인하였다.

커다란 수드(Sudd) 습지의 배수와 같은 나일강 상류의 토지 이용 변화는 여러 수분 재활용 루프를 통해 중앙아프리카와 서아프리카의 강수 패턴을 변화시킬 수 있다(Van der Ent *et al.*, 2010). Box 4.4는 수분 재활용에 대해 더 자세히 설명한다.

원격 연결 3: 교역 및 FDI를 통한 국제 및 국내 가상수 흐름

무역은 각국이 지역의 부족함을 극복할 수 있게 해준다. 예를 들어, 중동과 북아프리카 지역은 빠르게 증가하는 인구에 필요한 식량을 생산하기 위해 외부 수자원에 크게 의존한다(Fader *et al.*, 2011; Yang *et al.*, 2007). 가상수의 큰 흐름은 생산에 많은 양의 물을 소비하는 농산품의 국제 무역과 관련이 있다(예: 곡물 1 kg 또는 고기 0.1 kg당 약 1 m^3의 물). 가상수 함량에 대한 보다 자세한 분석은 Gerten *et al.*(2011)에서 확인할 수 있다.

Hoekstra and Chapagain(2009)은 농산물 수출과 관련한 전 세계 연간 가상수 흐름을 1,263 km^3

Box 4.4 대륙에 걸친 대기 수분의 기원과 운명

Ruud J. van der Ent, Delft University of Technology
Hubert H. G. Savenije, Delft University of Technology

땅에 떨어지는 강우의 일부는 지상에서의 증발에서 비롯된다. 육지에서 대기로, 그리고 대기로부터 육지로의 이러한 수분의 피드백을 수분 재활용이라고 한다(van der Ent and Savenije, 2011; van der Ent *et al.*, 2010 참조). 그림 4.b4.1a는 지상 증발에서 비롯되는 강우의 비율을 나타내고, 그림 4.b4.1b는 지상에서 강우로 되돌아오는 증발의 비율을 나타내며, 그림 4.b4.1c는 증발된 물 입자가 강우로 내리기 전에 대기를 통해 이동하는 평균 거리를 나타낸다.

평균적으로 육지 강수량의 40%는 육지의 증발에서 비롯되며, 전체 육지 증발의 57%는 육지의 강수량으로 돌아온다. 당연히 공간적으로 많은 차이가 있다. 그림 4.b4.1에서는 많은 흥미로운 특징을 볼 수 있다. 예를 들어, 중국 수자원의 80%는 육지 증발에서 발생하는데(그림 4.b4.1a, 중국 주요 하천원에서의 $\rho_c \approx 0.8$), 이는 유라시아 대륙의 많은 곳에서 발생한 증발의 60%가 육지에서의 강수량으로 되돌아오기 때문에(그림 4.b.1b, $\varepsilon_c > 0.6$) 타당한 결과이다. 게다가, 아마존 지역으로부터의 증발(그림 4.b4.1b)은 라플라타강(Río de la Plata) 유역의 강수를 유지한다(그림

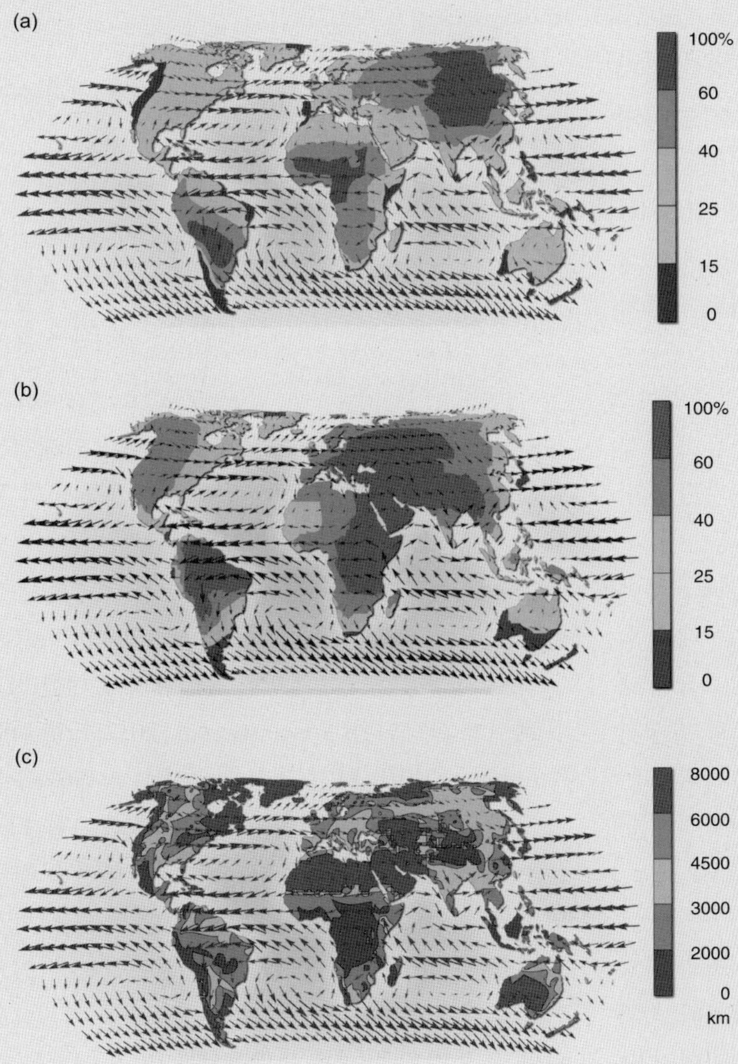

그림 4.b4.1 대기 수분의 공급원과 흡수원을 식별하고 수분 재활용 강도를 나타내는 다양한 척도. (a) ρ_c는 육지의 증발에 기원하는 강우의 비율, (b) ε_c는 육지로의 강우로 회귀하는 증발의 비율, (c) λ_ρ는 물 입자가 증발로부터 강우가 되기까지 이동하는 평균 거리. 화살표는 수평 방향 수분 플럭스 장을 나타내며, 모든 자료는 1999-2008년의 평균값임. 더 자세한 내용은 van der Ent and Savenije(2011); van der Ent *et al.*(2010) 참조.

[이 그림은 본문 뒤에 컬러 그림이 따로 삽입됨]

4.b4.1a). 마찬가지로, 아프리카에서는 그레이트 레이크스(Great Lakes) 지역과 콩고 유역이 사헬강에서 내리는 강우의 주요 원천이 되는 것을 볼 수 있다. 일반적으로 중앙아프리카의 국지적 수분 재활용 정도는 높다. 보통 강우는 대기를 통해 2,000 km 이상 이동하지 않는다(그림 4.b4.1c, λ_ρ < 2,000 km). 안데스산맥 바로 동쪽과 티베트 고원 주변에서 매우 높은 국지적 수분 피드백이 관찰되기도 하는데, 이곳에서는 지형성 상승과 결합하여 산지를 향한 강한 수분 이류가 높은 국지적 수분 재활용률을 유지하게 된다.

증발은 토지 이용 및 물 관리와 직접적인 연관이 있다. 따라서 이러한 결과는 토지 이용 변화가 기후에 미칠 수 있는 영향에 대한 1차 추정치를 제공한다. 예를 들어, 위의 결과에 따르면 아마존과 콩고에서의 삼림 벌채는 하향풍 지역의 강우량을 줄일 가능성이 있는 반면, 물 보존은 긍정적인 효과를 크게 가져올 수 있다는 것을 시사한다. 토지 이용과의 보다 직접적인 연관성을 파악하기 위해서는 향후 수분 재활용 연구들은 빠른 수분 피드백 또는 (강우가 땅에 닿기 전 잎 등에 의한) 차단으로 인한 증발; 지연된 수분 피드백, 또는 증산과 토양에서의 증발; 그리고 연속적 증발, 또는 개방수에서의 증발을 구별해야 한다.

(재수출로 인한 306 km^3 포함)로 계산하였으며, 이 중 986 km^{3}는 농작물, 276 km^{3}는 축산물에 의한 것이다. ComTrade 자료와 함께 11개 작물 기능 유형의 LPJmL 기반 가상수 함량을 계산하면 수출로 인한 가상수는 연간 최대 393 km^{3}가 더해진다(Fader *et al.*, 2011). 농산물을 포함한 무역이 빠르게 성장함에 따라(WTO, 2008) 가상수 흐름도 빠르게 증가하고 있다. Ramirez-Vallejo and Rogers(2004)는 2020년 사하라 사막 이남 아프리카에서 순수입이 2배 증가하는 것을 포함하여 향후 무역 자유화에 따라 무역과 연계된 가상수 흐름이 더욱 증가할 것이라고 예측한다.

또한 중국 북부에서 남부로, 그리고 인도 서부에서 동부로 먼 거리를 가로지르는 것과 같은 대내 식량 및 관련 가상수의 흐름도 있다. 이러한 흐름은 대부분 잉여 지역에서 부족 지역의 방향으로 발생하지만, 중국과 인도의 경우에는 식량 잉여 지역 또한 건조한 지역이며, 대규모의 실제 물 이동에 의해 물 가용성이 증가하였거나 증가될 계획이다(Ma *et al.*, 2006; Verma *et al.*, 2009).

2장에서 설명한 것처럼 무역은 자원 이용과 과잉 이용, 그리고 심지어 황폐화까지 다른 국가나 지역에 외부화한다. 외부 수요를 충족하기 위해 현지 수자원을 사용하는 예는 다음과 같다.

- 아랄해 건조화의 약 20%는 EU에 대한 면직물 수출을 위한 취수에 기인(Hoekstra, 2009).
- 오갈라라(Ogallala) 대수층의 고갈은 부분적으로 수출용 식량 생산에 의해 발생(Box 4.8 참조).
- 물 부족과 영양실조로 고통받는 국가들을 포함한 아프리카에서의 커피, 코코아, 바이오 연료 등의 수출(Hoff *et al.*, 2013).

무역과 관련한 외부 물 영향을 도출하기 위해서는 수출 작물의 소모적인 물 사용량은 생산 지역의 물 부족 수준 및 기회비용과 비교되어야 하며 이를 통해 '물 신발 크기'에서 진정한 '물 발자국'으로 분석이 가능해진다(Pifister and Hellweg, 2009).

특히 아프리카 국가에서의 농업용지에 대한 FDI가 빠르게 확장되면(Anseeuw *et al.*, 2012; Friis and Reenberg, 2010) 현지 자원에 가상수 거래와 유사한 영향을 미치게 된다(Rulli *et al.*, 2013). 사실, FDI는 어느 정도는 국제 상품 시장에서 나타나는 최근의 가격 불안정에 대한 반응으로 인한 것이다. 토지 또는 물 부족 국가들은 식량, 사료, 섬유 또는 바이오 연료를 재배하기 위해 소위 미사용 토지를 취득함으로써 국내 자원 한계를 극복하고자 한다. 이러한 토지 및 물의 취득으로 인해 해당 지역 주민들이 공식적 또는 비공식적인 수리권과 물 접근권을 박탈당하면 이는 '토지 수탈' 또는 '물 수탈'로 바뀔 수 있다(Skinner and Cotula, 2011).

장거리 하천 흐름, 유역 간 이동, 대기의 수증기 운송 및 무역 또는 FDI와 관련된 가상수 흐름 등 모든 원격 연결은 지역 수자원을 다른 지역의 소비 패턴이나 토지 및 물 부족과 같은 외부 동인에 노출시키게 된다. 물 관리 및 거버넌스는 아직 이러한 원격 연결 및 외부 동인에 대해 다루지 않아 왔다. 지속가능하지 않은 물 이용은 외부 수요에 의해서가 아닌 물 이용에 관한 지역 정책 및 의사 결정에 의해 야기된다는 주장도 있다(Wichelns, 2010). 하지만 이러한 주장은 특히 개발도상국의 대내 기관들이 국제 시장 세력에 대항할 수 있을 만큼 충분히 강하다고 가정한다.

앞으로는 예컨대 FDI를 규제하여 지역 생계 및 환경 조건을 개선하거나 최소한 저하시키지 않도록 지역적 의제와 외부 또는 국제 의제 간의 조정을 하는 것이다(Hoff *et al.*, 2012).

GWS에서는 다음과 같은 '원격 연결의 사슬'을 찾을 수 있다.

수입 증가(예: 중국의 식량 수입)
↘
이로 인한 브라질의 콩 생산을 위한 토지 이용 변화
↘
농업 경계의 아마존 지역으로의 확장
↘
삼림의 추가적인 개간
↘
증발산의 감소
↘
육지의 수분 재활용 감소
↘
하향풍 지역인 파라나 유역에서 강우 및 가용 수자원의 감소

4.3 글로벌 물 시스템에서의 변화, 상호작용, 피드백, 원격 연결 및 회복탄력성

제2장에서 설명한 지구 시스템의 변화는 GWS의 모든 구성 요소에도 영향을 미친다. 이러한 변화 중 일부는 지역적으로 나타나지만(예: 토지 이용 변화 및 물 수요 증가) 그것들이 합쳐지게 될 때 GWS에 영향을 미치게 되는 반면, 다른 변화들은 그 자체가 전 지구적으로 나타나게 된다(예: CO_2 농도 증가 및 기후 변화). 위에서 설명한 피드백과 원격 연결로 인해 이러한 변화는 물에 의존하는 다양한 사회-생태 시스템을 통해 전 지구적 규모까지 전달되고 회복탄력성에 영향을 미친다. 토지 황폐화와 같은 느린 동인은 사회-생태 시스템을 임계치에 더 가깝게 밀어붙여 가뭄과 같은 충격에 덜 회복탄력적으로 반응하도록 하고, 이는 식량 위기 및 이주와 같은 급격한 결과를 불러일으킨다. IWRM과 거버넌스는 지구 시스템과 GWS에서 일어나는 가속화되는 변화와 격변에 적응할 필요가 있다.

4.3.1 토지 이용 변화, 물, 그리고 회복탄력성

토지 이용 변화는 지역적으로 발생하지만, 어떤 경우에는 세계화, 무역 및 FDI(von Braun, 2009)와 다른 지역의 농산물에 대한 수요 증가로 인한 외부 동인에 의해 발생한다. 수출용 생산을 위한 토지 이용 변화의 예로는 중남미의 콩 재배지, 동남아시아의 석유 야자 재배지 또는 사하라 사막 이남 아프리카의 화훼 농장이 있다.

특히 집약적 농업 형태로 일어나는 토지 이용 변화는 보통 경관 구성의 단순화, 생물 다양성 감소, 생태계 기능의 가외성 손실을 초래한다. 이러한 변화는 토지 황폐화 및 장기적 생산성의 저하를 초래하며, 기능 유지를 위해서는 비료, 살생물제, 물과 같은 자원의 지속적인 투입이 필요하다(Kumar,

2010). 이러한 토지 이용 변화가 생계를 위한 선택지의 감소와 함께 일어나게 되면, 기후, 시장 또는 다른 충격이나 재난에 대한 사회-생태 시스템의 취약성을 증가시키고 회복탄력성을 약화시킬 수 있다(Falkenmark and Rockström, 2008). 토지 황폐화가 수반될 경우 토양수와 탄소 저장도 감소한다. 외부적 동인에 의한 경관 황폐화의 예로는 보르네오 열대우림을 들 수 있다. 이 우림은 수출용 야자기름 생산으로 인해 면적이 감소하고 파편화되었다. 원래의 다기능 열대우림에서는 엘니뇨와 이에 따른 가뭄이 열대우림과 그 생물 다양성의 재생을 촉발하는 데에 필수적인 역할을 하였다. 하지만 단순화된 야자유 경관에서는 엘니뇨는 대형 산불을 일으킬 수 있다. 예를 들어, 1997년 보르네오에서 일어난 산불은 화석 연료로 인한 연간 전 세계 CO_2 배출량의 약 3분의 1을 배출시켰다. 보르네오는 탄소 흡수원에서 탄소 배출원으로 바뀌었다(Folke *et al.*, 2011).

예를 들어, 자연 생태계로부터 농경지 및 기타 '인위적 생물군계'(Ellis and Ramankutty, 2008)로 토지 이용이 변화하면 녹색수 및 청색수의 저장량, 흐름 및 생산성을 변화시킨다. 또한, 이는 다양한 생태계 서비스 유형 간의 물 흐름을 바꾸며, 상류 및 하류 지역 간에 심지어는 국가 간에 물 생산성 및 편익 수준을 바꾸게 된다.

그림 4.6은 자연 식생에서 현재의 토지 이용으로 인위적인 토지 피복 변화가 일어날 때의 증발량의 증가 또는 감소를 보여준다(Ramankutty *et al.*, 2008).

숲이 농작물로 대체되면 일반적으로 증발산량이 감소하여 수분 재활용이 줄어들고 지역적 규모에서 물 순환의 저하를 일으킬 수 있으며, 이는 아마존의 사막화 등을 야기할 수 있다. 반면, 관개를 하게 되면 추가적인 지표수 또는 지하수를 대기로 '펌핑'을 하여 증발산량이 증가한다(Gordon *et al.*, 2005; Rost *et al.*, 2008).

토지 이용은 물의 흐름과 저장량에 영향을 미치며, 동시에 물 가용성에 의해 제어된다. 예를 들어, 건조지 농업의 생산성이 낮아지게 되면 농부들은 더 많은 한계지대로 농지를 확장할 수밖에 없거나 천수농업에서 관개 농업으로 바꿀 수밖에 없다. 관개 농업은 처음에는 가뭄 등에 대한 회복탄력성을 증가시킬 수 있지만, 과잉 취수(고갈되는 대수층에 의존하

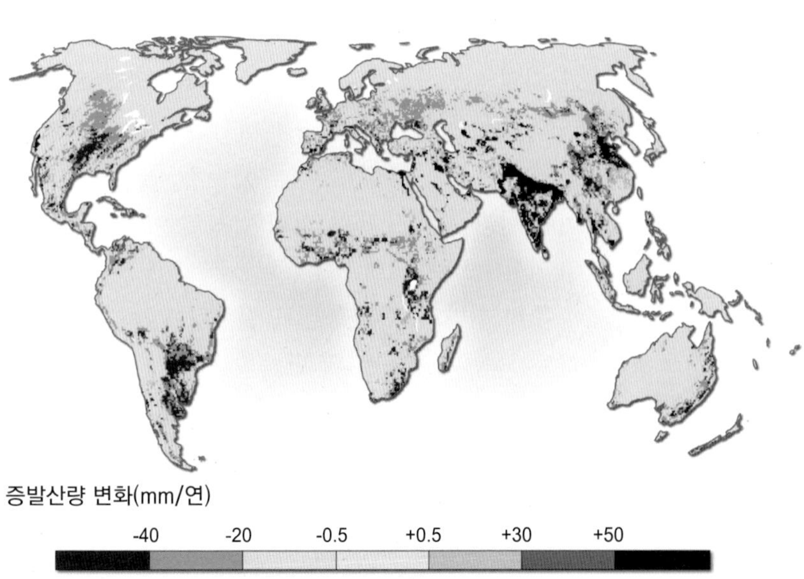

그림 4.6 잠재적 자연 식생에서 현재 토지 피복으로의 변화에 따른 LPJmL 기반의 인위적 증발산량 변화 지도(Ramankutty *et al.*, 2008의 토지 피복 자료 이용).

[이 그림은 본문 뒤에 컬러 그림이 따로 삽입됨]

는 상기 인도 관개 경제의 예 참조)나 기후변화에 의해 총가용수량이 감소하게 되면 이러한 효과는 뒤집힐 수 있다. 관련된 사회-생태 시스템은 관개 농업이 가져다준 높은 수확량이나 다중 작물에 대한 의존도가 높아졌으며, 저렴한 물과 에너지에 의존하게 되었다. 이러한 딜레마에 대한 반응작용으로 이주가 발생하며 이는 자원에 대한 압력과 과잉 이용을 다른 지역, 특히 도시로 이동시킨다.

토지 이용 변화의 영향은 이 변화가 발생하는 지역에 국한되지 않으며, 대기 수분 재활용을 통해 다른 지역의 물 가용성과 궁극적으로는 회복탄력성에 영향을 미칠 수 있다(위의 원격 연결 2 및 Keys *et al.*, 2012 참조).

4.3.2 기후변화, 물, 회복탄력성

기후변화는 온도, 물 가용성 및 변동성은 물론 농작물의 물 수요와 생산성, 빙하 유출과 해수면의 변화를 야기한다. 동시에 홍수나 가뭄과 같이 변동성과 극단성이 증가할 것으로 예상된다(IPCC, 2011).

그림 4.7은 LPJmL에 의해 시뮬레이션한 결과이며, 일정한 대기 중 CO_2 농도에 대한 17개의 지구 기후 모델의 앙상블 평균에 대해 금세기에 대부분 예상되는 물 가용성의 변화를 보여준다. 실험실 및 현장 실험 결과에 따르면 식물의 물 이용 효율이 증가하고, 이와 함께 CO_2 농도가 증가함에 따라 증산(비료 효과)이 감소하지만, 이러한 '물 절약' 효과가 경관 규모에서는 어떤 결과를 낳을지에 대해서는 불확실성이 크다. 그럼에도 불구하고, 대기 중 CO_2 농도가 증가하면 미래의 물 부족이 다소 완화될 것이라는 가정이 가능하다.

기후변화로 인한 해수면 상승은 지표수와 지하수에 염수 침투를 야기하여 수질을 저하시키고 또한 홍수 위험을 높이기 때문에 해안 인구를 위험에 빠뜨린다. 그림 4.8은 해수면 상승에 따른 침수 피해 인구수에 따라 주요 하구를 분류하고 있는데, 여기에는 절대 해수면 상승, 지하수 또는 탄화수소 추출로 인한 육지 침하, 유사 침전 등이 포함된다.

기온이 높아지면 장기적으로는 히말라야나 안데

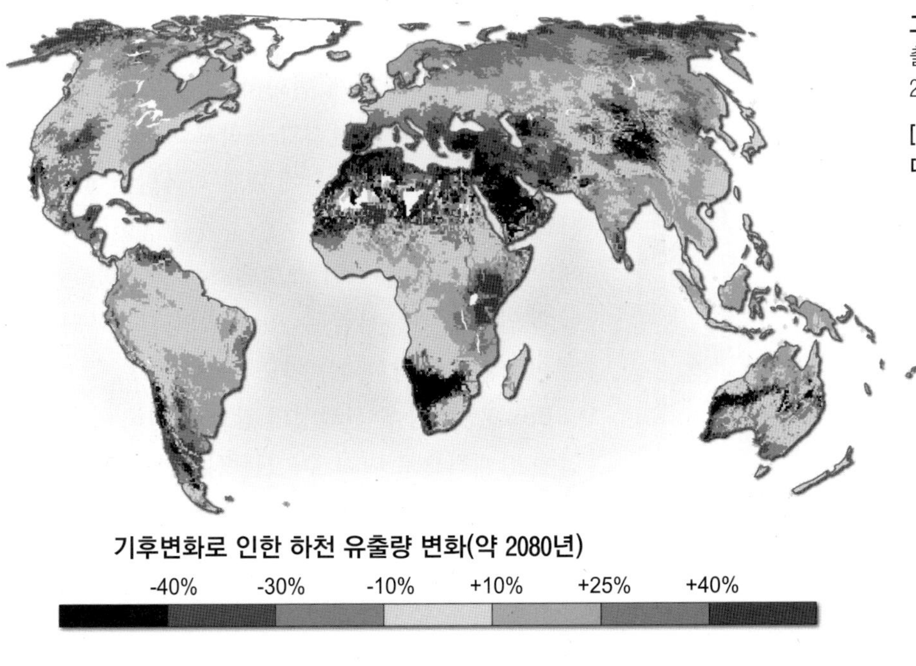

그림 4.7 기후변화로 인한 하천 유출량의 변화: 각 셀당 2000년 대비 2080년대의 청색수 가용량.

[이 그림은 본문 뒤에 컬러 그림이 따로 삽입됨]

그림 4.8 해수면 상승과 해안 대수층의 과도한 개발은 대유역 하구에서의 수자원 황폐화 위험의 요인이 된다(Parry *et al.*, 2007).

스산맥과 같은 지역의 눈 및 빙하 저수량이 감소하여 건조한 계절과 건조한 해에는 관련된 사회-생태 시스템의 완충 능력이 감소하게 된다.

홍수나 폭풍과 같은 극한사상은 최근 수십 년간 그 발생 횟수뿐만 아니라 피해 인구와 비용 역시 증가하였다(CRED, 2012; 그림 4.9).

하지만 이러한 극한사상의 증가가 기후변화나 경관 변화 등의 다른 동인에 기인한 것인지, 아니면 자연적인 변동성 수준 내에 있는 것인지는 명확하지 않다. 미래의 기후변화가 향후 극한사상의 추가적인 증가로 이어질지도 분명치 않다. IPCC(2011)는 중간 수준의 신뢰 구간에서 특히 남유럽과 서아프리카 등 일부 지역에서 더 강하고 긴 가뭄을 경험했으며, 일부 계절과 지역에서는 21세기에 가뭄이 더욱 심해질 것이라고 한다.

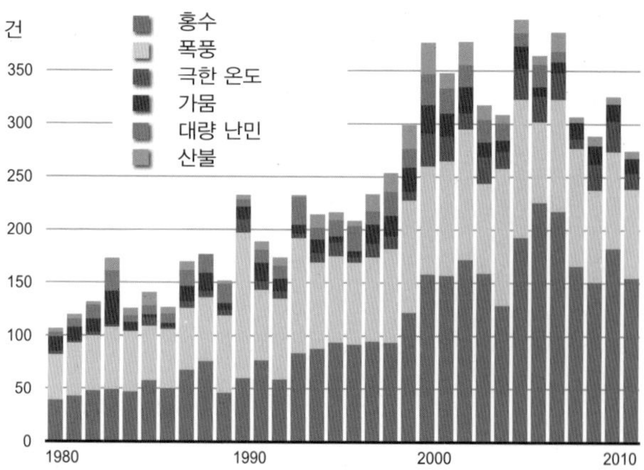

그림 4.9 홍수와 기타 기후 관련 극한사상의 증가를 보여주는 재난 통계(CRED, 2012).

어떠한 경우든 온도 상승, 건조화, 눈 저수량 감소 등을 초래하는 느리게 변화하는 기후 변수는 토지 황폐화와 같은 다른 압력과 동반으로 작용하여 가뭄이나 건조화와 같은 충격에 대한 회복탄력성을 감소시킬 수 있다. 식생의 물 수요 증가를 통한 기후변화에 의한 피드백은 이미 스트레스를 받고 있는 시스템에 압력을 가중시킬 수 있다(위의 건조화되고 있는 아마존이나 약화되는 인도 몬순 참조).

Box 4.5는 강우 **신뢰성의 감소**로 인해 호주의 농업에 잠재적으로 미칠 수 있는 심각한 결과와 물 시스템의 회복탄력성 구축 그리고 불확실한 미래 및 잠재적 충격에 대비해야 하는 필요성을 보여준다.

Box 4.5 호주의 기후 혼돈에 대한 대처

Will Steffen, The Australian National University and Climate Commissioner

큰 수문 변동성

'가뭄과 홍수의 땅' 호주는 역사적으로 수문 순환의 변동성이 매우 커 6만 년간 주민들에게 물 문제를 안겨왔다. 호주 원주민들은 이러한 기후 변동에 대응하기 위해 그들의 높은 이동성을 이용하여 움직이는 자원을 쫓아다녔다. 호주 대륙에서의 경험이 훨씬 짧고 정주 생활양식을 갖고 있던 유럽계 및 아시아계 호주인들은 여전히 이러한 변동성에 대처하는 법을 배우고 있는 중이다.

지금의 과제는 자연 변동성(ENSO, Indian Ocean Dipole (IOD), Southern Annual Mode (SAM), Pacific Decadal Oscillation (PDO))이 어떻게 작용하고 서로 상호작용하는지를 이해하는 것뿐만 아니라, 지구 기후변화의 추세가 이러한 기존의 자연 변동성과 어떤 상호작용을 하여 새로운 형태의 강우와 물 가용성을 만들어내는지를 이해하는 것이다. 호주의 강우에 영향을 미치는 물리적 프로세스가 어떻게 변화하고 있는지에 대한 이해에 일부 진전이 있기는 하지만(예: Frederiksen *et al.*, 2011; Nicholls, 2010; Timbal *et al.*, 2010) 아직까지는 많은 불확실성이 있고 향후 예측에 대한 신뢰도는 대부분 낮은 수준이다.

강우 신뢰성

예를 들어 농업 부문은 이러한 불확실성이 높은 미래에 대처하기 위해 변화하는 강우 패턴에 대한 통찰력을 얻는 새로운 방법을 개발하고 있다. 변동성이 아닌 강우 신뢰성의 개념은 작물 부문이 가용수량의 변화에 대처할 수 있도록 개발되었다(Steffen *et al.*, 2011). 강우 신뢰성(Rainfall reliability)이란 강우의 이용자 측면에서 볼 때, 작물 성장기와 같이 특정 기간 동안의 강우 분포를 의미한다. 그림 4.b5.1은 지난 100년 동안 가을철 강우 신뢰도의 변화를 보여준다. 패턴이 복잡해 보이긴 하지만 서부 호주의 남서부 끝단 지점을 보면 신뢰성이 확연히 감소하고 있는 것을 볼 수 있다.

강수량의 변화

이러한 강우 신뢰성의 감소는 절대 강우량의 감소와 함께 나타났으며, 이는 물 가용성이 전반적으로 감소함과 동시에 연중 물 가용성에 대한 예측이 어려워지고 있음을 의미한다. 흥미롭게도 이러한 경향들은 이제 어느 정도 확실하게 알려져 있기 때문에, 이러한 변화에 대처하는 이 지역 사람들의 능력은 놀라울 정도로 높다. 그림 4.b5.2는 퍼스(Perth)시에 물을 공급하고 있는 댐의 지난 100년간의 유입량 변화를 보여주고 있으며, 1970년대 중반부터 급격하

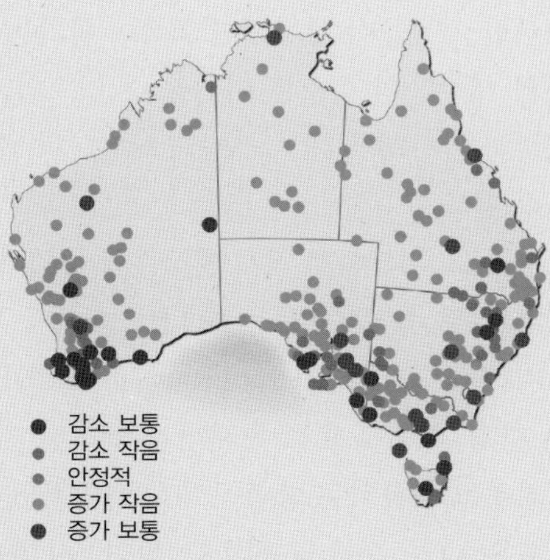

그림 4.b5.1 과거 100년간 가을철 강우 신뢰도에 적용한 시계열 분석(Steffen *et al.*, 2011).

[이 그림은 본문 뒤에 컬러 그림이 따로 삽입됨]

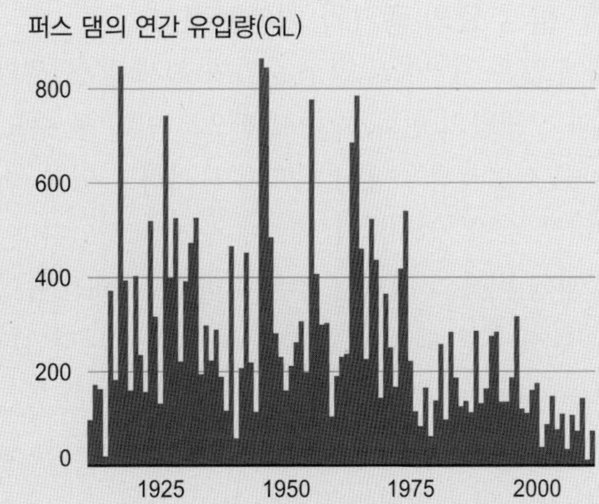

그림 4.b5.2 퍼스의 물 공급용 댐의 유입 유량(1911-2011)(Water Corporation, 2012).

게 감소하고 있음을 볼 수 있다. 시는 물 시스템의 효율성 증대, 수요 관리, 2개의 담수화 공장 건설 등을 복합적으로 시행하여 지금까지 잘 대처해 왔다.

밀을 주로 생산하는 이 지역의 농업 부문 역시도 잘 대처해 왔다. 1970년대 중반부터 강수량이 감소했음에도 불구하고, 동일 기간 밀 수확량은 실제로 증가하였다. 이는 기술과 관리의 다양한 변화 덕분이다. 이 중 일부는 강우와는 무관한 변화였지만 일부는 이에 대한 직접 대응을 위한 것이었다. 후자의 예로는 이전에 침수 지역이었던 곳을 작물 생산에 이용하는 것이 있으며, 전자의 예로는 토양 수분을 보존하는 무경간농법의 채택이 있다(Stefen *et al.*, 2006). 그러나 매우 건조했던 2010년 이후, 2010-2011년의 밀과 기타 겨울철 농작물의 생산량은 이전 해보다 43% 감소하였다(ABARES, 2011).

1997-2009년의 밀레니엄 가뭄

하지만 신뢰성, 변동성 또는 장기적 추세의 변화가 명확한 패턴으로 드러나지 않는 경우에는 물 가용성의 변화에 대처하기가 훨씬 어렵다. 불행하게도, 이러한 경우는 더 많은 인구가 집중된 남동부 지역을 포함한 호주 대부분의 지역에 해당된다. 멜버른, 시드니, 브리즈번, 캔버라의 도시 용수 공급을 위협하고, 심각한 물 사용 제한을 초래했던 1997년부터 2009년까지 이어진 극심한 가뭄은 2010년 중반에 동부 해안을 따라 대부분의 지역에서 발생한 폭우와 홍수로 갑작스럽고도 극적으로 멈추게 됐다. 2010년 12월은 호주 동부 지역에서 가장 습한 12월로 기록되었다. 이러한 물 가용성의 빠르고 극적인 변화는 일부 지역에서 미래 수자원을 확보하기 위한 노력을 약화시켰는데, 이는 건조 기후에 대한 대응 계획이 현재 의문시되고 있기 때문이다.

충격에 대한 회복탄력성을 향해

호주의 일부 지역(서호주 남서쪽 끝단 및 대륙 남동쪽 끝단)에서만 강수량 또는 물 가용성의 방향적 변화에 대한 대처를 높은 신뢰도를 갖고 할 수 있다. 반면, 대부분의 장소에서는 규모 및 방향(더 습해질지 혹은 더 건조해질지) 측면에서 모두 불확실한 물 가용성 때문에 매우 불확실한 미래에 직면하고 있다. 이는 충격과 불확실한 추세에 대한 물 시스템의 보편적 회복탄력성을 구축하는 것이 불확실성이 높은 방향 변화에 적응하는 것보다 더 적합하다는 것을 의미한다. 호주는 여전히 가뭄과 홍수의 땅이지만, 앞으로는 이러한 극한사상이 더 많이 발생하고 이에 대한 예측은 더 어려워질 것이다.

4.3.3 물 수요의 증가와 회복탄력성

전 세계 많은 지역에서 인구 증가와 경제 발전, 생활양식과 식생활의 변화, 기술 발전으로 인해 물 수요, 취수 및 소모적인 사용이 빠르게 증가하고 있고, 이 문제들은 수질 저하로 더 빠르게 증가하고 있다. 이러한 과잉 이용의 결과는 낮은 지하수위, 하천 유량 감소, 환경 유량 훼손 및 유역 폐쇄 등으로 나타난다(Falkenmark and Molden, 2008). Box 4.6은 특히 인도, 중국, 서아시아, 북아프리카, 미국, 멕시코 등 지하수가 과잉 개발되는 지역을 보여준다.

지하수는 건기 또는 가뭄 영향을 완충시키는 물 저장소의 역할을 하며, 지표수에 비해 증발에 의한 손실이 적고 오염 취약성이 낮다. 지하수의 과잉 개발로 이러한 기능들이 상실되면 회복이 불가능한 염수 침투와 대수층의 축소로 이어질 수 있으며, 지하수에 의존하는 사회-생태 시스템의 회복탄력성을 감소시킬 수 있다.

지표수와 그 수생태계 역시 지하수와 마찬가지로 과잉 이용이 될 수 있으며, 구조, 다양성, 기능 및 서비스가 저하될 수 있다(Arthington *et al.*, 2009). Box 4.7에는 환경 유량에 대해 현재까지 알려진 지식과 이를 평가하고 적용하는 방법에 대해 설명하였다.

Box 4.8은 (물 수요의 변화를 통한) 사회-경제적 추세와 결합된 수문기후 조건이 물 부족 지역의 회복탄력성에 영향을 미칠 수 있음을 설명한다. 중국 화베이 평원은 미국 중부 고지 평원보다 인구 압력이 훨씬 크지만, 동시에 물 집약적 농업을 산업으로 대체할 수 있는 경제 발전의 긍정적 측면도 있다. Ripl(Box 4.1 참조)이 생물물리학적 추세를 설명할 때 사용하는 경관의 '고령화'라는 용어는 개발의 자

Box 4.6 오늘날과 미래의 지하수 이용 및 스트레스

Petra Döll, University of Frankfurt

얼마나 많은 물이 지하수에서 취수되고, 또 지표수에서 취수되는지 확실히 알 수는 없다. 특히 전 세계적으로 가장 많은 양을 차지하는 관개 부문에서 불확실성이 가장 높다. 예를 들어, Shah *et al.*(2007)은 지하수 관개가 이뤄지고 있는 인도의 토지 면적이 2,650만 헥타르인 반면, Siebert *et al.*(2010)은 3,680만 헥타르로 추정한다. 터키의 경우, 각각의 추정치는 70만 헥타르와 170만 헥타르이다. Siebert *et al.*(2010)에 따르면, 관개수의 약 40%가 지하수에서 취수된 것으로 추정된다. 1998-2002년에 관개를 위한 지하수 취수량은 연간 약 1,300 km^3에 달했고, 전체 지하수 취수량의 약 90%를 차지했다(Döll *et al.*, 2012).

순 지하수 이용량

인간의 물 사용이 환경에 미치는 영향을 평가하기 위해서는 취수량보다는 지하수와 지표수 수체에서의 순 이용량을 고려해야 한다. 순 이용량은 저장 구역으로부터 추출된 양과 그 구역으로 반환된 양의 차이로 정의되며, 지하수의 순 이용량 역시 관개에 사용된 지표수의 회귀수를 고려한다. 지하수(NAg) 또는 지표수(NAs)의 순 이용량이 양의 값이면 지하수 또는 지표수의 저장 손실을 나타내는 반면, 음의 값이면 저장량이 늘어남을 나타낸다. 높은 양의 NAg와 높은 음의 NAs를 가진 지역의 예로는 미국 중부 고원 지대, 인도의 최서단(특히 구자라트 주와 라자스탄 주)과 중국 북동부의 베이징 주변 지역이 있으며, 이들 지역에서는 지하수로부터 펌핑된 관개수의 회귀수가 지표수 유량 및 저장량을 증가시킨다(그림 4.b6.1 a 및 b, Döll *et al.*, 2012). 인도의 갠지스 유역과 이탈리아의 Po 유역의 대부분의 지역에서는 NAg와 NAs 모두 높은 편이며, 스페인의 대부분 지역은 NAg와 NAs가 모두 양의 값이긴 하나 NAg가 지배적이다. 1998-2002년에 전 지구적 NAg는 약 250 km^3/year였고, NAs는 약 1,200 km^3/year이었다(Döll *et al.*, 2012).

지하수의 고갈

NAg(Döll *et al.*, 2012)와 지하수 함양량(Döll and Fidler, 2008)의 비는 지하수 스트레스와 지하수 고갈을 나타내는 지표이다(그림 4.b6.1c). 분석의 공간 해상도(그리드 셀 크기 0.5° x 0.5°, 즉 2,000-3,000 km^2)를 고려하면 지하수 취수의 부정적인 영향은 지하수 스트레스가 0.01-0.1의 작은 값에서도 발생할 수 있으며, 특히 지하수 취수가 그리드 셀의 일부 구간으로 제한되는 경우 더욱 그러하다. 이러한 지하수 스트레스 수준에서는 지표수로의 기저 흐름이 이미 크게 감소하여 담수 생태계와 지표수 공급 안보에 영향을 미칠 수 있다. 지하수에 의존하는 식생과 지하수 공급에 영향을 미칠 정도로 지하수위는 감소했을 수 있다. 지하수 스트레스가 1보다 큰 곳에서는 지하수 고갈이 발생하기 쉬우며, 지속적으로 지하수위가 떨어진다. 미국과 멕시코, 지중해 주변, 아시아 서부, 인도, 중국 북부 등 관개 집중적으로 이뤄지는 반건조 지역이 이에 해당한다(그림 4.b6.1c).

추세

최근 수십 년 동안 지하수 관개 지역은 절대면적 및 전체 관개 지역에 대한 비율 모두 증가하였다(Siebert *et al.*, 2010). 이러한 경향은 앞으로도 계속될 것이며, 기후변화로 인해 더욱 심화될 것으로 보인다. 한 가지 이유로는 기후변화가 현재 관개지의 60-70%에 해당하는 곳에서 온도 상승과 강수 패턴 변화로 인해 총관개수 요구량을 증가시킬 가능성이 높기 때문이다(Döll, 2002). 또 다른 이유로는 강우 변동성 증가로 지표수 공급량의 변동성이 역시 커져 지하수가 더욱 매력적인 수원지가 될 가능성이 높기 때문이다. 그러나 지하수 스트레스가 높은 지역에서는 수위 감소가 지하수 사용을 비경제적으로 만들거나, 사회가 관개의 이점보다 좋은 생태학적 상태를 더 높은 가치로 평가하여 관개수 이용량이 향후 감소할 수 있다.

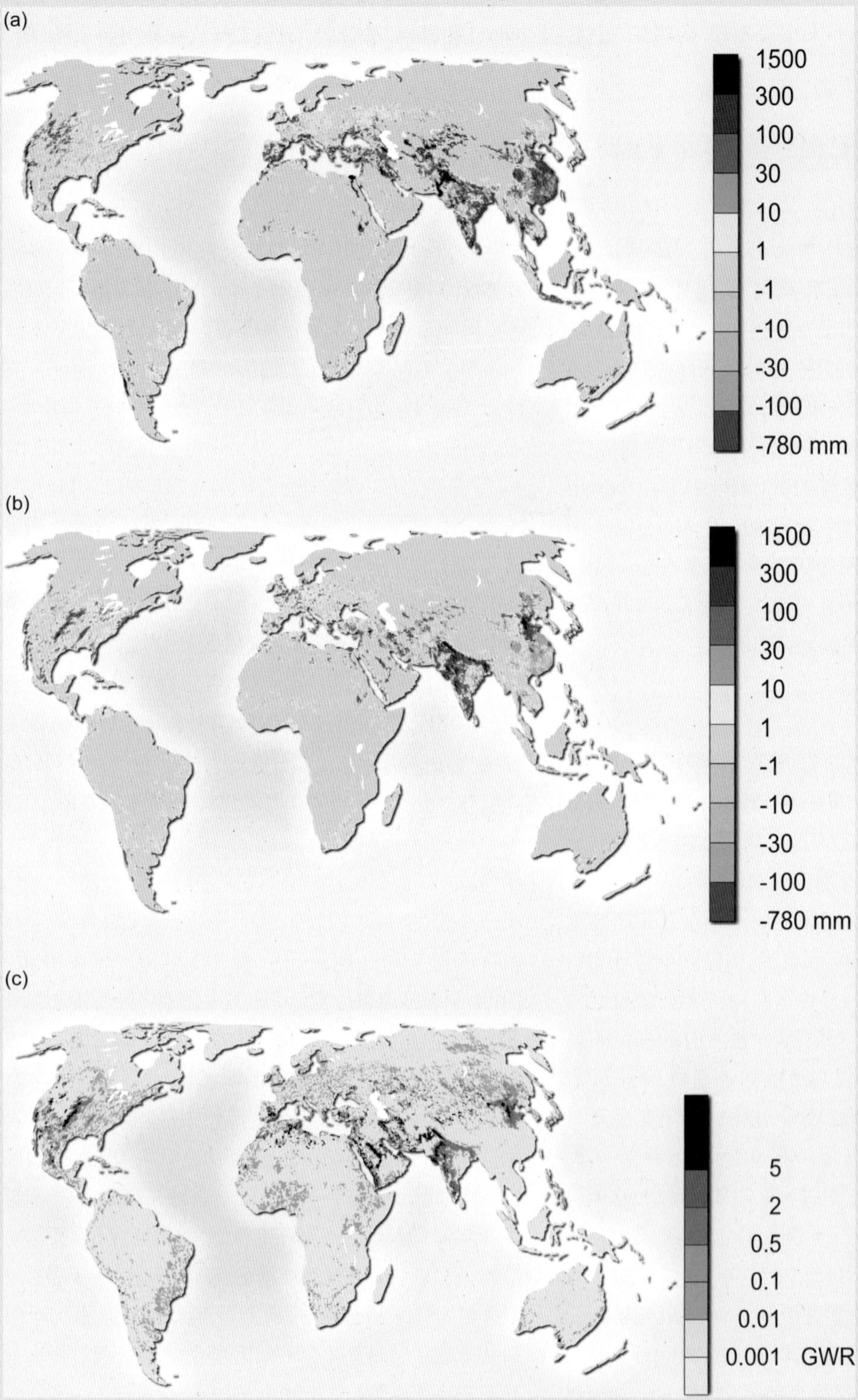

그림 4.b6.1 (a) 지하수 순 취수량(NAg), (b) 지표수 순 취수량(NAs), (c) 지하수 스트레스 지표인 지하수 재충진량 대비 NAg 비율(1998-2002).

[이 그림은 본문 뒤에 컬러 그림이 따로 삽입됨]

유도 감소를 나타내는 사회-경제적 의미로도 사용될 수 있다.

많은 건조한 지역에서 경관과 육상 생태계가 더 이상 필요한 양과 수질의 물을 공급할 수 없게 됨에 따라 해수 담수화를 통해 담수가 점점 더 많이 생산되고 있다(IEA, 2009). 이 과정은 상당히 에너지 집약적이면서 현재는 대부분 화석 연료에 기반을 두고 있기 때문에, 담수화된 물에 대한 의존도는 에너지 가격 변동뿐 아니라 추가적인 온실가스 배출에 대한 새로운 취약성을 만든다.

빠르게 확장하는 바이오 연료용 농장을 위한 용수 및 토지에 대한 추가적인 수요는(Box 2.1 참조) 세계 식량 시장에 부담을 가중시킨다. 새로운 바이오 연료는 최근 세계 식량 시장에서 가격 폭등에 기여한 것으로 추정되며(Rosegrant, 2008), 이는 식량 안보와 빈곤층의 회복탄력성에 영향을 미친다.

도시는 높은 인구 밀도와 자원집약적 생활방식 때문에 농촌에 비해 물 수요가 집중된다. 도시의 물 수요는 도시 인구가 증가하고 생활 수준이 향상됨에 따라 빠르게 증가한다. 지표수의 감소와 수질 저하로 도시는 점점 더 먼 거리의 지하수에 의존한다. 이러한 대규모 물 이동은 종종 도시 파이프 시스템에서의 심각한 누수를 동반하여 이로 인한 반등 효과가 발생할 수 있다. 즉, 지하수 수위가 자연 수위 이상으로 상승하여 새로운 홍수 문제를 일으킬 수 있다(Foster *et al.*, 2010).

국가별 가상수 수입과 마찬가지로, 도시의 가상수 및 실제 물 수입이 사회-생태 시스템의 회복탄력성에 어떤 영향을 미치는지는 명확하지 않다. 도시에 의해 농촌 지역의 자원이 과도하게 이용되면 농촌 생활 여건을 악화시키고 추가적인 도시 이주를 유발한다. 이는 다시 도시 인구와 농촌 자원의 수요를 늘리는 양의 피드백을 만들어낼 수 있다. 도시 시스템의 잠재적 물 관련 임계치들은 아직 자세히 연구되지 않았다.

연간 200 m^3/인 미만의 적은 양의 도시 및 산업용 청색수에 대한 수요(Lundqvist and Gleick, 1997)는 일반적으로 인근에서 충족이 가능하지만, 연간 1,000 m^3/인 이상의 식량 용수(Gerten *et al.*, 2011)는 먼 지역으로부터의 가상수 수입에 의해 충족되는 경우가 많다. 한 예로써, 베를린은 수입 작물의 평균 수송 거리가 4,000 km 이상이며 높은 외부 가상수 발자국을 가지고 있다(Hoff *et al.*, 2013; 그림 4.10).

Box 4.7 전 세계 하천 흐름을 유지하기

Jay O'Keeffe, Rhodes University
Michael E. McClain, UNESCO-IHE Institute for Water Education

하천 시스템은 인간 사회의 핵심이다. 템스강이 없다면 런던은 어디에 있을까? 나일강이 없는 카이로는? 유마나강이 없는 델리는? 티베르강이 없는 로마는? 위대한 문명들은 강 주변에 세워짐으로써 사람들이 이에 의지해 물을 공급하고 폐기물을 처리하게 해주었다. 뿐만 아니라 강은 문화, 정신, 항해, 생태에 초점을 맞출 수 있는 길도 마련해 주었다. 그럼에도 불구하고, 이러한 강들은 과잉 이용에 의해 훼손되어 왔다. 즉, 오염되고, 과잉 취수되고, 운하로 만들어지고, 홍수터로부터 분리되어 왔다. 놀랍게도, 쉬지 않고 흐르던 강들이 수로를 흐르지 않도록 관리되고 있다. 심지어 황허강, 인더스강, 콜로라도강, 머리강을 포함한 세계에서 가장 큰 강들 중 일부는 더 이상 바다에 도달하지 않는다(Le Quesne *et al.*, 2010). 물이 없는 하천 수로는 무용지물이다. 사람들에게 상품이나 서비스를 제공하지 않으며, 생물 다양성을 위한 서식지나 자원도 제공하지 않는다. 어떤 기준으로 보아도, 그리고 상류 지역의 요구에도 불구하고, 그러한 관리는 무의미하다.

이러한 인식의 증가는 지난 35년 동안 환경 유량 개념을 개발시켰다. 이 개념은 담수 및 하구 생태계를 유지하고 이러한 생태계 서비스에 의존하는 사람들의 생계와 복지에 필요한 물 흐름의 양, 시기, 수질 및 수준을 의미한다(Brisbane Decalaration, 2007). 복잡하고 불분명한 IWRM(예: Biswas and Tortajada, 2004; Kerr, 2007)과는 대조적으로, 환경 유량의 평가 및 적용은 다양한 세부 수준과 잘 정의된 목적으로 개발되고 그 방법론이 기술된 명확한 프로세스이다. 그리고 이는 정책 입안자, 관리자, 공학자, 과학자, 환경보호론자들이 쉽게 접근할 수 있고 받아들이기 쉬운 프로세스이다.

환경 유량의 기본 원리는 사람들은 하천이 제공하는 자원을 이용해야 하고, 합리적 수준의 이용에 대해서는 하천이 견고하고 회복탄력적이며, 사람 및 생물 다양성이 필요로 하는 것을 지속가능하게 제공할 수 있는 변형된 유량 체제를 정의하는 것이 가능하다는 것이다. 각 지역의 정보 및 전문가를 포함한 가용 자원에 따라 이러한 필요 유량을 신중하게 평가하기 위한 방법들이 많이 있다(Tharme, 2003).

환경 유량은 전 세계적으로 수자원 정책을 개발하는 데 있어 표준이 되고 있다. Le Quesne *et al.*(2010)은 일본, 중국, 파키스탄, 인도, 호주, 뉴질랜드, 남아프리카, 케냐, 탄자니아, 멕시코, 칠레, 에콰도르, 콜롬비아, 코스타리카, 푸에르토리코, 브라질, 메콩 유역 국가들, 유럽 연합 회원국, 미국 여러 주들의 환경 유량에 대한 요구사항을 포함하는 정책 및 입법 개발을 열거하고 있다. Hirji and Davis(2009)는 환경 유량을 운영하고 있는 다수의 하천이 있는 미국과 호주 이외 국가에서의 8개의 적용 프로젝트를 기술하고 있다.

환경 유량 평가법

환경 유량 평가에 현재 사용 중인 방법은 세 가지로 분류할 수 있다.

- 수문 기반 또는 조회 테이블 방법: 원래의 몬태나주 방법(Tennanta, 1976)은 최적(60-100%)에서 심각한 훼손(0-10%)에 이르는 일곱 가지 생태 조건 분류에 해당하는 우기 및 건조기 평균 유량의 백분율로 유량을 규정한다. 미국 자연 보호국이 개발한 소프트웨어인 수문변화지수(Index of Hydrological Alteration)는 1일 수문 데이터로부터 도출된 60개 이상의 생태 관련 통계를 이용한다(Richter *et al.*, 1996). 이 방법들은 효과적인 조사 목적의 평가 방법이며, 수문학적 자료가 있는 경우 빠르고 저렴한 비용으로 이용할 수 있다. 그러나 권장 유량에 대한 구체적인 생태학적, 수질적, 지질학적 또는 사회적 정당성이 결여되어 있어 이견이 있을 경우 이를 방어하기 어렵다.
- 서식지 평가 방법: PHABSIM을 주요 모델로 이용하는 Instream Flow Incremental Methodology(IFIM) 등이 여기에 해당한다(Stalnaker *et al.*, 1995). 이 방법들은 하천 구간에서의 수리학적 서식 조건을 시뮬레이션하기 위해 여러 등급의 하천 단면 자료를 사용하고, 이를 깊이, 유속, 하상기질 등에 따른 대상 종의 수리학적 서식지 선호도와 매치시킨다. PHABSIM은 방류량 변화에 따른 선호 서식지의 감소 또는 증가를 하천 300 m당 m^2 단위의 가중 이용 가능 면적(WUA)으로 표현된 자료로 생성한다. 이 방법은 미국에서 많이 사용되어 왔으며, 유량 설계를 위한 연어나 송어 등 대상 종들이 있는 경우에 적합하다.
- 특정 종이 아닌 생태계가 중요 목표인 경우, Building Block 방법론(BBM, King and Louw, 1998)과 Downstream Response to Imposed Flow Transformation(DRIFT, King *et al.*, 2003) 방법으로 대표되는 전체론적 방법이 일반적으로 사용된다. 전체론적 방법은 물고기, 무척추동물, 하천변 또는 홍수터 생태계의 전문 종 그룹, 수질, 지형학, 사회-경제학에 의존하며, 수로의 형태, 하상기질, 수리학, 수질화학, 홍수터 연결성과 관련하여 유량 변화가 미치는 영향과 이에 따른 시공간상의 가용 서식처에 대해 조사한다. IFIM과 마찬가지로, 정격 횡단면 또는 서식지 시뮬레이션 모델은 서식지 가용성과 수문학을 연결하는 데 사용된다. 그 결과는 일반적으로 이해관계자의 개입하에 목표 달성을 위해 유량 체제를 어떻게 바꾸라는 권고사항이 되거나, 관리 옵션을 선택할 수 있도록 일련의 유량 시나리오에 따른 결과에 대한 기술의 형태가 된다.

최근에는 수문학적 변화의 생태학적 한계(ELOHA, Ecological Limits of Hydrological Alterations)로 알려진

지역 평가 방법이 개발되었다(Poff *et al.*, 2009). 수문 모델링을 이용하여 지역 전체의 하천 구간별로 기준선 및 현재의 유량도를 구축한다. 그런 다음 각 구간은 서로 다른 생태학적 특성을 가질 것으로 예상되는 유량 체제로 분류되며, 수리학적 서식지 특성을 정의하는 중요한 지형적 특성에 따라 추가적인 하위 분류를 한다. 유속 조건을 분석하여 자연 패턴으로부터 얼마나 많은 변화가 있었는지를 결정한다. 마지막으로, 각 하천 유형별로 변화된 유량에 따른 생태학적 대응 관계를 개발한다. ELOHA는 현재 전 세계의 여러 하천에서 테스트 중이다.

환경 유량의 적용

환경 유량의 적용과 지속성은 정치적 의지, 그 중요성에 대한 대중의 인식, 자원 이용과 보호의 균형이 장기적으로 경제적인 이익을 가져다줄 것이라는 인식에 결정적으로 의존한다. 환경 유량이 하천 생태계 및 생물 다양성을 유지하거나 회복시키는 데에 성공적이었는지는 장기적인 모니터링을 통해서만 평가할 수 있다. 기존 환경 유량에 대한 예비 비용-편익 검토는 고무적이다. 남아프리카 공화국의 레소토(Lesotho) 고지대 수자원 계획(LHWS, Lesotho Highlands Water Scheme)의 구성 요소인 카체(Katse) 댐이 완공된 지 9년 후, 그리고 모할레(Mohale) 댐과 마초쿠(Matsoku) 둑이 완공된 지 4년 후인 2006-2007년, 이 구조물들의 하류에서는 목표 환경 조건을 달성하거나 초과한 것으로 나타났다. 이러한 구조물에서 방류되는 총유량의 10.4-15.4%에 달하는 환경 유량이 평가에 의해 권장되었다(IUCN, 2004). 환경 유량의 방류비와 하류 마을 주민들에게 보상금으로 지급된 수백만 달러는 프로젝트 비용의 0.5%에 달했으며 프로젝트의 경제적 수익률에 큰 영향을 미치지 않았다(Le Quesne *et al.*, 2010). 환경 유량은 댐 하류 지역의 하천에 부분 또는 전적으로 의존하는 약 39,000명의 사람들에게 긍정적인 영향을 미쳤다(Hirji and Davis, 2009).

LHWS 사례 연구는 댐이 이미 건설되고 물 사용이 할당된 이후에 하천의 환경 유량을 재설계하는 전형적 프로젝트이다. 이와 대조되는 사례 연구는 케냐의 마우(Mau) 절벽에서 시작되는 마라(Mara)강이 있다. 마라강은 지난 15년 동안 광범위하게 개간된 자연림에서 흐르기 시작하여 관개용수를 사용하는 마사이의 광대한 방목지를 통해 마사이 마라(케냐)와 세렝게티 보존 지역(탄자니아)으로 들어간다. 이 강은 이 보존 지역에 물을 지속적으로 공급하는 유일한 강이며, 서쪽 방향으로 흘러 광대한 습지를 통과한 후 무소마(Musoma)의 빅토리아 호수로 흘러든다. 강의 흐름은 침식과 삼림 벌채, 관개 및 취수로 인해 바뀌었으며, 추가적인 취수 및 유역 간 물 이동 계획에 의해 위협받고 있다. 그럼에도 불구하고 유량이 심하게 감소하지는 않았으며, 특히 가뭄 기간 동안의 저유량의 감소를 제외하고는 흐름 패턴은 실질적으로 자연 그대로이다. 케냐와 탄자니아 전문가들로 구성된 팀은 WWF 동아프리카 및 미국의 지속가능성을 위한 글로벌 물 프로그램(GLOWS)과 계약을 맺고 하천을 자연 상태에 가깝게 유지하는 데 필요한 흐름에 대한 BBM 평가를 2년간 실시했다. 결과에 따르면 케냐와 탄자니아 국경 지역에 있는 환경 유량 현장에서 기록된 26년 동안의 평균 흐름의 35%의 유량이면 목표 달성에 충분한 것으로 나타났다(LVBC and WWF, 2010). 물론, 이 결과들은 불확실성이 수반된 사전 예측이기는 하지만 유역 자연 자원의 큰 훼손 없이 아직 마라강 수자원의 경제적 개발이 있을 수 있음을 나타낸다. 가뭄 기간 중 건기에는 이미 필요 유량이 부족하기 때문에 이러한 기간 동안에는 저장 또는 수요 관리가 필요할 것이다. 탄자니아 습지와 빅토리아 호수의 유입수를 포함한 강 하류에 대한 추가적인 평가가 필요하다. 이러한 주의사항에 대한 염두가 필요하지만, 이 프로젝트는 다음과 같은 사항들을 보여준다.

- 이상적으로는 환경 유량에 대한 평가는 하천 수자원의 상당량이 할당되기 이전에 수행되어야 한다. 그런 다음 그 결과들이 하천 개발을 위한 미래 계획에 통합될 수 있다.
- 이러한 평가는 추가 개발을 막기보다는 심각한 자원 훼손 없이 추가적으로 얼마나 많은 소모적 이용이 가능한지 알려줄 수 있다.
- 이러한 평가는 (가뭄의 건기 동안) 물 부족이 발생하는 시기와 장소를 정확히 집어내어 물 부족 관리가 불가능해지기 전에 물 저장과 같은 개선 조치를 취할 수 있게 한다.

Box 4.8 두 평야 이야기: 미국 중부 고원 지대와 중국 북부 평원의 지하수 고갈의 결과

Eloise Kendy, The Nature Conservancy
Bridget Scanlon, University of Texas at Austin

언뜻 보기에는 그렇지 않지만, 미국의 450,000 km^2 중부 고원 지대(CHP)와 황허강 북부의 140,000 km^2 북중국평원(NCP)은 유사점이 많다(그림 4.b8.1). 지난 50년 동안 두 평원 모두 관개를 위해 지하수를 채수하여 농업 수확량을 상당히 늘리고 농촌의 번영을 지원해 왔다. 최근 몇 년 동안, 두 평원의 물 이용자들은 지하수 저장량이 고갈되는 속도를 고통스럽게 인식하고 있다. 두 평원 모두 물 이용 제약이 있을 미래를 마주하고 있는 게 분명하다. 그러나 각 평원 고유의 수문학적, 사회-경제적 맥락 때문에 유사점은 거기서 끝이 난다.

지하수 채수

지하수 채수는 지하수의 양수로 인해 대수층에 저장된 물의 양이 해마다 줄어들 때 발생한다. CHP는 1950년대에 관개가 시작된 이래 개별 지하수정에서는 연간 최대 1.5 m의 수위 감소와 지역적으로는 10,000 km^{2}에 걸쳐 30 m의 감소가 있어왔다. 이는 지하수 채수로 인해 발생하는 강수량과 증발산량의 차이인 연간 약 75 mm의 물 부족을 의미한다. NCP는 1960년대 지하수 관개가 시작된 이래 많은 곳에서 연간 1 m 이상의 수위 감소와 30 m 이상의 지역적 감소가 있어왔다. 관개로 인한 물 부족량은 NCP의 롼청(Luancheng)현에서 연간 약 200 mm이다.

두 평야의 강수량은 CHP의 경우 320-840 mm/년, NCP의 경우 500-800 mm/년으로 유사하다. 두 지역 모두 강수량의 대부분은 주로 6월부터 9월까지 여름철에 내린다(Scanlon *et al.*, 2010).

지하수 함양의 차이점

두 지역의 지하수의 자연 함양률은 현저하게 다르다. CHP의 점토 토양은 고립된 일시적 호수나 플라야(playa)를 제외하고는 강우가 대수층으로 침투하는 것을 막는다. 따라서 CHP 대부분의 지하수는 지난 13,000년 동안 대수층을 채운 '화석'수이며, 플라야 하부로 국소적으로만 물이 보충된다(Scanlon *et al.*, 2010; Scanlon *et al.*, 2012). NCP의 경

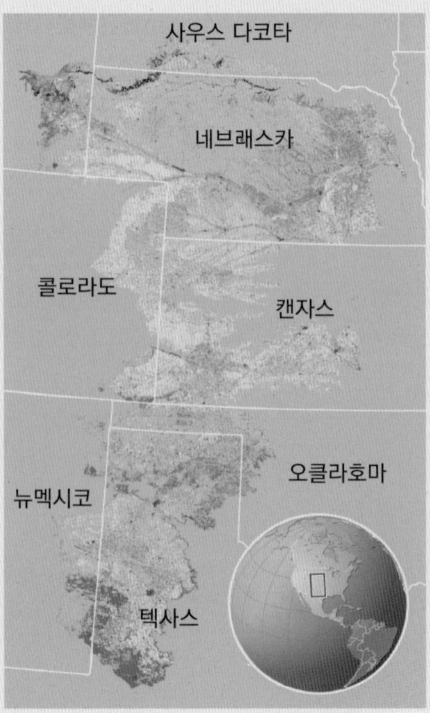

그림 4.b8.1 미국 중부 고원 지대와 중국 북부 평원의 토지 이용/토지 피복(MRLC Consortium, 2007).

[이 그림은 본문 뒤에 컬러 그림이 따로 삽입됨]

우에는 비록 농작물에 의해 물이 소비되는 속도보다 낮기는 하지만 강우가 지역적으로 대수층을 함양한다. 1950년대 이전에는 타이항산맥으로부터 내려오는 유출수도 NCP 대수층을 함양했지만, 현재는 그 물은 다른 곳으로 분기됐으면 NCP에 도달하기 전에 소비되고 있다(Kendy *et al.*, 2004).

마찬가지로, 자연적인 표면 유출 패턴도 다르다. CHP에서는 대부분의 지표수가 플라야로 내부 배수되어 대수층을 함양한다. 하천 간의 통합 배수는 제한적으로 이뤄지고 있어, 지하수의 고갈은 지하수에 의해 공급되던 '이득' 하천(gaining stream)을 유출수에 의해서만 공급되는 '손실' 하천(losing stream)으로 변화시켰다. NCP의 경우, 상류의 유로 변경과 지하수 고갈이 함께 작용하여 이전에는 항해할 수 있었던 강이 완전히 말라버렸으며, 오늘날의 경작지로의 전환을 예고하였다. NCP에는 더 이상 자연 담수 생태계가 존재하지 않는다.

대수층 고갈을 되돌리기 위한 노력

두 지역 모두 수위 감소를 되돌리기 위해 관개 효율 개선에 노력해 왔다. CHP의 경우, 농부들이 관개지역을 넓히기 위해 '절약'된 물을 사용해 이전보다 더 많은 물을 소비하게 되었다. 추가적으로 이용 가능한 토지가 없는 NCP에서의 관개 효율 개선은 이전에 수문학적 손실로 볼 수 없었던 대수층을 함양하던 침투량을 감소시켰을 뿐이므로 수위 감소율과 물 소비 모두 근본적으로 변하지 않았다. 두 평야 모두 효율성 개선만으로는 지속가능한 관개로 만들기에는 부족하였다(Kendy *et al.*, 2003; Kendy *et al.*, 2004).

수위가 안정되려면 물 수지가 균형을 이루어야 한다. 즉 지하수 유출량이 지하수 함양량을 초과하면 안 된다. 수자원이 제한적이기 때문에 두 평원 모두 수위를 안정시킬 수 있고, 또 안정시킬 것이다. 더 이상 가용 지하수가 없기 때문에 고갈 후 필요에 의해 이런 일이 발생할지 아니면 고갈 전에 선택에 의해 발생할지 여부는 주로 정치적 의지의 문제이다. 두 평야 모두 더 이상 현재의 물 사용률을 지속할 수 없는 시점에 도달하게 될 것이며, 이에 따라 그들의 경제와 사회는 변화할 것이다.

CHP에서는 지하수 양수량의 97%가 관개에 이용된다. CHP를 관개한다는 것은 근본적으로 비재생 자원을 채수하는 것이라는 인식하여, '관리된 대수층 고갈'이라고 불리는 지역 지하수 관리 정책은 50년 내에 지하수 저류량의 50%를 고갈시키는 것을 허용하고 있다. 물리적으로 더 이상 관개를 할 수 없을 때까지 현재의 관개 관행을 계속하고자 하는 결정이 내려진 것이다. 현재 100만 명 이하의 인구가 고령화되고 있다.

NCP에서 관개용수는 도시와 공업용수와의 경쟁이 점점 심화되고 있다. 지하수 수위 안정화를 위해서는 시공간적으로 큰 규모로 관개 농업을 감소시킬 필요가 있다. 공간적으로는 관개 면적을 줄일 필요가 있다. 잘 관리된 도시와 산업은 관개 농작물보다 물을 덜 소비하고, 처리한 도시 하수는 직접 또는 고갈된 대수층에 재함양 후에 관개용으로 재사용할 수 있다. 시간적으로는 관개용수를 더 이상 사용할 수 없는 곳에서는 성장기의 길이를 줄여야 한다. 현재는 관개를 통해 매년 2개의 작물을 생산할 수 있는데, 늦여름에 겨울밀을 심고 이듬해 봄에 수확하며 옥수수, 목화, 기타 작물들을 여름철에 재배한다. 관개 기반의 식량 생산은 잉여 농촌 노동력의 이주를 막고 도시와 농촌 모두에게 합리적인 식량 가격을 보장한다. 이는 농촌에서 도시 생활로의 변화 기간 동안 사회적 안정을 유지하는 데 도움을 준다. NCP의 인구는 약 1억 4,000만 명으로 CHP의 10배가 넘는다. NCP의 농촌 지역 인력을 흡수하는 읍 · 면 기업들과 마찬가지로 베이징, 톈진, 시자주앙과 같은 대도시들은 농작지를 흡수하고 있다(Kendy *et al.*, 2007).

가능한 미래 전망

이 평원들의 미래는 어떠할까? 플라야를 통한 극도로 제한적인 지하수 재함양을 통해 CHP의 관개는 결국 완전히 멈춰야 할 것이고, 수확량이 낮은 천수 작물과 축산을 위한 농지로 대체되어야 할 것이다. 이러한 모습은 더 건조한 남부 고원 지대의 일부에서 이미 일어나고 있는 변화를 반영하고 있다. 관개가 더 이상 불가능한 상황에서 대체 경제 동력이 없다면 이민으로 인해 농촌 인구가 감소할 것이다. 하지만 인구의 감소는 자연 생태계를 어느 정도 회복시킬 것이다. 지하수가 회복이 불가능할 정도로 채수되었기 때문에 샘에 의해 유지되는 하천은 회복되지 않겠지만, 유출로 인해 흐르는 하천은 다른 방법으로 보호만 된다면 건강한 민물 생태계를 지원할 수 있을 것이다.

NCP는 다른 미래를 향해 나아가고 있다. 관개 전 작물 재배 패턴으로 돌아가면 작물 생산과 강우 패턴이 동기화되어 1년에 한 작물만 생산하게 된다. 이는 수위를 안정시키겠지만 수확을 상당량 감소시키고 가뭄에 대한 취약성을 증가시킬 것이다. 이러한 일들이 언제 일어날지는 정부가 국가의 식량 안보와 지하수자원의 보존 사이에서 어디에 중점을 둘지에 달려 있다. 사람들은 CHP에서처럼 NCP를 떠나지는 않을 것이다. 산업이 주요 고용주이자 경제 동력으로서 농업을 능가하게 될 것이다. NCP의 산업 부문의 성장으로 도시에서의 기회가 농촌 생계를 계속 대체함에 따라 관개 감소로 인한 사회-경제적 영향을 완충시킬 것이다. 소득 증가와 경제 성장은 생활수준을 향상시켜 잘 관리되고 처리된 물에 대한 접근성을 증가시킬 것이다. 하지만 그렇다고 해서 생태계 건강성이 좋아질 것이라는 뜻은 아니다. 하천 유량을 하천으로 되돌리기 위해서는 지하수 수위를 단순히 안정화시키는 것이 아니라 증가시켜야 하고 모든 상류 댐을 제거해야 하기 때문이다.

NCP와 CHP는 아마도 매우 다른 미래로 향하고 있을 것이고, 이에 따라 인간과 자연 사이의 균형도 다를 것이다. 두 지역 모두 지속가능하지 않은 지하수 채수를 하고 있다. 수문 및 사회-경제적 트렌드의 차이로 미래의 CHP는 일부 담수생태계 기능의 회복 가능성과 함께 감소된 농촌 인구를 지원하게 될 것이다. 반면, NCP는 자연생태계를 복원 없이 극히 많은 인구를 지원할 가능성이 있다.

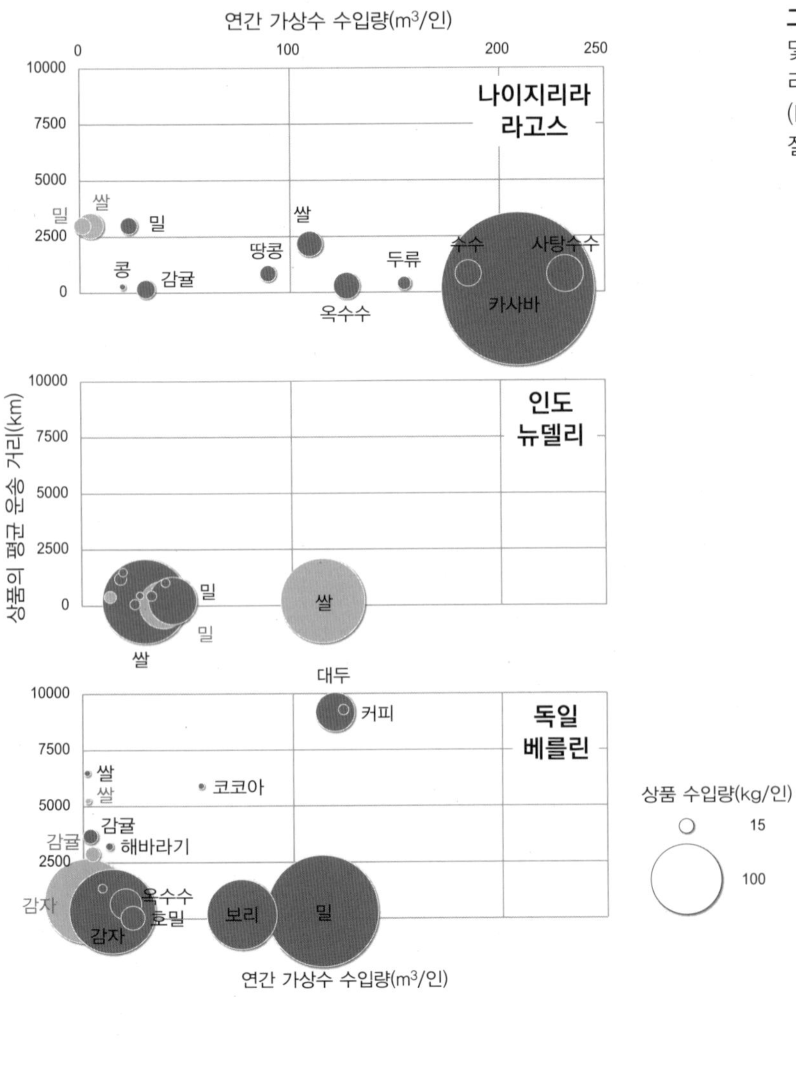

그림 4.10 라고스(Lagos), 뉴델리(New Delhi) 및 베를린(Berlin)의 몇몇 작물 및 평균 운송 거리에 따른 가상수(녹색수 및 청색수) 수입량(Hoff *et al*., 2013). 원의 크기는 수입 곡물의 절대 중량을 나타낸다.

4.3.4 가상수와 회복탄력성

무역과 연계된 가상수의 흐름은 보통은 물 부족에 의해 주도되는 것이 아니라, 보조금과 무역 정책 그리고 각 생산 부문의 국가들 간 비교 우위에 의해 주도된다. 물이 부족한 중동 및 북아프리카 국가에서만 가상수 수입이 물 부족과 밀접한 상관관계를 갖는다(Yang *et al.*, 2007).

중동과 북아프리카 국가들에 대해 LPJmL 기반의 작물 가상수 함량을 계산하고 ComTrade 거래 데이터와 결합하여 이를 LPJmL로 계산한 물 부족과 비교함으로써 1인당 가상수 순수입 및 청색수 가용성, 녹청수 가용성, 물 제한적인 잠재 칼로리 생산량에 대해 각각 −0.51, −0.64, −0.79의 상관 계수를 도출했다.

그림 4.11은 중동 및 북아프리카 국가들의 1인당 물 제한 잠재 kcal 생산량에 대한 가상수 순수입을 보여준다. 그림 4.12는 중동 및 북아프리카 국가의 가상수 순수입 대비 국내 청색수와 녹색수의 상대적 양(왼쪽 패널, 수출국의 작물 물 생산성으로 계산) 및

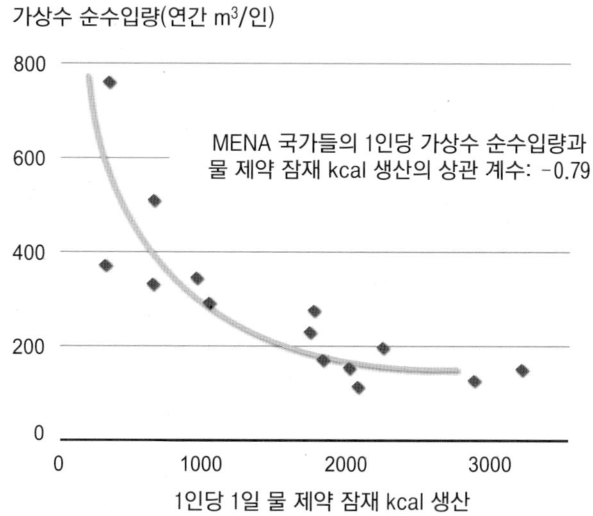

그림 4.11 중동 및 아프리카 북부 14개 국가에 대한 LPJmL 기반 가상수 순수입량과 물 제약 잠재 kcal 생산의 관계. 자료는 각 국가의 총 청색수 및 농업용 녹색수 가용성과 평균 농수 생산성을 결합하여 도출한 것이다(Gerten *et al.*, 2011).

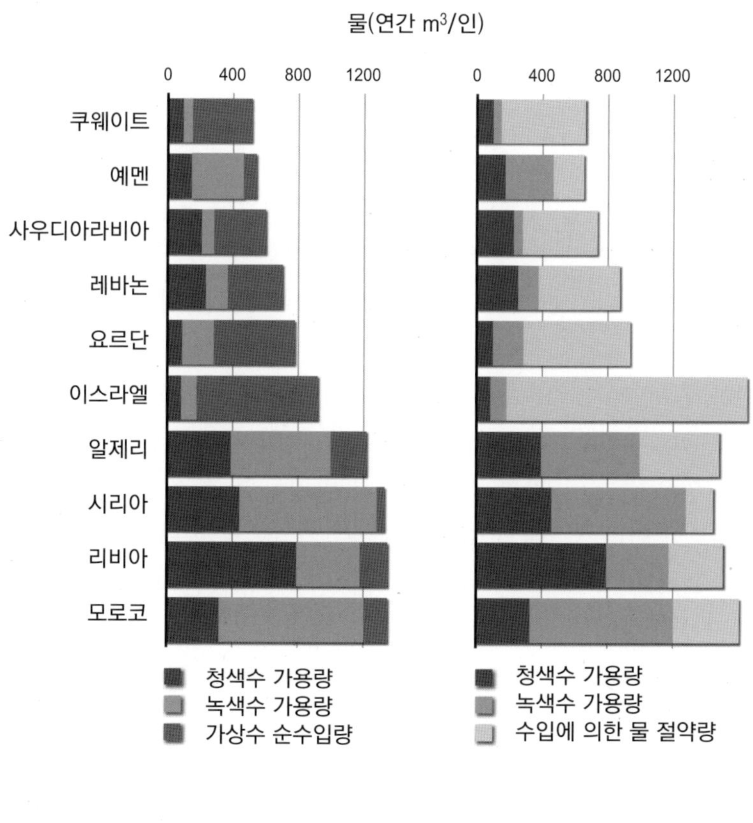

그림 4.12 중동 및 아프리카 북부 국가들의 LPJmL/ComTrade 기반 1인당 가상수 순수입량(좌측 패널 오른쪽 막대), 수입에 의한 물 절약량(우측 패널 오른쪽 막대), 1인당 녹색수 및 청색수 가용량(양쪽 패널)(Fader *et al.*, 2011).

지역에서 직접 생산하는 대신 수입하여 절약되는 물의 양(오른쪽 패널, 중동 및 북아프리카의 수입국의 작물 물 생산성으로 계산)을 보여주고 있다.

그림 4.12에서 보여주는 바와 같이 중동과 북아프리카 국가들의 외부 수자원에 대한 강한 의존성과 무역이나 다른 메커니즘을 통한 상호 연결성이 물과 관련된 회복탄력성에 어떻게 영향을 미치는지는 명확하지 않다. 한편으로, 가상수 교역은 한 국가가 이용할 수 있는 자원 기반을 지리적으로 확장한다는 측면에서 지역적 가뭄이나 다른 충격에 대한 회복탄력성을 증가시킬 수 있다. 원거리 수출 생산자들이 동일한 충격에 영향을 받을 가능성은 적다. 반면, 만약 한 국가가 외부 식량원과 가상수 공급을 소수의 몇몇 대형 수출국에 의존하게 되면 정치적 및 경제적 취약성이 커질 수 있다. 국제 시장 가격 변동에 대한 노출 또한 더 크다. 게다가, 지역 생산 대신 가상수를 수입하게 되면 식량 안보가 확보되었다는 잘못된 인식을 줄 수 있어 물 가격 책정이나 물 생산성 향상과 같은 필요한 물 부문 개선이 더뎌질 수 있다.

가상수 거래 패턴은 일반적으로 물 부족에 의해 주도되지 않지만, 육상의 FDI는 주로 중국, 인도 및 아랍 국가들과 같은 물 부족 국가에 의해 주도된다(Anseeuw *et al.*, 2012). LPJmL로 계산했을 때 녹색수와 청색수를 합친 물 가용성은 연 1,200 m^3/인(중국), 1,050 m^3/인(인도, 이집트), 300 m^3/인(사우디아라비아)이다(Gerten *et al.*, 2011).

FDI를 선호하는 국가로는 에티오피아와 수단이 있다(Anseeuw *et al.*, 2012). 두 국가 모두 높은 수준의 영양실조에 시달리고 외부에서 식량 지원을 받고 있으며, 동시에 대규모 수출 식품 생산을 하고 있다. 이용자들이 그 지역의 물과 토지에 대한 권리와 접근권을 박탈당하게 되면, FDI로 인한 취약성이 커질 위험이 있다. 따라서 이러한 투자를 분명히 규제할 필요가 있다(FAO, 2010; von Braun and Meinzen-Dick, 2009 참조).

이러한 가상수 교역 및 FDI의 예는 지역 수자원 사용과 물에 의존하는 사회-생태 시스템의 회복탄력성이 강력한 외부 동인이나 토지 관리, 무역, 투자 및 기후 정책과 같은 물 분야를 넘어선 동인의 영향을 받을 수 있음을 보여준다. 이러한 영향들이 누적되면, 위의 압력은 사회-생태 시스템을 임계치까지 몰고 갈 수 있고 물의 회복탄력성을 감소시켜 가뭄이나 식량 및 에너지 가격의 충격 등에 더 취약하게 만들 수 있다. 그러나 아직까지는 물 시스템 회복탄력성의 이러한 복잡한 상호작용과 변화를 측정할 수 있는 일관된 지표는 없다.

4.4 물 안보 및 식량 안보를 위한 물 관련 지표

Rockström *et al.*(2009)은 인류를 위한 안전한 운영 공간을 위해 서로 상호작용하는 9종류의 핵심 **행성 경계**를 정의했다(1장 참조). 이 경계들 중 하나는 연간 약 4,000 km^3로 추정되는 인간에 의한 전 지구적 청색수 소모성 사용과 관련이 있다. 물 거버넌스 및 관리를 위해 이러한 글로벌 경계를 운영하기 위해서는 경계에 대해 더 정확하게 정의를 내려야 하고, 정제되어야 하며, 다운스케일링, 즉 공간적으로 세분화 및 명확하게 하여야 한다. 이는 또한 녹색수와도 통합되어야 하며, 궁극적으로는 위치별로 특화된 지속가능성 기준으로 보완하여 물을 최대한 활용할 수 있도록 하여야 한다. 이러한 지속가능성 기준은 예를 들어 다음과 같을 수 있다: 대수층 및 지표수의 고갈과 수질 저하를 방지하고, 환경 유량을 유지하며, 대기 수분 재활용 패턴을 크게 변화시키지 않거나 몬순 순환을 크게 방해하지 않는 것, 또는 안전한 물에 대한 접근 및 물과 식량 안보와 같은 사회-경제적 그리고 인류 안보 관련 기준 등.

특히 식량 생산에 대한 물 수요와 관련하여 물 부

족을 정량화하고 매핑하기 위한 다양한 시도가 이루어져 왔다. 물 부족 지표는 시간이 지남에 따라 순수하게 청색수만의 부족을 측정하던 지표에서 농업용지의 녹색수와 농업용수 생산성이 포함된 보다 포괄적인 지표로 발전해 왔다. 더 최근에는 다른 생태계 서비스도 포함하기 시작했고, 앞으로는 물 부족의 사회-경제적 측면을 완전히 통합하게 될 것이다. 청색수 부족에 대한 중요한 참고문헌으로는 Falkenmark and Molden(2008)에 의한 물 혼잡 또는 가용성 대비 사용량 분석이 있다(그림 1.7, 1장).

일반적으로 농업 생산과 바이오매스 생산의 측면에서, 몇몇 아열대 및 열대 지역은 물이 극도로 제한되어 있다. 온대 지역은 더 습한 경향이 있다. 아열대 및 열대 건조 지대에서는 종종 서서히 변화하는 변수로서의 건조도가 큰 기후 변동성과 빈번하면서도 심각한 결과를 낳는 극한사상과 결합한다. 이 지역들은 물 부족과 수자원의 과잉 이용이 쉽게 나타나며, 그 결과 생태계와 사회-생태 시스템 및 이들의 회복탄력성에 영향을 미친다. 물 부족은 종종 저개발, 빈곤, 영양실조를 동반한다(Brown and Lall, 2006). Grey and Sadoff(2007)는 가난한 나라들은 종종 '어려운 수문'을 가지고 있거나 '수문의 인질'이라고 하였다. 이 책의 제3장에서는 '건조지는 세계의 다른 지역보다 체제 변환에 더 취약하다'는 것을 보여준다. 정확히 무엇이 그들을 취약하게 만들고 어떻게 물 안보와 물 관련 회복탄력성을 측정할 수 있을까? 과거 많은 물 관련 지표가 개발되었으며, 그 개요는 표 4.1에 제시되어 있다.

물 부족은 시스템 경계 또는 분석 규모에 따라 달라지기도 한다. 그림 4.13에서 볼 수 있듯이 물과 인

표 4.1 물 관련 지표의 개요

지표	단위	출처
물 부족, 물 스트레스, 물 혼잡	100만 m^3당 인구수 또는 m^3/인/연(청색수만), 가용수량 대비 이용량 비율	Falkenmark and Molden(2008)
유역 폐쇄(영구적 또는 일시적)	분배할 수 있는 물 없음, 바다로 나가는 유량 없음(청색수만)	Falkenmark and Molden(2008)
물 부족, 물 스트레스	녹색수 및 청색수의 m^3/인/연	Rockström *et al.*(2009)
변동성	청색수 유출량 또는 건조도의 변동 계수	Vörösmarty *et al.*(2005)
신뢰도	시공간적 물 수요를 충족하는 가용수량	Box 4.5 참조
가용수량 대비 이용량 비율	(가정용 + 산업용 + 농업용 청색수 이용량)/하천 유출량	Vörösmarty *et al.*(2005)
가용수량 대비 취수량 비율, Q90 대비 소비량	하천유량 90분위수 대비 총취수량	Alcamo *et al.*(2007)
인간 및 환경 물 부족	인간과 수생태계 물 수요 대비 가용수량	Smakhtin *et al.*(2004)
물 제약 잠재 칼로리 생산	연평균 녹색수 및 청색수 가용량과 작물 물 생산량 기반	Gerten *et al.*(2011)
물 안보	인간, 환경, 경제에 대한 물 관련 위험의 허용 수준과 함께 보건, 생계, 생태계, 생산에 대해 허용되는 수량 및 수질의 가용성	Grey and Sadoff(2007)
물 빈곤	물 접근성, 수량, 수질, 변동성, 물 이용, 물 관리 역량, 환경 측면에 관한 정보를 종합적으로 이용	Sullivan and Meigh(2007)
인간 물 안보 위협	더 많은 가중치를 이용한 확장된 물 빈곤 지수	Vörösmarty *et al.*(2010)

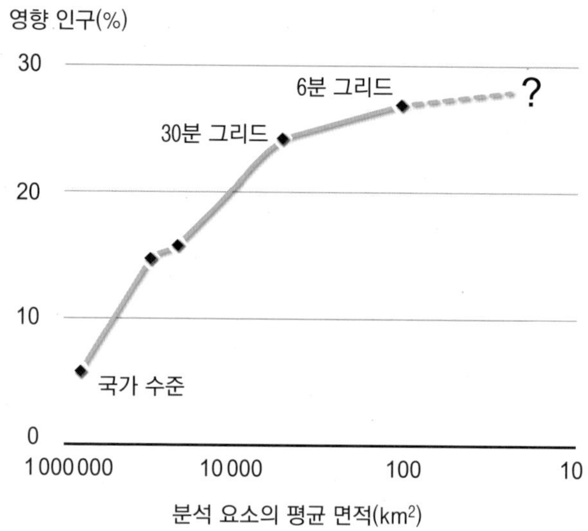

그림 4.13 평가에 이용한 요소의 평균 크기에 대한 물 부족 인구 비율(Vörösmarty, 개인 교신).

구가 평균화되는 공간 단위의 크기가 감소함에 따라 물 부족 인구가 증가한다.

점점 더 증가하고 부유해지는 인구를 먹여 살릴 수 있는 물은 전 세계적으로 충분하지만, 작은 규모에서 보면 인구(즉, 물 수요)와 물 가용성의 불일치가 증가한다. 전 지구적 규모에서 수자원 총량을 총수요량과 비교할 경우 물 부족은 0에 근접한다. 세계적 관점에서 봤을 때의 물 부족은 농산품 거래와 관련된 가상수뿐만 아니라 한 지역의 소모성 물 이용을 바꾸거나 강우와 새로운 수자원이 되는 증발 손실에 영향을 미치는 수분 재활용의 역할도 포함한다. 이러한 글로벌 시각은 물의 재생 가능한 특성을 강조하여 전 지구적 규모에서 물의 과용이나 부족해지는 것을 막아준다. 그러나 국지적으로는 과용과 일시적 또는 영구적인 물 부족이 증가하고 있다.

우리는 여기에서 농업용지와 농업용수 생산성에 대한 녹색수를 포함시키기 위해 기존의 청색수 한도('추가 이용 불가' 또는 바다로 유출되지 않는 것, Falkenmark and Molden, 2008 참조)를 뛰어넘는 새로우면서도 보다 포괄적인 **유역 폐쇄**에 관한 정의를 제공한다. 농업용수 생산성에 대한 가중치를 부여한 가용 녹색수와 청색수로부터 잠재적인 물 제한적 kcal 생산량을 계산 후, 그것을 일반적으로 받아들여지는 임계 수준인 1일 3,000 kcal/인과 비교했다. 이 수준에 미치지 못하면 유역을 '닫힌 것'으로 간주한다. 유역 폐쇄에 관한 이러한 정의는 식량을 위한 물에 초점을 맞추고 있다. 산업 및 도시 수요는 연간 총 200 m^3/인 규모로 균일하게 고려되었다(Lundqvist and Gleick, 1997). 환경 유량의 경우 연간 평균 유출량의 1/3을 고려하였다.

Cumming(2011)은 유역 폐쇄는 중요한 임계점을 내포하고 있음을 의미하며, 이 지점을 넘게 되면 행위자, 생산 시스템 및 토지 피복 사이의 다양한 새로운 프로세스와 상호작용이 촉발될 수 있다. 유역 폐쇄에 대한 대응으로는 고비용의 에너지 집약적 담수화, 실제 혹은 가상수 수입, 또는 인구의 유출이 포함된다. 담수화 및 가상수 수입은 중동 및 북아프리카 지역과 기타 지중해식 기후 지역에서의 물 부족 심화에 대한 전형적인 반응이지만, 물 부족이 인구 이주에 대한 동력이라는 결정적인 증거는 없다. 이러한 최후의 대응에 대한 몇몇 증거는 수십만 명의 난민들이 가뭄을 피하려고 노력했던 아프리카의 뿔 지역(Horn of Africa)과 시리아에서 나왔다. 1990년대에 약 20만 명의 피난민이 이라크 습지가 배수됨에 따라 이 지역을 탈출했고(CIMI, 2010), 점점 말라가는 말리의 파기빈(Faguibine) 호수 지역에서 비슷한 수의 농어민이 도시로 이주했다(UNEP, 2011). 니제르와 나이지리아에서는 가뭄으로 인해 목축민들이 대규모로 남쪽으로 이주하였다(UNEP, 2011). 물 부족이 이주를 촉진한다는 추가 증거가 케냐에도 있다(IRIN, 2009).

물 관련 회복탄력성은 말할 것도 없고, 물 부족에 대한 일관되고 포괄적인 지표도 없다. 전 지구적 규모의 물 평가는 여전히 단순하게 이뤄지고 있으며,

보다 통합적이고 상세한 분석은 여전히 개별 사례 연구로 제한된다.

4.5 여러 강 유역의 물 부족 비교 분석

물 부족에 대한 보다 포괄적이면서 일관된 평가 방법을 개발하기 위해 우리는 전 세계 9개 강 유역에 대한 비교 분석을 하였다. 갠지스강, 인더스강, 림포포강, 메콩강, 니제르강, 나일강, 상프란시스쿠강, 볼타강, 황허강은 물과 음식에 관한 도전 프로그램(CPWF, http://www.waterandfood.org; 그림 4.14 참조)의 첫 단계에서의 주요 초점 유역이었다.

이러한 물과 식품 안보에 관한 비교 분석을 위해 하향식 및 상향식이 조합된 접근법을 사용했다: (1) 픽셀 기반 0.5도 해상도의 글로벌 LPJmL 시뮬레이션 및 (2) CPWF의 유역별 데이터.

이러한 분석 결과로 현재와 미래의 물 부족과 식량 안보에 대한 다음의 정보를 제공할 것이다.

- 내부 및 외부 변화 동인의 복잡한 상호작용과 상대적 크기.
- 중요한 유역 폐쇄 임계값에 유역이 얼마나 근접해 있는지와 회복탄력성.
- 각 개입과 투자 옵션 사이의 상류-하류 간의 절충과 유역 수준에서의 지역 협력 잠재력.

4.5.1 물-유역 특성

물 가용성

가장 일반적인 물 부족 지표에서 시작하여 각 유역에 대한 청색수 가용성을 정량화한 후 연간 m^3/인으로 표현되는 녹색수 가용성을 추가함으로써 이를 보완하였다. CPWF 데이터 세트의 녹색수 계산(지상 영역에서의 증발, 측정된 강수량과 유출량 사이의 잔차로 계산되는 ET)은 우리의 계산과 완전히 일치하지 않기 때문에, 이 연구에서는 LPJmL 결과만 사용하였다. 유역 인구는 IIASA 그리드 인구 데이터베이스에서 추출하였다(Grübler *et al.*, 2007). 청색수 가용성은 하천 경로를 따라 유출량이 중복 계산되는 것을 피하기 위해 각 픽셀에 대해 측정된 총방류량의 비율에 따라 각 유역 픽셀에 총유역 유출량을 분산시켜 계산되었다. 도시, 산업 및 환경 수요량은 위의 결과에서 나온 물 가용성에서 차감되었다. 녹색수는 식량 생산을 위한 녹색수 자원인 농작물로부터 증발산량(ET)으로 계산되었다. 따라서 농작지의 확대는 그에 따른 녹색수 자원을 증가시킬 것이다. 그러나 향후의 농작지 확장은 매우 제한적일 것으로 예상된다(Bruinsma, 2003). 식량 생산에 대한 1인당 물 가용성은 그림 4.15a에 제시되어 있다.

그림 4.14 물과 음식에 관한 도전 프로그램 분석에 포함된 대유역.

식량 생산 잠재력

다음으로, 천수 농업과 관개 농업에서 소비되는 녹색 및 청색수 소비에 의한 농업용수 생산성을 계산하기 위해 Gerten *et al.*(2011)에 따른 LPJmL을 이용하였다. Cai *et al.*(2011)에 따르면 CPWF 물 생산성 자료는 유역별로 비교가 어려워 LPJmL 자료만 사용했다. 그림 4.15b에서 보는 바와 같이 우리의 분석 결과에 따르면 아프리카 유역들의 물 생산성은 매우 낮으며(Cook *et al.*, 2011 참조), 나일강 유역의 경우 m^3당 500 kcal까지 낮은 값을 보인다. 식량 생산을 위한 녹색수와 청색수 가용성을 더한 값에 농업용수 생산성을 결합하여, 1인당 1일 물 제한 잠재 kcal 생산량을 계산하였다(그림 4.15c 참조).

향후에는 수문 및 농업 기상 체제(Gray and Sadoff(2007)가 '어려운 수문학'이라고 부르는 것의 식별)를 더 잘 특성화하기 위해 가뭄 지수, 유량 지속 곡선, 우기 신뢰성을 위한 새로운 측도 등 더 정밀한 변동성 측도가 포함되어야 한다.

물 부족에 대한 종합적인 지표를 도출하기 위해서는 1인당 저수량을 고려하는 것도 중요할 것이다. 이 저장량은 변동성의 일부를 완충할 수 있다. Cook *et al.*(2011)에 따르면 아시아 CPWF 유역이 아프리카 유역보다 일반적으로 더 잘 발달된 물 인프라가 갖춰져 있으며, 이는 가뭄과 다른 충격에 대한 회복 탄력성을 강화한다. 마찬가지로 관개 농업의 비율과 관개 유형의 지배적 유형은 유역의 물 생산성과 적응 능력을 결정하는 요소이기 때문에 포괄적인 물 부족 지표에 이러한 요소들도 통합될 필요가 있다.

물 부족과 물 관련 회복탄력성에 대한 외부 동인의 중요성을 평가하기 위해 우리는 각 CPWF 유역에 대해 다음을 계산했다.

- 농산품에 포함된 가상수의 순수입량.
- 각 유역 강수량이 의존하는 대기 수분 유입 및 이 수분의 원천 영역.

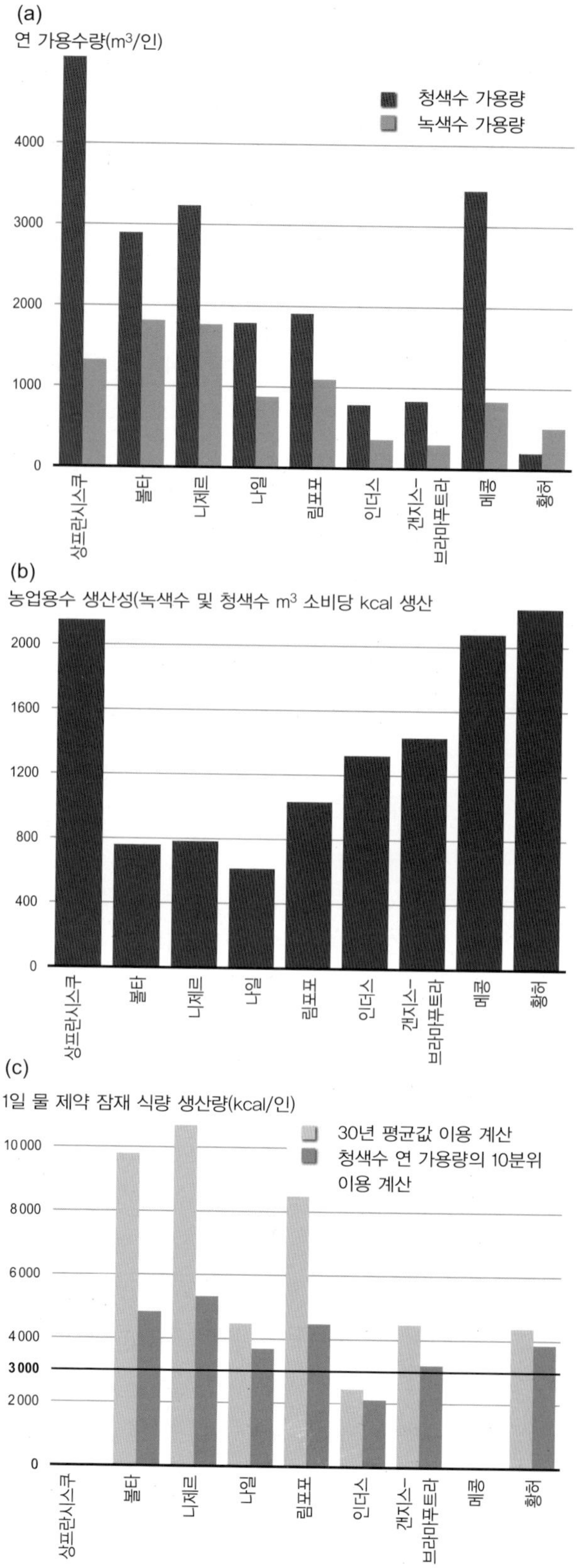

그림 4.15 유역 분석 결과. (a) 농업용 청색수 및 녹색수 가용량, m^3/인/연; (b) 농업용수 생산성, 녹색수 및 청색수 m^3 소비당 kcal; (c) 물 제약 잠재 kcal 생산/인/일. 기후 변동성을 고려하기 위해(위의 계산에서는 30년 평균값을 사용) 우리는 잠재적 kcal 생산을 청색수 가용성의 10번째 백분위수 또는 각 30년 시계열에서 가장 건조했던 3년으로 다운스케일링을 했다. 반건조 유역(Niger, Volta, Limpopo)에서 물 제한 잠재 kcal 생산이 가장 크게 감소하는 것을 발견했으며, 이 지역들은 연간 물 가용성의 변동 계수가 가장 높은 것도 특징이다(그림 4.15c).

4.5.2 유역의 가상수 수입 의존도

국가 데이터를 이용하여 각 유역별 식료품의 수입과 수출의 비교 및 각 국가의 유역에 대한 기여도를 살펴본 결과, CPWF 유역에 대한 가상수의 순수입은 무시할 수 있는 수준이다. 구체적으로는 LPJmL 작물 가상수 함유량을 통해 가상수의 수입 및 수출량을 계산하였다. 여기에는 국가 간 ComTrade 자료(축산물 제외)도 함께 이용하였으며, 총유역 인구에 대한 각 국가의 비율로 가중치를 주었다. 세 개의 유역이 가상수 순수입량이 작은 곳으로 밝혀졌다. 이곳들의 연간 1인당 순 가상수 수입량은 유역 내 재생가능 자원에 비해 그 양이 매우 적다.

나일 유역: 56 m^3
니제르 유역: 33 m^3
볼타 유역: 7 m^3

다른 모든 CPWF 유역은 순 가상수 수출국이지만, 유역 내의 개별 국가별로는 순수입국일 수 있다. 이 유역들은 물과 식량 안보를 위해 가상수에 의존하지 않는다.

4.5.3 유역의 대기 수분 유입에 대한 의존도

유역의 강우가 의존하는 다른 지역으로부터 유입되는 대기 수분(일명 수분 재활용)은 Delft 대기 물 회계 모델 또는 WAM을 사용하여 계산하였다(van der Ent *et al.*, 2010). 우선 유역 내에서 증발된 대기 수분에 의해 발생하는 '내부 생성 강수량'(일명 내부 재활용 수분)의 비율을 계산하였다. 이로부터 CPWF 유역의 강우는 주로 유역 외부에서 생성된 대기 수분에 의존한다는 것을 발견했다. 유역의 크기와 토지 피복에 따라 유역 강수량의 10-20%만이 유역 내 증발로 인해 생성되었다(그림 4.16a 참조). 대기 수분의 육지에서의 증발과 강수 사이의 수천 km에 이르는 긴 이동 거리(van der Ent and Savenije, 2011)는 유역이 강수량을 받는 영역인 '강수역(precipitationshed)'을 상당히 크게 만든다(그림 4.16b 참조). 이는 나일강 유역 강수량의 상당 부분은 토지 이용 변화, 특히 삼림 벌채에 취약한 열대 아프리카 육지 지역에서 증발산된 양으로부터 비롯된다는 것을 나타낸다.

각 유역에서의 강수량이 얼마나 바다가 아닌 육지에서 증발된 대기 중의 수분에서 비롯되었는지를 계산하였다. 육지 기원의 대기 수분의 비율은 바다와 얼마나 가까이 있는지와 풍향에 따라 유역별로 큰 차이가 있었다. 범위는 총강수량의 약 30%에서 70%였다(그림 4.16a 참조).

토지 이용 변화, 특히 삼림 벌채는 증발산량을 줄일 수 있다는 점에서, 유역 강우의 다른 지역에 대한 의존도 또한 회복탄력성에 영향을 미칠 수 있다(Keys *et al.*, 2012).

또한 LPJmL 모델과 Delft WAM 모델을 이용하여 자연 상태로부터 현재의 식생으로의 과거 토지 이용 변화 및 하풍 강수량에 대한 증발산량 변화로 인한 전 지구적 영향을 평가했다(Nikoli, 2011)(그림 4.6 참조). 그러나 미래의 토지 이용 변화에 대한 시나리오는 다루지 않았다.

4.5.4 물 및 식량 안보의 사회-경제적 요소

물과 식량 안보의 생물학적 요소를 보완하기 위해, 우리는 또한 선택된 사회-경제적 변수들을 유역별로 계산하였다. 이것들은 최종적으로 사회-생태 시스템인 CPWF 유역의 회복탄력성을 특성화하기 위해 통합되어야 한다. 1인당 GDP는 새로운 기술에 대한 접근도 측면에서 유역 인구의 적응력을 평가할 수 있는 지표가 될 수 있을 뿐만 아니라 국제 시장에서 농산물과 관련 가상수를 구매할 수 있는 능력에 대한 지표로도 볼 수 있다(그림 4.17).

농업의 GDP에 대한 기여 정도는 경제 다양성

의 지표이며 하천 유역의 회복탄력성을 어느 정도 측정하는 측도이기도 하다. 우리의 분석은 Cai *et al.*(2011)이 제시한 대로 GDP에 대한 농업의 기여도와 동시에 빈곤 발생률이 아프리카 CPWF 유역에서 가장 높다는 것을 확인하였다(그림 4.17).

물 관련 회복탄력성에 대한 보다 포괄적인 묘사를 위해서는 작물 다양성 지수(Eriyagama *et al.*, 2009 참조), 사회-경제적 다양성의 지표로서 농업 고용 인구의 비율, 물과 위생에 대한 접근성 및 시장 접근성과 같은 추가적인 요소들을 다루어야 할 것이다. 시장 접근성(Nelson, 2008 참조)은 농부들이 상품을 판매하고 상업화와 관련된 개발 경로에 진입할 수 있도록 한다. 이는 또한 유역이나 국가 내에서 식량의 더 나은 분배를 가능하게 한다.

4.5.5 유역 동역학

하천 유역 관리 및 계획에는 물과 식량 안보 및 회복탄력성을 향상시키기 위한 개입과 투자를 유도하기 위해 트렌드 및 개발 경로에 대한 지식이 필요하다. 우리는 내부 및 외부의 여러 변화 동인의 상대적 중요성을 분석하고 비교하였다.

(a)

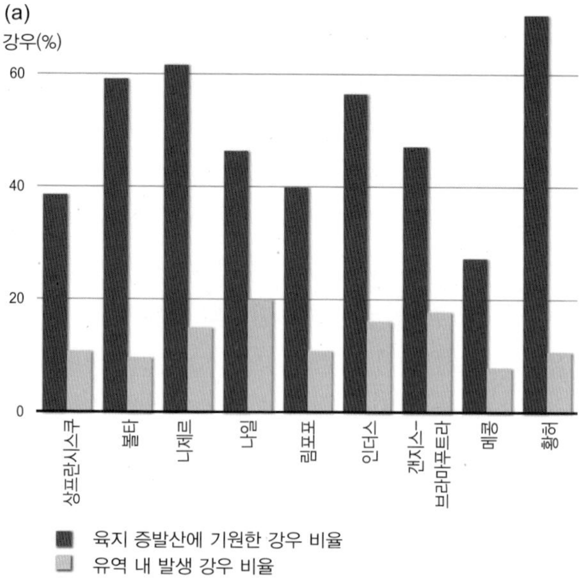

(b)

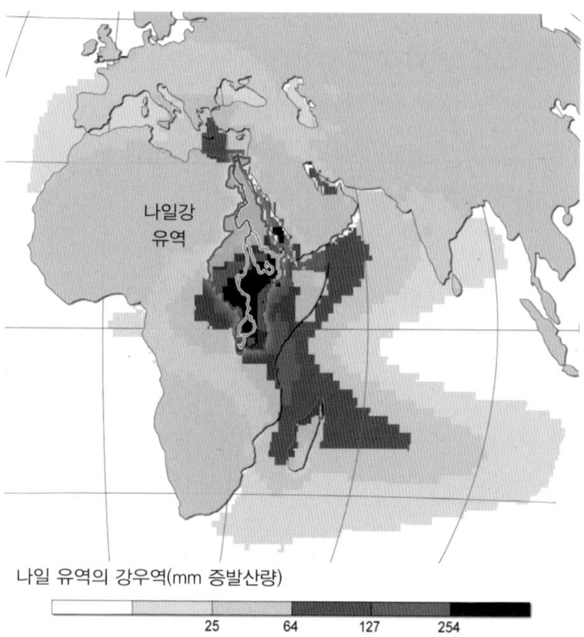

그림 4.16 (a) 유역 총가수량 대비 내부 생성 강수량과 육지 증발산량 기원 강수량. 나머지는 해양 증발량 기원 강수량임. (b) 나일 유역의 강우역. 나일 유역에 기여하는 각 픽셀별 증량산량(mm)을 보여준다(Nikoli, 2011).

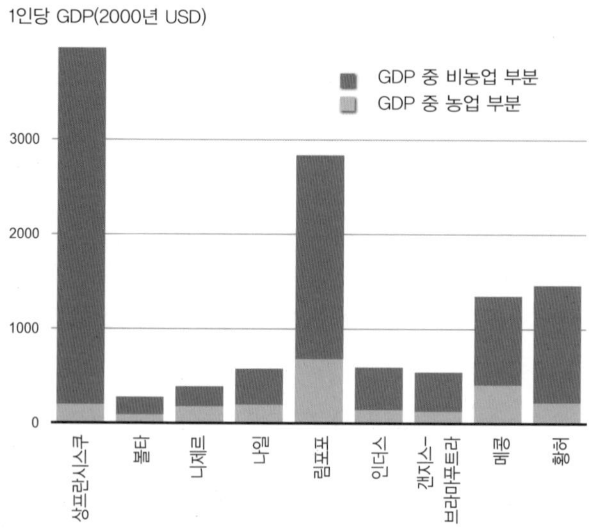

그림 4.17 1인당 GDP와 GDP 중 농업 부분.

1. 물 수요와 1인당 물 가용성에 영향을 미치는 변화의 내부 동인으로서의 인구 변화.
2. 총물 가용성과 작물 생산, 그리고 강수량 및 온도 변화를 통한 농작물 생산성에 영향을 미치는 외부적 변화 동인으로서의 기후변화.
3. 증발산, 수분 재활용 및 유역 강수량에 영향을 미치는 내부 및 외부 동인으로서의 토지 이용 변화.

인구는 볼타, 니제르, 나일 세 개의 아프리카 유역에서 가장 빠르게 증가할 것으로 예상된다. 각 유역의 인구는 2050년까지 거의 세 배씩 증가할 것이고, 1인당 물 수요량이 변하지 않는다고 가정할 경우 1인당 물 가용성은 1/3로 감소할 것이다. 황허강과 림포포 유역의 경우에는 인구 증가에 의한 압력이 가장 낮을 것으로 예측된다(그림 4.18a). 그에 따라 기후, 생산성 및 식습관이 변화하지 않을 경우, 1인당 잠재적 물 제한 kcal 생산은 줄어들 것이다(그림 4.18b).

내부 동인인 인구 증가율을 외부 동인인 기후변화와 비교해 보면(그림 4.18a), 인구 증가와 더불어 경제 발전과 식습관 변화(그림 2.3a)가 향후 수십 년 동안 기후변화보다 물 부족에 더 많은 영향을 미칠 것이 분명하다. 그러나 특히 변동성과 극한 기후변화 등 다른 기후변화 효과는 장기적 연평균 물 가용성의 변화보다 물 및 식량 안보에 훨씬 큰 위협으로서 더욱 상세하게 평가되어야 한다.

앞서 설명한 바와 같이 강수역에서의 토지 이용 변화에 대한 민감도 분석에 따르면 유역의 물 가용성에 상대적으로 작은 영향을 보여준다. 강수량의 변화 범위는 아시아 유역의 경우 연간 약 30 mm 증가(주로 강수역에서의 관개로 인한 증발산의 증가에 기인)하는 것부터 아프리카 유역의 경우 연간 최대 10 mm가 감소(증발산 감소와 자연 식생의 손실에 기인)하는 것까지 나타난다(Nikoli, 2011).

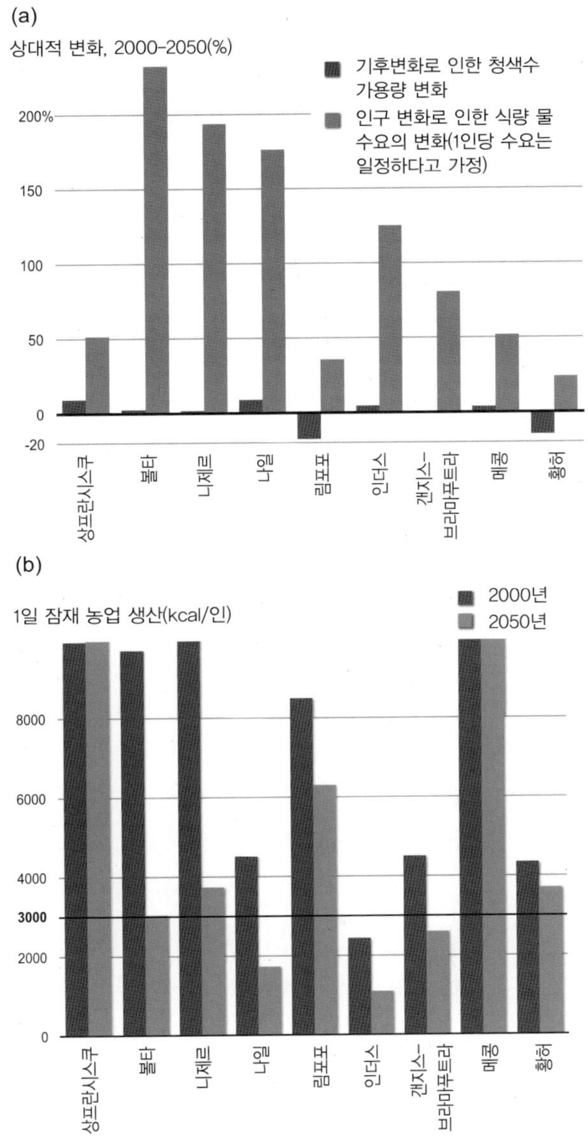

그림 4.18 (a) 기후변화로 인한 청색수 가용량의 상대적 변화 대 식량 물 수요에 대한 인구 증가 영향; (b) 2000년 및 2050년의 상황을 보여줌.

4.5.6 결론

Cook *et al.*(2011)은 CPWF 유역에서 농촌 빈곤과 GDP에 대한 농업의 기여로 대표되는 사회-경제적 상황을 시간에 따라 분석하고 이 국가들이 모두 GDP에 대한 농업 기여도의 감소와 함께 농촌 빈곤

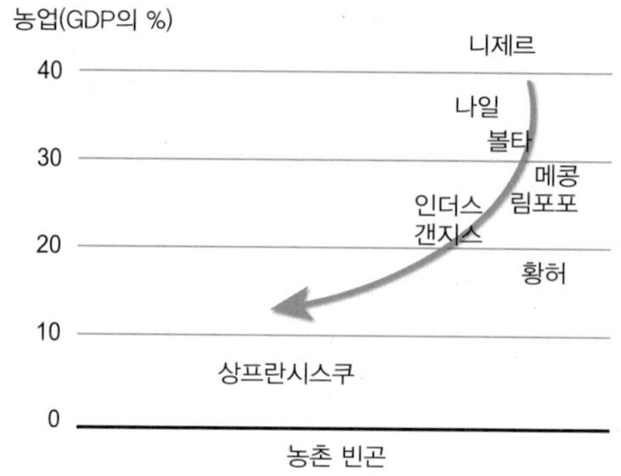

그림 4.19 농촌 빈곤 및 GDP에 대한 농업의 기여도에 대한 추세 (Cook *et al.*, 2011).

감소라는 유사한 개발 궤적을 따르고 있다고 가정하였다(그림 4.19 참조). 향후 연구는 이러한 개발 궤적을 물 안보 및 물 관련 회복탄력성의 변화와 연결 지을 필요가 있다.

농촌 빈곤은 아프리카와 아시아의 모든 유역에서 여전히 높은 반면, 남미의 상프란시스쿠 유역은 더 나은 상황에 도달하다. 더 유리한 수문 기후대에 위치하고 청색수가 풍부하다는 사실이 농업이 불과 5% 조금 넘게 기여하는 1인당 GDP를 높이는 데 기여했을 수 있다. 상프란시스쿠 유역은 메콩 유역 다음으로 육상 증발산량과 토지 이용에 대한 의존도가 가장 낮으며, 이로 인해 회복탄력성도 향상될 수 있다. 나머지 8개 유역은 모두 농촌 빈곤 수준이 높으며 경제적으로 농업에 더 많이 의존하고 있다. 대기를 통한 외부 수분 유입에 가장 크게 의존하는 황허 유역은 강수량의 70% 이상을 육지 지역(유라시아)에서의 증발산으로 받고 있다. 이 유역들의 미래 전망을 비교하면, 모든 유역은 사회-경제적 발전 궤적을 따라 이동함에 따라 큰 도전에 직면하고 있다.

아시아 유역

황허·인더스·갠지스강은 높은 물 밀집도로 인해 심각한 청색수 부족으로 고통받고 있으며 동시에 녹색수(따라서 토지)도 부족하여 식량 생산을 관개에 의존하게 만든다. 인더스와 갠지스 유역의 인구는 2050년까지 최소 두 배가 될 것이지만, 인구 증가는 림포포 유역 다음으로 기후변화로 인한 청색수의 가용성 감소로 가장 위협받는 황허 유역에서 더 제한될 것이다. 따라서 이 세 유역은 모두 물과 관련된 중요한 임계 지점으로 이동할 것이며 물과 식량 안보를 달성하기 위한 노력에 적응과 변형이 필요하다. 반면 메콩강 유역은 상대적으로 유리한 조건을 갖고 있다.

아프리카 유역

아시아의 세 유역이 겪고 있는 어려움은 관개 농업에 의존하고 인구가 빠르게 증가하고 있는 나일 유역도 마찬가지이다. 인구는 향후 40년 동안 거의 세 배가 될 것으로 예상되고 있다. 이러한 어려움에 더하여 니제르 유역은 가뭄에도 매우 취약하다. 반면, 식량 안보를 관개에 의존하는 림포포 유역은 기후변화에 매우 취약하여 건조함과 가뭄에 대한 취약성이 증가할 것으로 예상되지만 사하라 사막 이남 아프리카의 다른 유역에 비해 미래 인구 압력에 대한 영향은 훨씬 적다.

참고문헌

Alcamo, J., Flörke, M. and Märker, M. (2007). Future long-term changes in global water resources driven by socio-economic and climatic changes. *Hydrological Sciences Journal*, **52**, 247–275.

Alcamo, J. M., Vörösmarty, C. J., Naiman, R. J. *et al.* (2008). A grand challenge for freshwater research: understanding the global water system. *Environmental Research Letters*, **3**, 010202.

Amogu, O., Descroix, L., Yéro, K. S. *et al.* (2010). Increasing river flows in the Sahel? *Water*, **2**, 170–199.

Anseeuw, W., Wily, L. A., Cotula, L. and Taylor, M. (2012). *Land Rights and the Rush for Land: Findings of the Global Commercial Pressures on Land Research Project*. Rome: International Land Coalition.

Arthington, A. H., Naiman, R. J., McClain, M. E. and Nilsson, C. (2009). Preserving the biodiversity and ecological services of rivers: new challenges and research opportunities. *Freshwater Biology*, **55**, 1–16.

Australian Bureau of Agricultural and Resource Economics and Sciences (2011). Australian crop report, no. 157. Australian Bureau of Agricultural and Resource Economics and Sciences. Available at: http://adl.brs.gov.au/data/warehouse/pe_abares99001787/ACR11.1_Feb_REPORT.pdf.

Bansil, P. (2004). *Water Management in India*. New Delhi: Concept Publishing Company.

Berrisford, P., Dee, D., Fielding, K. *et al.* (2009). The ERA-interim archive. ERA report series: 1. European Centre for Medium-Range Weather Forecasts, Reading, UK.

Biswas, A. K. and Tortajada, C. (eds) (2004). *Appraising the Concept of Sustainable Development: Water Management and Related Environmental Challenges*. Oxford: Oxford University Press.

Boucher, O., Myhre, G. and Myhre, A. (2004). Direct human influence of irrigation on atmospheric water vapour and climate. *Climate Dynamics*, **22**, 597–603.

Brisbane Declaration. (2007). Environmental flows are essential for freshwater ecosystem health and human well-being. 10th International River Symposium, Brisbane.

Brown, C. and Lall, U. (2006). Water and economic development: the role of variability and a framework for resilience. *Natural Resources Forum*, **30**, 306–317.

Bruinsma, J. (2003). *World Agriculture: Towards 2015/2030: An FAO Perspective*. Rome: Food and Agriculture Organization.

Bureau of Meteorology. (2011). *An extremely wet end to 2010 leads to widespread flooding across eastern Australia*. Special climate statements: 24. Bureau of Meteorology, Melbourne, Australia.

Cai, X., Molden, D., Mainuddin, M. *et al.* (2011). Producing more food with less water in a changing world: assessment of water productivity in 10 major river basins. *Water International*, **36**, 42–62.

Camberlin, P. (1997). Rainfall anomalies in the source region of the Nile and their connection with the Indian summer monsoon. *Journal of Climate*, **10**, 1380–1392.

Canada-Iraq Marshlands Initiative. (2010). *Managing for Change: The Present and Future State of the Marshes of Southern Iraq*. Canada–Iraq Marshlands Initiative, Washington DC.

Center for Research on the Epidemiology of Disaster. (2012). EM-DAT: The OFDA/CRED international disaster database version 12.07. Université Catholique De Louvain. Available at: http://emdat.be (accessed 6 June 2012).

Central Water Commission. (1998). Water and related statistics. Central Water Commission, New Delhi, India.

Chase, T., Knaff, J., Pielke, R. and Kalnay, E. (2003). Changes in global monsoon circulations since 1950. *Natural Hazards*, **29**, 229–254.

Cook, S., Fisher, M., Tiemann, T. and Vidal, A. (2011). Water, food and poverty: global- and basin-scale analysis. *Water International*, **36**, 1–16.

Costanza, R., d'Arge, R., de Groot, R. *et al.* (1997). The value of the world's ecosystem services and natural capital. *Nature*, **387**, 253–260.

Cumming, G. S. (2011). The resilience of big river basins. *Water International*, **36**, 63–95.

De Rosnay, P., Polcher, J., Laval, K. and Sabre, M. (2003). Integrated parameterization of irrigation in the land surface model ORCHIDEE. Validation over Indian Peninsula. *Geophysical Research Letters*, **30**, 1986.

Diamond, J. M., Ehrlich, P. R., Mooney, H. A. *et al.* (2006). *US Supreme Court: on writs of certiorari to the United States court of appeals for the sixth circuit, nos. 04–1034 and 04–1384, January 12, 2006.*

Döll, P. (2002). Impact of climate change and variability on irrigation requirements: a global perspective. *Climatic Change*, **54**, 269–293.

Döll, P. and Fiedler, K. (2008). Global-scale modeling of groundwater recharge. *Hydrology and Earth System Sciences*, **12**, 863–885.

Döll, P., Hoffmann-Dobrev, H., Portmann, F. T. *et al.* (2012). Impact of water withdrawals from groundwater and surface water on continental water storage variations. *Journal of Geodynamics*, **59–60**, 143–156.

Douglas, E., Beltrán-Przekurat, A., Niyogi, D., Pielke Sr, R. and Vörösmarty, C. (2009). The impact of agricultural intensification and irrigation on land–atmosphere interactions and Indian monsoon precipitation: a mesoscale modeling perspective. *Global and Planetary Change*, **67**, 117–128.

Douglas, E. M., Niyogi, D., Frolking, S. *et al.* (2006). Changes in moisture and energy fluxes due to agricultural land use and irrigation in the Indian monsoon belt. *Geophysical Research Letters* **33**.

Ellis, E. C. and Ramankutty, N. (2008). Putting people in the map: anthropogenic biomes of the world. *Frontiers in Ecology and the Environment* **6**, 439–447.

Eriyagama, N., Smakhtin, V. and Gamage, N. (2009). *Mapping Drought Patterns and Impacts: A Global Perspective*. Colombo, Sri Lanka: International Water Management Institute.

Fader, M., Gerten, D., Thammer, M. *et al.* (2011). Internal and external green-blue agricultural water footprints of nations, and related water and land savings through trade. *Hydrology and Earth System Sciences* **15**, 1641–1660.

Falkenmark, M. and Molden, D. (2008). Wake up to realities of river basin closure. *International Journal of Water Resources Development* **24**, 201–215.

Falkenmark, M. and Rockström, J. (2008). Building resilience to drought in desertification-prone savannas in sub-Saharan Africa: the water perspective. *Natural Resources Forum*, **32**, 93–102.

Fearnside, P. M. (2007). Brazil's Cuiabá-Santarém (BR-163) highway: the environmental cost of paving a soybean corridor through the Amazon. *Environmental Management*, **39**, 601–614.

Folke, C., Jansson, Å., Rockström, J. *et al.* (2011). Reconnecting to the biosphere. *AMBIO: A Journal of the Human Environment*, **40** 719–738.

Food and Agriculture Organization (2008). *Global Change in Net Primary Productivity (1981–2003)*. Lada – Land Degradation Assessment in Drylands. Rome: Food and Agriculture Organization. Available at: http://www.fao.org/geonetwork/srv/en/metadata.show?id=37049 (accessed 17 October 2012).

Food and Agriculture Organization (2010). Principles for responsible agricultural investment that respects, rights, livelihoods and resources, discussion note prepared by FAO, IFAD, UNCTAD and the World Bank Group. Rome: Food and Agriculture Organization.

Foster, S., Hirata, R., Misra, S. and Garduno, H. (2010). Urban groundwater use policy – balancing the benefits and risks in developing nations. Strategic Overview Series: 3. World Bank, Washington DC.

Frederiksen, C., Frederiksen, J., Sisson, J. and Osbrough, S. (2011). Changes and projections in Australian winter rainfall and circulation: anthropogenic forcing and internal variability. *International Journal of Climate Change: Impacts and Responses*, **2**, 143–162.

Friis, C. and Reenberg, A. (2010). *Land grab in Africa: Emerging land system drivers in a teleconnected world.* GLP Report: 1. Global Land Project International Project Office, Copenhagen.

Gerten, D., Heinke, J., Hoff, H. *et al.* (2011). Global water availability and requirements for future food production. *Journal of Hydrometeorology*, **12**, 885–899.

Global Water System Project (2005). The Global Water System Project: science framework and implementation activities. ESSP Report: 3. Global Water System Project, Bonn, Germany.

Gordon, L. J., Steffen, W., Jönsson, B. F. *et al.* (2005). Human modification of global water vapor flows from the land surface. *Proceedings of the National Academy of Sciences of the United States of America*, **102**, 7612–7617.

Grey, D. and Sadoff, C. W. (2007). Sink or swim? Water security for growth and development. *Water Policy*, **9**, 545.

Grübler, A., O'Neill, B., Riahi, K. *et al.* (2007). Regional, national, and spatially explicit scenarios of demographic and economic change based on SRES. *Technological Forecasting and Social Change*, **74**, 980–1029.

Haddeland, I., Clark, D. B., Franssen, W. *et al.* (2011). Multimodel estimate of the global terrestrial water balance: setup and first results. *Journal of Hydrometeorology*, **12**, 869–884.

Hirji, R. and Davis, R. (2009). Environmental flows in water resources policies, plans, and projects: findings and recommendations. Environment Department Papers, Natural Resource Management Series: 117. The World Bank, Washington, DC.

Hoekstra, A. Y. (2009). Human appropriation of natural capital: a comparison of ecological footprint and water footprint analysis. *Ecological Economics*, **68**, 1963–1974.

Hoekstra, A. Y. and Chapagain, A. K. (2009). Globalization of water: sharing the planet's freshwater resources. *The Geographical Journal*, **175**, 85–86.

Hoff, H. (2011). Understanding the nexus: background paper. Bonn 2011 Nexus Conference. Stockholm Environment Institute, Bonn, Germany.

Hoff, H., Döll, P., Fader, M. *et al.* (2013). Water footprints of cities, indicators for sustainable consumption and production. *Hydrolology and Earth System Sciences*, **10**, 2601–2639.

Hoff, H., Falkenmark, M., Gerten, D. *et al.* (2010). Greening the global water system. *Journal of Hydrology*, **384**, 177–186.

Hoff, H., Gerten, D. and Waha, K. (2012). Green and blue water in Africa: how foreign direct investment can support sustainable intensification. In *Handbook of Land and Water Grabs in Africa: Foreign Direct Investment and Food and Water Security*, ed. Allan, J. A., Keulertz, M., Sojamo, S. and Warner, J. London: Routledge, pp. 359–375.

Instituto Nacional de Pesquisas Espaciais (2012). Taxas anuais do desmatamento – 1988 até 2011. Available at: http://www.obt.inpe.br/prodes/prodes_1988_2011.htm.

Integrated Regional Information Networks (2009). Kenya: selling the cows to feed the children. Available at: http://www.irinnews.org/Report/85806/KENYA-Selling-the-cows-to-feed-the-children.

Intergovernmental Panel on Climate Change (2011). Special report managing the risks of extreme events and disasters to advance climate change adaptation (SREX), summary for policy makers. Intergovernmental Panel on Climate Change,

Stanford, CA.

International Energy Agency (2009). *World Energy Outlook 2009*. Paris: International Energy Agency.

International Union for Conservation of Nature (2004). The Lesotho highlands water project: environmental flow allocations in an international river. International Union for Conservation of Nature, Gland, Switzerland. Available at: http://cmsdata.iucn.org/downloads/lesotho.pdf.

Islam, M. S., Oki, T., Kanae, S. *et al.* (2007). A grid-based assessment of global water scarcity including virtual water trading. *Water Resources Management*, **21**, 19–33.

Issar, A. S. (2010). Progressive development by greening the deserts, to mitigate global warming and provide new land and income resources. In *Progressive Development*, ed. Issar, A. S. Heidelberg, Germany: Springer, pp. 37–42.

Janicot, S., Mounier, F., Hall, N. M. J. *et al.* (2009). Dynamics of the West African monsoon. Part IV: analysis of 25–90-day variability of convection and the role of the Indian monsoon. *Journal of Climate*, **22**, 1541–1565.

Jha, S. (2001). Rainwater harvesting in India. Press Information Bureau Government of India. Available at: http://pib.nic.in/feature/feyr2001/fsep2001/f060920011.html (accessed 11 October 2010).

Juusola, H. (2010). The internal dimensions of water security: the drought crisis in Northeastern Syria. In *Managing Blue Gold: New Perspectives on Water Security in the Levantine Middle East FIIA Report 2010:25*, ed. Luomi, M. Helsinki: Ulkopoliittinen instituutti, pp. 21–35.

Kendy, E., Molden, D., Steenhuis, T. S., Liu, C. and Wang, J. (2003). Policies drain the North China Plain: agricultural policy and groundwater depletion in Luancheng County 1949–2000. International Water Management Institute Research Report 71. International Water Management Institute, Battaramulla, Sri Lanka. Available at: http://www.iwmi.cgiar.org/Publications/IWMI_Research_Reports/PDF/pub071/Report71.pdf.

Kendy, E., Wang, J., Molden, D. J. *et al.* (2007). Can urbanization solve inter-sector water conflicts? Insight from a case study in Hebei Province, North China Plain. *Water Policy*, **9**, 75–93.

Kendy, E., Zhang, Y., Liu, C., Wang, J. and Steenhuis, T. (2004). Groundwater recharge from irrigated cropland in the North China Plain: case study of Luancheng County, Hebei Province, 1949–2000. *Hydrological Processes*, **18**, 2289–2302.

Kerr, J. (2007). Watershed management: lessons from common property theory. *International Journal of the Commons*, **1**, 89–110.

Keys, P. W., van der Ent, R. J., Gordon, L. J. *et al.* (2012). Analyzing precipitationsheds to understand the vulnerability of rainfall dependent regions. *Biogeosciences*, **9**, 733–746.

King, J., Brown, C. and Sabet, H. (2003). A scenario-based holistic approach to environmental flow assessments for rivers. *River Research and Applications*, **19**, 619–639.

King, J. and Louw, D. (1998). Instream flow assessments for regulated rivers in South Africa using the building block methodology. *Aquatic Ecosystem Health & Management*, **1**, 109–124.

Kumar, P. (ed.) (2010). *The Economics of Ecosystems and Biodiversity: Ecological and Economic Foundations*. Oxford: Routledge.

Kummu, M., Ward, P. J., de Moel, H. and Varis, O. (2010). Is physical water scarcity a new phenomenon? Global assessment of water shortage over the last two millennia. *Environmental Research Letters*, **5**, 034006.

Lake Victoria Basin Commission and World Wildlife Fund for Nature. (2010). Assessing reserve flows for the Mara River. Lake Victoria Basin Commission of the East African Community and WWF Eastern & Southern Africa Regional Programme Office. Available at: http://wwf.panda.org/who_we_are/wwf_offices/eastern_southern_africa/publications/?193036/Assessing-Reserve-Flows-for-the-Mara-River.

Le Quesne, T., Kendy, E. and Weston, D. (2010). The implementation challenge: taking stock of government policies to protect and restore environmental flows. Nature Conservancy and World Wildlife Fund for Nature. Available at: http://conserveonline.org/workspaces/eloha/documents/wwf-tnc-e-flow-policies-report/view.html.

Liu, J., You, L., Amini, M., *et al.* (2010). A high-resolution assessment on global nitrogen flows in cropland. *Proceedings of the National Academy of Sciences*, **107**, 8035–8040.

Liu, J. G. and Yang, H. (2010). Spatially explicit assessment of global consumptive water uses in cropland: green and blue water. *Journal of Hydrology*, **384**, 187–197.

Lohar, D. and Pal, B. (1995). The effect of irrigation on premonsoon season precipitation over South West Bengal, India. *Journal of Climate*, **8**, 2567–2570.

Lundqvist, J. and Gleick, P. (1997). *Sustaining our Waters into the 21st Century: Comprehensive Assessment of the Freshwater Resources of the World*. Stockholm: Stockholm Environment Institute.

Ma, J., Hoekstra, A. Y., Wang, H., Chapagain, A. K. and Wang, D. (2006). Virtual versus real water transfers within China. *Philosophical Transactions of the Royal Society B: Biological Sciences*, **361**, 835–842.

Malhi, Y., Aragão, L. E. O. C., Galbraith, D. *et al.* (2009). Exploring the likelihood and mechanism of a climate-change-induced dieback of the Amazon rainforest. *Proceedings of the National Academy of Sciences*, **106**, 20610–20615.

Marengo, J., Nobre, C. A., Betts, R. A. *et al.* (2009). Global warming and climate change in Amazonia: climate-vegetation feedback and impacts on water resources. *Geophysical Monograph Series*, **186**, 273–292.

Marshall, C. H., Pielke Sr, R. A. and Steyaert, L. T. (2004a). Has the conversion of natural wetlands to agricultural land increased the incidence and severity of damaging freezes in south Florida? *Monthly Weather Review*, **132**, 2243–2258.

Marshall, C. H., Pielke, Sr, R. A., Steyaert, L. T. and Willard, D. A. (2004b). The impact of anthropogenic land-cover change on the Florida peninsula sea breezes and warm season sensible weather. *Monthly Weather Review*, **132**, 28–52.

Mekonnen, M. M. and Hoekstra, A. Y. (2010). The green, blue and grey water footprint of farm animals and animal products. Value of Water Research Report Series: 48. UNESCO-IHE Institute for Water Education. Available at: http://www.unesco-ihe.org/Value-of-Water-Research-Report-Series/Research-Papers.

Millán, M. M. (2010). *Sequía en el Mediterréneo e inundaciones en el reino unido y Centroeuropa.* Almeria, Spain: Fundación Cajamar.

Millennium Ecosystem Assessment. (2005). *Ecosystems and Human Well-being: Synthesis.* Washington DC: Island Press.

Multi-Resolution Land Characterization Consortium. (2007). National land cover database 2001. Multi-Resolution Land Characterization Consortium, Sioux Falls, SD. Available at: http://www.mrlc.gov/nlcd2001.php.

Nelson, A. (2008). Estimated travel time to the nearest city of 50,000 or more people in year 2000. Global Environment Monitoring Unit, Joint Research Centre of the European Commission. Available at: http://bioval.jrc.ec.europa.eu/products/gam/.

Nicholls, N. (2010). Local and remote causes of the southern Australian autumn-winter rainfall decline, 1958–2007. *Climate Dynamics*, **34**, 835–845.

Nicolis, G. and Prigogine, I. (1989). *Exploring Complexity.* New York: Freeman & Co.

Nikoli, R. (2011). Moisture recycling and the effect of land-use change. MSc thesis, Delft University of Technology, The Netherlands.

Nobre, C. A. and Borma, L. D. S. (2009). 'Tipping points' for the Amazon forest. *Current Opinion in Environmental Sustainability*, **1**, 28–36.

Odum, H. T. (1983). *Systems Ecology: An Introduction.* New York: Wiley.

Olsson, P. and Galaz, V. (2009). Transitions to adaptive approaches to water management and governance in Sweden. In *Water Policy Entrepreneurs. A Research Companion to Water Transitions around the Globe*, ed. Huitema, D. & Sander, M. Cheltenham, UK: Edward Elgar Publishing, pp. 304–324.

Ornstein, L., Aleinov, I. and Rind, D. (2009). Irrigated afforestation of the Sahara and Australian Outback to end global warming. *Climatic Change*, **97**, 409–437.

Ozdogan, M., Rodell, M., Beaudoing, H. K. and Toll, D. L. (2010). Simulating the effects of irrigation over the United States in a land surface model based on satellite-derived agricultural data. *Journal of Hydrometeorology*, **11**, 171–184.

Parry, M. L., Canziani, O. F., Palutikof, J. P., van der Linden, P. J. and Hanson, C. E. (2007). *Contribution of Working Group II to the Fourth Assessment Report of the Intergovernmental Panel on Climate Change.* Cambridge: Intergovernmental Panel on Climate Change.

Pfister, S. and Hellweg, S. (2009). The water 'shoesize' vs. footprint of bioenergy. *Proceedings of the National Academy of Sciences*, **106**, E93–E94.

Pielke, R., Niyogi, D., Chase, T. and Eastman, J. (2003). A new perspective on climate change and variability: A focus on India. *Proceedings of the Indian National Science Academy – Part A: Physical Sciences*, **69**, 585–602.

Poff, N. L., Richter, B. D., Arthington, A. H. *et al.* (2009). The ecological limits of hydrologic alteration (ELOHA): a new framework for developing regional environmental flow standards. *Freshwater Biology*, **55**, 147–170.

Ramankutty, N., Evan, A. T., Monfreda, C. and Foley, J. A. (2008). Farming the planet: 1. Geographic distribution of global agricultural lands in the year 2000. *Global Biogeochemical Cycles*, **22**, GB10003.

Ramirez-Vallejo, J. and Rogers, P. (2004). Virtual water flows and trade liberalization. *Water Science and Technology*, **49**, 25.

Reij, C., Tappan, G. and Smale, M. (2009). Agroenvironmental transformation in the Sahel. IFPRI Discussion Paper: 914. Washington, DC: International Food Policy Research Institute.

Richter, B. D., Baumgartner, J. V., Powell, J. and Braun, D. P. (1996). A method for assessing hydrologic alteration within ecosystems. *Conservation Biology*, **10**,

1163–1174.

Ripl, W. (1992). Management of water cycle: an approach to urban ecology. *Water Quality Research Journal of Canada*, **27**, 221–237.

Ripl, W. (1995). Management of water cycle and energy flow for ecosystem control: the energy-transport-reaction (ETR) model. *Ecological Modelling*, **78**, 61–76.

Ripl, W. (2003). Water: the bloodstream of the biosphere. *Philosophical Transactions of the Royal Society of London. Series B: Biological Sciences*, **358**, 1921–1934.

Ripl, W. and Hildmann, C. (2000). Dissolved load transported by rivers as an indicator of landscape sustainability. *Ecological Engineering*, **14**, 373–387.

Rockström, J., Falkenmark, M., Lannerstad, M. and Karlberg, L. (2012). The planetary water drama: dual task of feeding humanity and curbing climate change. *Geophysical Research Letters*, **39**, L15401.

Rockström, J., Gordon, L., Folke, C., Falkenmark, M. and Engwall, M. (1999). Linkages among water vapor flows, food production, and terrestrial ecosystem services. *Conservation Ecology*, **3**, 5.

Rockström, J., Steffen, W., Noone, K. *et al.* (2009). A safe operating space for humanity. *Nature*, **461**, 472–475.

Rosegrant, M. W. (2008). *Biofuels and Grain Prices: Impacts and Policy Responses*. Washington DC: International Food Policy Research Institute.

Rost, S., Gerten, D., Bondeau, A. *et al.* (2008). Agricultural green and blue water consumption and its influence on the global water system. *Water Resources Research*, **44**.

Roy, S. B., Hurtt, G. C., Weaver, C. P. and Pacala, S. W. (2003). Impact of historical land cover change on the July climate of the United States. *Journal of Geophysical Research*, **108**, 4793.

Rulli, M. C., Saviori, A. and D'Odorico, P. (2013). Global land and water grabbing. *Proceedings of the National Academy of Sciences*, **110**, 892–897.

Savenije, H. H. G. (1995). New definitions for moisture recycling and the relationship with land-use changes in the Sahel. *Journal of Hydrology*, **167**, 57–78.

Scanlon, B., Reedy, R., Gates, J. and Gowda, P. (2010). Impact of agroecosystems on groundwater resources in the Central High Plains, USA. *Agriculture, Ecosystems & Environment*, **139**, 700–713.

Scanlon, B. R., Faunt, C. C., Longuevergne, L. *et al.* (2012). Groundwater depletion and sustainability of irrigation in the US High Plains and Central Valley. *Proceedings of the National Academy of Sciences*, **109**, 9320–9325.

Shah, T., Burke, J. and Villholth, K. (2007). Groundwater: a global assessment of scale and significance. In *Water for Food, Water for Life: A Comprehensive Assessment of Water Management in Agriculture*, ed. Molden, D. London: Earthscan, pp. 395–423.

Shah, T., Singh, O. and Mukherji, A. (2006). Some aspects of South Asia's groundwater irrigation economy: analyses from a survey in India, Pakistan, Nepal Terai and Bangladesh. *Hydrogeology Journal*, **14**, 286–309.

Shah, T. M., Molden, D., Sakthivadivel, R. and Seckler, D. (2000). *The Global Groundwater Situation: Overview of Opportunities and Challenges*. Colombo, Sri Lanka: International Water Management Institute.

Shiklomanov, I. A. (2000). Appraisal and assessment of world water resources. *Water International*, **25**, 11–32.

Siebert, S., Burke, J., Faures, J. M. *et al.* (2010). Groundwater use for irrigation: a global inventory. *Hydrology and Earth System Sciences*, **14**, 1863–1880.

Siebert, S. and Döll, P. (2010). Quantifying blue and green virtual water contents in global crop production as well as potential production losses without irrigation. *Journal of Hydrology*, **384**, 198–217.

Skinner, J. and Cotula, L. (2011). Are land deals driving 'water grabs'? IIED Briefing Papers. International Institute for Environment and Development, London. Available at: http://pubs.iied.org/17102IIED.html.

Smakhtin, V., Revenga, C. and Döll, P. (2004). A pilot global assessment of environmental water requirements and scarcity. *Water International*, **29**, 307–317.

Stalnaker, C., Lamb, B. L., Henriksen, J., Bovee, K. and Bartholow, J. (1995). The Instream Flow Incremental Methodology: a primer for IFIM. US Geological Survey Biological Report: 29. Washington, DC: US Geological Survey.

Steffen, W., Love, G. and Whetton, P. (2006). Approaches to defining dangerous climate change: a southern hemisphere perspective. In *Avoiding Dangerous Climate Change*, ed. Schellnhuber, H. J., Cramer, W., Nakicenovic, N., Wigley, T. and Yohe, G. Cambridge: Cambridge University Press, pp. 205–214.

Steffen, W., Sims, J., Walcott, J. and Laughlin, G. (2011). Australian agriculture: coping with dangerous climate change. *Regional Environmental Change*, **11**, 205–214.

Sullivan, C. A. and Meigh, J. (2007). Integration of the biophysical and social sciences using an indicator approach: addressing water problems at different scales. *Water Resources Management*, **21**, 111–128.

Tennant, D. L. (1976). *Instream Flow Regimes for Fish, Wildlife, Recreation and Related Environmental Resources*. Washington DC: US Fish and Wildlife Service.

Tharme, R. E. (2003). A global perspective on environmental flow assessment: emerging trends in the development and application of environmental flow methodologies for rivers. *River Research and Applications*, **19**, 397–441.

Timbal, B., Arblaster, J., Braganza, K. *et al.* (2010). Understanding the anthropogenic nature of the observed rainfall decline across South Eastern Australia. CAWCR Technical Report: 026. Centre for Australian Weather and Climate Research, Melbourne, Australia. Available at: http://www.cawcr.gov.au/publications/technicalreports/CTR_026.pdf.

United Nations Environment Programme (2011). *Livelihood security – climate change, migration and conflict in the Sahel.* United Nations Environment Programme, Nairobi, Kenya. Available at: http://www.unep.org/disastersandconflicts/Introduction/EnvironmentalCooperationforPeacebuilding/EnvironmentalDiplomacy/SahelReport/tabid/55812/Default.aspx.

van der Ent, R. J. and Savenije, H. H. G. (2011). Length and time scales of atmospheric moisture recycling. *Atmospheric Chemistry and Physics*, **11**, 1853–1863.

van der Ent, R. J., Savenije, H. H. G., Schaefli, B. and Steele-Dunne, S. C. (2010). Origin and fate of atmospheric moisture over continents. *Water Resources Research*, **46**, W09525.

Verma, S., Kampman, D. A., van der Zaag, P. and Hoekstra, A. Y. (2009). Going against the flow: a critical analysis of inter-state virtual water trade in the context of India's national river linking program. *Physics and Chemistry of the Earth, Parts A/B/C*, **34**, 261–269.

von Braun, J. (2009). Addressing the food crisis: governance, market functioning, and investment in public goods. *Food Security*, **1**, 9–15.

von Braun, J. and Meinzen-Dick, R. S. (2009). *'Land Grabbing' by Foreign Investors in Developing Countries: Risks and Opportunities.* Washington DC: International Food Policy Research Institute.

Vörösmarty, C. J., Douglas, E. M., Green, P. A. and Revenga, C. (2005). Geospatial indicators of emerging water stress: an application to Africa. *AMBIO*, **34**, 230–236.

Vörösmarty, C. J., Green, P., Salisbury, J. and Lammers, R. B. (2000). Global water resources: vulnerability from climate change and population growth. *Science*, **289**, 284.

Vörösmarty, C. J., McIntyre, P., Gessner, M. O. *et al.* (2010). Global threats to human water security and river biodiversity. *Nature*, **467**, 555–561.

Water Corporation (2012). *Yearly Streamflow for Major Surface Water Sources.* Water Corporation, Leederville, Australia. Available at: http://www.watercorporation.com.au/D/dams_streamflow.cfm (accessed 30 March 2012).

Wichelns, D. (2010). Virtual water and water footprints: policy relevant or simply descriptive? *International Journal of Water Resources Development*, **26**, 689–695.

World Trade Organization (2008). *International Trade Statistics 2008.* World Trade Organization, Geneva. Available at: http://www.wto.org/english/res_e/statis_e/its2008_e/its08_toc_e.htm.

Yang, H., Wang, L. and Zehnder, A. J. B. (2007). Water scarcity and food trade in the Southern and Eastern Mediterranean countries. *Food Policy*, **32**, 585–605.

Zickfeld, K., Knopf, B., Petoukhov, V. and Schellnhuber, H. (2005). Is the Indian summer monsoon stable against global change? *Geophysical Research Letters*, **32**, L15707.

Part

III

주요 관심 지역과 경관적 관점에서의 전 지구적 식량 생산

르완다의 한 언덕에 위치한 경작지 모습. 르완다는 전 국토를 농경지로 사용해야 할 정도로 식량 생산에 부담을 안고 있다. 전 세계적으로 증가하는 인구수에 상응하는 식량을 생산하려면 농경지와 물을 효율적으로 관리할 필요가 있다.

Chapter 5

식량 생산: 물에 대한 거대한 도전 과제

이 장에서는 인구 증가에 따른 지구상의 식량 생산 위기를 다루며, 2050년에 초점을 맞추고 있다. 개발도상국에서의 물 생산성 향상과 식량 생산 격차 해소를 위한 노력에 특별히 관심을 기울여야 한다. 이 장에서 제시한 추정값을 통해 현재 경작지에서 달성할 수 있는 수준을 살펴볼 수 있다. 중요한 것은 세계 인구 절반 이상을 위한 운반 능력이며, 이는 물 잉여 국가의 식량 거래를 통한 가상 물 이송으로 보상되어야 한다. 이 장에서는 인류세의 충격과 변화에 대처하는 농업 시스템의 능력, 그리고 격동의 시대에 대처하는 적응성과 사회-생태학적 복원력을 분석한다.

5.1 식량 수요 추세와 물에 대한 전제 조건

5.1.1 기아 완화와 인구 증가: 실질적인 두 개의 강한 원동력

20세기 초까지 증가하는 세계 인구에 따른 식량 생산 증진은 경작지의 면적을 확장하는 것으로 해결하는 방식이었다. 19세기에 이미 토머스 맬서스(1766-1834)에 의해 지속적으로 증가하는 인구를 먹여 살릴 가능성에 대한 비관적인 시각이 제기되기도 하였다. 20세기 동안, 세계 인구는 16.5억 명에서 60억 명으로 무려 350% 이상 증가하였다(UNDP, 2004).

제2차 세계대전 후, 많은 신생 개발도상국에서는 급격한 인구 증가가 있었으며, 이에 부합하는 식량 생산을 달성하지 못하였다. 이로 인해, 1960년대 중반까지 이러한 많은 국가들은 산업화된 국가들로부터 대규모 식량 원조에 의존할 수밖에 없었다. 1967년 미국 대통령 과학 자문 위원회 보고서는 세계 식량 문제의 규모, 심각성, 지속 기간이 너무 커서 인류 역사상 유례가 없는 대규모의 장기적이고 혁신적인 노력이 요구될 것이라고 보고하였다(IFPRI, 2002).

이러한 기아 도전에 직면하여, 록펠러와 포드 재단과 같은 공공 및 민간 부문 기관과 단체들은 1940년대와 1950년대 개발도상국의 국제적인 농업 연구 시스템에 투자하기 시작했다. 처음에는 주로 쌀과 밀의 다수확 품종 개발에 초점을 맞추었다. 이른바 녹색 혁명이라 불리는 1960년대 후반 들어, 농업 과학과 식량 생산의 현대화된 기술 도입으로 아시아와 라틴아메리카 지역의 쌀과 밀의 생산 증가에 크게 기여하였다(Comprehensive Assessment, 2007; IFPRI, 2002).

인도와 같은 많은 나라에서는 반복되는 기근과 식량 원조에 대한 의존에서 벗어나 식량 자급자족의 경지에 이르렀지만, 여전히 개발도상국은 많은 사람들이 영양실조 상태에 머물러 있었다. 1970년대 이후로 영양실조 상태의 인구는 약 9억 명으로 추산되었다. 세계 인구가 배가됨에도 불구하고, 영양실조 상태의 인구수는 꽤나 일정하게 유지되었다. 이는 1970년대 이후로 인구 증가 속도에 버금가는 수준으

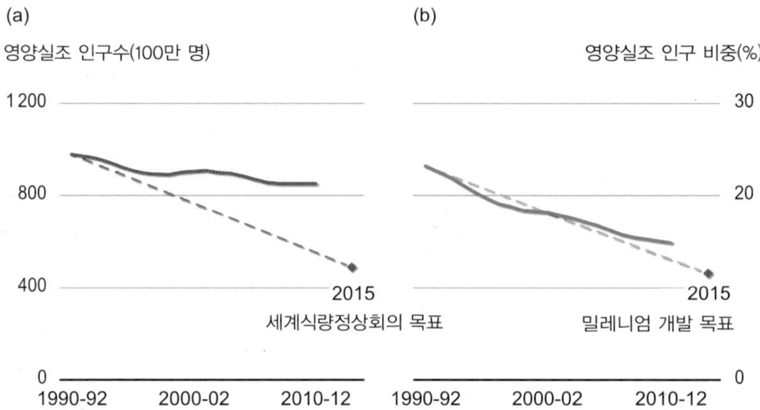

그림 5.1 (a) 1990-1992년대와 2010-2012년대의 개발도상국에서 영양실조 상태와 세계식량정상회의(1995)가 제시한 1990-1992년대에서 2015년 사이 영양실조 상태 인구수를 절반으로 줄이기 위한 목표와 관련된 수치, (b) 1990-1992년대와 2010-2012년대의 개발도상국에서 영양실조 상태와 1990년과 2015년 사이에 영양실조 상태 인구비를 절반으로 줄이기 위한 밀레니엄 개발 목표 1의 타깃 1C와 연관된 비율(FAO, 2012).

로 세계 식량 생산량이 증가했음을 의미한다. 또한, 전 지구적 식량 공급은 1인당 더 많은 수요를 충족시킬 수 있는 수준으로 발전하였다(2장의 그림 2.1과 2.3 참고).

2007-2009년의 식량과 경제위기는 많은 개발도상국들의 경제적, 사회적 동요를 초래하였다. 기존의 예측에 따르면 이러한 위기는 영양실조 상태의 인구수가 2009년에 10억 2,000만 명에 달할 것으로 추정되었다(FAO, 2011). 그러나 1990-2012년도 사이의 데이터를 새로운 접근 방식으로 분석한 결과 보다 개선된 모습을 보였다(FAO, 2012). 1990년 이후, 기아 상황을 개선되는 정도는 기존의 예측보다 나은 것으로 밝혀졌으며, 2007-2008년도의 가격 상승은 이러한 개선 효과를 무마시키는 정도에 머무는 것으로 나타났다(그림 5.1a). 전 지구적으로, 2010-2012년대 영양실조 상태의 인구수는 8억 6,800만으로 추정되었으며, 그중 8억 5,200만은 개발도상국에 거주하는 것으로 나타났다. 약 2억 3,400만(26.8%)은 사하라 사막 이남의 아프리카 지역에, 가장 많은 수(3억 400만)가 남아시아에 거주하였으며, 그중 인도에만 약 2억 1,200만이 거주하는 것으로 나타났다(FAO, 2012).

국제 사회는 전 세계적 기아퇴치를 위해 수년간 여러 목표를 설정해 오고 있다. 1974년 로마에서 열린 최초의 세계식량정상회의에서는 식량 생산과 소비의 전 지구적 문제를 논의하였으며, '모든 남성과 여성, 아동들은 신체적, 정신적 능력을 키우기 위해 기아와 영양실조로부터 자유로울 수 있는 양도할 수 없는 권리를 갖는다'고 천명하였다. 1996년 세계식량정상회의에서 나온 세계 식량 안보에 관한 로마 선언은 모든 인류의 안전하고 영양가 있는 식량에 대한 접근할 수 있는 권리와 영양실조 상태의 인구수를 1990-1992년에서 2015년 사이에 절반으로 줄인다는 목표를 설정하였다. 2000년 UN 밀레니엄 선언문에서는 극심한 빈곤을 줄이고 2015년까지 달성해야 할 목표를 설정하기 위해 새로운 글로벌 파트너십의 이행을 명시했다.

최초의 밀레니엄 개발 목표는 세계 식량 안보 목표를 재조정하는 것으로, 1990년과 2015년 사이의 기아로 고통받는 인구 비중을 절반으로 줄이는 것을 목적으로 하였다. 2007-2009년대 악화된 전 지구적 식량 안보 상황으로 인해, 2009년 후반 또 다른 식량 안보를 위한 세계정상회의를 소집하였다. 이 회의에서는 1996년과 2000년에 설정된 목표를 달성하기 위한 갱신된 이행 약속을 확인하고, 당시의 부정적인 상황을 전환하기 위한 노력에 힘쓸 것을 강조하였다. 이 선언에서는 과거 20여 년간 고려되지 않았던 농업에 대한 투자 증대의 필요성을 강조하였으며, 농업은 직간접적으로 세계 빈곤층의 70%에게 생계를 제공할 수 있다고 명시하였다. 또한, 이 회의에서는 지속가능성을 목표로 설정하고, 기후변화와 식량 안보에 대한 도전에 주도적으로 대처해 나갈 것을 다짐하였다.

그림 5.1a와 b는 세계 식량 안보 목표와 밀레니엄 개발 목표 1의 타깃 1C 간의 차이점을 분명히 나타낸다. 영양실조 상태의 인구수는 13%의 감소에 해당하는 1억 3,000만 정도 감소하였으나, 그 비중은 23.2%에서 14.9%로 약 36%가량 감소하였다. 즉, 과거 10년간 지속적인 인구 증가로 인해 밀레니엄 개발 목표는 어느 정도 달성한 것으로 보이나, 기아로 고통받는 인구수는 비교적 일정하게 유지되었다(FAO, 2012).

영양실조 상태의 상황을 개선하기 위해서는 전 지구적 농업 생산이 향후 증가하는 인구수에 보조를 맞출 필요가 있다. 단적으로 말하자면, 약 23억 명의 추가 인구를 위한 식량 제공 업무는(UN DESA, 2011) 약 10억 명의 영양실조 상태 인구의 식단을 개선하는 것보다 식량 생산을 위한 물 공급 측면에서 더 많은 노력이 필요할 것이다(Rockstrom *et al.*, 2005). UN의 인구 예측에 따르면 세계 인구는 2010년 69억 명에서 2050년 93억 명으로 24억 명 증가할 것으로 예상하고 있다. 금세기 후반에 이러한 증가 추세는 주춤할 것으로 예상되며, 2100년에는 101억 명 정도로 추산된다. UN 인구 예측의 최대치와 최소치를 비교하자면 2050년 106억 명과 81억 명이고, 일정한 출산율을 유지한다고 가정하면 109억 명으로 추산된다(UN DESA, 2011). 이 책에서는 인구 증가 예측값의 중앙값을 사용하여 분석하였으며, 2010-2050년대 초반에 인구 증가가 가장 크고, 2030년 이후로 조금씩 감소할 것으로 예상하였다.

2009년에는 사상 처음으로 전 세계 인구의 대다수가 도심 지역에 거주하는 것으로 여겨졌다. 2050년까지 지속될 도심 지역 인구 증가에는 전 세계 인구 증가와 더불어 약 5억 5,000만 인구가 시골에서 도심 지역으로 이주하는 내용이 포함되어 있다. 이러한 내용은 선진국에 해당하는 것이며, 사하라 사막 이남의 아프리카 지역에서는 시골 지역 인구가 6억 명에서 약 8억 명으로 30%가량 지속적으로 증가할 것으로 예상된다(UN DESA, 2010). 인도는 2050년까지 17억 명으로 2010년 대비 약 4억 7,000만 명가량의 가장 많은 인구 증가를 보일 것으로 예상된다. 반면, 중국은 향후 40년간 4,600만 명의 인구가 감소할 것으로 예상되며, 2026년 약 14억 명의 최대 인구수를 지나고 나서 2050년까지 13억 명 정도로 감소할 것으로 내다보고 있다(UN DESA, 2011).

FAO에 따르면, 늘어가는 인구 추이와 더불어 1인당 식량 소비량에 대응하기 위해서는 농업 생산량은 2050년까지 70% 정도 증대되어야 한다. 농업 생산량 증가는 거의 대부분 개발도상국에서 일어나야 한다. 2005-2007년도 생산량 대비 이러한 증가는 2050년까지 해마다 10억 톤의 곡물과 2억 톤의 고기류를 추가로 생산하는 것과 같다(Bruinsma, 2009). 이는 다르게 표현하면 40-100%의 식량 수요 증가를 의미한다(Foley *et al.*, 2011; Tilman *et al*, 2011).

그림 5.2a와 b는 현재의 기아에 허덕이는 국가들과 향후 23억 명의 인구 증가가 이러한 국가들에서 나올 것을 보여주며, 이러한 국가들은 가장 미개발된 수준에 머물러 있다(FAO, 2013b). 이러한 많은 국가들은 농업 생산이 주로 물이 부족한 사바나와 초원 지대에서 이루어진다. 물이 제한 요소라는 사실을 통해 물 사용과 물 관리 그리고 식량 생산 간의 연결 고리를 이해하는 것이 중요하다는 것을 알 수 있다. 농작물과 사료 수확에 사용되는 물은 직접적으로 영양소와 연관되어 있다. 농업에서 물의 사용과 접근성은 **식량 안보**와 직결되어 있으며, 1996년 세계식량안보회의에서 모든 사람들이 언제나 활력

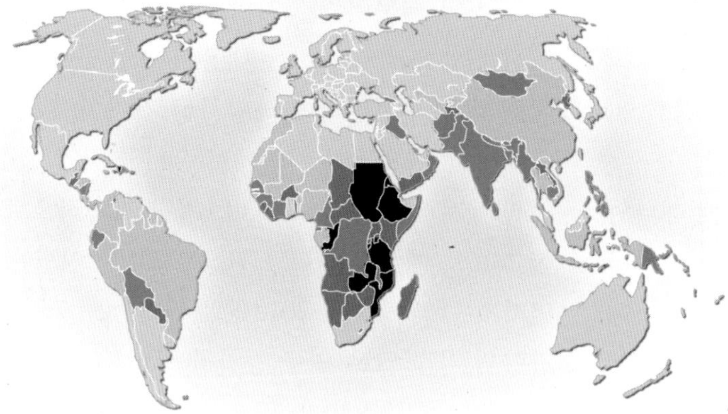

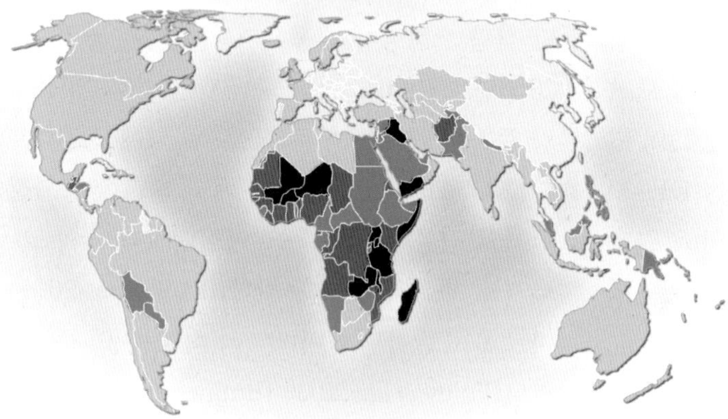

그림 5.2 (a) 영양실조 상태의 2010-2012년대 전세계적 현황과 (b) 2010-2050년대 예측되는 세계 인구 변화 추이(FAO, 2012; UN DESA, 2011).

[이 그림은 본문 뒤에 컬러 그림이 따로 삽입됨]

있고 건강한 삶을 영위하는 데 필수적인 식생활의 필요와 선호를 충족하기 위해 충분하고 안전하고 영양가 있는 식량에 대한 물리적, 사회적, 경제적 접근을 갖는다고 명시하였다. 식량 안보는 **가용성**, **접근성**, **활용성**의 세 가지 주요한 의미를 담고 있다. 식량 가용성은 국가적, 세계적 수준의 식량 생산, 저장 및 무역을 통한 식량 공급을 의미하며, **접근성**은 수요를 충족시키는 것, 즉 대내외적 가계 수준의 식량 배분을 의미한다. 효과적인 **활용성**은 개인의 영양 상태를 정의하고, 개인과 가계의 식량 활용을 이와 연관 짓는 것을 의미한다. 즉, 위생적인 상태에서 식량이 준비되는지, 그리고 사람들의 건강 생태가 거시적, 미시적 필수 영양성분들을 섭취하고 흡수할 수 있는지 여부를 살펴보는 것이다.

가정용수는 최적화된 사용이 중요하지만, 농업을 위한 물 이용은 식량 가용성을 위해 필요한 조건이다. 예를 들어 사하라 사막 이남의 아프리카 지역에서는 소규모 자작농들이 불규칙한 강우와 계절의 강물 흐름에 의지하여 자급자족하고 있다(6장 참조). 녹색수(식물 생장 및 유지에 사용되는 물)와 청색수(지상수 및 지하수)의 예측 불가한 가용성은 식량 안보의 네 번째 항목, **시간 경과에 따른 안정성**에 영향을 미친다. 농업에서 물에 대한 낮은 의존성은 많은 사람들이 만성적인 식량 부족에 시달리고, 영양실조 상태에 갇히게 되는 결과를 가져올 수 있다. 장기적으로 또는 반복되는 물 부족 현상은 식량 안보 상황에 지속적으로 영향을 줄 수밖에 없다. 전 세계적으로 2004년에 기아로 인한 사망 중 90% 이상이 만성적인 악조건에 시달렸던 것으로 나타났으며, 고작 8%가 인도주의적 비상사태와 관련되어 있었다(Barrett, 2010).

5.1.2 식생활 개선과 1인당 식량 요구량 증가

도시화와 높은 소득의 증가로 전 지구적 식생활 양상에 공통적인 현상이 나타나고 있다. 즉, 육류 소비의 증가와 빠르고 편리한 식품 소비와 관련된 도심 지역 식습관 같은 것들이다. 토착 곡물, 녹말류, 채소, 과일, 제한된 동물성 식품에 기반한 단조로운 식사는 가공 식품, 많은 동물성 식품, 당과 지방, 알코올 함유량이 더 많아진 다양한 종류의 식사의 모습으로 바뀌어가고 있다(FAO 2013b; Steinfeld *et al.*, 2006). 경제 개발로 인해 사람들은 먹이사슬 상위단계의 식사를 할 수 있게 된 것이다. 만연한 영양실조 상태에서 부유하고 다양한 식생활로의 점진적인 변화는 종종 과영양 상태의 결과를 낳기도 하며, 이를 영양 전환이라고 명명하였다(Popkin *et al.*, 2001). 도시화로 인해 시골에서 도시로 이주한 사람들은 본인들 또는 이웃들의 전통적인 지역 농업 생산과의 연결 고리를 잃고, 도심 지역에서 국제 식품 시장의 소비자가 되었다.

열량이 높은 식량 섭취의 증가, 즉 당, 지방, 소금의 섭취 증가와 비타민, 미네랄, 필수 영양소의 섭취 감소는 과체중 인구수가 1980년 이후 배가 되는 결과를 낳았다. 2008년 15억 이상의 성인 인구가 과체중 상태인 것으로 나타났으며, 이는 영양실조 상태의 두 배에 달하는 수치이다. 추가로, 과체중 인구의 30%에 달하는 3억 명의 여성과 2억 명의 남성이 비만이었다. 과체중 또는 비만으로 심혈관계 질환, 당뇨, 그리고 각종 암과 같은 비전염성 질병에 걸릴 위험이 높아졌다. 과체중 또는 비만으로 인해 매해 적어도 280만의 성인이 사망하고 있다. 세계 인구의 65%는 과체중 또는 비만으로 인해 사망하는 인구가 영양실조로 인한 사망자 수보다 많은 국가에 살고 있으며, 이는 모두 고소득 국가들과 중산층 국가들이다(GHO, 2013; WHO, 2011).

과체중이 가장 만연한 국가들은 고소득 중산층 국가들이나, 이제는 저소득 중산층 국가들에서도 비만이 증가하고 있다. 2010년 4,300만 명의 5세 이하 아동이 과체중으로 판명되었으며, 이 중 80% 이상이 개발도상국에 살고 있었고, 저소득 중산층 그룹에서 가장 빠른 증가를 보이는 것으로 나타났다. 따라서 많은 저소득 중산층 국가들은 영양실조와 더불어 과체중이라는 이중고에 시달리게 된 것이다(GHO, 2013; WHO, 2011).

전 세계적 식습관의 변화는 음식 섭취에 있어 두 가지 주요 사항을 내포한다. 첫 번째 주요 사항은 1인당 칼로리 소비의 증가이다. 1961년부터 2009년까지 전 세계 1인당 1일 평균 칼로리 섭취는 29% 증가, 즉, 2,830 kcal 이상으로 증가하였다. 지역별로 상이한 차이가 있었는데, 라틴아메리카, 중동, 북아프리카, 동남아, 북동아시아는 가파른 상승세를 나타낸 반면, 사하라 사막 이남 아프리카, 남아시아는 거의 비슷한 수준을 유지하였다(2장의 그림 2.3 참조). 국가별로 보면, 더 급격한 변화를 살펴볼 수 있다: 지난

40년간 가장 극단적인 증가는 중국에서 나타났는데, 200% 이상 증가, 즉, 1인당 1일 칼로리 섭취가 1,400 kcal에서 3,000 kcal로 증가하였다(FAO, 2013b).

1인당 식량 소비의 증가에 따라 브라질과 중국 등 많은 개발도상국에서는 1인당 1일 평균 칼로리 섭취량이 선진국 수준인 미국의 3,700 kcal, 서유럽 국가의 350 kcal에 근접해 가고 있다. 인도와 케냐 같은 국가들은 높은 인구 증가에도 중국보다 미진한 농업 생산성 개선으로 인해 여전히 1인당 1일 칼로리 섭취가 2,100-2,300 kcal 수준에 머무르고 있다(그림 5.3).

두 번째 주요 사항은 동물성 식품의 소비와 수요의 증가와 관련되어 있다. 1961년과 2009년 사이 동물성 식품으로 섭취하는 평균 칼로리는 48% 증가, 즉 1인당 1일 500 kcal 증가하였다. 미국과 서유럽 국가에서는 30%가량의 칼로리 섭취가 동물성 식품에서 이뤄지는 반면(덴마크와 프랑스는 거의 40%에 육박한다), 중국, 브라질은 20% 정도이고, 인도, 인도네시아와 나이지리아 같은 경우 10% 미만에 머물고 있다(그림 5.3).

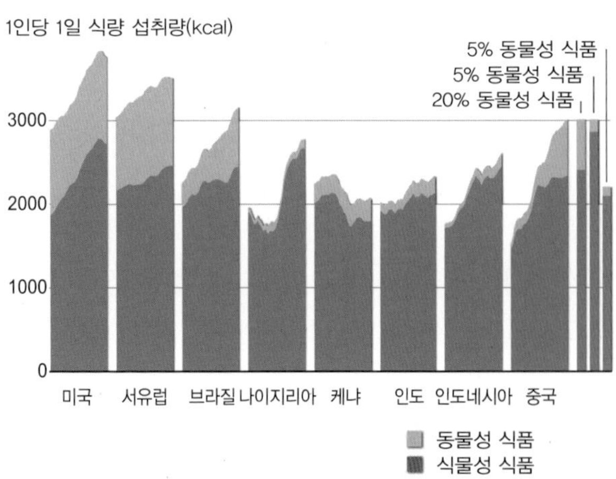

그림 5.3 1961-2009년 사이 1인당 1일 평균 칼로리 섭취량을 식물성 및 동물성 칼로리로 나누고, 세 가지 식량 공급 수준에 근거하여 8개 국가 및 지역으로 분류하여 나타낸다(FAO, 2013b).

중국에서의 급격한 증가는 1961년과 2009년 사이 돼지고기 섭취량이 1인당 연간 2 kg에서 37 kg으로, 가금류는 1 kg에서 13 kg으로, 달걀은 2 kg에서 19 kg으로, 도합 5 kg에서 69 kg으로 증가한 것에 기인한다. 같은 기간 보다 완연한 증가는 대부분의 인구가 채식주의자인 인도에서 살펴볼 수 있는데, 버터를 포함한 우유 섭취가 50% 증가, 즉 1인당 연간 섭취량이 38 kg에서 72 kg으로 증가하였다. 인도의 우유 생산량은 1960년대 연간 2,000만 톤에서 2009년 1억 1,000만 톤 이상으로 증가하였다. 이제 인도는 미국을 넘어서 세계에서 우유 생산량을 주도하는 국가가 되었다.

그러나 많은 개발도상국들은 동물성 식품의 섭취량이 증가했음에도 불구하고 육류와 우유 섭취를 주도하는 국가들에 비해 섭취량이 여전히 뒤처져 있는 실정이다. 2009년 기준 가장 많은 섭취량을 기록한 미국에서는 1인당 연간 40 kg의 육류와 49 kg의 가금류를 섭취하였다. 2010년 서유럽에서는 1인당 연간 섭취량이 돼지고기는 43 kg, 버터를 제외한 우유는 43 kg을 나타냈다(FAO, 2013b). 육류 소비가 증가한 주요 요인으로는 임금 수준의 증가를 들 수 있다(World Bank, 2009). 지역적으로 볼 때는 문화적인 요인도 다소간의 차이를 설명할 수 있는데, 힌두교에서 쇠고기 섭취를 금하는 것, 무슬림들이 돼지고기를 섭취하지 않는 것, 그리고 많은 지역에서 이러한 제약 없이 섭취하는 것들과 같은 것들이다.

많은 선진국과 개발도상국에서 개선되고 증가된 식생활 양상을 보이는 반면, 8억 5,000만 명의 인구는 여전히 영양실조 상태에 있다. 영양실조 상태는 칼로리 섭취가 최소 식품 섭취 에너지 요구량 이하일 때 나타난다. 최소 식품 섭취 에너지 요구량은 가벼운 활동과 적절한 신장에 부합하는 최소한의 체중 유지를 위해 필요한 에너지양으로, 국가별로 연도별로 성별과 나이에 따라 차이가 있다(FAO, 2009). 모든 개발도상국들에 대한 평균적인 최소 식품 섭취 에너지양은 1990-1992년대와 2010-2012년대의 기간 동안 1인당 1일 약 1,950 kcal 정도로 추정되었다. 가장 저개발 국가들의 최소 식품 섭취 에너지 요구량은 1인당 1일 1,800 kcal 미만으로 나타났다(FAO, 2013a). 많은 개발도상국에서 국가적인 수준의 1인당 1일 칼로리 섭취 수준은 여전히 2,100 kcal에 미치지 못하는 낮은 수준인 것으로 밝혀졌다. 낮은 수준의 식량 공급과 높은 영양실조 상태가 이러한 평균치를 떨어뜨리는 요인으로 볼 수 있다. 그림 5.4에 나타나듯이 국가적으로 1인당 1일 식량 공급 수준이 3,000 kcal에 이르게 되면 영양실조 상태가 0에 수렴하는 것을 볼 수 있다. 이 그림에서 몇 가지 흥미로운 사실을 발견할 수 있다. 다른 나라들에 비해 중국과 브라질은 높은 영양실조 상태와 높은 식량 공급 수준을 가짐으로써 일반적인 궤적에서 다소 벗어나 있다(그림 5.3을 비교해 보라). 또 다른 흥미로운 사례로, 일본은 EU나 미국과 달리 충분한 영양 공급이 이루어지고 있으나 평균적인 식량 공급은 낮은 것으로 나타났다.

전 세계적으로 식량 생산에 관한 주요한 향후 과제는 개발도상국들의 수요를 충족시키는 것이 될 것이다. 향후 증가할 세계 인구와 식량 섭취 증가는 이러한 국가들에서 일어날 것이기 때문이다. 2050년까지 개발도상국 인구의 평균 식량 수요 예측에 따르면, 30억 명 이상의 인구가 1인당 1일 3,000 kcal 이상의 식량을 공급받게 되며, 또 다른 30억 명은 평균 2,700-3,000 kcal를 공급받게 될 것으로 내다보고 있다(그림 5.5). 2030년까지 개발도상국의 평균 1인당 1일 식량 공급은 2,864 kcal이며 2050년에는 2,966 kcal에 다다를 것으로 예측된다. 그러나 이러한 추정은 2030년까지 약 5억 5,600만, 2050년까지 약 3억 7,000만의 수많은 인구가 여전히 영양실조 상태에 머무르는 것을 뜻한다.

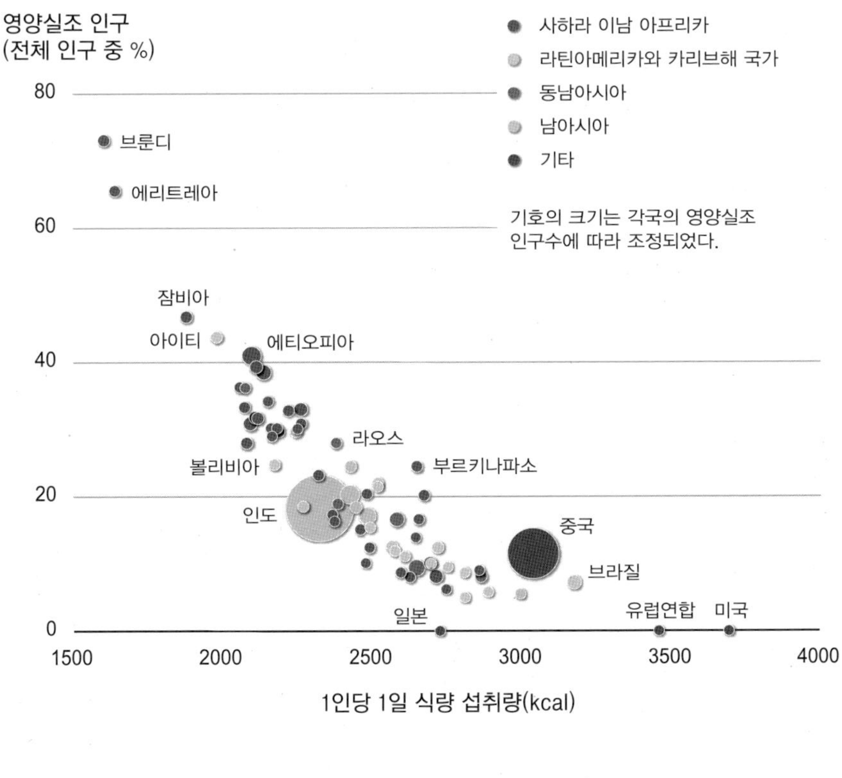

그림 5.4 평균 식량 공급이 1인당 1일 3,000 kcal에 이르게 되면 영양실조 상태 비율이 0에 근접함을 보여준다(FAO, 2013a, b).

[이 그림은 본문 뒤에 컬러 그림이 따로 삽입됨]

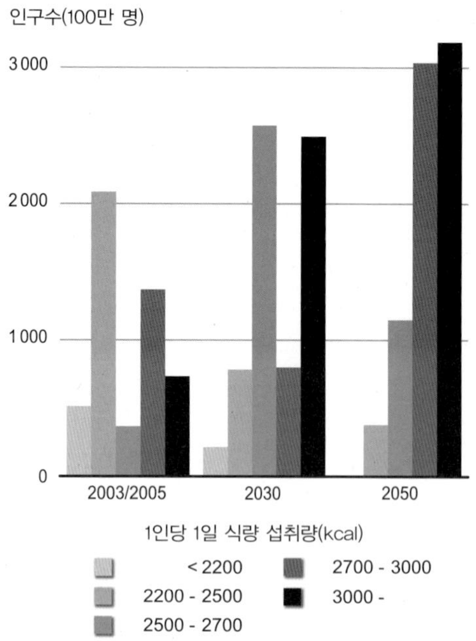

그림 5.5 2003/2005년부터 2050년까지 개발도상국 인구의 현재와 미래의 평균 1인당 1일 식량 공급 예측(Alexandratos, 2009).

전술한 제한 요인을 포함하여 전 세계적 평균 1인당 1일 식량 공급은 2050년에는 3,050 kcal에 이르거나(Alexandratos, 2009), 현재 브라질과 중국 수준과 엇비슷할 것으로 예상된다(그림 5.3 참조).

5.1.3 농업 생산에서 소비수량

농업 지역의 확장은 자연 생태계에 큰 손실을 가져왔다(밀레니엄 생태계 평가, 2005; WRI, 2005). 경작을 위한 청색수 사용은 수생태계에 직접적인 영향을 주었으나, 비농경지를 천수농경지로 확장하는 것은 생태계에 사용되었던 녹색수 사용을 증대시키는 것과 같은 효과를 가져온다. 농업을 위한 삼림 파괴는 농경지와 물 사용을 확대할 수 있으나 2, 3, 7장에서 언급한 바와 같이 수문학적 흐름에 변화를 가져오는 결과로 이어질 수 있다.

다양한 식품 생산을 위한 소비수량은 총칼로리 수준과 식물성 및 동물성 식품의 비중과 공유 및 혼합 정도에 따라 달라진다. 다양한 식량 공급을 위한 물 사용은 식물성 식품을 위한 식물 생장, 동물성 식품을 위한 사료 생산 및 식물성 사료의 동물성 식품으로의 전환을 위한 물 생산성에 영향을 받는다.

식물 생산을 위한 물

증발산은 모든 식물 생장에 필수불가결한 요소이며, 그 양은 에너지 공급과 증기압, 기상학적 요인에 의해 결정되는 복사, 기온, 습도, 바람 등에 영향을 받는다. 증산은 작물의 특성과 환경적인 요인, 그리고 농업 방법에 따라 결정된다(Allen *et al.*, 1998). 주어진 작물과 기후 조건에서는 원칙적으로 증산(T)과 총작물 생산량(즉, 뿌리, 줄기, 잎, 과실 및 열매의 건조물) 간에는 선형적인 관계가 성립한다. 총증발산량(ET)에서 주요 변수는 증발(E)이다(Keller and Seckler, 2004; Molden *et al.*, 2010; Tanner and Sinclair, 1983). 증산은 작물 생장에 기여하지만, 증발은 부수적인 비생산적 물 손실을 의미한다(Molden *et al.*, 2010).

농작물은 광합성 과정에서 증산과 연관하여 얼마나 효율적으로 이산화탄소를 동화시키지 여부에 따라 다음의 세 가지 식물 범주로 나뉜다: C3, C4, 그리고 CAM 식물. 식물과 주변 대기 간의 가스 교환은 잎 표면에 있는 생물학적으로 조절되는 기공을 통해 이루어진다. 기공이 이산화탄소를 동화시키기 위해 열려 있을 때, 수증기는 동시에 대기 중으로 빠져나간다. 밀, 보리, 쌀, 감자, 자주개자리, 콩과 같은 식물들은 다소 효율적이지 않은 C3 범주에 해당하며, 이에 온대 기후 지역에서 자란다. 옥수수, 사탕수수, 수수 등을 포함하는 C4 식물은 더운 기후에 적응하며, 보다 효율적인 이산화탄소 동화 작용을 거친다. 이론적으로 동일한 수문기상학 조건에서 C4 식물의 증산은 CAM 식물의 절반 수준이고, C3 식물의 1/4 수준이다(Taiz and Zeiger, 2010). 기록에 따르면 밀에 대한 물 생산량은 0.6-1.7 m^3/kg(평균 0.9 m^3/kg)이고 사탕수수에 대한 물 생산량은 0.4-0.9 m^3/kg(평균 0.6 m^3/kg)이다(Zwart and Bastiaanssen, 2004).

동물성 식품 생산을 위한 물

사료 전환 효율은 단위 육류 또는 동물성 식품 생산을 위해 필요한 사료량을 나타낸다. 가금류나 돼지와 같은 단위 종들은 일반적으로 높은 전환 효율을 나타내며, 1 kg의 육류 생산을 위해 대략 2-4 kg의 곡류를 소모하는 것으로 알려져 있으나, 소, 양, 염소와 같은 반추동물들은 1 kg의 육류 생산을 위해 약 7 kg의 사료를 소모하는 것으로 알려져 있다(de Haan *et al.*, 2010; Rosegrant *et al.*, 1999). 모든 전환 효율은 어디서 어떻게 생산되는지에 따라, 즉, 현대화 또는 재래식의 다른 가축 사육 시스템, 그리고 다양한 환경 조건에서 사육되는 상황에 따라 달라진다(Herrero *et al.*, 2009; Robinson *et al.*, 2011). 반추동물의 한 가지 장점은 풀을 소화시킬 수 있는 능력이 있어, 경작지가 아닌 초원이나 농작물 잔류물에서 사료를 공급할 수 있다는 것이다. 수중의 어류 생산을 위한 사료 전환율은 약 1.8 kg으로(닭과 비슷한 수준) 매우 효과적인 수준으로 몇몇 국가에서는 향후 단백질 섭취의 대안으로 어류를 고려하기도 한다(Steinfeld *et al.*, 2006).

사료 생산이 식물성 식품 생산과 경쟁하는 지역에서는 동물성과 식물성 식품을 생산하는 것이 자연자원과 농업 생산을 놓고 경쟁하는 구도를 띠게 된다. 방목을 위한 목초지에서는 소나 양과 같은 반추동물들이 다른 육상 생태계와 경쟁할 뿐이다. 이처럼 동물 생산 구조에 따라 청색수와 녹색수에 미치는 영향이 달라진다. 대형 돼지, 가금류 사육 시스템에서는 상당 부분 경작한 사료에 의존하게 되며, 사료가 경작지에서 재배된 것인지 천수농경지에서 수확했는지에 따라 녹색수와 청색수에 대한 의존도가 달라진다. 반면, 광범위한 구역에서 방목하는 방식의 가축 사육은 대부분의 경우 작물 생산이 적합하지 않은 초원에 내린 녹색수에 의존하게 된다. 유가공 식품 생산은 대부분의 경우 경작지와 초원에서 온 사료를 사용하는 경우에 해당한다(Falkenmark and Lannerstad, 2005; Heinke *et al.*, 출간 예정).

5.1.4 수확량과 물 생산성에서의 거대한 격차 해소

과거 50년 동안 전 세계적 농업 생산량은 놀라울 정도로 증가하였다; 곡물 생산은 거의 세 배, 육류 생산은 거의 네 배에 달할 정도이다(FAO, 2013b). 작물 생산을 위한 토지의 용적은 전체 사용 면적의 두 배 정도 증가하였는데, 이는 생산성이 보다 향상되었음을 의미한다. 북미와 유럽의 선진국에서 이러한 발전이 두드러지게 나타나는데, 평균 곡물 수확량이 헥타르당 10톤에 이르렀다. 많은 개발도상국에서는 곡물 생산 향상을 위한 잠재성이 아직 개발되지 않은 상태에 있다. 개발도상국의 천수지 경작과 관련하여 6장에서 언급하는 바와 같이 많은 소규모 자작농민들을 빈곤에서 벗어나게 하고 향후 식량 수요에 부합하기 위해 두 배 혹은 세 배에 이르는 목표를 설정하는 것이 중요하다.

물 생산성 증대에 관한 잠재성은 수확량이 낮을수록 높으므로, 개선된 수자원 사용은 반건조 및 건조 지역의 많은 소작농들에게 수확량을 향상시킬 수 있도록 한다(Rockstrom *et al.*, 2007a; 6장 참조). 그림 5.2a와 b에 나타난 바와 같이 지역별 영양실조 상태와 향후 인구 증가 추이를 따라 지역에 따른 이러한 잠재성을 고려할 필요가 있다, 즉 전술한 바와 같이, 물이 부족한 사바나 지역과 사하라 사막 이남 아프리카와 남아시아의 초원 지대에 해당한다.

추가로, 동물성 식품을 위한 물 생산성은 많은 지

역과 시스템에서 크게 개선될 수 있다. 그러나 가축 생산은 작물 경작보다 훨씬 복잡하다. 원칙적으로, 동물의 물 생산성은 세 가지 항목이 혼재된 결과이다. 첫 번째는 가축 생산에서 직접적인 물 사용이다. 즉, 목초지나 사료를 위한 작물 생산에서의 증발산이다. 두 번째는 사료를 육류, 달걀, 또는 우유와 같은 동물성 식품으로 전환하는 사료 전환율이다. 이 항목은 동물의 건강, 거처 또는 먹는 물 공급과 같은 동물 관리와 연관이 있으나, 다른 한편으로는 동물 종류와 품종과 같은 고정적인 요인과도 연관이 있다. 세 번째는 사료-가축 사육과 결합된 물 생산성이며, 이는 생산 시스템의 선택과 물이 적게 소비되는 사료의 선택 또는 매일 풀을 찾기 위해 돌아다니는 동물의 이동 거리를 줄이기 위한 최적화된 방목 방식, 그리고 노후화된 토양의 증발을 줄이는 방법 등을 포함한다(예를 들면, Heinke *et al.*, 출간 예정; Peden *et al.*, 2003; van Breugel *et al.*, 2010).

5.1.5 식생활, 식량 손실, 물 생산성에 기반한 소비수량

다양한 식품을 생산하는 데 있어 녹색수와 청색수의 총소비수량은 전술한 여러 요인에 영향을 받는다. 전환 손실로 인해 동물성 식품은 일반적으로 식물성 식품보다 단위 식품 생산당 소비수량이 많다. 이로 인해 1인당 식량 공급 수준뿐만 아니라, 식물성 대 동물성 식품의 비가 인간의 식생활에 사용되는 소비수량을 계산하는 데 중요하다(그림 5.3).

일반 식수 요구량

일일 식단을 위해 필요한 증발산의 평균값은 1인당 1일 2,500-5,000 L이다(Renault, 2003). 전 세계적으로 일반적인 인간의 식수 요구량은 1인당 1일 3,600 L 또는 1인당 연간 1,300 m^3로 추정된다. 이러한 수치는 1,000 kcal의 식물성 식품을 생산하기 위해 필요한 평균 증발산량이 0.5 m^3이라는 가정에 기초하고 있는 반면, 1,000 kcal의 동물성 식품에는 4 m^3가 필요한데 이는 1인당 1일 3,000 kcal의 에너지를 식량에서 얻고 이 중 20%가 동물성 식품이라는 것에 기초한 것이다(Falkenmark and Rockstrom, 2004; Rockstrom, 2003; Rockstrom *et al.*, 1999).

앞서 언급한 바와 같이, 1인당 1일 3,000 kcal는 2050년까지 전 세계적 평균치가 될 것으로 예상된다. 20%의 동물성 식품은 현재 전 세계 평균인 18%와 유사하며, 이는 빠른 경제 성장을 이루고 있는 많은 저개발 국가들이 이미 20%를 상회한 것을 감안한 것이다(예를 들어, 중국은 2009년에 거의 23%에 이르렀다)(그림 5.3).

일반적인 1인당 필요한 농업용수는 연간 1,300 m^3로 이는 현 물 생산 수준에서 지난 전 세계적 평가에 기초한 것이다. 이러한 접근을 통해, 지역별 기후 특성에 따른 증발의 차이가 C3와 C4 식물 간의 증산율 차이와 균형을 이루게 된다. 전술한 바와 같이, 전환 효율로 인해 동물성 식품에 더 많은 물이 필요하고, 이는 동물에 의해 소비된 식물성 에너지의 일부가 육류, 우유 또는 달걀로 전환되기 때문이다. 이러한 수치들은 초기 추정치보다 같거나 낮은 수준이다(Chapagain and Hoekstra, 2003; Pimentel *et al.*, 1997).

식량 생산 과정에서의 손실

식량 손실을 최소화하면 상당한 유익을 얻을 수 있다. 그림 5.6은 이러한 손실의 특징이 개발도상국과 선진국 사이에 상당함을 보여준다. 사하라 사막 이남 아프리카, 남아시아, 동남아시아와 같은 개발도상국에서는 식품이 시장에 도달하기도 전에(식량 재배 현장이나 이동 또는 가공 중에) 상당한 식량 손실과 부패가 발생한다. 이러한 손실은 현대화된 재배 방식, 이송, 저장 기술로 극복할 수 있는데, 이러한

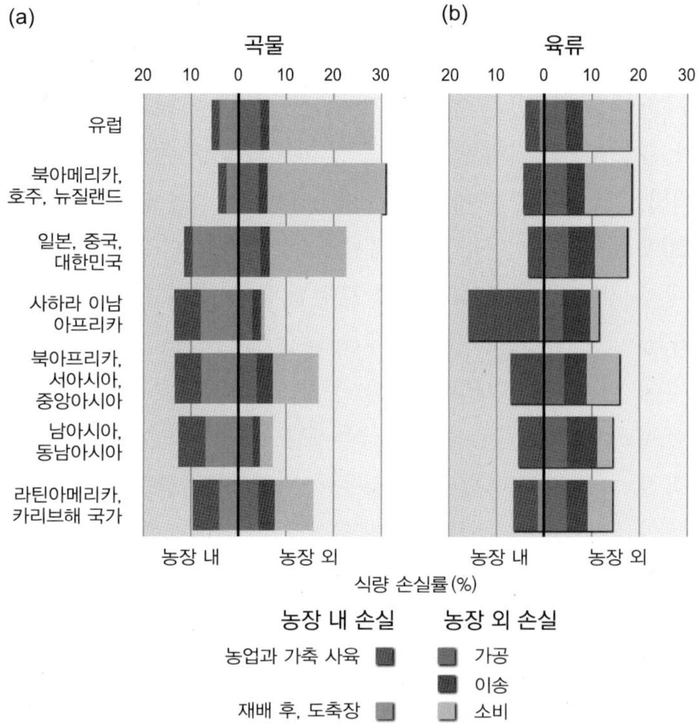

그림 5.6 전 세계 7개 지역에서의 (a) 곡물의 식량 손실률과 (b) 육류의 식량 손실률(Gustavsson *et al.*, 2011에서 수치를 참조함).

경험이 있는 유럽이나 북미에서는 식량 공급 체계의 후반부에서 주요 손실이 발생한다(Godfray *et al.*, 2010; Gustavsson *et al.*, 2011). 이러한 사실은 육류 생산에서도 마찬가지이다. 그림 5.6은 사하라 사막 이남 아프리카 지역이 적절한 동물 건강관리를 못하기 때문에 동물성 식품 생산에 막대한 손실을 발생시키는 극단적인 사례임을 나타낸다.

그림 5.6은 산업화된 아시아, 북아프리카, 라틴아메리카가 OECD 국가들과 같은 패턴에 접근하고 있음을 보여준다. 식량 공급 체계 전반부에 농업과 재배 후 손실이 줄어든 것은 긍정적인 흐름이다. 그러나 중국, 브라질, 멕시코와 같은 급성장하는 사회가 선진국의 시장과 소비 경로를 쫓아간다면 그것은 비효율적인 식량 공급 시스템을 또 다른 비효율적인 시스템으로 바꾸는 격에 불과하다(Lannerstad, 2009). 향후 원활한 식량 공급과 수자원 사용에 대한 부담을 줄이기 위해서는 선진국과 개발도상국에서 모두 식량 손실을 줄일 필요가 있다. 1인당 1일 2,200 kcal의 식량 공급은 식량 손실이 없는 시스템에서 최소한의 식량 섭취 요구 수준이다(Smil, 2000). 이와 같은 수치는 FAO에서 기아를 방지할 수 있는 수준으로 종종 사용되며, 월드뱅크에서 빈곤을 벗어나는 척도로 사용하는 1인당 1일 식량 에너지 섭취량 2,100 kcal를 상회하는 수준이다.

물을 덜 사용하는 식량을 선택하여 얻는 이득

전 세계적 식량난을 극복하고자 수자원의 사용을 줄이기 위한 또 다른 방안으로는 물 수요가 있는 식품에 대한 수요가 늘어나는 것을 감안하여, 현재의 식생활을 건강한 생활을 영위할 수 있는 수준으로 바꾸는 것이다. 이 방법은 경작지에서 재배된 사료에 의존하는 동물로부터 생산한 동물성 식품에 특히 효과적인데, 사료를 위한 물은 식물성 식품의 작물 재배에 사용될 수 있기 때문이다.

이렇듯, 전 세계적 인류의 식수 요구량의 추정에서 동물성 식품은 식물성 식품에 비해 칼로리당 8배 많은 물을 소비한다. 이러한 추정은 동물 생산 시스템(방목, 재배한 사료)와 사료 전환 효율(동물의 품종, 동물 관리 및 건강 등)을 모두 고려한 것이지만, 원칙적으로는 식량을 혼합하는 것이 중요하다. 20%의 동물성 식품을 가정한 3,000 kcal의 식생활에서 2/3에 해당하는 물 사용이 가축 생산에 연관되어 있다. 그러나 1,000 kcal당 4 m^3의 물이 사용되는 것에는 목초지의 녹색수도 포함되어 있기 때문에 현재 소비되는 물 사용의 상당 부분은 식량 생산에 직접적인 기여를 하지 않고 있다. 따라서 동물성 식품의 물 사용에 관한 수치를 살필 때에는 면밀한 주의가 필요하며 지역적인 특성에 따라 분석할 필요가 있다. 주요 미량영양소들을 포함하는 식생활이 상당히 다양한 곳에서는 동물성 식품 공급이 꽤나 대체될 수 있으며, 1인당 1일 식량 섭취의 5%까지도 가능할 수 있다(Smil, 2000).

네 가지 식량 공급과 손실 사례들

그림 5.7은 다양한 식량 공급 수준과 동물성 식품 비율, 두 가지 물 생산 수준에서 식량 손실을 감안했는지 여부에 따른 식수 요구량을 나타낸다. 이러한 수치는 앞서 언급한 전 세계적 일반 인류의 식수 요구량을 고려할 때, 동물성 식품과 식량 손실이 전체 식수 요구량에 미치는 영향의 중요성을 나타낸다. 동물성 식품이 20%에서 5%로 감소하면(3,000 kcal와 5%), 물은 45%만큼 보전될 수 있으며, 만일 식량 손실이 없다면(2,200 kcal와 20%) 1인당 연간 물 보전은 25% 이상이 된다. 동물성 식품의 감소와 식량 손실이 없는 식량 공급을 모두 가정하면(2,200 kcal와 5%) 그렇지 않은 경우에 비해 전체 물 보전은 거의 60%에 육박한다. 물 생산성 격차 해소를 통해 1인당 연간 물 수요량을 1,300에서 1,000 m^3로 감소하면, 25%의 물을 보전하는 것과 마찬가지이며, 이는 모든 식량 손실이 사라졌을 경우보다 적은 수준이다. 그림 5.7의 맨 우측 기둥은 연간 식수 요구량이 이론적으로 거의 70%까지 감소할 수 있음을 보여주며, 이는 개선된 물 생산성, 감소한 동물성 식품 비율, 식량 손실이 없는 경우가 모두 가정되었을 경우로 1인당 연간 물 요구량이 1,300에서 400 m^3까지 감소한다.

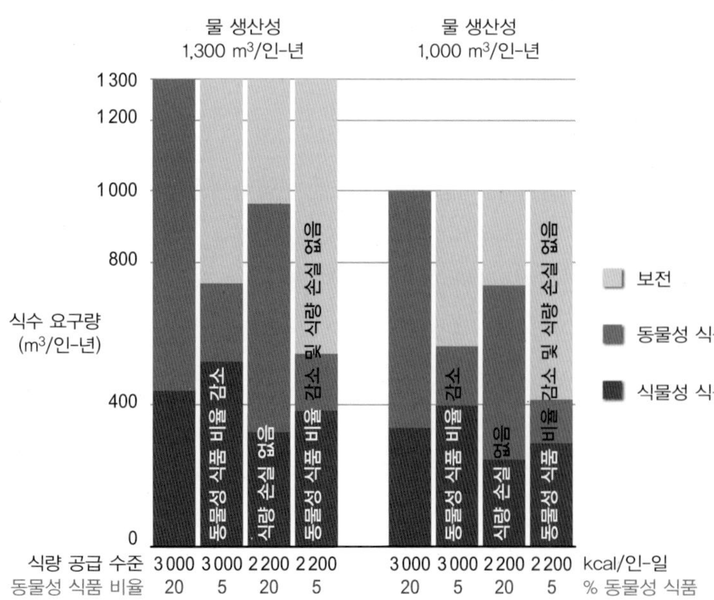

그림 5.7 두 가지 물 생산 수준에서 다양한 1인당 1일 총식량 공급 수준, 식물성 및 동물성 식품의 비율을 고려했을 시의 물 보전량, 즉 1인당 1일 평균 식량 공급(3,000 kcal, 20% 동물성 식품 비율, 3,000 kcal 공급에서 동물성 식품 비율을 줄인 경우 5%), 식량 손실 없는 식량 공급(2,200 kcal, 20%), 그리고 두 가지 가장 낮은 경우의 조합(2,200 kcal, 5%). 동물성 식품은 식물성 식품보다 칼로리당 8배의 물을 소비한다고 가정하였다, 즉, 1,000 kcal당 0.5 m^3와 4 m^3를 소비한다고 보았다.

전술한 바와 같이, 식량 손실을 줄이는 것이 단연코 물 보전을 위한 방안이지만, 가축 생산에서 고려할 여러 요인들도 있는데, 이는 인간이 식용으로 가능한 식량 생산과 경쟁하는 사료 기반 동물성 식품 생산에서부터 작물 재배를 위한 물 사용과 경쟁 없이 유가공과 육류 생산이 가능한 방목 기반 동물성 식품 생산에 이르기까지 다양하다.

5.2 2050년까지 식수 요구량

전술한 바와 같이, 2050년까지 전 세계 인구를 먹여 살리기 위해서는 식량 생산과 관련된 다음의 두 가지 과제를 해결해야 한다: 23억 명의 인구 증가를 대비하는 것과 영양실조 상태의 10억 명의 인구에게 적절한 식단을 공급하는 것이다. 모든 국가에서 기아를 완화시키는 것은 가용한 식량 자원을 나누는 것보다 복잡한 문제이지만, 인구 증가와 식생활 변화는 전 세계적 식량 생산에 피할 수 없는 막대한 압력을 가하고 있다. 여기서는 2050년까지 세계 인구의 식량 공급을 위한 물 요구량을 평가하고, 이미 부족한 수자원에 가해지는 압력을 완화하기 위한 여러 관리 및 수요 방안에 대해 생각해 보고자 한다.

5.2.1 현재 경작지에서 얻을 수 있는 것은?

2050년까지 세계 식량 공급을 위한 물의 의미는 현재 가용한 각국의 농경지에서 식량 자급 가능성을 평가한 것에 기반한다. 이 평가는 전 세계 1인당 식수 요구량, 즉, 연간 1,300 m^3에 기반한 초기 연구 이상의 단계로 나아간 것이다. 말하자면, 가공된 식물과 다양한 작물에 대한 수문 모델로부터 국가 수준의 물의 가치와 통계를 결합시켜 추정치를 계산하였다. 인구 변화, 물 가용성, 기후변화, 물 생산성 개선, 잠재적인 관개 증가를 고려하여 다양한 1인당 식량 공급에 대해 국가 수준에서 식량 자급을 위한 식량 생산을 분석하였다. 이러한 가정과 계산들은 Box 5.1에 기술되어 있다.

이 분석 방법은 수자원 사용과 식량 시스템과 관련된 향후 식량 문제 분석에 많은 강점을 갖고 있으며 참신한 접근을 제공한다. 주요한 강점은 세부적인 국가 수준에서의 추정인데, 현존하는 물의 가용성, 기후변화와 자원 제한적인 관개 시나리오에 따른 변동을 반영한다. 현재의 경작지에서 작물 생산을 위한 물 사용은 현재의 관리하에 물 생산성과 향후 개선되는 관리에 따른 물 생산성의 향상 잠재성을 감안하여 추정하며, 수확량 차이 종결로 표현된다. 각 나라에서는 식생활을 위한 물 요구량 추정은 현재의 식량 공급 구성에 기반하여 이루어지며, 이는 식량 시스템 효율과 가축 생산 구성과 효율과 같은 각국의 식량 시스템 특성을 감안한 것이다(Box 5.1 참고).

본 연구에서 상당히 많은 물과 시스템 복잡성에 대해 살펴봄에도 불구하고 여전히 몇몇 부족한 부분들이 남아 있다. 농업 분야는 작물과 가축에 대해 몇 가지 측면에서 정적인 것으로 취급된다. 또한, 향후 생산은 현재 토지 사용 패턴에 기반하여 가정한다. 작물 재배에 있어서는 작물 변화나 관리 개선과 수평적 확장에 따른 상호작용을 고려하지 않았다. 각국의 가축 부문에서는 동물 종류의 구성과 동물 물 생산에 있어서 변화가 없는 것으로 가정하였다. 추가적으로, 가축 생산 시 소비 사료의 방목 성분을 고려하지 않았다. 따라서 향후 각국의 가축 생산을 위한 방목 사료의 몫은 2000년도와 같을 것이다. 또한, 모든 국가의 사례에서와 마찬가지로, 이 분석의 결과는 데이터와 모델의 불확실성에 영향을 받는다 (Box 5.1 참고).

분석에는 모든 국가에 동일하게 1인당 1일 식량 공급 수준을 3,000 kcal로 맞추었으며, 이 중 20%는 동물성 식품에서 공급받는데, 전술한 바와 같이 600 kcal에 해당한다. 기본이 되는 해는 2000년이며, 모든 시나리오는 2050년에 맞춰져 있다. 일반적인 1인당 식량 공급 수준을 적용함으로써, 많은 개발도상국에서는 현재 낮은 수준보다 높은 1인당 1일 칼로리 공급 수준을 받게 되며, 많은 산업화된 국가들은 전 세계 평균 수준으로 낮아지는 것을 가정하였다. 이렇듯, 많은 산업화된 국가들에서는 칼로리 수준과 동물성 식품 비율이 낮아질 수밖에 없다. 덴마크와 프랑스에서는 동물성 식품으로부터 공급받는 1인당 1일 칼로리 공급 수준이 현재 1,200 kcal에서 절반 수준으로 떨어지게 된다(FAOSTAT; FAO, 2013b).

5.2.2 2050년까지 물 격차와 이를 줄이기 위한 향후 방안들

국가별로 식용작물 재배를 위한 물 생산성은 차이가 있다. 이렇듯, 식량 자급을 위한 작물 재배와 관련된 물 부족 또는 잉여분을 추정하는 것은 단순 비교로는 어렵다. 따라서 전 세계 식량과 물 과잉 또는 부족을 비교하고자, 부족분을 잉여와 같은 방식으로 검토하였다(Box 5.1). 이러한 방식을 통해 물 잉여 국가에서의 집약된 잠재적 식량 수출과 물 부족 국가에서의 집약된 수요가 균형을 이루는지 살펴볼 수 있다. 또한, 수출국과 수입국 간의 가상의 물 이동량을 비교할 수 있다. 그림 5.8에서는 다양한 시나리오를 가정하여 물 잉여 및 부족량을 부족분을 잉여로 검토한 결과를 나타낸다.

2000년까지의 실제 대 균일 식량 공급 수준

첫 단계로 2000년도 기준 국가별 식량 공급 수준을 균일한 1인당 1일 식량 공급 수준인 3,000 kcal와 그 중 20%는 동물성 식품에서 공급되는 것으로 가정하였다. 현재의 물 생산성에 근거하여 전 세계 식량 생산을 위한 물 요구량은 현재 연간 5,100 km^{3}에서 6,900 km^{3}로 증가하고, 전 세계 물 부족분은 잉여분의 두 배가량으로 상당히 큰 초과량을 보이게 된다 (그림 5.8의 첫 번째와 2번째 바). 순 부족분은 거의 연간 800 km^{3}로 현재의 물 생산성으로는 녹색수량과 청색수량이 모두의 식량 공급을 위해 충분하지 않음을 보여준다.

2050년까지 인구와 식생활 변화가 가져올 수요량 증가

2050년까지 전 세계 인구는 23억 명 정도 추가될 것으로 예상된다. 현재의 물 생산성과 1인당 1일 식량 공급 수준 3,000 kcal와 20%의 동물성 식품 공급을 가정하면, 전 세계 식량 생산을 위한 물 요구량은 연간 11,400 km^{3}만큼 증가한다. 이는 물 부족 국가에서 2000년 대비 연간 6,000 km^3 이상의 부족분 증가를 의미한다. 부족분을 잉여로 검토하면, 순 부족량은 연간 3,000 km^3 이상으로 잉여량보다 7배 이상 큰 수치이다(그림 5.8에서 3번째 바). 이러한 상황은 물 생산성 증대, 식량 생산을 위한 물 가용성 증대, 혹은 수요량 감소를 위한 다양한 방법을 찾아야 할 절박하고 시급한 필요를 나타낸다.

2050년까지 기후변화로 인한 미미한 영향

기후변화가 수자원 및 농업에 미칠 영향들은 식량 생산 시나리오에 반영되었다. 작물 생산에 기후변화가 미치는 영향들이 모든 분석 과정에 포함된 것이다(Box 5.1). 2050년 향후 전 세계 인구 식량 자급을 위해 균일한 식량 공급 수준으로 분석한 결과, 기후변화는 물 부족 국가에서 물 부족분을 단지 연간 380 km^3 증가시키는 데 그쳤다. 이렇듯, 기후변화가 물 가용성에 미치는 영향에 비해 1인당 식량 공급 수준의 증가와 동물성 식품 소비 증가가 전 세계 식량 공급 문제에 지대한 영향을 미치고 있다고 볼 수 있다.

표준 대 최소 식량 공급 수준

그림 5.8의 4번째 바에 나타나듯, 현재 물 생산성과 경작지에서 수자원 부족을 감안할 때 충분한 양의 식량 생산이 이루어지지 않으므로 무역을 통해 물

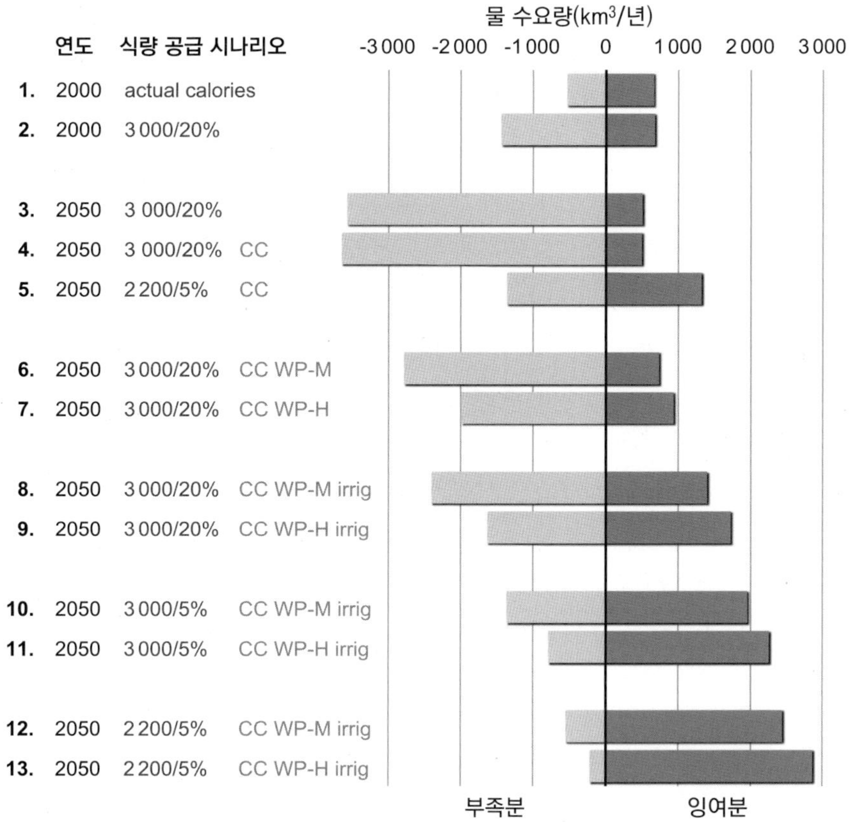

그림 5.8 다양한 식량 공급, 기후변화, 물 생산성 개선 정도, 잠재적인 최대 관개를 고려한 2000년과 2050년의 전 세계 인구 대상 물 잉여 및 부족분(Box 5.1 참조).

부족분과 잉여분의 균형을 맞추기 어렵다. 그러나 전 세계 1인당 1일 식량 공급 수준이 2,200 kcal로 감소하고 동물성 식품에서의 공급 또한 5%로 감소하게 되면, 농경지에 가용한 수자원이 현재의 물 생산성 수준으로도 2050년 전 세계 인구의 식량 자족에 충분한 것으로 나타났다(그림 5.8 5번째 바). 평균 1인당 식량 공급 수준과 소비자들이 풍요로운 생활을 영위하여 가축 위주의 식단을 선택할 때 나타나는 동물성 식품 비율의 중요성을 나타낸다. 그러나 이렇게 낮은 1인당 식품 공급 수준은 현재 선진국과 개발도상국 수준과 매우 동떨어진 수치이다.

두 가지 물 생산성 및 관개 수준

물 생산성을 향상시키게 되면, 동일한 물 공급에서 더 많은 수확을 할 수 있게 된다. 그림 5.8(6번째와 7번째 바)은 향후 물 생산성 향상의 두 가지 수준을 보여준다. 첫 번째는 25%의 수확량 격차 시, WP-H이고, 두 번째는 50%의 수확량 격차 시, WP-M이다(Box 5.1 참조). 수확량 격차는 국가별로 차이가 있다. 물이 부족한 많은 개발도상국에서는 격차가 크지만, 많은 선진국에서는 이러한 격차가 제한적이거나 존재하지 않는다. 전술한 바와 같이, 이 두 가지 시나리오는 모두 전 세계 식량 공급을 위한 물 요구량에 충분하지 않은 상황임을 나타낸다. 그러나 경작지에서 청색수의 사용을 최대 가능한 수준으로 가정하면, 이 상황이 대폭 개선된다(8번째와 9번째 바). WP-H와 관개 개선 시, 물 잉여분이 부족분을 초과하고, 결과적으로 1인당 1일 3,000 kcal 공급과 20% 동물성 식품 가정 시나리오에도 만족하게 된다.

동물성 식품 소비 감소와 식량 공급 과정에서 무손실

마지막 4개의 바는(그림 5.8의 10에서 13번째 바) 2050년까지 두 가지 식량 공급 수준에 대해 물 생산성 수준 WP-M과 WP-H 기반 물 부족분과 잉여분을 나타낸다. 3,000 kcal의 식량 공급 수준과 5%의 동물성 식품의 경우 최소한의 비식물성 식생활을 대표하는 수준이고, 2,000 kcal와 5%의 동물성 식품은 최소 가축 생산과 식량 공급 시스템에서 무손실을 나타낸다(그림 5.7과 비교).

동물성 칼로리 비율을 20%에서 5%로 전환 시, 3,000 kcal 수준에서는 물 생산성 향상이 보통 수준인 WP-M에서(10번째 바) 물 부족분이 43%가량 감소한다. 요컨대, 전 세계 식량 자급이 가능한 물 잉여분이 부족분을 초과하는 두 번째 대안이 된다. WP-H(11번째 바)에 대해서는, 물 잉여량이 부족분의 거의 세 배에 달한다. 현재 상당량의 식량 손실이 사라진다면(12번째와 13번째 바) 2,200 kcal의 식량 공급 수준과 5%의 동물성 식품에서 물 잉여량이 부족분보다 14배가량 된다.

요약하자면, 물 생산성 향상과 관개 확장 없이는 물 부족 국가에서 식량 생산을 위한 물 요구량이 물 잉여국에서 식량 생산 수출을 통한 잠재적인 양에 비해 7배 이상 될 것이다. 우수한 물 생산성 향상(WP-H)과 관개 시설의 확장을 통해 물 부족분과 잉여분의 관점에서 균형 잡힌 전 세계 식량 자급이 가능할 것이다. 물 생산성 향상이 다소 낮아지면(WP-M), 동물성 식품 공급이 5%로 감소할 때 이러한 균형을 유지할 수 있다.

Box 5.1 분석과 모델링

Jens Heinke, Potsdam Institute for Climate Impact Research

이 장에서의 분석을 위해 모델-데이터 융합 접근법을 적용했으며, 기후 모델 예측, LPJmL 시뮬레이션, FAO 통계, UN 인구 데이터를 결합하여 현재와 향후 식량 생산을 위한 물 요구량과 가용성을 추정하였다.

시뮬레이션 설정

1901-2000년도에는 월간 온도, 강수량, 강우일수, CRU TS3.0 기후 데이터 세트에서 제공받은 구름량의 측정치를 LPJmL에 적용하였다(Mitchell and Jones, 2005). 이후로 2099년도까지는 SRES A2 시나리오를 위한 ECHAM5 모델에서 추정한 기후 시나리오가 사용되었다(자세한 내용은 Gerten *et al.*, 2011 참조). 토양 관련 변수와 그간의 이산화탄소 농도는 Rost *et al.*(2008)과 동일하게 적용하였다. 2000년도 이후로 대기 중 이산화탄소 농도는 2000년대 수준으로 일정하게 적용하였다. 토지 사용 패턴은 Fader *et al.*(2010)에서 언급한 데이터 세트에 기반하였으며, 2000년대 수준으로 모든 시뮬레이션 기간에 동일하게 적용하였다. 수확량과 물 사용에 영향을 주는 작물 관리 수준은 FAO에서 보고한 1998-2002년대 수확량 수준(FAOSTAT; FAO, 2013b)에 맞도록 조정하였고, Fader *et al.*(2010)에서 사용한 방법을 따랐다.

기본 시뮬레이션 외에 두 가지 시뮬레이션 세트를 추가적으로 수행하였는데, 이는 농업 관리 향상과 대기 중 이산화탄소 농도 상승에 대한 물 생산성의 민감도를 평가하기 위함이었다. 농업 관리 향상에 따른 효과를 평가하기 위해 두 가지 수확량 격차 해소 시나리오를 사용하였다. 수확량 격차는 최적화되지 않은 관리로 인해 발생하는 실제 수확량과 잠재적인 수확량 간의 차이를 의미한다. 관리 향상은 수확량을 증대시키고, 잠재적인 수확량 수준으로 접근하게 하여 수확량 격차를 감소시킨다. 실제 수확량 대비 이러한 수확량 증가는 수확량 격차가 큰 경우 뚜렷이 발생하며, 이것이 본 연구에 중요한 부분이다. 이에 관리, 수확량, 물 생산성의 낮은 관리 수준을 개선하여 잠재적으로 큰 수확량을 반영하기 위한 의도가 반영되었다(Rockstrom *et al.*, 2007b). 보통 관리 수준의 WP-M과 높은 관리 수준의 WP-H 개선 시나리오는 수확량 격차가 25%와 50%인 경우에 각각 적용되었다. 이러한 두 가지 물 생산성 향상 시나리오의 결과, 기후에 따른 영향을 감안할 때 WP-M에서는 19-22%, WP-H에서는 40-45%의 물 생산성 향상이 나타났다.

결과 처리

본 연구에서는 1971-2000년대와 2035-2064년대 기간이 현재와 향후(21세기 중반)를 대표하는 구간으로 분석되었다. 각각의 구간에 대해서 이산화탄소와 관리 시나리오 조합의 전 범위, 식량 공급을 위한 물 요구량, 식량 생산을 위한 물 가용성을 추정하였다.

식물성 및 동물성 칼로리 생산을 위한 물 요구량 추정

식물성 칼로리 생산을 위한 물 요구량은 작물의 전체 소비수량(LPJmL에서 추정)과 경작지에서 잠재적으로 공급할 수 있는 전체 칼로리(FAO의 식품 대차 대조표)의 비율로 계산하였다. 한 국가의 전체 농업 소비수량은 각각의 작물의 생장 기간 동안 증발산량으로 계산하였는데, 1971-2000년대와 2035-2064년대 기간의 평균값을 계산하였다. LPJmL은 다중 작물 주기를 고려하지 않기 때문에 각각의 작물에 대한 소비수량의 추정치와 셀 격자는 MIRCA 2000 데이터 세트(Portmann *et al.*, 2010)로부터 받은 실제 재배지에서의 데이터를 이용하여 수정하였다. LPJmL의 작물 기능 유형에 속하지 않는 일년생 작물의 경우, 현재 작물 기능 유형에 대한 소비수량의 셀 격자당 평균값으로 소비수량을 계산하였다. 다년생 작물의 경우, 목초지에서의 연간 증발산량을 사용하였다.

한 국가에서 잠재적으로 생산되는 총칼로리량은 1998-2002년대 FAO의 식품 대차 대조표로 추정하였으며, 수출입이 없는 것으로 가정하고 각국의 식품 부문 특성을 고려하였다. 각국의 식품 부문은 폐기물 분율 계산, 일차 작물 생산에서 이차 식품으로 가공, 식품 1 kg당 사람들에게 공급하는 칼로리를 고려하여 일반화하였다. 이러한 수치들은 식품 대차 대조표에 있는 각국에서 생산된 일차 작물에 적용하여 잠재적인 칼로리 공급량을 추정하였다. 이러한 잠재적 수치는 생산된 작물에서부터 칼로리 공급까지 현재 국가별로 차이 나는 식량 공급 시스템 효율을 반영한 것이다. 기준 기간에 대해 소비수량은 직접적으로 추정된 총칼로리량과 연관 지어 분석하였다. 다른 시나리오에 대해서는 농업 생산의 상대적인 변화가 LPJmL의 작물 기능 유형으로부터 추정된 총생산량의 변화에 가깝도록 추정하였다. 잠재적인 총칼로리 공급량은 각각의 시나리오와 기간에 대한 총농업 소비수량에 연관 지어 분석하기 전에 이러한 방식으로 조정하였다.

동물성 칼로리 생산을 위한 물 요구량은 각국의 가축 부문의 효율, 즉 경작지에서 생산된 칼로리를 동물성 칼로리로 전환하는 부분과 앞서 계산한 식물성 칼로리 생산을 위한 물 요구량에 기반하여 추정하였다. 방목시 반추동물이 소비하는 목초지 생산을 위한 물 요구량은 데이터 부족으로 고려 대상에서 제외하였다.

청색수 가용성 추정

총청색수 자원은 일차적으로 하천 유역 규모에서 추정되며, 이후 국가 수준으로 통합된다. 각 유역에서의 총청색수 자원은 기본적으로 강수(관개를 위해 회수되는 유량을 제외하고)로 발생하는 유출수의 총합을 취한다. LPJmL에는 습지가 명시적으로 포함되어 있지 않으므로, 강, 호수, 저수지와 습지에서 증발량을 유역 수준으로 통합하기 전에 셀 격자 수준에서 수정하였다. 각각의 셀 격자에서 개수면과 습지의 넓이는 세계 호수와 습지 데이터베이스(Lehner and Doll, 2004)에서 추정하였다. 셀 격자당 평균 유출량은 지상에서 발생하는 유출 추정치과 향후 개수로와 습지에서 발생하는 강수량과 증발산량의 차이를 고려한 면적 가중 평균치로 계산하였다. 이렇게 계산된 셀 격자당 유출량은 의도적으로 음의 값을 갖도록 하였는데, 이는 지역별 물 잉여분과 부족분 간의 차이를 상류 지역에서의 횡적 유입으로 맞추는 것을 가정한 것이다.

국가당 청색수 자원은 국가 내 모든 강의 유역을 합산하여 계산하였다. 경계지역의 유역에 대해서는 인접한 국가들에 다음과 같이 청색수 자원을 배분하였다: 국가에 속한 모든 셀 격자에서 유출되는 값을 합산하고, 각국의 유역에서 유출되는 값을 합산하여 나눈다. 이것을 가중치로 사용하여 각국에 총청색수 자원을 배분하였다(Gerten *et al.*,

2011 참조).

추정된 총청색수 자원은 모두 인간을 위해 사용되는 것은 아니다. 물 요구량과 가용성 간의 공간적, 시간적 불일치와 환경적인 물의 흐름에 대한 요구 사항들은 사용 가능한 물의 양을 제한한다. 문헌에 따르면, 물 수요 대 공급 비가 0.4를 초과하는 것은 심각한 물 스트레스 상태로 분류된다(Rijsberman, 2006). 따라서 단지 40%의 청색수 자원이 실제로 사용 가능한 것으로 가정한다. 이는 농업 외에 다른 물 사용이 없는 경우에 대해 낙관적인 추정을 나타낸다.

물 잉여분와 부족분 계산

식물성 및 동물성 칼로리 생산을 위해 추정된 물 요구량으로부터, 다양한 식생활, 인구, 물 생산성 시나리오에 대한 총식량 생산을 위한 물 요구량을 계산하였다. 이러한 물 요구량과 총가용한 청색수를 비교할 때 다른 요소들이 식량 생산을 위한 청색수 자원을 제한한다면 꽤나 낙관적으로 전망할 수도 있다.

현재 경작지에서 식량 생산을 위해 잠재적으로 필요한 추가적인 청색수의 양을 추정하기 위해 천수농경 작물에 대해 완전 관개를 가정하여 모든 LPJmL 시뮬레이션을 두 번째로 수행하였다. 총청색수 소비수량(관개수에서 증발산량)은 앞서 언급한 바와 같은 수정 과정을 거쳤다.

수원에서 경작지로 이송 중 손실로 인한 청색수의 불완전한 사용을 감안하고자 관개 시스템의 효율을 추가하여 고려하였다. 인구 조사 자료에서 취합한 국가별 관개 시스템 효율에 기반하여(Rohwer *et al.*, 2007), 총이송 중 손실량의 50%는 증발로 인한 것으로 가정하였고, 강으로 되돌아오지 않는 부분으로 삼았다(Rost *et al.*, 2008). 경작지에서 가용한 청색수를 추정하기 위해 이러한 이송 중 손실을 감안하여 총가용한 청색수는 감소하였다.

물 요구량과 비교하기 위해, 최소한의 잠재적인 청색수 사용을 적용하였다. 만일 실제 관개 농경지에서 이미 가용한 청색수를 넘어서는 수준으로 청색수 소비를 하고 있다면, 추가적인 청색수 요구량은 비전통적 또는 비재생 자원에서 얻을 수 있다고 가정하였다.

세계은행 소득 국가 그룹 분류

2050년에 잠재적인 구매력 상황을 나타내는 지표를 사용하고자 2011년의 세계은행 소득 국가 그룹 분류(World Bank, 2011)에 따라 모든 국가를 분류하였다. 세계은행 아틀라스 방법에 의해 계산된 2009년 1인당 국민총소득에 따라 다음의 네 그룹으로 나뉘었다: 하위 소득(L), 995달러 미만; 중하위 소득(ML), 996-3945달러; 중상위 소득(MU), 3946-12195달러; 상위 소득(H), 12196달러 이상.

5.2.3 도전 과제와 두 가지 긍정적인 방안의 비교

그림 5.8에서 물 이용분과 부족분이 변화함에 따라 물 부족 국가에서 살아가는 인구수도 변하게 된다. 이는 현재의 물 관리(그림 5.8의 4번째 바)하에서 2050년까지 전 세계 인구의 식량 자급에 대한 도전에 대한 물 균형과 인구수를 처음으로 발견된 두 가지 대안, 즉 물 잉여분이 부족분보다 많은 경우(그림 5.8에서 9번째와 10번째 바)로 비교할 수 있다는 점에서 흥미롭다. 현재의 물 관리 수준에서 2050년까지 물 부족 국가에 살아갈 인구수는 77억 명에 달하며, 단지 11억 명이 물 잉여국에서 살아가게 된다. 두 가지 낙관적인 방법을 적용하면, 물 부족 국가에 살아가는 인구수는 56-58억 명으로 감소한다. 이는 전 세계적으로 물 균형을 이룬다 하여도 60%의 인구는 여전히 식량 자급을 위해 물 부족 국가에서 살아가게 됨을 의미한다.

대부분의 시나리오들은 잉여국에서 부족국으로 가상의 물과 식량 흐름의 필요성을 보여준다. 식량 무역의 근본적인 중요성과 구매력의 관점에서 경제적인 관점에 보다 주목할 필요가 있음을 나타낸다. 2050년의 잠재적인 구매력을 고려하기 위해서, 세계 은행 소득 국가 그룹 분류(World Bank, 2011)에 따라 모든 국가를 분류하였다. 중하위 소득, 중상위 소득, 상위 소득 그룹으로 분류된 국가들은 충분한 구매력을 갖고 물 부족을 상쇄할 식량을 수입할 수 있는 것으로 나타났다. 하위 소득 그룹 국가들은 식량을 수입할 능력이 없으며, 가난과 물 부족의 연결 고리가 더욱 분명히 나타난다(Box 5.1).

그림 5.9a, b, c에서는 균형 잡힌 전 세계 식량 생산에 대한 선결 과제와 두 가지 방법에 대해 비교해 놓았다. 세 가지 그림은 각 소득 그룹별 물 부족, 실제 물 잉여량, 인구수를 나타내고 있다(그림 5.8의 4번째, 9번째, 10번째 바와 비교). 가장 낮은 소득 그룹 두 개와 물 부족 간의 상관관계는 이러한 국가들이 향후 마주하게 될 과제를 보여준다. 세 가지 경우 모두, 하위 소득 그룹 국가에서 물 잉여국 수는 매우 적으며, 상위 소득 그룹 두 개에서 물 잉여 상황이 뚜렷이 연계되어 있음을 알 수 있다(그림 5.9a, b, c).

물 균형을 이룬 상황, 즉 그림 5.9b, c에서 다른 소득 수준에서의 매우 유사한 물의 양과 인구수 패턴을 볼 수 있다. 실제 물 부족 국가들은 상당히 감소하고, 많은 인구가 물 부족에서 물 잉여로 이동한다. 이러한 긍정적인 변화는 중하위 소득 그룹에서 특별히 나타난다. 그러나 가장 가난하고 물 부족이 가장 심한 국가에 사는 인구수는 여전히 15억 명으로 세 경우 모두 비슷하다. 물 생산성 향상 또는 식량 요구 수준의 저감과 상관없이 이러한 33-37개 국가는 위태로운 상황에 처해 있다.

5.2.4 빈곤하고 물이 부족한 국가들

2050년까지 15억 명의 인구는 물이 부족한 국가에서 살아가게 되며, 경제적으로 빈곤하여 식량 수입이 어려운 상황에 처하게 될 수 있다. 한 가지 방안은 국가에서 소유한 수자원에서 최대한을 뽑아내는 방법을 취하는 것이다. 그러나 1인당 1일 최소 2,000 kcal 공급과 5% 동물성 식품 공급으로 감소하여도 극소수의 작은 국가들만 식량 자급이 가능하다. 대다수의 물 부족과 빈곤에 시달리는 국가들은 연간 381 km^{3}의 물 부족량을 겪어야 하며, 여전히 15억 명의 인구가 이에 해당한다. 32개 물 부족과 빈곤 국가 중 대다수가 아프리카 대륙에 있으며, 남아시아에 5개국, 중앙아메리카에 1개국, 중앙아시아에 1개국이 있다. 이 중 4개의 가장 큰 국가들은 방글라데시, 니제르, 우간다, 콩고 공화국이며, 이들 국가에는 2050년까지 6억 5,000만 명의 인구가 추산된다.

본 연구의 분석은 현재의 농경지 상황을 반영한 것이다. 따라서 사하라 사막 이남 국가들과 같은 곳에서는 농경지를 확대하여 육상 생물화하는 것이 가능할지 모른다. 방글라데시와 같은 국가는 전 국토의 71%를 농경지(FAOSTAT; FAO, 2013b)와 청색수 자원으로 사용하고 있어, 식량 부족에 대처하는 것이 토지에 의해 제한되고 있다.

5.2.5 가상의 물 흐름

기준점이 되는 2000년도에 가상의 물 무역은 물 잉여국에서 연간 550 km^{3}가량 되었다. 이에 상응하는 수입국에서의 식량 생산을 위한 물 요구량은 연간 700 km^{3}로, 즉 이론적으로 연간 150 km^{3}의 물이 차이 나는 셈이다. 2050년 식량 자급을 위한 시나리오들은 이러한 물 격차를 해소하고자 비롯되었다. 향상된 물 생산성, 증가하는 관개 시설과 조정된 식량 공급 조합을 통해, 무역으로 거래되는 식품의 양은 이러한 물 부족분과 잉여분의 균형을 맞출 수 있을 정도로 충분하다.

현재의 물 생산성 수준과 전 세계 1인당 1일 식량 공급 수준 3,000 kcal와 20% 동물성 식품 공급에서 출발하면, 국가적 부족분을 요약하면 연간 7,133 km^{3}로 전 세계 식량 생산을 위한 물 요구량 11,600 km^{3}의 60% 이상에 해당하는 수치이다. 이러한 부족분을 잉여에 의한 부족으로 재산출하면, 가상의 물 요구량은 연간 3,644 km^{3}로 현재 가상의 물 무역 거

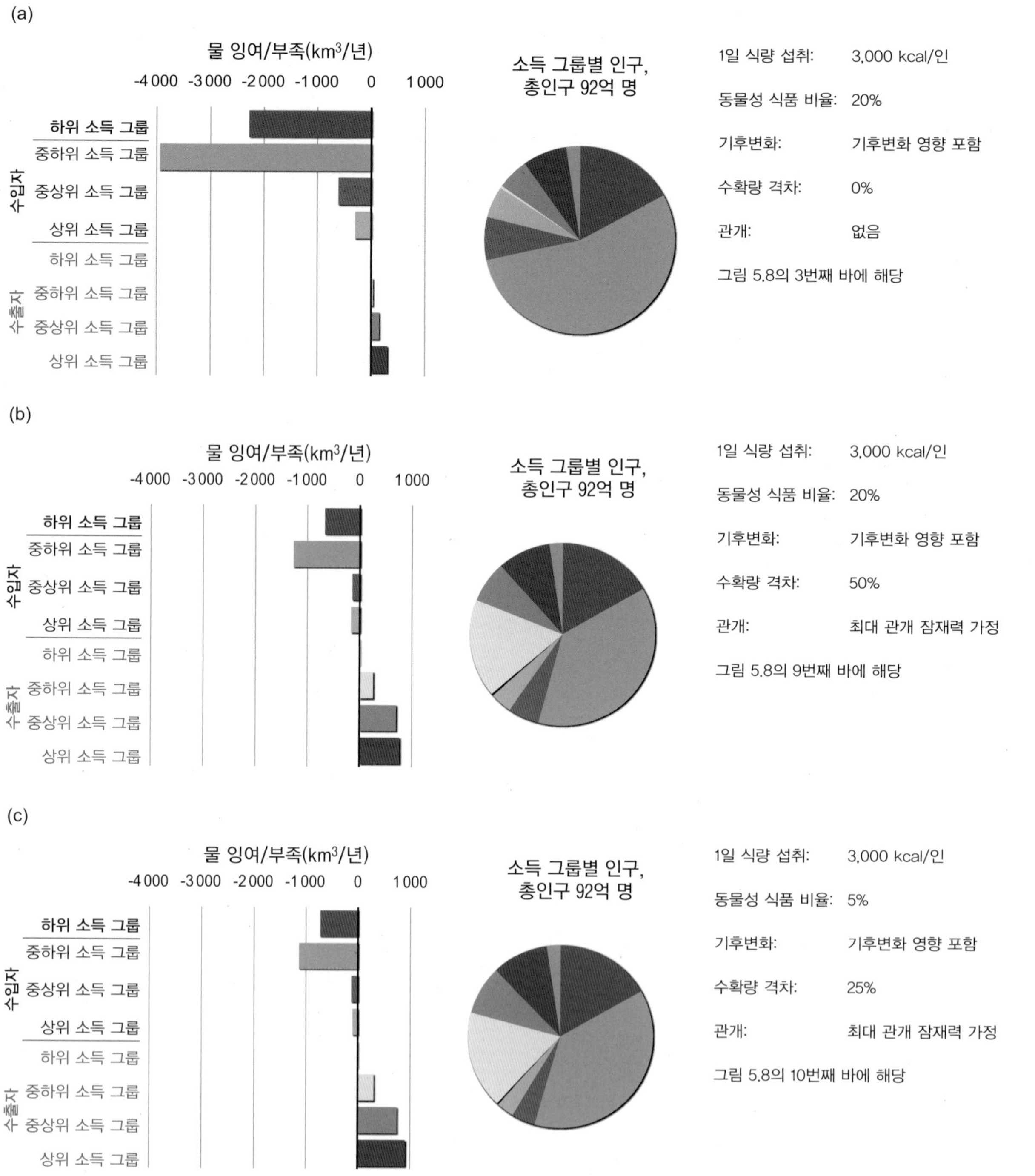

그림 5.9 현재의 경제 상황을 기반으로 그룹화된 국가들의 2050년까지 물 잉여분과 부족분의 추정치: (a) 현재 수준의 물 생산성과 기후변화 영향하에서 2050년까지 전 세계 식량 자급을 위한 물 도전 과제; (b) 1인당 1일 3,000 kcal 공급과 20% 동물성 식품 공급 및 50% 수확량 격차 감소(즉, WP-H)를 가정한 물 균형 시나리오; (c) 1인당 1일 3,000 kcal 공급과 5% 동물성 식품 공급 및 25% 수확량 격차 감소(즉, WP-M)를 가정한 물 균형 시나리오. 기후변화 영향과 모델링된 잠재적인 관개 효과는 b와 c에 포함됨.

래의 약 7배에 달하는 수치이다. 더 중요한 것은, 물 잉여국에서 수출 가능한 수치, 즉 연간 496 km^{3}의 7배 이상에 해당하며, 이는 현실적으로 해결 가능한 수치라 볼 수 없다.

전 세계 물 잉여와 부족을 균형 맞추기 위한 세 가지 방안에 있어, 즉 현재 WP 2200/5%와 무손실; WP-M 3000/20%; WP-H 3000/5%(그림 5.8의 5번째, 9번째, 10번째 바)에서, 가상의 물 흐름은 현재 가상의 물 흐름인 연간 530 km^{3}의 약 세 배가 된다. 그러나 개선된 물 생산성에도 무역으로 거래되어야 하는 식품량은 세 배 이상이 될 것이다.

5.3 시스템 수준의 전제 조건: 인류를 위한 식량 생산 능력 유지

5.2에서는 2050년까지 인류의 식량 자급을 이루기 위한 방안으로 정적인 시각에서 물 가용성과 식량 생산을 위한 물 요구량 관점에서 살펴보았다. 현재 추세대로라면, 1인당 1일 3,000 kcal와 20% 동물성 식품에 기반한 전 세계 식량 안보는 식량 생산을 위한 물 요구량에 비추어 볼 때 달성이 어려운 상황이다. 개발도상국에서 농업의 현대화, 수확량 격차 감소, 관개 시스템 확충, 또는 식량 수요 저감이 전 지구적 물 부족과 잉여의 균형을 맞출 수 있는 요인들이며, 이는 상품 거래와 필요한 구매력을 가정한다. 그럼에도 불구하고, 극빈 국가들은 식량 안보에 영향을 주는 물 부족 상황에 시달릴 것으로 보인다.

그러나 현실적으로 식량 생산 시스템은 정적이지 않다. 예를 들어, 기후변화로 강수량 변화 폭이 커지게 되면 계절별 강우량이 바뀌고, 이로 인해 작물 생산이 불가능해질 수 있으며, 전 지구적 또는 지역별 경제난으로 식품 무역에 장애가 발생함으로 인해 수입 의존국가들을 위험에 처하게 할 수 있다. 이는, 농업 시스템이 생태적, 사회적, 경제적 변화에 영향을 받는 동적인 시스템이며, 이러한 영향 요인에는 토양 분해와 인구 변화와 같은 점진적인 요인뿐만 아니라 가뭄, 병충해, 가격 상승, 무역 장애를 포함한다. 동적인 세계에서 식량 생산 능력을 유지하는 것과 관련된 이슈들을 살펴보는 것이 중요하다, 즉, 변화에 대처하고 지속적인 발전을 위해 물과 식량의 관점에서 회복탄력성을 더하는 것이 중요하다. 바이오매스 생산 기능과 부지 동역학에 관련된 두 가지 주요 이슈로 첫째, 급작스러운 변화와 점진적인 변화에 대처하는 것과 둘째, 부지에서 중요한 생태계 서비스의 기능을 들 수 있다. 식량 시스템에서도 필수적인 기능들이 있는데, 식품 무역 시스템, 경작지 사용과 관련된 경쟁 및 확장 가능성과 같은 것들이다. 수분 피드백, 잠재적 임계값 및 주요 장애에 영향을 미치는 요인들도 급진적 및 점진적 변화와 연관된 취약성으로 발생할 수 있는 잠재적인 장애 요인만큼이나 중요하다.

5.3.1 시스템 가동을 위한 지원

수출을 위한 잉여 식량 생산

본 연구에서 수행한 정적인 분석의 기본적인 전제 조건과 연관된 가정은 물 잉여국은 수출하기에 충분한 식량을 생산할 수 있다는 것이다. 이 가정의 진실 여부는 검증을 통해 확인해 봐야 할 것이다. 농업을 위한 물 가용성이 어떠한 제약을 받지 않더라도, 상당한 식량 생산 증대는 진정한 도전이 될 것이다. 식량 자급을 위한 요구보다 더 많은 물이 남더라도, 농업 생산 증대를 위한 다른 제약 조건들이 있을 수 있다.

식생활 변화

부의 증대로 식생활에서 동물성 식품의 소비가 증가하였으며, 이와 관련한 식량 생산을 위한 물 요구량도 많아졌다. 본 분석에서 1인당 1일 식량 공급 600 kcal가 동물성 식품에서 공급되는 것으로 가정하였다. 현재 추세에 비추어 볼 때, 고기, 우유, 달걀의 가파른 소비 증대와 함께 이러한 가정은 많은 국가에서 매우 달성 가능한 것으로 보인다. 한편, 다른 많은 국가에서는 이 수준이 굉장히 높은 것으로 보인다. 그러나 전술한 바와 같이, 동물성 식품의 소비 수준은 국가 수준뿐만 아니라 전 세계적으로 식량 생산을 위한 물 요구량에 상당한 영향을 미친다.

다른 바이오매스 수요와의 균형

가장 명백한 바이오매스에 대한 경쟁적인 수요는 현재 관심이 집중된 바이오 연료로, 식량 생산과 다른 바이오자원의 수요 간의 균형을 요구하면서(6장과 8장 참고), 농업 국가의 능력을 제한하고 있다. 회복탄력성 관점에서 또 다른 물 요구량에 주요한 요인은 기후변화 저감을 위한 탄소 저장을 위해 남겨지는 식물에서의 증발량이다.

무역 시스템의 가동

그 이상의 전제 조건은 전 세계 식량 운송 인프라의 개선을 통해 무역 거래량을 가파르게 증가시키는 것이다. 이는 토지와 해양 운송에 대한 투자뿐만 아니라 항구, 식량 저장고와 같은 다른 인프라 시설에 대한 투자와 더불어 시공간적으로 실현 가능하고 적합한 식량 무역 거래 시스템의 거버넌스를 갖추는 것을 의미한다.

가장 어려운 부분은 아마도 전 세계적 식량 시장이 온전히 가동되도록 하는 것일 것이다. 많은 국가들이 2007-2008년도 식량 위기를 겪으며 수출에 제한을 두었다(예를 들어, 동아시아와 남아시아의 40% 이상)(FAO, 2009). 가격 불안정은 수입 의존적이고 물 부족을 겪는 국가에 또 다른 위협이 되는데, 60억에 가까운 인구가 해당이 된다.

여분을 위한 식량 비축 증대

전 세계 곡물 비축량은 약 5억가량 되며, 비축 대 사용 비율은 20% 정도이다. 1981-2000년대에는, 전 세계 곡물 비축량은 평균 15주간 소비가 가능한 수준이었다. 지난 10년간 비축 대 사용 비율은 상당히 감소하였고, 현재는 전 세계 곡물 소비가 12주 정도 가능한 수준이다(FAOSTAT; FAO, 2013b). 2007-2008년대의 식량 위기는 전 세계 식량 시장의 유동성을 완화하기 위해 비축의 필요성을 느끼게 해주었다. 다른 생산 부문에서 유행하는, 가장 알맞은 때에 구입하고 관리하고자 하는 아이디어는 식품 부문에서 두려운 결과를 가져올 수 있으며, 많은 인구의 식량 공급에 차질을 빚을 수 있다. 인류에게 예상되는 증대된 유동성은 전 세계적으로, 국가적으로, 지역적으로 식량 비축을 늘려야 할 필요성을 느끼게 해주었다.

외국 토지 취득

식량 위기와 식품 시장의 유동성은 무역에서의 신뢰의 중요성을 돌아보게 하였고, 토지 수탈이라고도 불리는 농경지에 대한 외국 투자의 주요 원인이 되었다(von Braun and Meinzen-Dick, 2009). 가상의 물 흐름에서 이러한 경향은 2007-2008년 식량 위기 이전부터 시작되었는데, 예를 들어 중국이 쿠바나 멕시코에서 식량 생산을 위한 토지를 임차하기 시작했고, 많은 인구에 대한 식량 자급을 위해 또 다른 기회를 탐색하였다(von Braun and Meinzen-Dick, 2009). 아시아와 중동 회사들은 이미 모든 대륙의 현존하는 농경지의 15%를 구입하거나 임차하였다(Anseeuw *et al.*, 2012).

5.3.2 토지, 물, 그리고 생태계 동태

강우량 변동에 대한 취약성

많은 장애 요인들 중, 한 가지 명백한 예는 가뭄과 홍수로 대변되는 강우량의 변동이다. 가뭄으로 인한 식량 공급 시스템의 갑작스러운 장애를 방지하기 위한 방법은 물 부족 기간을 대비하여 저장된 물을 사용하는 것이다. 다른 방법은 작물 보험이나 기상 지수 보험과 같은 보험을 활용하는 것이다(Hazell and Hess, 2010).

식량 생산 시스템에서 강우 패턴 변화, 기온 상승 효과, 부실한 토양/물 관리로 인한 토지 사용성 감소, 부실한 관개로 인한 토양 염분 증가, 수위 증가와 같은 점진적인 변화를 감지하는 것은 꽤나 어려운 일이다. 식량 생산 시스템은 작물 단순 재배와 단일 재배와 같은 요인으로 영향을 받을 수 있으며, 이러한 경우 가뭄이나 병충해에 더욱 취약할 수 있다.

빈곤한 물 부족 국가의 처지

국가적으로 식량 안보를 위해 식량 구입할 능력이 부족한 빈곤한 국가들은 대내적으로 식량 생산 증대를 위해 가능한 농경지 확대를 할 수밖에 없다. 이에 자른 목초지와 초원을 이용한 수평적인 확대가 어느 정도까지 가능하느냐는 중요한 질문이다. 빈곤 국가들이 경직성 또는 빈곤의 덫에 빠지지 않도록 방지하는 것이 필요한데(3장 참조), 특별히 콩고 민주공화국, 에티오피아, 탄자니아와 같은 인구 밀도가 높은 빈곤국들에게 더욱 필요하다.

토지 생산성 보전

지나친 물 소비로 인한 강 유역의 폐쇄와 같은 토지 동태와 주요 생물물리학적 피드백 과정을 이해하는 것이 중요한데, 이를 통해 사회 조직이 재정비되어야 할 수준을 넘어서는 한계를 확인할 수도 있다. 이러한 경우, 폐수 재이용과 결합하는 수자원 관리 시스템으로 전환으로 이어질 수 있다.

작물 생산에 잘 균형 잡힌 시스템을 점진적으로 방해하는 요소들이 다음과 같이 있다: 점진적 침식, 산화, 염분화, 토양 피각화에 따른 토양 생산성 변화; 기후변화와 연관된 수문 기상학적 변화 또는 토지 사용 변화 효과; 토지 수탈 효과, 국가 농장 시스템 파괴, 식량 생산 잠재력 저감.

점진적인 과정들은 농업 생산(관개)을 위한 물 수요 증대 또는 토지 이용 변화로 인한 체제 변환에 기여할 수 있다. 어떤 지역은 물과 관련된 체제 변화에 민감할 수 있다. 다음과 같은 고려사항들이 필요하다: 식량 수요에 대한 동력에 초점을 맞춘 관리 평가; 점진적 변수들의 동력에 초점을 맞춘 조기 경보 시스템; 환경에 회복탄력성을 갖추는 것. 어떤 지역은 인 성분, 수분 순환 등과 관련된 환경에 더 민감할 수 있다.

환경에서 중요한 생태계 기능 보전

6장에서는 환경에서 생태계 기능에 대해 심도 있게 논의한다. 기능적 다양성과 대응 다양성을 포함한 적절한 생태계 다양성을 보전하는 것은 필수적이며(Elmqvist *et al.*, 2003; Kremen and Miles, 2012), 육지와 수계, 그리고 환경계 흐름에서 서식지의 본질적 특성을 보호하기 위해 생태계 건강에 관련된 요인들을 고려해야 한다.

5.3.3 기후 패턴의 변화

강우 변동과 충격

기후변화가 폭풍, 홍수, 가뭄과 같은 물과 연관된 기상 이변 현상의 발생 빈도, 강도, 지속 기간에 얼마나 영향을 미치는가에 대해서는 많은 논쟁이 있어왔다. Kabat *et al.*(2003)은 자연 활동과 인간 활동의 혼재가 물 순환에 악영향을 미치고 있다고 언급하였다. 극적으로 변하는 기후 양상은 보충되는 물이 폭우의 형태로 돌아와 농작물을 관개하고 생태계를 유지하도록 저장되기 전에 홍수 방어층을 넘어서 해양으로 빠져나가게 만든다. 연간 하천 흐름의 심한 변동은 홍수와 가뭄을 일으키는 원인이 되어 농장주들의 삶을 황폐화시킨다. 기후변화의 영향은 지구상의 모든 곳에서 발견되나, 그 영향의 심각성과 사람들과 생태계의 취약성은 지역별로 상이하다. 명백한 영향을 받는 지역들도 있다: 범람원에 있는 판자촌을 포함한 거대 도시들은 홍수와 폭우로 상당한 손실을 보게 된다; 그리고 증가하는 인구만큼 충분한 식량 생산이 어려운 국가들은 계절적 강우 변동에 특별히 취약할 수밖에 없다(표 5.1).

20세기에 가뭄으로 심각한 피해를 입은 국가와 지역들은 아프가니스탄, 에티오피아, 케냐, 파키스탄, 인도, 중동, 브라질 북동부 지역이다. 아프리카 국가들, 특별히 사하라 주변, 남부 및 중앙아프리카에 위치한 국가들은 지구상의 다른 어떤 지역보다 반복되는 가뭄에 노출되어 왔다(Kabat *et al.*, 2003). 연간 강우량과 하천 흐름, 그리고 증발로 인한 손실 증대가 기후변화와 연관되어 있다는 관측 가능한 중기적 추세가 있으며, 사하라 지역이 가장 극심한 사례로 나타난다(표 5.2 참조).

표 5.1 2002년의 주요 홍수 기록(Kabat *et al.*, 2003에서 발췌)

장소	지속 기간 (일)	영향 면적 (km^2)	손해액 (US달러/km^2)
중부 및 남아메리카			
브라질(중부)	2	780 000	8 974
브라질(서부)	2	2 250	
칠레	12	166 900	190
에콰도르	54	52 930	
페루	11	333 200	
우루과이	30	187 500	
베네수엘라(서부)	11	224 900	13
기타			
유럽(중부)	18	252 300	79 270
중국(북서부)	10	252 000	1 587
러시아(남부)	12	224 600	1 945
트리니대드	15	880	3 750

서방 국가들 역시 가뭄을 겪으며, 2002년 미국이 경험한 것과 같이 캐나다를 포함한 물에 민감한 지역에 영향을 미쳤으며, 이는 초원을 포함한 몇 지역에서 강수량 부족으로 가축 농가의 45%가 물 부족을 겪었으며, 농산물 수확량이 50-60% 감소하였다.

변화하는 이상 현상

식량 생산 평가, 관리, 통치에 있어서 기후변화로 인한 물에 대한 도전 과제와 관련된 이상 기후 현상들을 더 이상 무시할 수 없는 현실이다. 물과 식량 생산뿐만 아니라 인간의 복지를 위한 전반적인 물의 기능과 사용에 대한 기후변화 영향을 대비하기 위해 새로운 관점을 견지할 필요가 있다(Kabat *et al.*, 2003).

Hansen *et al.*(2012)은 계절별 평균 기온 이상의 분포가 높은 온도로 진행하고, 이상 범주가 증가하는 것을 발견하였다(그림 5.10). 1951-1980년대에는 극심한 이상 현상이 지구상의 1% 미만 되는 표면에 영향을 미쳤으나, 최근에는 10% 가까이 영향을 주고 있다. Hansen *et al.*(2012)은 2011년 텍사스와 오클라호마, 2010년 모스크바에 나타난 것과 같은 극심한 이상 현상이 지구 온난화의 결과로 보고하였으며, 이는 지구 온난화 없이 그러한 현상이 발생할 가능성이 적기 때문으로 보았다.

5.3.4 잠재적 함정과 회복탄력성 구축

회복탄력성 관점에서 식량 공급 시스템을 생각할 때, 사회-생태학적 시스템이 제대로 기능하여 식량을 전달할 수 있어야 하지만 한편으로는 변동과 충격을 경험할 수 있다. 사회-생태학적 함정에 빠지는 위험을 감소하기 위해 변화에 회복탄력적으로 반응하는 식량 생산을 위한 토지 개발을 보조하는 것이 필요하다. 생물권의 혈류로서 물의 관리는 본 논지

표 5.2 사하라 사막 인근 국가들의 지난 20년간 평균 강수량과 하천 흐름 변화. 표에 나타난 숫자들은 연평균 강수량과 하천 흐름을 1970년에서 1989년까지 기간과 1950년에서 1969년까지 기간을 비교한 것이다(Kabat *et al.*, 2003에서 발췌).

국가		강수량 감소(%)
카메룬		16
토고		16
중앙아프리카공화국		17
베냉		19
가나		19
나이지리아		19
기니아		20
차드		20
코트디부아르		21
부르키나파소		22
기니비사우		22
말리		23
세네갈		25
하천	**측정소**	**연간 유량 감소(%)**
코모에	아니아수	50
차리	은자메나	51
로곤	라이	39
니제르	말랑빌	43
니제르	니아메	34
바니	도우나	70
우에메	사곤	42
사산드라	세미엔	36
세네갈	바켈	50
바코이	우알리리	66
블랙	볼타 다폴라	41
블랙	볼타 보로모	46
우방기	방기	30

에서 매우 중요하다.

잠재적 함정

3장에서 사회-생태학적 함정이 물을 제대로 혹은 잘못 사용하는 것과 관련하여 어떻게 생겨나는지, 그리고 경직성 함정은 통치와 관리 부문에서의 문제에서 비롯되며, 빈곤성 함정은 경제적 현상과 사회적으로 연관된 것에서 비롯된 것을 밝힌 바 있다. 이와 관련한 사례들도 역시 살펴보았다.

함정으로부터 탈출하고 함정으로 향하는 길에서 돌아서는 것은 물 관리와 식량 생산에 주요한 과제이다. 경직성 함정은 정신적 변화와 미래지향적 사고의 필요성을 대변하는데, 이는 물 이용 대안과 물 이용과 관리에 대한 생각의 틀을 전환하는 것을 포함한다. 빈곤성 함정은 사람들, 지역, 사회의 적응력 향상을 요구하며, 대안 자원들을 상호작용하고 사용하는 새로운 방법들을 개발하고, 외부의 투자를 유치하는 것을 포함한다. 함정에 관한 많은 문헌이 있으며, 몇몇은 물, 식량 생산, 그리고 회복탄력성과 관련이 있다(예를 들어, Cifdaloz *et al.*, 2010; Walker *et al.*, 2009).

강우 유지를 위한 관리

논의가 덜 된 전제 조건은 전체적인 강수 시스템의 회복탄력성이다. 본 편에서 논의된 강우 유지와 관련된 과제이다. 수분의 대기로 이동하는 과정에 초점을 맞출 필요가 있는데, 주요한 지역에 새로운 강우가 발생하도록 돕는 과정이라 할 수 있다. 농경지에서 녹색수와 청색수 흐름 간의 균형이 1장에 소개된 지구 환경의 경계치 개념의 관점에 기본이 된다. 앞서 언급한 바와 같이, 총청색수 소비수량은 연간 4,000 km^3로 제한되어야 하며, 이 중 2,600 km^3는 현재 작물 생산 수준에서 소비하고 있다(Rockstrom *et al.*, 2009). 따라서 지구적 관점에서, 추가적인 청색수 소비는 연간 2,400 km^3로 제한되어야 한다.

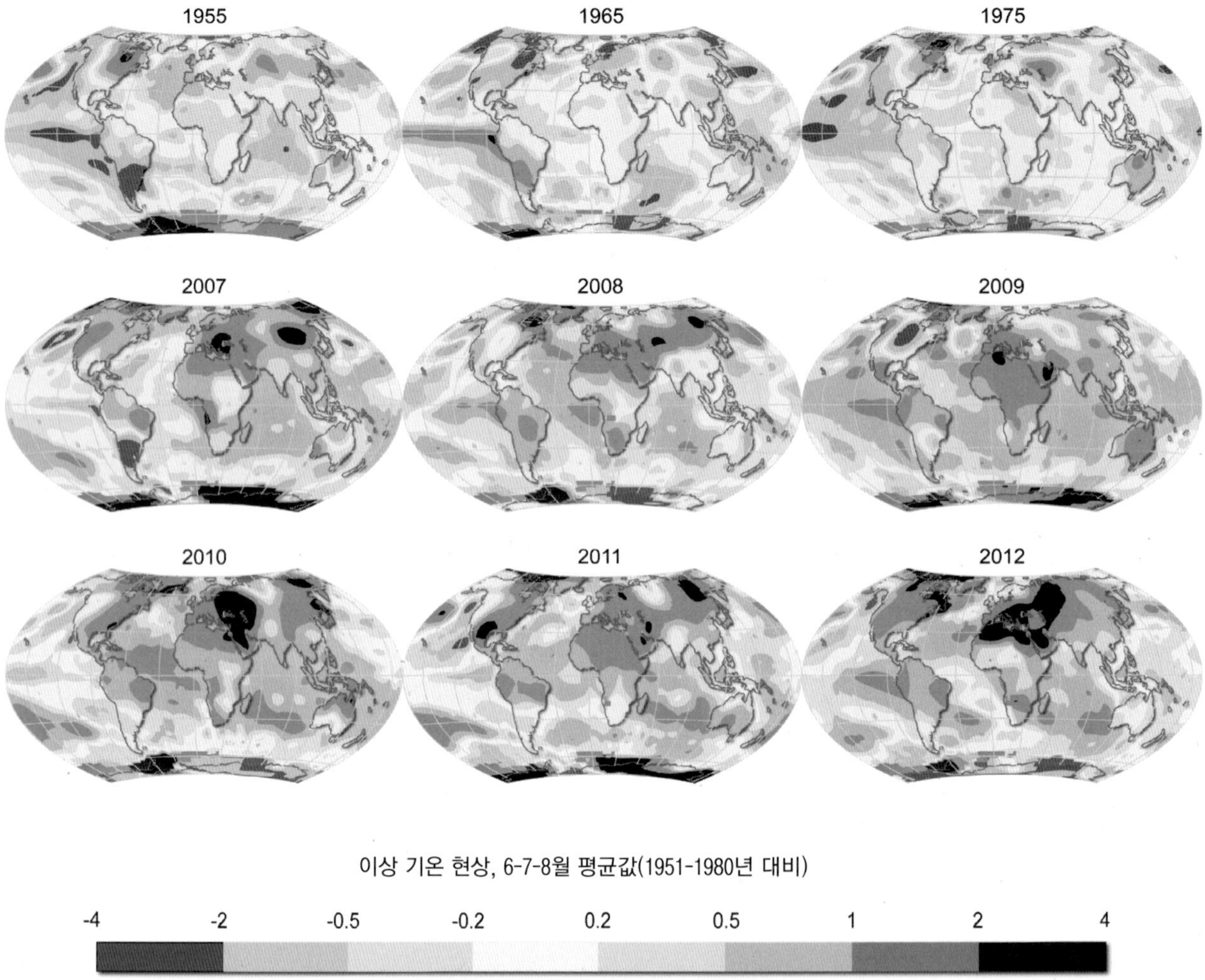

그림 5.10 수치는 1955, 1965, 1975, 그리고 2007-2012년도의 6-7-8월 지구 이상 기온을 1951-1980년 평균 기온에 대비하여 나타낸 것으로 1981-2010년대 온도의 표준 편차를 제외한 국지적 단위로 표현한 것이다(Hansen *et al.*, 2012 참고).

[이 그림은 본문 뒤에 컬러 그림이 따로 삽입됨]

생물권의 혈류로서 물을 생각할 때 이상 기온의 변화가 의미하는 바는 식량 생산, 다른 생태계 서비스와 인간의 복지에 대한 도전이다. 식량 생산과 물 관리는 예상하기 힘들고, 변동이 심한 강우 패턴과 빈도수와 강도, 지속 기간 및 시공간에서 이미 변동이 있는 기상 이변들과 직면하게 될 것이다. 인류세에 이러한 변화들은 예외적이라기보다는 점점 일상적이 될 것이다. 적응성, 다양성, 그리고 회복탄력성은 이러한 현상들에 대처하기 위해 필요하며, 지역적으로 발생하는 사회적, 경제적 도전(예를 들면, 지속된 가뭄으로 황폐화된 경작지를 새로운 개발의 기회로 만들어가는 것)에 대처할 수 있는 유연한 관리 시스템 역시 필요하다. 이러한 새롭고 역동적인 상황에서(Folke and Rockstrom, 2009) 우리는 지역과 유역에 내리는 강우를 유지할 수 있는 관리 방안을 본 서적에서 제시하는 바이다.

5.3.5 향후 전략적 절충

사회적-생태학적 회복탄력성은 역동적인 시기와 급격한 변동에 대처하기 위해 필요하다(Carpenter *et al.*, 2012). 그러므로, 생산되는 단위 식량당 물과 토지 사용의 비율과 효율성을 개선하는 목적으로 식량 생산과 토지 수용성, 그리고 인류세의 결과(1장과 2장)로 예측 불허의 기후변화 패턴들을 대처할 수 있는 사회-생태학적 시스템 간의 중요한 거래가 필요할 것이다. 전자의 접근 방식은 종종 정적인 분석에 기반하여 유사한 미래를 가정하고, 점진적 변화를 표준으로 삼았다. 후자의 접근 방식은 복잡계 시스템 접근으로 불확실성과 경이로움을 명시적으로 설명하고, 보험과 회복탄력성에 대한 전략을 포함한다. 광범위한 단위 재배와 소량의 재배 방식에 기초한 식량 생산은 전자의 상황에 알맞을 수 있다. 보다 다양한 식량 생산 시스템은 후자의 방식으로 대처해야 할 것이다. 새로운 기술과 혁신은 농업을 효율성 향상의 현재 궤적으로 이끌거나 보다 역동적인 세상에 대처하고자 회복탄력적이고 사회-생태학적 식량 생산 시스템으로 탈바꿈하게 할 것이다.

참고문헌

Alexandratos, N. (2009). *World Food and Agriculture to 2030/50: Highlights and Views from Mid-2009*. Rome: Food and Agriculture Organization.

Allen, R. G., Pereira, L. S., Raes, D. and Smith, M. (1998). Crop evapotranspiration, guidelines for computing crop water requirements. FAO Irrigation and Drainage Paper 56. Food and Agriculture Organization, Rome.

Anseeuw, W., Boche, M., Breu, T. *et al.* (2012). Transnational land deals for agriculture in the global south: analytical report based on the land matrix database. The Land Matrix Partnership. Available at: http://landportal.info/landmatrix/media/img/analyticalreport.pdf.

Barrett, C. B. (2010). Measuring food insecurity. *Science*, **327**, 825–828.

Bruinsma, J. (2009). *The Resource Outlook to 2050: By How Much do Land, Water and Crop Yields Need to Increase by 2050?* Rome: Food and Agriculture Organization.

Carpenter, S. R., Arrow, K. J., Barrett, S. *et al.* (2012). General resilience to cope with extreme events. *Sustainability*, **4**, 3248–3259.

Chapagain, A. K. and Hoekstra, A. Y. (2003). Virtual water flows between nations in relation to trade in livestock and livestock products. Report No. 13: UNESCO-IHE, Delft, the Netherlands.

Cifdaloz, O., Regmi, A., Anderies, J. M. and Rodriguez, A. A. (2010). Robustness, vulnerability, and adaptive capacity in small-scale social–ecological systems: the Pumpa Irrigation System in Nepal. *Ecology and Society*, **15**, 39.

de Haan, C., Gerber, P. and Opio, C. (2010). Structural change in the livestock sector. In *Livestock in a Changing Landscape. Volume 1. Drivers, Consequences and Responses.*, ed. Steinfeld, H., Mooney, H., Schneider, F. and Neville, L. E. London: Island Press, pp. 35–50.

Elmqvist, T., Folke, C., Nyström, M. *et al.* (2003). Response diversity, ecosystem change, and resilience. *Frontiers in Ecology and the Environment*, **1**, 488–494.

Fader, M., Rost, S., Müller, C., Bondeau, A. and Gerten, D. (2010). Virtual water content of temperate cereals and maize: present and potential future patterns. *Journal of Hydrology*, **384**, 218–231.

Falkenmark, M. and Lannerstad, M. (2005). Consumptive water use to feed humanity: curing a blind spot. *Hydrology and Earth System Sciences*, **9**, 15–28.

Falkenmark, M. and Rockström, J. (2004). *Balancing Water for Humans and Nature: The New Approach in Ecohydrology*. London: Earthscan.

Foley, J. A., Ramankutty, N., Brauman, K. A. *et al.* (2011). Solutions for a cultivated planet. *Nature*, **478**, 337–342.

Folke, C. and Rockström, J. (2009). Turbulent times. *Global Environmental Change*, **19**, 1–3.

Food and Agriculture Organization (2009). *The State of Food Insecurity in the World 2009: Economic Crises – Impacts and Lessons Learned*. Rome: Food and Agriculture Organization.

Food and Agriculture Organization (2011). *The State of Food Insecurity in the World 2011: How does International Price Volatility Affect Domestic Economies and Food Security?* Rome: Food and Agriculture Organization.

Food and Agriculture Organization (2012). *The State of Food Insecurity in the World 2012: Economic Growth is Necessary but not Sufficient to Accelerate Reduction of Hunger and Malnutrition*. Rome: Food and Agriculture Organization of the United Nations (FAO), the International Fund for Agricultural Development (IFAD) and the World Food Programme (WFP).

Food and Agriculture Organization (2013a). FAO: Food security indicators. Rome: Committee on World Food

Security (Cfs) Round Table on Hunger Measurement. Available at: http://www.fao.org/publications/sofi/food-security-indicators/en/.

Food and Agriculture Organization (2013b). FAOSTAT online database. Rome: Food and Agriculture Organization. Available at: http://faostat.fao.org/ (accessed multiple dates).

Gerten, D., Heinke, J., Hoff, H. *et al.* (2011). Global water availability and requirements for future food production. *Journal of Hydrometeorology*, **12**, 885–899.

Global Health Observatory (2013). *Overweight and Obesity*. Global Health Observatory, Geneva. Available at: http://www.who.int/gho/en/.

Godfray, H. C. J., Beddington, J. R., Crute, I. R. *et al.* (2010). Food security: the challenge of feeding 9 billion people. *Science*, **327**, 812–818.

Gustavsson, J., Cederberg, C., Sonesson, U., van Otterdijk, R. and Meybeck, A. (2011). *Global Food Losses and Food Waste: Extent, Causes and Prevention*. Rome: Food and Agriculture Organization.

Hansen, J., Sato, M. and Ruedy, R. (2012). Perception of climate change. *Proceedings of the National Academy of Sciences*, **109**, 14726–14727.

Hazell, P. B. and Hess, U. (2010). Drought insurance for agricultural development and food security in dryland areas. *Food Security*, **2**, 395–405.

Heinke, J., Lannerstad, M., Hoff, H. *et al.* (forthcoming). Livestock and water: a blue, green and green continuum. *Proceedings of the National Academy of Sciences*, submitted.

Herrero, M., Thornton, P. K., Gerber, P. and Reid, R. S. (2009). Livestock, livelihoods and the environment: understanding the trade-offs. *Current Opinion in Environmental Sustainability*, **1**, 111–120.

International Food Policy Research Institute. (2002). Green revolution: curse or blessing? International Food Policy Research Institute, Washington DC. Available at: http://chapters.ewb.ca/pages/member-learning/africa-(culture_-history_-livelihoods)/greenrevreading1.pdf.

Kabat, P., van Schaik, H., Appleton, B. and Veraart, J. (2003). Climate changes the water rules: How water managers can cope with today's climate variability and tomorrow's climate change. Dialogue on Water and Climate, Wageningen, the Netherlands. Available at: http://www.unwater.org/downloads/changes.pdf.

Keller, A. and Seckler, D. (2004). Transpiration: constraints on increasing the productivity of water in crop production. Winrock Water. Paper for Winrock Water Forum, Winrock International, Arlington, VA.

Kremen, C. and Miles, A. (2012). Ecosystem services in biologically diversified versus conventional farming systems: benefits, externalities, and trade-offs. *Ecology and Society*, **17**, 40.

Lannerstad, M. (2009). Water realities and development trajectories: global and local agricultural production dynamics. PhD thesis, Linköping University, Sweden.

Lehner, B. and Döll, P. (2004). Development and validation of a global database of lakes, reservoirs and wetlands. *Journal of Hydrology*, **296**, 1–22.

Millennium Ecosystem Assessment. (2005). *Ecosystems and Human Well-being: Synthesis*. Washington DC: Island Press.

Mitchell, T. D. and Jones, P. D. (2005). An improved method of constructing a database of monthly climate observations and associated high-resolution grids. *International Journal of Climatology*, **25**, 693–712.

Molden, D. (2007). *Water for Food, Water for Life: A Comprehensive Assessment of Water Management in Agriculture*. London: Earthscan.

Molden, D., Oweis, T., Steduto, P. *et al.* (2010). Improving agricultural water productivity: between optimism and caution. *Agricultural Water Management*, **97**, 528–535.

Peden, D., Tadesse, G. and Mammo, M. (2003). Improving the water productivity of livestock: an opportunity for poverty reduction. Paper for the workshop 'Integrated water and land management research and capacity building priorities for Ethiopia'. International Livestock Research Institute, Addis Adaba.

Pimentel, D., Houser, J., Preiss, E. *et al.* (1997). Water resources: agriculture, the environment, and society. *Bioscience*, **47**, 97–106.

Popkin, B. M., Horton, S. and Soowon, K. (2001). The nutrition transition and prevention of diet-related diseases in Asia and the Pacific. Food and Nutrition Bulletin, vol. 22, no. 4 (supplement). United Nations University Press, Tokyo.

Portmann, F. T., Siebert, S. and Döll, P. (2010). MIRCA2000-Global monthly irrigated and rainfed crop areas around the year 2000: a new high-resolution data set for agricultural and hydrological modeling. *Global Biogeochemical Cycles*, **24**, Gb1011.

Renault, D. (2003). Value of virtual water in food: principles and virtues. In *Virtual Water Trade: Proceedings of the International Expert Meeting on Virtual Water Trade*, ed. Hoekstra, A. Y. Delft: IHE Delft, pp. 77–91.

Rijsberman, F. R. (2006). Water scarcity: fact or fiction? *Agricultural Water Management*, **80**, 5–22.

Robinson, T. P., Thornton, P. K., Franceschini, G. *et al.* (2011). *Global Livestock Production Systems*. Rome: Food and Agriculture Organization of the United Nations (FAO) and International Livestock Research Institute (ILRI).

Rockström, J. (2003). Water for food and nature in drought-prone tropics: vapour shift in rain-fed agriculture.

Philosophical Transactions of the Royal Society of London Series B: Biological Sciences, **358**, 1997–2009.

Rockström, J., Axberg, G. A., Falkenmark, M. *et al.* (2005). *Sustainable Pathways to Attain the Millennium Development Goals: Assessing the Role of Water, Energy and Sanitation*. Stockholm: Stockholm Environment Institute.

Rockström, J., Falkenmark, M., Karlberg, L. *et al.* (2009). Future water availability for global food production: the potential of green water for increasing resilience to global change. *Water Resources Research*, **45**.

Rockström, J., Gordon, L., Folke, C., Falkenmark, M. and Engwall, M. (1999). Linkages among water vapor flows, food production, and terrestrial ecosystem services. *Conservation Ecology*, **3**, 5.

Rockström, J., Hatibu, N., Oweis, T. Y. *et al.* (2007a). Managing water in rainfed agriculture. In *Water for Food, Water for Life: A Comprehensive Assessment of Water Management in Agriculture*, ed. Molden, D. London: Earthscan, pp. 315–351.

Rockström, J., Lannerstad, M. and Falkenmark, M. (2007b). Assessing the water challenge of a new Green Revolution in developing countries. *Proceedings of the National Academy of Sciences of the United States of America*, **104**, 6253–6260.

Rohwer, J., Gerten, D. and Lucht, W. (2007). Development of functional types of irrigation for improved global crop modelling. PIK Report No. 104: Potsdam Institute for Climate Impact Research, Potsdam, Germany. Available at: http://www.pik-potsdam.de/research/publications/pikreports/.files/pr104.pdf.

Rosegrant, M. W., Leach, N. and Gerpacio, R. V. (1999). Alternative futures for world cereal and meat consumption. *Proceedings of the Nutrition Society*, **58**, 219–234.

Rost, S., Gerten, D., Bondeau, A. *et al.* (2008). Agricultural green and blue water consumption and its influence on the global water system. *Water Resources Research*, **44**.

Smil, V. (2000). *Feeding the World: A Challenge for the Twenty-first Century*. Cambridge, MA: MIT Press.

Steinfeld, H., Gerber, P., Wassenaar, T. *et al.* (2006). *Livestock's Long Shadow: Environmental Issues and Options*. Rome: FAO.

Taiz, L. and Zeiger, E. (2010). *Plant Physiology*, 5th edn. Sunderland, MA: Sinauer Associates.

Tanner, C. B. and Sinclair, T. R. (1983). Efficient water use in crop production: research or re-search? In *Limitations in Efficient Water Use in Crop Production*, ed. Taylor, H. M., Jordan, W. A. and Sinclair, T. R. Madison, WI: American Society of Agronomy, p. 538.

Tilman, D., Balzer, C., Hill, J. and Befort, B. L. (2011). Global food demand and the sustainable intensification of agriculture. *Proceedings of the National Academy of Sciences*, **108**, 20260–20264.

United Nations Department of Economic and Social Affairs (2010). *World Urbanization Prospects. The 2009 Revision*. New York: United Nations Population Division. Available at: http://www.un.org/esa/population/unpop.htm.

United Nations Department of Economic and Social Affairs (2011). *World Population Prospects: The 2010 Revision*. New York: United Nations Department of Social Affairs. Available at: http://esa.un.org/unpd/wpp/Excel-Data/population.htm (accessed 21 November 2012).

United Nations Population Division (UNDP) (2004). *World Population to 2300*. New York: United Nations Department of Economic and Social Affairs. Available at: http://www.un.org/esa/population/publications/publications.htm.

van Breugel, P., Herrero, M., van de Steeg, J. and Peden, D. (2010). Livestock water use and productivity in the Nile basin. *Ecosystems*, **13**, 205–221.

von Braun, J. and Meinzen-Dick, R. S. (2009). *'Land Grabbing' by Foreign Investors in Developing Countries: Risks and Opportunities*. Washington DC: International Food Policy Research Institute.

Walker, B., Barrett, S., Polasky, S. *et al.* (2009). Looming global-scale failures and missing institutions. *Science*, **325**, 1345–1346.

World Bank. (2009). Minding the stock: bringing public policy to bear on livestock sector development. Report no. 44010-GLB. World Bank, Washington DC.

World Bank. (2011). Country and lending groups. World Bank, Washington DC. Available at: http://data.worldbank.org/about/country-classifications/country-and-lending-groups.

World Health Organization. (2011). Global status report on noncommunicable diseases 2010. World Health Organization, Geneva.

World Resources Institute. (2005). *Ecosystems and Human Well-being: Wetland and Water Synthesis*. Washington DC: World Resources Institute.

Zwart, S. J. and Bastiaanssen, W. G. M. (2004). Review of measured crop water productivity values for irrigated wheat, rice, cotton and maize. *Agricultural Water Management*, **69**, 115–133.

탄자니아 북동부에 위치한 마카냐 유역의 므벰베 마을. 유출수를 인근 도랑을 통해 관개용수로 공급받는 물 관리 시스템. 옥수수는 계단식 밭에서, 바나나는 도랑에서, 카사바는 이랑에서 자란다.

Chapter

6 사바나 지역에서 수확량 격차 해소

이 장에서는 빈곤과 영양실조가 두드러지게 나타나는 사바나 지역 저소득 국가에 초점을 맞추고 있다. 시공간적으로 강우 변동이 많은 것이 큰 도전 과제이지만, 이 지역은 상당한 수문학적 잠재력을 갖추고 있다. 이 장은 농업에서 물 관리에 대한 투자가 사바나 지역에서 실제적인 수확량과 잠재적인 수확량 간의 격차를 얼마나 줄여줄 수 있는지, 그리고 이 지역에서 회복탄력성 구축에 기여할 수 있는지 분석한다. 이 장은 유망한 기술들의 적용을 제한하는 기술적, 생물물리학적, 사회적 제약의 상황들을 논의한다. 결론적으로는 제약 조건들과 상호작용하고, 미래 불확실성에 대처할 수 있는 포괄적인 농장 시스템 방안 마련에 관한 내용을 제시한다.

6.1 사바나 지역에서 과제와 기회

이 장에서는 상당한 발전 과제를 안고 있으면서 식량 생산 증진과 사회-생태학적 회복탄력성 구축에 기회를 품고 있는 사바나 지역을 조명한다. 사바나 지역에서 농업-생태학적 생산성에 대한 주요 제약은 작물이 자라는 지역에 때에 맞는 물 공급이 어려운 부분이다. 이 장에서는 이러한 제약을 극복할 수 있도록 농업에서 물 관리 향상을 위한 소규모 단위의 실현 방안들에 초점을 맞춰보았다. 이러한 방안들이 적절히 수행되고 지원받는다면, 사바나 지역의 농업 잠재력을 실현할 수 있게 도울 것이며, 전 세계적으로 수백만의 소규모 자작농민들의 삶의 질 개선에 이바지할 것이다.

그림 6.1은 빈곤과 영양실조가 심각한 지역과 전 세계의 일명 '건조 지대', 즉, 건조, 반건조, 혹은 습도가 낮은 기후 지역 간의 상당한 공통분모를 보여준다. 전 세계적으로 제한된 인구수가 살아가는 건조 지역을 제외하고, 이러한 기후 지역은 전 지구상의 육지 면적의 30%가량을 차지하며, 17억 명의 인구가 이러한 지역에 살아가고 있다(UNCCD, 2011). 생업을 이어가는 주요 수단은 소규모 농업이며, 종종 가축 사육과 병행하기도 한다. 대부분의 농장 시스템은 천수농경식이고, 기계화되어 있지 않으며, 외부로부터의 공급되는 부분이 부족하다. 수확량은 적으나 변동이 있으며, 이러한 농업 중심 경제에서 식량 수입 능력이 부족하기 때문에 식량 안보가 빈곤을 해결하기 위한 중요한 역할을 하게 된다.

사바나 지역의 낮은 작물 수확량은 수많은 생물물리학적이고 사회-경제적 요인들과 맞물려 복잡한 문제이고, 농업-수문학-기후와 관련한 도전은 높은 강우 변동성과 증발과 유출과 관련한 물 균형의 상당히 비생산적 흐름과 함께 근본적인 이슈가 되고 있다(Rockstrom and Falkenmark, 2000). 이러한 중대한 도전은 전 지구적 환경 변화, 특별히 반건조 및 습도가 낮은 건조한 열대 지방에 즉각적이고 상당한 영향을 미치는 것으로 예측되는 기후변화로 인해 악화되고 있다.

수확량 격차 감소와 회복탄력성 구축을 위한 전

(a)

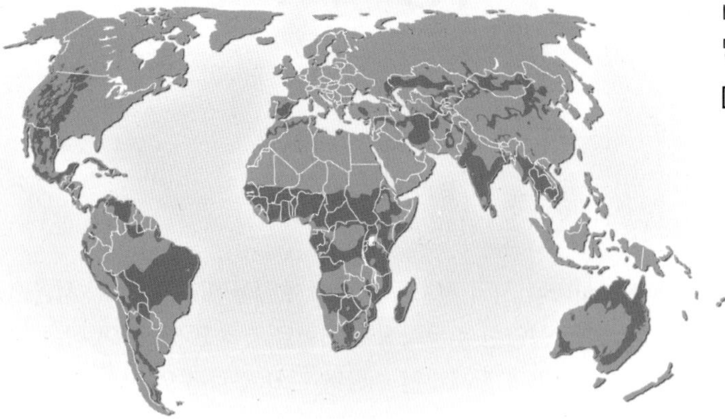

사바나와 스텝 기후 지역

(b)

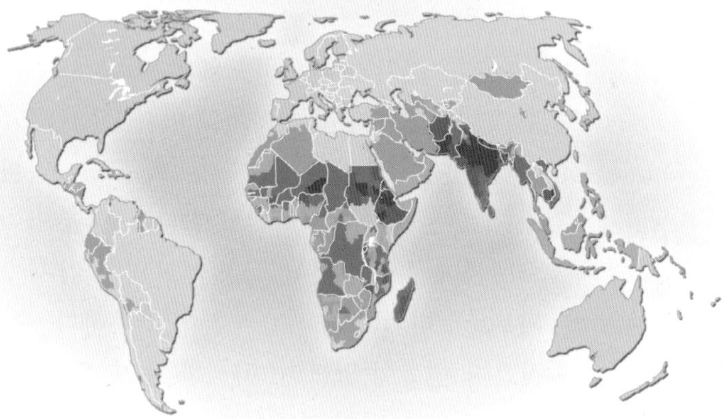

빈곤 지역(1992-2002년대 5세 이하 아동 영양실조 비율, %)

0 10 20 30 40 50 57%

데이터 없음

그림 6.1 기후대와 영양실조 지역. (a) 사바나 지역과 (b) 영양실조에 시달리는 5세 이하 아동 비율로 나타낸 극심한 빈곤 지역 간에 공통되는 지역이 상당히 많다.

[이 그림은 본문 뒤에 컬러 그림이 따로 삽입됨]

략에 대해 이들 지역에 초점을 맞추게 되는 강력한 근거는 건조 지대라는 표현과 달리 이들 지역의 많은 부분이 농업-수리학적으로 상당한 잠재성을 갖고 있기 때문이다. 이에 21세기 물, 식량, 빈곤 퇴치에 관한 전 세계 주요 관심 지역으로 사바나 시스템을 손꼽게 되는 것이다(Falkenmark and Rockstrom, 2004).

6.1.1 건조 지대에 대한 재고

반건조 및 습도가 낮은 건조 지역이라 여겨지는 건조 지대는 지속적인 물 부족, 모래폭풍, 구불구불한 모래언덕, 갈라진 메마른 토양, 가시나무 관목과 같은 정형화된 이미지를 가지고 있다. 이러한 그릇된 이미지로 인해 사바나 지역의 농업 개발 투자에 차질을 줄 수 있다. 생각의 출발점은 지금도 여전히 이들 지역은 물 부족으로 악명이 높고, 낮은 농업 생산성을 보인다는 것이다.

오늘날, 사바나 지역의 농업 지역은 브라질의 세라도, 부르키나파소의 모시 고원, 중국 북부의 간쑤성과 같이 농업-수문학적 수확 잠재력보다 현저히 낮은 수준으로 운영되고 있다. 이들 지역의 대부분은 헥타르당 1-2톤 수준의 기본적인 식량 작물 재배 수준의 농장 시스템을 갖고 있으며(Rockstrom *et al.*, 2007), 현재 기술과 관리 수준을 적용하면 헥타르당 적어도 3-6톤이 가능할 수 있다(Rockstrom *et al.*, 2007; Wani *et al.*, 2009). 이들 지역의 건조함에 대한 지나치게 틀에 박힌 사고가 이 지역 농업에 저해 요인이 되고 있다고 본다.

6.1.2 사바나의 농업-수문-기후

반건조 및 습도가 낮은 건조 지역은 연중 습한 기간과 건조한 기간이 극단적으로 나뉘는 경향이 있으며, 연간 강우량도 350 mm에서 1,500 mm까지의 범위에서 변동이 있다. 이러한 강우는 연중 한 차례 우기가 있는 서아프리카와 같은 단봉 분포를 보이거나 연중 두 차례 우기(한 번은 강하고 다른 한 번은 약하게)가 찾아오는 동아프리카, 인도, 동남아시아와 같은 쌍봉 분포를 보인다. 사바나 지대는 극단적인 강우 변동량을 보이며, 연간 강우량의 변동 계수는 15에서 50% 사이를 보인다. 연평균 강우량으로부터 의미를 찾기 어려우며, 가뭄이나 홍수가 지속되는 해가 빈번하게 발생하는 것을 의미한다.

대기의 물 수요는 사바나 지대에서 높은데, 이는 물 가용성에 제약이 된다. 예를 들어, 서아프리카 사하라 지역은 연간 잠재 증발산량이 2,000 mm대에 이르고, 연간 강수량은 700 mm대에 머물러서 건조지수가 매우 건조한 지역을 나타내는 0.3에 근접한다. 그러나 이것은 그릇된 인상을 심어주는데, 여기서 강우는 우기에 집중되어 있기 때문에 잠재 증발량은 구름의 증가, 낮은 기온, 높은 대기 습도로 인해 보다 낮아지게 된다. 이 기간의 대기의 물 수요량은 1일 5 mm 정도로 건기의 10 mm와 비교되는 수치이다. 이 수치는 여전히 높은 것이나 건기의 증발산량을 고려하면 상당히 낮은 것이다. 어떠한 습기의 공급도 없고, 강우도 증발도 없기 때문에 이론적인 개념이다. 이 지역에서 보편적인 120일의 우기 동안 600 mm의 증발 요구량과 건조지수 1.2를 보인다. 이렇듯, 사바나 시스템의 농업-수리학적 잠재성을 평가할 때에는 작물이 실제로 생장하는 연중 시점을 고려하는 것이 중요한데, 이는 나머지 기간에는 상당히 건조하기 때문이다.

그러나 우기에도 강수량이 상당히 불규칙적이며, 종종 대류 폭풍과 같은 집중 호우로 나타나곤 한다. 강우강도는 시간당 75 mm 이상으로 도달할 수 있는데, 결과적으로 극심한 시공간적 변동을 보여준다. 이는 총연간 강우량의 상당 부분은 몇 차례의 짧은 집중 호우로 인한 것을 의미한다. 이러한 변동성에 대처하는 것이 사바나 지대 농민들이 안고 있는 과제이다. 불규칙적인 강우는 침투되기 전에 흘러가 버리는 상당한 양의 유출수를 발생시킨다. 따라서 농업 생산을 위한 물 가용성은 더욱 감소하게 된다. 연구에 의하면 40-75%의 강우량은 농장 지역에서 직접 증발과 지표면 유출로 손실된다(Rockstrom and Falkenmark, 2000). 최종적으로 토양으로 침투한 물의 일부 역시 배수로 유실된다. 이렇듯, 농장 지역에 내린 강우의 극히 일부만이 바이오매스 생산에 사용되는 것이다(그림 6.2).

강우 변동으로 인한 또 다른 결과는 우기 사이에 2-4주 동안 지속되는 건기가 등장하는 것인데, 이는 계절 속 건기라 불리기도 한다. 이러한 물에 대한 스트레스가 개화기 또는 열매 형성 기간과 같은 물에 민감한 발전 단계에서 발생하게 되면, 작물 생산량에 상당한 지장을 초래하게 된다(Rockstrom and De Rouw, 1997). 이 기간들을 이어주는 것이 사바나 지역의 농업 생산성 향상에 핵심이다. 중요한 것

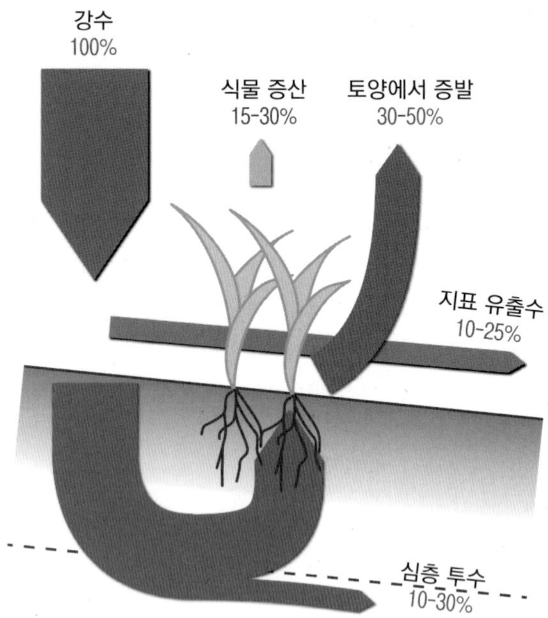

그림 6.2 사바나 지대에서 강우의 분할. 유출, 증발, 배수로 인한 손실이 굉장히 커서 강우량의 15-30%만이 식물 생장(증산)에 사용된다(Rockstrom and Falkenmark, 2000).

은 물 부족의 원인이 되는 건조 기간이 계절적 또는 연간 강우량 수치 감소로 드러나지 않는다는 것이다. 연구에 따르면 농사의 가뭄을 일으키는 심각한 건조 기간은 연간 강우량이 600 mm 미만인 사하라 사막 이남 아프리카 지역의 반건조 및 습도가 낮은 건조 지역에서 60% 이상의 기간에 나타난다(그림 6.3)(Enfors *et al.*, 준비 중). 사바나 지대에서 건조 기간이 빈번하게 발생하는 것은 작물 수확 감소의 큰 보편적인 원인이며 이는 평균 10년에 한 번꼴로 발생하고 연간 강수량 기록으로 확연히 드러나는 기상학적 가뭄보다 더 큰 영향을 준다(Wani *et al.*, 2009).

그럼에도 불구하고, 이러한 인식들 간에 빈번하게 일어나는 혼란이 있으며, 건조 기간으로 인한 수확량 감소는 가뭄 탓으로 여겨진다. 이것은 문제가 될 수 있는데 전술한 바와 같이 건조 지대에 대한 과장된 이미지에 기여할 뿐만 아니라 해결 방안을 모색하는 시각을 좁히기 때문이다. 단기적 농사 가뭄으로 이어지는 건조 기간과 계절 혹은 한 해를 통틀어서 작물 재배를 망치는 기상학적 가뭄을 분리할 필요가 있는데, 이는 이러한 상황들을 다루는 관리 방안들이 다르기 때문이다. 기상학적 가뭄 기간에는 작물을 생산할 충분한 물이 없어서 식량 구호와 같은 다른 방법을 모색해야 한다. 그러나 건조 기간이 포함된 우기에는 충분한 물은 있으나 제때 공급되지 않는다. 해결책은 이러한 간극을 줄이는 데 있다.

지속되는 기후변화는 사바나 시스템의 농업-수문학적 문제 해결에 또 다른 도전이 된다. 강우 변동과 극심한 기후의 빈번한 발생은 사하라 사막 이남 아프리카 지역에서 증가할 것으로 예상되는데, 예

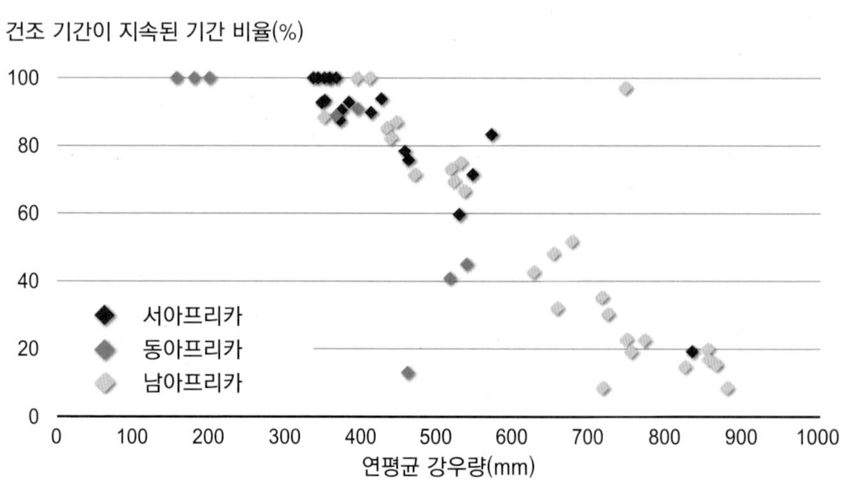

그림 6.3 사하라 사막 이남 아프리카 지역의 64개 강우 측정소에서의 심각한 건조 기간이 지속된 우기 내 기간 비율을 평균 강우량으로 표현. 연평균 강우량 600 mm 미만의 강우 측정소에서는 심각한 건조 기간이 우기 내 기간의 절반 이상을 차지한다. 연평균 강우량 400 mm 미만인 경우, 거의 모든 기간이 심각한 건조 기간으로 채워진다(Enfors *et al.*, 준비 중).

를 들면, 기온의 증가로 인한 증발량 증가와 같은 것이다(Alcamo *et al.*, 2007; Boko *et al.*, 2007). 흥미롭게도, 최근의 서아프리카 기후변화 연구에서는 온도 변화가 강수 변화보다 농업 생산량에 더 영향을 미친다는 결과를 내놓았다(Roudier *et al.*, 2011). 온난화 효과가 몇몇 지역에서 강우량의 증가로 감소되는 반면, 다른 지역에서는 강우량 감소로 악화될 것이다. 전술한 상황을 토대로, Roudier *et al.*(2011)은 적응 조치의 시행할 가능성을 배제하고 사하라 지역의 작물 수확량 감소를 향후 수십 년간 대략 20% 정도로 계산하였다.

결론적으로, 사바나 시스템의 수문학적 과제는 물이 부족한 것이 전부가 아니라 시공간적으로 변동성이 큰 강우량과 증발, 유출, 배수로 인한 농장 시스템에서 물 손실과도 연관이 있다. 기후변화 영향으로 몇몇 지역에서 상황이 악화되는 것을 감안할 때 현재 상황은 소규모 자작농민들에게 이미 어려운 현실이다.

6.1.3 사바나 지대에서 농업과 생계

수문기상학적 과제는 사바나 지대에서 많은 소규모 자작농민들이 겪고 있는 지속적인 낮은 작물 수확량의 주요 원인이나, 다른 중요한 요인들 역시 존재한다. 이러한 요인들은 부실한 토양과 부족한 거름과 같은 생물물리학적 제한 요소들과 시골의 건조 지대에서 생계를 이어가는 사람들이 종종 겪는 소외와 다차원적 빈곤과 연관된 사회-경제적 제한 요인들이다(Mortimore, 2005; Reynolds *et al.*, 2007).

특별히 인구가 밀집되고 시장과 연계성이 좋은 지역에서는 수확량이 상당히 높은 집약 농업 지역이 존재하나(예를 들어, Tiffen *et al.*, 1994 참조), 소규모 자작농업은 일반적으로 광범위하게 진행된다. 이러한 것은 사하라 사막 이남 아프리카에서 두드러지게 나타난다. 이러한 시스템을 집약화하기 위한 반복된 시도가 있었으나, 남아시아의 경우와 달리 대부분의 경우 일시적인 처방에 머물렀고, 녹색 혁명은 지속되지 못하였다. 예를 들어, 옥수수 수확량은 헥타르당 평균 1.5톤에 그치고 있으며, 수수는 헥타르당 1톤 미만에 머물고 있다. 지난 50년간 곡물 생산의 증대는 집약화보다 농경지 확대를 통해 이루어졌다. 남아시아와 사하라 사막 이남 아프리카 지역에서 곡물 생산량의 변화를 비교해 보면 흥미로운 점을 발견할 수 있다. 두 지역 모두 1961-2001년대 곡물 생산량이 눈에 띄게 증가하였는데, 아시아에서는 1인당 생산량이 24% 증가한 반면 사하라 사막 이남 아프리카 지역에서는 13% 감소하였다(Djurfeldt *et al.*, 2005). 이 지역에서 현재와 향후 식량 수요에 대응하려면 농장 시스템을 집약화할 필요가 있다.

수치상으로 간단히 볼 때 사바나 지대에서 현재 수확량보다 두 배 혹은 세 배 증대시키는 데 생물물리학적 제한 요인은 없어 보인다. 그림 6.4a는 전 세계 수확량 격차 예측값을 곡물, 뿌리 및 줄기 식물, 콩, 기름 작물, 설탕 작물, 채소 등 다양한 작물에 대한 현재와 잠재적 수확량 비로 보여준다(fischer *et al.*, 2011). 사바나 지대에서 수확량 격차는 꽤 높은 것을 알 수 있다. 그림 6.4b는 반건조 아프리카, 아시아, 중동 지역의 많은 국가들의 주요 곡물 수확량 격차를 보여준다. 유사한 수문기상학적 조건하에서, 현장 수확 수준은 헥타르당 5-6톤의 곡물 수확에 이르고, 상업형 농민들은 헥타르당 7-8톤까지 생산할 수 있다. 반면, 정부 통계 자료에 따르면 농장의 수확량은 헥타르당 1-2톤 정도에 머물고 있다. 이는 50-70%에 이르는 상당한 수확량 격차를 나타낸다(Rockstrom *et al.*, 2007; Wani *et al.*, 2009).

순수하게 생물리학적 관점에서 바라보면, 수확량을 증대시키는 것은 가능하다. 사바나 지대에서 수확량 격차 감소는 몇몇 지역에서 상당한 투자를 요구할 수 있는데, 토양과 물 관리 기법, 소규모 자작농

(a)

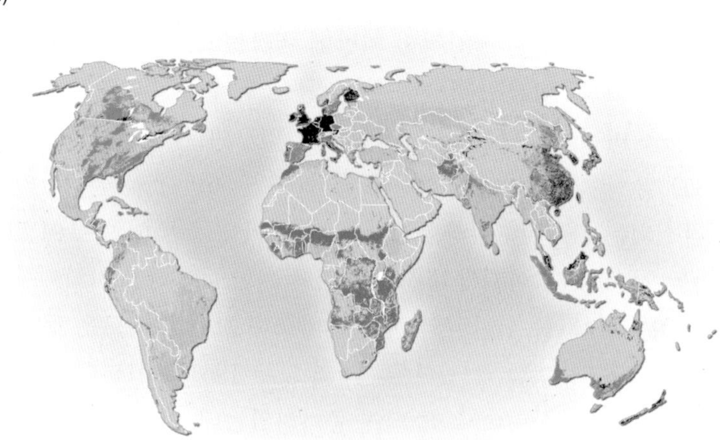

(b)

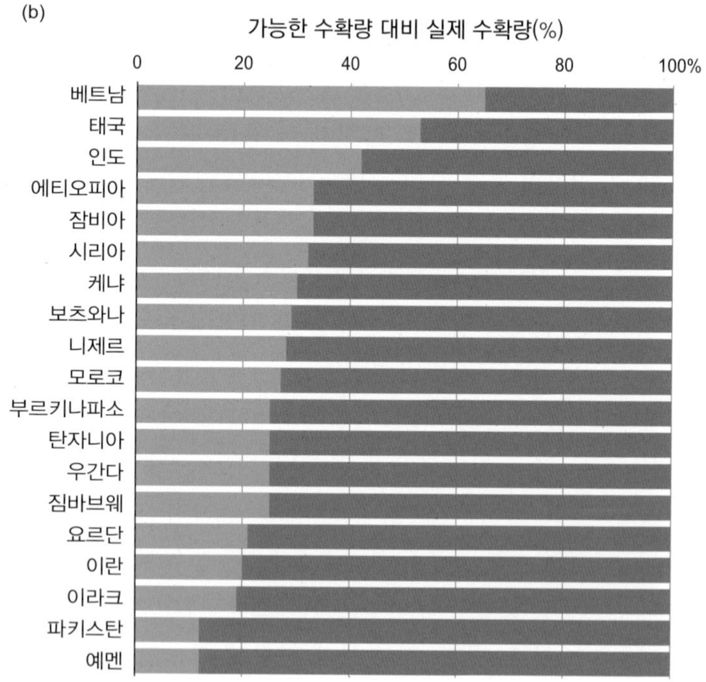

그림 6.4 (a) 곡물, 뿌리 및 줄기 식물, 콩, 기름 작물, 설탕 작물, 채소에 대한 현재와 잠재적 수확량 비로 나타낸 전 세계 수확량 격차 추정치(Fischer *et al.*, 2011), (b) 반건조 아프리카, 아시아, 중동 지역의 일부 국가에서 주요 곡물에 대한 수확량 격차의 측정값(Rockstrom *et al.*, 2007).

[이 그림은 본문 뒤에 컬러 그림이 따로 삽입됨]

들과 농촌 지도사들의 역량 강화, 막대한 인프라 시설 구축과 관련된 것들이다. 현재 시골에서 도시로 이주, 소규모 자작농들의 경제적 다각화를 포함한 급격한 사회 변화가 진행 중인 것을 감안할 때 농업이 아닌 지역에 투자하는 것은 사바나 지대의 빈곤 퇴치와 지속가능한 발전을 위해 공히 혹은 보다 더 중요한 부분이다. 따라서 지속적인 변화를 이끌어갈 다양한 발전 전략의 정도와 조건들을 평가하는 것이 중요하다.

그럼에도 불구하고, 사바나 지대의 수백만의 사람들은 소규모 농업에 기반한 생계를 이어가고 있으며, 다가올 미래에도 그럴 것이다. 더욱이, 2050년까지 가장 저개발된 국가들의 인구는 급격히 증가할 것으로 예측된다. 이것은 특별히 도심 지역에서 뚜렷이 나타난다. 에티오피아와 탄자니아는 향후 40년간 도심 지역 인구가 50%가량 증가할 것으로 예상되는 사례들이다(UNPD, 2010). 이것은 이들 국가의 도시와 시골 지역 인구에 대한 식량 자급을 위해 성공적인 농업 개발이 필수적이라는 것을 의미한다. 5장과 7장에서 논의한 바와 같이, 생물 다양성 손실과 생태계 기능이 역치 수준에 이르고 있는 상황을 고려할 때 생태계의 농업으로 전환하는 것을 즉각적으로 멈출 필요가 있다(Rockstrom *et al.*, 2009b). 생물 다양성 손실과 다른 생태계 기능이 역치 수준에 이르고 있는데, 이를 넘어서면 지역적, 전 지구적으로 지구 생명 유지 시스템에 돌이킬 수 없는 변화를 초래할 수 있으므로 생태계를 농업으로 전환하는 것을 즉각적으로 멈출 필요가 있다(Rockstrom *et al.*, 2009b). 이에 사바나 지대에 현존하는 농업 시스템의 생산성 개선을 위한 혁신적인 방안 마련이 필요하다.

6.2 생산성 향상을 위한 농업용수 관리 조정

소규모 농장 시스템 개선을 위한 투자는 곧 직면하게 될 장래의 동요와 스트레스를 처리할 수 있는 능력을 향상시키는 방향으로 이루어져야 한다. 즉, 반건조 및 습도가 낮은 건조 지역의 농업생태계에서 생산성 향상을 위한 노력은 회복재생력을 키우는 방향으로 이루어져야 한다. 여기서는 이러한 목표 달성을 위한 잠재적인 방안으로 농업용수 관리 조정에 대해 논하고자 한다.

6.2.1 농업용수 관리 조정이란?

현장에서 유입되는 물은 유출수와 침투수로 나뉜다. 토양으로 침투한 물은 식물의 뿌리를 통해 바이오매스 생산에 사용되거나 증발 또는 배수에 의한 농업 시스템으로 손실된다. 농업용수 관리 조정은 현장에서 작물 생산에 필요한 물 가용성 증대를 위해 물 흐름과 분할 지점들을 수정하는 것을 목적으로 하는 상대적으로 저차원, 저비용 기술들을 포함하는 개념이다. 이러한 방법은 여러 문헌에서 우수 관리, 빗물 집수와 같은 방식으로 다양하게 소개된다(이러한 개념들이 연관되어 있는 논의들은 Douxchamps *et al.*(2012) 참조). 청색수와 녹색수, 그리고 연속적인 관개를 위한 우수에 이르기까지 관점의 폭을 넓히고자 이 장에서 농업용수 관리 조정이라는 용어를 사용하였다.

농업용수 관리 조정은 토착적 지식으로부터 발전한 개념이나, 완전히 새로운 혁신적인 개념으로 구성되어 있기도 하다(Crichley *et al.*, 2008). 가장 오래된 사례들은 인도와 중동에서 찾을 수 있는데, 이들 지역은 빗물 집수가 4,000-5,000년 동안 시행되어 온 곳이다(Agrawal and Narain, 1997). 다양한 유형의 농업용수 관리 조정이 있다. 대부분 녹색수를 사용하는 것이나, 몇몇 기술은 녹색수와 청색수 자원을 결합하기도 한다. 사용하는 물이 집수되는 곳에 따라 이들 기술은 두 개의 그룹으로 나뉜다: 현장 내와 현장 외 시스템(그림 6.5).

현장 내 시스템은 보존경운, 반달형, 자이형 구덩이와 같은 기술들을 포함한다. 이러한 기술들은 토지 관리의 특수한 방법으로 뿌리 흡수가 가능한 토양 내 수분량을 증가시키는 데 목적이 있다. 침투량 증가와 토양 내 수분 저장 능력 향상은 현장 내 시스템에서 사용하는 두 가지 주요 접근 방식이다. 보존경운에서 쟁기질은 제외되는데, 이는 토양을 뒤엎는 방식을 자제하고 빗물 침투와 뿌리 생장을 향상시키기 위해 리퍼와 심토경작과 같은 경작 방식을 선호하기 때문이다(그림 6.6a). 현장 내 시스템에서 토양은 물을 저장하는 매체이다. 이것은 배수와 증발로

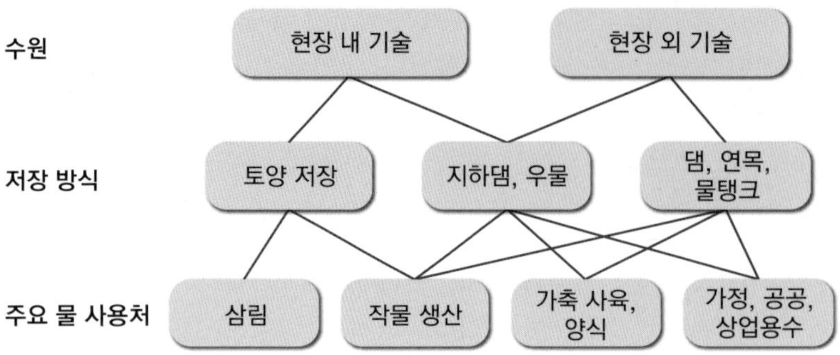

그림 6.5 수원과 저장 방식, 주요 물 사용처에 따른 농업용수 관리 개입의 분류. 현장 내 기술은 침투를 향상시키고 토양이 수분을 유지할 수 있는 능력을 향상시켜 현장에 내리는 물을 잘 사용하도록 한다. 현장 외 기술은 외부 지역의 유출수 경로를 변경하여 현장으로 들어올 수 있게 하는 것이다(Falkenmark *et al.*, 2001에서 참조).

인해 장기간 물 저장에 제한적이지만, 지하수, 습지, 낮은 우물들을 보충하고 생태수문학적 기회를 하류에서 창출해 내는 데 기여할 수 있다.

현장 외 시스템은 판상류, 실개천 또는 굴곡진 물 집수와 같은 유출수 농업 기술을 포함하며, 강한 호우 발생 시 도로나 침투능이 제한된 노후 토양과 같은 외부 지역으로부터 현장으로 유출수를 끌어오는 것이다(그림 6.6b). 현장 내 시스템과 같이 이러한 방법들은 실제 물 저장이 되는 토양층에 영향을 받으나, 추가적으로 저장이 가능한 물이 현장으로 방

(a)

(b)

(c)

그림 6.6 (a) 토양을 뒤엎는 것을 방지하고 침투능 향상을 위해 리퍼가 사용된 보존경운, (b) 많은 비가 내린 뒤 외부 유역의 유출수를 점토와 돌을 이용한 수로를 통해 현장으로 끌어들인 현장 외 빗물 집수 시스템, (c) 집의 지붕과 콘크리트 탱크를 이용하여 빗물을 집수하는 시스템으로 가정용수나 채소밭을 가꾸는 데 사용한다.

향을 틀어오는 특징이 있다. 몇몇 현장 외 시스템은 저장 구조로 건설되었는데 유출 농업 시스템과 같이 외부 유역으로부터 물을 공급받은 후 작은 댐이나 탱크에 저장하고 중력이나 발판을 이용한 펌프와 같은 펌프 기술을 이용하여 현장에서 물을 사용하는 방식이다(그림 6.6c). 이러한 방식으로 물을 좀 더 장기간 저장할 수 있어 심각한 건조 기간을 버틸 수 있는 바탕이 되며, 관개 후 또는 가축이 마실 물이나 가정용수와 같은 다른 용도로도 사용이 가능하다(Falkenmark *et al.*, 2001; Malesu *et al.*, 2007).

6.2.2 작물 수확량에 미치는 영향 요인

연구에 따르면 적합한 조건에서 올바로 시행된 농업용수 관리 조정은 전술한 수확량 격차 감소에 효과적으로 기여할 수 있다. 이러한 기술들은 토양 침식과 급작스러운 홍수 발생을 막는 데 도움이 되며, 지하수, 샘, 하천을 보충하기도 하며, 때로는 동식물군의 종 다양성을 증대시키기도 한다(Barron, 2009; Pretty *et al.*, 2006). 전 세계 반건조 및 습도가 낮은 건조 지역에서 성공적으로 운영된 다양한 농업용수 관리 조정 유형들이 표 6.1에 정리되어 있다. 연간 강우량이 400 mm가량인 중국 간쑤성의 반건조 지역에서는 대규모 실험이 긍정적인 결과를 낳았고, 보조 관개를 위한 현장 외 시스템 집수 시스템이 물 저장 능력에 제한이 있는 경우일지라도 성공적일 수 있다는 것을 보여주었다(Liu *et al.*, 2005; Box 6.1). 간쑤 지방 농민들은 하루 1달러 미만의 연간 수입을 기록하는 빈곤에 처해 있으며, 주요 식량작물 수확량은 헥타르당 1톤에 그친다. 건조한 해에는 낮은 수확량이 씨앗 구입비를 보전하지 못하고, 판매 수익을 창출해 내지 못한다. 1995년 대가뭄 이후, 10-60 m^3의 저장 공간을 가진 작은 병 모양의 지하 탱크들이 이 지역 소규모 자작농들에게 제공되었다. 건조 기간을 버틸 수 있는 능력이 향상되어 밀과 옥수수 수확량이 40-50% 늘었으며, 많은 농민들이 농업 시스템을 다변화시킬 수 있었다(Liu *et al.*, 2005).

현장 외 빗물 집수에 대한 대규모 실험은 인도의 반건조 지역에서도 수행되었다(Wani *et al.*, 2009). 한 가지 광범위하게 적용된 방법은 표면 유출수를 물이 빠지는 형태의 침투 탱크로 들어오게 하여 얕은 지하수위를 보충한 것이다. 필요시에 이 물은 경작지로 펌핑하여 사용하였다. 생산성 관점에서는 효율적이나, 지하수가 제한적이고 공유되는 수자원이

표 6.1 중국, 인도, 부르키나파소, 케냐, 탄자니아, 짐바브웨의 반건조 및 습도가 낮은 건조 지역에서 실험적으로 수행된 작물 수확량에 미친 농업용수 관리 개입의 효과.

지역	작물	농업용수 관리로 인한 수확량 증대	참고문헌
중국, 간쑤	밀과 옥수수	40 – 50%	Liu *et al.* (2005)
인도, 반건조 지역	옥수수 피마자유 땅콩	72% 60% 28%	Sreedevi and Wani (2009)
부르키나파소	수수	300%	Fox and Rockström (2003)
케냐	수수	70 – 100%	Barron and Okwach (2005)
탄자니아	수수	70 – 100%	Makurira *et al.* (2011)
짐바브웨, 건조 지역		300 – 400%	Mazvimavi and Twomlow (2009)

기 때문에 이러한 방식의 물 흐름 변경이 규제받지 않는다면 불균등한 분배에 대한 문제가 발생할 수 있다. 소규모 물 관리에서 형평성과 환경 문제를 다루기 위해 국제반건조열대작물연구소(ICRISAT)는 마을 단위의 통합 유역 관리 모델을 개발하였다. 이 접근 방식은 유출수 포집, 지하수 함양, 보조 관개에 관한 선택적인 기술들을 제공하고, 동시에 소득 창출형 소기업과 집단행동 및 역량 강화를 강조한다(Sreedevi and Wani, 2009). 이 모델은 1990년대 후반 인도 안드라 프라데시의 아다샤 유역에서 시범 적용되었고, 이후로 이 지역 약 500개 유역에 확대 적용되었다. 결과적으로 이러한 접근 방식이 농민들에게 혜택을 주는 것으로 나타났다. 옥수수 수확량은 기본 수확량인 헥타르당 2,980 kg에 비해 평균 72% 증가하였으며, 피마자는 기본 수확량 헥타르당 470 kg 대비 60%, 그리고 땅콩은 기본 수확량 헥타르당 1430 kg 대비 28% 증가하였다(Sreedevi and Wani, 2009).

부르키나파소에서 농업용수 관리 조정을 통한 농장에서의 실험 역시 상당한 수확량 변화를 가져왔다. 수수 재배가 300% 가까이 증가(헥타르당 평균 0.5톤 이상)하였고, 보조 관개를 위한 현장 외 빗물 집수가 비료와 함께 동반 적용되었다(Fox and Rockstrom, 2003). 케냐와 탄자니아에서 유사한 실험을 수행한 결과, 옥수수 수확량이 70-100% 증가하였다(Barron and Okwash, 2005; Makurira *et al.*, 2011). 이러한 향상된 결과들은 작물 재배 기간 동안 케냐와 부르키나파소의 경우 70 mm, 탄자니아에는 150 mm의 제한적이나마 추가적인 물을 공급하는 상황에서 달성한 것이다. 핵심은 적절한 때에 물이 공급되었다는 것이다(Makurira *et al.*, 2011; Rockstrom *et al.*, 2002). 게다가, 부르키나파소와 케냐에서 이 실험 기간 중 한 번은 건조 기간이 장기화되면서 대부분의 주변 농장에서 작물 생장에 완전히 실패하였는데, 이러한 집수 시스템을 갖춘 곳에서는 평균 수확량 이상(헥타르당 1톤 이상)의 결과를 낳았다. 이와 유사한 결과들을 짐바브웨의 사례에서 찾아볼 수 있는데, 깊은 파종 구덩이를 이용한 현장 내 집수 방식이 건조 기간 동안 300-400%의 수확량 증대를 가져왔다(Mazvimavi and Twomlow, 2009). 이렇듯, 빗물 양과 배분이 곡물 작물 생산에 필요한 임계치에 다다르면, 향상된 농업용수 관리 조정 방법은 아무것도 재배하지 않는 것과 의미 있는 수확량을 거두는 차이를 만들어낼 수 있다.

동아프리카와 남아프리카의 보존경운 시스템 연구에서 평균 옥수수 수확량이 20-120% 증가한 것으로 나타났으나(Rockstrom *et al.*, 2009a), 현장 내 기술 유형은 전술한 현장 외 기술만큼 작물 생산 실패를 막아줄 수 없다(Enfors *et al.*, 2011). 앞서 언급한 탄자니아의 사례에서 보존경운은 평균 혹은 그에 못 미치는 우기에 옥수수 수확량을 눈에 띄게 증대시키지는 못한다. 그러나 평균보다 많은 우기에는 확실한 곡물 생산량 증가(40%)가 있다. 단기간적으로는 반건조 지역에서 보존경운이 빗물 양이 적은 때 작물 재배 실패의 위험을 최소화하는 것보다 빗물 양이 충분할 때 유리하다는 결론이다. 라틴아메리카의 몇몇 국가에서는 보존경운이 농업 혁명으로 이어지기도 하였다(Dersch, 1998, 2001). 여기서 더 큰 성공은 아마도 습한 기후와 탄탄한 경제 성장이 밑받침되어 소규모 자작농들이 보존경운과 관련된 초기 난관들, 특화된 경작지 및 농기구 구입, 그리고 잡초관리를 위한 비용을 감내할 수 있었기 때문으로 보인다. 7장에서 소개하는 한 사례를 통해 브라질 세라도 생태지역 200만 km^2 면적의 열대 사바나 지역에서 수확량 격차 감소를 달성할 수 있었던 토양과 물 관리를 언급한다.

Box 6.1 중국 간쑤 지역에서 건조한 농업을 개선하기 위한 빗물 집수

Qiang Zhu and Yuanhong Li, Gansu Research Institute for Water Conservancy (GRIWAC)

간쑤성 북서부 지방의 황토고원은 중국에서 가장 건조하고 빈곤한 지역 중 하나이다. 연간 평균 강우량은 400 mm에 그치고, 이 중 60-70%는 7월에서 9월 사이에 내린다. 연간 1인당 수자원이 260 m^3로 인간의 삶을 영위하기 위한 최소한의 수준에 머물고 있다. 대부분의 농업은 천수농경 방식이며 전적으로 불충분한 강우에 의존하고 있다. 가뭄은 빈번하게 발생하여 매우 낮은 작물 수확량으로 이어지며, 토양 침식도 이 지역의 또 다른 특징이다. 연간 침식량은 1 km^2당 5,000-10,000톤가량이다. 물 부족으로 농민들은 근근이 살아가고 있다. 농민들은 물 없이 수익이 나는 작물을 키울 수 없다. 이러한 결과는 400만 이상의 인구를 빈곤선 이하에 머물게 한다. 또한, 1995년 이전에는 300만 명의 인구가 안전한 식수를 공급받지 못했다.

빗물은 지표수와 지하수가 부족해지면서 잠재적인 수자원이 된다. 1980년대 후반, 간쑤 지역 물보전연구소는 빗물 집수에 관하여 매우 성공적인 연구와 실행 방안 과제를 수행하였다. 1995년 60년에 한 번꼴로 찾아오는 극심한 가뭄이 이 지역을 강타하였다. 수백만의 인구가 식수 부족에 시달리고, 하계 작물들은 거의 다 시들어버렸다. 간쑤 지역 물보전연구소의 성공적인 결과를 감안하여, 간쑤성 지방정부는 중국에서 첫 대규모 빗물 집수 사례인 '1-2-1 빗물 집수 과제'를 시작하였다. 이 과제는 시골 지역의 100만 인구에게 가정용수 공급을 목표로 하였다. 지방정부는 각 가정마다 기울어진 지붕과 콘크리트로 된 마당과 집 아래에 두 개의 지하탱크로 구성된 빗물 집수 시설을 건설할 수 있도록 1.5톤의 시멘트를 공급하였는데, 이는 가정당 50달러에 해당하였다. 각 가정은 일정 공간을 빗물 집수로 관개할 수 있는 공간으로 사용하여 채소와 과일나무들을 키웠다. 1996년 말까지 3,720만 m^2의 빗물을 집수하였고, 286,000개의 지하탱크를 건설하였다. 처음에는 이러한 빗물 집수 시스템이 가정의 기본적인 수요를 충당하는 정도로 보였으나, 경제 상황이 나아지고 정부의 개입이 늘어나면서 점차 그 범주가 확대되었다. 이제는 많은 가정에서 식수와 더불어 위생용수로도 사용할 정도로 충분한 물을 보유하고 있다. 많은 가정은 샤워시설을 갖추고 있으며, 몇몇은 세탁기도 보유하고 있다(Qiang *et al.*, 2012).

이러한 1-2-1 과제의 성공적인 수행에 힘입어, 빗물 집수 이용 관개 과제가 간쑤 지역 물보전연구소의 기술 지원을 받아 정부 주도로 시작되었다. 비용을 절약하기 위해 포장된 고속도로, 지방도로, 탈곡장과 같은 투수율이 낮은 기존 시설물의 표면을 사용하여 빗물을 집수하였다. 탱크에 저장된 빗물은 제한된 양이어서 매우 주의를 기울여 사용하였다. 관개용수가 작물 생장기 중 중요 기간에만 공급되

(a) (b)

그림 6.b1.1 (a) 집 앞에서 바오 씨 부부, (b) 농장에서.

는 저관개 기법을 개발하였다. 소량의 물이 작물 뿌리 근처에 제공되는 정도였다. 이러한 관개 기법에서 단순하고 적합하면서 효율적인 개선방식은 현장 작물에 원조 격으로 적용되었고, 점적 관개 시스템은 고부가가치 작물에 적용되었다. 2005년 말까지 빗물 집수 이용 관개 시스템은 80,000헥타르의 천수농경 지역에 물을 공급할 수 있는 수준으로 발전하였다. 현장 시험과 시범사업들을 통해 저관개 기법이 작물 생산량을 20-88%, 평균 40% 향상시키는 것으로 나타났다. 탱크에 물을 저장할 수 있게 되면서 농민들은 농업 패턴을 시장의 요구에 맞게 변화시켜 갈 수 있었다. 고부가가치 작물 또는 과일나무의 온실재배 수는 기존에 없다가 100,000까지 급증하였고 농민들의 수입을 증대시키는 방안이 되었다. 온실의 플라스틱 지붕은 집수에 매우 효과적이다. 이렇게 집수된 물은 한 차례 혹은 두 차례 채소 재배에 사용할 정도로 충분하다. 350 m^2 면적의 간소화된 온실에는 1,000달러가량 소요되며, 여기서 얻는 연간 수입은 관리 수준에 따라 500-1,000달러 정도이다. 몇몇 마을에서는 온실이 양과 돼지를 키우는 데 사용되며 겨울철에 온도를 상승시켜 더 빨리 자라게 한다.

빗물 집수 방식은 환경보전에도 유익하다. 빗물 집수 과제 수행 이전에는 토지의 낮은 생산 수준으로 인해 농민들이 충분한 식량을 생산할 수 있는 토지를 개간하도록 하였다. 15도 이상의 경사를 가진 가파른 토지에서도 낮은 수확량에도 불구하고 식량 작물을 재배하였다. 이러한 방식으로 토양 침식과 토지 황폐화가 가속화되었고, 도로 농업 생산성을 저하시키는 원인이 되었다. 이제 농민들은 식량

그림 6.b1.2 (a) 다핑 마을 가정용수 관리, (b, c) 가정용 기기에 적용.

에 대한 염려를 내려놓아도 된다. 농민들은 방법을 바꾸어 정부에서 시작한 토지 보전 프로그램을 시행하기 시작했는데, 이는 경작지로 사용하던 경사 지대를 나무와 풀이 자라도록 하는 것이다.

20년간에 걸친 빗물 집수 과제는 간쑤성 황토고원 지대 시골 지역 주민들의 삶과 농업 생산 환경을 상당히 변모시켰다. 중국 내 절반이 넘은 곳에서 이러한 방식이 차용되어 왔다. 중국 시골 지방에서 이로 인해 혜택을 보는 인구는 2,100만 명이 넘는다. 빗물 집수 방식은 물 부족에 시달리는 산간 지역에서 통합 지역개발 전략으로 사용되고 있다.

바오 씨 부부는 칭란 구역 샤오지아추안 마을에 거주하고 있는데, 이곳은 과거 연평균 가정당 소득이 100달러에 머무는 매우 빈곤한 지역이었다. 1997년 바오 씨는 물 저장고와 온실을 각각 두 개 건설하였다. 건설 후 처음으로 맞이한 겨울에 온도가 영하 20도까지 떨어졌을 때, 그는 수박 생산에 성공하여 시장에 팔 수 있었다. 이것은 동네 주민들에게 큰 반향을 일으켰다. 이제 그는 총 430 m^{3}에 달하는 9개의 물 저장고를 보유하고 있다. 그는 두 온실에서는 연간 500-600달러의 수입을 올렸으며, 잘 된 해에는 1,200달러까지 벌 수 있었다. 2009년 그는 옥수수밭에 두 차례 관개용수를 공급하여 총수확량이 헥타르당 11.25톤가량 되었다(a). 200년에는 집을 수리하고(b) 소형 트랙터, 오토바이와 전동 삼륜 오토바이를 구입하였다. 그는 전화기, 텔레비전, 세탁기와 휴대전화를 소유하고 있다. 그는 24,000달러를 저축해 오고 있다.

란 시옹 씨는 칭란 구역 다핑 마을에 거주한다. 1995년 이전에는 마을 내 23개 가구에 수원이 작은 샘 하나뿐이었다. 사람들은 1시간 넘게 줄서서 기다리고, 물을 떠다 나르는 데 또 시간을 허비하였다. 1990년대 초반, 이 샘이 말라 버렸고, 빗물 집수 방식이 도입되었다. 이제 각 가정은 지붕과 콘크리트 마당, 그리고 50 m^3 용량의 탱크 2개로 구성된 300-400 m^3 집수 면적을 보유하고 있다. 물은 더 이상 문제가 되지 않는다. 세탁하고 샤워할 수 있는 충분한 양의 빗물이 있기 때문이다.

1996년 간쑤 지역 수자원국의 지원으로 치난현의 펭와 마을의 황무지 언덕 꼭대기에 콘크리트 슬래브를 깔고 4,800 m^2 면적의 빗물 집수와 언덕 꼭대기 주변에 50 m^3 용량의 물 저장고를 40개 건설하였다. 이 과제로 8헥타르의 사과 과수원에 물을 댈 수 있었다. 수확량은 헥타르당 6톤 증가하였고 헥타르당 1,800달러에 해당하였다. 연간 수익은 14,400달러이며, 투자금 27,000달러는 2년 내에 상환되었다.

(a)

(b)

그림 6.b1.3 (a) 치난현의 펭와 마을 언덕 꼭대기에 있는 콘크리트 슬래브를 통한 빗물 집수 시설, (b) 이러한 물 관리로 관개한 사과 과수원 전경.

6.2.3 물 생산성에 미치는 영향

이러한 결과들은 고무적이지만, 수확량에 대한 효과를 점검하기에는 충분하지 않다. 새로운 농업용수 관리 방안들이 유역 내 상하류 지역의 다양한 물 이용에 어떤 영향을 미치는지 평가하는 것이 중요하다. 5장에서 논의한 바와 같이 이러한 방법 중 하나는 물 생산성 또는 단위작물 생산에 요구되는 물의 양을 다양한 관리 방안하에서 계산해 보는 것이다. 7장에서 각별히 논의한 것처럼, 식량 생산에 필요한 물의 양은 유역 내 하류 지역 생태계 유지를 위해 사용 가능한 물의 양을 결정하기 때문에 이를 파악하는 것은 매우 중요하다.

증산은 식물 생장과 작물 수확량이 증가함에 따라 선형적으로 증가하나, 토양 증발은 그늘진 곳이 증가하는 결과로 차폐율이 증가하여 점차 감소하게 된다(Rockstrom and Falkenmark, 2000). 따라서 작물 수확량 증대는 각 단위 작물 생산에 필요한 물의 양이 상대적으로 줄어든다는 것을 의미한다(그림 6.7). 잠재적인 물 생산성 증가는 수확량이 헥타르당 0-3톤 수준인 곳에서 가장 많이 나타나고, 그 후로는 증가폭이 감소한다. 물 생산성은 수확량이 헥타르당 3-4톤을 상회하면 큰 변동이 없다. 이것은 증발이 최소화되고 전술한 바와 같이 수확량에 선형적으로 변하는 증산에 의해 물 생산성이 결정되기 때문이다. 이것은 가파른 수확량 상승 잠재성이 생산성이 떨어지는 사바나 지대와 같은 시스템에서 나타날 수 있다는 것을 명백히 보여준다. 따라서 더 많은 식량 생산은 더 많은 소비수량을 의미하지만, 이러한 시스템에서는 총물 이용량을 소량 증가시킴으로 상당한 생산성의 개선 효과를 볼 수 있는 것이다(Rockstrom, 2003). 예상한 대로, 앞서 언급한 실험들에서 물 생산성 향상은 부르키나파소와 케냐의 경우 27%에서 탄자니아의 경우 31%까지의 범위에서 나타났다(m^3/톤으로 전환)(Makurira *et al.*, 2011; Rockstrom *et al.*, 2002).

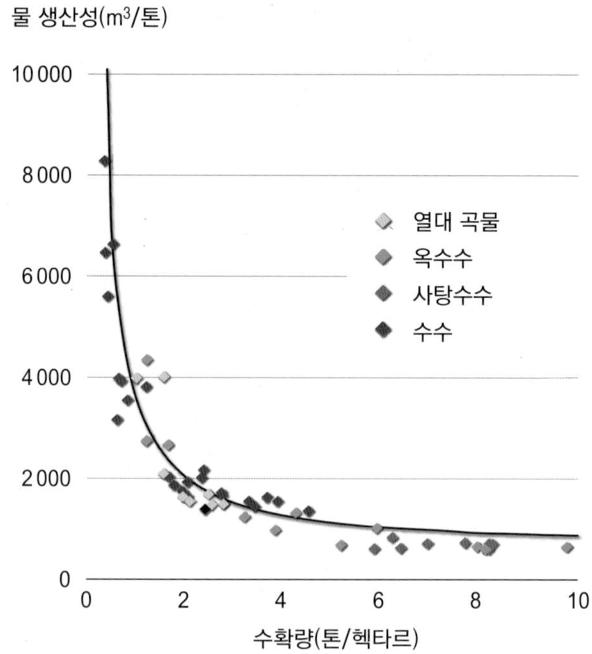

그림 6.7 다양한 열대작물 수확량 대비 물 생산성. 작물이 밀집되면 비생산적 증발에서 생산적 증산으로 증기 이동이 발생한다. 이 결과로 물 생산성과 곡물 작물 수확량 간에 비선형적 관계가 나타난다. 물 생산성이 크게 늘어나는 현상은 사바나 지대에 농장 시스템과 같은 낮은 생산성을 보이는 곳에서 나타난다(Rockstrom, 2003).

요약하면, 누적되는 연구 결과들은 향상된 농업용수 관리 기법들이 사바나 지대의 잠재적 수확량과 실제 수확량 간의 격차를 줄이는 데 기여한다는 것을 보여준다. 물 생산성 향상은 이러한 수확량 증대가 적은 양의 총소비수량 증가로도 달성 가능하다는 것을 보여준다. 이것은 시간이 지남에 따라 식량 생산과 생태계 서비스 지원을 위한 회복탄력적 경관을 구축하는 데 중요하다.

6.2.4 사바나 시스템에서 농업용수 관리 조정의 영향

농업용수 관리에 투자해야 하는 중요한 이유는 수확

량 증대이나, 이러한 시스템은 종종 가정용수, 공공용수, 축산용수, 양식용수와 같은 다른 주요 용수 공급을 담당한다(Barron, 2009). 따라서 생계 관점의 농업용수 관리 조정은 식량 안보 증진, 농산품 판매와 노동력 절감으로 소득 창출의 관점에서 다양한 이득이 있다.

앞서 언급한 안드라 프라데시 유역에서 마을 기반 유역 모델은 상업적인 곡물 작물 생산으로 부분적인 전환을 유도하고 채소와 수평 재배양을 증진시켰다(Sreedevi and Wani, 2009). 새로운 농업용수 관리 방안의 실행은 새로운 일련의 생계 기회를 마련해 주었다. 니제르와 에티오피아에서는 보존경운과 생산적인 위생 그리고 인간의 대소변으로부터 영양분 재순환과 병행하는 집수 시설을 실험적으로 운영하고 있다. 목표는 더 효율적인 녹색수 관리를 통해 지속가능한 방법으로 향상된 수확을 거두는 소위 삼중 녹색 혁명을 달성하는 것이다(Rockstrom and Karlberg, 2010). 예비보고서에 따르면 가정 경제 향상과 건강 증진이라는 부수적인 효과를 거둔 것으로 나타난다.

농업용수 관리 조정은 반건조 및 습도가 낮은 건조 지역의 농생태계에 보다 근본적인 변화를 가져올 수 있다(8장 참조). 주요한 사회-생태학적 피드백이 원하지 않는 발전 방향으로 나아가는 시스템에 의해 발목 잡힌 경우에는 새로운 물 관리 기술의 시행이 시스템 동력을 바꾸고 변모시키는 시초가 될 수 있다. 탄자니아의 마카냐 유역의 시스템 분석에 따르면 빗물 집수와 병행하는 보존경운이 현 시스템에서 토양이 황폐화되도록 하는 몇 가지 사회-생태학적 상호작용의 고리를 끊는 역할을 한다. 지난 50여 년간, 심각한 건조 기간의 빈번한 발생 증가, 자연 자원의 관리 방식의 광범위한 변화, 그리고 높은 인구 증가는 마카냐 농생태계에서 주요한 시스템 변수들에 영향을 주었다. 결과적으로 작물 수확량은 여전히 낮고 사람들은 빈곤에 허덕이고 있는데 농장 외 생태계 서비스는 황폐화되는 발전 방향으로 나아가게 된 것이다. 피드백을 강화하면 시스템이 더 악화되는 이 상황은 사회-생태학적 함정으로 이해될 수 있다(3장). 낮은 수확량과 빈번한 작물 재배 실패로 농민들은 보유한 자본금을 한 해 걸러 잃게 된다. 이것은 농업 시스템 투자 감소로 이어지고 토지는 더욱 황폐화될 따름이다.

그림 6.8은 마카냐에서 토지가 황폐화되어 가는 과정을 보여주는데, 빗물 집수 기반 보조 관개를 이용한 보존경운이 현재의 부정적인 상태를 개선하고, 더 생산적인 발전 방향으로 기회를 창출해 내도록 변모해 가는 데 기여할 수 있는지 보여준다. 여기에는 세 가지 주요 메커니즘이 숨어 있다:

1. 향상된 수확량, 농민들이 주변 생태계에 미치는 부담을 줄이고 농경지 확대에 대한 수요를 저감시키면서 완충 능력을 키우고 농장 시스템이 투자할 수 있도록 함(그림 6.8 A, B, C, D).
2. 현장에서 물 균형의 변화, 긍정적인 물 생산성 피드백을 제공하고, 침식을 줄임(그림 6.8 E, F).
3. 토양 건강성 개선, 물 가용성에 대한 식물의 반응을 좋게 함(그림 6.8 G).

6.3 복잡하고 변동성 있는 환경에서 소규모 녹색수 관리 기술의 적용

인도, 니제르, 탄자니아의 사례들은 농업용수 관리 기법이 사바나 지대의 농생태계 역학과 지역 주민 생계 개선에 크게 이바지할 수 있다는 것을 보여준다. 개선된 농업용수 관리 기법의 실행은 수확량을 개선하고, 물 생산성을 증가시키며, 농민들이 토지와 생계 다양성에 투자할 수 있게 하여 지속되는 빈곤으로부터 탈피할 수 있는 계기를 마련하고 다기능적이고 회복탄력적인 경관으로 변모해 갈 수 있게

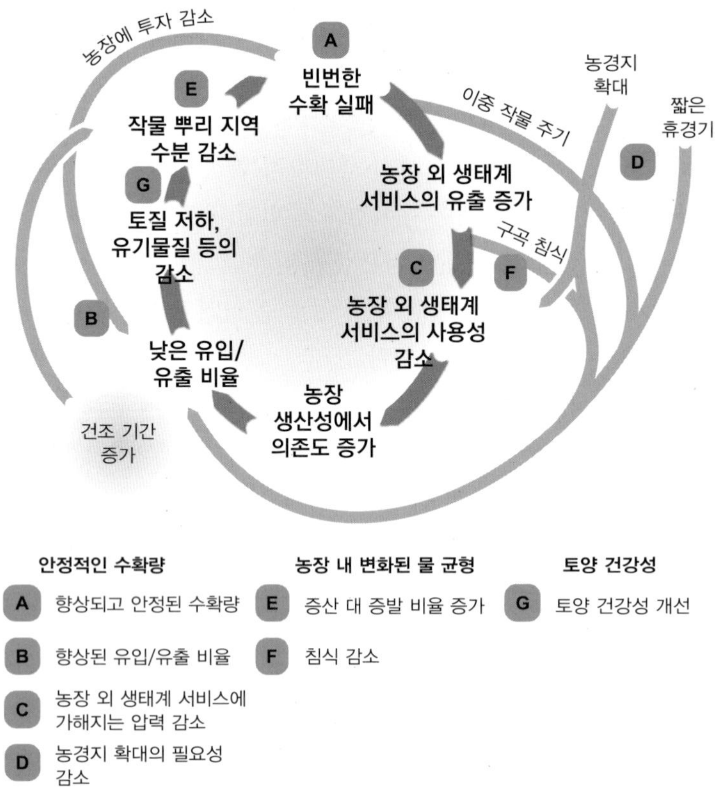

그림 6.8 농업용수 관리 조정이 마카냐 농생태계에서의 주요 피드백에 미치는 영향. 지난 50여 년간 외부 동력과 주요 시스템 변수 간의 상호작용으로 마카냐는 토지 황폐화에 이르는 발전 경로를 걷고 있었다. 빗물 집수와 병행하는 보존경운은 이러한 사회-생태학적 함정에서 빠져나올 수 있게 하는데 여기에 세 가지 주요 메커니즘이 있다: (1) 안정적인 수확량(A, B, C, D), (2) 농장 내 변화된 물 균형(E, F), (3) 토양 건강성 개선(G)(Enfors, 2013).

한다. 그동안 이러한 기법들이 적용되는 범위에 대한 종합적인 평가는 없었다. 굉장히 희망적으로 보임에도 불구하고, 이러한 기법들은 동떨어진 영역에 존재하는 것처럼 보이고 적용되는 비율은 여전히 낮다(Barron, 2009). 이는 이들의 시행을 어렵게 만드는 몇 가지 요인이 있음을 나타낸다. 여기서는 이러한 요인들에 대해 자세히 살펴보고 소규모 녹색수 관리 기술의 잠재성을 발휘하도록 투자가 필요한 몇 가지 접근 방식을 논의하고자 한다.

6.3.1 실생활의 다양한 도전: 기술적 및 생물물리학적 제한 요소들

향상된 농업용수 관리의 실험적 시도와 과학적으로 관찰된 긍정적인 결과는 대규모로 재현하기가 종종 어렵다. 실제 상황에서는 극복해야 하는 기술적 및 생물물리학적 제한 요소들이 관여하고 있다. 주요 기술적 과제는 집수 시스템을 특정 지역에 맞는 토양 종류, 경사, 작물 시스템을 포함한 다양한 조건하에서 최대한 효율적이도록 설계, 치수 및 개조하는 것이다. 이것은 종종 시골의 소규모 농업에 거의 이용할 수 없는 전문지식을 요하므로, 결과적으로 집수 개념은 기대만큼의 성과를 거두지 못한다. 따라서 주요 과제는 수차례에 걸쳐 긍정적인 결과를 낳은 농업용수 관리 조정을 과학적으로 조절하는 것이 아니라 가능한 다양한 조건에서 농장에 실제 적용을 어떻게 하느냐이다. 농업용수 관리 조정을 대규모로도 적용할 수 있도록 하기 위해 이러한 간극을 좁혀야 한다.

기술적 도전 과제와 더불어, 사바나 지대에서 이러한 방식의 물 관리 기법이 작동하게 하는 중요한 생물물리학적 이슈들이 있다. 건조한 농경지에 물을 공급하면 수확량이 늘어날 것이란 예상은 다분히 논리적으로 보인다. 그러나 물 스트레스와 병행하여 자원 부족에 시달리는 소규모 자작농들에게 슬프지만 보편적인 사실은 그들의 작물들 역시 심각한 영양 결핍에 시달리고 있다는 것이다(Licker *et al.*, 2010 참조). 이것은 물 가용성이 증가하더라도 중요한 영양분이 공급되지 않으면 수확량이 여전히 낮을 수 있다는 말이다(Barron and Okwash, 2005; Fox and Rockstrom, 2003).

에티오피아의 반건조 지역에서는 주요 작물인 테프(아그로스티스 테프) 재배가 보조적인 질소와 인의 공급 없이는 실패하는 것이 보편적이다. 이것은 반건조 및 습도가 낮은 건조 지역의 농업 시스템의 복잡성을 두드러지게 보여준다. 토양 비옥도 관리에 동시에 투자하는 것은 종종 농업용수 관리 투자를 살리는 길이다(Rockstrom *et al.*, 2007; Wani *et al.*, 2009).

생물물리학적 딜레마의 또 다른 사례는 반건조 기후 기역에서 보존경운을 시도할 때 농작물 잔류물과 거름을 경쟁적으로 사용하는 것이다. 농작물 잔류물은 종종 동물 사료로 쓰이며, 유기물질과 영양분을 포함하고 있는 우분은 종종 농경지로 돌아오지 않고 대신 조리 시 연료로 사용된다. 토양 구조 향상과 연관된 보존경운 시스템에서 장기간 효용성을 창출하기 위해 필요한 유기물질의 순 유입량을 달성하려면 농작물 잔류물을 재배 후 현장에 남겨둬야 하며, 우기가 시작할 때 가축 분뇨를 추가해야 한다. 이것은 많은 농민들에게 매우 어려운 선택지이다.

이러한 시스템에서 물, 영양분, 토양 구조가 가장 근본적인 세 가지 과제이나, 종종 다른 생물물리학적 제한 요인이 발생하기도 한다. 예를 들어, 작물을 심고, 관개하고, 제초하는 정확한 타이밍이 반건조 지역 농업 시스템에서 중요하다. 심는 기간이 늦어지면 집수 시설이 갖춰져서 건조 기간을 버틸 수 있다 해도 작물 생장에 완전히 실패할 수 있는데, 이는 단지 짧은 계절 기간에 농민들이 첫 비를 놓치면 안 되기 때문이다. 병충해 방지는 관리 조정의 또 다른 예로 적절한 시기에 이뤄지지 않으면 물과 영양분, 그리고 다른 작물 수요가 충족되더라도 큰 수확량 손실로 이어질 수 있다.

앞서 논의한 내용은 농업용수 관리 조정의 효과를 전폭적으로 달성하기 위해 전반적인 농업 시스템 접근 방식의 필요성을 강조한다. 이렇듯, 향상된 물 관리는 향상된 영양분 공급과 병충해 관리와 통합되어야 하고, 시스템 및 현장에 따른 요구사항에 맞게 적절한 시점에 맞는 운영을 해야 한다. 이러한 방법들을 일반화하여 제안하는 것은 불행히도 제한적일 수 밖에 없는데, 각각의 경우 해결해야 하는 과제들이 다르기 때문이다. 그러나 원하는 효과와 성공을 거두기 위해서는 동시에 여러 문제를 해결할 수 있는 방안이 제시되어야 한다는 것이 중요한 결론이다.

6.3.2 실생활의 다양한 도전: 사회-경제적 제한 요소들

물 관리 기법이 원하는 삶의 질 개선으로 이어지기 위해서 고려해야 할 사회-경제적 요소들이 있다(Merrey and Sally, 2008). 연구에 따르면 건설된 저장 시설을 이용하는 물 관리 기법에서 일반적으로 가장 높은 수확량 효과를 거둔다고 한다. 이렇게 진보한 빗물 집수 방식은 여전히 고려 대상이지만, 댐을 짓는 초기 건설비용은 소규모 자작농들이 부담하기 어려울 수 있다(예를 들어, de Graaff *et al.*, 2008 참조). 농업 시스템에서 새로운 투자가 농민들에게 새로운 취약점을 만들어낼 수 있다는 것을 인지하는 것은 중요하다. 이러한 위험성을 감소하기 위해 소규모 자작농들의 투자는 적적한 안전장치를 마련된 상태에서 진행되어야 한다. 초기 투자금이 높은 경우 또는 투자와 실제 이익을 보는 시점 간의 간극이 큰 경우 이것은 더욱 중요하다. 이러한 차원에서 작물 보험과 다양한 유형의 소액 대출제도가 농민들이 필요한 초기 투자를 할 수 있게 돕는다.

향상된 농업용수 관리를 위한 노력은 규모에 상관없이 다른 관련 투자와의 조정을 위해 필요하다. 앞서 언급한 마카냐의 실험은 이를 보여주는 본보기이다. 2006-2007년도 헥타르당 3톤에 이르는 매우 우수한 옥수수 재배에도 불구하고 농민들은 이듬해 식량 부족에 시달렸다. 마카냐에서 외부 시장과의 접근성이 좋지 않아 풍년 이후에 옥수수 가격이 대폭 하락하였다. 이에, 농민들은 잉여분을 판매하는 대신 후일을 위해 저장하였다. 그러나 적절한 농장 구조 시설 또는 공동 저장 시설이 부족한 지역이어서 저장 시 해충으로 인한 심각한 문제가 발생하였다. 이 경우, 해충이 들끓어 다음 추수 이전에 잉여분의 대부분이 손실되었다. 따라서 수확량을 늘리기 위해서는 마카냐 농민들의 이익 증대를 위해 개선된 저장 기술 또는 지역 외 시장과의 접근 기회가 병행되어야 한다. 결론적으로, 향상된 농업용수 관리가 종종 소규모 기술에 의존하는 사실은 단순함이나 즉각적인 해결책으로 혼동해서는 안 되며, 이는 시장 및 기관들이 투자가 성과를 거두도록 하는 데 있어 다른 종류의 인프라 시설에 교차 투자가 필요하기 때문이다(Enfors and Gordon, 2008).

사회문화적 관점에서 새로운 기술을 도입하는 데 장애 요인이 여전히 존재한다. 이러한 장애물들은 일반적으로 외부에서 감지하기 어려우나, 소규모 자작농들이 진정한 해결책으로 받아들이기 위해서는 중요한 부분이다. 예를 들어, 친족관계가 중요한 역할을 하는 경제에서는 어떤 농민이 신흥 나무 시장을 효과적으로 운영하기 어렵다(Mabogunje, 2007). 이것은 농업용수 관리에 대한 투자가 개인적으로 진행되고 개인적으로 수익을 얻는 구조에서는 투자 가능성이 줄어들어 개인 사업자의 의욕이 꺾일 수 있다는 것을 의미한다. 이러한 환경에서는 집단적인 노력이 성과를 거둘 수 있도록 프로젝트를 수정해야 한다. 문화적 금기사항들도 중요한 요인이다. 예를 들어, 탄자니아의 한 보존경운 실험에서 많은 마을 주민들이 경작지 준비 과정에서 황소를 이용해서 견인하는 것을 받아들이지 못했는데, 이는 황소에 상당한 가치를 부여하기 때문으로, 대신 당나귀를 사용하였다(Enfors, 2013). 그러나 황소 견인 대신 사용 가능한 이러한 리퍼를 사용하여 경작지 준비가 덜 효과적이고, 보존경운이 예상대로 진행되지 않았으며, 많은 농민들이 이러한 실험적 시도 이후 동력을 상실하였다. 현존하는 사회문화적 장애 요인들을 인식하는 것은 적절한 해결 방안을 창출하고 도입하는 데 필수적이다.

6.3.3 격변기에 변화를 겪어나가기

앞서 논의한 내용은 농업용수 관리의 성공적인 투자를 위한 필수 요건은 물 관리와 영양분, 병충해, 그리고 때에 맞는 운영이 통합된 농업 시스템적 해결책이라는 것을 보여준다. 농민들이 실제로 이러한 방안을 취하려면, 농업용수 관리를 위한 노력이 기술적 부분보다 안전장치 조성, 시장 진출 가능성, 사회적 규범과 같은 다양한 이슈들에 초점을 맞춰야 한다. 혁신적인 시스템에 대한 연구에 따르면 새로운 기술이 확산되려면 지식 확산을 위한 메커니즘과 기업가의 존재를 필요하다(Hekkert *et al.*, 2007).

그러나 성공적인 투자라 할지라도 사바나 지대의 소규모 농생태계를 변모하는 것은 도전 과제라고 받아들이는 것이 안전하다. 최근 수십 년 동안, 농민들과 다른 이해관계자들은 생산 시스템을 개선하기 위해 많은 노력을 기울여왔으나, 수확량이 여전히 낮고 많은 농민들은 빈곤에 허덕이고 있다. 이 과업은 상당히 복잡하여 강력한 교차 피드백을 통해 현 상황을 수습해 나갈 수 있을 것이다.

사바나 시스템의 사회-생태학적 역학을 바로 이

해하는 것이 필수적이며, 이는 변화의 주동력, 주요 변수, 그리고 잠재적 우려의 임계점과 이들 사이의 피드백을 포함한다(Folke *et al.*, 2010). 이러한 역학에 대한 철저한 분석을 통해 변화를 위한 지렛대 지점을 인식할 수 있을 것이다. 몇몇 경우에는 단순한 조정이 큰 변화를 가져올 수 있지만, 대부분의 경우 안드라 프라데시 지역의 공동체 기반 유역 관리 모델 시행과 같은 집단적인 노력이 아마도 필요할 것이다.

전 세계 사바나 지역에 걸쳐 진행 중인 사회-생태학적 변화의 많은 병행 과정과 향후 많은 불확실성을 고려할 때 현재 소규모 농업에 대한 투자는 견고할 필요가 있다(예를 들어, Enfors *et al.*, 2008). 이는 잠재적인 미래에는 지역 사회에 혜택이 돌아오는 방식이 되어야 한다는 말이다. 회복탄력성을 증진하기 위한 한 가지 방법은 재배하는 작물의 다양성을 늘리는 것이다. 마카나 실험의 한 농민은 그가 새로이 취한 집수 시스템을 이용하여 기존에 키우던 옥수수 외에도 카사바, 바나나, 콩을 지배하였다. 이는 그의 가족에 대한 식량 안보를 향상시켰으며, 시장 가격 변동에 대한 작은 완충지대가 되었고, 현장에서 생태계 복잡성을 증대시킴으로써 다양한 장애 요인들을 대처할 수 있는 생산 시스템이 되었다.

시간이 지남에 따라 식량과 생태계 서비스의 생산을 유지시키기 위해 토지 다기능성을 유지 또는 향상시키는 것(예를 들어, Pretty *et al.*, 2006)은 회복탄력성을 증대시키는 데 기여한다. 우선, 전 세계 주변의 많은 사례에서 보여주듯이 장기간 농장 시스템의 기능을 유지시키는 것은 주변 환경에서 제공되는 보조와 규제 서비스의 범위에 달려 있다. 두 번째로는, 이러한 방식은 소규모 자작농들에게 다양한 대체 소득원을 제공하며(예를 들어, Cavendish, 2000에 나온 짐바브웨 사례 참조), 생계 수준을 높이고, 변화하는 환경에 대처할 수 있는 능력을 키워준다.

회복탄력성을 증진시키기 위한 또 다른 전략으로, 농업 조정 프로그램이 농민들에게 맞춤형으로 학습, 실험, 혁신되어야 한다(Roling and Wagemakers, 1998 참조). 이것은 향후 나갈 방향과 특정 농업용수 관리 방안의 기술적 결함과 관계없이 소규모 자작농들에게 유익할 것이다.

이러한 물 관리 기법을 대규모로 도입했을 때 어떤 결과를 낳을지 우리는 예측하기 어렵다는 것을 아는 것도 중요하다. 예를 들어, 잠재적 물 생산성 증가가 희망적이라 해도, 농장에서의 더욱 집중적인 녹색수 관리의 유역 규모에서의 총체적인 노력이 어떠한지는 모른다. 7장에서 좀 더 논의하겠지만, 절충과 시너지 효과 모두 식량 생산을 위한 물과 다른 생태계 서비스를 위한 물 사이에서 나타날 수 있다. 이렇듯, 농업용수 관리는 일반적으로 희망적이지만, 이에 기반한 모든 변화들이 지속가능한 것은 아니다. 원하는 결과를 향해 나가도록 변화를 경험해 가는 것이 주요 과제일 것이다(예를 들어, Olsson *et al.*, 2006 참조).

참고문헌

Agrawal, A. and Narain, S. (1997). *Dying Wisdom: State of India's Environment. A Citizen's Report.* New Delhi: Centre for Science and Environment.

Alcamo, J., Flörke, M. and Märker, M. (2007). Future long-term changes in global water resources driven by socio-economic and climatic changes. *Hydrological Sciences Journal*, **52**, 247–275.

Barron, J. (2009). *Rainwater Harvesting: A Lifeline for Human Well-being.* Nairobi: United Nations Environment Programme.

Barron, J. and Okwach, G. (2005). Runoff water harvesting for dry-spell mitigation in maize (*Zea mays* L.): results from on-farm research in semi-arid Kenya. *Agricultural Water Management*, **74**, 1–21.

Boko, M., Niang, I., Nyong, A. *et al.* (2007). Africa. Climate change 2007: Impacts, adaptation and vulnerability. In *Contribution of Working Group II to the Fourth Assessment Report of the Intergovernmental Panel on Climate Change, 2007*, ed. Parry, M. L., Canziani, O. F., Palutikof, J. P., Van Der Linden, P. J. and Hanson, C. E.

Cambridge: Cambridge University Press, pp. 433–447.

Cavendish, W. (2000). Empirical regularities in the poverty-environment relationship of rural households: evidence from Zimbabwe. *World Development*, **28**, 1979–2003.

Center for International Earth Science Information Network at Columbia University (CIESIN) (2005). *Poverty mapping project: global subnational prevalence of child malnutrition*. Center for International Earth Science Information Network at Columbia University. Available at: http://sedac.ciesin.columbia.edu/data/set/povmap-global-subnational-prevalence-child-malnutrition (Accessed 29 March 2013).

Critchley, W., Negi, G. and Brommer, M. (2008). Local innovation in 'green water' management. In *Conserving Land, Protecting Water*, ed. Bossio, D. and Geheb, K. Wallingford: CABI, pp. 107–119.

de Graaff, J., Amsalu, A., Bodnár, F. *et al.* (2008). Factors influencing adoption and continued use of long-term soil and water conservation measures in five developing countries. *Journal of Applied Geography*, **28**, 271–280.

Derpsch, R. (1998). Historical review of no-tillage cultivation of crops. In *Conservation Tillage for Sustainable Agriculture. Proceedings from an International Workshop, Harare, 22–27 June. Part II (Annexes)*, ed. Benites, J., Chuma, E., Fowler, R., Kienzle, J., Molapong, K., Manu, J., Nyagumbo, I., Steiner, K. and Van Veenhuizen, R. Eschborn: GTZ, pp. 205–218.

Derpsch, R. (2001). Conservation tillage, no tillage and related tecnologies. In *1st World Congress on Conservation Agriculture, vol. 1: Keynote Contributions*, ed. Garcia-Torres, L., Benites, J. and Martinez-Vilela, A. Rome: Food and Agriculture Organization, pp. 161–170.

Djurfeldt, G., Holmen, H., Jirström, M. and Larsson, R. (2005). Addressing food crisis in Africa, What can sub-Saharan Africa learn from Asian experiences in addressing its food crisis? *SIDA report: SIDA24308en*. Department for Natural Resources and the Environment, SIDA, Stockholm.

Douxchamps, S., Ayantunde, A. and Barron, J. (2012). Evolution of agricultural water management in rainfed crop–livestock systems of the Volta basin. CGIAR Challenge Program for Water and Food Working Papers: 4. International Livestock Research Institute, Nairobi. Available at: http://hdl.handle.net/10568/21721.

Enfors, E. (2013). Social-ecological traps and transformations in dryland agro-ecosystems: Using water system innovations to change the trajectory of development. *Global Environmental Change*, **23**, 51–60.

Enfors, E., Barron, J., Makurira, H., Rockstrom, J. and Tumbo, S. (2011). Yield and soil system changes from conservation tillage in dryland farming: a case study from North Eastern Tanzania. *Agricultural Water Management*, **98**, 1687–1695.

Enfors, E., Keys, P., Barron, J. and Gordon, L. (in preparation). Dryspell frequency and trends over time in semi-arid and dry sub-humid sub-Saharan Africa – implications for smallholder farmers.

Enfors, E. I. and Gordon, L. J. (2008). Dealing with drought: the challenge of using water system technologies to break dryland poverty traps. *Global Environmental Change*, **18**, 607–616.

Enfors, E. I., Gordon, L. J., Peterson, G. D. and Bossio, D. (2008). Making investments in dryland development work: participatory scenario planning in the Makanya catchment, Tanzania. *Ecology and Society*, **13**, 42.

Falkenmark, M., Fox, P., Persson, G. and Rockström, J. (2001). Water harvesting for upgrading of rainfed agriculture: problem analysis and research needs. SIWI Report: 11. Stockholm International Water Institute, Stockholm.

Falkenmark, M. and Rockström, J. (2004). *Balancing Water for Humans and Nature: The New Approach in Ecohydrology*. London: Earthscan.

Fischer, G., Hizsnyik, E., Prieler, S. and Wiberg, D. (2011). Scarcity and abundance of land resources: competing uses and the shrinking land resource base: SOLAW TR02. FAO SOLAW Background Thematic Report-TR02: 2. Food and Agriculture Organization, Rome. Available at: http://www.fao.org/nr/solaw/thematic-reports/en/.

Folke, C., Carpenter, S. R., Walker, B. *et al.* (2010). Resilience thinking: integrating resilience, adaptability and transformability. *Ecology and Society*, **15**, 20.

Fox, P. and Rockström, J. (2003). Supplemental irrigation for dry-spell mitigation of rainfed agriculture in the Sahel. *Agricultural Water Management*, **61**, 29–50.

Hekkert, M. P., Suurs, R. A. A., Negro, S. O., Kuhlmann, S. and Smits, R. (2007). Functions of innovation systems: a new approach for analysing technological change. *Technological Forecasting and Social Change*, **74**, 413–432.

Licker, R., Johnston, M., Foley, J. A. *et al.* (2010). Mind the gap: how do climate and agricultural management explain the 'yield gap' of croplands around the world? *Global Ecology and Biogeography*, **19**, 769–782.

Liu, F. M., Wu, Y. Q., Xiao, H. L. and Gao, Q. Z. (2005). Rainwater-harvesting agriculture and water-use efficiency in semi-arid regions in Gansu province, China. *Outlook on Agriculture*, **34**, 159–165.

Mabogunje, A. L. (2007). Tackling the African 'poverty trap': the Ijebu-Ode experiment. *Proceedings of the National Academy of Sciences*, **104**, 16781–16786.

Makurira, H., Savenije, H. H. G., Uhlenbrook, S.,

Rockström, J. and Senzanje, A. (2011). The effect of system innovations on water productivity in subsistence rainfed agricultural systems in semi-arid Tanzania. *Agricultural Water Management*, **98**, 1696–1703.

Malesu, M. M., Oduor, A. R. and Odhiambo, O. J. (eds) (2007). *Green Water Management Handbook: Rainwater Harvesting for Agricultural Production and Ecological Sustainability*. Nairobi: World Agroforestry Centre (ICRAF).

Mazvimavi, K. and Twomlow, S. (2009). Socioeconomic and institutional factors influencing adoption of conservation farming by vulnerable households in Zimbabwe. *Agricultural Systems*, **101**, 20–29.

Merrey, D. J. and Sally, H. (2008). Micro-agricultural water management technologies for food security in Southern Africa: part of the solution or a red herring? *Water Policy*, **10**, 515–530.

Mortimore, M. (2005). Dryland development: success stories from West Africa. *Environment: Science and Policy for Sustainable Development*, **47**, 8–21.

Olsson, P., Gunderson, L. H., Carpenter, S. R. *et al.* (2006). Shooting the rapids: navigating transitions to adaptive governance of social-ecological systems. *Ecology and Society*, **11**, 18.

Peel, M. C., Finlayson, B. L. and McMahon, T. A. (2007). Updated world map of the Köppen-Geiger climate classification. *Hydrology and Earth System Sciences*, **11**, 1633–1644.

Pretty, J. N., Noble, A., Bossio, D. *et al.* (2006). Resource-conserving agriculture increases yields in developing countries. *Environmental Science & Technology*, **40**, 1114–1119.

Qiang, Z., Yuanhong, L. and Gould, J. (2012). *Every Last Drop: Rainwater Harvesting and Sustainable Technologies in Rural China*. Rugby, UK: Practical Action.

Reynolds, J. F., Smith, D. M. S., Lambin, E. F. *et al.* (2007). Global desertification: building a science for dryland development. *Science*, **316**, 847–851.

Rockström, J. (2003). Water for food and nature in drought-prone tropics: vapour shift in rain-fed agriculture. *Philosophical Transactions of the Royal Society of London Series B: Biological Sciences*, **358**, 1997–2009.

Rockström, J., Barron, J. and Fox, P. (2002). Rainwater management for increased productivity among small-holder farmers in drought prone environments. *Physics and Chemistry of the Earth*, **27**, 949–959.

Rockström, J. and De Rouw, A. (1997). Water, nutrients and slope position in on-farm pearl millet cultivation in the Sahel. *Plant and Soil*, **195**, 311–327.

Rockström, J. and Falkenmark, M. (2000). Semiarid crop production from a hydrological perspective: gap between potential and actual yields. *Critical Reviews in Plant Sciences*, **19**, 319–346.

Rockström, J., Hatibu, N., Oweis, T. Y. and Wani, S. P. (2007). Managing water in rainfed agriculture. In *Water for Food, Water for Life: A Comprehensive Assessment of Water Management in Agriculture*, ed. Molden, D. London: Earthscan, pp. 315–352.

Rockström, J. and Karlberg, L. (2010). The quadruple squeeze: defining the safe operating space for freshwater use to achieve a triply green revolution in the Anthropocene. *AMBIO*, **39**, 257–265.

Rockström, J., Kaumbutho, P., Mwalley, J. *et al.* (2009a). Conservation farming strategies in east and southern Africa: yields and rain water productivity from on-farm action research. *Soil and Tillage Research*, **103**, 23–32.

Rockström, J., Steffen, W., Noone, K. *et al.* (2009b). A safe operating space for humanity. *Nature*, **461**, 472–475.

Röling, N. G. and Wagemakers, M. A. E. (eds) (1998). *Facilitating Sustainable Agriculture: Participatory Learning and Adaptive Management in Times of Environmental Uncertainty*. Cambridge and New York: Cambridge University Press.

Roudier, P., Sultan, B., Quirion, P. and Berg, A. (2011). The impact of future climate change on West African crop yields: what does the recent literature say? *Global Environmental Change*, **21**, 1073–1083.

Sreedevi, T. K. and Wani, S. P. (2009). Integrated farm management practices and upscaling the impact for increased productivity of rainfed systems. In *Rainfed Agriculture: Unlocking the Potential*, ed. Wani, S. P., Rockström, J. & Oweis, T. Wallingford: CABI, pp. 222–257.

Tiffen, M., Mortimore, M. and Gichuki, F. (1994). *More People, Less Erosion: Environmental Recovery in Kenya*. New York: John Wiley & Sons.

United Nations Convention to Combat Desertification. (2011). *Desertification: A Visual Synthesis*. United Nations Convention to Combat Desertification.

United Nations Department of Economic and Social Affairs (UNDESA) (2010). *World Urbanization Prospects. The 2009 Revision*. New York: United Nations Department of Economic and Social Affairs. Available at: http://www.un.org/esa/population/unpop.htm.

Wani, S. P., Rockström, J. and Oweis, T. (eds) (2009). *Rainfed Agriculture: Unlocking the Potential*. Wallingford, UK: CABI.

인도의 안드라 프라데시에 있는 코타팔리 유역에서 목화를 재배하는 농민들. 높은 인구와 열악한 토양과 수질 상태를 보유한 이 유역은 토양과 물 관리 전략, 시설 구축을 통해 황폐화된 상태로부터 벗어났다.

Chapter 7

경관 규모에서 농생태계 시스템을 위한 수자원과 기능

이 장에서는 물과 농생태계 시스템과 연관된 기능에 관해 경지 다기능성을 위한 농업 확대의 영향에 대해 분석한다. 물 저장과 흐름, 그리고 경지 특성을 조절하여, 농경지의 황폐화된 생태계 서비스를 중간 수준 또는 그 이상으로 바꾸는 것은 실현 가능하다. 초점은 물 균형 조절과 다른 사용자들을 위한 물 흐름 내부에 그리고 하류 지역에 미치는 효과에 맞추어져 있다. 이 장은 일련의 경지 지표에 기초하여 경관 규모에서 회복탄력성 관점을 강조한다. 천수농경이 이뤄지는 세 곳의 경지를 분석하는데, 열대, 반건조 및 습도가 낮은 지역이고 급격한 변화가 진행되는 곳으로, 대부분의 농업 시스템에서 물 기능과 생태계 시스템을 더 잘 활용할 수 있는 잠재성이 있다고 결론을 내릴 수 있다.

7.1 경관 규모에서 사회적-수문학적-생태학적 시스템

건강한 물 흐름은 경관 규모에서 사회-생태학 시스템의 지속가능성을 지지하는 다양한 생태계 서비스를 유지하는 데 중요하다(중간 규모, 여기서는 Bloschl, 1996; Montanari and Uhlenbrook, 2004의 예를 따라 1-10,000 km^2로 정의함). 시공간적 물의 유무를 따라 직간접적으로 다양한 범위의 공급, 지지, 규제와 문화적 생태계 서비스를 규정한다. 이 장은 물과 생태계 서비스의 기본적인 양상과 이들의 관리 방안을 논하고, 특별히 인간에게 유익하도록 신속한 전환과 발전이 진행되는 열대, 반건조 및 습도가 낮은 지역에 초점을 맞춘다.

이 장은 소위 원시 상태로 보존된 경관이 전 세계적으로 드물고, 인류세에는 적어도 인간이 정착한 곳에는 토지 사용이 극대화되었다고 가정한다(Ellis, 2011). 그럼에도 불구하고, 긍정적 및 부정적 결과들을 평가할 때 원시 상태의 경관에 대한 이상적인 유형을 가지고 다양한 생태계 서비스뿐만 아니라 수량과 수질을 비교한다. 즉, 생태계 서비스는 이들로부터 누군가 혹은 어떤 객체가 유익을 얻는 서비스일 뿐이다.

초점은 경관 규모에 있는데, 이는 토지 사용 변화는 생태계 서비스에 영향을 주기 때문이고, 결과적으로 생계 수단과 발전 기회, 그리고 생태계 지속가능성에 영향을 주기 때문이다. 농업 경관은 주요 관심사인데, 대부분의 사람들이 그곳에 살기 때문이고, 유일무이한 많은 인간 활동이 경관 내 물 흐름에 영향을 주기 때문이다. 모든 인간 활동 중에 농업 개발은 생태계 서비스와 경관에서 가장 광범위한 긍정적 및 부정적 영향을 준다. 또한 농업 생산에서 변화와 집약성은 가까운 장래에 수자원의 지속가능성과 생태계 서비스에 대한 주요 과제이다. 농업 경관에서 변화는 식량, 사료, 섬유질에 대한 지역적, 전 지구적 수요 증가로 향후 20-50년간 상당한 범위로 진행될 것이 틀림없다. 따라서 복잡계의 한 부분으로 다양한 수자원에 대한 수요를 살펴보는 것은 제한된 수자원에서 다양한 유익을 획득하기 위해 탐색해야 할 긴급한 요구이다.

7.1.1 경관 규모에서 물과 사회-생태학적 시스템

이 장의 시작점은 사회적, 생물물리학적 프로세스 범위가 경관 규모의 시스템 특징과 행동양식을 가지고 복잡한 사회-생태학 시스템으로 합쳐진다는 것이다. 수증기, 액체, 고체같이 다양한 형태로 바뀌는 물은 경관에서 다양한 사회-생태학적 기능을 제공한다. 인간은 직간접적으로 의존하고, 지역적이고 전 지구적으로 이들 프로세스에 영향을 미친다(그림 7.1).

사회-생태학적 시스템에서 수자원은 인간의 토지 이용으로 인한 물 사용 및 물 흐름의 분할 변동으로 경관 규모 내외적으로 증가하는 도전에 직면한다. 이 장은 변화한 또는 변화하는 경관에 다차원적 영향을 논하고, 다양한 발전양상의 잠재적 유불리를 구분한다.

이 장은 시간과 공간의 시스템 정의와 수문학적 과정에 대한 잠재적 의미를 논한다. 농업-수문학적 전환이 있는 일련의 경관 사례 연구를 통해 경관 규모에서 물 흐름을 조절하는 변수의 변화를 탐색하고, 지속가능성의 다양한 지표에 대한 결과를 살펴보고자 한다. 최종적으로, 7.4에서는 경관 규모에서 사회-생태학적 시스템의 전환을 포함한 발전을 담보할 수 있는 대안적인 물 기능에 대한 가능성과 잠재적인 결과들을 논한다.

모든 시공간과 연관되거나 모든 사회-생태학적 시스템에 관하여 생태계 서비스와 물을 연결하는 틀은 하나만 존재하지는 않는다. 사회-생태학적 시스템의 간단한 모델은 생물권에서의 연결을 물 흐름으로 시각화할 수 있다(1장의 그림 1.13). 다른 경우에는 경관에서 물의 특성을 여러 핵심적 속성으로 분리하였는데, 이를 통해 생태수문학 과정의 근본적인 본질을 결정하며(예를 들어, Brauman *et al.*, 2007), 결국 주어진 시공간의 조건에서 생태계 서비스의 기본을 형

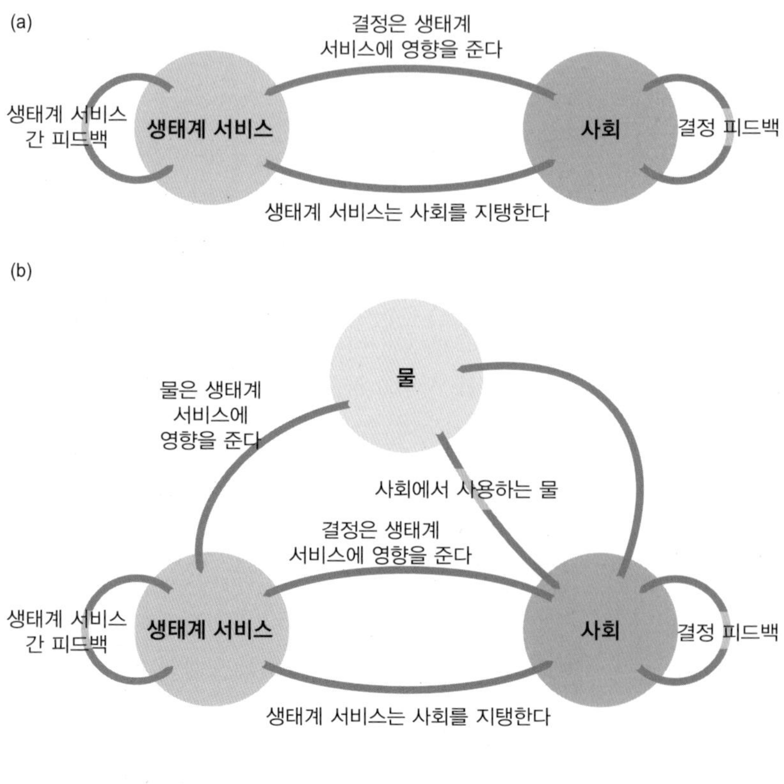

그림 7.1 (a) 생태계 서비스를 나타내는 주요 사회-생태학 시스템, (b) 물 성분이 명시된 사회-생태학적 시스템(Forrester and Taylor, 2012 참고).

성한다. 그러나 모든 핵심적 속성과 생태수문학 과정이 다양한 생태계 서비스의 가용성 및 기능을 형성하는 데 기본이 되므로, 그러한 연결 고리가 어떻게 만들어지는지는 명확하지 않다(그림 7.9 참조).

7.1.2 물, 생태계 서비스, 사회 간 복잡한 피드백

생태계 서비스와 물 기능 간의 일반적인 틀은 물, 토지, 생태계 서비스와 연관된 다양한 과학 영역들을 의미 있게 이어주기 위해 추가적인 고려가 필요하다. 그림 7.2는 물-생태계-인간 넥서스를 기본적인 수요와 공급의 흐름 그리고 서로 간의 영향을 기반으로 묘사한다. 이러한 간단한 도식에도 수자원에 대한 세 주체, 수자원과 물을 보유한 생태계 서비스와 인간의 물과 생태계 서비스의 의존도를 보이는 사회 간 복잡한 피드백이 연계되어 있는 것이 명백히 드러난다. 이러한 연관성을 풀고, 특정한 사회-생태학적 시스템의 회복탄력성을 결정하는 것은 시공간적으로 각각 경우마다 다르며, 이는 사회-생태학적 시스템이 특정 시공간 조건에서 정의되기 때문이다.

경관 규모에서 도전이 되는 것은 토지, 물, 식물자원의 지속가능한 사용을 위해 지식과 결정을 실행에 옮기는 것이다(그림 7.3). 현장에서 경관 규모에 이르기까지 토양과 수자원 이용에서 물리적인 도전을 통

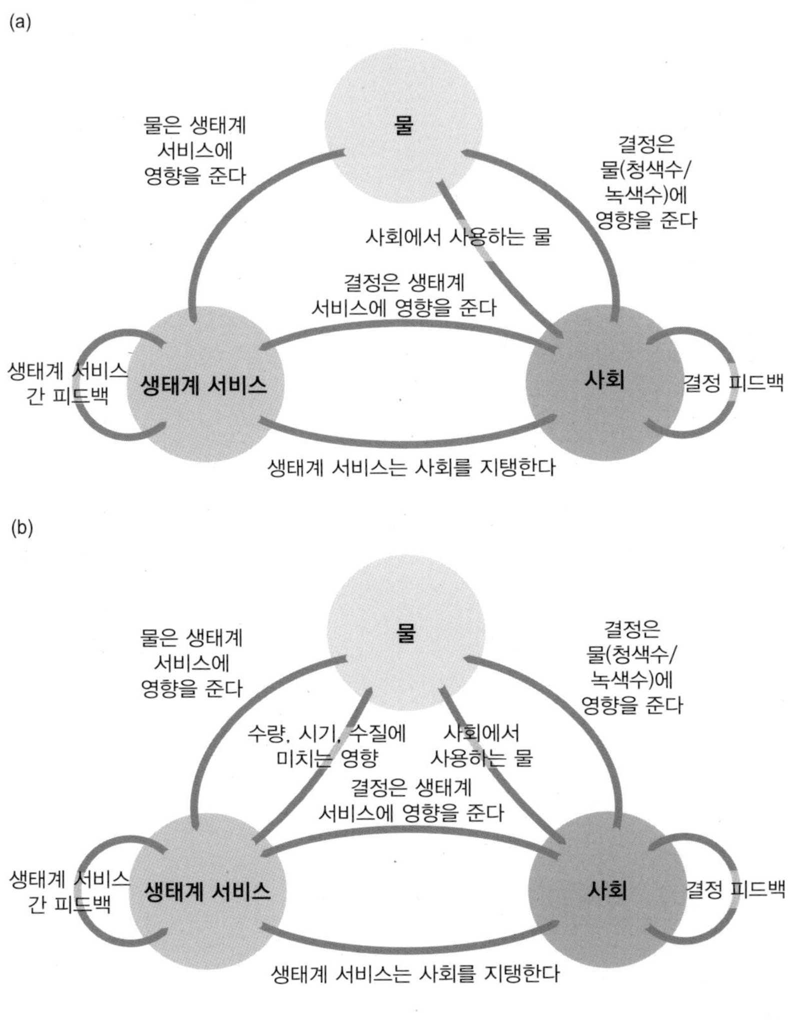

그림 7.2 농생태 경관에서 인과관계를 평가하기 위한 사회적-수문학적-생태학적 시스템 모식도. (a) 생태계 서비스를 위한 물 가용성에 대한 평가가 (b) 종종 수자원에 대한 생태계 서비스의 피드백을 고려하지 않고 이루어진다. 극단적으로 단순화된 경우에도, 피드백과 잠재적 영향들은 판단하기 어렵다.

해, 특별히 농업 활동에서 식물의 이용 및 변경을 통해(작물, 기타 바이오매스 생산물), 우리는 고의로 또는 무심코 지역적으로 그리고 경관 규모를 넘어서 다양한 생태계 서비스에 영향을 주고, 이러한 서비스를 지탱하는 물 기능에 영향을 준다. 통상적으로 영향을 받는 수문학적 속성들은 FAO and van Noordwijk *et al.*(2004)의 공개 협의의 일환으로 Kiersch(2002)에 정리되어 있다(그림 7.4). 이 문헌에 따르면, 경관 규모에서 물 변화 측정치에 기반한 양적 속성의 영향은 거의 10^2 km^2 이상의 규모를 거의 통과하지 않는 반면, 수질 속성은 오염원에서 10^5 km^2 범위까지 이르기까지 감지될 수 있다. 더 큰 규모에서, 예를 들자면 10^2 km^2 이상에서, 수량 속성들은 지역적 토지 사용에서의 변화보다 자연적인 현상에 따른 영향이 더 크다. 이러한 제한들은 단지 폭넓은 지침으로 사용할 따름이다. 다양한 사례 연구 및 검토는 그림 7.4에서의 영향 범위를 뒷받침한다. 실험적 증거는 적어도 범위와 지역에 따라 다르게 나타난다.

7.1.3 토지 사용 변화의 영향에 대한 부족한 일반적 이해

한 가지 영향 사례로 유역 규모에서 조림과 삼림 벌채의 수문학적 영향에 대한 검토를 살펴볼 수 있다. 이러한 검토를 통해 영향에 대한 일련의 부각되는

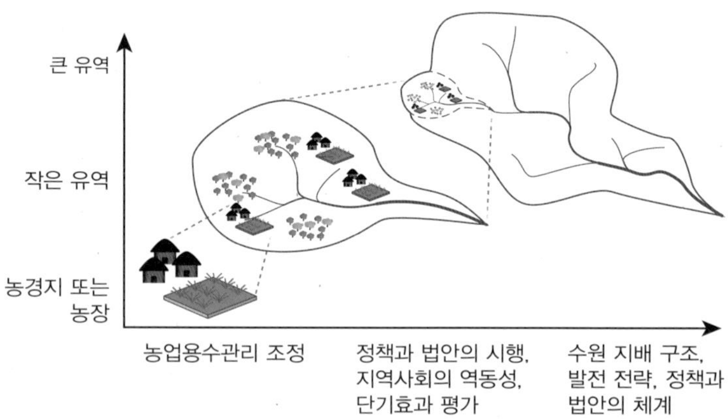

그림 7.3 일반적인 범위의 수문학적 과정을 도식적으로 나타낸 삽화.

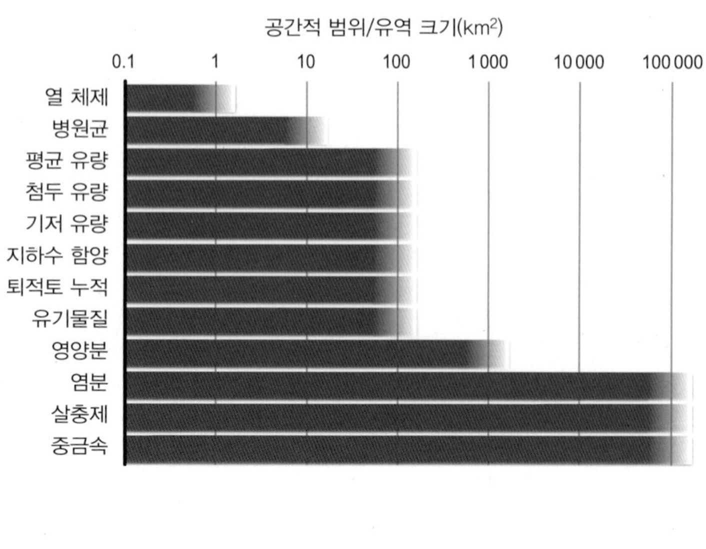

그림 7.4 다양한 수문학적 속성의 영향에 대해 제안된 공간적 범위(Kiersch, 2002).

추세와 결정적이지 않은 증거를 보여주지만, 편향되거나 적은 표본수 때문에 지나친 해석은 금물이다. Ilstedt *et al.*(2007)은 파일럿 규모의 측정값을 사용하여 조림에 의해 물 침투량이 세 배 증가함을 보여주었다. 침투의 증가는 유출의 감소로 손쉽게 여겨질 수 있고, 종종 가정하듯이, 때로는 기본으로 취하듯이, 나무가 많아지면(조림) 하천의 흐름이 줄어들게 된다. 그러나 이것은 항상 그렇게 간단하지 않다. Andreassian(2004)은 134쌍의 유역에서 관측된 바와 같이 조림으로 인한 결과는 상당히 예측 불가하다고 광범위하게 결론지었다. 명백하게 언급할 수 있는 숲의 증가로 인한 단 한 가지 효과는 벌목 후에 기저 유출 증가였으나, 이러한 효과도 시간이 지남에 따라 유역 내 녹화 작용와 다른 방식의 토지 사용으로 인해 불확실해졌다. Andreassian(2004)의 연구는 온대 유역에 치우쳐 있다. Locatelli and Vignola(2009)는 습한 열대 지역의 조림에 초점을 맞추고, 조림 과정에 있는 유역에서 총유량과 기저 유출량이 낮은 것을 발견하였다. Brown *et al.*(2005)은 상당히 건조한 숲 시스템을 166쌍의 유역 사례 검토에 추가하였는데, 영향에 대한 시간 차원의 중요성을 강조하였다. 그들의 연구에서 조림은 유량을 안정시키는 데 삼림 벌채보다 시간이 오래 걸리는 것으로 나타났다. 이렇게, 지식의 간극이 여전히 큰데, 이는 부분적으로 매우 건조한 숲에 관한 수문학, 토지 사용 변화, 그리고 경관에서 물 흐름의 상호작용을 과소평가하기 때문이다.

이질적 경관에 대한 체계적인 검토와 메타분석 그리고 물 흐름에 관한 사용 변화의 효과는 훨씬 일반적으로 알려져 있지 않다. 호주의 다양한 토지 사용에 대한 하천에서의 수질을 검토한 결과 그림 7.4에 나타난 규모 효과를 보여준다. 수중의 부유물질, 총질소, 총인은 유역 크기가 증가함에 따라 현저히 감소하였다(Bartley *et al.*, 2012). 그러나 지배적인 수문학적 과정과 다양한 범위에서 토지 사용 변화로 인한 결과를 판단하는 것은 여전히 어려운 과제이다. 예를 들어, Oudin *et al.*(2008)이 실험에 기반한 많은 양의 강우-유출 관계를 사용하여 토지 사용의 중요성을 설명하였다. 그들은 토지 사용 항목이 있는 식 대신 토지 사용 항목이 빠진 원래 식을 사용하여 다양한 기후 조건하에서 1,500개 이상의 유역에 대해 평가하였으며, 토지를 덮는 것은 단지 작은 차이를 만들어낼 뿐임을 보여주었으나, 여전히 상당히 향상된 예측을 할 수 있었고, 특히 습한 조건에서 작은 규모의 유역에 가장 두드러지게 나타났다. 그러나 이러한 모델들은 단지 연평균, 장기 예측을 위한 것으로, 사회-생태학적 시스템에서 수자원 가용성에 대한 토지 사용 효과의 단기적 영향을 예측하는 데 반드시 도움이 되지는 않는다.

7.1.4 물 흐름과 기능의 평가

인간은 토양과 식물을 상당히 바꾸고, 이에 물 흐름 역시 영향을 받는다. 교란되지 않은 경관의 모델들은 반드시 농업과 조림-삼림 벌채 경관의 잘 관리된 토양과 식물 시스템과 맞지 않을 수 있다. 예를 들면, 수문학적 연결은 집수와 침투를 위해 인간이 만들어낸 다양한 구조물에 의해 변화한다. 호주 서부지역의 제방과 작은 저수지 개발이 있었던 농업 경관의 교란된 수문학적 연결에 대한 연구에 따르면 유역 배출구와 지역적 연계가 87%까지 감소한 것으로 나타났다(Callow and Smettem, 2009). 이러한 경관의 형성은 명백히 수문학적 예측성을 감소시켰는데, 이는 사면 동역학에 영향을 주었기 때문이다. 수치표고모델과 같은 경관 서술자를 수정하는 것과 실제 형상과 구조로 보정하는 것은 수문학적 예측성을 향상시키는 것으로 나타났다.

이와 유사하게, 경관에서 물 흐름과 연계된 기능들은 시간적 차원을 가지며, 종종 공간적 범위에서

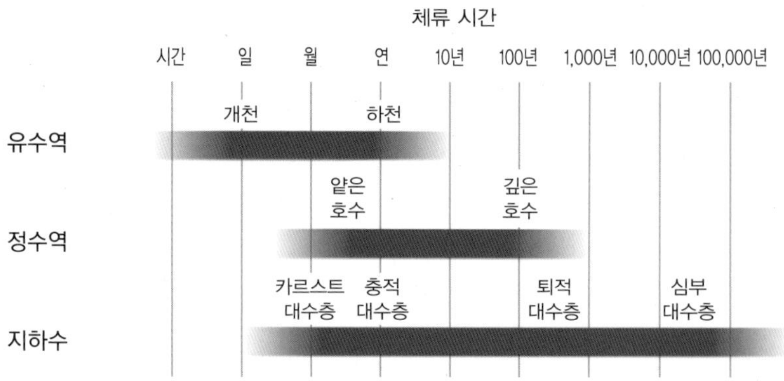

그림 7.5 경관에서의 담수 저장 체류 시간의 일반적인 범위(Chilton and Seiler, 2006).

다양하게 나타난다. 예를 들면, 물 저장 또는 경관에서 물의 체류 시간은 수분에서 수일, 수천 년에 이르기까지 한다(그림 7.5). 어떤 경관에서 물 저장의 시간 차를 설명하는 것은 종종 지배적인 공간 과정을 묘사하는 것만큼이나 어려운 일이다. 시간적 범위의 주요 특징은 경관 규모에서 사회-생태학적 시스템으로 유입되는 주요 자원이기도 한 강우와 같은 물의 분배이다.

Schulze(2000)는 수자원 가용성에 대해 수문학적 과정에서의 흐름과 저장을 추정하기 위한 시공간에서의 부적절한 표본 또는 평균을 사용하는 기초적인 실수가 발생한다고 보았다(그림 7.6). 이러한 실수들은 강우와 하천 흐름으로 발생하는 생태계 시스템의 추정을 통해 확산된다. 이것은 경관 규모에서 강우와 기타 물 흐름의 자연적 변동을 적절하게 설명하지 못하므로, 자원 영향에 대한 상당한 과대 혹은 과소평가로 이어질 수 있다.

7.1.5 경관에서 물에 대한 이해를 수정하기

과거 10-15년 동안, 수문학적 신호 전달의 발전은 어떻게 수문학적 과정들이 시공간의 연속성을 갖고 일어나는가를 이해하는 데 있어 패러다임의 변화를 나타냈다(예를 들어, McDonell *et al.*(2007); Sivapalan, 2005; Tetzlaff *et al.*, 2008; Wagener *et al.*, 2007). 이러한 수문학적 과학에서의 패러다임 전환은 물-생태계 서비스-인간 시스템이 연관되는 방식에 영향을 줄 것이고, 특별히 경관 범위에서 토지와 물 사용 영향을 평가하고, 예측하고, 궁극적으로

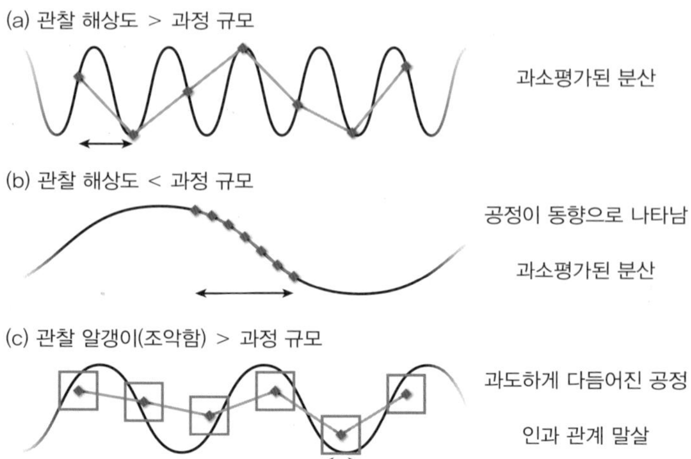

그림 7.6 결점 있는 표본 추출과 보편적인 수문학적, 기상학적 과정에 대한 부실한 분석으로 수문학적 속성의 추정에서 오류가 발생한 사례들(Schulze, 2000 참조).

관리하는 방법에 영향을 줄 것이다.

모든 시스템에서 시스템 피드백 관리는 시스템 기능의 지속가능성을 다루기 위해 필요하다. 사회-생태학적 시스템에서 초점은 생태계 서비스(유익) 제공을 확산하는 데 있으며, 특정 지역 또는 글로벌 사용자에게는 불이익을 극복하거나 감소하는 데 있다. 그러나 인간, 경관, 그리고 생태계 서비스 간의 본질적인 피드백 때문에 토지, 물, 식생을 바꾸는 행위는 다른 자원 수혜자들에게 시공간상에서 직간접적으로 영향을 준다(그림 7.4).

제한된 물의 양이 있는 경관 단위는 주어진 기간 내 일련의 주어진 생태계 서비스를 유지한다고 가설을 세워볼 수 있다. 이러한 시스템에서는 자원은 무한하다. 그러나 이러한 유형의 시스템은 실제 경관을 거의 나타내지 못한다: 시공간적으로 유입과 유출의 흐름과 자원 보유량을 파악하기 복잡하게 하는 재고가 항상 있다. 기술, 지식, 경제, 조직, 적응성과 같은 사회적 차원의 관리는 물과 생태계 서비스를 파악하는 데 영향을 주지만, 시공간적으로 정의하거나 더하고 빠지는 부분을 추정하는 것이 어렵다. 저장과 흐름의 관리는 사회-생태학적 시스템의 변화에 대한 회복탄력성을 결정할 것이다. 경관 규모에서 대표적인 주체인 물, 생태계, 사회 간의 일반 모델을 참고하며(그림 7.7), 이 세 주체 간의 바람

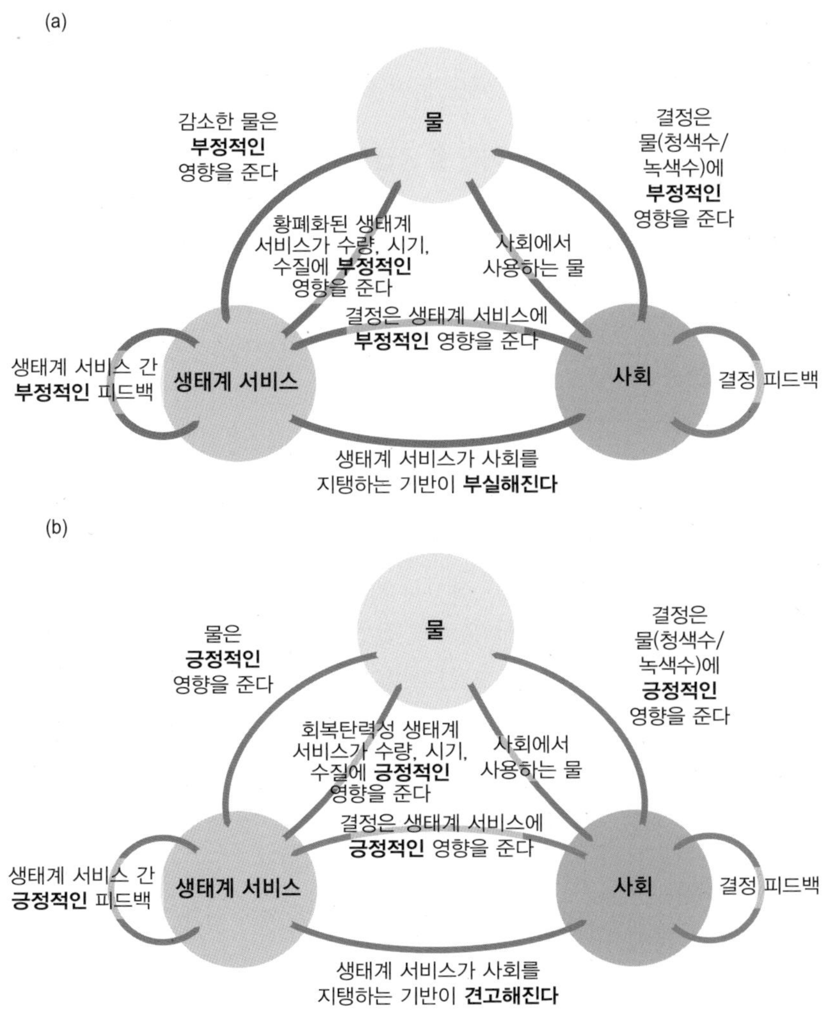

그림 7.7 잠정적인 피드백을 가리키는 명시적인 물 구성 요소를 가진 사회-생태학적 시스템의 황폐화된 예와 회복탄력성을 갖춘 예. 잠정적으로 부정적인 상태는 (a)에 나타나 있으며, 긍정적인 시스템 상태(b)는 경관 회복탄력성을 유지하기 위해 필요한 다양한 과정을 나타낸다. 긍정적인 선순환을 유지하는 복잡한 시스템은 지속가능한 순환을 유지하기 위한 통치와 관리에 있어 도전 과제이다. ESS는 생태계 서비스이다.

직하지 않은 어떠한 연결 고리는 물, 생태계, 유익의 흐름과 저장에 일련의 부정적인 변화를 가져온다는 것이 명확하다(그림 7.7a). 다양한 유익을 거둘 수 있도록 잘 정의된 수자원, 생태계, 사회 시스템을 관리하는 것은 너무나도 중요한 과제이다. 다음으로 특정 경관에서 사회-생태학적 시스템의 지표 인자로 물, 영양분, 바이오매스의 저장 관리에 초점을 맞추고자 한다.

7.2 경관의 다기능성에 영향을 주는 농업 확대와 강화

인간은 특정 생태계 서비스를 향상 또는 억제하기 위해 경관을 관리한다. 농업은 경관과 생태계 서비스에 가장 큰 영향을 준 인간 활동이다. 그러나 대부분의 농업용수 추정치는 물이 흐름으로 인해 얻는 유익들, 물이 정체되어 있는 경우에 잘 일어나지 않는 여러 규제와 지원 서비스를 실행하는 것들을 무시한다. 근본적으로 농업 생산은 바이오매스, 가축, 기타 생물학적 시스템으로부터 거두는 경제적인 수확량과 같은 특정한 공급 서비스를 극대화하는 데 목적이 있다. 농업용수로 사용하기 위해 물을 전용하는 것은 주변 경관과 생태계 서비스에 영향을 준다. 그러나 이러한 영향은 미미할 수 있으며, 다른 물 사용자들이나 변화한 물의 속성에 의존하는 생태계 서비스에서 수용 가능한 정도이거나 유익을 얻지 못하는 수준이다.

농업용수로 사용함으로 인해 발생하는 물에 미치는 매우 일반적인 영향은 아래에서 정리하고자 한다. 이러한 것들은 농업의 일반적인 영향으로 종종 취급되지만, 다양한 규모에서 생물물리학적 관점으로부터 이런 영향들을 관리하는 것에 관한 많은 지식과 경험이 있다. 또한 이러한 영향들이 때로는 생각보다 일반적이지 않거나 잘 나타나지 않는 것에 대한 증거도 많아지고 있다.

관개를 위한 하천, 호수, 지하수에서 물의 양 변화

현재 추정치에 따르면, 약 70%의 지표수가 매년 관개 목적으로 사용된다(Molden, 2007). 끌어들인 모든 물이 소비되는 것은 아니다. 30-70%가량은 추가적인 관개나 기타 목적에 따라 회수되고 하류에서 사용 가능한 형태가 된다. 따라서 관개된 토지의 단위마다 관개를 위해 끌어온 물의 상당 부분이 실제로는 하류에서의 농업 또는 끌어온 물의 생태계 서비스에 사용하기 위해 되돌아간다. 관개를 위해 끌어온 물을 되돌려보내는 것이 전 지구적 관개수 사용에 어떻게 반영되는지는 매우 불명확하다. 향후 추세는 가정용수와 산업용수 그리고 환경과 기후변화 영향으로 인한 수요 증가로 인해 관개수의 가용성이 식량 생산에 중대한 제한 요인이 될 것이라 제안한다(예를 들어, Strzepek *et al.*, 2010).

관개와 기타 물 공급을 위한 소규모에서 대규모 저수지 개발

전 세계적으로 0.1 km^3보다 큰 저수지와 댐의 저장 용량은 6,197 km^3로 추정된다(Lehner *et al.*, 2011). 또한, 0.1 km^3보다 작은 저수지, 탱크, 댐의 저장 용량도 많이 있고, 지하수로도 저장된다. 관개 목적으로만 저장 용량을 나타내는 데이터는 현재로서는 없다.

하천 흐름에서 댐의 영향은 평가하는 규모에 달려 있다. Nilsson *et al.*(2005)은 전 세계적으로 273개 대형 하천 유역의 절반 이상이 인간의 개입으로 악영향을 받고 있고, 특별히 8개는 생물지리학적으로 가장 다양한 곳이다. 그러나 소규모 댐이 필연적으로 하천 흐름에 상당한 영향을 주지 않는다는 다양한 규모의 증거가 있다. 효과는 평가 규모에 달려 있는 것이다. 예를 들어, 볼타 유역은 아코솜보 저수지 북부에 1,200개 이상의 작은 저수지를 보유하고 있다. Andreini *et al.*(2009)과 Liebe(2002)에 따르면, 이러

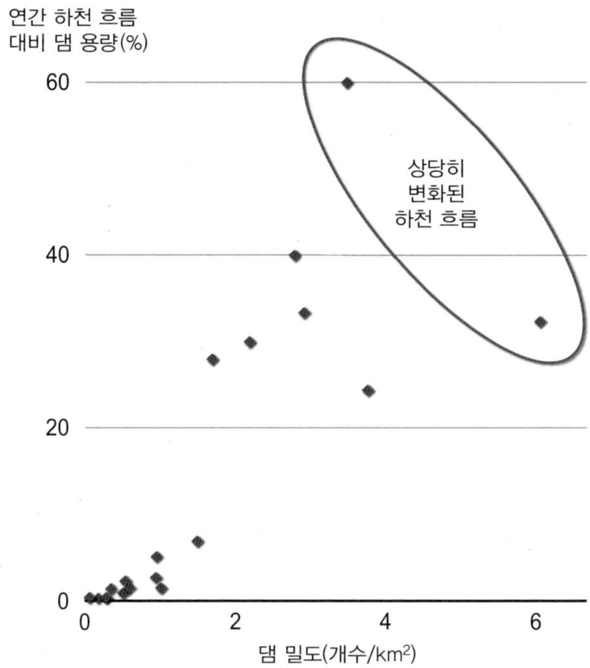

그림 7.8 댐 밀도(km²당 댐의 수)와 댐 용량(연간 하천 흐름 대비 %). Schreider *et al.*(2002)에서 데이터 차용.

한 작은 저수지들은 유역 규모에서 전체적인 물 흐름에 영향을 주지 않는다.

Schreider *et al.*(2002)은 호주 남부 지역의 반건조 유사 기후 지역에 위치한 90-900 km^2 유역에서의 소규모 농장용 댐의 영향을 모델링하였다. 결과는 연간 하천 유량의 30%를 초과하지 않는 선에서는 하천 흐름이 상당히 감소하지 않는 것으로 나타났다(그림 7.8)(Schreider *et al.*, 2002). 머리-달링 유역 규모에서는 좀 더 최신의 모델링 분석 결과, 현재 2.2 km^3의 저장 용량에서 10%의 작은 증가가 있더라도 연평균 유역 유출에 미치는 영향은 1% 미만인 것으로 나타났다(좀 더 작은 중유역 지역에서는 0-3% 사이의 변동을 나타냄)(Chiew *et al.*, 2008).

습지의 배수

역사적으로 농업 발전을 위한 습지 배수는 생물 다양성 우수 지역의 수를 상당히 감소시켰다. 오늘날, 습지는 가장 보호받는 토지 사용 구역에 속하며, 이는 163개국이 참여한 국제적으로 중요한 습지에 관한 협약(1971년 람사 습지 조약)을 통해 이루어졌다(FAO, IUCN, UNEP, 2013). 천년생태계평가(2005)에 따르면, 람사 조약에 따른 대상 지역은 전 세계 습지의 약 15%에 해당하며, 이는 전체 12억 8,000만 헥타르의 면적을 차지한다. 오늘날, 내륙과 해안 습지에서 농업의 확대는 종종 큰 논란이 되고, 다른 서식지와 토지 사용 유형으로부터 잠재적 전환과 비교하여 실질적으로 평가된다. 그러나 생물 다양성이 부족한 지역적이고 작은 규모의 습지에 문제가 있는데, 이는 생태계 서비스를 보호하는 안전장치 없이 농업을 위해 빠른 속도로 개발되고 있기 때문이다. 이러한 유형의 물과 관련된 생태계 서비스의 손실과 지역적인 생계 및 경제를 위한 장기적인 영향 간에 큰 지식의 간극이 있다.

토양 내 침투의 변화

부식한 작물 토양 관리 또는 식생종 변화는 토양 침투능을 감소시킬 수 있으며, 현장 및 경관 규모에서 퇴적토의 손실뿐만 아니라 현장 규모에서 비생산적인 물 손실로 이어질 수 있다. 전 세계적이고 지역적으로 영구적인 식생(숲)을 연간 작물로 변환하는 것은 전 지구적인 하천 흐름을 증가시켰으나(예를 들어, Piao *et al.*, 2007), 결과는 규모에 따라 달라진다(예를 들어, Alkama *et al.*, 2013). 유사한 수문학적 변화는 경관 규모 모델링과 평가에서 나타났다(예를 들어, Favreau *et al.*, 2009).

토양 내 수분 저장(잠재적인 수분 보유량)과 뿌리 깊이

연간 작물은 영구적인 식생과 비교하여 뿌리 깊이가 얕은 경향이 있다. 또한, 기계화된 토양 경작은 종종 압축을 일으켜서 뿌리 깊이와 토양의 총잠재 수분 보유량을 감소시킨다. 토양의 수분 보유량의 변화는 유역 규모에서 추적할 수 있는데(예를 들어, Mahe *et al.*, 2005), 결과적으로 하천 흐름 발생에 영향을 줄 수 있다는 연구 보고가 있다. 그러나 잠재적으로 침투와 토양의 수분 보유량을 향상시키는 손쉬운 관리 기법을 이용한 작물 토양 관리의 방법들이 있다.

지하수위의 변화

경관 변화와 농업 개발은 지하수의 다양한 측면에 영향을 미친다. 건조 지역에서 지하수 사용은 바이오매스 생산에 필요한 중요한 물 공급을 가능케 함으로써 농업의 개발과 집약화에 특별히 효율적이다. 그 결과, 특별히 반건조 및 건조 지대에 얕거나 깊은 곳 모두 지하수위가 빠른 속도로 저하되고 있다(예를 들어, Aeschbach-Hertig and Gleeson, 2012). 지하수원은 지하수 함양을 감소 또는 증가시킬 수 있는 식생의 변화에도 영향을 받는다. 예를 들어, 몇몇 사람들은 과학적인 증거에 의문을 제기하지만(Gorgens and Van Wilgen, 2004), 남아프리카의 물 정책은 자연 식생을 넘어서 물을 소비하는 침습성 식생을 규제하도록 신중하게 설계되어 있다. 이와 반대의 과정이 경관 규모에서 수자원 및 지하수위에 영향을 줄 수 있다. 호주 남서부 일부 지역에서는19 세기와 20세기 정착민들에 의해 오래된 숲이 개간되었는데, 이로 인해 수위가 상승하는 결과가 나타났으며, 농업 토양의 질에 영향을 미치고 부분적으로 염분이 뿌리 구간으로 이동하는 증발로 인한 염분화로 심각하고 잠재적인 손실을 야기하였다(예를 들어, Coram *et al.*, 2000). 이 과정을 산림녹화로 다시 되돌리는 것은 제한된 여건 속에서 가능하다(예를 들어, Bell *et al.*, 1990).

수질

수질은 경관 규모에서 사회-생태학적 시스템 변화에 실질적으로 보다 시급하고 가시적인 문제가 될 수 있다. 수질은 입자성 또는 수용성으로 존재하는 다양한 물리적(퇴적물), 화학적, 생물학적 요소에 의해 영향을 받는다. 인간의 정착과 토지 사용 변화를 포함한 농업-생태학적 개발은 종종 지역적인 수질에 상당한 영향을 미친다.

침식과 퇴적물의 물 이송은 자연적인 현상이며, 이는 인간이 개입함으로 인해 가속화되거나 느려질 수 있다. 전 지구적 규모에서 대형 하천에서 퇴적물을 평가한 결과, 퇴적물 이송이 인간이 만들어낸 물길의 변화에 의해 감소한 것으로 나타났다(예를 들어, Walling, 2006). 수리기상학 그리고 토지 사용 조합에 따라 그리고 평가 규모에 따라 상당한 차이가 있을 수 있다(예를 들어, Syvitski *et al.*, 2013). 수질은 과거에 악화되었고, 가까운 미래에도 지속적으로 악화될 것으로 보인다(예를 들어, Scanlon *et al.*, 2007; Seitzinger *et al.*, 2010). 데이터의 부족으로 지역적, 전 지구적 변화를 평가하기는 어렵다. 세계보건기구의 먹는 물 수질 기준을 보완하기 위한 환경 관련 인자들이 부족한 것도 또 다른 과제이다. 전 지구적 수질 데이터에 기반한 종합적인 요약은 UNEP GEMS/Water에서 가능한데, 수질의 바람직한 경향과 인간의 토지 및 수자원 관리에서 요구되는 바람직하지 않은 경향을 보여준다(UN GEMS Water, 2008).

요약하자면, 물 저장 및 흐름에 관한 대략의 전술은 경관 규모에서 사회-생태학적 변화의 영향은 전 지구적 규모에서 감지될 수 있다는 것을 나타낸다. 또한, 데이터는 일반적인 인과관계를 도출하기 어렵거나 시공간 규모에 걸친 명확한 인과관계가 없다는 것을 보여준다. 대부분의 수자원은 제약이나 바람직하지 않은 영향들이 전 지구적 규모에서 잘 표현되지 않을 수 있는 맥락에서 존재하는데, 이는 수문학적 과정의 규모에 관련된 어려움으로 인한 것이다. 실제로, 전 지구적 규모에서 몇몇 증거는 영향에 대한 우리의 인식에 도전이 되기도 한다. 예를 들어, 퇴적물의 해양에서의 감소 추정치들은 지역적인 현장 규모에서 토지 황폐화와 토양 침식과는 매우 다른 이야기인데, 이는 특정한 식생 덮개의 영향이 필연적으로 물 가용성을 줄이지 않는다는 일반적인 이해와 마찬가지이다. 명백하게도, 전술한 사례와 같은 시공간에서의 편향된 증거로 인해 많은 수자원 인자들이 여전히 잘 이해되고 있지 않다. 몇몇 연구자들은 원하는 혜택을 제공하는 물 저장과 흐름에 관련된 다양한 함수에서 물을 해석하고자 하였다(예를 들어, Brauman *et al.*, 2007; de Groot *et al.*, 2010; Lamarque *et al.*, 2011). 통상적인 물과 관련된 함수들은 그림 7.9에 나타나듯이 실존하거나 변화하는 속성과 연관되어 있다. 경관 물 함수 및 생태계 서비스의 개발은 여전히 걸음마 단계에 있으며, 이는 그림 7.7a와 b에 설명한 바와 같이 여러 피드백 고리를 갖고 있는 수문학, 생태계 서비스, 사회적 차원에서의 상당한 복잡성이 있기 때문이다.

원하는 혜택은 지역적 또는 전 지구적 규모에서 영향을 줄 수 있는데, 이는 관리가 필요하거나 필요하지 않을 수 있다. 7.3에서는 농생태학 관점에서 세 가지 경관을 살펴보는데, 물과 연관된 물 함수의 변화를 평가한다. 사례들은 보편적인 발전 경향을 보여주고, 변화가 수용 가능한지, 유익한지 또는 내외부적 손실을 가져올 수 있는지 여부를 평가하는 여러 인자들을 제공한다.

7.2.1 농업 생태계 경관을 변화시키는 물 조정

경관에서 물 흐름에 영향과 변동은 생태계 서비스에 잠재적으로 영향을 준다. 농업 생산은 그 자체로 생태계 서비스이자 생태계에서 발생하는 특정한 유익을 관리하는 한 방법이다. 이렇게 함으로써 다른 생태계 서비스들에도 영향을 미칠 수 있는데, 이는 시공간에서 관리 규모에 따라 달라진다. 역사적으로 수자원을 포함한 경관의 관리는 다양한 지역적, 전 지구적 생태계 서비스에 상당히 부정적인 영향을 가져왔다. 이러한 영향들은 값비싼 대가를 치르게 만들고 회복이 어렵게 하였다. 현재 또는 장래에 식량, 사료, 섬유질 수요의 관점에서 농업 생태계의 다른 생태계 서비스들을 생산이 가능한 지역을 넘어서서 유지하면서, 물과 토지를 효율적으로 사용해야 하는 것이 시급하다. 비농업 지역은 다양한 생태계 서

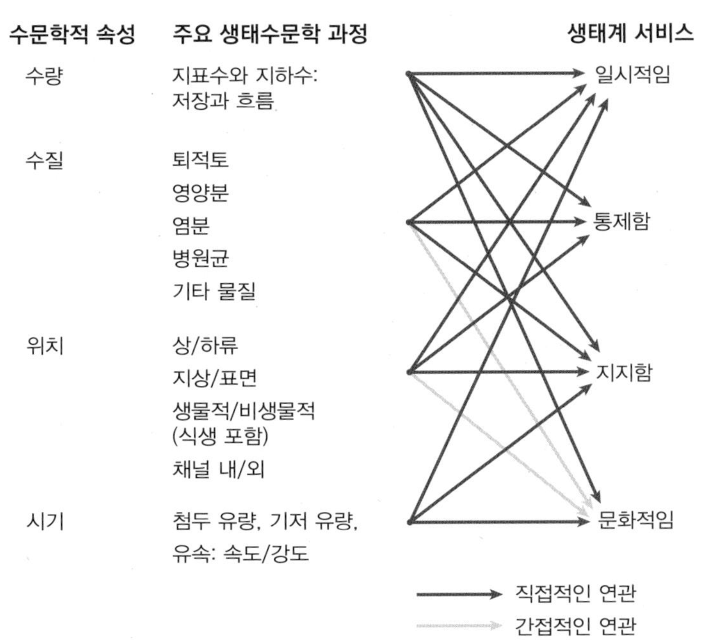

그림 7.9 일반적인 체계에서 수리학적 속성을 생태계 서비스와 연결. 모든 생태계 서비스들은 직간접적으로 시간-공간-특정 수리학적 속성들의 결과이다(Brauman *et al.*, 2007 참조).

비스들이 작동하도록 지원한다. 여기에서는 세 가지 농업 경관을 황폐하거나 비생산적인 상태, 그리고 이들을 생산적인 상태로 변환하는 다양한 단계에서 평가한다. 이러한 사례들은 회복탄력성을 복원하는 데 잠재적인 기회와 제약조건들을 확인하는 데 도움이 될 것이다.

농업 생태계에서 생태계 서비스의 개별적 또는 종합적인 상태에 따라, 경관을 황폐화 단계에서 수확량이 많은 농업 생태계까지 다양한 상태로 분류할 수 있다(그림 7.10 참조). 황폐화된 경관은 어떤 관점에서도 바람직하지 않지만, 농업적 유익이 다른 생태계 서비스 유익들과 균형을 이루는 중간단계의 경관에서 지역적인 선호도가 있을 수 있다. 이것은 다른 특정 생태계 서비스를 희생하면서 농업 생산량을

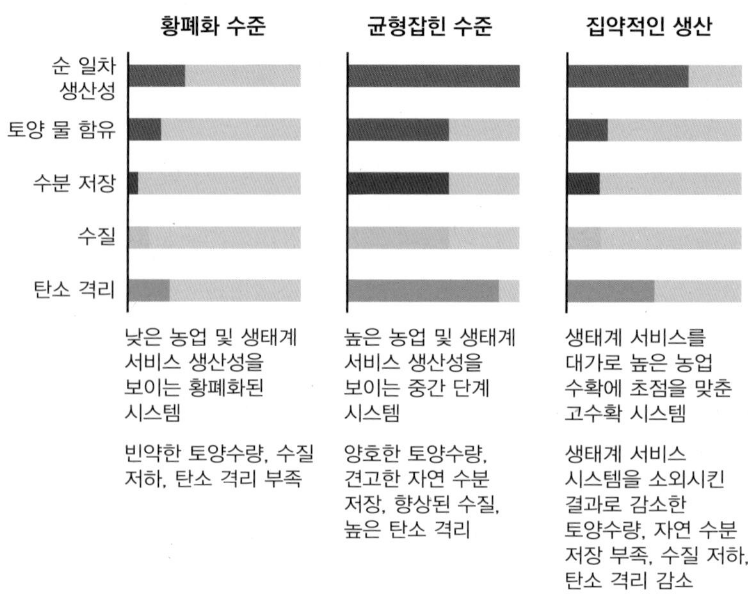

그림 7.10 물과 토지 관련 회복탄력성 차원에서 경관 규모의 상태와 선택된 지표들. 참고: 전환은 선형적이지 않다. Barron and Keys(2011) 참조.

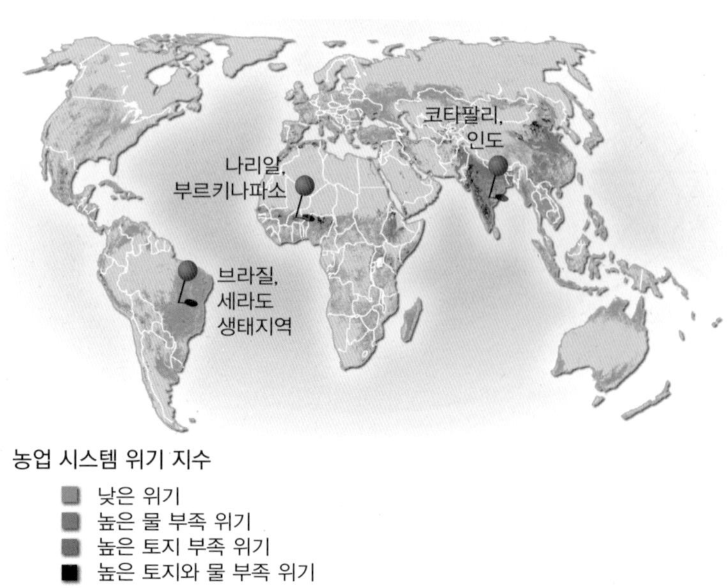

그림 7.11 물과 농업 생태계 변화를 평가한 세 가지 사례 연구를 FAO SOLAW 2011에서 언급한 잠재적인 농업 위기 평가와 함께 지도에 표시함: 농업을 위한 토지와 물 부족(FAO, 2011).

[이 그림은 본문 뒤에 컬러 그림이 따로 삽입됨]

최대화하는 농업 생태계와 비교될 수 있다. 경관에서 물 흐름 또는 물 특성을 조정함으로써 다양한 생태계 서비스를 황폐화 수준에서 중간 또는 그 이상 단계로 변화시키는 것이 가능하다. 그러나 다른 능력을 감소시키는 희생을 감수하면서 농업 생태계에서 몇몇 유익을 극대화하는지 여부는 생각해 볼 문제이다.

7.2.2 경관 규모 회복탄력성의 지표

경관 규모 회복탄력성은 다섯 가지 지표로 평가할 수 있는데, 이들은 생태계 서비스와 이를 뒷받침하는 물 흐름과 연관되어 있다. 이러한 지표들은 경관의 상대적인 상태를 평가하는 데 사용되며, 인간의 복지와 사회를 이롭게 하는 서비스의 생산능이 저하된 황폐화 상태로부터 인간의 복지와 사회에 높은 (직접적인) 경제 유익을 가져다주는 농업 생태계의 최대 생산 단계까지 범주를 포함한다. 공급 능력을 보강하는 보조 또는 규제 서비스들을 고려할 때 최대 생산은 아마도 지속가능하지 않을 수 있다. 표 7.1은 다양한 상태의 경관을 평가하기 위해 선택한 경관 규모에서의 일련의 지표들을 나타낸다(Bruin *et al.*, 2010 참조).

7.3 경관 변화와 가능한 전환의 세 가지 사례

전 세계적으로 농업 개발은 3장에 언급된 바와 같이 경관 및 이와 관련된 물 흐름과 저장을 변화시켰다. 이 절에서는 물 저장과 흐름, 그리고 연관된 생태계 서비스의 변화를 통한 경관 변화의 증거를 살펴보도록 한다. 최근 또는 현재 급속도로 발전하고 있는 국가에서 반건조 및 습도가 낮은 농경지대에서의 세 가지 사례를 살펴본다(그림 7.11 참조).

7.3.1 인도 코타팔리 지역의 천수농경 집약화

첫 번째는 황폐화된 농업 생태계에서 극대화된 생산으로 발전한 인도의 코타팔리의 사례이며, 주변 경관에 미친 영향을 살펴본다. 인도에는 지방 주와 국가 수준에서도 마찬가지이지만, 시골 지역의 우선

표 7.1 수자원과 관련한 농업 변화의 편익과 손실을 평가하기 위한 잠재적인 지표 테마(de Bruin and Barron, 2012; de Bruin *et al.*, 2010으로부터 수정).

지표 테마	생태계 서비스	수문학적 특성	지표
토양	제어-지지	침투 토양수 보유 능력	토양 표면 침투능 토양 유기물질 토양수 보유 능력
수량과 수질	제어-지지	물 분할 체류 시간 관개 가용성 퇴적물 이송 오염과 영양분 순환	수위 강우량과 분포 하천수 흐름 지하수위/접근성 물 저장 능력, 저장 종류 수질 지표: 퇴적토 인공적
토지 사용	제어-지지	물 분할 오염과 영양분 순환	농업, 비농업 토지 사용
서식지(수생, 육상)	공급	물 분할 오염과 영양분 순환	
생산(수확) 관련	공급	물 분할	바이오매스/순 일차 생산 식량, 사료, 섬유 배출/수확

목표는 식량과 섬유질의 자급자족과 독자 생존이 가능한 수입이다. 상당한 투자가 공공, 민간 부문을 통해 이뤄졌고, 유역 관리를 통해 향상된 농업 생산으로 삶의 질을 향상시켰다(예를 들어, Kerr, 2002). 지역 수준에서 이것은 단순히 수확량 증대뿐만 아니라 삶의 질과 생태계 서비스 유익을 향상시켰다(Joshi *et al.*, 2008).

밀집된 인구와 건조기에 노출된 경관

코타팔리 유역(그림 7.12)은 좋은 연구 주제이다(Garg *et al.*, 2012a, b). 2000년대 이전, 3 km^{2}의 유역은 물과 토양 상태가 악화되어 작물 생산을 심각하게 저해하는 상당히 황폐화된 지역으로 인식되었다. 강우 변동은 상당히 크고, 시공간에 따라 다양하게 분포하는데, 장기간 평균 860 mm이고, 150일 우기 기간에 대략 60일 정도 비가 내린다. 토양은 1 m 미만의 깊이로 얕고, 물 저장량은 0.26%(±0.07%)로, 강우 변동과 연계한 잦은 건조 기간들을 버티기 위한 강우 저장능에 영향을 미친다. 대부분의 유역들은 2000년대 이전 천수농경 방식이었고, 작물들은 잦은 건조기에 영향을 받았다. 높은 인구 증가와 가정당 평균 1.4헥타르 규모의 농지는 더 이상 더 많은 식량 생산을 위한 작물 생산 구역 확대가 어려우므로, 기존의 토지를 집약화하는 것이 유일한 방안이다.

유역에서의 개발과 지속가능성을 증대시키기 위해 집약화 방안은 물 흐름과 저장 관리를 요한다(예를 들어, Wani *et al.*, 2011). 경관에서 물의 역할과 분할은 식량, 사료, 기타 기본 수요를 충족시키기 위한 기본이며, 물은 다양한 사용자들이 사용하였다, 즉, 이러한 서비스들의 공동체와 개인 수혜자들이 있다. 코타팔리에서의 유역 개입은 다양한 토양 및 물 관리 전략 및 구조를 개시하였으며, 이를 통해 물의 분할, 저장, 흐름을 바꾼다:

- 우기와 건기 시 토양 수분 부족분을 언급.
- 지하수 함양.
- 가치 있는 토양 깊이와 토양 내 유기물질의 손실 제한.

두 번의 수확기의 가능성

농업 생산과 토지 사용을 변환하고자 하는 노력은 현장 내외 구조물을 이용한 강우 침투를 향상시키기 위한 다양한 조치가 포함되어 있다(6장의 그림 6.5 참조). 현장 내 구조로는 통상적으로 침투 부대라 불리는 짧은 건조 기간을 버틸 수 있게 할 뿐이고, 어느 정도 효율적일지라도 현재 작물 생산 시스템의 집약화에 매우 제한적이다. 유역 내 얕은 지하수는 우기에 표층수 수집과 저장을 위한 현장 외 시설로 충진이 된다(대부분 사방 댐). 그런 다음 우기가 지난 후 관개 목적으로 추출된다. 이것은 작물 생산 시스템에 변화를 줄 수 있는 기반이 되는데, 한 번이 아닌 두 번의 수확기를 가능케 하기 때문이다. 건기 작물의 도입은 현찰과 식량 안보로 보상받는데, 우기 후 식량 저장이 감소하고, 건기에 시장 가격이 상승하

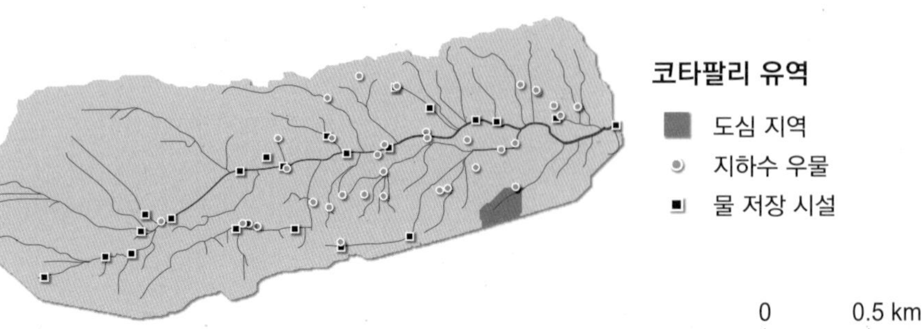

그림 7.12 코타팔리 유역 내 물 저장 시설과 우물 분포(Garg *et al.*, 2012a).

기 때문이다.

그러나 추가적인 작물 생산 시스템의 향상은 물 흐름과 저장 변화의 편익을 극대화하는 데 맞춰져야 한다. 우선, 토양에 무기물과 유기물 성분의 영양분이 투입된다. 이러한 투입은 작물의 물 사용을 극대화하며, 향상된 물 생산성으로 귀결된다. 두 번째로, 이러한 물 사용, 작물 생산 시스템, 토양 생산성 변화는 상당한 인간의 노력, 즉 육체노동을 통해 이루어진다. 코타팔리 경관을 더 생산적으로 변환하기 위해 개인적으로 공동체적으로 상당한 근로 시간이 소요되었다. 시골 경관에서 공동체 유대 강화와 농부 및 다른 사용자들에 권한을 부여하는 것은 유역 전략의 보완적 목표가 되었다(예를 들면, Joshi *et al.*, 2008).

회복탄력성에 대한 고려

그림 7.10에 표현된 잠재적인 상태를 이용하여 코타팔리 유역은 2000년 이전의 황폐화된 상태에서 오늘날의 상당히 생산적이고 집약적으로 재배하는 경관으로의 변환으로 간주될 수 있다. 몇몇 지표들은 경관이 더 건강한 상태로 이동하였음을 보여주지만(표 7.2), 유역 내 물 사용의 극대화는 하류 지역의 물 접근에 영향을 주고 있다. Garg *et al.*(2012a)은 기상학적으로 건조, 보통, 습한 해에 대해 유역 내 물 저장을 모델링한 결과, 현재의 토양과 물 시설을 사용함으로 인해 코타팔리에서 유출수는 매년 10-15% 감소하고 있고, 건조한 해에 특히 심한 것으로 나타났다(그림 7.13). 작물 생산을 위한 물 분할 지점을 관리하고 인간의 편익을 향상시키는 것은 유역 내부의

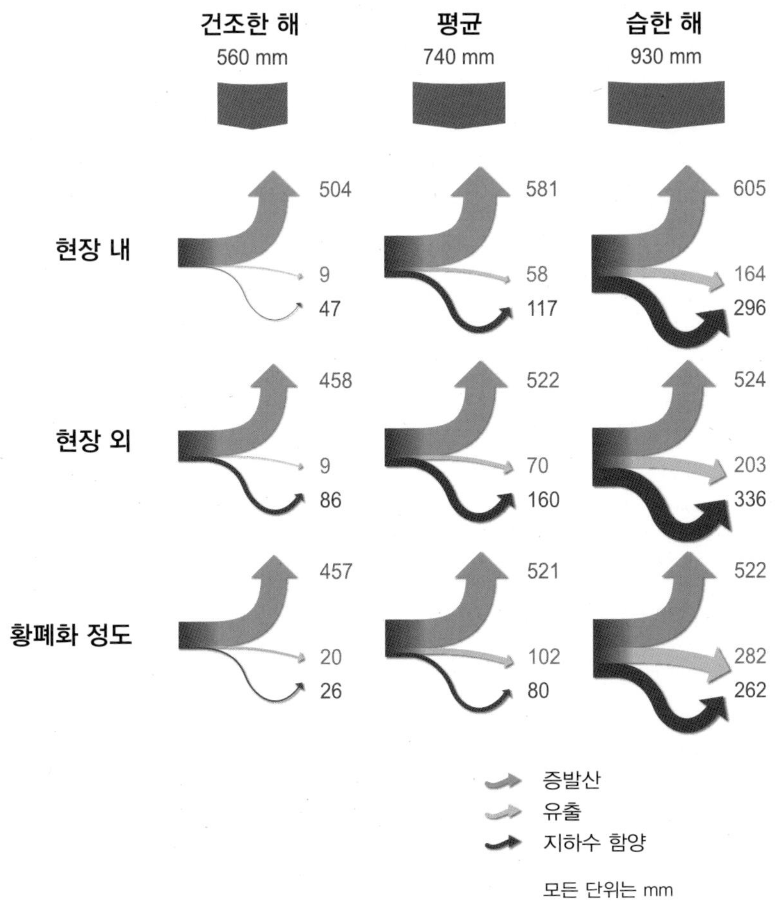

그림 7.13 코타팔리 유역에서 현장 내외, 그리고 황폐화된 상태의 물 흐름 분할 변화. 장기간 평균 물 흐름 분할은 건조, 보통, 습한 해에 따라 연평균 강우량으로 나타난다. 분할된 흐름은 실제 증발산, 표면 유출수, 지하수 함양으로 나타난다(Garg *et al.*, 2012a 참조).

상태를 건강하게 만들었으나, 하류 지역에서 그렇게 할 기회는 줄어든 셈이다.

2000년 이전에는 유역은 바람직하지 않은 회복탄력성의 상태의 사례로 간주되어, 경관을 보다 생산적이고 바람직한 상태로 변화시키기 위해 노동과 자원에 상당한 투자가 필요한 것으로 판단하였다. 현재 상태가 내부적, 외부적 변화에 얼마나 회복탄력적일지는 아직 결정되지 않았다. 지역 주민들이 유역 부대와 사방 댐을 내버려두는 한, 경관은 생산적인 상태를 유지할 것이다. 강우량 감소 또는 강우 변동의 심화가 발생하더라도 이러한 생산적인 상태는 아마도 유지될 수 있을 것이다. 따라서 이러한 회복탄력적 특성들은 유역을 생산적으로 유지하기 위한 수자원 시설들을 관리하는 능력과 같은 사회적인 요인에 더욱 의존한다고 볼 수 있다.

그러나 하류 지역 사용자들의 물 요구량이 증가한다면 지역 내 회복탄력성의 증가의 전반적인 효과는 경관 규모의 회복탄력성을 감소시킬 것이다. 감소한 경관 규모의 회복탄력성은 유역에 인접한 하류 지역 사용자들과 하이데라바드 지역을 담당하는 오스만 사간 저수지에서 적절한 저수량에 대한 요구로부터 발생한다. 오스만 사간 중유역 내 상류 또는 하류에서의 물 사용 여부를 결정할 때 고려해야 할 많은 편익과 절충들이 있다(Garg *et al.*, 2012b). 유역의 하류 지역에서 물 요구량은 현재의 생산적인 상태를 유지할 수 없을 것으로 보이며, 이들 지역의 다른 사용자들을 위한 더 많은 물이 필요할 것이다.

표 7.2 코타팔리 유역에서 물과 토지 관련 회복탄력성 인자의 변화(Garg *et al.*, 2012a 참조).

지표 테마	지표	2000년 이전	2009년
토양	토양 표면 침투능 토양 유기물질	USDA 곡선지수 +6으로 수정 SOM 약 0.4-2.3%	통합된 영양분과 퇴비 접근 방식으로 인해 기준선으로부터 SOM이 증가함
	토양수 보유능	0.75%의 현재 관측 토양수 보유능	
수량과 수질	강우량 분포	연간 평균 : 840 mm/년, 5-7일의 건조기의 3-8배	
	하천 흐름	19% 연간 강우량 = 151 mm	10%의 연간 강우량 = 70 mm
	지하수위/접근성	제한된 접근성을 지닌 심층 지하수	천층 지하수는 32개 관정과 우물에서 접근 가능
	물 저장능, 저장 종류	자연 저장: 추정 불가	소형 저장 구조물 : 사방 댐, 토양 덩어리; 최대 토양수 보유능 > 14개 구조물
	수질 지표: 퇴적토	퇴적물 손실 68 mm 토양층이 31년간 손실되는 것으로 모의됨	31년간 모의 결과 10 mm 토양층 손실로 감소
	인공적	해당 없음	농업 화학물에 대해 해당 없음
토지 사용	농업, 비농업 토지 사용	90/10%	90/10% + 30% 작물이 집중 강우 후기에 관개됨
서식지(수생, 육상)		해당 없음	해당 없음
생산(수확) 관련	바이오매스/순 일차 생산 식량, 사료, 섬유 유출/수확	우기에만 작물 재배, 종종 건조기에 영향을 받음	우기 작물 재배, 보고 관개로 1 작물 추가

7.3.2 농업 변환: 부르키나파소 나리알 사례

사바나의 농경지로의 전환

나리알 유역은 1950년대 자연 식생이 주를 이루던 경관에서 도시 주변 지역에 위치한 집약화된 작물 지역으로 변화한 전형적인 반건조 열대 경관이다. 이러한 과정을 겪으면서 유역 내 인구 증가와 와가두구 지역 소비 증가를 포함한 다양한 내외적 요인에 대한 반응으로 토지 사용에 상당한 변화가 일어났다. 역사적으로, 강우 형태는 1980년대 이전 습윤 영역에서 건조 강우 영역으로, 그리고 최근에는 습윤 영역으로 이동하는 추세이다.

지난 50년간 강우는 장기간 연평균 756 mm 부근으로 변동이 있어왔다(표준 편차 연간 172 mm; 그림 7.14). 이 기간 동안 토지 사용에 변화가 있었고, 인구 밀도도 1996년 1 km^2당 주민 61명에서 2006년 1 km^2당 주민 68명으로 10년 사이에 10% 이상 증가하였다.

1956년부터 초기의 토지 사용 지도를 살펴보면 유역의 70% 이상을 차지하는 사바나 식생이 경관의 주요 요소이다. 오늘날, 농경지가 유역의 70% 이상을 차지하며, 사바나 식생은 11%로 감소하였다(그림 7.15). 농사의 확대와 함께 더 울창한 숲 지대는 1956년 유역의 3%에서 오늘날 12%로 증가하였는데, 이는 우리의 직관에 위배되는 것으로 보인다. 토지 사용 변화와 함께 경관 내 물 관리에도 상당한 변화가 있었다. 나리알 유역은 부르키나파소 중남부와 가나에 있는 다른 지역들처럼 작은 저수지에 많은 투자가 집중되었다(예를 들어, Douxchamps *et al.*, 2012; Venot and Cecchi, 2011). 유역 내 인위적으로 조성된 물 저장 시설로 인해 1950년대 미미한 수준의 저장에서 잠재적인 저장능력이 1,070만 m^3, 약 연간 총 강우량의 2%의 수준으로 증가하였다. 그러나 유역은 유출되는 흐름이 거의 없는 폐쇄적인 형태이다. 20년 강우의 현재 분할은 나리알 지역은 폐쇄적인 유역임을 보여주는데, 대부분의 연간 강우가 증발산으로 소모되고, 유출수와 지하수로의 흐름은 각각 6%와 7% 미만이다. 지하수는 20년 동안 단 3년 정도 충분히 함양되었는데, 연간 강우량이 800 mm를 넘었을 때였다(Barron *et al.*, 출간 예정). 1956년 자연적이고 영구적으로 형성된 식생으로 토지 사용이 덜 훼손되었을 때 물 균형과 물 분할은 상당히 달랐다(증발산 77%, 유출수 11%, 지하수 함양 12%). 이는 물 균형 분할이 증발산을 매해 60 mm가량 감소시켰고, 총물 생성량(유출수와 지하수 함양)은 매해 100 mm가량 감소하였다. 따라서 두 가지 기본 수문학적 변화가 발생하였다: 연평균 강우량 160 mm의 감소(20% 감소); 감소한 유출수와 지하수로 인한 유역의 폐쇄성.

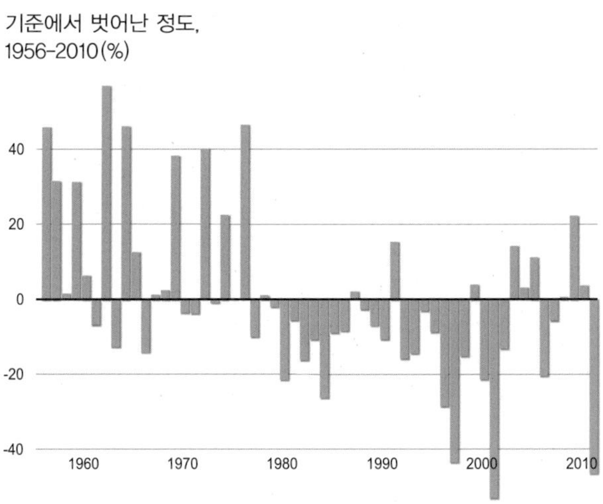

그림 7.14 나리알 유역 경계에 있는 와가두구 공항의 연간 강우량을 1956-2010년 기간으로 정규화한 것(Royal Netherlands Meteorological Institute, 2013).

농경지는 천수농경에 기반하고 있지만, 공식적-비공식적 관개(저수지를 이용)를 사용하는 유역의 1%는 연간 두세 차례 수확기를 갖고 있으며 지역 주민의 생계에 상당한 보탬이 되고 있다(예를 들어, Ouattara *et al.*, 2012; Sanou, 2018). 1956년 이후 인

(a)

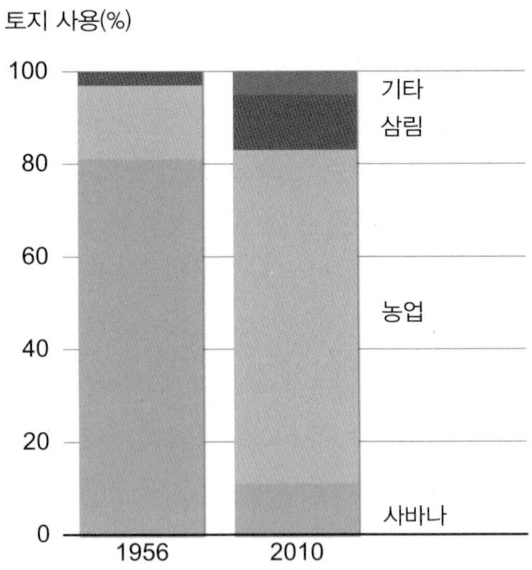

(b)

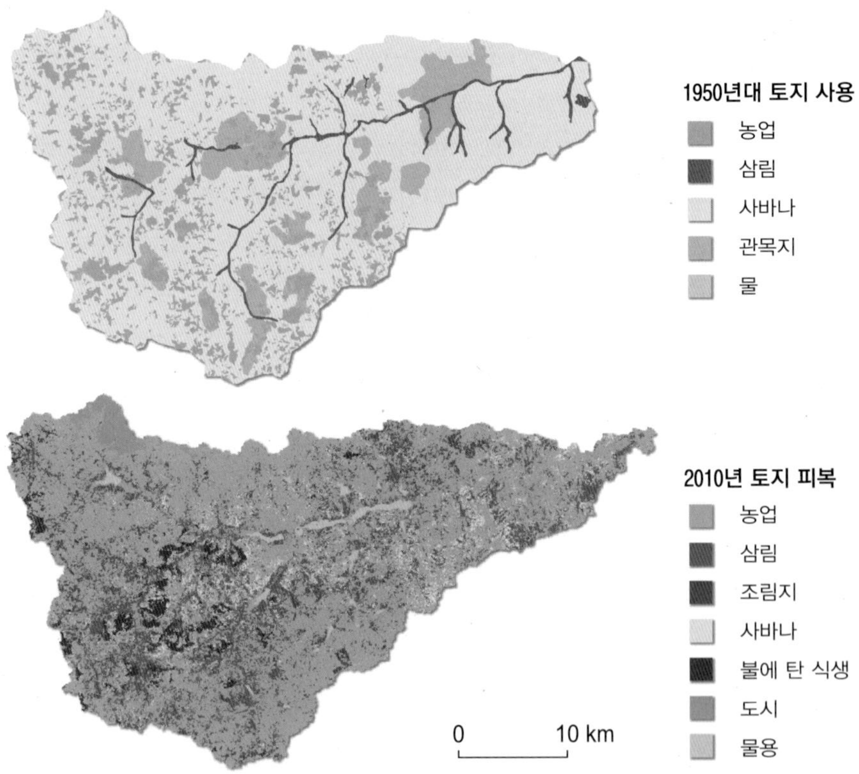

그림 7.15 1956년과 2010년의 나리알 유역의 토지 사용. (a) 농업과 자연 식생의 비, (b) 토지 사용 지도(Cambridge and Barron, 출간 예정, 참조).

[이 그림은 본문 뒤에 컬러 그림이 따로 삽입됨]

구가 4배 이상 증가함에 따라 유역은 더 많은 식량과 수입을 지원하고 있다.

회복탄력성 고려

경관 규모 생산성의 황폐화를 측정할 방법이 없으므로, 토양의 질을 탐구한 지역의 다른 연구들과 다양한 인자들의 역사적인 개발을 통해 살펴보아야 한다(표 7.3).

높은 작물 생산의 현재 경관과 더 많은 인구(아마도 50년 전보다 4배 증가)를 부양할 수 있는 물 저장 능력은 더 좋은 혹은 더 바람직한 것으로 간주된다. 그럼에도 불구하고, 보다 더 향상시킬 수 있는 잠재적인 측면이 있는데, 특별히 천수농경 생산에서 수확량 차이를 없애는 것이다. 현재 재배 시스템에 몇 가지 이슈가 있는데, 보다 지속가능한 형태로 보다 적극적인 탄소 저감을 농경지에 적용하고 농화학 용법을 잘 적용하여 경관을 보다 건전한 생태계 서비스와 함께 균형 잡힌 상태로 가져가는 것이다.

그러나 하류 지역의 사용자들에게 있어 하천 유량의 감소는 또 다른 문제이다. 평균 유량의 약 2%를 저장함에도 불구하고, 88%의 수분은 이미 유역에서 증발산 형태로 손실된다. 유역은 수자원과 토지 자원의 관점에서 닫힌 계이며, 현재의 녹색수와 청색수 사용, 즉 유역 내 물 생산성의 효율 향상을 도모할 수 있도록 해야 한다. 이 지역에서 발생 가능한 또 다른 시나리오는 와가두구 도심지 주변의 물 수요가 늘어나는 것이다. 그러면 단위 물 사용당 더 많은 비용을 지불할 수 있는 도시 지역 소비자들에게 물 분할이 이루어지게 함으로써 농업용수량이 감소할 수 있다.

나리알 유역은 현재 인구 증가와 함께 물 생산 능력이 향상된 상황이다. 이를 관련된 소득 발생이나 경제 외적인 복지 효과와 연관시키기는 어렵다. 시공간에 있어 물 가용성 및 접근성을 개선함으로써 생계를 향상시킬 기회가 늘어났다고 추정할 따름이다. 얼마나 생계와 복지가 유역 외부에서 발생하는 자원과 자산, 즉 공급, 투자, 지식 및 전반적인 생활과 복지를 개선하는 보건 서비스의 수입에 의존하는지 설명하기는 어렵다. 따라서 외부적인 요인에 따

표 7.3 나리알 유역에서 물과 토지 관련 회복탄력성 인자 변화(Barron, 2012; Cambridge and Barron, 출간 예정).

지표 테마	지표	1956년	2010년
토양	토양 표면 침투능; 토양 유기물질; 토양수 보유능	자연 상태에서 약 0.5-1%의 토양 유기물질 함량	약 0.1-0.5%의 SOM
수량과 수질	강우량 분포	연간 평균: 840 mm/년, CV1/4 20%	연간 평균 : 680 mm/년, CV1/4 19%
	하천 흐름 지하수위/접근성	건천에서 접근 가능한 표층지하수	건천에서 접근 가능한 표층지하수
	물 저장능, 저장 종류	자연 저장: 추정 불가	소형 저수지: 연간 강우량 체적의 2%
	수질 지표: 퇴적토	해당 없음	농화학물과 가축 사육으로 상당히 악화됨; 독성 조류의 등장
토지 사용	농업, 비농업 토지 사용	16/84%	72/25%+1% 지표수
서식지(수생, 육상)		자연 식생지에 산재된 농지로 잠재적인 서식지 연결	건기에 수생 서식지를 유지할 자연 서식지가 없음
생산(수확) 관련	바이오매스/순일차 생산 식량, 사료, 섬유 유출/수확	해당 없음, 건조기에 관개 없음	해당 없음; 건조기에 1% 관개 지역 고수익성 작물

른 물과 토지 관리를 통한 생산적이고 회복탄력적인 경관을 건설하는 지역적인 개선을 별도로 고려하는 것은 불가능하다. 현재 전체 유역 내 유량 부피의 2%에 해당하는 정도로 소규모 저수지를 건설하는 것은 원칙적으로 물 부족 지역에 추가적인 생계와 소득의 가능성을 제공한다. 한 가지 영향은 하류 지역 사용자들에게 향하는 유출수의 양이 감소하나, 이는 근본적으로 소규모 저수지 건설보다는 유량의 감소에 따른 것이다.

언뜻 보면 경관은 본래의 자연 생산성, 특별히 생물 다양성을 잃어버린 것처럼 보이나, 이는 반드시 황폐화된 것으로 간주되지 않을 수 있다. 현재 상황에서, 개선된 토지와 수자원(즉, 수확량 격차 감소)과 자원들을 보다 건강한 상태로 관리하는 방안(증가한 탄소 저장, 향상된 수질 등)을 통해 조절 서비스를 유지할 수 있고 생산성을 증대시킬 수 있는 부분이 존재한다. 잠재적으로 더 많은 물을 저장할 수 있어, 경제와 인간 복지를 위해 더 많은 물을 사용할 수 있을 것이다. 영양 관리를 개선하기 위한 방법들을 시행하는 것은 우선적으로 필요하며, 농화학적 지식의 적용과 물 접근성의 관리는 그다음에 필요한 부분이다. 아마도 세 번째 이슈는 손실된 생물종을 다시 회복시키는 것이 될 것이다. 조림 사업이 도움이 되겠지만, 1950년대 자연 식생과 비교하면, 농업 경관에서 통상적으로 행해지듯이 몇몇 선택된 종에 제한적으로 적용될지도 모른다(세네갈 사례는 Herrmann and Tappan(2013) 참조, 부르키나파소 남부 사례는 Pare(2008), Ouedraogo *et al.*(2011) 참조).

7.3.3 브라질의 높은 집약 생산성

토지 사용 변화가 물 흐름 및 그와 관련된 기능을 상당히 변화시킨 세 번째 사례로, 보존경운에 대한 방대한 연구와 경험, 그리고 확장을 위해 취해진 최적의 토지 관리 방안의 일부로 라틴아메리카와 미국과 호주의 일부 지역을 아래에 소개한다. 브라질의 사례에서 영감을 얻을 수 있는데, 이는 전 세계 연구자와 실무자들에 의해 널리 연구되었다.

대규모 보존경운과 최적 관리 기법

보존 농업 기법의 채택 및 규모에 대한 적응 과정이 브라질의 작물 생산 발전에 상당히 기여한 것은 명백한 사실이다. 오늘날, 브라질 경작지의 30% 이상 또는 2,550만 헥타르(FAO, 2013)의 토지가 보존 농업 기법으로 사용되고 있으며, 이는 최소/무경간과 질소 고정, 피복작물 기법을 포함한 토양수와 침식 방지 대책의 범위를 포함한다. 최소/무경간 시스템은 비반전 토양 기술의 사용으로 생각할 수 있으나, 여전히 써레 혹은 더 깊은 경간을 위한 리핑과 같은 분쇄 과정의 사용이 가능하다. 현재 보존 농업에 따르면, 최소/무경간 기법은 피복작물, 즉 녹비와 유기물을 만들어내기 위해 생장하는 작물과 결합해야 한다. 공식적이고 전체적인 보존 농업의 정의를 보려면, 예를 들어 FAO를 참고하면 된다(http://www.Fao.org/ag/ca/). 추가적으로 최소/무경간의 규모 확대는 유역 수준에서 최적 관리 기법의 채택과 적응에 관련이 있어왔다. 목초지 및 질소 고정과 적절한 순환의 개발은 또한 이러한 보존 기법들을 성공적으로 채택하고, 토양과 지속가능한 물 사용에 이들의 영향을 추가하는 것이다.

브라질에서 농업 개발은 특별히 곡물, 지방 종자, 당료 작물의 개발은 Pereira *et al.*(2012)에 논의되어 있다. 이는 놀랄 만한 생산과 생산성의 전환이다. 1970년대 중반 이후로 경작지는 32% 증가한 반면, 생산성(헥타르당 생산량)은 240% 증가하였다. 우림을 보전한 것을 문제 삼을 수 있지만, 작물 생산을 바꾼 것은 대부분 습윤하고 건조한 사바나(세라도) 생물군계이다(그림 7.16). 광범위한 토지 변화에도 불구하고, 브라질 농업 연구소는 국가의 잠재적인 농

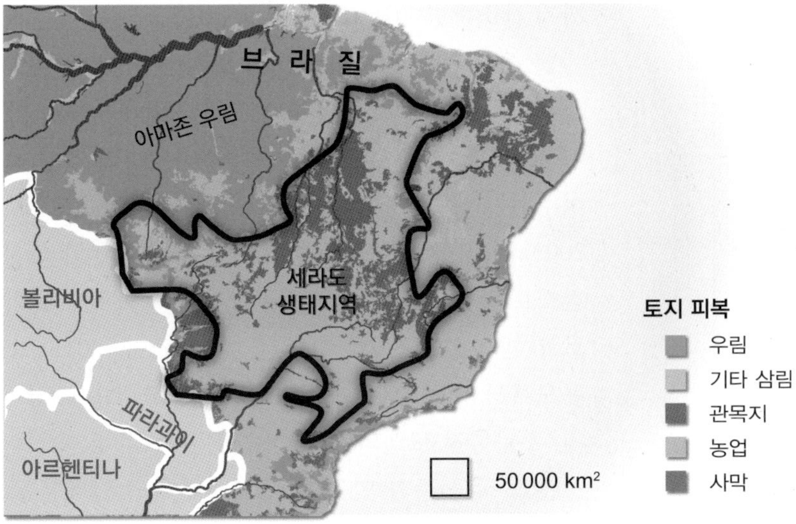

그림 7.16 브라질의 세라도 생태지역은 광대한 열대 사바나 지대로 국가의 중앙 고원에 위치한다. 자연 식생은 건조한 삼림과 뒤섞인 관목으로 특징된다. 현대식 농업이 확산되고 소, 콩, 옥수수, 쌀 생산 시스템이 지배적이다(European Commission Joint Research Centre, 2003; Olsson *et al*., 2004).

[이 그림은 본문 뒤에 컬러 그림이 따로 삽입됨]

업 잠재적인 농지 3억 헥타르의 1/6 정도 사용되는 것으로 추정한다.

모든 수확량 증가를 보전 농업의 채택의 결과로 볼 수는 없지만, 대부분의 보전 농업이 대규모 농장에서 채택되고 있다는 것에 주목해야 하며(예를 들어, Bolliger *et al*., 2006), 이들은 무경운과 효율적인 장비, 향상된 작물 다양성, 비료와 기타 농화학물 사용을 병합하여 산성의 침식된 토양을 고수확의 토양으로 변화시킨다. Landers(2001, 2007)에 따르면, 무경간의 기계화된 개발은 1980년대 초반에 시작하였으나, 비정부조직과 광범위한 서비스가 이러한 농민들을 위한 적절한 접근 방식을 개발할 당시인 1990년까지 소규모 농민들과 연계되지 못하였다. 그럼에도 불구하고, 대규모 농민들과 상업 농장들 사이의 보전 농업 채택은 규모에 따라 채택 수를 증가시켰는데 이는 54%의 농지가 2%의 농장에 의해 소유되었기 때문이다(Berdegue and Fuentealba, 2011). 보전 농업과 연계된 변화의 잠재적인 영향에 대한 다양한 연구는 경관과 유역 규모의 다양한 지역에서 진행되고 있다.

회복탄력성의 고려

이산화탄소의 잠재적 방출이 지난 60년간 세라도의 토지 전환으로 발생하였다는 의견이 있다. Zinn *et al*.(2005)에 따르면 브라질에서 다양한 토지 사용의 시료 채취 결과 토양 유기물질은 다양한 생태지역의 무경운 토양과 비교하였을 때 집중적으로 경작된 시스템에서 감소하였다. 그러나 몇몇 경우에는, 집중적인 연간 경작 작물, 황폐화된 목초지와 무경운 경작 시스템의 토지 사용 간 차이가 드러나지 않았다. Batlle-Bayer *et al*.(2010)에 따르면 다소 결론적이지는 않지만 세라도 시스템에서 토양 유기 탄소 변화 검토에서 유사한 사례를 찾아볼 수 있다. Bolliger *et al*.(2006)에서도 토양 유기물질에 대한 이와 같은 사례가 나타나 있다. 저/무경운 토양 유기물질은 다른 품질을 가졌는데, 종종 불안정한 비율로, 토양 내 유기물질의 품질과 기능에 영향을 미친다. 토지 사용 변화로 인한 토양 탄소의 시간에 따른 변화를 고려하기 위해, Tornquist *et al*.(2009)은 히우그란지두술(Rio Grande do Sul)의 이비리바 지역의 다양한 토양 탄소 비축량의 시뮬레이션 연구를 수행하였다. 이 연구에서는 1900년 이후 다양한 토지 사용을 분

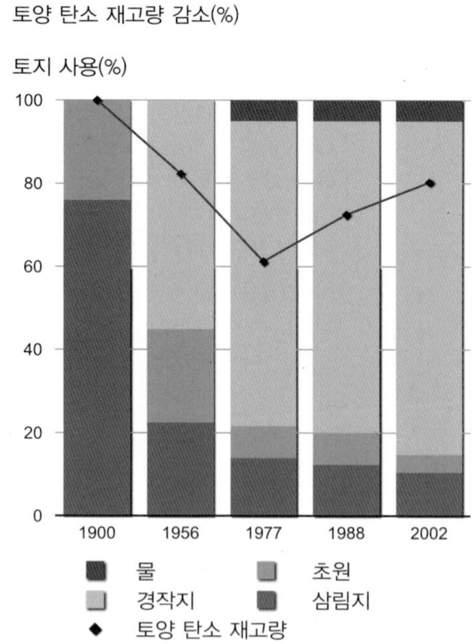

그림 7.17 브라질 히우그란지두술 이비리바 지역에서의 역사적인 토지 사용 변화와 이와 연관된 모델링된 토양 탄소 재고량의 변화.

석하였으며, 2050년까지의 예측을 포함하여 1900년의 자연 식생과 비교하여 다양한 전통적 농사 기법을 통해 토양 유기물질의 변화를 살폈다. 무경운 토양 관리, 토양과 작물 관리의 최선의 방법을 채택한 결과 토양 탄소 비축량은 1985년의 3.71 Tg의 낮은 수치에서 현재 830 km^2 지역에 걸쳐 3.97 Tg로 상승하였다(그림 7.17). 이것은 자연 식생하에서 고유의 토양 유기물질에 비해 20%가량 낮은 수치이지만, 1985년의 전통적인 농사와 작물 시스템에서 상당한 회복을 거두었으며, 2050년까지 4.21 Tg로 잠정적으로 상승할 것으로 내다보았다. 이와 유사한 연구가 더 낮은 고도에서 다른 작물 시스템(적은 옥수수)에서 수행되었는데, 자연 식생 지역에 비해 초기 토양의 질감, 자연 식생에서 전환된 이후 시간, 그리고 무경운 시스템이 채택된 곳에서 재순환되는 유기물질의 양에 따라 −11%에서 −30%(극심한 경우 −54%)까지 감소하였다(Bortolon *et al.*, 2011).

물 흐름은 변화된 경관에서 토지 사용 변화에 영향을 받아왔다. 몇몇 대규모 연구(>10,000 km^2)에서 세라도의 삼림 벌채로 인한 하천 유량 증가를 보여주었다(예를 들어, Coe *et al.*, 2011; Costa *et al.*, 2003). 이러한 변화들은 증발산에 대한 식생의 섭취 감소로 인한 영향이 2/3, 강우량과 분배 패턴의 변화로 인한 영향이 1/3로 판단된다(Coe *et al.*, 2011). 소규모부터 중규모(0.1 – 10 km^2; 10 – 10,000 km^2)까지, 수문학적 모델의 다양한 연구는 대상 부지가 무경운과 작물 순환 및 피복 작물로부터의 덮개를 포함한 최선의 농작 시스템을 취하게 되는 경우 하천 흐름의 상대적인 감소를 나타낸다. 몇몇 사례는 표 7.4에 나타나 있으며, 최선의 토양 및 작물 관리 기법을 채택한 경우 측정 및 모델링된 연구가 농업 지배적인 경관에서 전통적인 방식과 비교되어 있다. 다양한 기후, 토지 사용 및 토양 조건에서의 여러 연구는 토양과 물의 보존을 규모에 맞게 향상시킴으로써 상대적인 변화를 가져올 수 있음을 보여준다. 우선, 대규모 공정은 토지 사용 변화로 하천 흐름을 증가시킬지 모르나, 중규모에서 소규모 공정은 상류 지역에서 최선의 방법을 도입함으로써 지표 유출수와 하천 흐름은 줄어들게 되고, 퇴적물 손실은 하천 흐름 감소보다 상대적으로 더 감소한다.

그러나 침식 과정의 상대적인 중요성 또한 변할 수 있다. Castro *et al.*(1999)과 Wantzen *et al.*(2006)에 따르면 지상류의 감소는 하천과 수로의 침식의 증가로 부분적으로 보완된다. 하천 흐름을 늦추고 하천 둑을 안정화하고 전체적인 퇴적물 손실을 줄여주는 자연 삼림이 결여된 경관에서 하천 수로 보호를 강화할 필요가 있다.

세라도는 농업 생산과 생산성 증가를 보여주는 주요 개척지 중 하나이다. 약 200만 km^2를 아우르는 공간 중 대략 50%가 농지 사용으로 변경되었고, 생물

표 7.4 브라질에서 선별된 연구에 기반한, 보전 농업과 기존 방식을 활용한 최적 사례의 비교를 통한 지표 유출수와 퇴적물의 영향 요약.

	Rocha *et al.* (2012)	Castro *et al.* (1999)	Minella *et al.* (2009)	Strauch *et al.* (2013)
유역 면적(km^2)	28.5	77	1.2	188
연평균 강우량(mm)	1200	1700	1600	1350
기후 형태	습윤 아열대	해당 없음	해당 없음	반습윤 열대
연구 기간 동안 무경운 및 최선의 보존 방법으로 인한 상대적인 변화				
하천 흐름에 미치는 영향	−18%	(−84%)	−20 to −60%	−0 to −40%
퇴적토 손실에 미치는 영향	−66%	−95%	−40 to −80%	−20 to −40%

다양성과 인공적인 생물 서식 공간의 파편화에 상당한 영향을 미쳤다(그림 7.17). 단지 20%만이 자연 식생으로 남아 있으며 2%만이 생물보전 지역이다. 이것은 명백히 동물군과 식물군에 영향을 주었다: 종다양성은 감소하고 동물군과 생물군 모두 40%가량이 고유의 종인데, 영원히 사라질 수 있다(예를 들어, Klink and Machado, 2005). 세라도 북동부에서 콩 생산 확장 경향을 분석한 바에 따르면 현재의 확장세가 유지되면 선택된 포유류의 대부분의 종은 30-50%가, 조류는 오늘날과 비교하여 6-66%가 서식지를 잃게 된다(Barreto *et al.*, 2012).

마지막으로, 세라도의 토지 사용 변화와 무경운 보전 농업으로의 개발, 그리고 가축 사육과의 통합은 영구 식생 표층을 한해살이 작물로 변환함으로써 이산화탄소 방출을 넘어서서 잠재적인 온실가스 배출로 이끌었다. 물 기능과는 멀게 연계된 듯하지만, 온실가스 배출을 언급할 필요성은 물 분할에 대한 공동 편익을 가질 수 있다(Bolliger *et al.*, 2006). 그러나 저경운과 더 나은 비료 기법의 도입으로 질소 산화물과 이산화탄소 배출을 줄일 여지는 여전히 남아 있을 것이다(Hillier *et al.*, 2012).

7.4 논의사항

7.4.1 매우 복잡한 사회-생태학적 시스템으로 등장하는 경관

경관 규모는 토지 사용 변화가 집약되고 생태계 서비스와 결과적으로 주민의 삶, 발전 기회와 생태계 지속가능성에 영향을 주는 범주이다. 이것은 또한 관리와 지배 구조 시스템을 작동하고, 정책과 법안을 실행할 필요가 있는 규모이다(8장 참조). 토양, 작물, 수자원 사용의 물리적 변화를 통해 이러한 생태계 서비스를 유지하는 물 기능에 의식적으로나 무의식적으로 영향을 주고 있다. 시공간상의 물 저장과 흐름의 변화로 인해 사회-생태학적 시스템에 연관된 변화와 영향을 예측하는 직접적인 방법은 없으며, 인류 복지와 건강하고 다양한 생태계 서비스를 지지하는 바람직하고 회복탄력적인 물 기능을 확보할 수 있는 주어진 해결책은 없다. 그럼에도 불구하고, 변화하는 농생태학적 경관 궤도에 대한 다양한 사례들이 나타나고 있으며, 이는 장·단기적 영향에 대한 지식의 기반으로 삼을 수 있다.

7.4.2 인과관계 및 영향을 정의하기 위한 새로운 도전들

인간은 경관을 관리하여 특정 생태계 서비스를 향상

또는 억제할 수 있다. 우리는 더 이상 자연 또는 원시적 경관을 다루지 않는다. 물 기능과 연관된 물과 생태계 서비스는 특별히 농업 개발로 영향을 받는다. 농업은 그 자체로 생태계 서비스이기도 하며, 우선적으로 생태계에서 특정 유익을 관리하는 방법이나, 다른 생태계 서비스들도 시공간상의 관리 규모에 따라 영향을 받을 수 있다. 경관에서 물 흐름과 물 저장을 조종하여 황폐화된 경관을 다양한 생태계 서비스의 중간 수준 혹은 그 이상으로 변환하는 것이 합당하다.

7.4.3 물 분할 변경으로 수문학적 영향과 함께 변화하는 경관

대부분의 농생태학적 경관에서 생태계 서비스를 위해 더 나은 물 기능을 사용할 잠재성이 있다. 어떤 지역에서는 물과 토지 생산성을 향상시키는 것이고, 다른 지역에서는 수질과 수생 서식지를 향상시키는 것, 종 다양성을 확보하는 것, 온실가스 배출을 줄이는 것, 또는 토양 내 유기물질을 격리시키는 것이 될 수 있다. 이 장에서 소개한 몇몇 사례를 포함하여 가파른 농업 변화하에 많은 경관들은 순1차 생산에서 잠재적인 수치와 실질적인 수치 간의 차이를 보여준다(표 7.5). 이는 다양한 물과 토지 자원 그리고 연관된 생태계 서비스를 잘 관리하여 바이오매스를 향상시킬 수 있는 방안이 있음을 나타낸다. 바이오매스 생산과 생산성은 경관 규모에서 생물물리학적 조건보다 관리에 의해 영향을 받는다.

표 7.5 선택된 유역/경관에서 순 일차 생산에 관한 잠재적인 값과 실제 추정치. Haberl *et al*.(2007)에서 추출한 데이터.

순 일차 생산 데이터 버퍼 연간 g 탄소/m^2	순 일차 생산 (잠재적) 50 km 평균	순 일차 생산 (실제) 50 km 평균	잠재적인 값과 실제 추정치 간의 평균 차이
나리알 (부르키나파소)	560	370	−34%
메켈레 (에티오피아)	520	210	−59%
코타팔리 (인도)	520	360	−30%
마차코스 (케냐)	870	670	−23%
마시카오니 (니제르)	480	400	−18%
와조우 (니제르)	470	390	−19%
마카냐_L1 (탄자니아)	750	610	−19%

앞서 언급한 사례에서 농업 생산에서 향상된 물 관리는 경관을 보다 생산적인 시스템으로 변모시키나, 투자, 기술적 노하우, 노동 또는 에너지 투입을 통한 상당한 노력을 요한다. 좋은 경관 관리는 지식 집약적이고, 현지 지식은 다양한 외부 및 내부 요인이 시스템을 바람직하거나 바람직하지 않은 변화로 이끌기 때문에 충분하지 않다. 앞서 살펴본 세 가지 사례는 황폐화된 상태에서 개선되었다고 볼 수 있다. 바이오매스 생산과 생산성을 더 향상시킬 여지가 있을 수 있지만, 다른 사용자들을 위한 수질과 수량을 확보하고, 다른 시공간 규모에서 복지를 약화시키지 않는 선에서 이루어져야 한다.

잠재적인 현장 내외의 토양과 물 관리 변화로부터 유사한 영향의 경관 규모에서 다른 사례들도 찾아볼 수 있다(그림 7.18). 여기서는 농업 사용을 위한 지역적 침투의 증가는 840 km^{2}의 유역으로부터 댐 유입에 대한 10년 치 데이터를 통해 알 수 있다. 측정값들은 경험적으로 도출된 유역 규모 수문 함수에 대해 표현되었으며, 이 함수는 수문기상학적이고 복합적인 지표 특성과 연관되어 있는데 이는 기후, 잠재적 증발 및 지표 유출수와 같은 것들이다(Oudin *et al*., 2008). 상당히 수정된 경관에서 경험적으로 도출된 함수들이 더 이상 유출 발생을 예측하기는 어렵다는

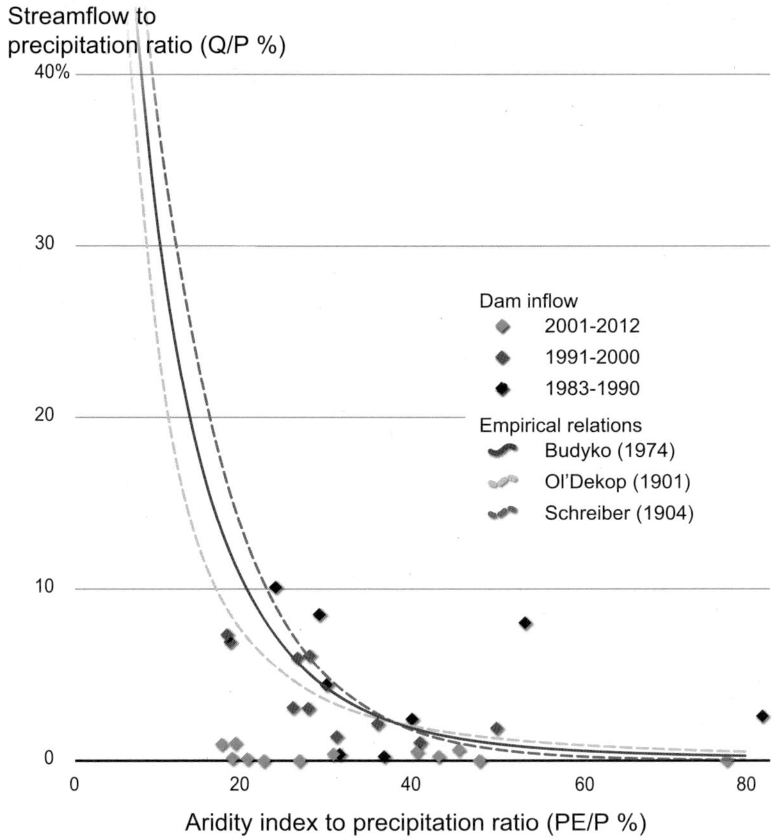

그림 7.18 라자스탄 농업용 토양과 물 관리 구조의 증가하에서 840 km^2 유역 댐으로의 연간 유입량(Government of Rajasthan, 2013)을 Oudin *et al.*(2008)에서 제시한 다양한 수문-기상학 지역의 1,500여 개 유역의 경험적 관계와 비교.

것은 명백하다. 적어도 라자스탄 유역에서는 그렇지 않다. 시간이 지남에 따라 라자스탄 유역은 많은 연구에서 예측되는 자연 함수로부터 점점 이탈해 가고 있다.

7.3절에 나타난 경관의 세 가지 사례는 잠재적인 영향을 다루는 지배 구조와 경관에서 물 기능의 바람직하거나 바람직하지 않은 손실을 교섭할 수 있는 구조에 대한 필요를 나타낸다. 바람직한 궤도가 모든 물과 연관된 생태계 서비스가 반드시 원시적인 상태로 복원되어야 하는 것을 의미하지는 않는다.

7.4.4 다양한 수준에서 나타나며 효과의 예측 가능성에 영향을 주는 토지와 물의 변화

경관을 관리하는 토지 사용에서 외부적인 변화로 인해, 수문학적 원리의 방법과 물 흐름과 자원 평가 방식을 표현하는 방법을 재고해 볼 필요가 있다. 시공간의 확장을 위한 신중하고 중요한 접근 방식에서는 지역 규모의 인과관계 또는 축소된 전 지구적 규모의 발견을 중첩시키는 결함이 있는 병합을 피할 필요가 있다.

소비용수를 언급하는 것은 토양-식물-대기 연속체에서 물 기능을 왜곡할 수 있다. 또한 물 흐름은 생태계 서비스를 생산, 규제, 지지한다. 그러나 생태계 서비스 제공을 위한 물 생산만을 언급하는 것은 농생태학적 경관에서 장기간의 지속가능성과 회복탄력성을 약화시킬 수 있다(예를 들어, Barron and Keys, 2011; Keys *et al.*, 2012).

7.4.5 농생태학적 경관에서 수자원 개발 시 회복탄력성을 향상시킨 사례들

세 가지 경관을 농생태학적 관점에서 분석했으며, 물과 물 기능의 변화를 평가하고, 보편적인 발전 추이를 전형적인 사례로 들었다. 경관 규모의 생물물리학적 회복탄력성은 다섯 가지 지표로 평가되는데, 경관의 상태를 상대적으로 평가하기 위해 자연적 상태에서 인류 복지와 사회를 유익하게 하는 서비스 제공 능력이 낮은 황폐화된 상태까지 아우른다.

앞서 언급한 세 가지 사례는 잠재적인 변화가 바람직하지 않고, 황폐화된 상태로 일어날 수 있으며(7.3절 참고; 1970-80년대의 브라질과 2000년 이전의 코타팔리), 지속가능하고 생산적인 상태로 일어날 수 있다(세라도의 고집약 농업과 코타팔리와 나리알의 낮은 장비 사용). 그럼에도 불구하고, 모든 시스템은 상당히 수정되었으며, 특별히 생물 다양성이 감소하였고, 잠정적으로 온실가스 배출이 증가하였다. 하류 지역의 물 가용성이 감소한 경우도 있다(코타팔리, 나리알). 특정 물 기능의 손실은 녹색수와 청색수 저장의 증가로 인한 것으로, 자연 기후변화에 대처하기 위해 작물의 수분 흡수 및 얕은 표면 또는 지하수 저장을 위한 토양 수분 침투 증가에 따른 것이다. 따라서, 물의 적극적인 관리는 계절 간, 계절 내의 물 충격에 대해 농생태학 생산 시스템의 능력을 향상시키는 것으로 볼 수 있다.

7.4.6 사회적, 생물물리학적 공정과 규모의 불일치에 대한 대처

세 가지 사례에서 향상된 물 접근과 가용성은 농생태학 시스템을 보다 생산적인 상태로 변화시키는 데 근본적이다. 세 가지 사례의 회복탄력성의 대부분은 아마도 이러한 시스템의 지식과 관리 능력에 내재되어 있는 인간의 결정일 것이다. 즉, 내부적 혹은 외부적으로 제공된 사회적, 제도적 차원의 것이다. 이러한 도전은 현재의 경관과 시공간에서 생물물리학 공정을 어떻게 관리하는지에 대한 내재된 지식을 지속하고 향상시키는 데 있다. 한 가지 근본적인 문제는 인간과 사회적 기억과 지식, 통상적으로 20-40년(Manson, 2008) 동안, 장기간 때로는 공간 규모로 운영되는 서비스들을 규제하고 지지하는 물, 토지, 식생의 관리 필요성 간의 불일치이다(Dearing *et al.*, 2010). 단기간, 소규모 유익은 종종 농생태학 시스템에서 극대화되기 때문에 생태계 서비스를 규제하고 지지하는 물 기능들은 간과할 수 있다. 지배 구조는 보다 명시적으로 느리고 대규모의 공정과 영향을 앞서 정의된 농생태학 경관의 회복탄력성과 연계하여 포함시켜야 한다. 예를 들어, 보편적으로 적용되는 통합 수자원 관리 원칙들은 물과 연계된 생태계 서비스의 규제와 지지를 명확하게 언급하지 않는다. 이들은 단기간의 규제 및 제공 서비스를 지지하는 대규모, 장기간 물과 연관된 공정의 포함을 보장하도록 다시 살펴볼 필요가 있다(Keys *et al.*, 2012)(8장의 그림 8.2 참조).

경관 규모에서 다양한 목적의 물 수요가 증가하는 것은 피할 수 없으나, 공급은 각각 정의된 토지와 시간 단위에서 한정적이다. 지속가능하고 생산적인 물 기능을 개발하는 것은 수요와 공급의 절충과 영향에 관한 정보에 입각한 선택과 공정한 대화를 필요로 할 것이다. 앞서 보여준 바와 같이, 생물물리학적 생산성을 향상시키는 방법은 여전히 존재하나, 생물물리학 변화를 지식과 사회적 공정, 기관과 결부시킬 필요가 있으며, 바람직한 변화를 포착하여 협상하도록 해야 한다. 향상된 농생태학 시스템의 개발에 대한 투자는 지역적 경관에서 수자원의 바람직한 기능을 관리하고 보호할 수 있는 인간과 제도적 역량을 향상시키기 위한 유사한 노력과 균형을 맞추어야 한다. 급속한 발전 속에서 농생태학 경관의 안정적인 궤도를 제공하는 것(Barron and Keys, 2011)은 농업과 다른 생태계 서비스의 물 기능에 대한 생물물리학적 변화보다는 규정 준수와 이익과 손실의 관리 및 분배를 위한 잘 적응된 지배 구조에 대한 질문이 될 수 있다.

7.5 결론

대부분의 농업 시스템에서 물 기능과 생태계 시스템을 잘 사용할 수 있는 잠재성은 여전히 있다. 많은 경관이 순1차 생산의 잠재적 수치와 실제 수치 간의 격차를 계속해서 보이고 있기 때문에 다양한 물 기능과 생태계 서비스를 잘 관리하여 바이오매스 생산과 생산성을 향상시킬 여지가 있다. 제한 요인들은 생물물리학적 요인보다는 지식과 관리에 연관되어 있다. 좋은 농업과 좋은 경관 관리는 지식 집약적이고, 현지 지식은 충분하지 않다. 농업의 강화는 필요하며, 경관 규모 혹은 그 이상에서 수자원 기능을 변경할 것이다. 경관의 다양한 기능성에 초점을 유지하여 개발할 필요가 있으며, 물 분할과 연관된 최선의 경관 구조를 향산 목표로 삼아야 하며, 바람직하지 않은 영향을 가진 궤적으로부터 벗어나야 한다. 생산적이고 인간에 크게 영향받는 경관에서 지속가능성과 회복탄력성에 대한 해결책은 바람직한 상태를 달성하기 위해 내부적으로 외부적으로 가치 있게 평가받아야 한다.

농업의 강화는 필요하며, 경관 규모와 그 이상에서 수자원 기능을 변화시킬 것이나, 그것은 경관의 다기능성에 초점을 맞춘 채 진행되어야 하며, 물 분할과 중요한 임계점을 피하는 것과 연관된 최선의 경관 구조에 목표가 맞춰져야 한다. 과학은 변화하는 경관과 함께 해야 한다. 원시 상태의 물 흐름과 기능을 바라는 것은 최선이 아닐 수 있으며, 원시 상태의 경관 조건으로 개발된 방법과 모델로 평가하는 것도 최선이 아닐 수 있다. 인류세 시대에는 새로운 수문학적 이해가 필요하다. 마지막으로, 매우 복잡한 사회-생태학적 시스템의 안정적이고 바람직한 발전 궤도를 유지하기 위해서 지배 구조 이슈는 생물물리학적 이슈와 동등하게 다루어야 한다. 사회적, 경제적, 제도적 차원은 궤도를 지배하거나 개발 과정에서 회복탄력성을 위한 물 기능을 향상시킬 것이다.

참고문헌

Aeschbach-Hertig, W. and Gleeson, T. (2012). Regional strategies for the accelerating global problem of groundwater depletion. *Nature Geoscience*, **5**, 853–861.

Alkama, R., Marchand, L., Ribes, A. and Decharme, B. (2013). Detection of global runoff changes: results from observations and CMIP5 experiments. *Hydrology and Earth System Sciences Discussions*, **10**, 2117–2140.

Andréassian, V. (2004). Waters and forests: from historical controversy to scientific debate. *Journal of Hydrology*, **291**, 1–27.

Andreini, M., Schuetz, T., Senzanje, A. *et al.* (2009). Small multi-purpose reservoir ensemble planning. CPWF Project Report Series: PN46. CGIAR Challenge Program on Water and Food. Available at: http://hdl.handle.net/10568/3773.

Barreto, L., Van Eupen, M., Kok, K. *et al.* (2012). The impact of soybean expansion on mammal and bird, in the Balsas region, north Brasilian Cerrado. *Journal for Nature Conservation*, **20**, 374–383.

Barron, J. (2012). Soil as a water resource: some thoughts on managing soils for productive landscapes meeting development challenges. Agro Environ 2012. Wageningen University, Wageningen, the Netherlands.

Barron, J., Cambridge, H., Rebelo, L., Ouattara, K. and Pare, S. (forthcoming). Impact on water partitioning of landuse change in a semiarid watershed under agricultural development in West Africa.

Barron, J. and Keys, P. (2011). Watershed management through a resilience lens. In *Integrated Watershed Management in Rainfed Agriculture*, ed. Wani, S. P., Rockström, J. and Sahrawat, K. L. Boca Raton: CRC Press, pp. 391–420.

Bartley, R., Speirs, W. J., Ellis, T. W. and Waters, D. K. (2012). A review of sediment and nutrient concentration data from Australia for use in catchment water quality models. *Marine Pollution Bulletin*, **65**, 101–116.

Batlle-Bayer, L., Batjes, N. H. and Bindraban, P. S. (2010). Changes in organic carbon stocks upon land use conversion in the Brazilian Cerrado: a review. *Agriculture, Ecosystems & Environment*, **137**, 47–58.

Bell, R. W., Schofield, N. J., Loh, I. C. and Bari, M. A. (1990). Groundwater response to reforestation in the Darling Range of Western Australia. *Journal of Hydrology*, **119**, 179–200.

Berdegué, J. A. and Fuentealba, R. (2011). Latin America: the state of smallholders in agriculture. Paper presented at the IFAD Conference on New Directions for Smallholder Agriculture, 24–25 January 2011. International Fund for Agricultural Development, Rome.

Blöschl, G. (1996). *Scale and Scaling in Hydrology*. Vienna: Technische Universität Wien.

Bolliger, A., Magid, J., Amado, J. C. T. *et al.* (2006). Taking stock of the Brazilian 'zero-till revolution': a review of landmark research and farmers' practice. In *Advances in Agronomy*, ed. Donald, L. S. Waltham, MA: Academic Press, pp. 47–110.

Bortolon, E. S. O., Mielniczuk, J., Tornquist, C. G., Lopes, F. and Bergamaschi, H. (2011). Validation of the Century model to estimate the impact of agriculture on soil organic carbon in Southern Brazil. *Geoderma*, **167–168**, 156–166.

Brauman, K. A., Daily, G. C., Duarte, T. K. e. and Mooney, H. A. (2007). The nature and value of ecosystem services: an overview highlighting hydrologic services. *Annual Review of Environmental Resources*, **32**, 67–98.

Brown, A. E., Zhang, L., McMahon, T. A., Western, A. W. and Vertessy, R. A. (2005). A review of paired catchment studies for determining changes in water yield resulting from alterations in vegetation. *Journal of Hydrology*, **310**, 28–61.

Callow, J. and Smettem, K. (2009). The effect of farm dams and constructed banks on hydrologic connectivity and runoff estimation in agricultural landscapes. *Environmental Modelling & Software*, **24**, 959–968.

Cambridge, H. and Barron, J. (forthcoming). *Application of SWAT for impact assessment of agricultural water management interventions in the Nariarle watershed, Burkina Faso*. SEI Technical Report: Stockholm Environment Institute.

Castro, N. M. D. R., Auzet, A.-V., Chevallier, P. and Leprun, J.-C. (1999). Land use change effects on runoff and erosion from plot to catchment scale on the basaltic plateau of Southern Brazil. *Hydrological Processes*, **13**, 1621–1628.

Chiew, F. H., Vaze, J., Viney, N. *et al.* (2008). Rainfall-runoff modelling across the Murray–Darling Basin. A report to the Australian Government from the CSIRO Murray–Darling Basin Sustainable Yields Project.

Chilton, J. and Seiler, K. (2006). Groundwater occurrence and hydrogeological environments. In *Protecting Groundwater for Health*, ed. Schmoll, O., Howard, G., Chilton, J. and Choru, I. London: IWA Publishing, pp. 21–47.

Coe, M., Latrubesse, E., Ferreira, M. and Amsler, M. (2011). The effects of deforestation and climate variability on the streamflow of the Araguaia River, Brazil. *Biogeochemistry*, **105**, 119–131.

Coram, J., Dyson, P., Houlder, P. and Evans, W. (2000). *Australian groundwater flow systems contributing to dryland salinity*. Bureau of Rural Sciences for National Land and Water Resources Audit. Available at: http://www.anra.gov.au/topics/salinity/pubs/national/salinity_gfs_report/report/pdf/report.pdf.

Costa, M. H., Botta, A. and Cardille, J. A. (2003). Effects of large-scale changes in land cover on the discharge of the Tocantins River, Southeastern Amazonia. *Journal of Hydrology*, **283**, 206–217.

de Bruin, A. and Barron, J. (2012). AWM interventions and monitoring and evaluation 2: developing indicators and thresholds based on stakeholder consultations at watershed level. Project report: Stockholm Environment Institute, Stockholm.

de Bruin, A., Mikhail, M., Noel, S. and Barron, J. (2010). AWM interventions and monitoring and evaluation: potential approaches at the watershed level. Stockholm Environment Institute, Stockholm.

de Groot, R. S., Alkemade, R., Braat, L., Hein, L. and Willemen, L. (2010). Challenges in integrating the concept of ecosystem services and values in landscape planning, management and decision-making. *Ecological Complexity*, **7**, 260–272.

Dearing, J. A., Braimoh, A. K., Reenberg, A., Turner, B. L. and van der Leeuw, S. (2010). Complex land systems: the need for long time perspectives to assess their future. *Ecology and Society*, **15**, 21.

Douxchamps, S., Ayantunde, A. and Barron, J. (2012). Evolution of agricultural water management in rainfed crop-livestock systems of the Volta basin. CGIAR Challenge Program for Water and Food Working Papers: 4. International Livestock Research Institute, Nairobi. Available at: http://hdl.handle.net/10568/21721.

Ellis, E. C. (2011). Anthropogenic transformation of the terrestrial biosphere. *Philosophical Transactions of the Royal Society A: Mathematical, Physical and Engineering Sciences*, **369**, 1010–1035.

European Commission Joint Research Centre (2003). *Global Land Cover 2000 database*. European Commission Joint Research Centre, Brussels. Available at: http://bioval.jrc.ec.europa.eu/products/glc2000/glc2000.php (accessed 7 April 2006).

FAO, IUCN and UNEP (2013). Ecolex: the gateway to environmental law. FAO, IUCN and UNEP. Available at: http://www.ecolex.org/.

Faurès, J. M., Bernardi, M. and Gommes, R. (2010). There is no such thing as an average: how farmers manage uncertainty related to climate and other factors. *International Journal of Water Resources Development*, **26**, 523–542.

Favreau, G., Cappelaere, B., Massuel, S. *et al.* (2009). Land clearing, climate variability, and water resources increase in semiarid southwest Niger: a review. *Water Resources Research*, **45**.

Food and Agriculture Organization (2011). *The State of the World's Land and Water Resources for Food and Agriculture (SOLAW): Managing Systems at Risk*. Rome and London: Food and Agriculture Organization and Earthscan.

Food and Agriculture Organization (2013). AquaStat online database. Available at: http://www.fao.org/nr/water/aquastat/main/index.stm (accessed multiple dates).

Forrester, J. and Taylor, R. (2012). A transdisciplinary approach to modelling complex social-ecological problems in coastal ecosystems. Complexity Science at the Social Science Interface Conference, Royal Society Centre, UK, Royal Society Centre.

Garg, K. K., Karlberg, L., Barron, J., Wani, S. P. and Rockström, J. (2012a). Assessing impacts of agricultural water interventions in the Kothapally watershed, Southern India. *Hydrological Processes*, **26**, 387–404.

Garg, K. K., Wani, S. P., Barron, J., Karlberg, L. and Rockström, J. (2012b). Up-scaling potential impacts on water flows from agricultural water interventions: opportunities and trade-offs in the Osman Sagar catchment, Musi sub-basin, India. *Hydrological Processes*, available at: http://onlinelibrary.wiley.com/doi/10.1002/hyp.9516/abstract;jsessionid=FB22A4233FCD7039DF0181A8815FBDA9.d02t01.

Gorgens, A. and Van Wilgen, B. (2004). Invasive alien plants and water resources in South Africa: current understanding, predictive ability and research challenges. *South African Journal of Science*, **100**, 27–33.

Government of Rajasthan (2013). Report on less/no inflow in Ramgarh Dam (District Jaipur). Technical Committee Constituted by Government of Rajasthan, Jaipur, India.

Haberl, H., Erb, K. H., Krausmann, F. *et al.* (2007). Quantifying and mapping the human appropriation of net primary production in Earth's terrestrial ecosystems. *Proceedings of the National Academy of Sciences of the United States of America*, **104**, 12942–12945.

Herrmann, S. M. and Tappan, G. G. (2013). Vegetation impoverishment despite greening: a case study from central Senegal. *Journal of Arid Environments*, **90**, 55–66.

Hillier, J., Brentrup, F., Wattenbach, M. *et al.* (2012). Which cropland greenhouse gas mitigation options give the greatest benefits in different world regions? Climate and soil-specific predictions from integrated empirical models. *Global Change Biology*, **18**, 1880–1894.

Ilstedt, U., Malmer, A., Verbeeten, E. and Murdiyarso, D. (2007). The effect of afforestation on water infiltration in the tropics: a systematic review and meta-analysis. *Forest Ecology and Management*, **251**, 45–51.

Joshi, P., Jha, A., Wani, S., Sreedevi, T. and Shaheen, F. (2008). Impact of watershed program and conditions for success: a meta-analysis approach. Global Theme on Agroecosystems Report: 46. International Crops Research Institute for the Semi-Arid Tropics. Available at: http://impact.cgiar.org/impact-watershed-program-and-conditions-success-meta-analysis-approach.

Kerr, J. (2002). Watershed development, environmental services, and poverty alleviation in India. *World Development*, **30**, 1387–1400.

Keys, P., Barron, J. and Lannerstad, M. (2012). *Releasing the Pressure: Water Resource Efficiencies and Gains for Ecosystem Services*. Nairobi and Stockholm: United Nations Environment Programme and Stockholm Environment Institute.

Kiersch, B. (2002). Land-water linkages in rural watersheds. FAO Land and water bulletin: 9. Food and Agriculture Organization, Rome. Available at: http://www.fao.org/docrep/004/y3618e/y3618e00.htm.

Klink, C. A. and Machado, R. B. (2005). Conservation of the Brazilian Cerrado. *Conservation Biology*, **19**, 707–713.

Lamarque, P., Quétier, F. and Lavorel, S. (2011). The diversity of the ecosystem services concept and its implications for their assessment and management. *Comptes Rendus Biologies*, **334**, 441–449.

Landers, J. N. (2001). Zero tillage development in tropical Brazil: the story of a successful NGO activity. Food and Agriculture Organization, Rome. Available at: http://www.fao.org/docrep/004/Y2638E/Y2638E00.HTM.

Landers, J. N. (2007). Tropical crop-livestock systems in conservation agriculture: the Brazilian experience. Food and Agriculture Organization, Rome. Available at: ftp://ftp.fao.org/docrep/fao/010/a1083e/a1083e.pdf.

Lehner, B., Reidy Liermann, C., Revenga, C. *et al.* (2011). Global reservoir and dam database, version 1 (GRanDv1), revision 01. NASA Socioeconomic Data and Applications Center, New York. Available at: http://sedac.ciesin.columbia.edu/data/collection/grand-v1/sets/browse.

Liebe, J. (2002). Estimation of water storage capacity and evaporation losses of small reservoirs in the Upper East Region of Ghana. Master of Science thesis, University of Bonn, Germany.

Locatelli, B. and Vignola, R. (2009). Managing watershed

services of tropical forests and plantations: can meta-analyses help? *Forest Ecology and Management*, **258**, 1864–1870.

Mahe, G., Paturel, J.-E., Servat, E., Conway, D. and Dezetter, A. (2005). The impact of land use change on soil water holding capacity and river flow modelling in the Nakambe River, Burkina Faso. *Journal of Hydrology*, **300**, 33–43.

Manson, S. M. (2008). Does scale exist? An epistemological scale continuum for complex human–environment systems. *Geoforum*, **39**, 776–788.

McDonnell, J., Sivapalan, M., Vaché, K. *et al.* (2007). Moving beyond heterogeneity and process complexity: a new vision for watershed hydrology. *Water Resources Research*, **43**.

Millennium Ecosystem Assessment. (2005). *Ecosystems and Human Well-being: Synthesis.* Washington DC: Island Press.

Minella, J. P. G., Merten, G. H., Walling, D. E. and Reichert, J. M. (2009). Changing sediment yield as an indicator of improved soil management practices in Southern Brazil. *CATENA*, **79**, 228–236.

Molden, D. (ed.) (2007). *Water for Food, Water for Life: A Comprehensive Assessment of Water Management in Agriculture*. London: Earthscan.

Montanari, A. and Uhlenbrook, S. (2004). Catchment modelling: towards an improved representation of the hydrological processes in real-world model applications. *Journal of Hydrology*, **291**, 159.

Nilsson, C., Reidy, C. A., Dynesius, M. and Revenga, C. (2005). Fragmentation and flow regulation of the world's large river systems. *Science*, **308**, 405–408.

Olson, D. M., Dinerstein, E., Wikramanayake, E. D. *et al.* (2004). Terrestrial ecoregions of the world. A new map of life on Earth: a new global map of terrestrial ecoregions provides an innovative tool for conserving biodiversity. World Wildlife Fund for Nature. Available at: http://worldwildlife.org/publications/terrestrial-ecoregions-of-the-world (accessed 1 March 2006).

Ouattara, K., Pare, S., Savadogo Kaboure, S. *et al.* (2012). Baseline assessment of current livelihood strategies in Nariarlé watershed, Burkina Faso. SEI Project report. Stockholm Environment Institute, Stockholm.

Oudin, L., Andréassian, V., Lerat, J. and Michel, C. (2008). Has land cover a significant impact on mean annual streamflow? An international assessment using 1508 catchments. *Journal of Hydrology*, **357**, 303–316.

Ouedraogo, I., Savadogo, P., Tigabu, M. *et al.* (2011). Trajectory analysis of forest cover change in the tropical dry forest of Burkina Faso, West Africa. *Landscape Research*, **36**, 303–320.

Paré, S. (2008). Land use dynamics, tree diversity and local perception of dry forest decline in southern Burkina Faso, West Africa. Doctoral thesis, Swedish University of Agricultural Sciences, Uppsala, Sweden.

Pereira, P., Martha, G., Santana, C. and Alves, E. (2012). The development of Brazilian agriculture: future technological challenges and opportunities. *Agriculture & Food Security*, **1**, 4.

Piao, S., Friedlingstein, P., Ciais, P. *et al.* (2007). Changes in climate and land use have a larger direct impact than rising CO_2 on global river runoff trends. *Proceedings of the National Academy of Sciences*, **104**, 15242–15247.

Rocha, E. O., Calijuri, M. L., Santiago, A. F., de Assis, L. C. and Alves, L. G. S. (2012). The contribution of conservation practices in reducing runoff, soil loss, and transport of nutrients at the watershed level. *Water Resources Management*, **26**, 3831–3852.

Royal Netherlands Meteorological Institute (2013). KNMI Climate explorer, GHCN precipitation, station 65503. Royal Netherlands Meteorological Institute. Available at: http://climexp.knmi.nl/getprcpall.cgi?id=someone@somewhere&WMO=65503&STATION=OUAGADOUGOU_AERO&extraargs=.

Sanou, K. (2008). Communalisation et gestion des ressources en eau à l'échelle du bassin du Nayarle. Thesis, Université de Ouagadougou, Burkina Faso.

Scanlon, B. R., Jolly, I., Sophocleous, M. and Zhang, L. (2007). Global impacts of conversions from natural to agricultural ecosystems on water resources: quantity versus quality. *Water Resources Research*, **43**.

Schreider, S. Y., Jakeman, A. J., Letcher, R. A. *et al.* (2002). Detecting changes in streamflow response to changes in non-climatic catchment conditions: farm dam development in the Murray–Darling basin, Australia. *Journal of Hydrology*, **262**, 84–98.

Schulze, R. (2000). Transcending scales of space and time in impact studies of climate and climate change on agrohydrological responses. *Agriculture, Ecosystems & Environment*, **82**, 185–212.

Seitzinger, S., Mayorga, E., Bouwman, A. *et al.* (2010). Global river nutrient export: a scenario analysis of past and future trends. *Global Biogeochemical Cycles*, **24**, GB0A08.

Sivapalan, M. (2005). Pattern, process and function: elements of a unified theory of hydrology at the catchment scale. In *Encyclopedia of Hydrological Sciences*, ed. Anderson, M. G. London: John Wiley, pp. 193–219.

Strauch, M., Lima, J. E. F. W., Volk, M., Lorz, C. and Makeschin, F. (2013). The impact of best management practices on simulated streamflow and sediment load in a Central Brazilian catchment. *Journal of Environmental Management*, available at: http://dx.doi.org/10.1016/j.jenvman.2013.01.014.

Strzepek, K., Boehlert, B., Strzepek, K. and Boehlert, B.

(2010). Competition for water for the food system. *Philosophical Transactions of the Royal Society B: Biological Sciences*, **365**, 2927–2940.

Syvitski, J. P. M., Peckham, S. D., Hilberman, R. and Mulder, T. (2003). Predicting the terrestrial flux of sediment to the global ocean: a planetary perspective. *Sedimentary Geology*, **162**, 5–24.

Tetzlaff, D., McDonnell, J., Uhlenbrook, S. *et al.* (2008). Conceptualizing catchment processes: simply too complex? *Hydrological Processes*, **22**, 1727–1730.

Tornquist, C. G., Gassman, P. W., Mielniczuk, J., Giasson, E. and Campbell, T. (2009). Spatially explicit simulations of soil C dynamics in Southern Brazil: integrating Century and GIS with i_Century. *Geoderma*, **150**, 404–414.

United Nations Global Environment Monitoring System: Water. (2008). *Water Quality for Ecosystem and Human Health*. Nairobi: United Nations Environment Programme.

van Noordwijk, M., Poulsen, J. G. and Ericksen, P. J. (2004). Quantifying off-site effects of land use change: filters, flows and fallacies. *Agriculture, Ecosystems & Environment*, **104**, 19–34.

Venot, J.-P. and Cecchi, P. (2011). Valeurs d'usage ou performances techniques: comment apprécier le rôle des petits barrages en Afrique subsaharienne? *Cahiers Agricultures*, **20**, 112–117.

Wagener, T., Sivapalan, M., Troch, P. and Woods, R. (2007). Catchment classification and hydrologic similarity. *Geography Compass*, **1**, 901–931.

Walling, D. E. (2006). Human impact on land–ocean sediment transfer by the world's rivers. *Geomorphology*, **79**, 192–216.

Wani, S. P., Rockström, J. and Sahrawat, K. L. (eds) (2011). *Integrated Watershed Management in Rainfed Agriculture*. Boca Raton, FL: CRC Press.

Wantzen, K. M., Siqueira, A., Cunha, C. N. d., de Sá, P. and de Fátima, M. (2006). Stream-valley systems of the Brazilian Cerrado: impact assessment and conservation scheme. *Aquatic Conservation: Marine and Freshwater Ecosystems*, **16**, 713–732.

Zinn, Y. L., Lal, R. and Resck, D. V. S. (2005). Changes in soil organic carbon stocks under agriculture in Brazil. *Soil and Tillage Research*, **84**, 28–40.

Part

IV

지배 구조와 경로

베트남의 농경지에서 응유엔 타이 란이 농사 도구를 옮기고 있다. 메콩강과 지류의 관리는 인구의 80%가 논농사에 종사하는 메콩강 삼각주의 사회-생태학적 시스템에 중요하다.

Chapter 8

인류세의 새로운 담수역학을 찾기 위한 지배 구조

이 장에서는 인류세에 새로운 물 역학과 함께 살아가는 데 필요한 물 지배 구조의 변화와 전통적인 청색수 관점에서의 확장에 대해 다룬다. 생태계 서비스의 바람직한 경관 양식을 포함한 회복탄력성을 세우기 위한 통합 지배 구조와 관리, 그리고 과거 지배 구조의 실패를 극복할 방법을 지속가능 관점에서 논하고자 한다. 회복탄력성을 세우기 위해서는 강수 관리의 예방적 접근, 부문 간 통합 필요성, 그리고 경직된 관료주의 극복이 필요하며, 이를 통해 기회의 장이 열릴 것이다.

8.1 인류세에서 새로운 지배 구조와 관리의 필요성

인간과 사회는 생물권의 구성원으로, 생물권의 기능과 생명 유지 시스템에 의존한다. 그러나 인류세에 들어와서 인류는 전 지구적으로 생물권에 영향을 미치고 있으며(Steffen *et al.*, 2007; Steffen *et al.*, 2011), 이를 사회-생태학적 시스템으로 일컫기도 한다(Berkes and Folke, 1998). 이렇게 복잡하게 얽힌 시스템의 기능이 변하게 될 때, 역사적인 강수 체제에 최적화된 농업과 같은 지역적인 조건에 적응하는 것이 더 이상 충분하지 않게 될 위험이 있다.

앞서 물이 생물권의 혈류와 같은 중요한 역할을 하고 있으며, 사람과 장소를 이어주고, 생계와 사회-생태학적 회복탄력성에 영향을 미치고 있음을 강조하였다. 명백히, 우리는 지역적에서 전 지구적인 외연의 확장과 반응하는 통합적이고 복잡한 시스템의 새로운 시대, 변화무쌍한 시대를 살아가고 있다(Falke *et al.*, 2011; Walker and Meyers, 2004).

지구상의 회복탄력성은 전 지구적이고 지역적인 수준에서 발생하는 다양한 역학과 변화를 다루기 위해 필요하다(Falke *et al.*, 2010; Rockstrom *et al.*, 2009b). 전 세계의 회복탄력성을 보장하기 위해 전 지구적 관리의 필요성이 높아지고 있다(Power and Chapin III, 2009; Reid *et al.*, 2010; Westley *et al.*, 2011). 이 장에서는 인류세가 담수의 지배 구조와 관리를 위한 새로운 도전에 직면했음을 제시한다. 우리가 구성하고 의존하고 있는 생물권의 관리에 보다 관심을 기울일 필요가 있다.

8.1.1 필수적인 구별

관리와 지배 구조는 종종 동일시되기도 하는데, 이는 잘못된 것으로 구분이 필요하다. 자원 관리는 자원의 상태를 바람직한 범위 내에서 유지하기 위한 분석, 모니터링, 개발, 이행 등의 활동을 의미한다(Pahl-Wostl, 2009). 관리는 다양한 출처의 지식을 통합하여 새로운 관점에서의 실행이 가능하도록 하는 것을 의미한다(Westley, 1995). 반면, 지배 구조는 관리가 이행될 수 있는 규칙을 설정하는 것이다. 지배 구조 시스템을 통해 특정 정책 분야에서 상충하는 목표를 가진 사람들과 사회적이고 환경적인 과정을 조정하기 위한 도구들이 상호작용하는 패턴을 확인한다(Galaz *et al.*, 2008). 규범, 규칙과 같은 제도는 중요한 요소이며(North, 1990), 사람과 다단계 제도 환경 간의 상호작용이 그렇듯이, 인간과 생태계의 역학 사이에 복잡한 관계를 형성한다(Pahl-Wostl, 2006). 이러한 복잡한 관계는 **회복탄력성과 변화를 위한 적응적 지배 구조**의 개념에 드러나 있으며, 이는 불확실성과 변화하는 환경 속에서 담수 관리와 생태계 서비스 유지를 위한 역학 관계와 능력을 나타낸다(Dietz *et al.*, 2003; Folke *et al.*, 2005; Pahl-Wostl, 2009).

8.1.2 청색수 지배 구조의 확장

물 관리는 종종 경제적, 사회적 개발을 위한 청색수에 초점을 맞추곤 하는데, 이는 생태계와의 연관성과 영향을 무시한 처사이다. 통합 수자원 관리(IWRM)는 유역을 세밀하게 나누어 상호작용하는 부문들에 초점을 확장한다(GWP, 2000). 이론적으로, 통합 수자원 관리는 모든 물의 흐름을 다루나, 실제로는 청색수에 초점을 맞추고 있다. 지역 상호 간 식량 생산을 위한 가상의 물 흐름을 포함한 물 공유의 중요성은 점점 많은 관심을 받고 있다(4장과 5장 참조).

최근에는 녹색수에 관심이 높아졌는데, 특별히 천수농경과 관련이 있고(Falkenmark and Rockstrom, 2006; Rockstrom *et al.*, 2009a), 근래에는 경관과 유역에서의 생태계 서비스들과의 균형을 유지하는 것과 연관이 있다(Gordon *et al.*, 2008). 전 지구적 변화의 시대에 후자의 개념은 생산적이고 회복탄력적인 강수의 사용으로 확장되고 있다. 어떻게 하면 강우가 유역으로 손실되기 전에 생산적으로 사용할 수 있을까? 이것은 상류 지역에서의 다양한 종류의 육상 생태계와 하천과 대수층으로 흐르는 유출수 간의 균형과 연관이 있으며, 하류 지역에서의 관개, 습지, 도시, 그리고 수생 생태계 간의 균형과 연관이 있다(Falkenmark and Folke, 2010). 어떤 지배 구조가 강우와 생태계 서비스 관점을 포함하는 통합적인 경관 관리에 도움이 될 수 있을까?

8.1.3 새로운 물 역학과 삶

이 책에서는 물 지배 구조에 대한 도전을 기존에 알려지지 않은 영역에서 바라보고, 전체론적인 관점에서 물 순환 관리의 필요성에 방점을 둔다(1장의 그림 1.14 참조). 이것은 역동적인 경관에서 다양한 수요처 간에 공정하고 지속가능한 청색수와 녹색수 자원을 분배하기 위한 관리를 고안하는 중요한 지배 구조로의 도전이며, 빈곤에 시달리는 지역에서의 지속가능한 삶과 빈곤 구제 방안 또는 개발된 지역에서의 다양한 생태계 서비스를 관리할 수 있게 한다. 추가적으로, 이러한 분배는 새로운 물의 원격 연결(4장 참조)과 강우 패턴의 예견된 놀라운 변화의 맥락에서 이루어져야 한다.

강우를 유지하는 방안에 대한 도전은 현재 물 관리 개념을 확장시키는 데 있어서 청색수와 녹색수 흐름과 삶과 복지, 그리고 경제적인 발전을 위한 유역에서 생태계 서비스의 생산이 대륙 수준의 강우대에 의존한다는 사실을 인지하는 것이다(Keys *et al.*, 2012b)(7장 참조). 일부 강우는 유역 내 습기의 순환으로 생산될 수 있으며, 일부는 다른 유역에서 순환되어 오거나 대양의 증발로 기인한다(4장 참조). 모든 것은 지역적인 토지 사용 변화로부터 기후 시스템에 인간의 흔적을 남기는 것에 이르기까지 다양한 인간 행동 양식, 인센티브와 결정에 상당한 영향을 받는다. 인류세와 전 지구적 변화의 시기는 이전에 경험했던 것과 다르게 펼쳐질 가능성이 높다. 변화의 규모와 속도는 예측 불허하며, 물 관리의 전 지구적 관점을 포함하여 생물권 내 담수의 역할을 관리하기 위해 집단행동과 새로운 지배 구조 조정의 필요성을 불러일으킨다(Pahl-Wostl *et al.*, 2008).

더욱이 강우 관리는 새로운 물 역학의 시대에 사회-생태학적 기능을 건설하는 것을 의미하며, 이는 강우 패턴의 주기, 강도, 가뭄 지속 기간과 폭우, 홍수 그리고 다른 기상 이변 현상을 포함한 변화를 포함한다(예를 들어, McSweeney and Coomes, 2011). 빈약한 강우의 하한선에 이미 대처하고 있는 건조 지대의 증가하는 가뭄을 어떻게 관리할 것인가는 6장에서 다루었다.

새로운 역학은 물과 관련하여 지역적 수준에서 비선형적 변화와 임계점에 관심을 갖게 하며(3장), 취약점과 도전점을 마주할 뿐만 아니라 사회-생태학적 변화의 기회로 삼을 수도 있다. 모두의 삶이 다른 모두의 삶에 영향을 미치는 전 지구적으로 연결된 세상에서 인구 증가, 도시화, 이동 패턴, 식생활 변화, 신생 시장, 정보 기술의 빠른 성장과 같은 변화를 유도하는 인자들은 생태학적 위기, 식량 또는 연료 가격의 급속한 변화, 변동성 있는 금융 시장과 같은 충격으로 이루질 수 있으며, 물과 관련한 임계점을 유도할 수 있다. 이러한 새로운 연계 방식은 제도적, 정치적 리더십에 있어서의 도전을 의미하며, 현재까지 이러한 위기관리 연구자 또는 제도 관련 석학들에 의해 정교하게 다듬어지지 않았다(Galaz *et al.*, 2012). 그림 8.1은 전 세계적인 인자들과 경제, 기후, 건강, 생태계 부문에서의 충격과 원치 않는 결과들의 상호작용을 보여주는 예이다. 이러한 부문들은 종종 개별적으로 다루어지나, 갈수록 상호의존적으로 되어가고 있으며, 생물권에서 지역적 수준에 이르기까지 물 역학과 관련이 있다.

8.1.4 접근 방식의 개요

일부 사회는 충격과 변화에 회복탄력성을 보이기도 한다. 이러한 사회는 적응, 재조정, 발전의 과정을 사회적 기능에 심각한 저해 없이 달성해 낸다. 그러나 이와 같지 않은 경우, 변화를 극복하는 데 어려움을 겪게 되며 지속가능하지 않은 개발로 빠져들 우려가 있다(Tompkins and Hurlston, 2012; Walker *et al.*, 2009a). 이러한 사회는 사회-생태학적 덫에 걸려 있으며, 물을 제대로 사용하느냐의 여부가 중요한 역할을 하게 된다(3장). 사회는 현재 시스템의 회복탄력성을 낮출 수도 있으며, 사회-생태학적 회복탄력성을 새로운 개발의 방식으로 건설해 나갈 수도 있다. 회복탄력성은 사회가 역학, 변화, 전진해 가는 과정에서 개발의 과정을 따라 반응하는 것을 통해 확인할 수 있다(Chapin *et al.*, 2010; Folke *et al.*, 2010).

이 책에서는 인간이 한 부분을 차지하는 생물권에서 혈류와 같은 물의 필수적인 역할에 대해 논한다. 생물권의 역학에서 물의 확장된 개념을 이해하고 사회적 발전과 사회-생태학적 회복탄력성을 고려하는 것은 수자원의 지역적 관리와 지배 구조의 새롭고 중요한 기반이 된다. 물 회복탄력성 또는 회복탄력성 건설에서 물의 역할은 인류의 지속가능한 미래에 중요한 부분이다.

8.2 통합 수자원 관리: 지배적 패러다임

이 절에서는 물 관리와 지배 구조, 이의 실행에 대한 현재 그리고 전통적인 접근 방식의 개요에 대해 설명하고, 인류세에 맞이하게 되는 새로운 도전에 대해 인류의 복지와 회복탄력성 건설, 전 지구적 지속가능성의 관점에서 다루기 위한 방안을 제시한다.

역사적으로, 물 지배 구조와 관리는 기술적 전통과 예측, 제어 패러다임에 의존해 왔으며, 명확하게 정의된 문제와 이에 대한 사후 해결책을 제시하곤 했다. 목표는 하천 흐름과 같은 하나의 주요 변수를 제어하는 것이고, 자원 역학을 보다 예측 가능하게 하기 위해 이들의 변동성을 줄이는 것에 초점이 맞추어져 왔다. 위생과 부영양화와 같은 문제를 몇몇 지역에서 성공적으로 다루었음에도 불구하고, 장기적 관점에서 이러한 접근 방식의 부정적인 부분

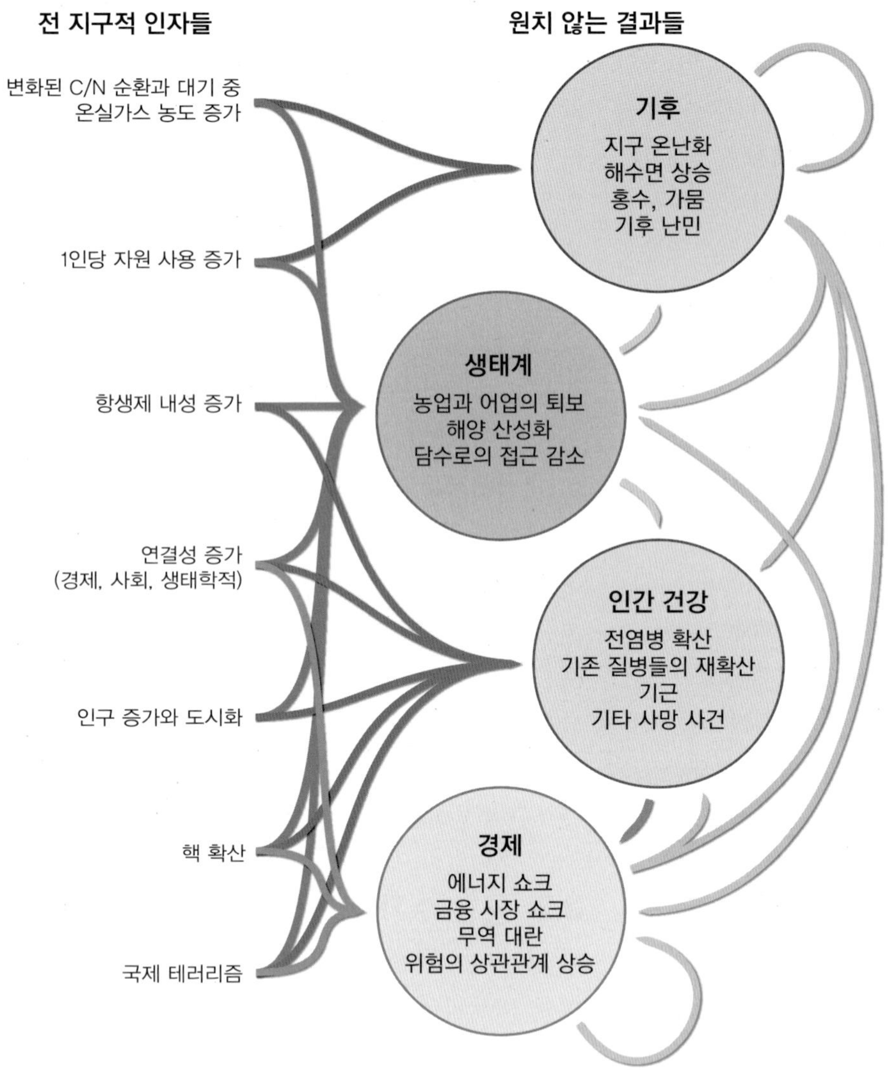

그림 8.1 전 지구적 인자들과 경제, 기후, 건강, 생태계 부문에서 충격과 원치 않는 결과들 간의 상관관계(Folke *et al.*, 2011에서 수정).

들이 드러나기 시작했다. 원인 제공 부분에서 문제를 다루는 대신 기술적인 보완으로 대처하는 것은 점점 비경제적인 소모로 이어지고 있다. 수생태계는 점점 악화되어 가고 있다. 독립된 조건에서 문제를 다루는 것은 종종 단기적으로 성공을 가져오나, 장기적으로 새로운 문제를 발생시킨다(Holling and Meffe, 1996). 이러한 단점들을 보완하기 위해 보다 통합적인 접근 방식에 관심을 갖기 시작하였고, 이는 경제적, 사회적, 환경적인 지속가능성의 균형을 물 관리의 관점에서 달성하는 것을 목표로 한다.

8.2.1 더블린 원칙으로 촉발된 통합 수자원 관리

통합 수자원 관리는 1992년 리우데자네이루의 세계 정상 회담에서 더블린 원칙을 채택하면서 탄력을 얻게 되었다(GWP, 2000). 시간이 지남에 따라 이러한 원칙들이 새로운 물 지배 패러다임으로 발전하고 다음의 세 가지 구성 요소를 갖추었다: (1) 다양한 수요와 사용자들을 포괄하는 통합 접근 방식; (2) 지속가능성의 세 가지 균형 맞추기—경제적, 사회적, 환경적 우려; (3) 여성의 참여와 관여를 유발하는 접근 방식. 통합 수자원 관리는 인프라와 기술적인 보완에 초점을 맞추는 외부적인 전략과 더불어 지배 구조와 관리 시스템을 다루기 위한 내부적인 전략의 중요성을 명시한다. 또한 물 공급을 단지 개발하는 것보다 수요 관리에 초점이 맞추어져 있다. 이러한 개념을 통해 통합 수자원 관리에서 자주 사용되는 용어는 아니지만 청색수-녹색수의 연계와 관점을 암묵적으로 나타낸다.

8.2.2 시행 과정의 장애물

통합 수자원 관리가 혁신적인 패러다임으로 등장했음에도 불구하고, 그 진척 과정은 느리고 점진적으로 진행되어 왔으며, 담수의 지배 구조와 관리에 주요한 변화를 이끌어내지는 못하였다(GWP, 2000). 유엔 워터에서 발간한 최근 보고서는 긍정적인 결론을 이끌어내었는데(UN-Water, 2012), 여기서는 전 지구적 조사를 토대로 대다수의 국가들이 통합 수자원 관리 원칙을 법과 정책에 채택하였음을 밝히고 있다. 그러나 이론적인 원칙을 관리 실행 방안으로 옮기기 위한 이행 방안은 여전히 느리게 진행되고 있다. 진행 과정을 더디게 하는 몇 가지 장애물이 있기 때문이다.

예측 및 제어 패러다임의 보급

수요를 관리하는 내부적인 전략보다 새로운 공급을 개발하는 관점에서는 전통적인 방식이 통할 수 있다. 예를 들어, 물 절약 사회를 향해 나아감에도 불구하고, 중국 정부는 양쯔강에서 황허로 남북을 가로지르는 이송을 구축하기 위한 인프라 건설을 승인하였는데, 이는 현존하는 황허 유역의 물 사용의 사회적 가치를 증가시키는 잠재력을 평가하지 않은 채 진행한 것이다(Xia and Pahl-Wostl, 2012). 스페인에서도 에브로에서 물을 이송하는 유사한 계획을 시행하려다 전국적이고 강력한 공공의 저항에 부딪힌 바 있다(Albiac *et al.*, 2006).

대부분의 하천 유역에서 홍수 방지를 위한 전통적인 접근 방식에서 보다 적응적인 관리 체계로 전환하는 것에 애로 사항이 많다. 이미 구축된 체계는 변화에 상당히 저항한다. 현재 물 지배 구조와 관리 시스템의 구성 요소들은 서로를 강화시키고, 상호의존적으로 만들며, 물 관리의 새로운 관점과 방향을 채택하는 데 관성을 유발한다(Pahl-Wostl, 2007). 이러한 방어적 기제는 3장에서 언급한 경직된 갇힌 사례들이다. 다른 갇힌 사례들과 마찬가지로 새로운 사회-생태학적 방향과 시스템으로의 변환은 제도적, 기술적, 개인적인 근본적 변화를 요구하며, 또한 유역의 궤적을 설정하는 데 영향을 미치는 생태학적, 경제적, 사회적 과정에서의 변화를 필요로 한다(Box 8.2 참조).

제도적 단편화

부문 통합에 제도적 장벽은 여전히 통합 수자원 관리 이행의 주요 장애물이다(UN-Water, 2012). 행정적인 경계는 유역 경계와 일치하는 경우가 드물고, 공간적 계획과 물 관리는 연관성이 부족하다. 게다가 농업 정책과 우선순위는 종종 물 관리와 환경 목표를 강조하여, 다른 생태학적 사회적 부문을 간과하기도 한다. 그러나 광범위한 부문 통합은 유역 원칙에 반드시 따를 필요는 없다. 수문학적 경계와 맞출 수는 있어도, 기존의 행정 경계에 따라 영향을 받는 다른 부문과의 연계를 약화시킬 수 있기 때문이다(Moss, 2006).

물 순환 분야만을 위한 관리

통합 수자원 관리의 적용은 녹색수의 기여를 고려하지 않고 청색수에 초점을 맞추는 경향이 있다. 녹색수 흐름은 육상 생태계 서비스의 생산에 필수적이다. 식량에서 홍수 방지 및 생물권의 혈류인 담수의 역할에 이르기까지 강우 패턴과 물의 원격 연결과

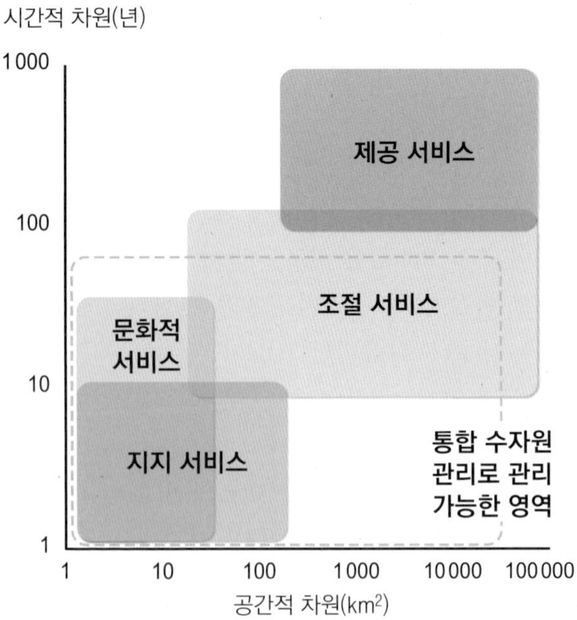

그림 8.2 생태계 서비스의 공간적 시간적 차원에서 통합 수자원 관리의 관리 구역과의 연관성(Keys *et al.*, 2012a). 제공 서비스는 식량과 목재 생산에서 물의 역할과 연관되어 있으며, 조절 서비스는 지역적 강우를 위한 습기의 순환과 기후 조절에서 물의 역할을 포함한다. 문화적 서비스는 문화적 가치와 경관을 유지하는 물의 역할로 특징지을 수 있으며, 지지 서비스는 토양의 비옥함을 위한 강우 유지를 포함한다.

연관되어 있다(4장 참조).

실제로, 통합 수자원 관리의 적용은 종종 물 순환의 일부를 포함할 따름이고, 사회-생태학적 시스템의 복잡성을 총체적으로 고려하지는 않는다. 그림 8.2에서처럼 천년생태계평가(2005)에 분류된 것과 같이 통합 수자원 관리와 생태계 서비스를 아우르는 개념이 제안되었다. Rockstrom *et al.*(1999)은 육상 생태계 서비스의 생산을 위한 담수의 역할에 대한 전 지구적 평가를 제공한다.

여전히 추상적 개념으로 존재하는 통합 수자원 관리

통합 수자원 관리는 명확하게 설명하기 어려운 개념으로 남아 있다(Jeffrey and Gearey, 2006). 발전 단계의 여러 층에 있는 국가들을 비교해 볼 때, 이러한 모호함이 두드러진다. 통합 수자원 관리의 이행을 위한 재정 가능성, 공공 정책, 공공 수요는 예를 들면 서유럽 국가에 들어맞는다(Box 8.1). 반면, 개발도상국에는 이상적인 개념이며, 당장의 식량 부족 사태, 시급한 빈곤 해결, 생계에 대한 보장과 같은 현안을 다루어야 하기 때문이다(AMCOW, 2012; UN-Water 2012). 현실에서 다루어야 하는 문제에 향후 유익한 잠재성을 지닌 것이 명백하게 보이지 않으면, 현실적으로 이행하기는 쉽지 않다(예를 들어, Pahl-Wostl *et al.*, 2012 참조). 그러나 림포포 유역 사무국과 최근의 잠베지 조약과 같은 긍정적인 움직임도 포착된다.

통합 수자원 관리는 유용하고, 지역적, 국가적 이행을 위한 촉진제 역할을 할 수 있으나, 생물권의 일부인 담수의 관리에 근본적인 변화를 이끌어내지는 못하였다. 비판적인 시각에서 이를 결함이 있는 개념으로 생각하기도 한다(Biswas, 2004). 그러나 문제들은 개념에서 비롯되었다기보다는 보수적인 물 정책과 이행 기관 때문으로 볼 수 있다. 게다가 패러다임 전환은 수십 년에 걸쳐 일어난다(Pahl-Wostl *et al.*, 2011). 주도적인 패러다임으로 통합 수자원 관리의 채택은 기술주의적 사고와 지배적인 정신 모델, 즉 선형적 사고, 최적화, 완벽한 정보에 기반한 합리적 결정, 예측과 제어 능력을 강조하는 사고를 극복하지 못하였다. 단편적인 지배 구조 체계와 기존의 이행 방식을 변화하기 위한 주요 제도적 장애물은 틀에 박힌 행동과 신념으로 인프라 구조에 반영되어 있다. 그러나 더욱 역동적이고 적응적인 물 관리를 위한 새로운 분야가 관심을 받고 있다.

8.2.3 토지와 물의 분리

공간적 계획과 통합 수자원 관리는 연관성이 없어 보이지만, 일부 통합적인 부분도 눈에 띈다. 유럽연합의 물 관리 기본 지침(Box 8.1) 또는 비판적인 시각이 증가하고 있지만 남아프리카의 물 프로그램을 위한 작업에 드러나 있다(예를 들면, Schreiner and

Box 8.1 유럽 물 정책의 혁신: 물 관리 기본 지침과 홍수 지침

Claudia Pahl-Wostl, Stockholm Resilience Centre and Institute of Environmental Systems Research, University of Osnabrück

유럽연합의 물 관리 기본 지침(Bundesminiterium fur umwelt, 2010)은 2000에 효력을 발휘하였으며, 유럽연합 물 정책의 새로운 지평을 열었다. 본 지침은 하천 유역 수준에서의 물 관리를 규정하고, 모든 유럽 내 물(지표수와 지하수)의 상태를 좋게 유지하기 위한 통합적 접근을 장려한다. 이 새로운 정책의 기틀은 목적과 방법의 관점에서 물 정책이 점차 파편화되어 가는 것을 방지하였다. 또한 물 관리 기본 지침은 유럽연합의 첫 번째 주요 지침으로 이해 당사자들과 일반 대중의 참여를 규정한다. 유럽 위원회의 공식적인 정보는 물 관리 기본 지침의 성공적인 이행을 위해 모든 관련 당사자들의 적극적인 참여가 필요하다는 것을 명시하고 있다. 물 관리 기본 지침은 국제적인 하천 유역에서도 분야별 통합과 국경을 초월한 협력을 장려하고 있다. 관리 계획은 15년마다 갱신되며, 방법론을 개발하고 이행하는 데 있어서 적응적 접근 방식을 도모한다.

최근에는 홍수 위험을 평가하고 관리하기 위한 유럽연합 홍수 위험 관리 지침이 2007년 11월부터 시행되었다. 이 지침은 2002년 여름 다뉴브(Danube)와 엘베(Elbe) 유역의 홍수 재난을 포함한 1998년과 2004년 사이에 유럽의 많은 지역에서 발생한 심각한 홍수에 대한 대처이다. 홍수 위험 관리 지침은 유럽연합 참여국들이 홍수로부터 수로와 해안선이 얼마나 위험한 상황인지 홍수 위험을 지도화하고, 잠재적인 피해를 감소하기 위해 적절한 조치를 취하도록 한다. 홍수 위험 관리 지침은 이러한 정보에 접근하고 계획 과정에 참여할 수 있는 공공의 권리를 강화한다. 이러한 이행 과정은 물 관리 기본 지침과 조화롭게 이뤄지도록 한다.

유럽연합의 물 관리 기본 지침과 홍수 위험 관리 지침은 유럽 수역의 생태학적 상태를 향상시키기 위한 희망적인 과정으로, 최근 물 관리 기본 지침 분류가 시급히 요구되고 있다. 분석에 따르면 주요한 생태학적 결핍이 드러났다. 예를 들어, 독일 지표수의 88%는 화학적으로 좋은 상태이나 단지 10%가 생태학적으로 좋은 상태이며, 34%는 불량하고 23%는 매우 불량한 생태학적인 상태로 나타났다(BMU, 2010). 수질 향상은 기술적인 방법으로 이루어질 수 있지만, 생태학적 상태의 향상은 이 장에서 논하는 바와 같이 보다 총체적인 경관 관리를 향한 변환을 통해 이루어진다.

Hassan, 2010). 호주에서 증가하는 토양 염류 문제 해결을 위한 노력도 또 다른 예이다. 그럼에도 불구하고, 인간이 주도하는 행성에서 자원과 생태계 서비스를 위한 증가하는 압력은 담수와 토지 사용 변화와의 연관에 이르지 못하곤 한다. 전 지구적인 동력은 종종 지역적인 노력을 압도하며, 이는 빈약한 제도적인 반응, 토지 점유와 세계 시장 가격 변동에 취약한 지역적인 사회-생태학적 특성에 나타난다. 예를 들어, 광범위한 콩 및 야자유 생산을 통한 경관의 단순화를 위한 현재의 트렌드는 지배 구조의 주요한 변환과 함께 담수 및 생물권과 연결된 시장과 인센티브로의 전환을 위한 전 지구적 지배 구조의 노력이 필요할 것이다.

8.3 지배 구조의 경계

오늘날 많은 물과 관련한 의제상의 도전은 저항에 직면해 있다. 기본적인 삶의 영위, 생태계, 빈곤 구제, 위생, 보건을 위한 물 공급에서 인프라 구조를 지지하고 불규칙한 강우 패턴을 극복하기 위한 것까지 아우른다. 이 절에서 초점을 맞추는 새로운 담수에 관한 도전은 인류세와 기후변화를 포함하는 전 지구적 변화와 연관된다.

8.3.1 새로운 담수에 관한 도전

어떻게 하면 실질적으로 물의 역학을 잘 포착할 수 있느냐에 관한 논쟁은 기후변화와 불확실성의 증가 영향으로 촉발되었다. '정적인 상태는 죽은 것이다' 그리고 '기후변화가 물에 관한 규제를 바꾼다'와 같은 문구는 문학에서 등장했다(Kabat *et al.*, 2003; Milly *et al.*, 2008). 대부분의 조약과 국제 협정은 변화하는 사회적, 경제적, 또는 기후적 조건에 대처하기 위한 적절한 메커니즘뿐만 아니라 현 시대의 도전을 대처할 도구가 부족하다. 기존의 조약과 통합될 수 있는 새로운 접근 방식은 기후변화에 직면한 상황에서 유연성을 얻도록 한다: 조정 가능한 할당 전략과 수질 기준; 극심한 사태에 대한 대처 전략; 수정 및 검토 절차; 그리고 합동 관리를 위한 기관(Cooley and Gleick, 2011).

이 책에서는 다음의 사항을 고려한다: (1) 인간이 지배하는 경관에서 다양한 인간 활동과 생태계 서비스를 지키는 것 사이에서 물이 중재하는 균형; (2) 물의 원격 연결; (3) 폭우, 홍수, 가뭄과 같은 재난의 빈도, 강도, 지속 기간의 변화. 강수의 생산적이고 회복탄력적 사용에 초점을 확대하고, 복잡성과 불확실성을 다루기 위한 백업 시스템과 보험을 개발한다. 글로벌화된 세상에서 더 넓은 강수 유역의 관리를 통한 변동성 있고 예측 불가한 강우를 다루는 겉보기에는 벅찬 업무는 지배 구조의 능력에 대한 도전이 될 것이다. 국가 간의 장벽을 넘어서 원격으로 경관을 연결하는 지배 구조의 협업과 새로운 형식이 나타나기를 희망해 본다. 작은 지역에서 보다 넓은 지역적 규모의 취약성을 연구하기 위해 상당한 노력을 기울여 왔으나, GWS에서 넓은 규모의 변화와 연결로 발생하는 새로운 취약성은 관심을 많이 받지 못했다(Alcamo *et al.*, 2008; Sadoff and Grey, 2005). 두말할 나위 없이 담수 관리를 위한 지배 구조와 통합 수자원 관리 이행을 위한 시도 간의 간극이 크다.

8.3.2 새로운 개념적인 틀

Falkenmark and Folke(2010)는 담수의 확장된 역할로 인해 나타난 지배 구조와 관리의 도전에 대응하기 위해 강수의 관리를 고려하는 방식에 관한 개념적인 틀을 개발하였다. 경관으로 사라지기 전에 강우를 잡아놓기 위한 도구는 무엇인가? 하천수와 지하수로 향하는 유출수의 발생뿐만 아니라 다양한 종류의 육상 생태계의 상류 지역에서의 물 사용이 하류 지역에서 습지, 도시, 수생 생태계 간의 물 분배와 어떻게 균형을 맞출 것인가? 제시된 틀을 통해 다수의 주요한 제안을 볼 수 있다.

함양역에서의 활동

함양역(recharge area)에서의 활동은 규모에 따라 달라지기는 하나 물 흐름에 두 가지 주요한 변화와 연관이 된다. 식생의 변화는 침투와 빗물 집수를 증가시키고, 유역의 상부에서 물 분할을 변화시키는데, 즉, 총증발산의 증가는 하류 지역 수요처에서의 청색수 흐름을 감소시킨다. 지하수 함양의 변화는 주로 청색수의 흐름을 지표면에서 지하로 또는 반대로 변화시킨다.

- 작물 생산(현재 작물 생산의 50-60%는 천수농경이다), 목재 생산, 숲 또는 다른 다년생 식생을 이용한 온실가스 제어, 가축 사육을 위한 목초지, 지역적인 습기 재순환, 기타 육상 생태계 서비스를 유지하기 위해 식생을 관리함.
- 녹색수 사용량을 유지하고, 토양의 유기질 구조 향상, 물 저장 능력에 의존하는 기타 육상 생태계 서비스를 보호하기 위해 침투를 관리함; 다른 생태계 서비스들 간의 균형과 함께 가뭄으로부터 보호, 작물 생산량 유지함.
- 관개와 가뭄 기간의 보조 관개, 그리고 가정용수 수요 충족을 위한 지역적 물 사용량 유지를 위해 빗물 집수, 보관, 관리(토양, 대수층, 탱크, 댐, 저수지)하기. 유출수의 저장은 작물 생산과 기타 생태계 서비스를 위한 중요한 시기에 물을 공급할 수 있게 함.

- 집중 호우와 기저 유출 발생으로 인한 피해를 방지하고, 홍수 방지 및 지하수 흐름 증가를 달성하여 청색수 사용성을 향상시키기 위해 지하수 함양을 관리함

유출역에서의 활동

유출역(discharge area)에서의 물 관리 방식의 선택 또는 잠재적인 문제들은 유출역 토지와 물 사용에 직접적으로 영향을 미친다.

- 저수지에서 잉여 물 흐름을 저장하여 홍수 방지, 범람 및 홍수 피해 최소화, 하류 지역의 주민들의 수요를 위한 물 안보 강화를 위해 홍수 흐름을 관리함.
- 물을 공급받는 습지대에서 생태계 역학과 개발에서 중요한 습지 생태계와 습지의 철새들의 디딤돌 역할(Lundberg and Moberg, 2003)을 유지하기 위해 지하수 유출을 관리함.
- 목초지의 상습 범람 지역, 수생 생태계, 목초지 기반 식량 생산 및 관련 생태계 서비스를 지지, 오염물질과 실트를 제거하기 위해 급작스러운 홍수 흐름을 조절하도록 저수지 유출을 관리함.
- 도시와 산업에서 인간의 물 사용과 적절한 환경에서의 흐름을 유지하여 수생 생태계 간의 균형을 유지함.

물 구성 요소 기반 접근 방식

함양역과 유출역의 맥락에서 다양한 토지 사용과 분할 특성을 고려한 물 구성 요소에 기반한 토지 관리의 지배 구조 틀을 개발할 수 있다. 이러한 접근 방식은 유역/경관에서 물 사용의 중요한 균형을 강조하고, 다양한 수요처 간의 물 분할의 시너지 효과를 내면서 결과적으로 전체적인 유역의 생산성을 향상시키기 위해 생물권의 혈류 사용 방식을 강조한다(7장 참조). 경관은 잠정적으로 이러한 물 구성 요소로 나눌 수 있는데, 상류/하류 지역의 담수 상호작용과 청색수/녹색수 균형을 강조하며, 주요한 초점은 상류 지역의 녹색수 관리와 하류 지역의 청색수 사용성에 있다(Falkenmark and Folke, 2010).

강수 유역에서의 초점

강수와 강수 유역에서의 초점은 청색수와 녹색수를 직접 물 사용 및 생태계 서비스를 위해 결합하는 것이며, 이는 인류의 복지와 사회 발전을 유지하는 맥락에서 이해할 수 있다. 목적은 통합적인 접근 방식을 위한 단계를 밟아가는 것이다. 강우를 유지하고 관리하는 데 있어서 도전은 적응적이고 회복탄력적인 사회-생태학적 시스템이 필요하다는 것이며, 이는 물의 변동성에 대처할 수 있어야 한다. 다양한 수준과 다양한 강수 유역을 아우르는 협업과 관리가 가능한 시스템이어야 한다.

이러한 활동을 위한 지식과 이해는 부족한 경우가 많다. 지역적이고 전 지구적인 물 역학을 모니터링하기 위한 새로운 구조는 담수-기후 상호작용과 식량 생산을 포함한 생태계 서비스를 보호하기 위한 유역 및 유출 유역에서의 변동성에 대비한 것이어야 한다. 생태계 서비스 및 사회적 발전을 관리하기 위한 사회-생태학적 시스템의 역량은 이러한 역학들을 직면하면서 강화할 필요가 있다.

최근의 상향식 노력

이러한 관점에서, 다양한 청-녹색 담수의 도전, 생태계 서비스, 기후변화, 환경 변동성을 다루기 위해 많은 상향식 노력, 사회적 네트워크, 기관 간의 연계, 우산 기관(umbrella institution)과 다양한 수준의 지배 구조 시스템이 전 세계적으로 출현하고 있는 것은 고무적인 현상이다. 토지와 물 사용자는 개선된 관리를 위해 서로 협동하고 있다. 농업에 있어서, 예를 들어 스웨덴 남부 크리스티안스타드 바텐리크의 습지 하천 경관은 최근 유네스코 생물권 보존 지역으로 지정

되었으며, 홍수의 도전, 수질, 식량 생산, 관광 및 보존 가치가 결합되어 적응적 지배 구조 시스템에 의한 유연하고 다양한 관리가 이루어진다(Hahn, 2011; Hahn *et al.*, 1006). 인도의 유역 개발 노력은 물-토양 이슈를 생계 개선을 위한 주요한 시작점으로 사용하는데, 지역 주민들의 권한 부여가 이들 성공의 열쇠였다(Joshi *et al.*, 2008; Wani *et al.*, 2011). 익히 알려진 발리 사원 기반 쌀 관개 시스템과 같은 다양한 수준과 다중심 물 지배 구조 시스템(Lansing, 1991), 스페인식 비옥토(Ostrom, 1990), 네팔의 관개 시스템(Lam, 1994)은 한동안 존재해 왔다.

그러나 인류세에 접어들면서, 역사적인 지역 조건에 기반한 상향식 노력은 많은 경우 역사적인 관점을 넘어서서 시스템에 어떻게 영향을 주고받는지에 대한 새로운 지식과 향상된 이해로 보완되어야 한다. 이것은 잠재적으로 부정적인 외부 효과를 회피하고, 수자원을 포함한 지역적인 경관 관리에 필요한 새로운 접근 방식, 기술, 기회에 대한 안목을 제공하는 데 중요하다. 또한 장기적으로 수자원 및 혁신적 변화에 관한 명확한 전 지구적 리더십이 여전히 없는 실정이다. 전 지구적 물 지배 구조 노력이 구성되고, 연합하여 국제적인 의제를 설정하고, 지속가능성을 향상시키기 위한 방향으로 나아가는 틀을 전반적으로 지지해 줄 필요가 있다.

8.3.3 신규 지배 구조의 시험대

이러한 광범위한 관점은 적응적이면서 다양한 수준의 지배 구조를 요하게 된다. 이러한 맥락에서 변화하는 상황에 대처하기 위한 적응적 물 관리, 다양한 수준, 다중심 구조와 연관된 불확실하고 예측 불가한 변화는 실질적으로 다루어야 할 부분이다(Ostrom, 2010; Pahl-Wostl, 2009). 적응적 지배 구조는 변동하는 경관에서 담수 관리에 적합하다. 이는 변화에 대한 만병통치약 또는 단순한 기술적, 제도적 대처 방안에 의존하는 것이 아니라, 전체적인 지배 구조와 관리 시스템의 체계적이고 상황에 민감한 변화에 의존한다(Pahl-Wostl, 2009). 종종 간단한 만병통치약에 의존하는 다양한 조합들은 물 지배 구조의 개선을 향해 나아가긴 하나 다양한 상황에서 이들의 적절성에 대한 평가는 없었다. 전 지구적인 복잡한 물 지배 구조와 관리 시스템의 최근 분석에 따르면 권력의 분산과 효과적인 협업 구조로 이루어진 다중심적 지배 구조 체계는 물 관련 목표를 달성하는 데 도움이 되었다(Pahl-Wostl *et al.*, 2012). 그러나 이 분석은 경제적, 제도적 발전이 환경을 희생하면서 인류의 수요를 충족시켰다는 초기의 발견을 확증하였다(Vorosmarty *et al.*, 1020). 효과적이고 다중심적 지배 구조는 이러한 경향을 약화시키나 역전시키지는 못하였다. 지속가능성의 관점에서 이러한 지배 구조의 실패는 역동적인 경관 접근 방식과 물 순환 관점에서의 관리를 채택하여 극복할 수 있다. 이러한 목표는 야심 차지만 성취 가능한 것이다.

바람직한 경관 패턴

관리 목적으로 바람직한 상태는 하천 유역 규모에서 유지되는 생태계 서비스의 바람직한 공간적, 시간적 패턴으로 결정되어야 한다. 이는 상류 지역과 하류 지역 간의 잠재적인 균형을 절충하거나 줄이는 것을 의미하며, 예를 들어, 상류 지역의 소모적인 사용은 하류 지역 흐름을 감소시키고, 다양한 수요에 대한 수자원의 감소로 이어진다. 강수 유역의 관리를 향한 요구는 물 관리의 새로운 지평을 소개하는 것으로 볼 수 있다. 그러나 강수 유역의 공간적 경계는 유동적이고, 하천 유역의 공간적 경계처럼 잘 정의되고 인식되기 어렵다. 새로운 제도를 소개하기보다, 유역의 지배 구조는 이러한 규모를 아우르는 근본적인 연계와 피드백을 고려해야 한다. 유역과 유역에 걸쳐 나타나는 습기 순환에 의존하는 인간, 생태계 서비스를 제공할 뿐만 아니라 규제하고 지지하기 위한 담수의 역할과 식량 무역에서의 가상의 물 흐름은 생물권의 혈류로 물 흐름이 사회적으로 생물물리학적 관점에서 어떠해야 하는지를 명백히 보여주며, 광범위한 사회-생태학적 지배 구조 접근의 필요성을 역설한다.

빗물을 유지하기 위한 관리는 하나의 중요한 사항으로 예방 관리 차원에서 논의되는 부분이다. 이는 비가역적 역치를 넘어서는 공간적 규모에서 작동할 수 없다. 아마존 유역을 제거하는 것은 되돌릴 수 없다. 전 지구적인 리더십은 수문학적 순환의 주요 구성 요소들이 작동하는 것을 보장할 필요가 있다. 게다가 더욱 역동적인 쌍방 간의 협정이 전 지구적인 지침하에 이행되어야 한다. 유역의 지배 구조는 급작스러운 변화에 대처하기 위한 회복탄력성과 적응성을 강화할 필요가 있으나, 가변성의 안전한 작동 공간에서 실행되어야 한다. 이것은 전 지구적이고 유역 범위를 넘어서는 합의로 보장되어야 한다.

회복탄력성 강화

회복탄력성 강화는 내향적 관점을 채택하는 것을 의미한다. 위에서 언급한 대부분의 관리 전략이 이행될 필요가 있는 지역적인 수준에서 이것이 의미하는 바는 주요한 질문이다. 여기서 논쟁점은 군 및 도 단위의 수준이 바람직한 생태수리학적 환경을 조성하기 위한 경관과 생태계 서비스를 개발하는 데 적절한 수준이냐는 것이다. 그러나 위에서 언급한 바와 같이, 지역적인 수준에서 취할 행동들이 더 넓은 수준으로 미칠 영향과 효과에 대해 고려해 보아야 한다. 인류세에서는 이러한 효과들이 일시적이고 비정기적인 현상이 아니라 점차 만연화되어 가고 있다. 전 지구는 연속적으로 지역에 영향을 미치고 있다.

부문 간 통합의 필요성과 새로운 통찰을 채택해야 하는 상황을 감안하면, 네트워크 지배 구조는 이러한 과정으로 나아가기 위한 희망적인 접근 방식으로 보인다. 지식의 생산과 혁신을 위한 플랫폼을 지지하는 경관 위원회 또는 조합은 지역적 수준에서 긍정적인 조정 구조일 수 있다. 이들은 바람직하지 않은 개발의 경우 계획 및 수정안을 조정할 수 있다. 이러한 구조는 부문 간 통합이 과잉규제로 나타나거나 나타나고 있는 많은 산업화된 국가들의 경직된 관료사회의 관성을 넘어서게 할 것이다. 많은 개발도상국들은 반대의 문제, 즉 역기능적 관료사회, 취약한 지배 구조, 낮은 투명성, 만연한 후원 네트워크(Box 8.4 참조)에 직면하고 있다. 이러한 구조는 하부에서부터 지배 구조 능력을 키워가는 방식을 지지할 것이다.

지배 구조 변환

주요 연구 과제는 적응적이고 통합적인 지배 구조를 다양한 맥락에서 이행해 갈 수 있는 가이드를 개발하는 것이다. 이러한 제도는 생물권에서 담수의 역할을 인지하고 인정해야 하며, 적법성, 대표성, 효율성, 투명성, 책임성, 공정성의 원칙에 부합하는 지배 구조여야 한다. 이것은 변환의 시기에 상당히 중요하다(Chapin *et al.*, 2010; Olsson *et al.*, 2004; Olsson *et al.*, 2008; Olsson *et al.*, 2006). 결과적으로, 더욱 적응적이면서 통합적인 접근 방식을 향한 지배 구조의 변환이 시급히 요구되는 바이다.

학자들은 근본적인 변화의 필요성과 변화에 대처하기 위한 지속가능한 변환에 대한 요구를 인지하고 있지만(Clark and Dickson, 2003; Lambin *et al.*, 2001), 이러한 변환을 가능하게 하는 사회-생태학적 역학으로의 경험에 기반한 통찰이 부족한 실정이다(Folke *et al.*, 2005). 예를 들어, 위험은 단기간의 대처를 요하며, 꼭 그럴 필요는 없지만 장기간의 변화를 위한 동력이 될 수 있다.

따라서 바람직하지 않은 생태학적이고 사회적 체제로부터 장기간 생태계 서비스와 인류 복지를 향상시킬 새롭고 향상된 사회-생태학적 궤도로 들어서기 위한 방법에 대한 고찰이 부족한 상황이다(Westley *et al.*, 2011). 사회-생태학적 시스템이 결합된 더욱 통합적인 접근 방식으로의 전환은 인지와 정신적 지도, 네트워크 구성, 사용자들 간의 조정 장치와 상호작용 패턴, 다양한 수준에서의 제도적, 기관적 구조에서의 변화가 연관된 체계적인 변화를 요구한다(Geels and Shot, 2007; Olsson *et al.*, 2004; Pahl-Wostl, 2009). 기후변화는 더욱 지속가능한 경관 개발을 향한 중요한 동력이 될 수 있다는 언급이 이루어지고 있다(예를 들어, Smith and Barchiesi, 2009). 그러나 선택한 경로는 경로 의존성과 구조적 제약을 극복하기 위해 사회적 학습 과정에 상당히 의존할 것이며, 변화의 요인들을 실행하게 하는 환경을 제공할 것이다(Pahl-Wostl, 2006, 2007, 2009). 이러한 변환은 육상과 해양 시스템에 적용되며, 유발인자들은 실질적 또는 인지적인 위험성에서 기후 연관 변화 및 정치적인 영향에 이르기까지의 범위를 아우른다(Gelcich *et al.*, 2010; Olsson *et al.*, 2006). 이러한 조건에서 예측과 최적화는 효용성이 낮으며, 인류세에서 나타나는 예측 불가와 복잡성, 급작스러운 변화에 직면하는 사회-생태학적 시스템을 유지하기 위한 위험 확산과 보험 전략으로 대체되어야 할 것이다(Polasky *et al.*, 2011).

8.4 패러다임 전환의 신호와 변화 관리

최근 수십 년간 혁신적인 입법화가 많은 국가에서 이행되었으며, 이로 인해 대중이 참여하고, 다양한 관심사들을 절충하고, 학습과 적응형의 접근 방식을 위한 공간을 마련하는 관리 목표로서의 환경 상태의 향상을 포함하는 통합적인 접근 방식이 채택되었다. 유럽연합의 물 관리 기본 지침(Box 8.1 참조)과 비판에 직면한 남아프리가공화국의 국가 물 관리 법(Box 8.4 참조)이 그 예이다. 그러나 이러한 새로운 입법 체계의 야심 찬 목표와 달리 이행은 속도를 맞추지 못하고 있다.

8.4.1 홍수 관리의 예

근본적인 패러다임 전환과 동력 인자와 장애 인자가 변화를 이끌기도 막기도 하는 예로, 최근 수십 년간 홍수 관리 및 지배 구조의 개발을 들 수 있다(Pahl-Wostl *et al.*, 출판 예정). 역사적으로, 홍수 관리는 홍수 위험을 줄이고 주민들의 안전과 범람원의 인프라를 지키는 것에 목적이 맞춰져 왔다. 하천을 길들이고 습지를 정복하는 것, 인간 주거와 농업 확대를 위한 병에 취약한 범람원들은 공업과 기술의 주요한 성공으로 손꼽힌다.

그러나 시간이 지남에 따라 단점들이 부각되기 시작하였다. 홍수 사례의 건수가 감소했음에도 불구하고 홍수 피해는 증가하였는데, 이는 더 많은 자산들이 홍수 피해 지역에 위치했기 때문이다. 이것은 홍수 피해로부터 보호를 위한 더 많은 조치를 취하게 하였다(그림 8.3). 홍수 위험을 줄이기 위해, 하천은 댐과 제방을 건설하여 제어되었다. 이것은 범람원의 생물 다양성을 감소시키고, 물 보유와 같은 범람원의 유용한 기능을 감소시킴으로써 첨두 유량의 증가로 이어졌다. 이와 동시에 더 많은 자산들이 범람원

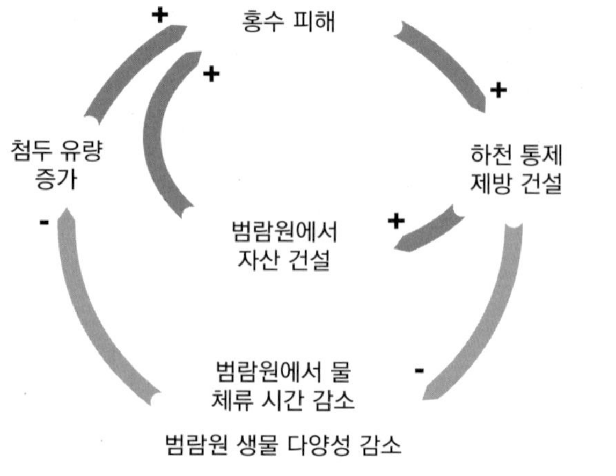

그림 8.3 홍수 관리 패러다임을 강화하는 피드백.

에 건설되었다. 이는 홍수 발생 시 심각한 홍수 피해를 입을 가능성을 높였으며, 홍수 피해를 방지하기 위한 더 많은 노력을 기울이게 하여 더 높은 제방을 건설하는 등 경직된 덫의 사례를 만들어냈다(3장 참조). 이러한 전체적인 시스템은 또한 기후변화에 취약하다. 극심한 홍수 사례가 증가하면서 이에 대한 민감한 반응은 증가하고, 적응형의 선택지들은 경로의존성에 의해 감소하였다. 이러한 경로의존성은 장기간 존재하는 인프라에서 큰 규모의 투자에서뿐만 아니라, 특정한 홍수 관리 패러다임과 연관된 전체적인 지배 구조에서도 나타난다(Box 8.2). 단지 최근 들어 자연 완충 능력, 종 다양성 보존과 같은 중요한 생태계 서비스의 손실이 감지되었고, 이를 위한 재생에 초점이 맞추어지고 있다. 산업화된 국가들에서 환경적인 인식이 높아지면서 내리는 기술적인 처방은 홍수 방지, 저장 및 우회를 위한 시설을 건설하여 이러한 서비스들을 유지하는 것이다. 홍수 방지를 위한 것보다 위험성과 노출을 줄이는 방향으로의 전환은 유럽연합 홍수 위험 관리 지침의 주요 원칙으로 2007년 11월에 시행되었다(Box 8.1 참조).

8.4.2 하천에 더 많은 공간을

가장 현저한 변화 중 하나는 네덜란드에서 살펴볼 수 있는데, 이곳에서는 정부가 일반적인 물 관리와 특별히 홍수 관리에 대한 급진적인 재고를 요구하였다. 결과적으로 정책의 흐름은 하천에 더 많은 공간을 주는 정책으로 시작되었으며, 다른 정부 정책의 분야에도 영향을 미쳤다. 더욱 강조할 것은 물 관리와 경관으로 인한 규제와 공간적 계획의 통합이며, 자연 홍수 제도가 높이 평가된다. 이것은 토지 사용의 개선을 요구하며 물을 자연적 구조적 요소로 인식하는 통합적 경관 계획으로 점진적으로 나아가는 것을 반영한다. 전 지구적 변화와 연관된 영향은 우선적으로 증가하는 홍수와 가뭄을 통한 물 시스템과 연관이 되어 있다. 그러나 경관과 토지 사용 계획에서 물은 여전히 이차적인 관심사이며, 물과 관련된 서비스는 당연한 것으로 받아들여진다.

물을 주요한 구성 요소 또는 경관 관리와 토지 사용 계획을 위한 원칙으로 삼는다면, 기술, 통합 시스템적 사고, 다양한 권위당국, 전문가, 관심 그룹, 대중 간의 상호 관심사에 대한 고려를 해야 한다. 네덜란드에서는 물 정책 제안자와 관리자가 토지 이용 계획에서 구성 요소로서 물의 중요성을 강조하기 시작했다. 게다가 간척지 또는 기타 수리학적으로 바람직하지 않은 지점에서의 건설 계획에 대한 사회적 논의는 지속가능한 경관과 물 관리 이슈를 둘러싼 대중과 사적인 조직 간의 상당한 수준의 사회 참여를 나타낸다. 그러나 새로운 아이디어들이 정책에 채택됨에도 불구하고, 이행하는 데까지는 시간이 걸리는데, 상당한 사회적 저항을 넘어서야 하기 때문이다.

종종 이행되어 온 바와 같이, 홍수 관리는 예기치 못한 개발과 상황에 대처하기 위한 적응성과 회복탄력성을 키우는 자연 인프라를 사용하는 대신 자연자본이 어떻게 침식되어 왔는지를 보여주는 사례이다. 자연 자본과 연관된 생태계 서비스의 가치는 여전히 과소평가되고 있다. 이것은 인간과 자연의 수요 간의 절충이 필연적이라는 것을 의미하나, 얼마나 누구에 의해 자연으로부터 발생하는 이익을 개념화할 것이냐에 달려 있다. 그러나 직면하는 장애들은 또한 변화해야 할 장애들을 강조한다.

위기는 실제적이든 관념적이든 간에 변화를 위한 통찰과 기회를 이끌어내는 중요한 창구이다. 그러나 위기에 대한 즉각적인 대처는 혁신적인 생각이 이미 정립된 관행에 녹아들어 가지 않는 이상 반영되고 학습되지 않는다(Box 8.2의 그림 8.b2.1 참조). Box 8.3에 나타난 바와 같이, 광대한 아열대 습지에서 상당히 변형된 다용도의 사회-생태학적 시스템으로의 에버글레이즈 생태계의 관리 변화는 선형적인 과정이 아

Box 8.2 물 관리에 있어서 지배 구조 패러다임 경쟁: 티서강 사례

Jan Sendzimir, University of Natural Resources and Applied Life Science, Vienna (BOKU)

헝가리에서는 1997년부터 시작된 티서강에서의 몇 차례 홍수를 제어하는 데 반복해서 실패한 결과로 물 지배 구조 체계 변화는 이슈가 되어왔다. 활동가들과 학계의 그림자 네트워크는 현 하천 관리가 상황을 개선하기 위한 전환점을 마련하기에 충분하지 않은 방법들이 의미 없이 반복되고 있음을 지적하였다. 이러한 그림자 네트워크로 촉발된 날로 증가하는 대중의 참여는 대안을 마련하기 위한 물 정책 토론으로 이어졌으나, 이행은 멈춘 것처럼 보인다. 주요 관료인 J. Váradi는 그림자 네트워크가 국가 정책 토론에 참여하도록 초청하였고, 보다 실험적인 하천 정책으로의 대안을 마련하였다(VTT2).

이러한 리더십의 중추적인 역할은 Váradi의 국회 위원회 사임으로 인한 권력 공백기에 명백하게 나타났다. 환경부나 그림자 네트워크에서 이러한 리더십의 역할을 받지 않았으며, 구 경비 역할을 하는 하천 관리회에서 권력을 얻고 통상적인 하천 방어 전략을 시행하였다. 이러한 주요 정책 개선 과정에서의 급작스러운 역전 현상은 설정된 이행의 점진적 개선을 넘어서는 형식적인 정책 과정의 중요성을 보여준다. 비공식적 합의를 구속력 있는 약속으로 지지하는 입법화 없이는, 상향식 참여로 일구어냈음에도 불구하고, 헌신적이고 지속적인 리더십과 사회 네트워크는 단지 일시적이고 가역적일 따름이었다. 현재 전형적인 관리 체계의 회복탄력성은 실험적이고 적응적으로 가기에는 한계가 있다. 변환으로 나아가기 위해서는 사회-생태학적 회복탄력성의 관리가 연관되어야 하며, 우선 적절히 위험한 실험에서 이를 낮추어 재구성한 다음 사회-생태학적 물 체계의 새로운 구성 요소들이 보다 적응력 있는 구성을 강화한다(그림 8.b2.1 참조).

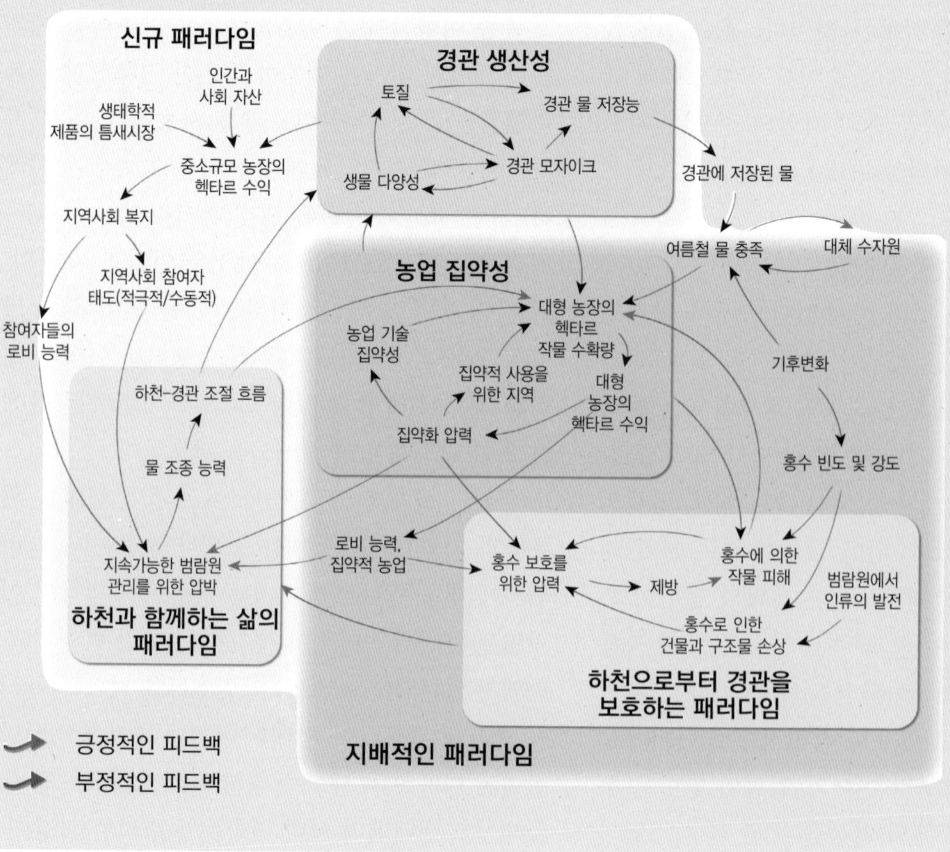

그림 8.b2.1 패러다임 전환: 하천 또는 하천에 서식하는 생태계의 경관을 보호함. 지배적인 패러다임은 짙은 회색으로, 신규 패러다임은 밝은 회색으로 나타냄. 궁극적으로 이 둘 사이에 패러다임 전환이 이루어질 것이다(Sendzimir *et al.*, 2008).

Box 8.3 에버글레이즈에서의 위기와 변화

Lance Gunderson, Emory University

대규모 수자원 관리 사업은 플로리다의 에버글레이즈(Everglades) 생태계를 광대한 아열대 습지에서 상당히 변형된 다용도의 사회-생태학적 시스템으로 변화시켰다. 이 변화는 선형적인 과정이 아니며, 격동적이고 위기로 인지하는 사건들을 변화하는 데 강조되어 있다. 각각의 위기는 행동 양식(또는 일련의 조치)을 촉발시켰으며, 이는 새로운 지배 구조 전략과 관리 시행 방안으로 귀결되었다. 위기는 외부의 환경 변화(예를 들어, 홍수, 가뭄) 또는 대상 지역을 이러한 변화에 덜 회복탄력적으로 만드는 인간 활동에 의한 것이다. 20세기에 이러한 결과들은 적어도 물 관리의 주요한 네 가지 시대를 만들었다(그림 8.b3.1 참조).

첫 번째와 두 번째 시대는 많은 강우량으로 인한 홍수의 결과였다. 세 번째 시대는 가뭄과 연관되었으며, 네 번째 시대는 잠재되어 있거나 이전에 방치된 생태계 문제를 시정하기 위한 노력의 결과였다. 예를 들어 1926년과 1928년에 이 지역을 강타한 여러 차례의 허리케인은 2,500명 이상의 목숨을 앗아갔다. 공병 부대가 호수 주변의 홍수를 제어하고 농사에 적합한 토지로 만들기 위해 주정부와 힘을 모았다. 농산물 가격 지원은 사탕수수 생산을 배가하도록 농부들에게 보안의식을 심어주기 위해 새로운 홍수 제어 프로그램과 연합하여, 이에 대한 경로를 강화하였다. 1970-71년의 극심한 가뭄으로 장사가 잘되지 않았고, 에버글레이즈는 매우 가물어 30만 헥타르가 말라버렸다. 이후로, 1981년 가뭄은 200년에 1번꼴로 오는 정도로 수위에 심각한 저하를 초래하였고, 극심한 엘니뇨 현상이 뒤따르면서 이례적인 폭우가 발생하였다. 다양한 전략과 패러다임들이 이러한 상황을 대처하는 다양한 모습을 보여주었다.

에버글레이즈의 교훈은 경험으로부터 체득한 적응형의 접근 방식과 물 관리와 지배 구조에 있어 갇힌 구조를 피하도록 사회-생태학적 회복탄력성과 적응성의 필요성을 보여준다. 이러한 교훈은 기후변화의 시대에 더욱 중요하다.

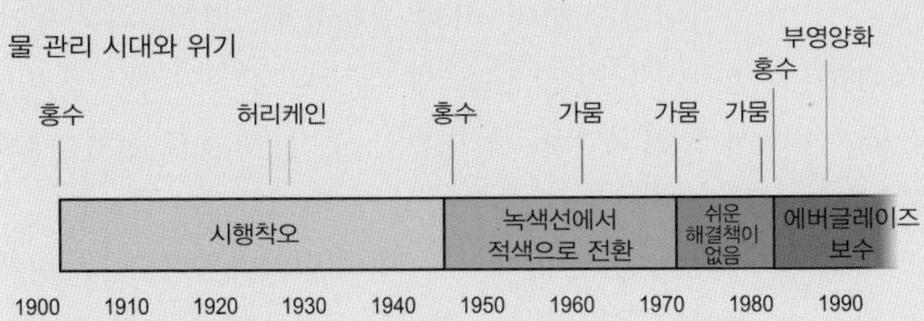

그림 8.b3.1 에버글레이즈에서 물 관리의 시간에 따른 변화: 관리 시대와 위기를 나타냄. 윗줄은 관리 변화를 이끌어낸 위기들의 목록(Gunderson *et al.*, 1995).

니며, 격동적이고 변화에 강조되어 있다. 이러한 상황들은 다양한 위기를 인지하고, 변화를 이끌어낸다.

8.4.3 새로운 안정적인 경관으로의 변화

홍수 방지 또는 유제품, 과일류와 같은 자연의 생산과 같은 특정 목표를 달성하기 위해 환경적인 흐름을 규제하는 것으로부터 벗어나서 사회-생태학적 시스템의 피드백과 역치에 대한 다양한 수준의 협동적인 사회적 대처로의 도전을 직면할 필요가 있다.

예를 들어, 토지와 물 관리는 호주의 머리-달링 유역의 골번브로큰 유역에 있어 매우 중요하다. 이 지역은 광범위한 건조한 토지에서의 작물, 방목, 관개 유제품 및 과일 생산으로 빅토리아주의 수출 이익의 1/4을 생산한다(Walker *et al.* 2009b, Box 3.1 참조). 언뜻 보면, 경제적으로 수익성이 좋은 활동이 관개의 도움으로 번창하고 있는 것으로 보인다. 그러나 이 지역의 생태계 서비스와 가치를 유지하기 위한 경관의 수용 능력을 고려하는 사회-생태학적 접근을 취하도록 접근 방식을 확장하면, 결과는 사뭇 다르다. 토종 식생의 광범위한 제거와 관개를 위한 상당한 물의 사용은 수위를 상승시켰고, 심각한 염분화로 인한 문제를 발생시켰다. 이 문제는 매우 심각하여 이 지역은 발생 가능한 연쇄 효과와 함께 심각한 사회-생태학적 임계치를 넘어서고 있다. 이러한 임계치를 넘어서게 되면 이 지역은 비가역적 변화를 맞이하게 될 것이다(Walker *et al.*, 2009b).

그러므로 사회적으로 바람직한 적응성을 위한 전략은 취약한 사회-생태학적 시스템과 지속적으로 바람직하지 않은 빈곤의 함정 또는 경직된 덫으로 귀결될 수 있으며(Scheffer *et al.*, 2009), 이는 3장에서 논하였다. 인간의 적응성과 골번브로큰 유역의 지배구조는 진행 중인 환경적 변화와 상호작용하는 임계치에 대처하기에 충분한가? 이 사회-생태학적 시스템은 빈곤의 함정을 벗어날 수 있게 할 수 있는가 또는 이 시스템은 사람들이 고이 간직한 가치와 정체성을 변화하도록 하면서 새로운 안정적인 경관으로 변환할 필요가 있는가(Walker *et al.*, 2009b)?

탄자니아의 마카냐 농생태 시스템에서, 사람들은 토양의 비옥도가 감소하고, 더욱 빈번한 건조 시기를 거치고, 수분의 가용성이 감소하고, 작물 생산의 실패가 증가하는 등의 빈곤의 함정에 직면하고 있다. 이러한 환경에서, 소규모 물 시스템의 변혁을 위한 제도와 실천 방안은 바람직하지 않은 피드백을 끊어내고 현재의 궤적을 작물 생산 실패가 감소하고 향상된 농경지 물 균형을 위한 새로운 안정적인 경관으로 변환하는 데 도움이 될 것이다(Enfors, 2013)(6장 참조). 몇몇 남미 국가들의 농업 생산성 감소는 토양의 황폐화와 연관되어 있으며, 이는 농업 종사자들이 토지 관리의 비전통적인 방식을 실험하게 하는 요인이 되며, 특별히 토양 유기물과 비옥도를 향상시킨 쟁기질의 대안으로 최소경운을 고려한다. 이러한 소규모의 실험 학습 접근 방식은 향상된 과정과 규모를 넘어서는 학습과 함께 전체적인 농업 시스템에 변화를 가져왔다. 현재 브라질에서만 2,500만 헥타르 이상의 농경지에서 최소경운 체제가 운영 중이며, 남미에서는 전체적으로 전통적인 쟁기질 방식 농업에서 최소경운 시스템으로의 변환이 농업 혁명을 언급할 수 있는 수준에 이르렀다(Fowler and Rockstrom, 2001). 구멍을 더 깊이 파는 것과 새로운 경로로 전환은 Box 8.2에서 심도 있게 논하였으며, 이는 티서강과 사람들을 하천으로부터 보호하는 것과 하천 역학과 살아가는 것의 지배 구조 패러다임과 연관이 있다(Sendzimir *et al.*, 2008).

8.4.4 기회의 창

경관을 관리하는 새로운 방식으로의 주요한 변화(Folke *et al.*, 2010)는 전 세계 다양한 지역에서 발생하고 있으며, 물과 생태계 서비스, 그리고 사회적이고 경제적인 개발의 관리를 복합적으로 고려한다. 예측하지 못한 내부 또는 외부 변화는 기회를 만들어내기도 하며, 사회-생태학적 전환을 위한 전제조건이 되기도 한다. 세 가지 단계가 이러한 궤적에서 확인되었다. 즉 변환을 준비, 변화를 진행, 새로운 방향으로 회복탄력성 강화(그림 8.4 참조)다. 기회의 창은 첫 번째와 두 번째 단계에 연관된다. 실제적이든 관념적이든 위기는 종종 변환을 이끌어낸다(Folke *et al.*, 2009).

스웨덴 남부에서는 헬지강 유역에서 분산되고 조

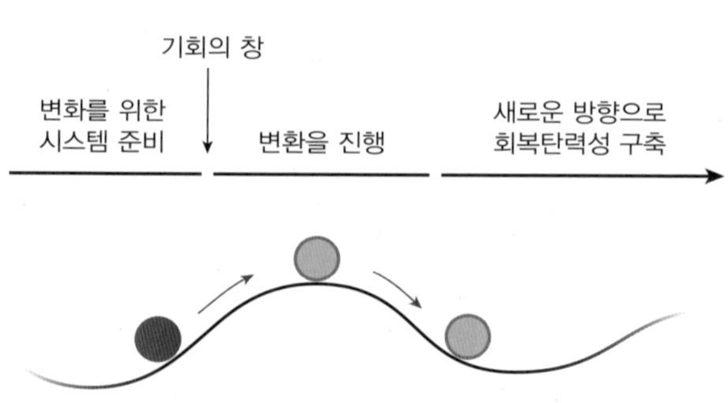

그림 8.4 사회-생태학적 변화에 정의된 3단계: 변환을 준비, 변화를 진행, 새로운 방향으로 회복탄력성 강화. 기회의 창은 첫 번째와 두 번째 단계와 연관되어 있다(Folke *et al.*, 2009에서 수정).

정되지 않은 지배 구조가 적응형의 지배 구조로의 주요한 변화가 있었는데, 이는 반도시의 경관에서 홍수, 보존 가치의 감소, 수질 우려, 수산업, 농업, 관광업의 상충하는 수요를 직면하여 발생한 것이다. 변화는 몇몇 위원회 리더들 또는 대리인의 교체 또는 제도적 기업가들의 상향식 계획으로부터 발생하였다(Westley *et al.*, 출판 중). 공유된 비전, 신뢰, 다양한 네트워크 간의 연결을 만들어가며, 그들은 상호 간 교감하는 목표와 의미를 만들어냈다. 이는 단순한 규칙이나 자원이 아니다(Westley, 2001). 이로부터, 기존의 제도적 구조 내에서 기관들을 연계하게 되었는데, 이는 하위 구성원들의 많은 신뢰와 참여가 바탕이 된다. 그러나 이러한 계획은 상위 수준에서의 지지 없이는 진행되기 어렵다. 변화가 기회의 창을 열었을 때, 계획은 성공적으로 나아가게 되며, 지역적-전국적 수준의 지지를 얻고, 법률 제정으로 힘을 얻게 된다. 이 지역의 가치는 국제적으로 인정되고, 유네스코의 생물권 보전 지구 중 하나로 지정되었다(Hahn, 2011; Hahn *et al.*, 2006; Olsson *et al.*, 2004).

급속한 대규모 정치적 변화는 남아프리카 국가들의 물 분야 변화의 동력이 되었으나, 우즈베키스탄과 같은 다른 나라에는 큰 영향이 없었다. Box 8.4는 남아프리카에서 사회-생태학적 시스템의 특징과 조건이 사회가 인종 차별 정책의 종식과 함께 기회의 창을 사용하는 데 기여한 긍정적인 사례를 보여준다. 결론적으로, 물 지배 구조는 자연 자원의 보다 나은 관리를 위해 변화되었고, 변화의 유익과 지배 구조는 지속적으로 도전받고 있다. 반면, 경직된 비공식적 네트워크와 같은 부정적인 특징과 기능 실행

Box 8.4 물 분야에서 사회적-정치적 충격과 변화: 남아프리카와 우즈베키스탄 사례

Maja Schluter, Stockholm Resilience Centre
Elke Herrfahrdt-Pahle, German Development Institute

물 지배 구조 개선을 위한 물 분야의 변화는 기존의 체계의 관성과 변화에 대한 일반적인 거부감으로 진행되기 어렵다. 기회의 창은 때때로 변화를 일으키기도 한다(Chapin *et al.*, 2010; Olsson *et al.*, 2004). 인종 차별 정책의 철폐 또는 소련의 붕괴와 같은 대규모 사회적-정치적 충격은 기회의 창을 열 수 있다. 그러나 자연 자원 관리를 향상시킬 이러한 기회가 취해질 수 있는지 여부는 변화에 대한 준비뿐만 아니라 사회-생태학적 시스템의 회복탄력성의 주요 특징에 달려 있다. 이러한 특징은 리더십, 좋은 사회적 관계, 네트워킹 능력, 가용한 지식, 제도적 설정의 실행, 새로운 개발 경로를 향산 실험을 통한 사회 학습 과정의 존재와 향상을 포함한다. 경직된 네트워크와 같은 다른 특징들은 변화를 시행하는 데 없어져야 할 것들이다. 현존하는 사회-생태학적 피드백이 생태학적 황폐화 또는 정치적, 경제적 변화로 인해 별다른 유익을 발생하지 않는다면, 이러한 구조는 변화를 위해 바뀔 수 있다. 남아프리카와 우즈베키스탄에서 일어난 물 분야 개혁 사례들은 이러한 특징들이 남아프리카에서 변화를 가져왔으나 우즈베키스탄에서는 그러지 못한 사례를 보여준다.

가능한 사회적 학습

1994년 남아프리카에서 인종 차별 정책이 폐지되었을 때 물 부족의 생태학적 위기가 나타나고 있었고, 수자원에 기후변화의 영향이 증가하고 있었다. 인종차별은 두 가지 경제를 발생시키고, 사람들의 물 접근을 박탈하였으며, 이는 광범위한 빈곤과 열악한 건강 상태로 이어지는 결과를 낳았다. 다른 곳에서와 마찬가지로, 물 관리에 있어서 기술적인 제어 프로그램이 주도적이었다. 인종 차별 정책 시기에 부족한 수자원에 대처하는 지역적-전통적 지식과 변혁은 상실되었다. 그러나 기회의 창이 열리자 남아프리카와 해외 전문가들의 참여뿐만 아니라 지역적, 해외 모범 사례들이 이러한 장애를 넘어서서 새로운 지식을 강화하고 변화를 준비하는 데 도움이 되었다. 리더십은 선견지명이 있고 동기부여가 된 수상임업부 카더 아스말(Kader Asmal)

장관으로부터 나왔는데, 그는 신뢰를 강화하고 참여자들을 결속시키는 데 기여하였다. 일련의 물 관리자들은 1980년대부터 새로운 물과 관련된 법안을 구상하기 시작하였으며, 물 관리자들의 네트워크와 함께 변화를 위헌 새로운 경로 개척을 향한 기초를 다졌다(de Coning, 2006). 결과적으로 기회의 창은 1998년 국가 물 법안의 상정으로 이어졌다. 이로 인해 유역 관리 기관과 같은 물 관리 향상을 위한 새로운 제도의 개발이 가능한 환경이 조성되었다. 그러나 제도적 변화의 공고화는 현재 새로운 물 법안의 시행으로 발생한 이행 방법의 문제와 리더십의 발전과 신뢰 구축을 방해하는 각 기관에서의 직원들의 순환으로 도전받고 있다(Harrfahrdt-Pahle, 2012).

좌절된 사회적 학습

1991년 소련의 붕괴라는 외부 충격은 우즈베키스탄 소비에트 공화국을 독립국가로 변화시켰다. 새로운 국가는 남용되는 수자원과 막대한 환경 황폐화와 같은 심각한 현상들을 물려받았다(Schluter *et al.*, 2006). 이 국가의 경제는 집중적인 목화 농업에서 창출된 수입을 기반으로 한다. 환경 황폐화와 독립 후 사회적-경제적 변화는 경제적 손실과 건강에 부정적인 영향을 발생시켰으며, 이는 가난과 이민으로 이어졌다. 남아프리카와 달리, 정치적인 충격에서 비롯된 기회의 창은 변화를 이끌지 못했다. 1993년 신속히 개발된 신규 물 관련 법안은 기존의 소비에트 법안의 청사진을 대거 차용한 것이다. 우즈베키스탄에서 변화를 가로막은 주요 원인은 현재의 상태에 머물게 하는 닫힌 시스템 구조였는데, 예를 들면 비공식적 네트워크가 현상 유지에 기여하였는데, 이로 인해 유익을 얻는 기득권층에 종사하도록 만든 구조 때문이었다(Schluter and Herrfahrdt-Pahle, 2011). 강한 위계질서와 낮은 신뢰도와 소유권은 변화를 준비하는 새로운 지식을 창출하고 사회적 기억을 활성화시키는 데 필요한 사회적 학습을 방해하였다(Schluter *et al.*, 2010). 70년간의 소련의 패권이 기술적 제어 패러다임이 주도하도록 만들었다. 전통적이고 지역적인 지식은 거의 소실되었고(Mollinga, 2010), 재생되기 어려웠다. 게다가 농업 부문에서 참여자들 간의 높은 전문화 수준으로 인해 지식의 파편화가 발생하였다. 제도적 설정은 물 부문을 넘어서 농업이 주도하도록 특징지어졌으며, 물 부문의 변화를 방해하는 결과로 이어졌다. 따라서 인지적이고 구조적인 요인들이 리더십의 결여와 함께했는데 지속적으로 소련 치하에서 훈련된 임원들의 존재로 인해 물 부문에서 제도적 변화에 걸림돌이 되었다. 어설프게 시작된 개혁은 물 사용자 협회와 같이 오래된 기관의 개명과 같이 대부분 효과적이지 못한 새로운 기관의 하향식 접근에 지나지 않았다(Sehring, 2009).

의 결여는 우즈베키스탄에서의 장애로 작용하였다(Schluter and Herrfahrdt-Pahle, 2011). 결과적으로 소련 붕괴와 이후 독립으로 발생한 기회는 사라지고 말았다.

8.4.5 3단계 변화 과정

사회-생태학적 시스템의 생태계 기반 관리로의 변화 연구는 변화 과정을 사회-생태학적 시스템의 적응형 지배 구조 출현이라는 특징을 지닌 개념적인 모델을 만들어냈다(Chapin *et al.*, 2010; Folke *et al.*, 2009; Folke *et al.*, 2005)(그림 8.4). 이러한 변화의 본질은 세 가지 루프형 학습 개념으로 나타난다(Pahl-Wostl, 2009). 이러한 접근 방식은 여러 단계 및 여러 루프의 과정으로 묘사되는 물 관리 및 회복탄력성 향상을 위한 사회적 변화를 규정한다(그림 8.5).

단일 루프 학습은 기본적인 가정에 의문을 제기하지 않는 행동 전략과 일상생활의 점진적인 개선을 의미한다. 이중 루프 학습은 가치 규범적 체계 내에서 가정을 재검토(예를 들면, 인과 관계 관련)하는 것을 의미한다. 트리플 루프 학습에서 세계관 내의 가정이 더 이상 유효하지 않으면 근본적인 가치, 신념 및 세계관은 재고된다. 그림 8.5에서 경관으로 해석된 바와 같이, 이중 루프 학습은 변화를 위한 시스템을 준비하는 데 필요하다. 트리플 루프 학습은 정상

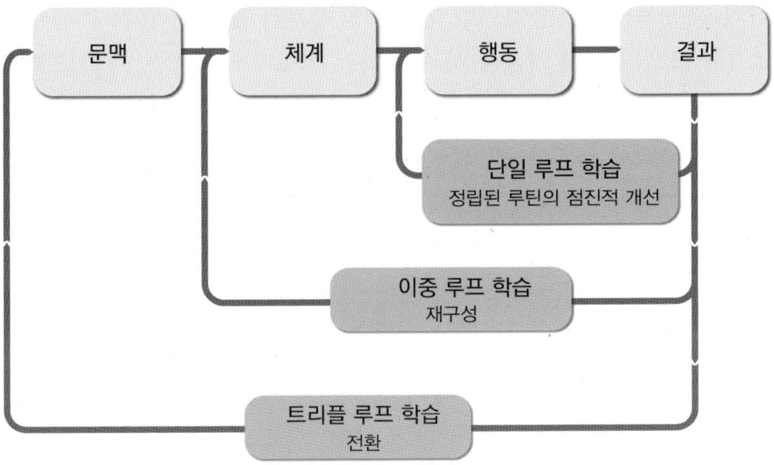

그림 8.5 트리플 루프 학습의 개념(Pahl-Wostl, 2009).

을 넘어 새로운 상태로 나아가는 시스템을 얻기 위해 필요하다. 트리플 루프 학습은 현 상태를 유지하도록 할 수 있는 내재하는 사상과 가치 시스템을 재점검하도록 한다. 사회적 학습은 탐험적 검색 과정으로 참여자들이 혁신을 경험하고 직면하는 한계와 경계를 극복하고 제거하도록 노력하게 한다. 기회의 창은 변혁과 재구성의 폭넓은 사회적 인지를 지지하며, 배경 담론이 각광을 받고 많은 참여자들이 받아들이게 된다. 이러한 변화의 담론은 근본적인 변화를 위해 필요하나 충분하지는 않다.

수자원 관리의 패러다임 전환은 담론으로 옮겨졌으나, 아직 변화의 단계에 이르지는 못하였다(Pahl-Wostl *et al.*, 2011). 변화 고정의 역치를 넘어서기 위해서는 각 단계에서 공동의 노력이 필요하다. 파편화된 변화 계획을 연결하는 시스템 지배 구조 변화는 중요한 도전 과제이다(그림 8.4 참조). 이러한 변화는 담수를 생물권의 혈류로 인식하고 생물권에서 우리의 역할로 향상된 관리를 인지하는 것은 중요하다. 물 회복탄성력의 폭넓은 지배 구조가 지속가능성을 향한 필수 경로인 것과 같이, 시스템적 변화는 행성의 경계를 고려할 때 필요하다(Folke *et al.*, 2010; Westley *et al.*, 2011).

8.5 지배 구조 혁신: 다양한 단계의 과제

서구의 홍수 관리에 있어서 최근 수십 년간 홍수 제어 패러다임에서 홍수와 살아가기(Pahl-Wostl *et al.*, 2011)와 역동적인 해안으로의 전환이 이루어졌다. 후자는 개발도상국에서 많은 해안과 하천 지역의 무의식적인 사실이며, 이것은 기후변화로 인해 악화될 것으로 보인다. 일부 선진국은 구조적 재조정과 사회 변혁의 방향으로 나아가고 있지만, 장애물과 제도적 관성은 여전히 극복해야 할 것들이다. 너무나 많은 관리자들이 물 관련 이슈를 부문에 국한된 이슈로 보고 있으며, 더욱 통합된 지배 구조 접근 방식은 우선적으로 청색수에 초점을 맞추고 있다. 물 부족과 가뭄에 대처하는 접근은 현재 물 사용 패턴의 효율성 향상에 중점을 두고 현재 기준 프레임에 대체로 고정되어 있는 것처럼 보인다. 그러나 프레임 재구성은 물 공급과 자원 개발에 초점을 맞추기보다 물 수요 관리로 전환할 때 일어난다(Gleick, 2003).

농업과 물의 시스템 관점이 확대되고 있지만, 지배 구조에서 생물권 관리의 물 역할이 완전히 새로운 패러다임을 향한 근본적인 이동을 위한 증거는 별로 찾을 수 없다. 이러한 패러다임 전환은 장기적으로 유지되기 어려운 토지 사용 방식을 유지하기보다 토지 사용 방식이 물 가용성에 의해 영향을 받도록 할 것이다.

게다가 홍수와 가뭄은 종종 불연속적인 문제로 취급되곤 한다. 홍수에 보다 효과적으로 대처하는 국가들은 주로 가뭄을 고려하지 않거나, 가뭄 대처 시 홍수를 고려하지 않거나 하는 식인데, 다른 극심한 사건이 일어날 가능성이 높을 때에도 그러하다 (Huntjens *et al.*, 2011). 사회-생태학적 시스템의 회복탄력성을 강화하기 위한 시스템적 접근은 이러한 파편화된 관념을 극복하고, 담수를 전 지구적 생명 유지 시스템 및 인간 복지, 사회 발전에서 주요한 부분으로 인지하도록 한다. 물을 행성의 혈류로 비유하는 것은 이 책의 주요 특징이지만, 비유 자체는 향상된 관리를 달성하기에 충분하지 않다.

이 책에서는 물 지배 구조가 사회적이고 생태학적인 상호의존성이 한 곳에서뿐만 아니라 지역을 넘어 전 세계적으로 명시적으로 만들고 이를 해결할 필요가 있음을 강조한다. 이것은 인류세의 과제, 즉 인류에 의해 형성된 행성의 단순한 사실이다. 어떻게 이것이 실제로 행해질 수 있을까? 희망적인 접근 방식은 지역적, 상향식 과정을 허용하고 전 지구적 지속가능성을 위한 다양한 단계의 지배 구조이다. 유럽연합의 물 관리 기본 지침은 이 잠재력을 보유하고 있으며, 많은 새로운 우산 기관, 경계를 넘어서는 연합된 기관들이 지역 간 전 세계 실무 커뮤니티로부터 나타날 것이라고 가정하는 것이 합리적이다. 두 가지 잠재적인 사례들은 건조 지대 관리와 사회-생태학적 유역의 전 지구적 네트워크를 위한 변혁 유역이다.

주요 변혁은 다른 규모에서, 즉 인류 복지와 사회 발전을 위해 사람, 기관, 정책 간의 재연결이 시급히 요구된다는 사실을 이해하는 바가 급속히 증가하는 것과 같은 연장선상에서 표면화될 것이다. 이러한 맥락에서 담수의 중요한 역학을 설명한다. 이러한 변혁은 항상 무탈하게 진행되지는 않을 것이며, 세계 각지의 변화를 통제하고 관리하기 위한 급속히 다른 출발점들이 있을 것이다.

광범위한 후원 네트워크와 함께 더 닫힌 시스템은 제 역할을 하지 못하는 관료주의와 함께 개발도상국에 다른 접근 방식을 요한다. 서구 관료사회의 관성과 마음가짐은 이러한 변혁이 일어나도록 하기 위해 극복할 필요가 있다. 그럼에도 불구하고, 정보 흐름, 지식 및 교환에 있어 새로운 형태의 연결성을 갖춘 글로벌화된 세계는 인류를 향한 급속한 방향 전환과 새로운 지속 가능한 통로의 가능성을 지니고 있다. 이러한 전환을 지원하기 위해서 동적 환경 내에서 그리고 동적 환경 전반에 걸쳐 담수를 학습하고 적응할 수 있는 여러 단계, 유연한 지배 구조 시스템이 반드시 필요할 것이다.

참고문헌

African Ministers' Council on Water (2012). *Status report on the application of integrated approaches to water resources management in Africa*. African Ministers' Council on Water, Abuja, Nigeria. Available at: http://www.amcow-online.org/index.php?option=com_content&view=article&id=262&Itemid=141&lang=en.

Albiac, J., Hanemann, M., Calatrava, J. and Uche, J. (2006). The rise and fall of the Ebro water transfer. *Natural Resources Journal*, **46**, 727.

Alcamo, J. M., Vörösmarty, C. J., Naiman, R. J. *et al.* (2008). A grand challenge for freshwater research: understanding the global water system. *Environmental Research Letters*, **3**, 010202.

Berkes, F. and Folke, C. (1998). *Linking Social and Ecological Systems: Management Practices and Social Mechanisms for Building Resilience*. Cambridge: Cambridge University Press.

Biswas, A. K. (2004). Integrated water resources management: a reassessment. *Water International*, **29**, 248–256.

Bundesministerium für Umwelt, NuR (2010). *Water Framework Directive: the way towards healthy waters*. Bundesministerium für Umwelt, Naturschutz und Reaktorsicherheit, Berlin. Available at: http://www.uba.de/uba-info-medien-e/4021.html.

Chapin, F. S., Carpenter, S. R., Kofinas, G. P. *et al.* (2010). Ecosystem stewardship: sustainability strategies for a rapidly changing planet. *Trends in Ecology and Evolution*, **25**, 241–249.

Clark, W. C. and Dickson, N. M. (2003). Sustainability science: the emerging research program. *Proceedings of the National Academy of Sciences*, **100**, 8059–8061.

Cooley, H. and Gleick, P. H. (2011). Climate-proofing transboundary water agreements. *Hydrological Sciences Journal*, **56**, 711–718.

de Coning, C. (2006). Overview of the water policy process in South Africa. *Water Policy*, **8**, 505–528.

Dietz, T., Ostrom, E. and Stern, P. C. (2003). The struggle to govern the commons. *Science*, **302**, 1907–1912.

Enfors, E. (2013). Social-ecological traps and transformations in dryland agro-ecosystems: using water system innovations to change the trajectory of development. *Global Environmental Change*, **23**, 51–60.

Falkenmark, M. and Folke, C. (2010). Ecohydrosolidarity: a new ethics for stewardship of value-adding rainfall. In *Water Ethics: Foundational Readings for Students and Professionals*, ed. Brown, P. G. & Schmidt, J. J. Washington DC: Island Press, pp. 247–264.

Falkenmark, M. and Rockström, J. (2006). The new blue and green water paradigm: breaking new ground for water resources planning and management. *Journal of Water Resources Planning and Management-Asce*, **132**, 129–132.

Folke, C., Carpenter, S. R., Walker, B. *et al.* (2010). Resilience thinking: integrating resilience, adaptability and transformability. *Ecology and Society*, **15**, 20.

Folke, C., Chapin III, F. S. and Olsson, P. (2009). Transformations in ecosystem stewardship. In *Principles of Ecosystem Stewardship: Resilience-based Natural Resource Management in a Changing World*, ed. Chapin, T., Kofinas, G. P. & Folke, C. New York: Springer, pp. 103–125.

Folke, C., Hahn, T., Olsson, P. and Norberg, J. (2005). Adaptive governance of social-ecological systems. *Annual Review of Environmental Resources*, **30**, 441–473.

Folke, C., Jansson, Å., Rockström, J. *et al.* (2011). Reconnecting to the biosphere. *AMBIO: A Journal of the Human Environment*, **40**, 719–738.

Fowler, R. and Rockström, J. (2001). Conservation tillage for sustainable agriculture: an agrarian revolution gathers momentum in Africa. *Soil and Tillage Research*, **61**, 93–108.

Galaz, V., Biermann, F., Crona, B. *et al.* (2012). 'Planetary boundaries' – exploring the challenges for global environmental governance. *Current Opinion in Environmental Sustainability*, **4**, 80–87.

Galaz, V., Olsson, P., Hahn, T., Folke, C. and Svedin, U. (2008). The problem of fit between ecosystems and governance systems: insights and emerging challenges. In *The Institutional Dimensions of Global Environmental Change: Principal Findings and Future Directions*, ed. Young, O., King, L. A. & Schroeder, H. Boston: MIT Press, pp. 147–186.

Geels, F. W. and Schot, J. (2007). Typology of sociotechnical transition pathways. *Research Policy*, **36**, 399–417.

Gelcich, S., Hughes, T. P., Olsson, P. *et al.* (2010). Navigating transformations in governance of Chilean marine coastal resources. *Proceedings of the National Academy of Sciences*, **107**, 16794–16799.

Gleick, P. H. (2003). Global freshwater resources: soft-path solutions for the 21st century. *Science*, **302**, 1524–1528.

Global Water Partnership (2000). Integrated water resources management. TAC background paper: 4. Global Water Partnership, Stockholm.

Gordon, L. J., Peterson, G. D. and Bennett, E. M. (2008). Agricultural modifications of hydrological flows create ecological surprises. *Trends in Ecology and Evolution*, **23**, 211–219.

Gunderson, L. H., Light, S. S. and Holling, C. (1995). Lessons from the Everglades. *BioScience*, **45**, 66–73.

Hahn, T. (2011). Self-organized governance networks for ecosystem management: who is accountable? *Ecology and Society*, **16**, 18.

Hahn, T., Olsson, P., Folke, C. and Johansson, K. (2006). Trust-building, knowledge generation and organizational innovations: the role of a bridging organization for adaptive comanagement of a wetland landscape around Kristianstad, Sweden. *Human Ecology*, **34**, 573–592.

Herrfahrdt-Pähle, E. (2012). Integrated and adaptive governance of water resources: the case of South Africa. *Regional Environmental Change*, **13**, 551–561.

Holling, C. S. and Meffe, G. K. (1996). Command and control and the pathology of natural resource management. *Conservation Biology*, **10**, 328–337.

Huntjens, P., Pahl-Wostl, C., Rihoux, B. *et al.* (2011). Adaptive water management and policy learning in a changing climate: a formal comparative analysis of eight water management regimes in Europe, Africa and Asia. *Environmental Policy and Governance*, **21**, 145–163.

Jeffrey, P. and Gearey, M. (2006). Integrated water resources management: lost on the road from ambition to realisation? *Water Science and Technology*, **53**, 1–8.

Joshi, P., Jha, A., Wani, S., Sreedevi, T. and Shaheen, F. (2008). Impact of watershed program and conditions for success: a meta-analysis approach. Global Theme on Agroecosystems Report: 46. International Crops Research Institute for the Semi-Arid Tropics, Patancheru, India. Available at: http://impact.cgiar.org/impact-watershed-program-and-conditions-success-meta-analysis-approach.

Kabat, P., van Schaik, H., Appleton, B. and Veraart, J. (2003). Climate changes the water rules: how water managers can cope with today's climate variability and tomorrow's climate change. Dialogue on Water and Climate, Delft, the Netherlands. Available at: http://www.unwater.org/downloads/changes.pdf.

Keys, P., Barron, J. and Lannerstad, M. (2012a). *Releasing the pressure: water resource efficiencies and gains for ecosystem services*. United Nations Environment Programme and Stockholm Environment Institute.

Keys, P. W., van der Ent, R. J., Gordon, L. J. *et al.* (2012b). Analyzing precipitationsheds to understand the vulnerability of rainfall dependent regions. *Biogeosciences*, **9**, 733–746.

Lam, W. F. (1994). Lessons from the experience of irrigation governance in Nepal: institutions, collective action, and public policy. In *Institutions, Incentives and Irrigation in Nepal*, ed. Benjamin, P., Lam, W. F., Ostrom, E. and Shivakoti, G. Washington DC: U.S. Agency for International Development, pp. 102–116.

Lambin, E. F., Turner, B. L., Geist, H. J. *et al.* (2001). The causes of land-use and land-cover change: moving beyond the myths. *Global Environmental Change*, **11**, 261–269.

Lansing, J. S. (1991). *Priests and Programmers: Technologies of Power in the Engineered Landscape of Bali*. Princeton, NJ: Princeton University Press.

Lundberg, J. and Moberg, F. (2003). Mobile link organisms and ecosystem functioning: implications for ecosystem resilience and management. *Ecosystems*, **6**, 87–98.

McSweeney, K. and Coomes, O. T. (2011). Climate-related disaster opens a window of opportunity for rural poor in northeastern Honduras. *Proceedings of the National Academy of Sciences*, **108**, 5203–5208.

Millennium Ecosystem Assessment. (2005). *Ecosystems and Human Well-being: Synthesis*. Washington DC: Island Press.

Milly, P., Julio, B., Malin, F. *et al.* (2008). Stationarity is dead. *Science, American Association for the Advancement of Science*, **319**, 573–574.

Mollinga, P. P. (2010). Hot water after the cold war: water policy dynamics in (semi-) authoritarian states. *Water Alternatives*, **3**, 512–520.

Moss, T. (2006). Solving problems of 'fit' at the expense of problems of 'interplay'? The spatial reorganisation of water management following the EU water framework directive. In *Integrated Water Resources Management: Global Theory, Emerging Practice, and Local Needs*, ed. Mollinga, P. P., Dixit, A. and Athukorala, K. Thousand Oaks: Sage Publications, pp. 64–108.

North, D. C. (1990). *Institutions, Institutional Change and Economic Performance*. Cambridge: Cambridge University Press.

Olsson, P., Folke, C. and Hahn, T. (2004). Social-ecological transformation for ecosystem management: the development of adaptive co-management of a wetland landscape in southern Sweden. *Ecology and Society*, **9**, 2.

Olsson, P., Folke, C. and Hughes, T. P. (2008). Navigating the transition to ecosystem-based management of the Great Barrier Reef, Australia. *Proceedings of the National Academy of Sciences*, **105**, 9489–9494.

Olsson, P., Gunderson, L. H., Carpenter, S. R. *et al.* (2006). Shooting the rapids: navigating transitions to adaptive governance of social-ecological systems. *Ecology and Society*, **11**, 18.

Ostrom, E. (1990). *Governing the Commons: The Evolution of Institutions for Collective Action*. Cambridge: Cambridge University Press.

Ostrom, E. (2010). Polycentric systems for coping with collective action and global environmental change. *Global Environmental Change*, **20**, 550–557.

Pahl-Wostl, C. (2006). The importance of social learning in restoring the multifunctionality of rivers and floodplains. *Ecology and Society*, **11**, 10.

Pahl-Wostl, C. (2007). Transitions towards adaptive management of water facing climate and global change. *Water Resources Management*, **21**, 49–62.

Pahl-Wostl, C. (2009). A conceptual framework for analysing adaptive capacity and multi-level learning processes in resource governance regimes. *Global Environmental Change*, **19**, 354–365.

Pahl-Wostl, C., Becker, G., Sendzimir, J. and Knieper, C. (in press). From flood protection to integrated flood management: a multi-level societal learning process towards sustainability.

Pahl-Wostl, C., Gupta, J. and Petry, D. (2008). Governance and the global water system: a theoretical exploration. *Global Governance: A Review of Multilateralism and International Organizations*, **14**, 419–435.

Pahl-Wostl, C., Jeffrey, P., Isendahl, N. and Brugnach, M. (2011). Maturing the new water management paradigm: progressing from aspiration to practice. *Water Resources Management*, **25**, 837–856.

Pahl-Wostl, C., Lebel, L., Knieper, C. and Nikitina, E. (2012). From applying panaceas to mastering complexity: toward adaptive water governance in river basins. *Environmental Science & Policy*, **23**, 24–34.

Polasky, S., Carpenter, S. R., Folke, C. and Keeler, B. (2011). Decision-making under great uncertainty: environmental management in an era of global change. *Trends in Ecology and Evolution*, **26**, 398–404.

Power, M. E. and Chapin III, F. S. (2009). Planetary stewardship. *Frontiers in Ecology and the Environment*, **7**, 399.

Reid, W. V., Chen, D., Goldfarb, L. *et al.* (2010). Earth system science for global sustainability: grand challenges. *Science*, **330**, 916–917.

Rockström, J., Falkenmark, M., Karlberg, L. *et al.* (2009a). Future water availability for global food production: the potential of green water for increasing resilience to global change. *Water Resources Research*, **45**.

Rockström, J., Gordon, L., Folke, C., Falkenmark, M. and Engwall, M. (1999). Linkages among water vapor flows, food production, and terrestrial ecosystem services. *Conservation Ecology*, **3**, 5.

Rockström, J., Steffen, W., Noone, K. *et al.* (2009b). A safe operating space for humanity. *Nature*, **461**, 472–475.

Sadoff, C. W. and Grey, D. (2005). Cooperation on international rivers: a continuum for securing and sharing benefits. *Water International*, **30**, 420–427.

Scheffer, M., Bascompte, J., Brock, W. A. *et al.* (2009). Early-warning signals for critical transitions. *Nature*, **461**, 53–59.

Schlüter, M. and Herrfahrdt-Pähle, E. (2011). Exploring resilience and transformability of a river basin in the face of socioeconomic and ecological crisis: an example from the Amudarya River basin, Central Asia. *Ecology and Society*, **16**, 32.

Schlüter, M., Hirsch, D. and Pahl-Wostl, C. (2010). Coping with change: responses of the Uzbek water management regime to socio-economic transition and global change. *Environmental Science & Policy*, **13**, 620–636.

Schlüter, M., Rüger, N., Savitsky, A. G. *et al.* (2006). TUGAI: an integrated simulation tool for ecological assessment of alternative water management strategies in a degraded river delta. *Environmental Management*, **38**, 638–653.

Schreiner, B. and Hassan, R. (eds) (2010). *Transforming Water Management in South Africa: Designing and Implementing a New Policy Framework*. Heidelberg, Germany: Springer.

Sehring, J. (2009). Path dependencies and institutional bricolage in post-Soviet water governance. *Water Alternatives*, **2**, 61–81.

Sendzimir, J., Magnuszewski, P., Flachner, Z. *et al.* (2008). Assessing the resilience of a river management regime: informal learning in a shadow network in the Tisza River Basin. *Ecology and Society*, **13**, 11.

Smith, D. M. and Barchiesi, S. (2009). Environment as infrastructure: resilience to climate change impacts on water through investments in nature. Perspective Document for the 5th World Water Forum. World Water Council, Istanbul.

Steffen, W., Crutzen, P. J. and McNeill, J. R. (2007). The Anthropocene: are humans now overwhelming the great forces of nature? *Ambio*, **36**, 614–621.

Steffen, W., Persson, A., Deutsch, L. *et al.* (2011). The Anthropocene: from global change to planetary stewardship. *Ambio*, **40**, 739–761.

Tompkins, E. L. and Hurlston, L.-A. (2012). Public-private partnership in the provision of environmental governance: a case of disaster management. In *Adapting Institutions: Governance, Complexity and Social-ecological Resilience*, ed. Boyd, E. F. Cambridge: Cambridge University Press, pp. 171–190.

UN-Water (2012). Status report on the application of integrated approaches to water resources management. United Nations Environment Programme, Nairobi. Available at: http://www.unwater.org/rio2012/report/press-release-19june.html.

Vörösmarty, C. J., McIntyre, P., Gessner, M. O. *et al.* (2010). Global threats to human water security and river biodiversity. *Nature*, **467**, 555–561.

Walker, B., Barrett, S., Polasky, S. *et al.* (2009a). Looming global-scale failures and missing institutions. *Science*, **325**, 1345–1346.

Walker, B. and Meyers, J. A. (2004). Thresholds in ecological and social-ecological systems: a developing database. *Ecology and Society*, **9**, 3.

Walker, B. H., Abel, N., Anderies, J. M. and Ryan, P. (2009b). Resilience, adaptability, and transformability in the Goulburn–Broken catchment, Australia. *Ecology and Society*, **14**.

Wani, S. P., Rockström, J. and Sahrawat, K. L. (eds) (2011). *Integrated Watershed Management in Rainfed Agriculture*. Boca Raton, FL: CRC Press.

Westley, F. (1995). Governing design: the management of social systems and ecosystems management. In *Barriers and Bridges to the Renewal of Ecosystems and Institutions*, ed. Gunderson, L., Holling, C. S. and Light, S. New York: Columbia University Press, pp. 391–427.

Westley, F. (2001). The devil in the dynamics: adaptive management on the front lines. In *Panarchy: Understanding Transformations in Human and Natural Systems*, ed. Gunderson, L. H. and Holling, C. S. Washington DC: Island Press, p. 508.

Westley, F., Olsson, P., Folke, C. *et al.* (2011). Tipping toward sustainability: emerging pathways of transformation. *Ambio*, **40**, 762–780.

Westley, F., Tjörnbo, O., Schultz, L. *et al.* (in press). A theory of transformative agency in linked social-ecological systems. *Ecology and Society*.

Xia, C. and Pahl-Wostl, C. (2012). The process of innovation during transition to a water saving society in China. *Water Policy*, **14**, 447–469.

Young, O. R., King, L. A. and Schroeder, H. (2008). *Institutions and Environmental Change: Principal Findings, Applications, and Research Frontiers*. Cambridge, MA: MIT Press.

말레이시아 사바주 다눔 밸리의 열대우림 풍경. 이 저지대 열대우림 지역은 오랑우탄, 수마트라 코뿔소, 희귀한 보르네오 피그미 코끼리를 포함한 다양한 조류와 포유류의 서식지이다.

Chapter

9 미래를 향한 경로

이 장에서는 급증하는 상호의존성, 난기류, 사회-생태학적 상호작용과 불확실성으로 특징지어지는 점점 더 혼잡해지는 지구에서 전 지구적 지속가능성과 인류의 번영을 달성하기 위한 물의 역할을 정리한다. 특별히 우려되는 것은 인간 활동으로 인해 물과 관련한 지역적 환경 그리고 전 지구적 시스템이 임계점을 향해 가는 상황이다. 종종 이러한 놀라운 사건은 변화에 대처하는 사회-생태학적 회복탄력성의 손실을 반영하며, 사회와 인류 복지에 심각한 영향을 끼칠 수 있다. 이 장에서는 물의 회복탄력성을 위한 전략이 요구되는 지배 구조와 관리 문화의 변화에 대해 논하며, 담수가 사회-생태학적 시스템에서 회복탄력성에 중요하다는 것을 강조한다. 높은 수준의 생물 다양성과 다양한 토지 사용 사례를 통한 경관에서 중첩성을 유지하는 것은 회복탄력성을 강화하고 강우 및 경관의 목격자를 유지하기 위한 주요한 전략이다.

9.1 혈류 관리

9.1.1 주요 메시지 및 구성 요소

이 장에서는 사회-생태학적 압력에서부터 토지와 물 관리를 향상시키기 위한 전 세계에 걸친 통합 수자원 관리 실행 방침에 이르기까지 다양한 분석의 흐름을 통합하는 과정에서 도전 과제를 설명한다. 새로운 인류세에서 통합적 토지 및 수자원 관리를 위한 물길의 전진은 함께 나아가야 한다. 이 책에서는 두 가지 주요 메시지의 토대가 그러하다. 우선, 인류의 발전과 부는 사회-생태학적 시스템으로부터 비롯되며, 이는 담수가 생태계 기능, 서비스를 발생시키고, 사회-생태학적 회복탄력성을 제공해야 하는 것을 기반으로 한다. 이에 따라 담수자원의 오용은 인류 복지뿐만 아니라, 사회-생태학적 회복탄력성과 변화에 대처하며 발전하려는 사회의 능력에 도전이 된다.

이러한 메시지들은 인류 번영을 위한 물의 역할에 대한 이해를 돕는다. 이는 세 가지 주요한 차원을 다루는 통합적 토지와 수자원 관리의 넓은 패러다임의 기본 분석적 빌딩블럭을 형성한다.

1. 토지와 수자원 관리를 위한 녹색수와 청색수를 강조하는 통합적 시스템 관점의 견지.
2. 생태계 시스템과 사회-생태학적 회복탄력성 관점에서 담수 공급, 식량 생산, 다양한 경관 및 안정적 환경 관리를 통해 경관에 인간 사회에 물과 관련된 부의 창출 능력을 제공하는 물의 역할.
3. 유역에서 생물권으로 규모를 아우르는 물의 상호 연계성—두 가지 물의 기능이 있는데, 하나는 기후변화로 인한 강우 패턴 변화와 같은 전 지구적 변화에 영향을 받으며, 다른 하나는 서식지 손실을 유발하는 열대우림의 건조화와 같은 향후 나타날 변화의 동력으로 작용한다.

우리는 통합 수자원 관리에서 이러한 압력을 인류의 번영과 전 지구적 지속가능성을 위한 물의 회복탄력성 향상 전략으로 정의하였다. 물의 회복탄력성은 역동적인 경관의 바람직한 상태에서 담수를 관리하는 것을 의미하며(단순히 말하자면 당신의 주변 세계가 변할 때 당신이 원하는 곳에 머무는 것), 인류 복지와 회복탄력성 강화를 위한 새로운 궤적으로 진입하기 위해 위기의 시대에 적절한 전략과 능력으로 물 관리에 변화를 줄 필요가 있다. 이러한 바탕에서, 물 공급을 관리하는 것 또는 기본적인 유출에 초점을 맞춘 물 관리를 확장하여 강우를 관리하고 유지하는 것으로 나아가야 한다. 따라서, 물의 원천, 즉 강수는 대체로 정적으로 주어진 요소로 보인다. 인류세 시대에 우리는 기후 시스템과 생물권을 관리하는 방식에 영향을 주는 방법으로 새로운 물의 현실, 즉 물의 중요한 역할에 적응해야 한다. 한 번의 프레임은 다음 시간 프레임에서 강우의 가용성에 영향을 미친다. 도식적인 관점에서 회복탄력성을 위해 물을 지배하고 관리하는 것은 회복탄력성을 실현하고, 적응하고, 변환해 가는 일련의 실천 방안을 포괄한다(그림 9.1 참조).

다음 절에서는 1-8장 내용을 통찰하여 요약하며, 인류 발전과 전 지구적 지속가능성의 맥락에서 수자원의 재배와 관리를 위한 광범위한 물 회복탄력성 접근의 의미를 반영한다.

9.2 인류세의 새로운 지구적 물 상황

이 책에서 논의한 바와 같이 인류의 물 위기는 상당히 새로운 국면을 맞이하게 되었다. 최근까지 통합 수자원 관리의 초점은 기존에 정의된, 비록 변덕스럽지만, 수자원의 관리와 분배에 맞춰져 있었다. 강우, 지하수 또는 지표 유출수 같은 물의 유입은 간편하게 인간의 영향을 고려하지 않고 자연에 의해 영향을 받는 외부 변수로 가정되곤 하였다.

전 지구적 환경 변화의 가속화는 이러한 관점에 변화를 일으켰다. 지난 5-10년간 지구에 미치는 인간의 과학적 영향은 현재 전 세계적으로 지구 시스템의 임계점을 넘어설 수 있다는 것을 보여준다. 70억 인구의 총제적인 영향은 현대 인류 기업의 환경적 영향으로 배가되어 지역적 규모의 활동을 넘어선 예측 불가한 역동성을 만들어내고 있다. 차드호와 같은 거대한 유역의 관리와 남아프리카와 같은 지역의 농업 계획은 지역적으로 통합 수자원 관리가 얼마나 잘 이행되는가뿐만 아니라 지역적 기후 시스템이 얼마나 지역적이고 전 지구적인 환경 변화에 영향을 받는가, 그리고 이러한 변화가 얼마나 지역적 토지 사용 변화와 상호작용하는지(예를 들어, 강우의 주요 원천이 되는 삼림에서 수분의 순환 영향), 그리고 이러한 상호작용이 얼마나 몬순 시스템과 농민, 도시 주거자 및 사업가들을 위한 강우 패턴에 영향을 미치는지에 점점 더 영향을 받고 있다.

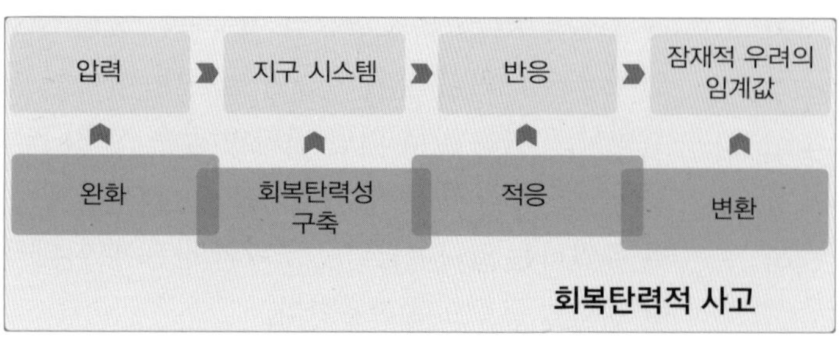

그림 9.1 전 지구적 수자원 관리에서 직면한 상호 연관된 도전들은, 지구 시스템에 가해지는 인간의 압박으로부터 발생하며, 사회-생태학적 시스템의 잠재적인 체제 변화의 우려와 사회의 대처에 영향을 미친다. 이러한 변화를 따라 전 지구적 지속가능성을 위한 물 회복탄력성의 행동 양식의 범주는 경감, 지역적 회복탄력성 개발, 적응과 변화를 포함한다.

이 책에서는 지구에 미치는 인간의 영향이 증가하는 것을 네 가지 병렬 프로세스와 연관된 4중 압박으로 설명한다:

1. 2050년까지 90억에 달하는 인구통계학적 압력과 증가하는 영향은 식량, 물, 에너지, 기타 생태계 서비스의 수요 증가와 연관됨.
2. 인위적인 환경 위기로 산업화 이전 시대 대비 2°C 이상의 기온 상승의 온난화가 이미 진행 중임.
3. 인류 역사상 어떤 시대보다도 빠른 속도로 지난 50년간 생태계 서비스를 훼손한 인간이 자초한 환경 위기.
4. 회복탄력성 손실로 인한 지구상에서 활동 공간의 축소와 급변하는, 종종 비가역적인, 생태계와 생물권의 스트레스와 위기(1장과 비교).

과학적 증거들은 이러한 4중 압박이 인류세에 접어들어 상당히 두드러지고 있음을 보여주며, 인류는 전 지구적 규모에서의 변화를 위한 지질학적 힘을 구성한다. 이것은 새로운 통찰이다: 인류세에서 첫 번째 증거는 2004년에 등장하였다(Steffen *et al.*, 2004). 이는 물과 인류 발전을 위한 심오한 의미를 담고 있는 통찰이다.

물 순환은 각각의 전 지구적 압박 과정으로 변화되었다: 기후변화로 인한 강우 패턴 변화, 생태계 변화와 자연 자원 과잉 생산으로 인한 경관에서의 강우 분할 변화, 생물권에서 물길이 급변하는 원인이 되는 체제 변환, 청색수 흐름이 변하는 습지대 붕괴, 삼림 시스템이 사바나 시스템으로 넘어가면서 발생하는 녹색수 흐름의 급격한 변화. 이와 동시에, 물은 각각의 압박 과정에서 안정성 또는 불안정성의 정도를 결정짓는 요소이며, 식량 생산, 위생 및 기타 사용을 위한 사회로의 물 공급, 탄소 저감 및 기후변화 조절 능력, 서식지 생성 및 바이오매스 생산, 경관에서 회복탄력성 조절 등의 역할을 감당한다. 물은 전 지구적 환경 변화의 희생양(종종 첫 번째 희생양)이자 지구 회복탄력성 변화와 조절을 이끄는 동력이다. 요컨대 물은 진정으로 생물권의 혈류와 같이 흐른다.

9.2.1 물에 대한 우려가 높아진 세 가지 원인

인류세 시대에 물에 대한 우려가 깊어진 중요한 원인들은 물 지배 구조와 관리를 위한 새로운 체계를 구성하는 기본 바탕을 제공한다. 첫 번째 원인은 영향의 속도와 규모이다. 인류세 시대의 개념은 기하급수적으로 상승한 인류가 지구에 가하는 압박에 기반하는데, 이는 1950년대 중반에 시작하였으나, 히말라야 빙하의 사례와 같이 지난 10년 동안 전 세계 얼음이 녹는 속도가 가속화되는 전 지구적 현상이 나타났으며 극심한 물 관련 기후변화의 증거들도 점차 증가하고 있다. 이러한 기하급수적 압력은 토지 사용 변화로부터 온실가스 배출, 영양 주기의 우세 및 의존에 이르기까지 전체 생태계와 환경 프로세스로 확대되어 인류의 복지에 영향을 미친다. 2장과 4장에서의 중요한 통찰은 물이 이러한 모든 과정과 상호작용하며, 전례 없는 압박을 받고 있는데, 예를 들어 청색수 사용은 기하급수적으로 증가하여 1950년대 연간 1,500 km^{3}에서 2010년 연간 4,000 km^{3}가 되었으며(Oki and Kanae, 2006; Shklomanov and Rodda, 2004), 현재 소비용수는 연간 2,600 km^3 정도이다. 이와 동시에 경작지에서 영구 방목지에서 녹색수 사용은 연간 7,000 km^{3}에서 15,000 km^{3}로 전체 육상 녹색수 흐름의 1/3에 해당하며(Oki and Kanae, 2006; Rost *et al.*, 2009), 나머지는 생물권에서 주요한 생태계 서비스를 발생시키는 데 사용된다(Rockstrom *et al.*, 1999). 따라서 첫 번째 주요 통찰은 모든 인간이 가하는 압박은 생물권의 혈류와 같은 물과 연관되어 있으며, 사회 발전을 유지하기 위한 생물권의 능력에 대한 우려와 연관되어 있다. 자연 자원과 생태학적 공간에 대한 인간의 수요 증가는 한정된 담수 자원에 대한 압박으로 나타났다(3장). 다가올 40년 동안, 전 세계 인구는 70억에서 90억으로 증가할 것으로 예상되며(UN DESA, 2011), 식량 생산을 위한 물 수요는 연간 2,300-4,100 km^3로 증가할 것이다(유엔의 중간 인구 추산과 물 생산성의 상한과 하한의 가정에 기반)(Rockstrom *et al.*, 2009a). 가장 낙관적 전망(연간 2,300 km^3)조차도 현재 전 세계 관개에 사용되는 연간 소비용수에 달하는 수치이다(연간 2,600 km^3).

두 번째 주요 우려는 첫 번째와 연관된다. 물은 기후, 토지, 화학약품, 공기 등에 미치는 기하급수적인 압박과 상호작용할 뿐만 아니라 대부분 변화에 따른 첫 번째 희생양이다. 국제 물 관리 기구의 연구원이었던 샬럿 드 프레이처(Charlotte de Fraiture)는 2005년 스톡홀름에서 열린 세계 물 주간에서 적절하게 지적하였다: 만일 기후변화가 가스로 인한 것이라면 기후 적응은 물에 관한 것이다. 여기에는 상당한 일리가 있는데, 기후변화에만 적용되는 것이 아니다. 전 지구적 환경 변화, 즉 전 세계 평균 기온 또는 삼림 벌채, 토양 황폐화의 변화는 무엇보다도 담수 흐름에 직접적인 영향을 미치며, 인류 복지에 즉각적인 영향을 끼친다. 이 영향은 인류의 생존에 상당한 부담으로 자리 잡으며, 일반적으로 식량 생산과 건강 유지에 제약으로 나타난다. 기후변화는 생물종 변화와 질병 확산과 같은 기온의 변화와 연관이 있다. 아마도 가장 즉각적인 영향은 지역적 기후시스템과 날씨 패턴의 변화로, 이는 가뭄, 홍수, 건조기간을 유발하고, 강우 패턴이 변하고, 해수면 상승을 유도한다(IPCC, 2012). 따라서 물은 지역적 수준에서 인류세 시대의 희생양이다.

인류세 시대에 물에 관한 세 번째 우려는 지구 임계치를 넘어서는 위험에 관한 것이다(2장과 4장에서 분석한 바와 같이). 토지와 함께 물은 생태계 서비스를 제공하고 경관과 하천 유역에서 사회-생태학적 회복탄력성을 지지한다, 즉, 인간 사회에 식량과 기타 생태계 서비스를 공급할 뿐만 아니라, 변화에 직면하였을 때 바람직한 상태를 유지할 수 있는 능력을 갖추는 것이다. 점점 과학적인 증거가 보여주는 것은 열대우림, 사바나, 목초지, 온대림과 같은 대형 생물군은 기후, 삼림 벌채 또는 생물 다양성 손실의 변화가 지나치게 발생하면 덜 생산적인 상태로 급격히 변화할 우려가 있다는 것이다.

물은 이러한 과정에서 두 가지 역할을 담당한다. 물은 회복탄력성을 조절하는 변수로, 바이오매스를 생산하고, 생물 다양성과 유기물질을 유지하고, 온도를 제어하면서 회복탄력성을 개발하는 데 기여한다. 또한 급격한 변화에 영향을 받는 상태 변수이다. 예를 들면, 열대우림의 삼림 벌채는 기후변화로 인한 극심한 가뭄의 유발과 연관된 회복탄력성의 손실로 인해 사바나 상태로 급격히 변환될 수 있는데, 더 건조하고 개방된 삼림 생태계 조건에서 감소된 수분 흐름으로 나타난다. 이러한 새로운 상태는 더 건조한 상황으로, 수분 공급과 습도 수준이 낮아지고 물 가용성이 떨어지는 새로운 물 논리를 맞이하게 된다. 이러한 과정을 되돌리는 것, 사바나에서 삼림 상태로의 전환은 불가능하지 않지만 굉장히 어려운 작업이다.

따라서 인류세 시대에는 세 가지 새로운 요인이 지역적 수자원 계획과 관리에 고려되어야 한다:

- 인간의 활동으로 인한 다양한 환경 프로세스에 기하급수적 압박의 증가, 기후변화로부터 토지 삼림 황폐화, 생물 다양성 손실에 이르기까지 모두 지역적 수준에서 수자원에 영향을 미침.
- 환경 변화의 동력일 뿐만 아니라 급작스러운 변화의 희생양이기도 한 물은 극심한 충격(식량 가격의 급등과 같은)에 깊이 연관되어 있으며 적응과 회복탄력성 개발의 투자 관점에서 세심한 주의가 필요한 대규모 사회적 영향과 연관됨.

- 사회적-환경적 변화들은 지역적, 전 지구적 규모에서 점점 가속화되고 있으며, 생물권의 임계치를 넘어서는 위험이 커지고 있어, 지역적 수준에서 수자원에 미치는 비가역적 영향의 발생 가능성이 있음.

9.2.2 새로운 전 지구적 물 역학

향후 수자원의 지배와 관리의 맥락에서 중요한 인자들이 있다. 전 지구적 역학의 중요한 측면은 변화의 사회적 강도와 가용한 수자원에 대한 증가하는 압박이 계속되는 지구 환경 변화와 동등하게 나아간다. 농업만큼 변화하는 물 상황에 영향을 받는 부문은 없을 것이다.

농업 개발은 지난 1만여 년간 물 순환과 조화롭게 유익을 가져다주었다. 우리는 온대, 간빙기에 들어선 적이 거의 없다. 농업에 투자하는 동안 전 세계 평균 기온이 ±1°C 이내에서 변동하는 극히 안정된 지질 시대를 경험했을 따름이다. 이는 반유목적 수렵 채집 활동이 주가 되는 사회에서 메소포타미아 관개로부터, 마야, 잉카, 이집트, 그리스, 로마 제국, 그리고 오늘날 현대 경제 사회에 이르기까지 인구 밀도가 높아진 정착 사회로 전환하는 데 주요한 부분이었다. 농업은 현대 문명의 기반이며 담수에 대한 안정적 접근은 농업 개발의 주요한 전제 조건이다(Falkenmark, 1989). 산업혁명은 많은 세계를 특별히 1950년대 이후로 인류 복지의 새로운 산업화된 상태로 이끌었다. 이는 화석 연료에 기반한 것으로 산업과 기타 공정에 값싼 에너지원을 창출하고 농업의 돌파구를 마련하고, 불활성의 질소를 대기 중에서 작물 생산을 위한 활성화된 질소로 전환하는 하버-보슈 공정에 기반한 상용비료의 개발을 이끌었다. 이것은 인간 사업의 가속화 시대였으며(Steffen *et al.*, 2007), 지구를 향한 인간의 기하급수적 압박의 증가가 시작되고(1장의 그림 1.2), 인구가 30억에서 오늘날 70억으로 급증한 시기이다.

이러한 주로 관개 농업을 위한 청색수의 사용은 전 지구적으로 가속화되어 6배 증가하였다. 이는 거의 인구 증가의 2배 빠른 속도다(1장). 이와 같은 이례적인 개발은 전 세계 식량 생산을 3배 증가시켰으며, 전 지구적-지역적 수문학 순환의 예측 가능성과 안정성에 의해 가능하였는데, 지구 시스템의 회복탄력성에 의한 것이기도 한다. 이것은 생물권의 구성에 따라 결정된다. 즉, 삼림, 목초지, 습지, 이탄지 및 이러한 생물권에서 살아가는 다양한 생물의 안정적인 배분과, 해양권, 대기권, 빙하권 및 지구의 빙하와 거대한 얼음 조각의 안정적인 형태에 따라 결정된다.

전 세계에 걸친 수자원 개발의 급속한 현대화(매년 댐에 5,000 km^3의 물이 저장됨)는 홀로세 기간의 안정적인 물의 상태에 기인하였다. 담수의 예측 가능한 상태는 수자원을 지배하고 관리하는 접근 방식에 진화(통합 수자원 관리에 대한 현대적인 접근법으로의 진화)를 가져왔는데 이는 강우 공급과 유출수 분배의 담수 가용성이 우리가 영향을 줄 수 없는 이미 결정된 상태 변수라는 가정에 근거한다. 단지 지난 10-20년 사이에 이것이 변하였다. 우리는 이제 홀로세 기간을 떠나고 있으며, 1990년대 초반 기후에 대한 행성의 경계를 넘어섰고, 이제는 지난 1만 년에 걸쳐 안정적으로 유지된 환경 조건을 넘어서는 상태에 접어들고 있다. 우리는 인류세 시대로 접어들었으며, 급격한 전 지구적 환경 변화로 인한 수자원 조건이 변하는 시대에 살고 있다.

게다가 이러한 변화는 중대한 사회상의 고비에서 발생하고 있다. 우리는 지난 100년간 수자원을 극심한 상태로 개발해 왔다. 오늘날, 전 세계 거대 하천 중 몇몇은 더 이상 유역 폐쇄로 해양에 다다르지 못한다(Molden *et al.*, 2007). 상당한 기술적 진보에도 불구하고, 30억 명 이상의 인구는 여전히 물 부족에 시달리고 있다(Kummu *et al.*, 2010). 이미 지구촌 곳

곳에서 집약화된 담수 사용이 진행되고 있으며, 이는 물의 지속가능하지 않은 남용으로 인한 주요 사회 문제를 일으킨다. 예를 들어 인도 시골 지역의 지하수 수위를 떨어뜨리고, 호주와 미국의 하천 건천화를 일으키는 등의 모습으로 나타나고 있다.

우리는 홀로세 시대의 호의적인 물 상황에서 성공을 거두었다. 인류세 시대에서 우리는 덜 호의적인 물 상황과 증가하는 격동의 시대에 사회적인 수요와 시급한 지속가능한 기준을 충족시켜야 한다. 이것은 수자원 관리가 효율과 최적화의 영역에서 벗어나 변동이 많고 예측이 어려운 미래의 물에 대해 회복탄력성을 구축하는 전략으로 전환되어야 하는 주요한 이유이다.

9.2.3 잠재적 문제의 임계값을 넘어설 위험성

제한된 담수에 대한 인간의 압박이 증가함에 따라 수자원의 제약이 수자원 전문가들 사이의 주요 관심사가 될 것이다. 인류세 시대에, 지역적이고 전 지구적인 물의 중대 상황에 대한 전통적인 초점은 지구 시스템의 임계값을 넘어갈 위험으로 보완될 것이며, 이는 급변하고, 종종 비가역적인 변화와 잠재적으로 해로운 인간 사회에 중대한 의미를 지닌다. 2장과 4장에서 다룬 바와 같이, 임계값을 넘어갈 과학적 증거들이 쌓이고 있으며, 기후변화로 인해 지구 시스템의 급속한 체제 변환을 불러일으키고 있으며(Lenton *et al.*, 2008; National Academy of Sciences of United States of America, 2009), 전 지구적 생물 다양성 감소(Barnosky *et al.*, 2012), 호수의 임계치를 넘어서게 하는 영양염류 과다 유입(Carpenter *et al.*, 2011), 농업 시스템에서 물 관련 체제 변환(Gordon *et al.*, 2008)으로 이어지고 있다. 이러한 급속한 비선형적 변화의 위험의 증거들이 증가하고 있음에도 불구하고, 물에 의한 임계값의 위험에 대한 지식은 제한적이다.

물에 의한 임계값의 위험을 평가하기 위해 전 지구적 수문학적 순환에서 물 분할 지점 분석이 필요하며, 물과 관련한 급속한 변화의 장기간 위험을 분별할 필요가 있다. 많은 종류의 토지와 물 사용은 물이 나뉘고 합쳐지는 지점에서 물 순환의 분할과 병합 지점에서 느린 변화와 연관되어 있다(그림 9.2). 토지 사용 활동은 함양역에서 상한과 하한 분할 지점의 강우 침투의 변화와 연관될 수 있다. 이는 또한 해양에서의 증기 흐름이 토양의 녹색수 흐름과 만나는 지점에서 증기 시스템의 변화와 연관될 수 있다. 물 사용과 관련해서는, 소비수량, 즉 증기 성분이 하천 또는 지하수 흐름에서 물을 취하는 활동, 특별히 관개(그림 9.2)로 변하는 느린 변화가 발생한다. 몇몇 환경 변화는 이러한 수문학적 변화에 기인하는 몇몇 환경 변화는 잘 정립되었는데, 다른 현상들에 대해서는 최근에 관심을 갖기 시작하였다.

토지 사용:

A 토지 황폐화/사막화는 토양 표층에서 분할 지점과 연관되며, 토양으로의 침투를 감소시킨다.

B 염분화는 삼림 벌채가 뿌리에서 물 흡수와 침투/지하수 함양의 분할을 방해하는 곳에서 낮은 분할 지점과 연관된다.

E 사바나화는 삼림 벌채로 인한 결과로, 대기 중 수분 회수의 감소, 대기 중 증기 흐름의 감소로 이어져 강수의 재생산을 감소시킨다.

F 우기로의 전환은 해양 증기 유입과 대규모 관개 시스템으로부터 육상 습기 회수가 병합된 것과 연관이 있다.

물 사용:

D 지하수 고갈은 관개를 위한 지하수의 지나친 사용과 관련이 있으며 지하수 함양보다 더 많은 물 사용의 결과이다.

C 하천 건천화는 하천수의 소비가 주로 관개용수

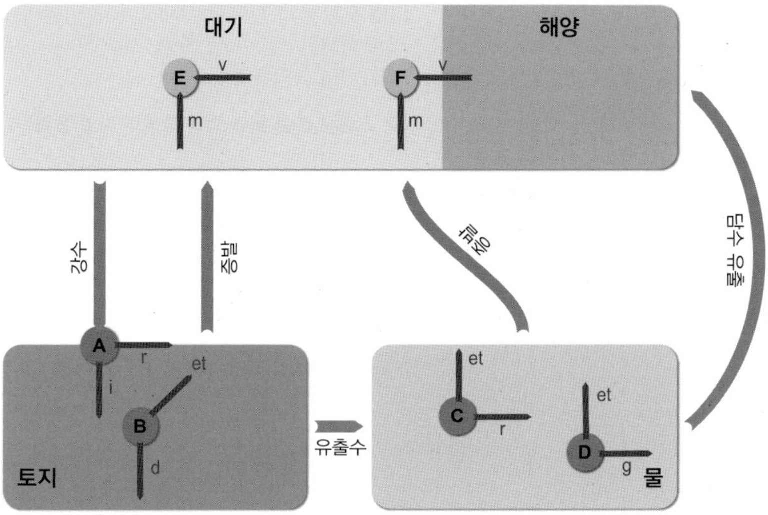

분할 유도 변환

분할점

A	**사막화**	지표 유출수(r)과 침투(i) 사이
B	**염분화**	소비수량(et)과 심층 침투(d) 사이
C	**하천 건천화**	소비수량(et)과 지표수 흐름(r) 사이
D	**지하수 고갈**	소비수량(et)과 지하수 흐름(g) 사이

병합점

E	**사바나화**	수증기 흐름(v)과 습기 회수(m) 사이
F	**몬순 전환**	수증기 유입(v)과 습기 회수(m) 사이

그림 9.2 느린 변화들이 진행 중인 물 분할과 병합 과정에 있어서 물 순환의 여섯 지점과 취약 지역에서 연관된 생태수문학적 변화. 분할은 토지의 변화를 유도한다: (A) 토지 황폐화/사막화는 토양 표층에서 분할 지점과 연관되며, 토양으로의 침투를 감소시킨다. (B) 염분화는 삼림 벌채가 뿌리에서 물 흡수와 침투/지하수 함양 간의 분할을 방해하는 곳에서 낮은 분할 지점과 연관된다. (C) 하천 건천화는 하천수의 소비가 주로 관개용수로 많이 사용되는 것이 원인이다. (D) 지하수 고갈은 관개를 위한 지하수의 지나친 사용과 관련이 있으며 지하수 함양보다 더 많은 물 사용의 결과이다. (E) 사바나화는 삼림 벌채로 인한 결과로, 대기 중 수분 회수의 감소, 대기 중 증기 흐름의 감소로 이어져 강수의 재생산을 감소시킨다. (F) 우기로의 전환은 해양 증기 유입과 대규모 관개 시스템으로부터 육상 습기 회수가 병합된 것과 연관이 있다.

로 많이 사용되는 것이 원인이다.

(A-F는 그림 9.2에서 병합/분할 지점을 나타낸다.)

이 모든 생태수문학적 변화는 토지 생산성 저하 또는 물 생산성 저하로 나타나며, 수문기상학적으로 취약한 지역의 잠재적인 우려의 역치와 연관되어 있다. 두 종류 모두 상호작용하고 인류의 미래에 중요한 부분으로 인류의 삶을 지탱할 시스템의 기반을 약화시킬 수 있는 능력이 있다.

9.2.4 임계지점의 직면과 대규모 체제 변화의 위험

물로 유발된 임계값의 위험을 이해하는 것은 수자원 지배와 관리에 회복탄력적인 개념을 가미하는 것이다. 이것은 이러한 임계값의 존재를 인지하고 위기와 기회를 살펴보게 한다. 우리가 물과 관련된 잠재적 우려의 임계값이라 부르는 것이다(Gordon *et al.*, 2008). 이 위험은 통합 수자원 관리에 상당한 의미를 지닌다. 사회적-환경적 변화가 지역적 관리 규모에 어떻게 영향을 미치는지 알아볼 필요와 함께, 예를 들어 기후변화가 유역 계획에 어떻게 영향을 미치는가, 관리의 목적에 있어서 몇 가지 주요 우선순위를 제공하며, 수자원의 생산성, 효율성, 최적화에 대한 일반적인 시각으로부터 위험과 불확실성을 다루고, 불확실성과 예기치 못한 사태에 대한 보안 및 보험의 여유도를 창출하기 위한 사회적, 생태학적 중복성에 초점을 맞추게 한다. 또한 이질성과 같은 경관의 공간적 조성에 대한 고려도 포함하여 달갑지 않은 임계값을 넘어서는 것을 피하거나 사회-생태학적 시스템의 변화를 통해 보다 바람직한 상태로의 충분한 회복탄력성을 구축하고자 한다(Carpenter *et al.*, 2012; Folke *et al.*, 2010; Walker *et al.*, 2006).

그림 9.3 물과 관련된 잠재적 우려의 임계값의 통합적인 세계 지도. 3장(그림 3.3)에서 보다 자세히 설명했다.

[이 그림은 본문 뒤에 컬러 그림이 따로 삽입됨]

3장에서는 수자원 지배와 관리에 있어서 세계의 다양한 지역에 대한 물과 관련된 잠재적인 우려의 임계값을 지도화하는 첫 번째 시도를 했다(Walker and Salt, 2006)(그림 9.3 참조). 이러한 잠재적인 우려의 임계값은 대규모 체제 변환의 위험 또는 급변하는 변화를 포함하는데, 기후변화, 생물 다양성 감소, 물 분할과 물 병합 지점에서 발생하는 변화로 인한 토지 사용 변화와 같은 변화의 다양한 동력들 간의 상호작용으로 인해 몬순 또는 사바나와 같은 거대 시스템이 어떻게 작동하는지를 고려한다(그림 9.2). 그림 9.3은 물과 관련된 잠재적인 우려의 임계값의 몇 가지가 지역적 과정에서 물과 직접적으로 연관성이 없는 전 지구적 변화에서 기인하는 것을 보여준다. 온실가스 배출, 대기오염으로 인한 아시아 갈색 구름과 같이 기후변화가 야기한 인도의 몬순기후로의 변화 위기 같은 것들이다.

지구 시스템의 모든 구성 요소에 가하는 인간의 압박의 규모와 속도의 변화와 함께, 수자원 지배와 관리에 중요한 변화는 규모와 시스템을 넘어서는 상호 연관성을 증가시킨다. 3장에서 강조한 바와 같이, 어떤 주요한 생물권의 변화는 다른 지역의 수자원에 도미노 효과를 불러일으킬 수 있다. 이에 대한 한 사례는 남미와 중앙아프리카의 열대우림의 손실인데, 이는 남유럽과 중국 동부의 온난화를 유발하고, 물 그리고 기후의 상호 연관성의 결과로 강우 패턴의 변화로 이어졌다(Snyder *et al.*, 2004). 이와 유사하게, 중국, 남미, 사헬과 같은 강우량이 육상 생태계의 수분 회수에 의존하는 지역에서, 한 지역의 삼림 관리는 다른 지역의 강우량 변화를 일으킬 수 있다(Box 4.4 참조). 이는 국가와 하천 유역은 물 지배와 관리에 충분한 단위가 아니며, 특정 지역, 주 또는 유역에 강우의 근원을 제공하는 강수역이 적절한 단위가 될 수 있다(Keys *et al.*, 2012). 마찬가지로, 유역이든 하천 유역이든 상관없이 어떤 규모에서 물 관리는 전 지구적 규모와 연관될 필요가 있다. 한 지역의 강우가 지구상의 다른 지역의 대형 생물권의 회복탄력성, 북극의 안정적인 얼음, 유라시아의 안정적인 온대림, 안정적인 아마존 우림과 같은 것들과 연관되어 있다는 것을 인식해야 한다.

9.2.5 규모를 아우르는 물 연관성에 대처하는 새로운 윤리

인류세 시대에서는 공간적 물의 연계성의 새로운 윤리를 고려할 필요가 있다. 물의 남용으로 이미 상당한 압박을 받고 있고 인구의 절반이 물 부족에 시달리고 있다. 2050년까지 10억 명을 먹이고 20억 명의 주거지 마련을 위해 물 수요가 증가할 세상에서 식량, 건강, 모든 인류의 복지를 위해 물을 제공할 것인지 상상하기는 어려운 일이다. 특별히 관리 단위가 국가 또는 개별적인 하천 유역 단위라면 더더욱 그렇다.

가상의 물 흐름의 근본적인 역할을 인지할 필요성이 커지고 있다. 이는 오늘날 이미 연간 700 km^{3}에 달하며, 전 지구의 식량 생산을 위한 청색수 소비수량의 25%를 차지한다(Oke and Kanae, 2004). 이러한 수치는 향후 증가할 것이다. 충분한 수자원을 보유한 지역과 전 지구적 환경 변화에 영향을 덜 받는 지역은 그렇지 못한 지역을 대신해 식량 생산을 위한 더욱 중요한 역할을 맡게 될 것이다. 우리의 추정에 따르면 2050년까지 대략 50억 명의 인구가 현재 경작지에서 25% 수확량 격차를 감안하더라도 5%의 육류 기반 식량을 포함하여 1인당 1일 2,200 kcal의 식량 섭취를 위한 생산에 충분한 담수를 확보하지 못하는 지역에서 살아가게 된다. 이 중 35억 명은 가상의 물을 이용해 식량 수요를 충족시킬 수 있을 것이나, 15억 명가량은 물과 자금이 제한 요소가 되는 상황을 맞이할 것이다(Rockstrom *et al.*, 2012; 5장 참조).

정리하면, 세계는 세 가지 상호 연관된 물 문제에 직면해 있다:

1. 물 가용성의 급격한 변화를 배제할 수 없는 역동적이고 연결된 세상에서 급변하는 물 환경.
2. 물과 관련된 잠재적 우려의 임계값이 실제가 될 가능성.
3. 지역적 수자원이 인류의 복지를 지탱하기 충분치 않은 세상에서 물 수요에 대한 증가하는 인간의 압박.

이러한 새로운 인류세 시대에 물 도전에 대처하기 위해 규모를 넘는 협력이 필요하며 전통적인 하천 유역 규모의 물 지배를 넘어서서 물 생산성과 효용성을 보완하는 물 회복탄력성을 향한 전략적인 접근이 필요하다.

9.3 생물권과 다시 연결될 필요성

이 책에서 논의한 바와 같이 몇몇 최근 내용을 종합해 보면(Blue Planet Laureates, 2012; Folke and Rockstrom, 2011; Stockholm Memorandum, 2011), 지구 시스템에 가하는 인간의 압박은 사회적이고 생태학적으로 연관되어 있으며, 사회의 가속화된 변화를 유발한다(Walker *et al.*, 2009).

9.3.1 사회적-환경적 역동성과의 상호작용

변화의 급격한 사회적 동력은 대다수의 세계 인구가 빈곤으로부터 탈피하기 시작했다는 것이고, 중산층의 급속한 성장으로 도시화된 세상에서 물질적 성장을 위한 열망과 임금의 상승으로 이어졌다는 것이다. 이와 동시에, 정보 기술, 나노기술, 분자생물학 혁명은 복잡한 잠재성을 가속화한다. 연계성의 속도와 세계화의 피드백은 재정, 식량, 에너지, 재난과 같은 분야에서 새롭고 복잡한 역학을 구성하고 있으며 종종 놀라운 결과를 가져온다(Folke *et al.*, 2012).

또한, 국제적 제도는 점점 복잡하고 파편화되고 있으며 대중, 민간, 병합된 형태의 초국가적 협력으로 진화하고 있다(Andonova and Mitchell, 2010).

이것은 전 지구적 관리와 지속가능성과 연관된 새로운 지배 구조의 도전을 나타낸다(Biermann *et al.*, 2012).

물과 강하게 연관된 사회적-환경적 역동성와 상호작용하는 한 사례는 2011년 북아프리카의 급변하는 정세 변화로, 아랍의 봄이라 일컬어지기도 한다. 튀니지, 이집트, 리비아에서 발생한 혁명과 바레인, 시리아, 예멘에서의 시민 봉기는 수십 년간 억눌린 독재 체제에 대한 사회적 반응이었다. 이러한 혁명들은 적어도 부분적으로 인터넷과 모바일로 광범위하게 연계된 것으로 인한 것이다. 이러한 봉기는 식량 가격의 급등에 영향을 받았으며, 2008년 100% 이상 상승하였다가 2010년에 다시 급등한 결과이다. 식량 가격의 급등은 유가와 복잡한 상호작용의 결과이며, 식량 시장에 대한 투기와 인위적인 기후변화와 연관된 전 세계 곡물 시장의 제약으로 물 부족을 발생시켰다. 기후와 관련된 사건 중 중요한 것은 러시아의 2010년 곡물 수출 금지인데, 예상치 못한 폭염과 산불로 인한 농작물의 손실에 따른 조치였다(Rimas and Fraser, 2010). 미국과 유럽의 바이오 연료 정책은 식량으로 사용될 수 있었던 농작물 수요를 증가시켰다(Lagi *et al.*, 2012).

이러한 역학뿐만 아니라, 우리는 점점 불안정해지는 전 세계 수문학적 순환을 목도하고 있는데, 점점 집중 호우의 빈도와 강도가 높아지고 있으며, 사회적-정치적 요인이 전 세계에 예상치 못한 방법으로 생태학적 변화와 자원 제한에 상호작용하는 결과를 낳고 있다(Carpenter *et al.*, 2012; Walker *et al.*, 2009). 이러한 현상이 발생할 때, 사회적 변화는 대규모로 발생할 수 있으며 사회적-생태학적 과정과의 상호작용은 더욱 빠르게 나타날 수 있다. 이것은 때로 수십 년에 걸쳐 서서히 진행되었을지라도 급격한 영향을 주는 결과로 귀결될 수 있다. 이러한 세상에서 우리는 대규모 지역적 전 지구적 환경적 변화로 인한 강수의 변화가 지역적-사회적 변화와 상호작용할 수 있으며 사회적 삶의 조건을 변화시키는 요인이 될 수 있다는 것을 인지하고 있어야 한다.

9.3.2 경제적 성장과 생물권 기능 사이의 오해로 인한 정신적 단절

최근에 밝혀진 규모를 넘어서서 존재하는 물의 상호 연관성의 증거는, 지역적 강우 분할과 전 세계 강우 가용성에 영향을 미치는 인자 사이 그리고 물과 인간 차원의 변화 사이에서 현재의 관점과 개발 패러다임과 상충하며, 실제 세상에서의 역학과 연계되지 않는다. 인지와 세계를 바라보는 시각은 경제적 성장을 근본적인 생물권과의 정신적 상호작용으로 단전된 상태로 발전하였다(Arrow *et al.*, 1995; O'Brien, 2009). 이러한 단절은 사회가 화석 연료 기반 성장이 장기간 자연 자본의 침식으로 이끌었다는 사실을 보지 못하게 만들었다(Folke *et al.*, 2002; Millennium Ecosystem Assessment, 2005). 경제적-사회적 발전에 초점을 맞춘다는 것은 생명을 유지하는 환경이 사회 외부로 옮겨져 사람과 자연이 별개의 두 실체로 취급된다는 것을 의미한다. 생명을 지탱하는 환경은 즉 식량과 기타 에너지, 영양분, 공기, 물과 같은 생명에 필요한 생리적인 요인을 채워주는 지구의 한 부분으로 정의되었으며, 생명을 지탱하는 시스템은 환경, 유기체, 프로세스 및 자원에 있어 물리적 필요를 제공하기 위한 기능적인 용어로 정의되었다(Odum, 1989). 우리는 국내총생산 또는 인간 개발 지수와 같은 측정에서 자연 자본의 능력의 변화를 고려하는 데 완벽히 실패하였다. 우리는 자연 자원 고갈 모델을 한 번에 한 자원에 대해 적용하여 환경을 개별적인 부문으로 다루면서 정책과 결정을 진행해 왔다(Folke *et al.*, 2002).

다행스럽게도 상황은 변하고 있다. 정책 의제는 그린 경제로 전환되고 있으며, 도이치 은행의 전 선임 은행원 파반 수크데브(Pavan Sukdev)가 이끌어 낸 생태계와 생물 다양성 경제학을 통해 생태계 서비스와 생물 다양성의 경제적 가치에 중요성을 두고 있으며, 이는 경제학에서 자연 자본의 단절을 끊어내는 데 도움이 된다. 2012년 6월 유엔 리우+20 정상회의에서 그린 경제 원칙을 지지하도록 세계 정부를 유도하는 데 어려움이 있었던 것처럼 지금까지 제한적인 진행이 이루어져 왔다. 그럼에도 불구하고, 생물권이 경제적 성장의 기본을 구성하고, 생태계 서비스와 자연 자원의 진정한 가치가 사업과 국가의 균형 잡힌 바탕에서 이해되어야 함을 점차 인지하고 있다(UNU-IHDP and UNEP, 2012). 이러한 통찰과 관련하여 지구에서 생명을 지탱하는 시스템에 대한 새로운 패러다임 성장의 필요성은 과학적으로 뒷받침된 지속가능한 개발에 대한 통일된 체계로 제안되었으며(Griggs *et al.*, 2013), 고위급 이해당사자 그룹으로 대표되는 지속가능한 개발 해결 네트워크의 유엔 리더십 평의회의 구성을 이끌었다. 유엔 반기문 사무총장에 의해 수립되어 컬럼비아 대학 경제 및 개발학 교수이자 지구 연구소장인 제프리 삭스(Jeffrey Sachs)가 이끌면서 유엔 천년 개발 목표의 변환 과정을 이끄는 역할을 담당하고 있다. 지속가능한 개발 해결 네트워크는 인류 번영과 발전을 위한 새로운 체계를 제안하여, 21세기 물과 식량, 에너지 안보를 위한 회복탄력적 관리를 보장하는 방향으로 이끌고자 한다(SDSN, 2013).

이와 같은 논의는 물에 적용될 수 있다. 수자원에 대한 폭넓은 시스템 기반 접근은 긍정적인 움직임이다. 담수는 자연 자원이자 하천과 지하수(청색수)에서 가정, 산업, 관개용수로 사용할 수 있는 경제적인 도구이다. 통합 수자원 관리는 유역에서의 부문 간 상호작용으로 초점을 확장하였으나, 여전히 물 순환에서 청색수 부분에 치중하는 경향이 있다. 최근에는 대륙의 물 순환의 65%를 차지하며 이 책에서 주요하게 다루는 증기 또는 녹색수 흐름이 점차 관심을 받고 있으며, 특별히 천수농경과 연관되어 있다(Rockstrom, 1999; Rockstrom *et al.*, 2009a). 또한 생태계 서비스와 역동하는 경관의 임계점 사이의 균형을 잡아주는 담수의 역할이 있다(Gordon *et al.*, 2008; Raudsepp-Hearne *et al.*, 2010). 후자의 맥락에서, 이 책의 또 다른 핵심 관점인 강우를 관리하고 보유하는 회복탄력적 생산성을 고려하는 것으로 초점을 확대시켜야 하며, 이는 수자원 관리에 있어 최근 광범위한 진보를 이끌어내었다. 적응형의 물 지배와 같은 새로운 접근 방식들도 등장하고 있다(Pahl-Wostl, 2007; Pahl-Wostl *et al.*, 2011).

이러한 진행 중인 변화는 물 지배 방식과 생명을 지탱하는 생태계를 재연결시키며, 생물권의 혈류로서 물의 역할을 강조한다(Falkenmark and Folke, 2003, 2010). 유사한 흐름은 생태계 기반 적응형 지배가 역동적인 경관과 바다 풍광에 적용되는 데에서 찾아볼 수 있으며, 이는 삼림과 농업, 어업과도 통합된다(예를 들어, Chapin *et al.*, 2009; Olsson *et al.*, 2008). 사회-생태학적 시스템의 관리, 이들의 회복탄력성, 그리고 지역에서 전 지구적 수준에서의 생태계 서비스를 위한 시급한 과제는 점차 명백해지고 있다(예를 들어, Chapin *et al.*, 2010; Rockstrom *et al.*, 2009b; Westley *et al.*, 2011). 생물권의 일부로 인간의 활동과 함께 물의 중요한 역할은 여전히 미개척 영역으로 남아 있다.

명백히, 사회는 정치적, 경제적, 기술적 시스템을 통해 전 지구적으로 상호 연계되어 있을 뿐만 아니라, 지구의 생명 유지 시스템을 통해서도 연계된다. 인간과 환경의 상호작용의 세계화는 점차 증가하는 연계성, 속도, 이동, 규모로 특징지어진다(Young *et al.*, 2006). 예를 들어 아시아와 유럽 시장으로 수출하기 위해 태국의 연못에서 양식되는 새우는 북해를 포함한 전 세계 해양 생태계에서 조달된 생선가루를 먹고 자란다. 세계화는 새우 양식 산업이 전 세계 해양 생태계를 사용하여 생선가루를 공급받아 성장할 수 있도록 하였다(Deutsch *et al.*, 2007). 전 세계 어느 곳에서나 이러한 상호작용은 작동한다.

연계성, 속도, 규모에서의 증가는 사회가 변화하는 환경에 적응할 수 있는 능력을 향상시킨다. 세계화가 생물권으로부터 단절된 것처럼 작동한다면, 생명을 지탱하는 생태계의 능력을 악화시킬 것이다(Folke *et al.*, 2011). 성찰은 편협하게 정의된 개발 경로와 함정으로부터 빠져나올 수 있게 하며, 생물권과 재연결되도록 한다(Voss *et al.*, 2006; Young *et al.*, 2006). 이것은 하나하나의 자연 자원의 관리와 외부 요인으로 환경을 인식하는 것에서 벗어나 사회-생태학적 시스템의 상호의존적 관리로 전환하여 인류 복지를 위한 전제 조건을 바라보게 한다(Chapin *et al.*, 2010; Ostrom, 2009). 따라서, 세계화된 사회에서 인간이 빠진 생태계와 생태계에 의존하지 않는 인간은 생각할 수 없다(Costanze, 1991; Ellis and Ramankutty, 2008). 이들은 서로 얽혀 있으며, 생태계 서비스는 사회-생태학적 시스템에 의해 생산된다(Berkes *et al.*, 2003).

물은 모든 생태계 서비스의 전제 조건이자, 사회-생태학적 시스템의 중심에 자리 잡는다. 전 지구적이고 지역적인 환경 변화로 인한 불안정한 물의 공급과 바람직하지 않은 물의 사용과 증가하는 사회적 요구로 인한 물에 대한 압력은 생산성과 효율성 위주의 접근에서 물의 근원(강우)은 정적이라는 가정을 버리게 만든다. 이는 회복탄력적 기반 접근과 통합되어야 하며, 물은 가능한 한 효율적으로 사용하고 바람직한 사회적 상태를 위한 지속성, 적응성, 변화성이 보장된 상태로 나아가야 한다.

9.3.3 기능하는 생물권에 의존하는 경제

근본적인 변화가 전통적인 물 분야를 넘어서서 진행

그림 9.4 생물권에 내재된 부분으로 경제와 인간 사회. Daly(1997)와 Folke(1991)에서 수정.

될 필요가 있는데 이는 회복탄력성과 인류 복지를 위해 성공적으로 물을 지배하고 관리해야 하기 때문이다. 사회와 경제가 생물권에 재연결되고 이러한 맥락에서 물 관리가 이루어져야 한다.

인간 개발의 의제에서 이러한 변화는 생태계와 생물권을 경제를 지지하는 정적인 기능(자연 자본을 인간 자본과 금융/기술 자본과 분리하는 개념)으로 바라보는 것에서 탈피하도록 한다. 경제에서 패러다임 변환이 필요한데, 이는 생물권의 기능이 경제에 깊숙이 연관되어 있다고 인식하는 것이다. 경제는 용어와 규칙이 인간 행동 양식을 지배하며, 급변하는 세상에서 인류 번영을 보장하기 위해 회복탄력성을 개발하는 목적으로 지역적, 전 지구적 경계의 안전한 작동 공간 내에서 이루어져야 한다(그림 9.4).

결론적으로, 사회-생태학적 시스템은 역동적이고 상호 연관되어 있으며, 지역적 수준에서 전 지구적 수준에 이르기까지 점진적이고 급진적인 변화에 따른 상호의존적인 복잡한 네트워크를 구성하고 있다. 역동적이고 복잡한 사회-생태학적 시스템은 최적의 생산과 단기적 유익을 통제하려고 시도하는 대신 회복탄력성을 개발하는 전략을 필요로 한다(Folke *et al.*, 2002; Armitage *et al.*, 2008). 인간과 자연을 개별적인 객체로 다루는 것에서 상호의존적인 사회-생태학적 시스템으로 보는 것으로의 전환은 생물권과 협력하여 사회를 개발할 수 있는 기회를 제공할 것이다(Griggs *et al.*, 2013). 이러한 협력과 의제에서 물의 역할은 분명해질 필요가 있다.

9.4 회복탄력성을 위한 물 관리를 향하여

사회-생태학적 회복탄력성을 위한 담수 관리는 물 관리와 지배 구조에 대한 새로운 접근 방식이다. 이는 인간 생활에서 담수의 폭넓은 역학을 인지한다는 뜻이며, 산업 개발, 도시와 관개를 위한 유입원에서 생물권의 혈류로서 확장된 시각을 갖는 것이다. 이 책에서는 사회와 경제가 생물권에 어떻게 내재되어 있는지 보여준다. 또한 생물권의 작동을 위한 담수의 주요 역할에 대한 다양한 설명을 제공한다. 그러나 많은 사람들은 효율성 관점에서 접근하여, 물을 정적인 것으로 가정하고 변변치 않은 변화를 위한 담수의 분배에 초점을 맞춘다. 관리 전문가들은 아마도 청색수와 녹색수 흐름을 제어하고 최적화하려고 할 것이며, 이는 인간의 직접적인 사용과 사회-생태학적 경관에서 식량 생산과 기타 생태계 서비스를 위한 것에서 비롯된 것이다.

9.4.1 변화와 함께 살아가기

이러한 접근 방식과는 대조적으로, 회복탄력성의 고려와 담수 관리를 병합하는 것은 새로운 시대의 연속적인 변화의 역학과 함께 살아가는 것에 관한 것이며, 불확실성과 예기치 못한 것뿐만 아니라 점차 증가하는 역동적인 시대를 직면하는 것을 받아들이는 것이다. 따라서 우리는 보험 사고를 발전시킬 필요가 있으며, 변화에 유연하고 준비된 관리와 지배 구조 시스템을 건설해야 한다. 회복탄력성은 변화와 함께 살아가는 것을 배우는 것이며, 지속적인 발전과 함께 변화에 대처하는 능력에 대한 것이다. 또한 대안 경로를 허용하는 물 관리에 관한 것으로, 현 경로에서 변화를 받아들일지 또는 다른 경로로 변환할지 여부를 결정하고, 위기를 기회로 만드는 것에 관한 것이다.

회복탄력성의 관점에서 효율성 경로는 종종 특별한 회복탄력성으로 언급되곤 하는데, 이는 빠져나오기 어려운 사회-생태학적 함정으로 이끌 수 있다(Cifdaloz *et al.*, 2010). 반면, 회복탄력성을 위한 물 관리는 일반적인 회복탄력성을 향상시키는 전략과 연관되어야 한다. 일반적인 회복탄력성은 친숙하지 않고, 예기치 못한 극심한 충격에 대한 반응으로 적응 또는 변환할 수 있는 사회-생태학적 시스템의 역량으로 나타난다. 일반적인 회복탄력성을 가능케 하는 조건은 다양성, 모듈화, 개방성, 비축 보유, 피드백, 중첩성, 모니터링, 리더십 및 신뢰이다(Carpenter *et al.*, 2012).

Biggs *et al.*(2012)은 일곱 가지 일반 정책 결정 원칙을 제안하였는데, 이는 사회-생태학적 시스템에서 변동과 진행 중인 변화에 직면해 일반적인 회복탄력성을 향상시키기 위함이다. 이러한 원칙들은 다음과 같다: 다양성과 중첩성 유지, 연계성 유지, 느린 변수와 피드백 관리, 복잡한 적응형 시스템으로서 사회-생태학적 시스템의 이해를 강화, 학습과 실험의 독려, 참여의 확대, 다중심 지배 구조 시스템의 조성.

이에 대한 주요한 원인은 새로운 인류세 시대에 인류의 번영은 행성 경계의 안전한 작동 공간 내에서 유지되도록 하는 우리의 역량에 달려 있다는 것이다. 이는 지구의 회복탄력성에 기여하는 모든 환경 과정의 행성 차원의 관리를 요구할 것이다. 생물권의 혈류의 역할을 담당하는 물은 대부분의 행성 경계 상태, 대부분의 토지 사용, 생물 다양성, 영양분 흐름, 기후 시스템, 물질의 운반체로 대기와 화학물질 오염을 결정짓는 요인이다. 이것은 우리가 지역적인 수준에서 전 지구적인 수준으로 회복탄력성을 위한 통합적인 물 관리를 해야 함을 의미한다. 더욱이, 모든 증거가 우리가 신속히 현재의 위험한 궤적으로부터 벗어날 것을 제안한다. 가장 최근의 과학은 우리가 기후변화의 행성 경계를 이미 넘어섰으며 생물 다양성 손실률과 전 지구적 질소와 인의 순환의 간섭률, 그리고 담수와 토지 사용 변화의 경계에 빠르게 다가서고 있음을 알려준다(Carpenter and Bennett, 2011; Rockstrom *et al.*, 2009b). 이것은 전 세계가 신속히 전 지구적 지속가능성으로 전환할 필요가 있으며, 전 지구적 환경 변화에 대한 현재의 기하급수적인 부정적인 경향을 변화하는 연합된 노력을 통해 달성할 수 있음을 의미한다(Rio Declaration, 1992; Stockholm Memorandum, 2011). 따라서, 여느 때와 다름없는 패러다임 내에서 소폭의 변화는 선택지가 될 수 없다. 여기에 우리는 지구 시스템의 변화가 상당히 진행하여 향후 우리는 더욱 격동적이고, 충격과 스트레스를 직면하게 될 것이며, 반복적으로 언급한 것처럼 이는 모두 물과 연관된 것들이라는 점을 추가해야 한다.

9.4.2 일반적인 접근 방식: 적응형의 물 지배 구조와 관리로의 변화

인류세 시대의 물 관리에서 중요한 전략은 생산성, 최적화, 효율성에 초점을 맞춘 물 체제를 회복탄력성 개발 체제로 변환하는 것이다. 이는 사회적이고 생태학적 중첩성을 실현하는 물 전략에 투자를 요구하며, 이는 충격과 변화를 직면할 때 다양한 기능적 반응 선택지를 만들어낸다. 이것은 기본적이고 잠재적으로 간단하게 들릴 수 있으나, 지배 구조와 관리 전략에 많은 근본적인 변화를 수반한다. 예를 들어, 물 회복탄력성 관리는 다음의 사항을 요구한다:

1. 경관에서 물과 관련된 시설의 다양성을 유지하기 위해 물 관리와 절충에 대처하는 능력.
2. 식량 공급을 위한 물과 사회와 산업에 청색수 공급에 대한 현 사회의 초점.
3. 환경적 물 흐름을 위한 청색수로의 초점.
4. 토지 사용 방식의 구성에서 생물 다양성과 공간적 다양성에 투자를 요구하는 생태학적 기능의 광범위한 범주를 위한 녹색수 흐름으로의 초점.
5. 강우를 유지하기 위한 교차 규모 관리로의 초점.

제도적 유연성은 물 지배 구조에 점점 중요한 특징이 될 것이며, 이는 계획을 신속히 변경하는 능력을 제공하고, 과거 및 기타 경험으로부터 학습하고, 변화하는 상황에 적응하게 한다. 적응형의 물 관리와 적응형의 물 지배 구조 접근 방식(8장)은 실험과 학습을 위한 공간을 제공하나, 다양한 수준의 지배 구조와 연계될 필요가 있다(Biermann *et al.*, 2012; Young, 2011). 흥미롭게도, 다양한 수준의 지배 구조의 새로운 형태가 등장하고 있으며, 다양하고 다중심적 지배 구조 시스템과 상호작용하기 시작하였다(Galaz *et al.*, 2012, Ostrom, 2010). 주요한 특징은 변화와 함께 살아가는 것이며, 극심한 수리학적 이벤트를 직면하여 다양한 옵션을 제공하는 방식으로 물을 관리하며, 가능한 한 회복탄력적인 물 시스템으로 개발하는 것으로, 지속성의 관점뿐만 아니라, 적응의 관점에서 새로운 궤적으로 변화를 받아들일 수 있을 정도로 유연한 것을 의미한다.

지속성을 키우는 물 회복탄력성으로의 접근 방식은 강우를 보유하고 물이 생물권으로 하여금 감당하게 하는 다양한 기능뿐만 아니라 물이 감당하는 다양한 역할을 유지하는 능력에 초점을 맞추어야 한다. 현재의 화석 에너지 기반 산업화 시대는 단순화된 경관에서 대규모의 해결 방안에 기반한 현대 도시 및 농촌 시스템을 개발하였다. 예를 들어, 관개와 상당히 생산적인 곡물의 단일 재배에 기반한 현대 농촌 시스템은 경관의 기능적 그룹의 손실을 야기하였다. 이는 토지 비옥도를 유지하는 토양 생물학의 다양성에서 수분 유지와 수분 회수를 돕는 경관의 기능 손실과 같은 것들이다. 이와 유사하게, 현대 도시는 생태계 다양성을 무시하고, 물길을 도시 지역에서 돌리는 공학적인 방법을 사용하였다. 이것은 취약한 사회-생태학적 환경을 조성하여 각종 병의 창궐과 수질과 수량의 문제에 취약하게 하였으며, 외부 충격에 유연성을 상실한 결과를 낳았다. 예를 들어 세계 시장에서 식량 가격 급등 시 도시에서 수동적이고 대응적인 반응들이 나타나고, 소요 혹은 때론 식량 폭동을 야기하기도 한다. 산업화 시대 이전에는 급작스러운 충격에 살아남은 인간의 문화는 다양한 사회적 생태학적 백업 시스템을 발전시켰다. 예를 들어, 삼림을 유지하고, 다양한 물 공급 시스템과 식량, 에너지, 담수를 위한 생명 유지 시스템의 다양성과 같은 것들이다(Berkes and Folke, 1998).

물론 오늘날에는 그 영향의 규모가 다르다. 세계화 시대에 우리는 지구 규모로 생물군을 조절하는 것에서부터, 우리의 유역에 남아 있는 생물 다양성을 지속하기 위한 다양성을 제공하는 방식으로 관리하는 것에 이르기까지 모든 규모의 지속성을 위해 다양성을 유지할 필요가 있다. 향후 강우를 유지하는 근본적인 전략과 함께 말이다. 물 지배 구조에서 이것을 실행하는 한 가지 방법은 기능적 다양성을 개발하는 방식으로 물을 관리하는 것이다. 현재 경제적 패러다임에서는 때때로 이러한 물 전략을 유지하기 어렵다. 드물게 중첩성이 비용-편익 분석에서 금전적 가치를 받는다. 그러나 다양성을 살리는 것이 중요한 물 서비스를 생산하고 충격이 닥쳤을 때 대비할 수 있도록 유역과 하천 유역에서 공간적인 조성을 만드는 일반적인 회복탄력성의 전략으로 적합하다. 한 가지 전형적인 사례는 뉴욕에서 캐츠킬 유역의 생태학적 기능을 관리하면서 도시에 담수를 공급하기로 한 결정이다. 바꿔 말하면, 하류 지역에 정수장을 건설하는 대신 삼림이 우거진 유역에서 고품질의 물 공급을 극대화하는 것이다 (Heal, 2000).

회복탄력성을 위한 물 관리의 또 다른 중요한 요소는 물과 생물자원, 경제 개발의 결합에서 전 지구적 역동성이 가파르게 증가하고 있는데, 이는 급변하는 전 지구적 환경 변화의 압박, 바이오매스 기반 식량과 에너지 수요 급증, 그리고 경제적 불안정성의 결과라는 것을 인지하는 것에서 나타난다. 결론적으로, 미래는 예측이 어려우며, 새로운 기회를 활용하고 예기치 못한 상황에 대처하는 능력을 키우는 통합과 투자의 수자원 지배 구조와 계획의 중요성이 커지게 된다. 이는 지배 구조와 관리 문화의 변화를 요구하며, 이는 현재의 예측 가능하고 안정적인 수자원의 계획과 분배의 패러다임에서 중첩성, 다양한 선택지, 유연성과 전략적 위험 평가와 연합하는 체제로의 변화를 요구한다. 이러한 체제는 효율성과 회복탄력성을 병합하고 위험 지도와 보험 전략의 서비스를 전달하는 통합적 전략의 요소가 될 것이다. 이러한 확장된 물 체제의 한 가지 주요 구성 요소는 적응성, 혁신과 변화를 향한 새로운 경로를 찾아가는 능력이며, 이는 수자원 영역이 불확실할 것이라는 것이 우리가 파악할 수 있는 확실한 한 가지 사실이라는 것을 인지하는 것이다.

우리가 제안한 이러한 수자원 지배 구조와 관리 전략의 약칭은 '물 회복탄력성'이다. 물 회복탄력성을 위한 지배 구조와 관리는 통합과 유연성, 중첩성의 중요성, 적응성, 변화를 포함하며, 상당히 연계되고 복잡한 사회-생태학적 상호작용과 긍정적인 발전 경로를 지키면서 스트레스와 예기치 못한 상황에 대처하는 능력의 맥락에서 생각해야 한다. 물 회복탄력성을 위한 지배 구조는 시스템 기반 접근 방식을 요구하며, 이는 사회적, 생태학적 차원의 새로운 연결을 의미한다. 경관의 관리는 물과 관련된 생태계 서비스의 효율적이고 회복탄력적인 공급을 위한 주요한 전략이다. 그러나 현재의 초점은 환경을 보호하면서 물 서비스를 수호하려는 경향이 있다. 물 회복탄력성 전략에서 지역적 유역, 하천 유역, 전 지구적 시스템의 적극적 관리는 통합 수자원 관리의 주요 전략을 구성하며, 물 서비스와 기타 생태계 기능과 서비스의 지속가능한 제공을 위해 필요하다.

9.4.3 특별한 접근 방법: 인간의 식량 수요를 충족하기 위한 물 회복탄력성

물 지배 구조와 관리에서 새로운 통합적 회복탄력성 접근 방식을 발전시키기 위한 주요 관점은 전 지구적 지속가능성에 기여하고 회복탄력성을 개발하기 위한 방법에서 급속히 늘어나는 전 세계 인구를 위한 적절한 식량을 공급하면서 어떻게 식량 생산을 위한 물을 지배하고 관리하느냐에 있다. 여기에 초점을 맞춘 이유는 전 지구적 변화와 개발의 궤적을 따르는 모든 사람에게 명백하다. 식량은 인류 복지와 경제 개발의 기본이다. 우리는 향후 40년 동안 70% 가까운 식량을 더 생산해야 하는 전 지구적 도전에 직면하고 있으며, 소비수량에 있어서 충격적이지만 연간 2,000-4,000 km^{3}의 상승이 연관되어 있다. 이것은 물 가용성에서 점차 악화되어 가는 효과로 인해 토지, 물 생태계 제약이 늘어가고 전 지구적 환경 변화와 연계된 수자원이 급속히 영향을 받는 지역에서 달성되어야 한다.

물-식량-개발 연계는 인류가 직면한 새로운 세계적 물 폭풍의 눈이다. 이러한 엄청난 도전은 삼중으로 녹색 혁명을 요구하며, 이는 식량 생산성이 회복탄력성을 개발하고 지속가능한(지속가능성을 위한 '녹색') 방법으로 급속히 향상되고(생산 향상을 위한 '녹색') 천수농경 시스템에서 녹색수를 사용하는 생산성 혁명에 의존하는 곳에서 일어나는데 이는 전 세계 농경지의 80%를 차지하며, 수확량 격차와 담수자원의 활용도가 낮은 관점에서 미개척된 최대의 잠재력을 제공한다(Foley *et al.*, 2011). 이 책에서는 농업에서 물 관리의 종합적인 평가(Molden *et al.*, 2007)와 같은 선상에서의 결론을 강조하며, 지속가능하고 회복탄력적인 수확량 격차 해소를 위해 가장 바람직한 물 전략은 녹색수에 의존하는 천수농경과 청색수에 의존하는 관개 농업 간의 접점에 있다. 많은 바람직한 혁신들이 생산성을 증가하고 물 회복탄력성을 개발하기 위해 청색수 전략과 연합된 형태를 띠며(물 수집과 소규모 관개 시스템에서 유출수 저장) 건조 기간과 짧은 가뭄 기간을 연결하기 위해 천수농경에서 녹색수를 활용하는 농업 시스템과 함께 한다(6장 참조).

통합적인 물 접근 방식은 현재와 미래 세대의 물 수요를 충족하기 위한 지속가능한 녹색 혁명을 달성하기 위해 요구되는 준비된 통합을 설명할 수 있다. 예를 들어, 한 우기에 강우를 보존하여 다음 우기를 대비하는 경관 관리를 통해 적절한 수분 회수를 유지하는 것과 같은 것이다.

이 책을 통해 개발된 도식은 다음의 논리적 관계를 따른다:

인류 복지 = 사회-생태학적 물 회복탄력성
물 회복탄력성 = 강우 유지 = 녹색수 + 청색수
녹색수 + 청색수 = 사회적 물 공급(생활용수, 산업용수) + 식량 생산을 위한 물 공급 + 기타 생태계 물 공급(육상과 수상) + 수분 회수

물 회복탄력성은 사회와 식량, 생태계를 위한 물을 공급하고 충분한 수분 회수를 보증하면서 향후 강우를 유지하는 방법으로 관리하는 녹색수와 청색수의 관점에서 정의된다(그림 9.5):

물 회복탄력성 = 사회를 위한 물 + 식량 생산을 위한 물 + 생태계를 위한 물 + 회수되는 물

이러한 틀은 물 지배 구조의 새로운 경계를 제공한다. 물 회복탄력성을 달성하기 위해 우리는 경관에서 모든 기능을 위해 물이 공급되도록 보장해야 한다. 지역 사회에서부터 유역, 하천 유역, 국가와 지방에 이르기까지 말이다. 물 회복탄력성은 자연적 가변성과 인공적 변화의 결과로 시간이 지남에 따라 동적으로 변하지만, 보유된 강우의 부피로 정의되는 바와 같이 제한된 양으로 정의된다. 이것은 물 회복탄력성의 네 가지 주요 구성 요소들 간에 절충이 일어나는 것을 의미한다. 우리의 분석은 식량 생산을 위해 급증하는 물 수요와 사회-생태학적 물 회복탄력성의 다른 요소들 간의 절충이 가장 크다는 것을 보여준다.

다행스럽게도, 윈윈 시너지 세트가 있는 것으로 보이며, 개선된 물 회복탄력성과 인간 복지가 물 회복탄력성을 정의하는 구성 요소들 간의 상당한 절충

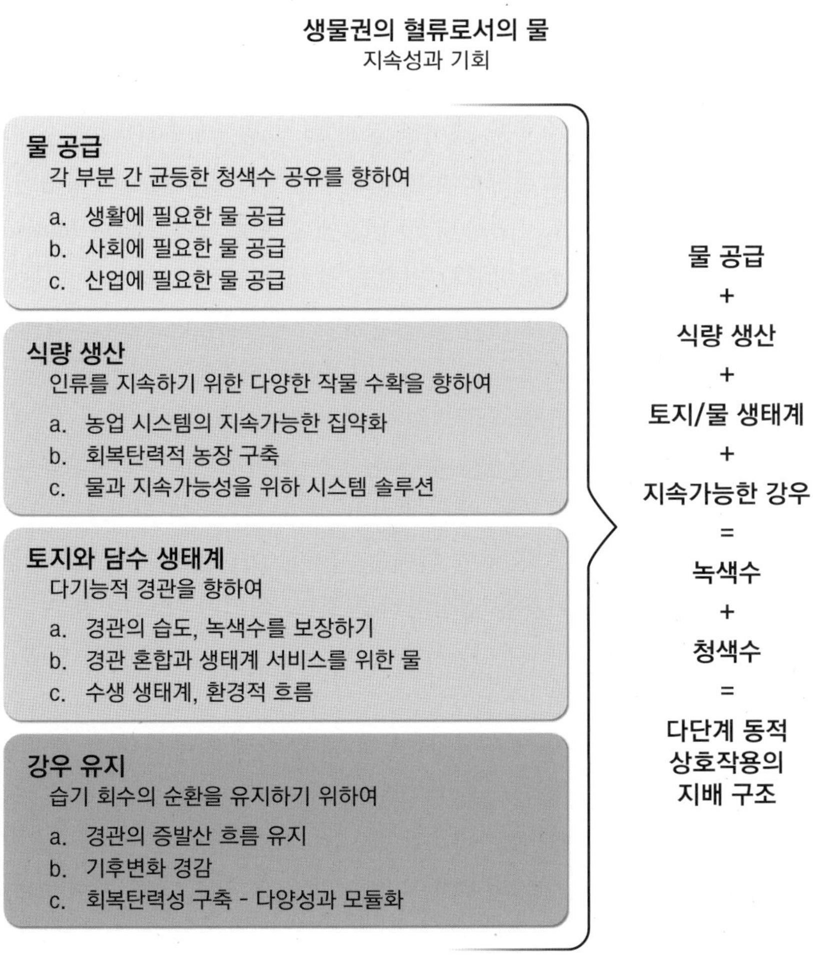

그림 9.5 물 회복탄력성을 위한 물 관리에서 물 구성 요소의 개념적 체계.

없이 달성 가능하다. 우리가 강조하고 싶은 두 가지 주요한 시너지 효과는 증기 변화와 수분 회수의 견고함이다. 증기 변화는 강우당 더 많은 작물을 생산할 수 있는 기회이며, 증발의 비생산적 흐름을 식물 증산의 생산적 흐름으로 변환하여 농업에서 증가하는 물 수요를 충족시키는 것이다. 농업에서 증기 변화의 경험적인 증거가 많다. 특히 낮은 생산성과 낮은 수확량을 보이는 무더운 열대 지역의 농업에서 상당한 증발로 인한 손실이 있는데, 이를 높은 수확 시스템으로 바꾸는 것이다(Molden, 2007). 잠재적인 수확량이 높은 미개발 지역, 즉 현재 수확량 격차가 큰 지역은 증발로 인한 손실이 큰 지역과 일치하며, 세계에서 가장 기근에 시달리는 인구 성장이 가파른 지역이자 식량 수요가 높은 지역이다. 두 번째 시너지 효과는 유역으로부터의 전체적인 녹색수 흐름이 토지 사용 방식의 변화의 관점에서 상대적으로 견고하다는 잠정적인 징후에 있는데, 이는 유사한 양의 녹색수 흐름이 대기로 돌아가서 향후 강우로 발생한다는 점이다. 이것은 다양한 토지 사용 방식 간의 절충이 향후 강우에 단지 부분적인 영향을 미칠 따름이라는 것을 의미한다. 이와 동시에, 삼림이 실질적으로 수분 회수가 강우 발생에 주요한 역할을 하는 지역에서 강우 유지에 중요한 역할을 한다는 증거이다.

그러나 전체적인 결론은 물 회복탄력성을 위한 전략에는 생태계 기반 경관 관리에 초점을 맞춘 물 지배 구조와 관리 체제가 필요하다는 것이다. 이것은 모든 공간적 토지 사용 방식이 강우의 녹색수와 청색수로의 분할이 적절하다는 것과 생태계 서비스의 생산과 향후 강우를 위한 수분 회수의 보호를 보장하는 방식으로 설정되어야 함을 의미한다. 후자는 지역적 수준에서 전 지구적 수준으로 연결하는 관리 전략을 요구한다. 우리는 이것을 경관에서 수분을 유지하는 전략이라고 부르며, 이는 경관에서 토지 사용 방식의 공간 모자이크식 물 관리를 요구한다.

9.4.4 예측 불가한 기상 이변을 대처하는 적응 능력

물 관리는 모든 분야에서 항상 변화하는 환경에 적응하는지에 대한 문제였다. 지구 시스템은 현재 인간의 영향에 예상보다 빨리 반응하고 있다. 예를 들어, 북극의 얼음은 몇 년 전에 추정된 과학적 평가보다 빨리 녹고 있다. 우리는 북극의 얼음이 임계점을 넘어설 가능성을 배제할 수 없으며, 태양 복사를 반사하는 밝은색의 얼음이 녹고 더 어두운 에너지 흡수성 표면으로 대체되는 긍정적인 알베도 피드백은 따뜻해진 해류와 바람 패턴의 급격한 변화와 함께 자체적으로 녹는 새로운 역학의 신호일 수 있다. 기상학적 관측에 기반한 극단적인 기후의 분석 또한 극심한 날씨(평균보다 세 배 이상의 표준 편차 차이가 나는 극심한 날씨)의 발생이 1950년대에는 대체로 존재하지 않았으나 현재는 일상적으로 발생하며 토지 표층의 10-15%에 영향을 미치고 있다(Hansen *et al.*, 2012). 이것은 천 년에 한 번 일어날 수 있는 홍수와 가뭄 같은 극단적 기후이다. 채 10년도 전에 일반적으로 과학은 이러한 극단적인 날씨의 급격한 증가를 2050년까지 예상하지 않았다. 이것은 전 지구적 물잔을 휘젓는 것을 의미하는데, 더욱 불규칙한 강우와 기온 변화가 예상보다 일찍 찾아오고 있다. 단지 50년 전에는 지구상 어디에서도 이러한 이상 기후를 경험하지 않았다. 이러한 새로운 전 지구적 곤경은 물 지배 구조와 관리에 어떤 영향을 미칠 것인가? 물 회복탄력성을 개발하고 물과 사회-생태학적 복잡성을 통합함과 동시에 식량과 기본 물 수요의 급증을 감당하기 위해서는 어떤 물 관리가 필요한가?

물은 변동성 있는 개체로 정의되며, 자연적으로 수요와 공급에 변동이 있다. 그럼에도 불구하고, 지배적인 물 지배 구조 패러다임은 변동성을 무시하고 안정적이고 예측 가능한 물 공급을 관리하는 데 초점을 맞추어 왔으며, 수자원 관리를 물의 저장과 분배를 위한 물 인프라 건설의 투자 차원에서 고려하였다. 이것은 1-4장에 걸쳐 나타난 바와 같이 상당히 성공적인 전략이었으며, 인간이 제어하는 물 저장의 기하급수적인 성장은 100년 사이에 연간 1,000 km^3에서 5,000 km^3로 증가하는 결과를 가져왔다. 제한된 수자원에 가하는 인간의 압박이 증가하면서 물 부족과 물 가용성에서 인간이 유발한 급변성의 증가로 물 경관은 빠르게 변화하고 있다. 가뜩이나 변동성 있는 개체가 더욱 변동성을 띠게 되었다.

이것은 적응형의 물 관리(Pahl-Wostl *et al.*, 2007)가 이제는 통합 수자원 관리에서 중요한 부분이 되었음을 의미한다. 물은 강우를 보유하는 것과 같이 지속성을 위해 관리되어야 하며 그리고 변화를 위해서 위기 또는 체제 변화의 상황에서 새로운 경로를 찾으려는 노력을 위해 관리되어야 한다. 적응형 물 관리는 피할 수 없는 변화에 적응하는 방식으로 물을 관리하는 능력으로 정의되어 왔으며, 이는 사회-생태학적으로 바람직한 상태를 유지하는 것을 전제로 한다. 이것은 농민들이 강우 변동성에 직면하여 동일한 삶의 방식을 유지하면서 토양과 작물 관리 방식을 바꾸는 적응 능력을 포함한다(새로운 작물간 전략, 종자의 변화, 건조한 재배 전략 등). 수자원 관리를 위한 적응 능력의 개발은 충격과 스트레스에 맞서서 바람직한 사회 상태를 유지하도록 하는 사회적-제도적 네트워크에 투자하는 동안 새로운 조건에 대처하는 방법에 대한 지식을 습득하는 능력을 수반한다. 적응형의 물 관리를 위한 다양한 전략이 있는데, 이들은 모두 유연성, 다양한 옵션, 네트워크 및 광범위한 지식 시스템을 개발하는 공통 선상에 있다(Pahl-Wostl, 2007; 8장 참조).

9.4.5 복잡성, 불확실성, 새로운 위험과 예상치 못한 결과에 대처하기 위한 물 지배 구조

이 책을 관통하는 주요 내용은 직접 물에 영향을 미치는 상호 연관성과 역동성의 증가를 점점 더 많이 인식하게 되는 것이다. 급변하는 강우, 토지 사용 변화 또는 정책 변화(예를 들어 바이오 연료)나 인구통계학적 변화(예를 들어 도시화)의 결과로 인한 물 수요의 변화로 인한 강우 분할 변화와 같은 것들이다. 현재의 물 지배 구조 패러다임은 새로운 현실을 대처하기에 잘못 준비되어 있으며, 청색수 공급의 안정성과 예측 가능성에 근거하며 최적화와 효율성에 초점이 맞춰져 있다. 물 시스템을 예측하고 제어하는 능력의 한계를 점점 깨닫게 되며, 인간 차원의 중요성은 점차 명확해지고 있다(Pahl-Wostl *et al.*, 2011). 현재 접근 방식은 안정적이고 예측 가능한 물 조건에서 사회를 바라본다. 하천 흐름의 수문 곡선이 시간이 지나도 의존할 수 있는 상황이다. 그러나 급작스러운 전 지구적 환경 변화와 토지와 수자원에 대한 인간의 압박으로 인해 오늘날의 현실은 매우 다르다.

물 지배 구조는 복잡성과 불확실성을 정상적인 부분의 하나로 포용해야 한다. 이것은 지배 구조의 변화를 요구하는데, 예측과 제어에서 변화하는 조건에 대한 적응과 유연성이 있으며, 학습 효과가 가미된 전략으로의 전환이다(Pahl-Wostl, 2007). 우리의 연구에 따르면 이는 근본적인 변환의 과정을 요구하는 물 지배 구조에서 패러다임 전환과 다름없다.

통합 수자원 관리의 주요 과제는 상호 연계된 사회-생태학적 시스템의 새로운 도전들과 전 지구적 환경 변화에 더 잘 대처하는 것이다(Galaz *et al.*, 2008). 새로운 위험, 불확실성, 복잡한 사회-생태학적 상호작용의 결과를 대처하기 위한 물 지배 구조는 유연한 제도와 정책의 개발과 연관될 것이며, 이는 학습과 적응, 변화의 능력을 이끄는 동력이 된다. 8장에서 언급한 바와 같이, 이러한 물 지배 구조의 재구성과 물 정책 패러다임 전환의 틀이 잡힌 적이 있다. 이행 방식과 함께 진보는 천천히 일어나며(Pahl-Wostl *et al.*, 2011), 회복탄력성과 복잡성을 고려하는 것에 실패하곤 한다(Galaz *et al.*, 2005; Olsson and Galaz, 2009). 사회적 학습을 강화하는 열쇠는 협업 구조를 강화하고 사회 네트워크를 강화하는 것으로 이는 개선된 정보 관리의 병합을 기반으로 한다(Huntjens *et al.*, 2010).

또한 이 책에서 다루고 있는 바와 같이, 물 지배 구조는 지역 사회 수준에서부터 유역, 하천 유역, 지역, 나라, 전 세계적 규모로 연결되어야 한다. 규모 간 상호의존성의 증거들이 많음에도 불구하고, 지역 수준에서 물 가용성이 물 정책에 의존하며, 실행 방안이 더 큰 규모에서 취할 행동 양식에 의존한다. 또한 규모의 상호 연관성의 증거들에도 불구하고, 지역 수준에서 물 가용성이 더 넓은 규모에서 취해지는 물 정책과 실행 방안에 의존하거나 이와 반대되는 경우도 존재하며, 일관된 방식으로 물 규모를 연결하는 것은 주요한 과제로 남아 있다(Schluter *et al.*, 2010).

9.4.6 물 지배 구조와 관리에서 중요한 규모와 통합 격차를 채우기

이 책에서는 물 지배 구조와 관리에 있어서 몇몇 주요한 격차에 대해 언급한다. 우리의 결론은 중요한 것들을 채워나가는 것은 통합 수자원 관리로부터 통합된 토지와 수자원 관리로의 이동을 다음의 관점에서 수반한다:

- 녹색수와 청색수를 통합적 토지 및 수자원 관리로 통합할 필요가 있다.
- 전략적 목표로 경관에서 강우량과 습도를 유지할 필요가 있다.
- 규모 간 연결의 필요와 함께 수자원이 지역적으로 유역과 지역, 나아가 전 지구가 관리받는 것에 의존한다.
- 인류의 복지가 사회-생태학적 시스템의 관리와 연관되어 있음을 인지하고, 인류 복지의 기반에서 생태계 시스템을 전달하는 수자원에 의존한다.

반드시 기억해야 할 것은 다음과 같다:

- 사회-생태학적 시스템에서 모든 복잡한 상호 연계는 경관과 사회에서 물 회복탄력성을 결정한다.
- 우리는 인류 복지를 위한 수자원의 관점에서 볼 때 점점 격동의 세계에서 살아간다. 극심한 상황의 위험에서부터 식량과 다른 사회적 수요를 위한 물 공급에 대한 부담을 포함한다. 물 위기는 물 지배 구조에 중요하나, 우리는 인간의 압박과 전 지구적 변화로 인해 더욱 빈번하고 극심한 물 충격에 직면하고 있다. 우리는 인류세 시대를 수자원 지배 구조와 관리에 연결할 필요가 있다.

지난 20년 동안, 통합 수자원 관리라는 근대적인 사고의 출현 이후, 몇 가지 물 문제를 해결하면서 큰 진전이 있었다(그림 9.6). 1990년대에는 1980년대와 1990년대 초반의 지배적인 패러다임에서 벗어나기 시작하였으며, 이는 안정적인 유출수 관리에 대한 문제로 보는 시각과 자원 고갈과 지속가능하지 않은 물 이용에 대한 해결책이 물에 적정한 가격을 매기는 것으로 보는 것이었다(1992년 리우에서 열린 UNCED 회의에 보조를 맞추어 더블린 원칙에서 정한 바와 같이). 2000년대 초반에는 경관을 관리하는 데 있어서 토양과 수분, 그리고 토지와 물 간의 연관성에 대한 수십 년, 수백 년은 아니더라도, 지식을 통합하기 위한 상당한 노력이 이루어졌다. 이와 동시에, 우리는 생태계를 위한 물 관련 과학이 신속하게

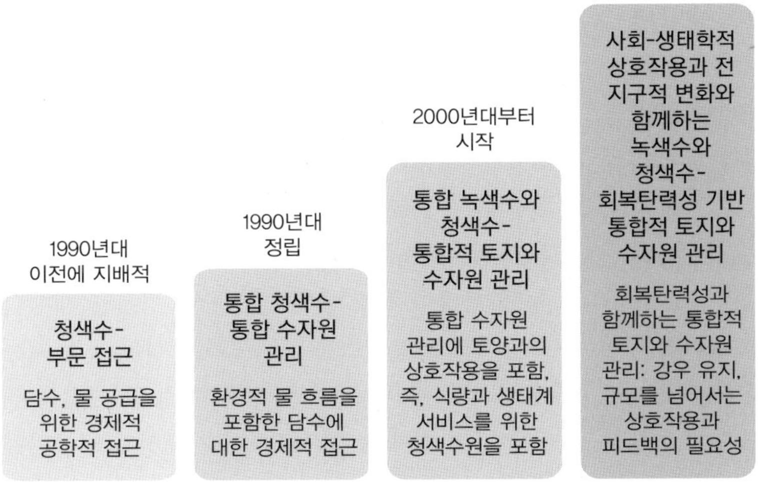

그림 9.6 지난 30년간 수자원에 대한 지배 구조와 정책에서의 진전. 1990년 이전의 주도적인 청색수 중심의 기술적 접근으로 시작하여 1990년대 초반 통합 수자원 관리(그리고 물의 경제적 가치) 개념이 도입되었다. 이는 2000년대 초반 물과 토지에 대한 보다 시스템 중심적인 접근으로 이어졌으며, 환경적 물 흐름의 청색수에 초점이 맞춰졌다. 최근에는 물, 토지, 생태계의 강력한 통합적 개념이 등장하였고, 육상 및 수상 생태계 서비스(녹색수와 청색수 흐름)를 포괄하고, 규모를 넘어서는 연계와 피드백, 사회-생태학적 상호작용, 회복탄력성과 지속가능성을 강조하고 있다. 청색수/부분 접근은 스톡홀름 환경 연구소(1997)와 국가 연구평의회(1991)에 나타나 있다. 통합 수자원 관리 시대의 중요한 문헌들은 2009 세계 물 개발 보고서(WWAP, 2009)와 Molden(2007)이다. 통합적 토지와 수자원 관리의 첫 번째 버전은 L'vovich(1979), Calder(1999)와 Falkenmark and Rockstrom(2004)에 의해 다듬어졌다.

주류를 이루는 현상을 목도하기 시작했는데, 그렇지 않으면 환경적인 물 흐름을 수생 서식처 또는 청색수 생태계를 유지하는 데 초점을 맞추었을 것이다. 우리는 이제 녹색수와 청색수 자원의 통합적 패러다임을 향한 다음 과정을 향해 나아가기 시작했다. 이는 사회-생태학적 상호작용과 전 지구적 변화의 맥락에서 진행되고 있다. 간단히 표현하면 회복탄력성 기반 통합적 토지와 수자원 관리이다.

9.4.7 종합하기: 인류를 살리고 강우와 수분이 있는 경관 보유하기

인류는 근본적으로 전 세계 물 영역의 변화를 이끄는 두 가지 상충하는 힘의 예기치 못한 탄력을 인식해야 할 시급한 상황에 맞닥뜨리고 있다. 첫 번째 힘은 인류세 시대로의 진입이다. 인류는 지구상의 물 흐름을 조절하는 행성 조절 레버를 움직일 수 있는 능력을 가지고 있다. 이 힘은 전 세계에 걸쳐 수자원에 상당한 영향을 미친다. 물 이외에 어떤 다른 요소도 이처럼 전 지구적 환경 변화에 급속하고 심오하게 영향을 받지 않으며, 이는 보편적이고 심각한 물 충격으로 귀결된다. 가뭄, 홍수, 건조 기간 또는 극심한 기상 이변과 같은 것들이다.

두 번째 힘은 급속히 성장하는 세계 경제를 충족시키기 위한 물 수요의 급증으로 나타난다. 인구 증가와 늘어나는 풍요는 다가올 40년 동안 대부분의 사람들이 빈곤하고 시골 지역에 살았던 세상에서 안락한 도시 생활로 이끌 것이다. 물은 경관의 혈류이면서 동시에 식량, 에너지, 건강의 관점에서 인류 복지의 근본적인 동력이다. 우리는 90억 명 인구를 위한 물 수요와 급격한 전 지구적 환경 변화로 인한 물 영향의 두 거인이 충돌함에 따라 발생하는, 증가하는 전 지구적 물 역동성에 준비할 필요가 있다.

이러한 충돌은 물 흐름과 인간 사회에 점진적으로 영향을 미치고 있어 매끄럽지 않을 것이다. 대신, 지구 회복탄력성은 위태로운 상황이다. 이는 Biggs *et al.*(2013)에 의해 정의된 잠재적 우려의 임계값이라 불리는 주요한 체제 변화를 유도하는 현존하는 거대한 위험을 피하기 위해 수십 년간 인간이 훼방 놓은 것을 완충하는 지구 시스템의 능력에 달려 있다. 물과 관련된 임계점을 넘어서는 위험성과 인간 사회에 미치는 영향은 예측할 수 없다. 그 가능성은 평가할 수 있는데, 이는 삼림 벌채 또는 기후변화로 인하여 물 회수가 소실될 때 우림의 사바나로 급작스러운 변화와 연관된 위험성의 증거가 증가하는 것; 검댕과 기후변화의 압력으로 몬순 시스템의 변화; 부영양화와 생물 다양성 상실로 인한 담수호의 변화; 경관 다양성 상실로 인한 농업시스템 붕괴와 같은 것들을 포함한다.

이는 회복탄력성과 사회-생태학적 시스템의 이해와 지역에서 전 지구적 수준으로의 연계 필요성에 기반한 수자원 관리의 새로운 통합 패러다임에 대한 우리의 타당성의 기초를 구성하는 전 지구적 역학의 새로운 과학적 증거이다. 우리는 이러한 새로운 물 패러다임으로 나아가기 위해 단순하고 통합된 개념적 체계를 제안하였다. 이는 1장에서 자세히 설명하였고, 여기서는 종합적으로 설명하였다(그림 9.7). 제안하는 바는 사고의 가닥을 연결하는 것이다:

1. 녹색수와 청색수의 고려, 그리고 토지와 물 통합.
2. 사회-생태학적 시스템과 회복탄력성에 대한 고려.
3. 전 지구적 변화와 규모를 넘어서는 상호작용.

이 체계에서 나타나는 주요한 전략은 물 회복탄력성을 개발하는 것으로, 물은 희생양이자 변화의 동력이라는 것을 인지하는 것이다. 물 관리는 생태계 서비스를 유지하고 변화에 저항할 수 있는 견고한(회복탄력성의 지속성의 차원에서) 사회-생태학적 시스템을 만들 수 있다. 물 관리는 또한 피치 못할 변화에 적응하는 능력을 공급하는 방향으로 진행될 수 있으며, 위기를 직면하여 지역 사회가 변화할 수 있도록 한다(회복탄력성의 두 가지 추가적인 차원).

증가하는 세계 인구, 급격한 전 지구적 변화, 농업에서만큼 중요한 임계점의 위험 속에서 증가하는 풍요의 완벽한 물 폭풍은 어디에도 없다. 미래의 수자원에서 증가하는 물 부족과 불확실성의 새로운 물의 실체 속에서 인류를 먹여 살리는 것은 엄청난 전 지구적 과제이며, 우리의 평가에 따르면 다름 아닌 삼중 녹색 혁명이 필요하다(6장 참조). 강우를 재생산하고 충격과 스트레스를 견디도록 조성된 농장 시스템에서 식량 생산을 보장하기 위해 농업 개발을 위한 근본적인 전제 조건으로 지속가능성과 회복탄력성이 필요하다. 지속가능성의 강화는 증가하는 사회적 수요를 충족시키기 위해 필요하며 장기간 안정성과 생산성을 보장해야 한다. 궁극적으로, 상태학적으로 제한된 세상에서 강화된 지속가능성은 지속적인 번영을 향한 길이다. 결론적으로 우리는 농업 생산성 증대를 위한 모든 노력의 기초로 물 회복탄력성을 내면화해야 한다.

이것은 모든 농업 개발이 생태계 접근 방식에 기반해야 하며, 생태학적 기능과 생태계 서비스의 전달을 통합하고, 농업 개발을 위한 통합적 전략으로 나아가야 한다는 뜻이다. 높은 수준의 생물 다양성과 다양한 토지 사용 방식을 통해 경관에서 중첩성을 유지하는 증거들이 많아지고 있다. 이는 회복탄력성을 개발하고 강우를 유지하기 위한 주요 전략이 된다. 즉, 삼림 지역을 수분 회수를 위한 중요한 지역으로 유지하는 것이다. 이것은 우리가 강우 패턴을 변경할 수 있는 세상에서 강우량과 수분을 유지하는 것이 수자원 지배 구조와 관리를 위한 첫 번째 원칙이라는 기존 증거와 기존 지식 기반에 기초한 타당한 가설이다. 따라서 전 지구적 수준과 연결하고 물 회복탄력성을 사회-생태학적 시스템으로 개발하는 전략을 채택할 필요가 있다.

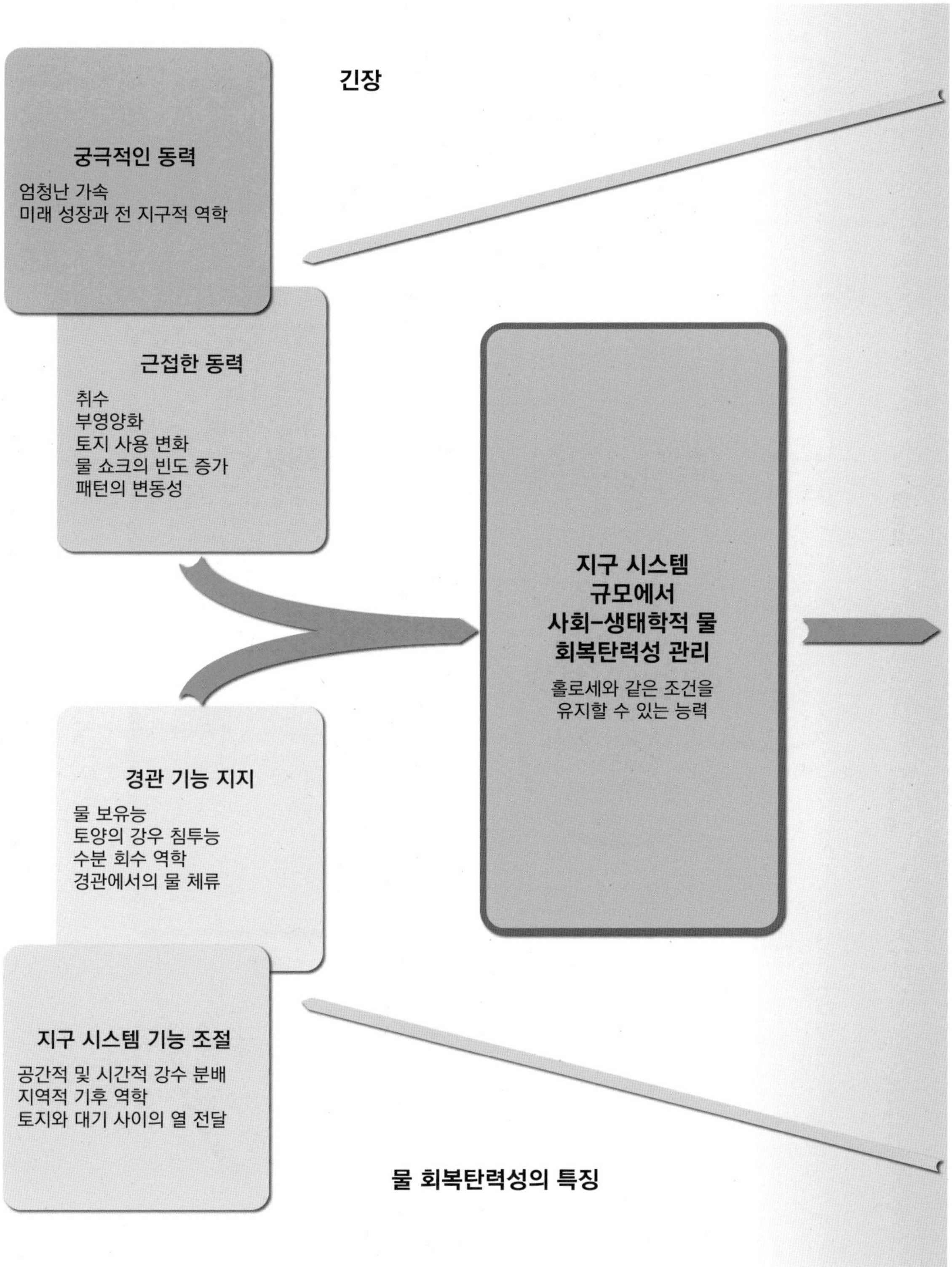

그림 9.7 급변하는 시대에 인류의 번영, 회복탄력성, 전 지구적 지속가능성을 위한 수자원 지배 구조와 관리에 관한 사회-생태학적 시스템 접근 방식에 대해 제안된 개념 체계.

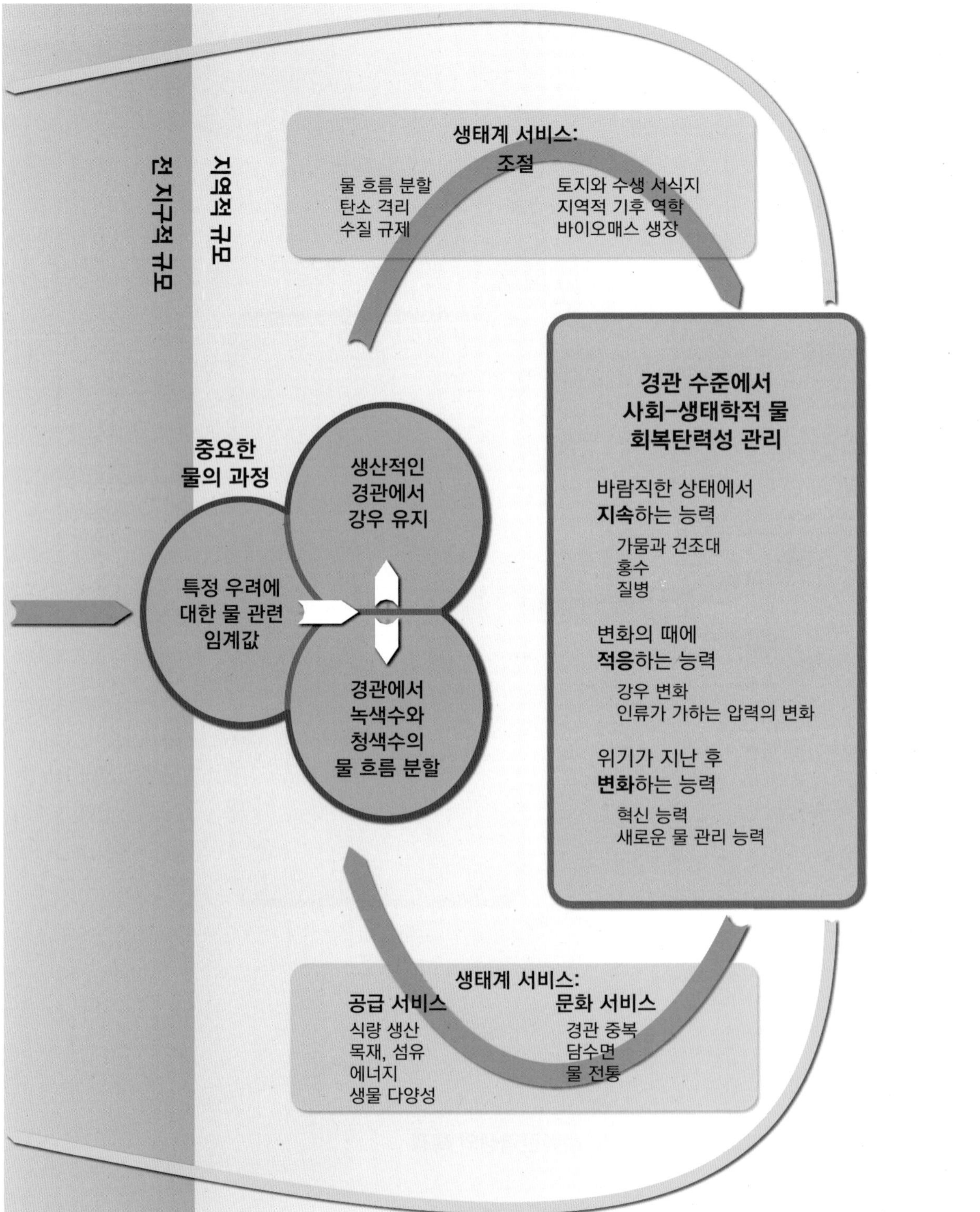
전 지구적 규모
지역적 규모
생태계 서비스:
조절
물 흐름 분할
탄소 격리
수질 규제
토지와 수생 서식지
지역적 기후 역학
바이오매스 생장
중요한
물의 과정
생산적인
경관에서
강우 유지
특정 우려에
대한 물 관련
임계값
경관에서
녹색수와
청색수의
물 흐름 분할
경관 수준에서
사회-생태학적 물
회복탄력성 관리
바람직한 상태에서
지속하는 능력
가뭄과 건조대
홍수
질병
변화의 때에
적응하는 능력
강우 변화
인류가 가하는 압력의 변화
위기가 지난 후
변화하는 능력
혁신 능력
새로운 물 관리 능력
생태계 서비스:
공급 서비스
식량 생산
목재, 섬유
에너지
생물 다양성
문화 서비스
경관 중복
담수면
물 전통

그림 9.7 (계속)

참고문헌

Andonova, L. B. and Mitchell, R. B. (2010). The rescaling of global environmental politics. *Annual Review of Environment and Resources*, **35**, 255–282.

Armitage, D. R., Plummer, R., Berkes, F. *et al.* (1995). Adaptive co-management for social-ecological complexity. *Frontiers in Ecology and the Environment*, 7, 95–102.

Arrow, K., Bolin, B., Costanza, R. *et al.* (1995). Economic growth, carrying capacity, and the environment. *Science*, **268**, 520–521.

Barnosky, A. D., Hadly, E. A., Bascompte, J. *et al.* (2012). Approaching a state shift in Earth's biosphere. *Nature*, **486**, 52–58.

Berkes, F., Colding, J. and Folke, C. (2003). *Navigating Social-ecological Systems: Building Resilience for Complexity and Change*. Cambridge: Cambridge University Press.

Berkes, F. and Folke, C. (1998). *Linking Social and Ecological Systems: Management Practices and Social Mechanisms for Building Resilience*. Cambridge: Cambridge University Press.

Biermann, F., Abbott, K., Andresen, S. *et al.* (2012). Navigating the Anthropocene: improving Earth System governance. *Science*, **335**, 1306–1307.

Biggs, H. C., Rogers, K. H., Du Toit, J., Rogers, K. and Biggs, H. (2003). An adaptive system to link science, monitoring and management in practice. In *The Kruger Experience: Ecology and Management of Savanna Heterogeneity*, ed. Du Toit, J. T., Biggs, H. C. and Rogers, K. H. Washington DC: Island Press, pp. 59–80.

Biggs, R., Schlüter, M., Biggs, D. *et al.* (2012). Toward principles for enhancing the resilience of ecosystem services. *Annual Review of Environment and Resources*, **37**, 421–448.

Blue Planet Laureates (2012). *Blue Planet Award Synthesis: Environment and Development Challenges: The Imperative to Act*. Nairobi: United Nations Environment Programme.

Calder, I. R. (1999). *The Blue Revolution: Integrated Land Use and Integrated Water Resources Management*. London: Earthscan.

Carpenter, S., Cole, J., Pace, M. *et al.* (2011). Early warnings of regime shifts: a whole-ecosystem experiment. *Science*, **332**, 1079–1082.

Carpenter, S. R., Arrow, K. J., Barrett, S. *et al.* (2012). General resilience to cope with extreme events. *Sustainability*, **4**, 3248–3259.

Carpenter, S. R. and Bennett, E. M. (2011). Reconsideration of the planetary boundary for phosphorus. *Environmental Research Letters*, **6**, 014009.

Chapin, F. S., Carpenter, S. R., Kofinas, G. P. *et al.* (2010). Ecosystem stewardship: sustainability strategies for a rapidly changing planet. *Trends in Ecology & Evolution*, **25**, 241–249.

Chapin, F. S., Kofinas, G. P., Folke, C. and Chapin, M. C. (2009). *Principles of Ecosystem Stewardship: Resilience-based Natural Resource Management in a Changing World*. Heidelberg: Springer.

Cifdaloz, O., Regmi, A., Anderies, J. M. and Rodriguez, A. A. (2010). Robustness, vulnerability, and adaptive capacity in small-scale social-ecological systems: the Pumpa Irrigation System in Nepal. *Ecology and Society*, **15**, 39.

Costanza, R. (1991). *Ecological Economics: The Science and Management of Sustainability*. New York: Columbia University Press.

Daly, H. E. (1977). *Steady-state Economics: The Economics of Biophysical Equilibrium and Moral Growth*. San Francisco, CA: W H Freeman.

Deutsch, L., Gräslund, S., Folke, C. *et al.* (2007). Feeding aquaculture growth through globalization: exploitation of marine ecosystems for fishmeal. *Global Environmental Change*, **17**, 238–249.

Ellis, E. C. and Ramankutty, N. (2008). Putting people in the map: anthropogenic biomes of the world. *Frontiers in Ecology and the Environment*, **6**, 439–447.

Falkenmark, M. (1989). Water scarcity and food production in Africa. In *Food and Natural Resources*, ed. Pimentel, D. and Hall, C. W. Waltham, MA: Academic Press, pp. 163–190.

Falkenmark, M. and Folke, C. (2003). Freshwater and welfare fragility: syndromes, vulnerabilities and challenges. Introduction. *Philosophical Transactions of the Royal Society of London Series B: Biological Sciences*, **358**, 1917–1920.

Falkenmark, M. and Folke, C. (2010). Ecohydrosolidarity: a new ethics for stewardship of value-adding rainfall. In *Water Ethics: Foundational Readings for Students and Professionals*, ed. Brown, P. G. and Schmidt, J. J. Washington DC: Island Press, pp. 247–264.

Falkenmark, M. and Rockström, J. (2004). *Balancing Water for Humans and Nature: The New Approach in Ecohydrology*. London: Earthscan.

Foley, J. A., Ramankutty, N., Brauman, K. A. *et al.* (2011). Solutions for a cultivated planet. *Nature*, **478**, 337–342.

Folke, C. (1991). Socio-economic dependence on the life-support environment. In *Linking the Natural Environment and the Economy: Essays from the Eco-eco Group*, ed. Folke, C. and Kåberger, T. Alphen aan den Rijn: Kluwer Academic Publishers, pp. 77–94.

Folke, C., Carpenter, S., Elmqvist, T. *et al.* (2002). Resilience and sustainable development: building adaptive capacity in a world of transformations. *AMBIO*, **31**, 437–440.

Folke, C., Carpenter, S. R., Walker, B. *et al.* (2010). Resilience thinking: integrating resilience, adaptability and transformability. *Ecology and Society*, **15**, 20.

Folke, C., Jansson, Å., Rockström, J. *et al.* (2011). Reconnecting to the biosphere. *AMBIO*, **40**, 719–738.

Folke, C. and Rockström, J. (2011). Third Nobel laureate symposium on global sustainability: transforming the World in an era of global change. *AMBIO*, **40**, 717–718.

Galaz, V. (2005). Social-ecological resilience and social conflict: institutions and strategic adaptation in Swedish water management. *AMBIO: A Journal of the Human Environment*, **34**, 567–572.

Galaz, V., Crona, B., Österblom, H., Olsson, P. and Folke, C. (2012). Polycentric systems and interacting planetary boundaries: emerging governance of climate change-ocean acidification-marine biodiversity. *Ecological Economics*, **81**, 21–32.

Galaz, V., Olsson, P., Hahn, T., Folke, C. and Svedin, U. (2008). The problem of fit between ecosystems and governance systems: insights and emerging challenges. In *The Institutional Dimensions of Global Environmental Change: Principal Findings and Future Directions*, ed. Young, O., King, L. A. and Schroeder, H. Boston, MA: MIT Press, pp. 147–186.

Gordon, L. J., Peterson, G. D. and Bennett, E. M. (2008). Agricultural modifications of hydrological flows create ecological surprises. *Trends in Ecology & Evolution*, **23**, 211–219.

Griggs, D., Stafford-Smith, M., Gaffney, O. *et al.* (2013). Policy: sustainable development goals for people and planet. *Nature*, **495**, 305–307.

Hansen, J., Sato, M. and Ruedy, R. (2012). Perception of climate change. *Proceedings of the National Academy of Sciences*, **109**, 14726–14727.

Heal, G. (2000). *Nature and the Marketplace: Capturing the Value of Ecosystem Services*. Washington DC: Island Press.

Huntjens, P., Pahl-Wostl, C. and Grin, J. (2010). Climate change adaptation in European river basins. *Regional Environmental Change*, **10**, 263–284.

Intergovernmental Panel on Climate Change (2012). Managing the risks of extreme events and disasters to advance climate change adaptation. A special report of working groups I and II of the Intergovernmental Panel on Climate Change, ed. Field, C. B., Barros, V., Stocker, T. F., Qin, D., Dokken, D. J., Ebi, K. L., Mastrandrea, M. D., Mach, K. J., Plattner, G.-K., Allen, S. K., Tignor, M. & Midgley, P. M. Cambridge: Cambridge University Press.

Keys, P. W., van der Ent, R. J., Gordon, L. J. *et al.* (2012). Analyzing precipitationsheds to understand the vulnerability of rainfall dependent regions. *Biogeosciences*, **9**, 733–746.

Kummu, M., Ward, P. J., de Moel, H. and Varis, O. (2010). Is physical water scarcity a new phenomenon? Global assessment of water shortage over the last two millennia. *Environmental Research Letters*, **5**, 034006.

L'vovich, M. I. (1979). *World Water Resources and their Future*. Washington DC: American Geophysical Union.

Lagi, M., Bar-Yam, Y., Bertrand, K. Z. and Bar-Yam, Y. (2012). *Economics of Food Prices and Crises*. New England Complex Systems Institute, Cambridge, MA. Available at: http://necsi.edu/publications/food/.

Lenton, T. M., Held, H., Kriegler, E. *et al.* (2008). Tipping elements in the Earth's climate system. *Proceedings of the National Academy of Sciences*, **105**, 1786–1793.

Millennium Ecosystem Assessment (2005). *Ecosystems and Human Well-being: Synthesis*. Washington DC: Island Press.

Molden, D. (ed.) (2007). *Water for Food, Water for Life: A Comprehensive Assessment of Water Management in Agriculture*. London: Earthscan.

Molden, D., Oweis, T. Y., Steduto, P. *et al.* (2007). Pathways for increasing agricultural water productivity. In *Water for Food, Water for Life: A Comprehensive Assessment of Water Management in Agriculture*, ed. Molden, D. London: Earthscan, pp. 278–310.

National Academy of Sciences of United States of America (2009). PNAS tipping elements in Earth systems special feature. *Proceedings of the National Academy of Sciences*, **106**.

National Research Council (1991). *Opportunities in the Hydrologic Sciences*. Washington DC: National Academies Press.

O'Brien, K. (2009). Do values subjectively define the limits to climate change adaptation? In *Adapting to Climate Change: Thresholds, Values, Governance*, ed. Adger, W. N., Lorenzoni, I. and O'Brien, K. Cambridge: Cambridge University Press, pp. 164–180.

Odum, E. P. (1989). *Ecology and Our Endangered Life-support Systems*. Sunderland, MA: Sinauer Associates.

Oki, T. and Kanae, S. (2004). Virtual water trade and world water resources. *Water Science and Technology*, **49**, 203.

Oki, T. and Kanae, S. (2006). Global hydrological cycles and world water resources. *Science*, **313**, 1068–1072.

Olsson, P., Folke, C. and Hughes, T. P. (2008). Navigating the transition to ecosystem-based management of the Great Barrier Reef, Australia. *Proceedings of the National Academy of Sciences*, **105**, 9489–9494.

Olsson, P. and Galaz, V. (2009). Transitions to adaptive

approaches to water management and governance in Sweden. In *Water Policy Entrepreneurs. A Research Companion to Water Transitions around the Globe*, ed. Huitema, D. and Sander, M. Cheltenham, UK: Edward Elgar Publishing, pp. 304–324.

Ostrom, E. (2009). A general framework for analyzing sustainability of social-ecological systems. *Science*, **325**, 419–422.

Ostrom, E. (2010). Polycentric systems for coping with collective action and global environmental change. *Global Environmental Change*, **20**, 550–557.

Pahl-Wostl, C. (2007). Transitions towards adaptive management of water facing climate and global change. *Water Resources Management*, **21**, 49–62.

Pahl-Wostl, C., Jeffrey, P., Isendahl, N. and Brugnach, M. (2011). Maturing the new water management paradigm: progressing from aspiration to practice. *Water Resources Management*, **25**, 837–856.

Pahl-Wostl, C., Sendzimir, J., Jeffrey, P. *et al.* (2007). Managing change toward adaptive water management through social learning. *Ecology and Society*, **12**, 30.

Raudsepp-Hearne, C., Peterson, G. D. and Bennett, E. M. (2010). Ecosystem service bundles for analyzing tradeoffs in diverse landscapes. *Proceedings of the National Academy of Sciences*, **107**, 5242–5247.

Rimas, A. and Fraser, E. D. (2010). *Empires of Food: Feast, Famine, and the Rise and Fall of Civilizations*. New York: Free Press.

Rio Declaration (1992). *Rio Declaration on Environment and Development*. United Nations Environment Programme, Nairobi. Available at: http://www.unep.org/documents.multilingual/default.asp?documentid=78&articleid=1163.

Rockström, J. (1999). On-farm green water estimates as a tool for increased food production in water scarce regions. *Physics and Chemistry of the Earth, Part B: Hydrology, Oceans and Atmosphere*, **24**, 375–383.

Rockström, J., Falkenmark, M., Karlberg, L *et al.* (2009a). Future water availability for global food production: the potential of green water for increasing resilience to global change. *Water Resources Research*, **45**.

Rockström, J., Falkenmark, M., Lannerstad, M. and Karlberg, L. (2012). The planetary water drama: dual task of feeding humanity and curbing climate change. *Geophysical Research Letters*, **39**, L15401.

Rockström, J., Gordon, L., Folke, C., Falkenmark, M. and Engwall, M. (1999). Linkages among water vapor flows, food production, and terrestrial ecosystem services. *Conservation Ecology*, **3**, 5.

Rockström, J., Steffen, W., Noone, K. *et al.* (2009b). A safe operating space for humanity. *Nature*, **461**, 472–475.

Rost, S., Gerten, D., Hoff, H. *et al.* (2009). Global potential to increase crop production through water management in rainfed agriculture. *Environmental Research Letters*, **4**.

Schlüter, M., Hirsch, D. and Pahl-Wostl, C. (2010). Coping with change: responses of the Uzbek water management regime to socio-economic transition and global change. *Environmental Science & Policy*, **13**, 620–636.

Shiklomanov, I. A. and Rodda, J. C. (2004). *World Water Resources at the Beginning of the 21st Century. International Hydrology Series*. Cambridge: Cambridge University Press.

Snyder, P. K., Foley, J. A., Hitchman, M. H. and Delire, C. (2004). Analyzing the effects of complete tropical forest removal on the regional climate using a detailed three-dimensional energy budget: an application to Africa. *Journal of Geophysical Research: Atmospheres (1984–2012)*, **109**.

Steffen, W., Crutzen, P. J. and McNeill, J. R. (2007). The Anthropocene: are humans now overwhelming the great forces of nature. *Ambio*, **36**, 614–621.

Steffen, W. L., Sanderson, A., Tyson, P. D. *et al.* (2004). *Global Change and the Earth System: A Planet Under Pressure*. Berlin: Springer.

Stockholm Environment Institute (1997). *Comprehensive Assessment of the Freshwater Resources of the World*. Stockholm: Stockholm Environment Institute and World Meteorological Organization.

Stockholm Memorandum (2011). Tipping the scales towards sustainability. Stockholm Resilience Centre, Stockholm. Available at: http://globalsymposium2011.org/wp-content/uploads/2011/07/memorandum-signed.pdf.

Sustainable Development Solutions Network (2013). *An Action Agenda for Sustainable Development*. Paris: Sustainable Development Solutions Network.

United Nations Department of Economic and Social Affairs (2011). *World Population Prospects: The 2010 Revision*. New York: United Nations Department of Economic and Social Affairs. Available at: http://esa.un.org/unpd/wpp/Excel-Data/population.htm (accessed 21 November 2012).

United Nations University-International Human Dimensions Programme and United Nations Environment Programme (2012). *Inclusive Wealth Report 2012: Measuring Progress toward Sustainability*. New York: United Nations University-International Human Dimensions Programme and United Nations Environment Programme. Available at: http://www.ihdp.unu.edu/article/iwr.

Voss, J.-P., Bauknecht, D. and Kemp, R. (2006). *Reflexive Governance for Sustainable Development*. Cheltenham, UK: Edward Elgar Publishing.

Walker, B., Barrett, S., Polasky, S. *et al.* (2009). Looming global-scale failures and missing institutions. *Science*, **325**, 1345–1346.

Walker, B. and Salt, D. (2006). *Resilience Thinking: Sustaining Ecosystems and People in a Changing World*. Washington DC: Island Press.

Walker, B. H., Anderies, J. M., Kinzig, A. P. and Ryan, P. (2006). Exploring resilience in social-ecological systems through comparative studies and theory development: introduction to the special issue. *Ecology and Society*, **11**, 12.

Westley, F., Olsson, P., Folke, C. *et al.* (2011). Tipping toward sustainability: emerging pathways of transformation. *AMBIO*, **40**, 762–780.

World Water Assessment Programme (2009). World Water Development Report 3: Water in a changing world. World Water Development Report. United Nations Educational, Scientific and Cultural Organization, Paris.

Young, O. R. (2011). Effectiveness of international environmental regimes: existing knowledge, cutting-edge themes, and research strategies. *Proceedings of the National Academy of Sciences*, **108**, 19853–19860.

Young, O. R., Berkhout, F., Gallopin, G. C. *et al.* (2006). The globalization of socio-ecological systems: an agenda for scientific research. *Global Environmental Change*, **16**, 304–316.

찾아보기

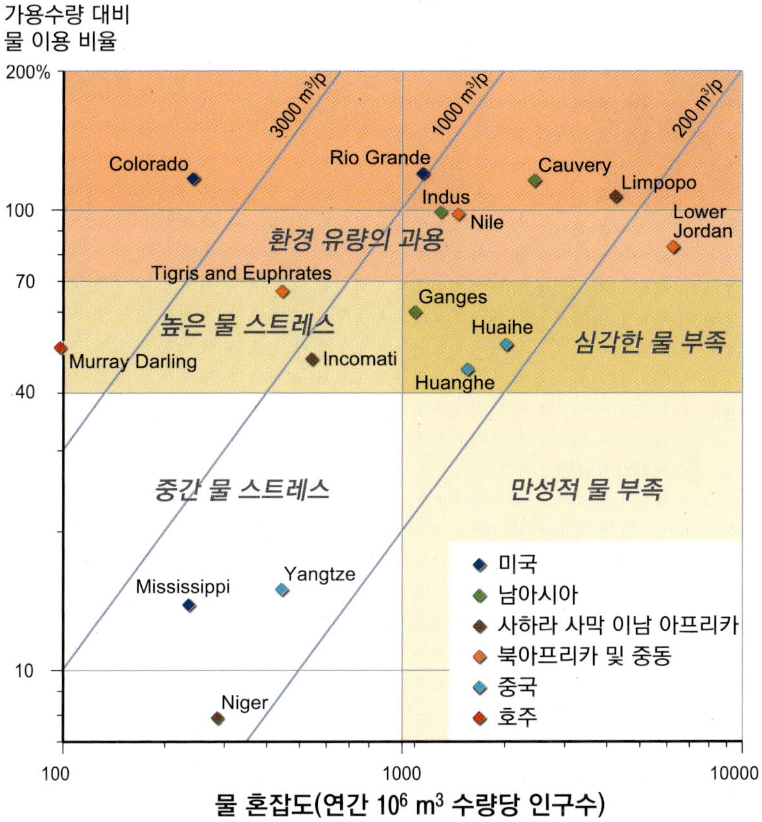

그림 1.7 청색수 이용에 따른 물 부족 사분면. 하천 유역 집단의 청색수 소비 증가 자유도. 가로축은 100만 m^3/년의 단위 유량당 인구수인 '물 혼잡도'이며 세로축은 '가용수 대비 취수 비율(%)'임. 대각선은 1인당 물 취수량에 해당하는 등가선임. 일반적으로 청색수 취수율이 70%인 경우 수생 생태계 유지를 위해 유역은 폐쇄되고 자유도가 남지 않는다. 스톡홀름 국제물연구소(Stockholm International Water Institute)가 다양한 출처로부터 수집한 자료임.

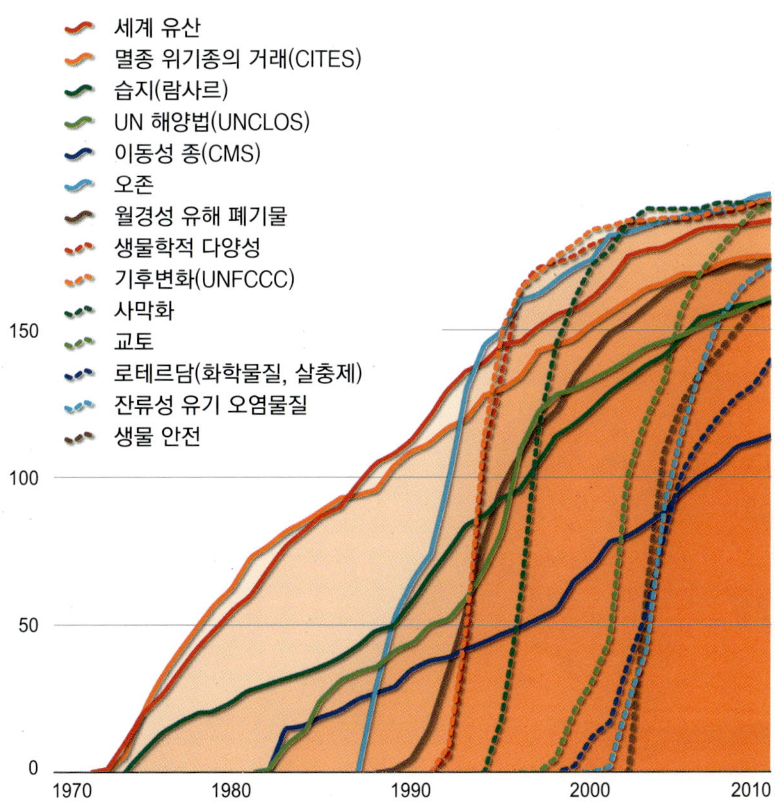

그림 2.8 시간에 따른 주요 다자간 환경 협정 비준 국가 수 (UNEP, 2011). 음영은 조약 및 프로토콜의 누적 당사자 수를 나타냄.

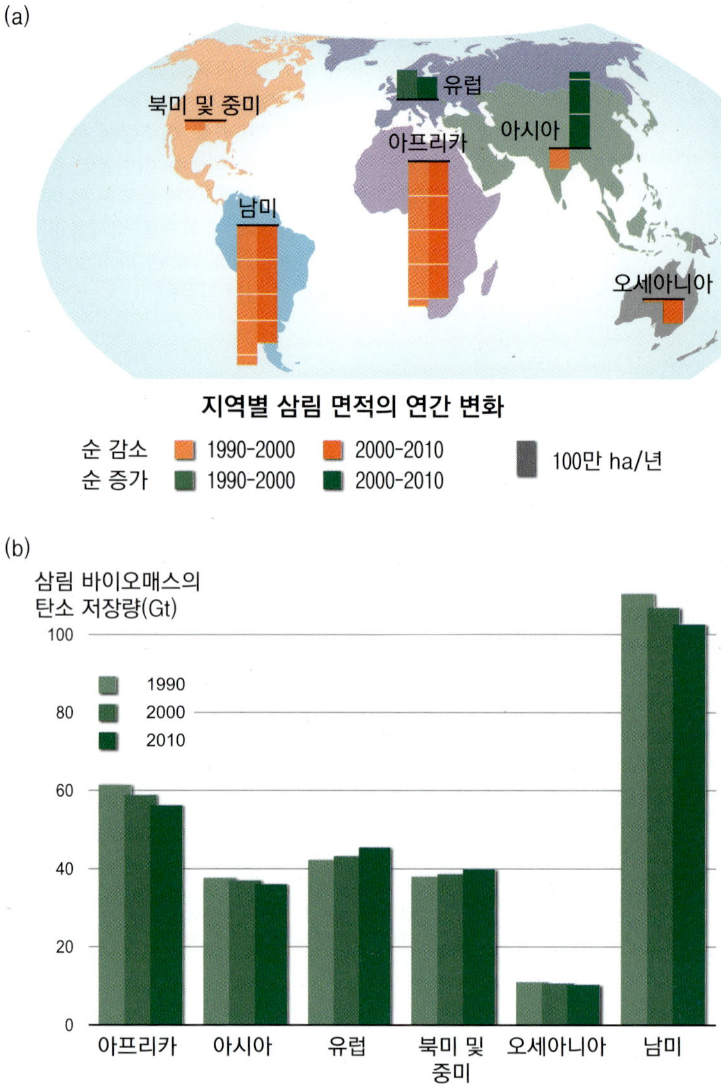

그림 2.10 탄소 흡수능의 손실을 나타내는 대륙별 삼림 변화(1990-2010). (a) 벌채 및 조림에 의한 면적 변화, (b) 탄소 저장량의 변화(FAO, 2010a).

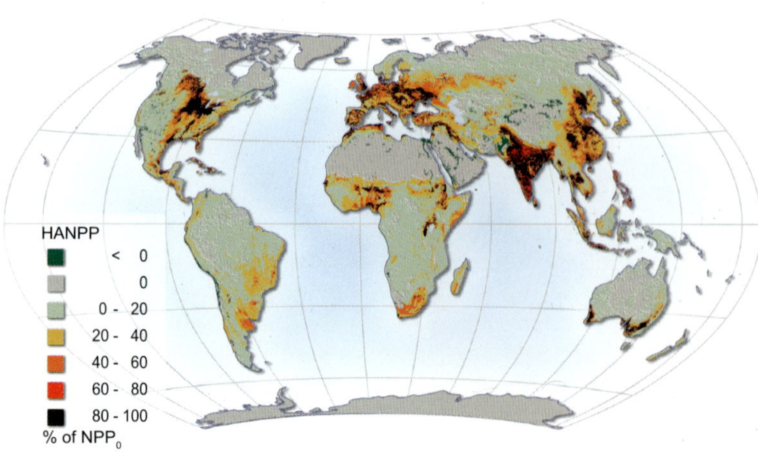

그림 2.12 잠재적 자연 식생의 NPP(NPP_0)에 대한 인간이 이용하는 순 1차 생산(NPP). 녹색 또는 음수는 수확 후에도 NPP_0 이상의 초과 바이오매스가 시스템에 남아 있음을 나타냄(Haberl *et al.*, 2007).

(a)

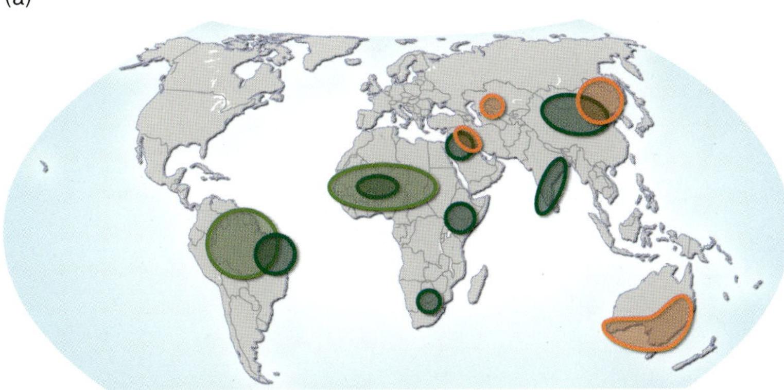

티핑 포인트: 토지 관리 문제로 인한 지역적 위험성

- 삼림 벌채로 인한 수분 피드백
- 토지의 잘못된 관리(예: 토양 손실, 토지 황폐화)
- 염분화

(b)

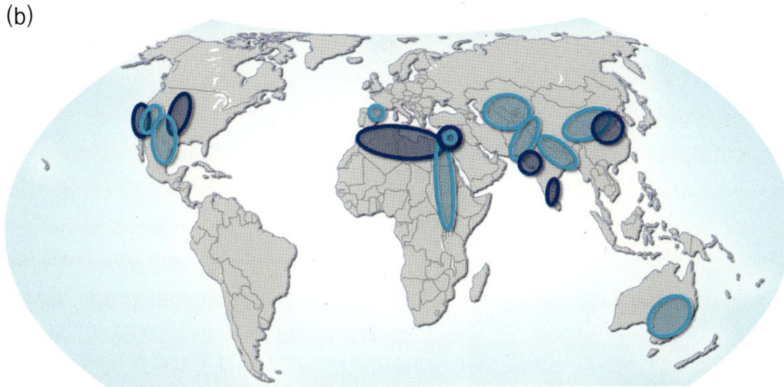

티핑 포인트: 물 과용으로 인한 지역적 위험성

- 지하수 붕괴
- 유역 폐쇄/하천 건천화

(c)

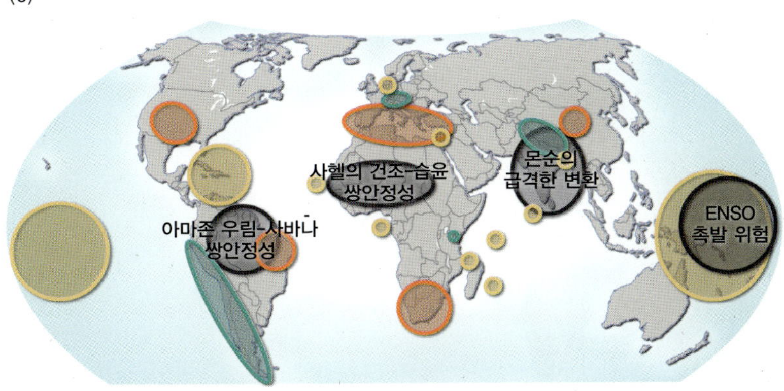

티핑 포인트: 기후변화 압력에 의한 지역적 위험성

- 지역적 프로세스
- 해수면 상승과 해수 침투
- 강우 체제의 급격한 변화
- 빙하 해빙

그림 3.3 물에 의해 유발되는 지구적 위험성. (a) 토지 이용 관련, (b) 물 이용, (c) 기후변화, (d) 보정된 인간 물 스트레스 (Vörösmarty *et al.*, 2010).

(d)

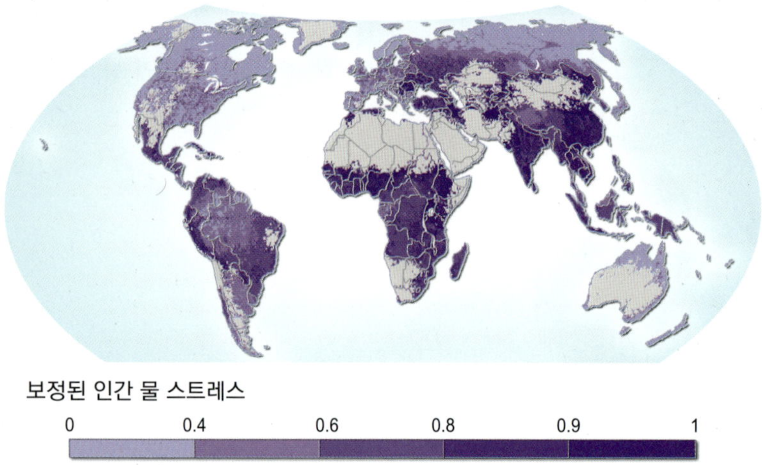

그림 3.3 (계속)

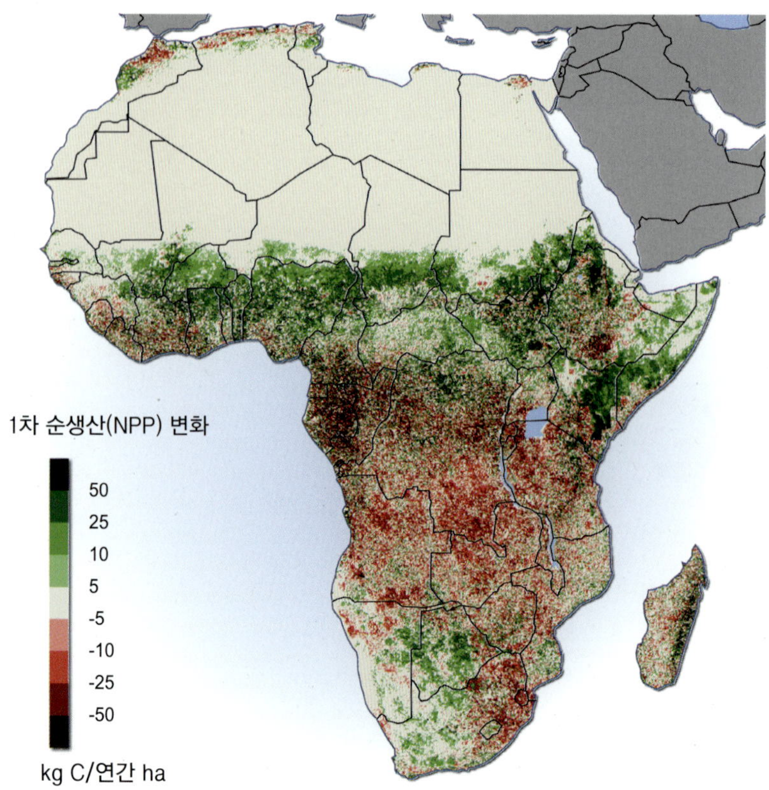

그림 4.5 1차 순생산(NPP)의 변화로 계산한 아프리카의 식생 변화(1981-2003). 이 자료는 대륙의 다른 지역과 대조적으로 사헬의 넓은 지역에 걸쳐 식생이 증가함을 보여준다(FAO, 2008).

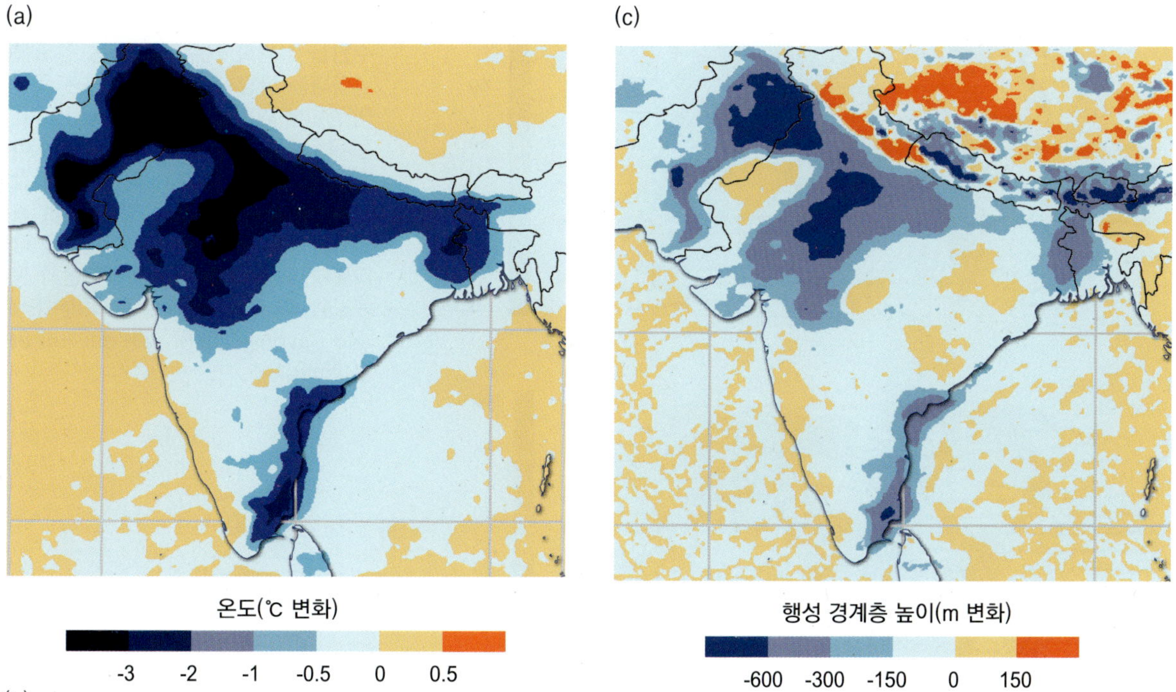

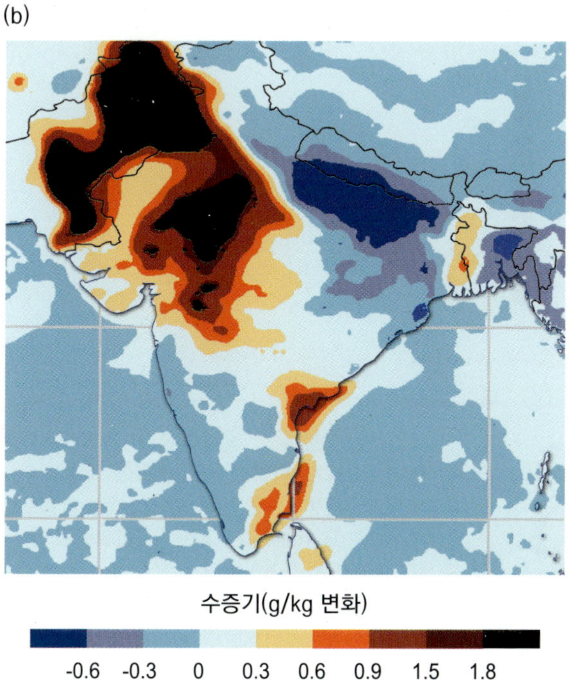

그림 4.b2.1 남아시아 지역의 관개 농경지로의 잠재적 토지 피복 변화에 따른 (a) 온도(℃), (b) 수증기(g/kg), (c) 행성 경계층 높이(m)의 변화(Douglas *et al*., 2009). 지표면 온도의 감소는 여름 몬순에 영향을 미치는 육지-해양 간 기압 구배에 영향을 미칠 수 있고, PBL의 축소는 대류 활동에 영향을 미칠 수 있다.

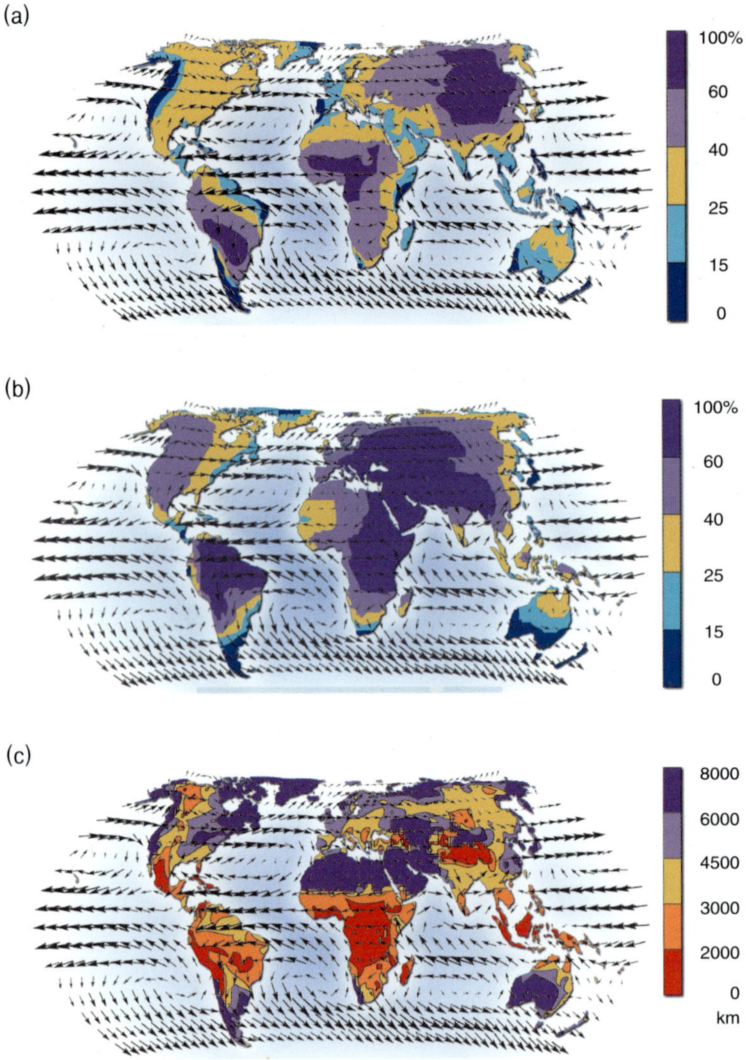

그림 4.b4.1 대기 수분의 공급원과 흡수원을 식별하고 수분 재활용 강도를 나타내는 다양한 측도. (a) ρ_c는 육지의 증발에 기원하는 강우의 비율, (b) ε_c는 육지로의 강우로 회귀하는 증발의 비율, (c) λ_ρ는 물 입자가 증발로부터 강우가 되기까지 이동하는 평균 거리. 화살표는 수평 방향 수분 플럭스 장을 나타내며, 모든 자료는 1999-2008년의 평균값임. 더 자세한 내용은 van der Ent and Savenije(2011); van der Ent *et al*.(2010) 참조.

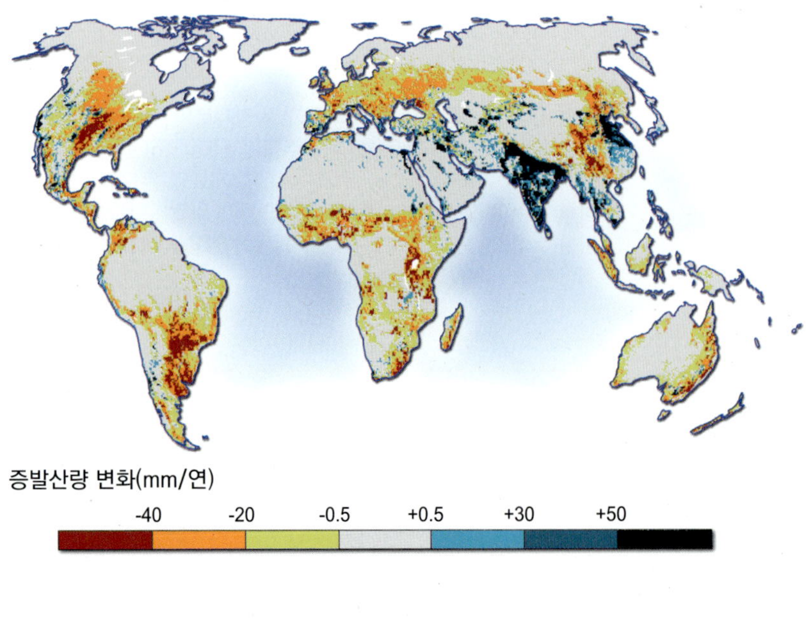

그림 4.6 잠재적 자연 식생에서 현재 토지 피복으로의 변화에 따른 LPJmL 기반의 인위적 증발산량 변화 지도(Ramankutty *et al*., 2008의 토지 피복 자료 이용).

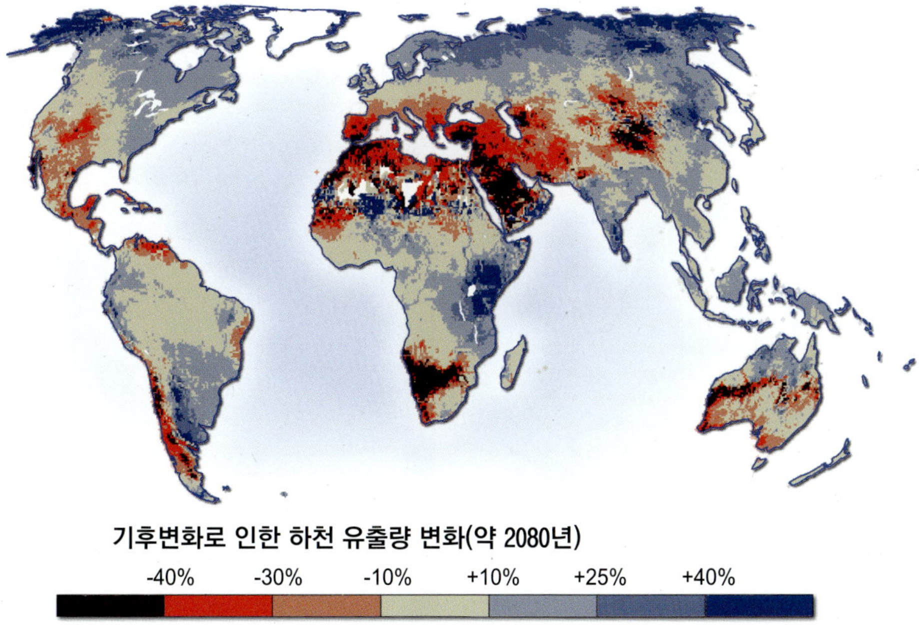

그림 4.7 기후변화로 인한 하천 유출량의 변화: 각 셀당 2000년 대비 2080년대의 청색수 가용량.

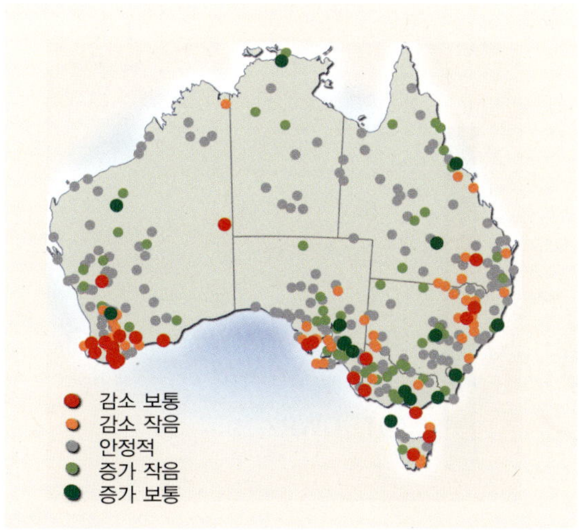

그림 4.b5.1 과거 100년간 가을철 강우 신뢰도에 적용한 시계열 분석(Steffen *et al.*, 2011).

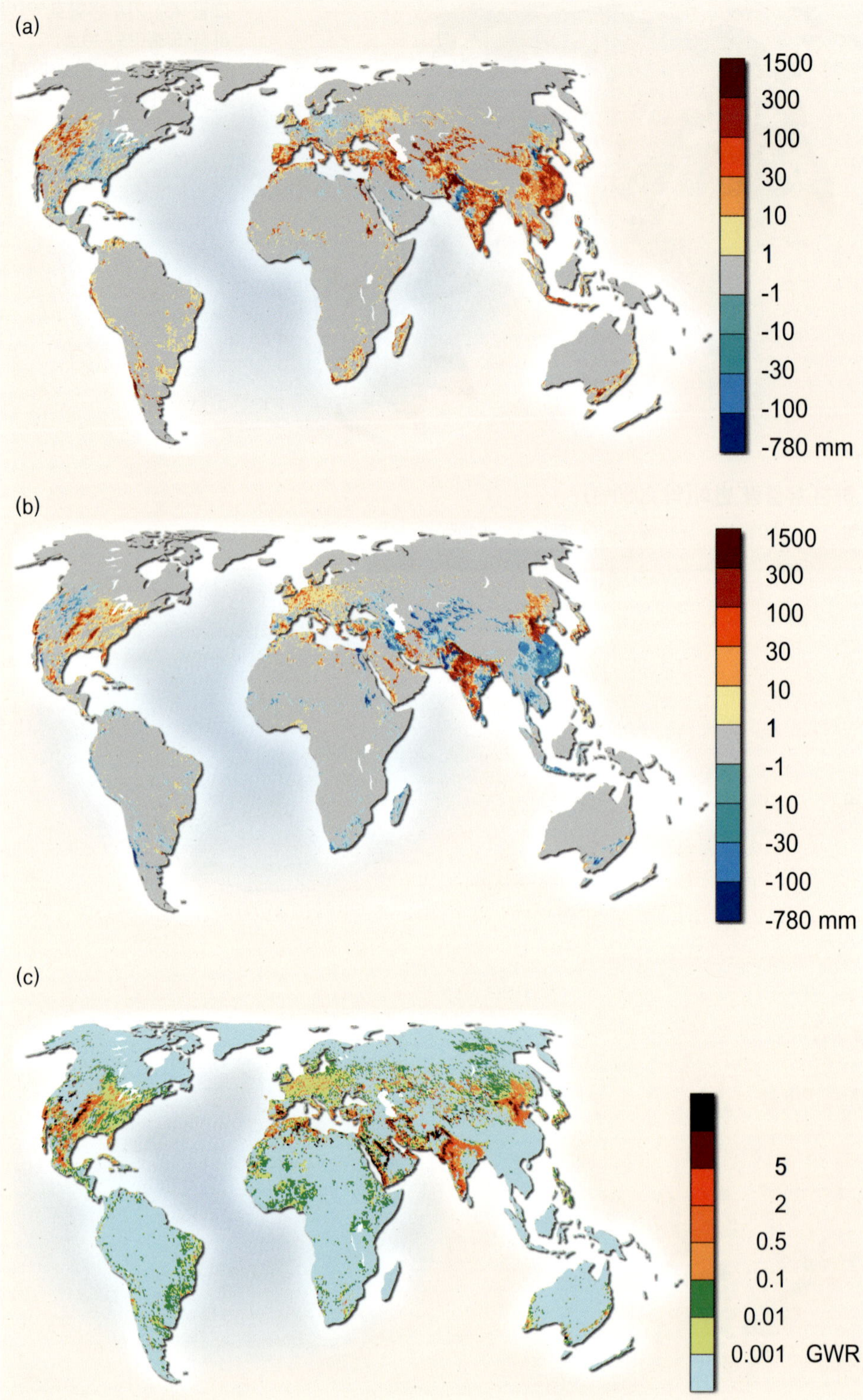

그림 4.b6.1 (a) 지하수 순 취수량(NAg), (b) 지표수 순 취수량(NAs), (c) 지하수 스트레스 지표인 지하수 재충진량 대비 NAg 비율(1998-2002).

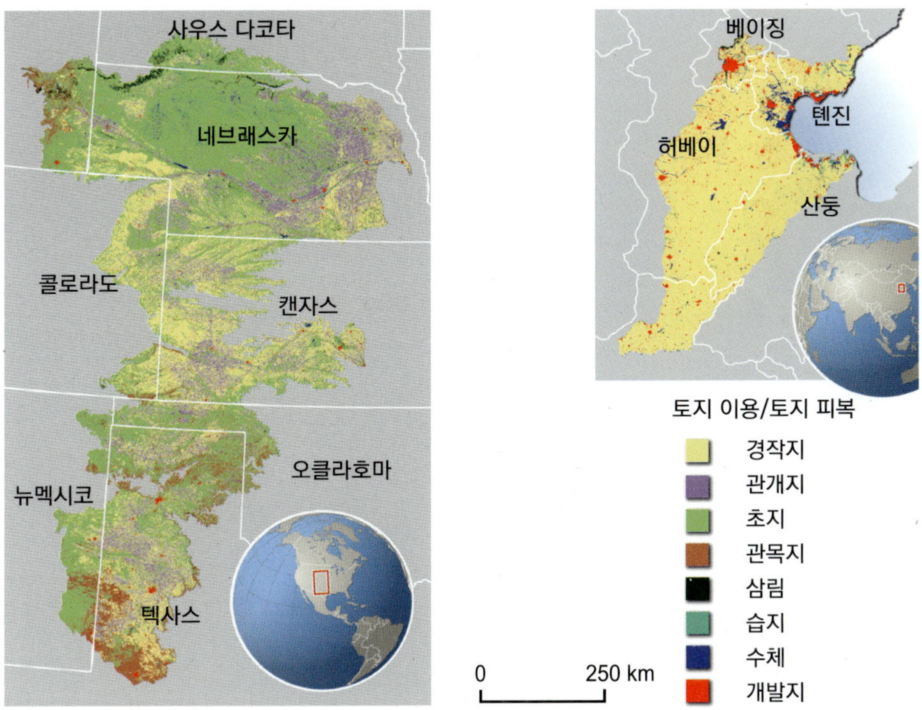

그림 4.b8.1 미국 중부 고원 지대와 중국 북부 평원의 토지 이용/토지 피복(MRLC Consortium, 2007).

(a)

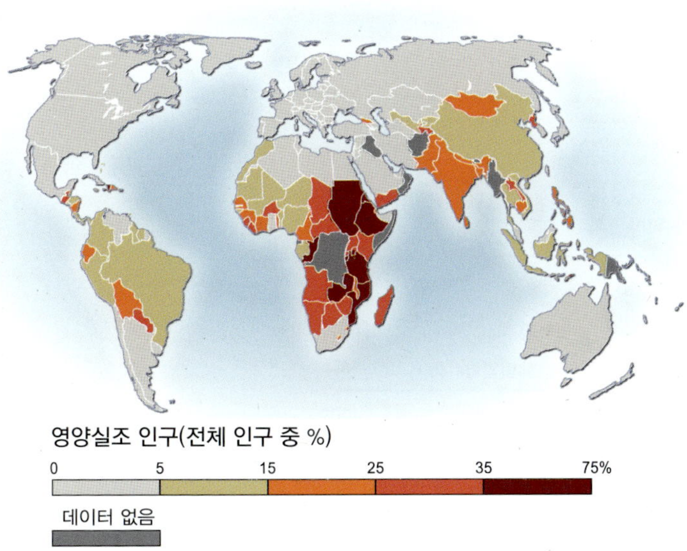

그림 5.2 (a) 영양실조 상태의 2010-2012년대 전세계적 현황과 (b) 2010-2050년대 예측되는 세계 인구 변화 추이(FAO, 2012; UN DESA, 2011).

(b)

그림 5.2 (계속)

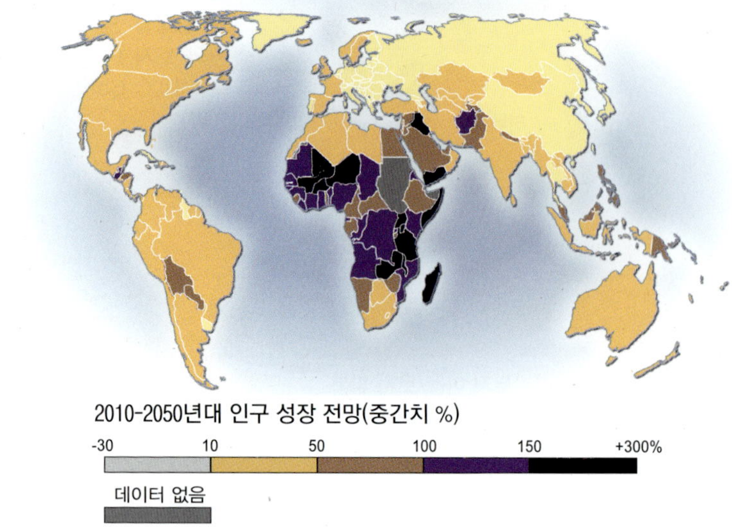

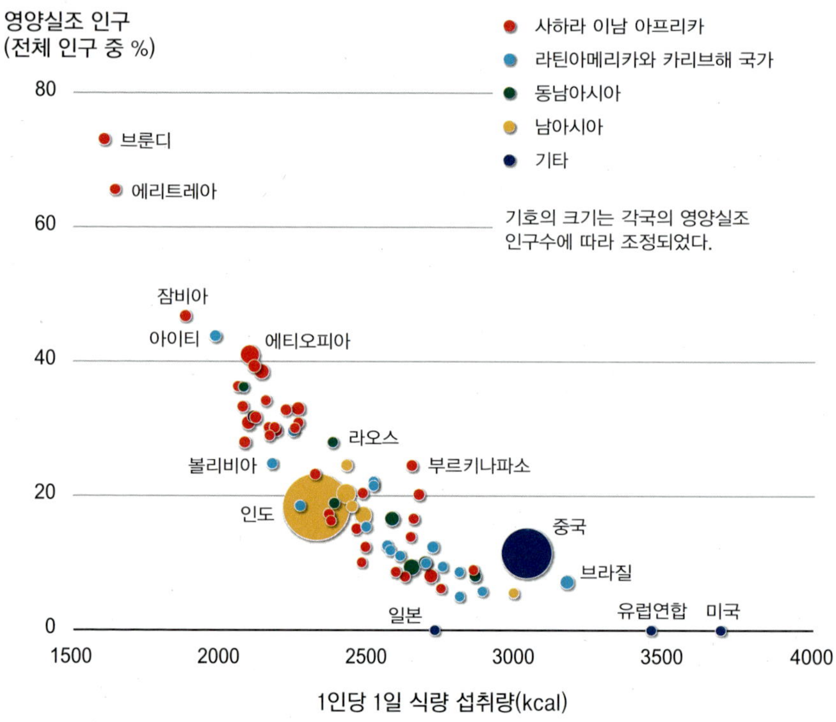

그림 5.4 평균 식량 공급이 1인당 1일 3,000 kcal에 이르게 되면 영양실조 상태 비율이 0에 근접함을 보여준다(FAO, 2013a, b).

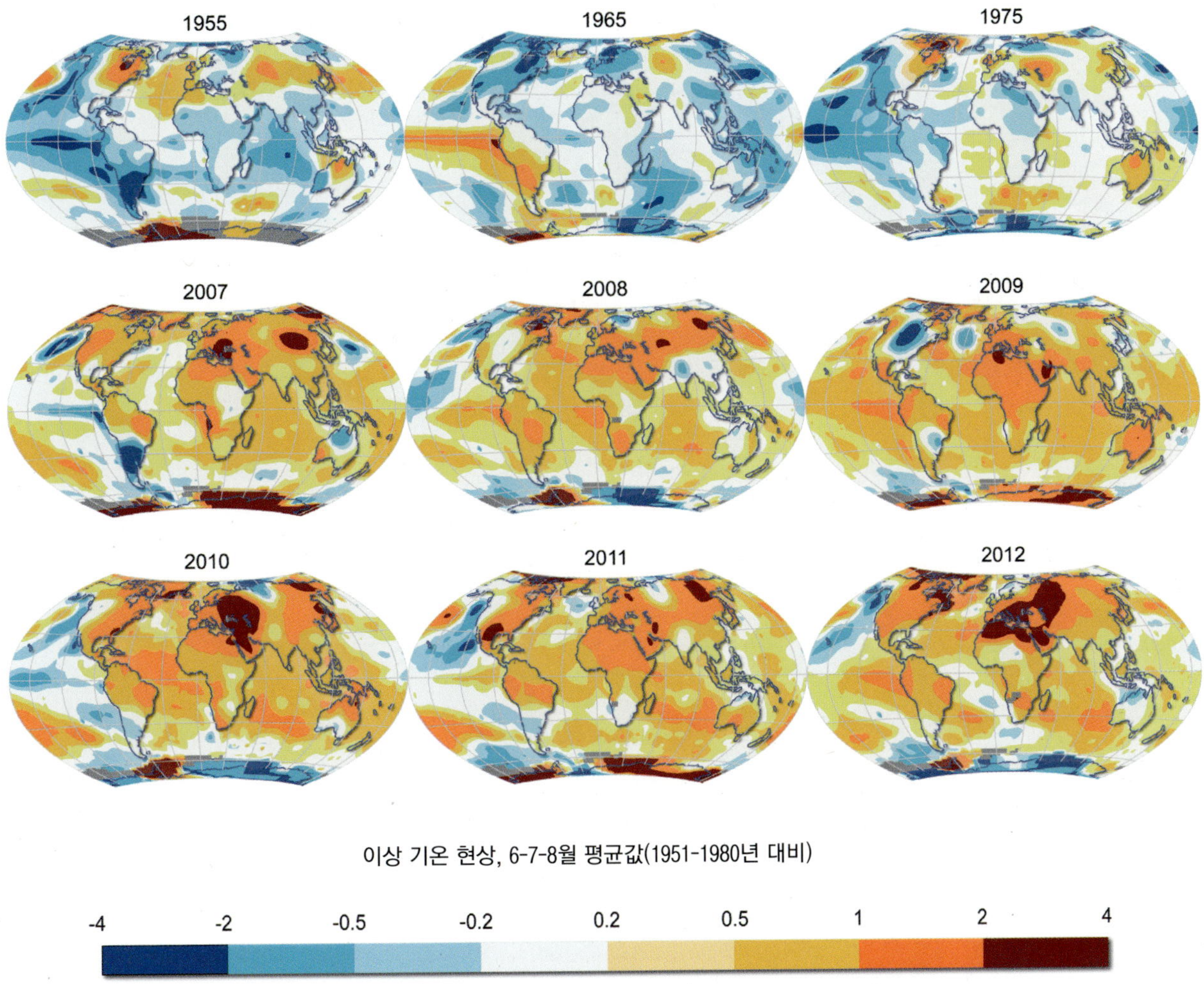

그림 5.10 수치는 1955, 1965, 1975, 그리고 2007-2012년도의 6-7-8월 지구 이상 기온을 1951-1980년 평균 기온에 대비하여 나타낸 것으로 1981-2010년대 온도의 표준 편차를 제외한 국지적 단위로 표현한 것이다(Hansen *et al.*, 2012 참고).

(a)

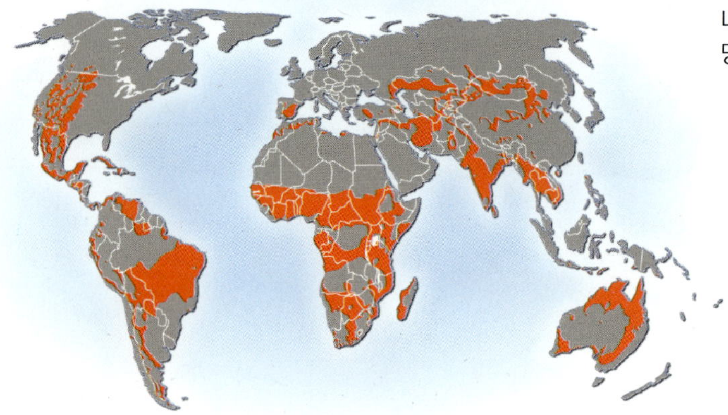

사바나와 스텝 기후 지역

(b)

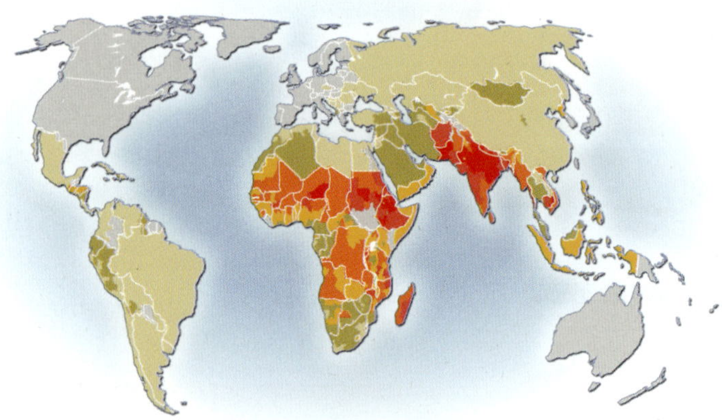

빈곤 지역(1992-2002년대 5세 이하 아동 영양실조 비율, %)

0 10 20 30 40 50 57%

데이터 없음

그림 6.1 기후대와 영양실조 지역. (a) 사바나 지역과 (b) 영양실조에 시달리는 5세 이하 아동 비율로 나타낸 극심한 빈곤 지역 간에 공통되는 지역이 상당히 많다.

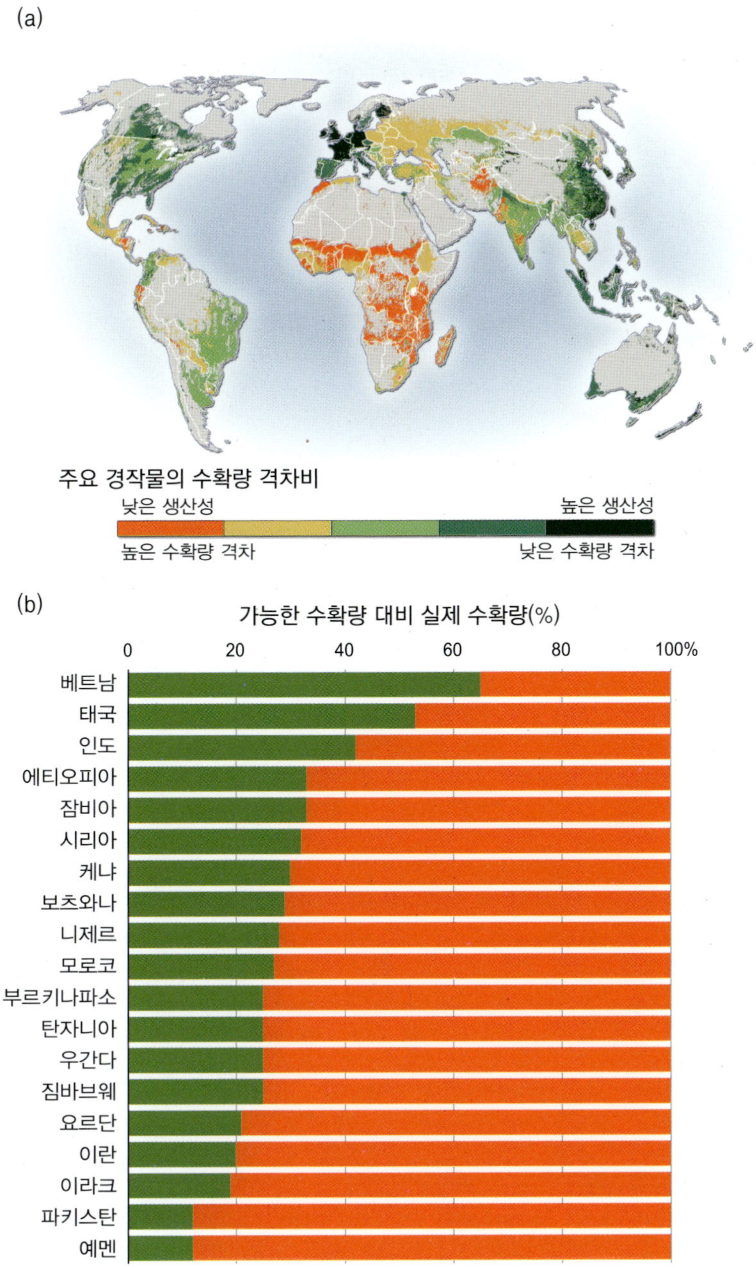

그림 6.4 (a) 곡물, 뿌리 및 줄기 식물, 콩, 기름 작물, 설탕 작물, 채소에 대한 현재와 잠재적 수확량 비로 나타낸 전 세계 수확량 격차 추정치(Fischer *et al.*, 2011), (b) 반건조 아프리카, 아시아, 중동 지역의 일부 국가에서 주요 곡물에 대한 수확량 격차의 측정값(Rockstrom *et al.*, 2007).

그림 7.11 물과 농업 생태계 변화를 평가한 세 가지 사례 연구를 FAO SOLAW 2011에서 언급한 잠재적인 농업 위기 평가와 함께 지도에 표시함: 농업을 위한 토지와 물 부족(FAO, 2011).

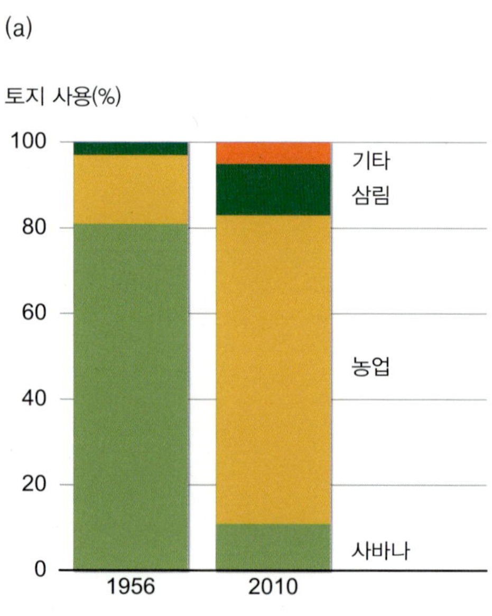

그림 7.15 1956년과 2010년의 나리알 유역의 토지 사용. (a) 농업과 자연 식생의 비, (b) 토지 사용 지도(Cambridge and Barron, 출간 예정, 참조).

(b)

그림 7.15 (계속)

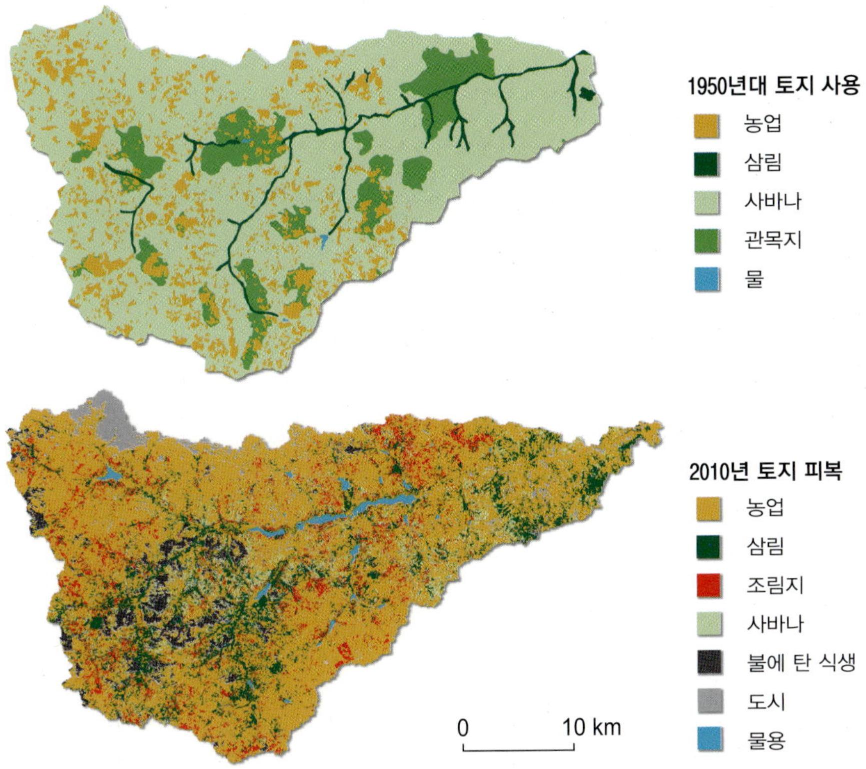

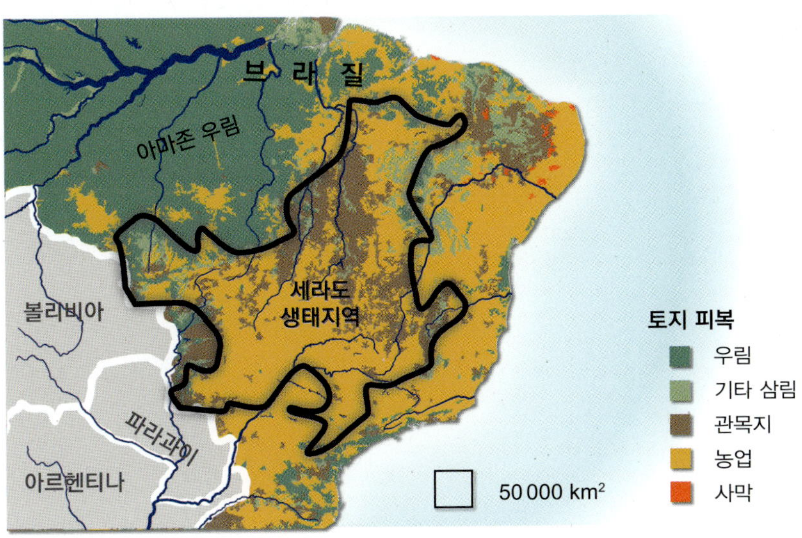

그림 7.16 브라질의 세라도 생태지역은 광대한 열대 사바나 지대로 국가의 중앙 고원에 위치한다. 자연 식생은 건조한 삼림과 뒤섞인 관목으로 특징된다. 현대식 농업이 확산되고 소, 콩, 옥수수, 쌀 생산 시스템이 지배적이다(European Commission Joint Research Centre, 2003; Olsson *et al*., 2004).

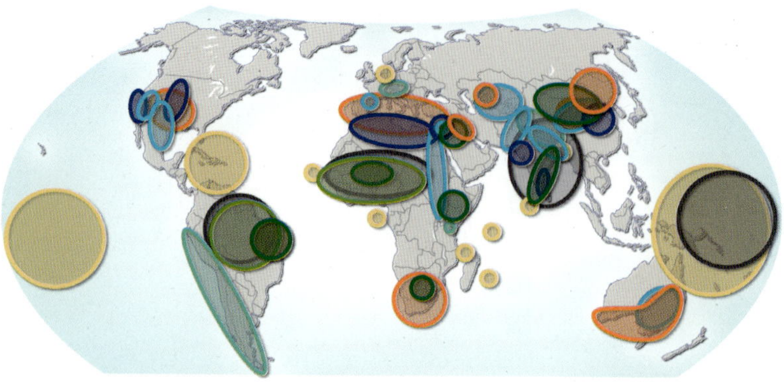

물과 관련된 잠재적 우려의 임계값

- 삼림 벌채 습기 회수
- 토지 관리 부실(예를 들어, 토양 손실, 토지 황폐화)
- 염분화
- 빙하 해빙
- 지하수 고갈
- 하천 유역 폐쇄/하천 고갈
- 지역적 과정
- 해수면 상승과 해수 침투
- 급격한 강우 체재 변화

그림 9.3 물과 관련된 잠재적 우려의 임계값의 통합적인 세계 지도. 3장(그림 3.3)에서 보다 자세히 설명했다.